空间电推进科学与技术丛书

空间电推进电源技术

Power Supply Technology for Space Electric Propulsion

张东来 付 明 施凯敏 谷 雨 魏立秋 李安寿 著

科学出版社

北 京

内 容 简 介

电推进电源处理单元(PPU)是航天器电推进系统的关键组成部分。本书内容包含电推进 PPU 的能量来源、功率变换技术及测试方法三个方面。首先根据作者对卫星一次电源控制器(PCU)的研制经历,介绍了空间飞行器的能量来源,给出了输入级特性与约束,并讨论了系统级联稳定性和空间环境影响等问题;然后介绍了霍尔电推进、离子电推进、电弧电推进及新型电推进系统的电源构成、负载特性、电力电子变换技术及研制难点;最后对电推进 PPU 的测试方法进行介绍。本书结合作者团队近年来的科研成果提出了融合 PCU 和 PPU 功能的柔性可扩展功率调节与处理单元(PCPU)架构及一种新的 PPU 系统供配电架构。

本书可供从事电推进 PPU 研究的专业技术人员、研究生及高年级本科生参考与学习使用。

图书在版编目(CIP)数据

空间电推进电源技术 / 张东来等著. -- 北京 : 科学出版社,2025.6. -- (空间电推进科学与技术丛书).
ISBN 978-7-03-082118-8

Ⅰ. V514;TM919

中国国家版本馆 CIP 数据核字第 20251UJ325 号

责任编辑:徐杨峰 赵朋媛 / 责任校对:谭宏宇
责任印制:黄晓鸣 / 封面设计:殷 靓

科学出版社 出版
北京东黄城根北街 16 号
邮政编码:100717
http://www.sciencep.com

南京展望文化发展有限公司排版
苏州市越洋印刷有限公司印刷
科学出版社发行 各地新华书店经销

*

2025 年 6 月第 一 版 开本:B5(720×1000)
2025 年 6 月第一次印刷 印张:25 3/4
字数:503 000
定价:200.00 元
(如有印装质量问题,我社负责调换)

空间电推进科学与技术丛书
编写委员会

顾 问
戚发轫 周志成

主 编
于达仁

副主编
蔡国飙 魏延明

编 委
(以姓名笔画为序)

丁永杰 王 敏 宁中喜 成渭民 刘 辉 汤海滨
李 永 张久兴 张天平 武志文 洪延姬 曹 勇
康小明 康小录

丛书序

喷气推进通过将工质流高速向后喷出，利用动量守恒原理产生向前的反作用力使航天器运动变化，在此过程中消耗质量和能量。根据能量供应的形式，喷气推进可以分为基于燃料化学能的化学推进和基于外部电能源的电推进。电推进的设想由俄国物理学家齐奥尔科夫斯基和美国物理学家罗伯特·戈达德分别在1902年和1906年提出，与传统化学火箭提出时间基本一致。但是由于其技术复杂性和空间电功率等限制，早期电推进的发展明显滞后于化学推进。20世纪50年代，美国和苏联科学家对电推力器进行了理论研究，论证了空间电推进的可行性，并开始了电推进技术的工程研究。1960~1980年是电推进技术成熟发展并开始应用的主要发展阶段，几位电推进的先驱者留下了探索的足迹。

空间飞行器对燃料消耗量非常敏感，推进器的比冲成为最重要的性能指标。化学推进受到推进剂焓能限制和耐高温材料的制约，比冲达到340 s水平后几乎再难以大幅度提升；电推进可以借助于外部电能，突破传统化学推进比冲的极限，目前已经很普遍地达到1 000~3 000 s的高比冲，并且远未达到其上限。

电推进由于其高比冲、微推力等主要特征，在长寿命卫星、深空探测、无拖曳控制等航天工程中正日益发挥极其突出的作用，成为航天推进技术的前沿，受到世界各国的重视；智慧1号探月卫星，隼鸟号、深空1号、全电推进卫星等的成功应用，标志着电推进技术逐渐走向成熟，在未来航天领域的重要性日益凸显；中国的电推进经过了漫长的发展储备期，在离子推进、霍尔推进、电弧推进、脉冲等离子体推进等方面取得了坚实的进展，2012年实践9号卫星迈出了第一个空间验证的步伐，此后实践13、实践17等卫星进入了同步轨道应用验证和工程实施阶段。

我国电推进的学术交流蓬勃发展，其深度、广度和影响力持续提高，电推进学会发展走入正轨，对促进电推进技术的知识共享、扩大影响、壮大队伍、加快技术进步发挥了巨大的作用。

在此背景下，我国电推进行业的发展和人才培养急需一套电推进技术领域的专业书籍，科学出版社和中国宇航学会电推进技术专业委员会合作推出了这套丛书，希望这套丛书的出版，对我国航天推进领域科学技术的发展起到推动作用。

丛书在编辑过程中得到北京控制工程研究所、上海空间推进研究所、兰州空间技术物理研究所、北京理工大学、北京航空航天大学、哈尔滨工业大学、中国空间技术研究院通信卫星事业部、航天工程大学、西安微电子技术研究所、合肥工业大学、上海交通大学等单位的大力支持，对此表示感谢。

由于电推进技术处于快速发展中，丛书所包括的内容来不及涵盖最新的进展，书中的不足之处在所难免，敬请广大读者和同行批评指正。

丛书编委会
2019 年 7 月

前　言

　　哈尔滨工业大学(深圳)的宇航电源研制经历始于2005年参与的航天东方红卫星有限公司(以下称航天东方红)同深圳国际技术创新研究院(现深圳航天科技创新研究院,以下称深航院)联合承研的装备预研项目。在航天东方红、深航院领导的支持下,成功研制一款适合宇航应用条件的数字DC-DC变换器,包含一颗宇航应用等级的数字脉冲宽度调制(pulse width modulation,PWM)电源控制芯片的研制,后成功进行了飞行验证。

　　2009年,为实现我国航天器"关键部件自主可控"的目标,由深航院与中国空间技术研究院(以下称航天五院)共同谋划,并得到了中国航天科技集团有限公司上级领导的大力支持,由航天五院通信卫星事业部牵头,联合深航院和山东航天电子技术研究所共同研制"我国自主可控的卫星电源控制器"(power conditioning unit,PCU),哈尔滨工业大学(简称哈工大)深圳研究生院负责前期关键技术攻关。2012年,因高压大功率PCU的需求量增加,需专业公司进行承研承制,经上级单位批准,由深航院和山东航天电子技术研究所的骨干工程师为主要研发人员,成立深圳市航天新源科技有限公司,专业从事PCU等宇航电源的研制。在时任航天五院通信卫星事业部部长周志成院士的指导下,我国第一颗高压大功率全调节卫星电源控制器研制成功,截至目前该成果已成功在轨应用于国家重大工程"北斗三号"、东方红五号平台首发卫星"实践二十号"、"天通一号"卫星移动通信系统等百余颗卫星。

　　2010年10月,周志成院士建议开展电推进电源处理单元(power processing unit,PPU)的研究,加强同国内同行的交流合作,相互支持、相互补益。2020年,于达仁教授提议出版一本关于电推进PPU的书籍,历经几年的整理和撰写,承蒙于达仁教授的勉励和督促,现将相关研究结果总结成此书。

　　哈工大(深圳)电气工程学科电力电子方向有较鲜明的宇航工业特色,为我国航天工业部门培养、输送了20余位博士毕业生,先后成为我国航天工业电力电子的骨干,其中多人获得国防技术发明奖一等奖、深圳市科技进步奖一等奖、深圳市科学技术奖励青年科技奖,以及航天科技集团青年拔尖人才、航天科技集团优秀党员、航天科技集团劳动模范称号,并多次获得航天优秀班组等团体荣誉。自身培养的研究生除本学科外,在知识结构包含机、电、热、控制、软件工程、集成电路设计等。

本书内容包含电推进PPU的能量来源、功率变换技术及测试方法三个方面。首先根据作者对卫星一次电源控制器的研制经历,介绍了空间飞行器的能量来源,给出了输入级特性与约束,并讨论了系统级联稳定性和空间环境影响等问题;继而介绍了霍尔电推进、离子电推进、电弧电推进及新型电推进系统的电源构成、负载特性、电力电子变换技术及研制难点;最后介绍了电推进PPU的测试方法。本书结合近年来的科研结果给出了融合PCU和PPU功能的柔性可扩展功率调节与处理单元(power conditioning and processing unit, PCPU)架构及一种新的PPU系统供配电架构。

本书是多位航天领域专家与博士研究生、博士后协同攻关科研成果和实践的总结,旨在为致力于电推进PPU研究的研究生、科技工作者提供参考。

本书由张东来教授主持撰写,各章具体分工如下:第1章由吕林霖和郝杨阳博士生负责;第2章由李安寿副研究员、付明副研究员、谷雨副教授负责;第3章由魏立秋教授、付明副研究员、施凯敏副研究员和张迪博士负责;第4章由施凯敏副研究员、付明副研究员负责;第5章由吕林霖、郝杨阳博士生负责;第6章由郝杨阳、吕林霖博士生负责;第7章由付明副研究员负责;第8章由方明珠博士生负责;第9章由张健工程师及朱雪丽、吕林霖、黄雅杰博士生负责;第10章由孙放工程师及吕林霖、朱雪丽、郝杨阳博士生负责。

感谢上级领导的支持!

感谢航天事业的牵引和专家们的指导!

感谢团队,共同的价值观使我们朝夕相处,共渡难关!

感谢于达仁教授和科学出版社编辑的指导、勉励!

作者

2024年12月

目 录

丛书序
前言

第 1 章　电推进 PPU 概述

引言 ··· 001
1.1 电推进系统概述 ·· 001
　　1.1.1 电推进系统构成 ·· 001
　　1.1.2 电推进 PPU 的作用 ··· 002
　　1.1.3 电推进系统的分类 ··· 003
1.2 电推进 PPU 分类及特征 ·· 005
　　1.2.1 霍尔电推进 PPU 及特征 ··· 005
　　1.2.2 离子电推进 PPU 及特征 ··· 007
　　1.2.3 电弧电推进 PPU 及特征 ··· 009
　　1.2.4 新型电推进 PPU 及特征 ··· 010
1.3 电推进 PPU 常用电路拓扑简析 ··· 012
　　1.3.1 电流馈电移相全桥变换器研究现状 ····························· 016
　　1.3.2 宽电压输出范围变换器研究现状 ································ 018
　　1.3.3 三相 LCC 谐振变换器研究现状 ································· 020
1.4 电推进 PPU 国内外发展现状 ·· 023
　　1.4.1 国外 PPU 的发展现状 ·· 023
　　1.4.2 国内 PPU 的发展现状 ·· 028
参考文献 ·· 029

第 2 章　电推进 PPU 的能量来源及输入级特性与约束

引言 ··· 033
2.1 航天器系统能量来源与供配电系统特性 ······················· 033
　　2.1.1 一次电源控制器系统特性 ································ 034
　　2.1.2 太阳能直驱电推进 PPU 控制器系统特性 ··············· 041
　　2.1.3 核能驱动的电推进 PPU 系统特性 ······················ 042
　　2.1.4 传统全电推卫星平台电源系统存在的问题 ············· 044
2.2 航天器电源系统稳定性要求与考虑 ······························ 046
　　2.2.1 功率部件自身稳定性 ····································· 046
　　2.2.2 多级功率部件级联后的稳定性 ·························· 047
　　2.2.3 稳定性设计的理论依据和工程方法 ····················· 048
2.3 空间环境对电推进 PPU 的要求及共性技术 ···················· 053
　　2.3.1 低气压环境对高压电源的影响 ·························· 053
　　2.3.2 空间环境下功率器件的约束 ····························· 054
　　2.3.3 保护方式 ··· 054
参考文献 ·· 056

第 3 章　霍尔电推进 PPU

引言 ··· 061
3.1 霍尔电推进 PPU 的构成 ··· 061
3.2 阳极电源与推力器的关系 ·· 062
　　3.2.1 阳极功率扩展与推力的关系 ····························· 062
　　3.2.2 阳极电压扩展与比冲的关系 ····························· 065
　　3.2.3 多模式工作对阳极电压、功率的要求 ·················· 068
3.3 阳极电源功率电路 ·· 071
　　3.3.1 原副边移相控制宽范围输出阳极电源研究 ············· 071
　　3.3.2 适用于霍尔电推进的电流馈电移相全桥变换器 ········ 096
3.4 磁线圈负载特性及电源 ··· 122
3.5 耦合空心阴极电源变换器 ·· 125
　　3.5.1 空心阴极电源耦合策略 ·································· 125
　　3.5.2 阴极点火电源和触持电源的耦合 ······················· 127

3.5.3 阴极点火触持电源与加热电源的耦合 ············ 129
3.5.4 耦合电源的工作原理 ····················· 130
3.5.5 点火时序分析 ························ 134
3.5.6 三环控制电路设计 ····················· 136
3.5.7 集成电流采样方式设计 ·················· 139
3.5.8 斩波开关控制设计 ····················· 140
3.5.9 耦合电源与发动机联试实验验证 ··········· 141
3.6 滤波器设计 ································ 146
3.6.1 滤波器单元作用分析 ···················· 146
3.6.2 滤波级设计 ··························· 148
3.6.3 控制级设计 ··························· 149
3.6.4 滤波器单元对放电稳定性的作用 ··········· 151
3.7 霍尔电推进 PPU 设计难点总结 ··············· 153
参考文献 ······································· 154

第 4 章 离子电推进 PPU

引言 ··· 158
4.1 离子电推进 PPU 的构成及其与推力器的关系 ···· 158
4.1.1 离子电推进 PPU 的构成 ················ 158
4.1.2 屏栅电源与推力器的关系 ················ 159
4.2 带谐振钳位电路的高压屏栅电源研究 ············ 160
4.2.1 变换器工作原理分析 ···················· 160
4.2.2 拓扑参数设计原则及软开关条件分析 ······· 171
4.2.3 输出电流纹波对比分析 ·················· 174
4.2.4 实验验证及分析 ······················· 176
4.3 混合谐振及 PWM 高压输出屏栅电源 ············ 181
4.3.1 变换器工作原理分析 ···················· 182
4.3.2 直流增益分析及拓扑参数设计原则 ········· 188
4.3.3 最大占空比及交流电感选取原则 ··········· 192
4.3.4 开关管软开关条件分析 ·················· 194
4.3.5 主功率变压器磁集成方式设计 ············· 195
4.3.6 实验结果及分析 ······················· 196

4.4 磁隔离变换器 ·· 200
  4.4.1 磁隔离高压绝缘问题的提出 ·· 201
  4.4.2 磁隔离放电阴极加热点火触持电源变换器 ············· 202
  4.4.3 磁隔离控制策略 ·· 210
  4.4.4 实验结果 ·· 213
4.5 离子电推进 PPU 难点总结 ··· 219
参考文献 ·· 220

第 5 章　电弧推进电源

引言 ·· 223
5.1 电弧电推进 PPU 构成 ··· 223
5.2 电弧推进负载特性与电源要求 ·· 224
  5.2.1 脉冲点火特性 ·· 225
  5.2.2 电弧击穿快速触持特性 ··· 226
  5.2.3 振荡特性 ·· 227
5.3 点火电源 ··· 227
  5.3.1 串联式脉冲点火方案 ··· 227
  5.3.2 并联式脉冲点火方案 ··· 228
  5.3.3 高压脉冲隔离防护及 EMC 处理 ····························· 228
5.4 恒流电源 ··· 229
  5.4.1 高效率隔离恒流功率变换拓扑 ································ 229
  5.4.2 高动态恒流触持闭环控制 ·· 230
5.5 电弧电推进难点总结 ·· 231
参考文献 ·· 232

第 6 章　特种电推进 PPU——高精度微推进电源及脉冲等离子推进电源

引言 ·· 233
6.1 高压宽范围快速响应电源技术 ·· 233
  6.1.1 高效率高升压比倍压整流拓扑 ································ 233
  6.1.2 快速动态响应闭环调节技术 ···································· 237
6.2 高精度低噪声电源技术 ··· 240

	6.2.1	低噪声开关电源技术	240
	6.2.2	高精度低噪声线性电源技术	244
	6.2.3	高精度低噪声采样电路技术	249
6.3	高精度射频离子电推进 PPU		255
	6.3.1	微推力及微推进电源系统	255
	6.3.2	高效射频发生器电源	258
	6.3.3	高精度电压可调屏栅电源	260
	6.3.4	加速栅电源和中和器电源	262
6.4	脉冲等离子体电推进 PPU		264
	6.4.1	脉冲电源变换拓扑	265
	6.4.2	点火电路拓扑	266
	6.4.3	脉冲电源控制方式	267
参考文献			269

第 7 章　融合 PCU 和 PPU 功能的柔性可扩展 PCPU 架构

引言			273
7.1	柔性可扩展 PCPU 架构的设计		273
	7.1.1	PCPU 架构的提出	273
	7.1.2	电源控制器 PCPU 功能组成	275
7.2	电源控制器 PCPU 的工作原理		279
	7.2.1	HVC_SR 模块研究	280
	7.2.2	域控制设计	286
	7.2.3	高压母线串并联组合分析	289
7.3	能量管理与调度		294
7.4	两种母线频域和时域特性测试结果		296
参考文献			299

第 8 章　一种新的 PPU 系统供配电架构

引言			300
8.1	传统 PPU 系统架构存在的问题		300
	8.1.1	架构组成	300

8.1.2 供配电 ··· 302
8.2 基于 HFAC 母线的 PPU 系统新架构 ······································ 303
　　8.2.1 系统架构组成模块 ··· 305
　　8.2.2 冗余备份设计 ··· 306
　　8.2.3 故障模式分析 ··· 307
　　8.2.4 实验测试与分析 ··· 308
　　8.2.5 对比分析与评估 ··· 310
8.3 远端精确供配电方案 ··· 313
　　8.3.1 白噪声激励线缆阻抗检测及压降补偿技术 ······················· 314
　　8.3.2 实验验证及分析 ··· 318
参考文献 ·· 327

第 9 章　电推进 PPU 共性技术

引言 ·· 328
9.1 空间环境带来的可靠性问题及抗辐照加固措施 ························· 328
　　9.1.1 影响空间电源寿命的因素 ··· 328
　　9.1.2 加速电源寿命的方法 ·· 331
　　9.1.3 电源寿命预测方法与预警技术 ··································· 331
　　9.1.4 传统航天和商业航天中单粒子效应及对策 ···················· 332
　　9.1.5 COTS 元器件应用需要注意的问题 ······························ 335
　　9.1.6 抗辐照加固措施 ··· 335
9.2 空间电源系统衰退机理研究 ··· 336
　　9.2.1 储能电容退化机理分析 ·· 337
　　9.2.2 MOSFET 退化机理分析 ·· 338
　　9.2.3 继电器退化机理分析 ·· 339
　　9.2.4 电源控制环路退化机理分析 ····································· 339
9.3 空间电源系统关键器件参数辨识 ······································· 340
　　9.3.1 储能电容参数辨识 ··· 341
　　9.3.2 继电器参数识别 ·· 346
　　9.3.3 电源控制环路参数辨识 ·· 350
　　9.3.4 MOSFET 结温测量 ·· 352
9.4 非预期性电击穿及电弧故障机理分析 ·································· 354

        9.4.1 非预期性电击穿机理 ··· 354
        9.4.2 非预期电击穿的表现形式 ·· 356
        9.4.3 非预期性电击穿的危害及应对措施 ······························ 357
    9.5 闭环控制中的共性问题 ·· 358
        9.5.1 模拟控制及其注意事项 ··· 358
        9.5.2 数字控制中的抗混叠滤波、拍频和极限环问题 ··············· 361
    9.6 空间电源热特性及设计 ·· 365
        9.6.1 传热基本理论 ·· 365
        9.6.2 热设计基本原则及设计方法 ······································· 367
        9.6.3 热设计步骤和流程 ·· 370
        9.6.4 热设计及热分析内容 ··· 372
        9.6.5 热控制及性能优化 ·· 375
    参考文献 ·· 377

第10章 电推进PPU的输出特性及测试方法

    引言 ·· 380
    10.1 等离子体负载特性模拟 ··· 380
    10.2 电推进典型异常工况的模拟测试 ·· 381
        10.2.1 短路故障模拟测试 ·· 381
        10.2.2 拉弧故障模拟测试 ·· 382
        10.2.3 打火短路故障模拟测试 ··· 385
    10.3 自动化测试系统的构建 ··· 388
        10.3.1 硬件平台 ··· 388
        10.3.2 软件架构 ··· 389
        10.3.3 测试用例设计 ·· 391
        10.3.4 系统实现 ··· 392
        10.3.5 系统优化方向 ·· 394
    参考文献 ·· 395

第1章
电推进 PPU 概述

引 言

空间电推进是一种将电能转换为动能的先进宇航动力技术,其工作过程为推力器将气体工质电离后,通过电场或磁场将离子加速喷出而产生推力。电推进排放的羽流为由电子、离子和工质的原子、分子等组成的等离子体。等离子体整体上不显电性,但在有电磁场存在的情况下,会在电磁力的作用下发生偏转或产生定向运动。

电推进的最大特点是小推力、高比冲。受电功率限制,推进工质的流量不能太大,故其推力一般较小,因而特别适用于失重情况下空间推进中要求控制精度高的情形。由于不断有外界电能供给,电推进比冲很高,一般在 6 000~50 000 m/s,所以完成同一飞行任务所需要的推进工质较少,可大大增加有效载荷,或显著降低发射成本,或明显延长使用寿命[1]。

国际上从 1902 年开始进行空间电推进技术概念研究,苏联在 1962 年进行了世界上首次电推进系统(Kaufman 型离子电推进)空间飞行验证,经过半个多世纪的发展,截至 2023 年,国际上已有数百颗高轨卫星应用电推进技术,另约有 5 000 多颗"星链"卫星星座应用商业化电推进技术。我国最早于 20 世纪 60 年代开始进行空间电推进技术研究;2012 年,"实践九号"A 星完成了我国电推进首次在轨飞行验证;2019 年,5 kW 级多模式大功率电推进首次实现在轨应用,2020 年,1 kW 离子电推进系统正式实现商业卫星应用[2]。电推进技术具有高比冲、长寿命、高精度推力调节等显著技术特点,已成为航天器发展必不可少的研究方向。

1.1 电推进系统概述

1.1.1 电推进系统构成

电推进系统的基本功能是将来自航天器电源的电能转换为推进工质喷气的动能,其组成一般分成四部分,见图 1-1。

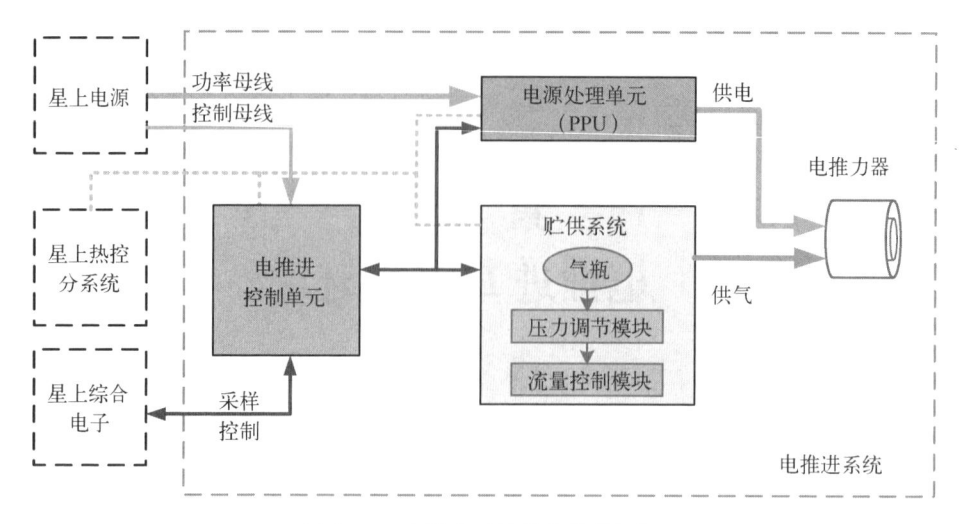

图 1-1 电推进系统基本构成框图

（1）电源处理单元（power processing unit，PPU）。PPU 用于调理来自太阳能电池阵的不稳定直流电或直接从蓄电池、一次电源母线取电，并按不同的电压和功率等要求输送到电推力器和其他用电系统。由于 PPU 对于电推进系统至关重要，通常其体积和质量都较大，成本也较高，是电推进系统中最复杂且最具有挑战性的系统。

（2）贮供系统。电推进的推进剂贮存和供应系统与一般的冷气推进系统和单组元液体推进系统相差不大，但由于其推进工质流量一般很小，每秒只有几毫克到几十毫克，且供应时间很长，这对电磁阀的精确流量控制和防止泄漏有很高要求。

（3）电推力器，又称电推进发动机。电推力器的种类繁多，原理多样，根据适用范围不同，不同电推力器之间性能指标相差很大。按电能加热和加速推进工质的原理分类，电推力器可分为电热式、静电式和电磁式。

（4）电推进控制单元。在电推力器的运行过程中，电推进控制单元采样系统信号形成电信号与星上总控制器通信，从而控制 PPU 和贮供系统的供电供气，实现整体推力的闭环控制。

1.1.2 电推进 PPU 的作用

当前国际市场上的卫星主要采用离子电推进系统和霍尔电推进系统，这两种电推进系统均需要 PPU 为其供电。PPU 是电推进系统的关键单机之一，核心功能为卫星在轨飞行时将航天器一次母线电压和功率变换为卫星上电推进系统工作时所需的各类电源，包括高压直流源、恒流源、脉冲高压源等，并将一次母线与电推进系统进行电隔离，其技术发展对电推进技术的可靠应用具有重要影响。

PPU 接收控制系统发出的指令，执行多个单机电源电路的开关机控制，向电推进系统供电,提供电推进系统工作所需的加热、电场维持、束流引出等不同工况下的电压和电流。作为特种电源,PPU具有拓扑结构类型多(稳压源、稳流源和高压脉冲输出电源等)、输出功率大、输出电压高和低压电源浮置高压工作等特点[3]。

PPU作为电推进系统的供电源和重要组成部分,其工作正常与否及其可靠性水平直接决定了电推进系统的工作状态和整星的在轨寿命。

1.1.3 电推进系统的分类

按照电推进的工作原理,传统电推进分为电热式、静电式和电磁式三大类,见图1-2。

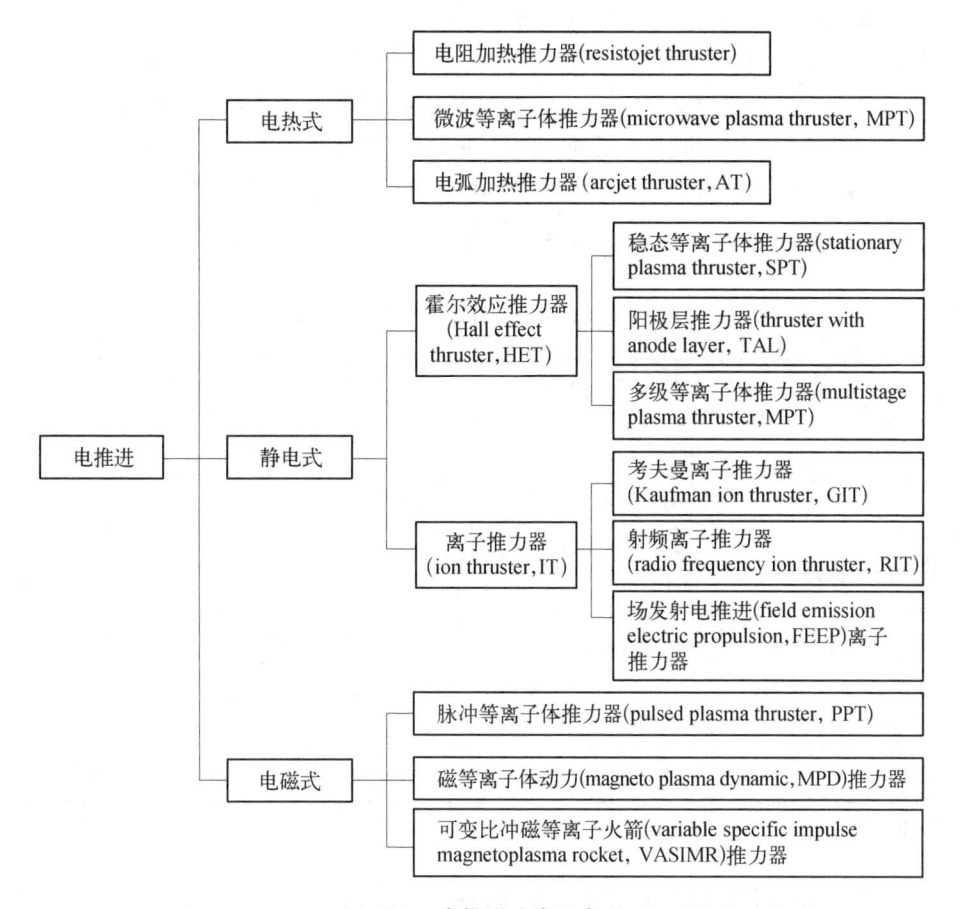

图1-2 电推进分类示意图

电热式推进器包含电阻加热推进器、微波等离子体推进器(MPT)和电弧加热推力器(arcjet thruster)等。以电阻加热推力器为例,介绍电热式推进器的工作原理:钨丝加热推进剂,推进剂气体能量(焓)因加热而升高,升高的能量再转变为动能。被加速的气体从喷嘴定向喷出,并推进航天器,推进剂可以是氢气、氮气或者是氨气。

静电式推进利用静电场加速推进剂来获得推力,是目前性能优势高、技术成熟度好、应用领域较广的电推进类型,典型代表为霍尔电推进和离子电推进,两者为当前国际上研究和应用的重点。

电磁式推进器包括脉冲等离子体推力器(PPT)、磁等离子体动力(MPD)推力器和可变比冲磁等离子火箭(VASIMR)推力器等。MPD的工作原理是利用微秒级至秒级的大电流脉冲放电,使推进剂(通常为固体、如聚四氟乙烯)表面发生烧蚀和气化,气态产物在放电过程中形成的等离子体在自磁场或外加磁场下受洛伦兹力作用高速喷出而产生推力。

在地球同步轨道,卫星的轨道高度和轨道倾角必须相对于某一地面站保持俘获状态。但在空间中,由于各种阻力因素的影响,轨道会缓慢衰减。推进系统的任务就是将卫星维持在期望的轨道上并控制其姿态指向地球。轨道转移和任务结束时,卫星离轨装置也需要推进系统。此外,随着新型航天任务,如火星探测、空间卫星组网、全电推卫星、高精度空间科学探测卫星等不断涌现,对卫星的推进系统提出了不同要求。表1-1列出了这些任务对推进系统性能的要求[4,5]。

表1-1 不同任务对推进器性能的要求

任 务 场 合	功能/目标	对推进器的要求
多模式电推力器	GEO转轨	大推力、大功率供给
	GEO位置保持	高比冲、小功率供给
深空探测计划主推进器	任务期内满足能源供给、推力和比冲需求	高比冲、宽功率范围/调节比
高精度无拖曳控制卫星	实施补偿非保守力	轨控精度高、推力调节范围宽、分辨率高、响应快、在轨时间长
超大功率推进系统	远距离深空探测	核电推进
商业航天小卫星电推进	通信、导航和遥感	体积小、重量轻、成本低、高比冲、长寿命等

注:GEO(geostationary earth orbit)表示地球静止轨道。

一般卫星的推力都是由星载化学燃料产生,地球同步轨道卫星上超过90%的燃料都被用于南北(N-S)向位置保持,剩余燃料用于东西向位置保持、姿态控制和轨道转移。

电推进利用电能加速喷射,其比冲是化学推进的数倍甚至数十倍以上,推力小且精确可调,可大幅节省推进剂,提高姿态控制精度,是化学能向物理能推进转变的重要实现方式。电推进技术能够完成的一些功能包括：同步通信卫星的轨道转移、位置保持和离轨处理等；低轨卫星的轨道转移、阻力补偿、姿轨控和重新定位等；深空探测的主推进；科研和对地观测卫星的超精指向、姿态控制和轨道控制、阻力补偿和无阻力飞行等。该技术将给航天器带来质量、寿命、经济等的增益，提升航天器任务执行能力，拓展其空间任务范围[6]。

1.2 电推进 PPU 分类及特征

电推进是一种高效的航天器推进方式，利用电能来加速推进剂，产生推力。电推进 PPU 是实现航天器电推进系统功能的关键组成部分，它为推进系统提供所需的电能。本节将介绍几种主流的电推进 PPU 类型及其特征，包括霍尔电推进 PPU、离子电推进 PPU、电弧电推进 PPU，以及新兴的电推进 PPU 技术。霍尔电推进 PPU 注重电力转换效率和稳定性。离子电推进 PPU 则着重于提供高电压，以加速离子产生推力，同时保持能耗最低。电弧电推进 PPU 适用于产生和维持电弧放电，这对于电弧推进器产生等离子体至关重要。而新型电推进 PPU 旨在支持新兴的推进技术，如会切场电推进、场效应电推进、胶体微推进、超高比冲离子电推进、激光烧蚀微电推进技术等，它们可能需要不同的电源特性，如更高的电压、电流或更复杂的控制策略。

1.2.1 霍尔电推进 PPU 及特征

霍尔推进系统分为电源系统、控制系统、加速装置、空心阴极和贮供系统。电源系统起到能量转换和能量输出的作用；控制系统作为推进系统的中央控制机构，接受星载计算机的控制指令；加速装置是最主要的工质电离和加速的区域；空心阴极是点火器和中和器，是霍尔推力器的重要组成部分；贮供系统用于贮存和供给工质气体。

霍尔电推进的基本原理是霍尔效应，推进剂在正交电磁场中与电子碰撞电离，电场则会加速离子进而产生推力。在理想的霍尔推力器中，沿周向的任意截面上都有正交的径向磁场和轴向电场，因此大量的电子由于漂移速度在宏观上形成环绕放电通道的霍尔漂移电流。霍尔漂移电流中的电子与中性气体发生碰撞使中性气体发生电离形成阳离子，阳离子在轴向电场的加速下射出加速通道，并在外部羽流区与空心阴极射出的电子进行中和，生成中性气体。从宏观上看，中性气体受力被加速，并对霍尔推力器产生反作用力，从而使霍尔推力器产生向后的推力。

霍尔推力器的主要特点如下。① 结构简单，没有容易变形、易烧蚀的栅极；外置空心阴极，避免了空间电荷效应问题；运行电压低，在大功率推进任务中具备优势，可靠性高且安全性好；体积及质量小，布局便捷；② 单位面积推力大，即推力密度高,可以达到 1~3 mN/cm^2;③ 比冲(1 000~4 000 s)适中,且和功率、推力等参数均可调节,任务适应性强[7]。

在霍尔电推进系统中,PPU 的基本功能是为霍尔推进器的各电极提供所需电压和电流。霍尔推进器由阳极、阴极、气体分配器、通道套筒及磁路等组成[8]。

在霍尔电推进推力器工作过程中,对 PPU 的具体供电需求如下:

(1) 阴极加热电源,对空心阴极加热丝通电加热,直到空心阴极温度加热到 1 600℃,空心阴极发射体开始热电子发射;

(2) 阴极触持极电源,建立阴极电子发射电场,维持阴极的稳定持续放电状态,并在阴极和阳极之间形成等离子体区域;

(3) 阴极点火电源,在阴极与触持极之间产生高压单次脉冲,使阴极和触持极之间起弧放电;

(4) 阳极电源用以建立离子光学系统,对放电室内被电离的 Xe 离子进行聚焦、引出,从而产生推力。

霍尔电推进系统 PPU 与推力器供电关系如图 1-3 所示[9]。

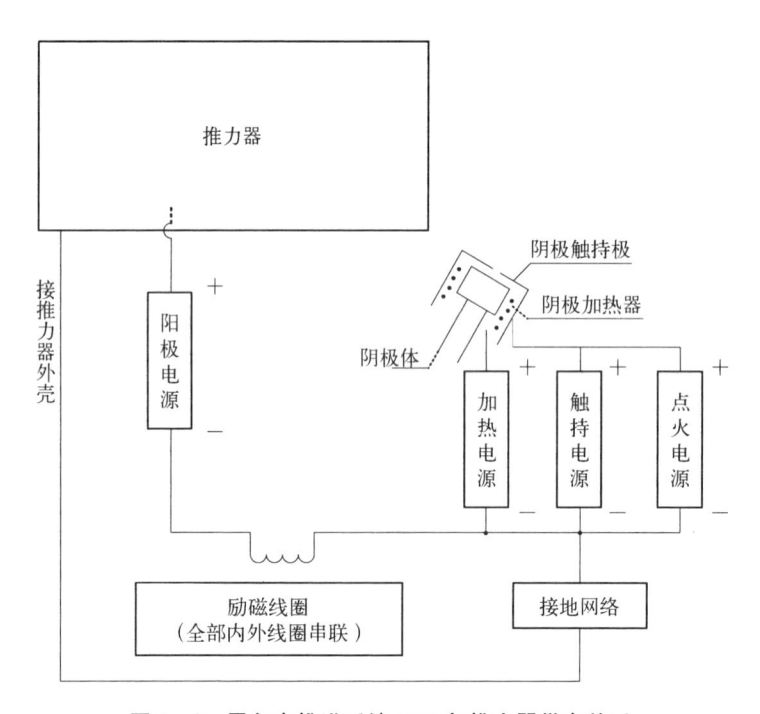

图 1-3 霍尔电推进系统 PPU 与推力器供电关系

霍尔电推进系统 PPU 的 90% 的输出功率由阳极电源承担,其主要难点在于如何抑制与推力器匹配产生的阳极电流振荡问题。在工作过程中,通过实验观察到大范围的阳极电流自发振荡[10],振荡频率在 1~100 kHz,相对于等离子体的数兆赫兹的高频振荡,称为低频振荡。低频振荡幅值比较大,会对航天器的电源产生不良影响,并且降低推力器的效率和比冲,甚至会导致发动机熄火[11]。国际上许多霍尔推力器研究单位都对阳极低频振荡开展了实验和数值模拟研究。从20世纪70年代起,俄罗斯(苏联)的研究者对很大频率范围内的振荡进行了全面系统的研究[12]。因此,一般在霍尔电推进PPU输出端与推力器之间专门配置相应的滤波单元(filter unit, FU)。

1.2.2 离子电推进PPU及特征

离子电推进系统(ion propulsion system, IPS)中,带电粒子被静电场加速。推进器按照中性推进剂产生带电粒子的方式分类,一种较为简单的方法为将低离子势能的汽化材料通过多孔金属钨板加热实现离子化,铯经常被用作汽化材料。该过程中的热辐射损失较高,因此总效率受到限制。

离子电推进属于静电式电推进,其工作可分为三个相对独立的过程,即等离子体产生过程、离子引出过程与离子束流中和过程。第一个过程中,中性气体原子或分子在放电室内与激励源相互作用,工质气体被电离产生等离子体,其中的电阻被阳极收集,镁离子向屏栅扩散,进入第二个过程;第二个过程中,扩散到屏栅板表面附近的离子在栅极组件加速电场的作用下聚焦引出;第三个过程,中和器向引出的离子束发射等量电子,使最终喷出来的束流呈电中性,并产生推力[12]。

正是基于离子电推进的上述工作原理,离子电推进容易实现高比冲、高效率和高工作性能调节灵活性。离子电推进具有以下技术特点。

(1) 高比冲。离子电推进过程中电离与加速相对分离,电离放电过程与引出加速过程的耦合较弱,因此可单纯通过加载高加速电压获得高比冲。一般加载1~10 kV的电压,可使比冲达3 000~10 000 s。

(2) 高效率。由于离子电推进过程中电离与加速相对分离,放电室放电性能及栅极加速性能的提升和优化过程之间的相互影响较小,可各自独立地达到高效率。另外,离子电推进加速过程中的离子损失较小,也是离子电推进可实现高效率的重要因素。

(3) 工作性能调节灵活性高。通过调节放电室流率、阳极电流和磁场强度,可在较大范围内改变放电室气体放电等离子体密度,通过改变束电压实现比冲调节,从而使离子电推进灵活实现推力和比冲的连续调节。

离子电推进存在上述优势的同时,也有其不利的方面,主要有:① 空间电荷效应下的推力器密度较小;② 电源系统相对复杂;③ 制造和装配工艺要求高[13]。

离子电推进技术作为目前主流的空间电推进技术之一,得益于推力器特殊的栅极结构和PPU高压电源的共同作用,实现了高比冲、高效率等核心关键指标,同时通过PPU电源参数和贮供供气参数的精密调节,使其具备输出推力可宽范围精确调节的优势,在目前的航天器位保和变轨任务中得到了广泛应用。图1-4给出了离子电推进系统与PPU供电结构示意图,主要包括10个功能电源输出,即阴极加热电源、阴极触持极电源、阴极点火电源、阳极电源(也称放电室电源)、励磁电源(可选)、中和器阴极加热电源、中和器触持极电源、中和器阴极点火电源、加速电源和屏栅电源(也称束电源),其中加热电源与点火电源仅在推力器点火初期工作,工作时间为3~10 min,其余电源根据推进任务需求时间而长期工作。

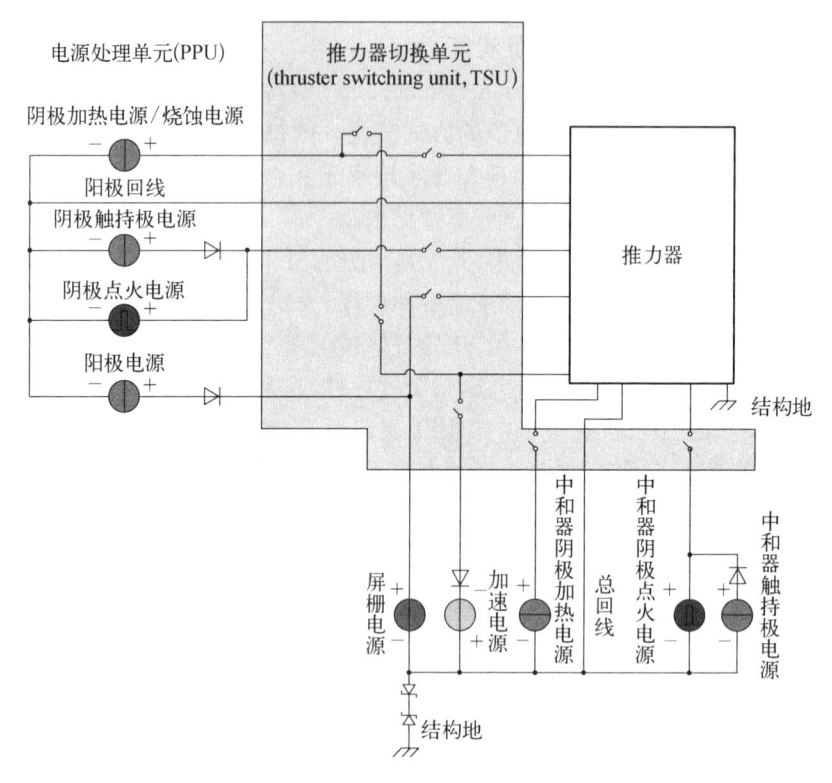

图1-4 离子电推进系统与PPU供电结构示意图

根据不同种类离子推力器的供电要求,PPU的各功能电源配置也有细微差别,例如,射频离子推力器还需配备对应的射频电源,微波离子推力器还需配备对应的微波源,但离子推力器的PPU必须具有阴极加热电源、触持点火电源、加速电源和屏栅电源。其中,屏栅电源输出功率占总功率的80%以上,且由于推力器的供电需求,阳极电源、阴极加热、触持点火电源均浮置于屏栅高压电源之上,这也增加了PPU供电设计和高压绝缘防护的复杂性,也是离子电推进系统PPU设计的难点之一。另外,PPU还需具备以下功能。

(1)具备与航天器的通信接口[一般采用1553B、控制器局域网总线(controller area network,CAN)或RS422通信总线],接收航天器各类工作指令。

（2）供电输入消浪涌保护和输入隔离保护功能,防止 PPU 发生故障扩散,从而对航天器造成不利影响。

（3）各路电源输出控制功能。

（4）具备输入与输出各路电源电压电流的实时遥测采集功能,以及相关工作状态值的回传。

（5）具备故障监测与故障处理功能,根据预定故障流程进行故障响应与处理。

（6）根据系统配置需求,具备输出电源的冗余备份切换功能。

（7）根据离子推力器的特殊性,还应具备相应的电源互锁功能与栅极闪烁保护功能等。

1.2.3　电弧电推进 PPU 及特征

电弧电推进指电弧加热式推力器(arcjet thruster)构成的电推进装置。电弧加热式推力器兼有电热式推力器和等离子体加速推力器的工作特性,利用直流放电形成高温电弧加热气态推进剂,推进剂经加热后变为高温等离子气体,然后经拉伐尔喷管加速喷出产生反作用推力。

电弧加热式推力器具有适中的比冲、高推力密度、高推力/功率值、大的推进剂选择范围,以及推进剂与卫星液体推进系统的兼容性好、结构简单紧凑便于安装、启动迅速、控制容易和可靠性高等特点,其推力/功率值是目前所有已投入实用的电推进系统中最高的,且具有很好的综合优势。

电弧加热式推力器在 0.1~100 kW 的功率范围内可适应不同空间推进任务的要求。小功率(0.1~2 kW)电弧加热式推力器可满足空间平台的姿态调整及高精度同步卫星位置保持、轨道机动及其他辅助推进的要求;中功率(10~30 kW)电弧加热式推力器又可承担空间平台和卫星的轨道提升、转移、维持等控制任务;大功率(50~100 kW)电弧加热式推力器与磁等离子体推进结合将是未来星际航行主推进的重要工具[1]。

电弧推进系统包括发动机本体和维弧电源。气体推进剂在强电场的作用下形成高温电弧,并通过发动机本体加速喷出,电弧推进器的性能与发动机结构、推进剂喷流速度、电弧电源性能密切相关[14]。电弧推进电源除了需要提供维持高温电弧所必要的功率输出能力、电压等级,还需要在电弧形成阶段提供启动高压,用于激发气体推进剂电离。

电弧电推进 PPU 原理图如图 1-5 所示。电弧推进电源功率等级由主功率回路决定,主功率回路利用高频开关变换技术将卫星一次母线经开关逆变器功率变换后,通过高频变压器隔离输出,控制电路通过调整开关逆变器的占空比,以保证维持高温电弧的电流稳定。主功率回路的输出电压范围受到高频变压器匝比和一次母线电压的制约,可调整范围为 0~180 V,能够满足电弧推进器维持高温电弧稳

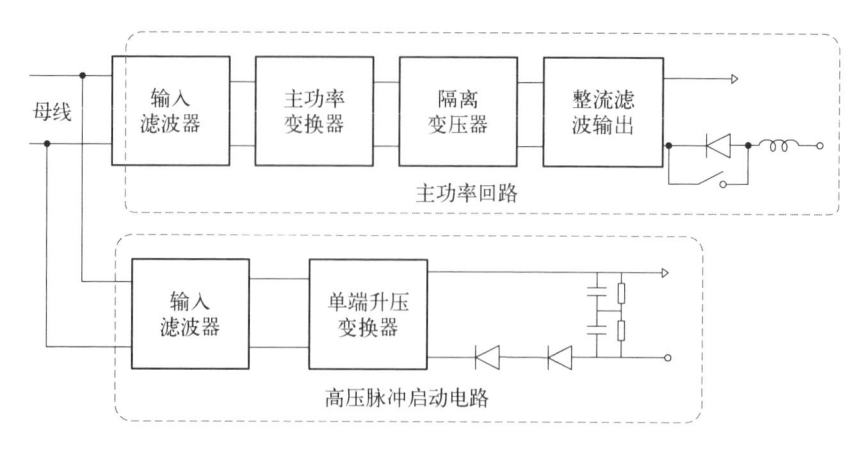

图 1-5 电弧电推进 PPU 构成

定工作点电压范围。

高压脉冲启动电路在电弧推进电源启动阶段用于在阴阳极间形成高压脉冲，气体推进剂在强电场作用下将发生电离，在阴阳极间形成低阻抗，从而引起主功率回路放电，使气体带电离子进一步被激发，温度迅速升高，主功率回路在控制电路的调整下以恒定电流输出，带电离子的形成和复合趋于稳定，最终形成稳定的电弧燃烧。由于电弧特性受电极构造形状、极面外表状况、温度及气体推进剂喷流速度变化等因素影响，要求电弧电源具有良好的输出电流动态调整能力。

1.2.4 新型电推进 PPU 及特征

随着国内外航天技术的发展，以空间重力场测量和引力波探测为代表的高精度空间科学探测任务、以互联网为代表的低轨大规模卫星组网及以小行星采样返回为代表的深空探测任务等新型航天任务的迫切性日益提升，这对空间电推进装置的性能参数提出了更高的要求。场效应电推进、胶体微推进、会切场电推进、超高比冲离子电推进、激光烧蚀微电推进技术等是目前国际上涌现出的一类新型电推进概念。

场效应电推进(field effect electric propulsion, FEEP)和胶体微推进都采用毛细力和静电力将工质发射出去产生推力，前者使用液态金属作为工质，后者采用离子液体作为工质。场效应电推进和胶体微推进等新型推力器需要的电推进 PPU 数量相对较多，要求的电压较高，通常需要多台数千伏以上的高压电源。同时，由于场发射推力器工作时的电流极其微小，对电源的设计提出了更高的要求。图 1-6 所示为常见的场发射或胶体推进系统的电源结构示意图。

多栅离子电推进以离子产生、离子加速和离子中和 3 个主要工作过程的相对分离为内在特征，以应用离子光学系统(栅极组件)完成对放电室离子的分离、聚

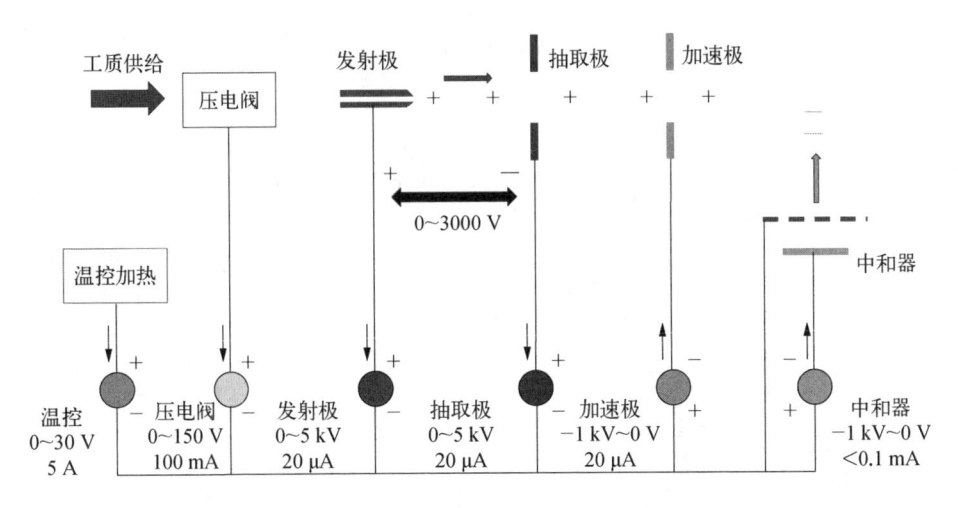

图 1-6　胶体推进系统电源结构示意图

焦和加速引出为外在特征。从电推进 PPU 的角度来说，不同离子推力器的主要区别在于栅极电源的数量和栅极电压高低。多栅离子推力器栅极组件经历了双栅、三栅和四栅的技术发展进程，由屏栅和加速栅组成的双栅组件最为常见，其主要优点是结构简单，最大问题是加速栅易受到交换电荷离子溅射腐蚀。为解决双栅的这一问题，研究人员提出了在下游增加减速栅的三栅极组件技术，处于低电位或空间浮电位的减速栅能够有效减弱加速栅的交换电荷腐蚀，而自身离子的溅射腐蚀很小，但三栅极带来的结构复杂性问题不容忽视。为解决双栅和三栅都存在的进一步提高推力器比冲和保持离子引出效率之间的内在矛盾，有文献提出了四栅极技术。超高比冲离子电推进技术采用多级加速的方式，将束流离子的引出和加速过程分开，实现束流离子的高速引出，从而实现超高比冲（≥10 000 s）和超小束流发散角（≤5%）。对于多栅极和超高比冲离子推力器，栅极的增加意味着栅极电源的增加，如何集成多个高压电源系统，多系统之间的耦合、控制成为多栅极电推进 PPU 实现的难点[15]。图 1-7 为多栅极离子电推进系统电源结构示意图。

会切场电推进诞生于 20 世纪末，具有寿命长、结构简单、推力连续调节范围大等优点，并且最大可达到亚牛级、最小能实现小于 1 μN 的推力。会切场电推进的技术核心是基于多级会切磁约束的原理，采用多极永磁体形成独特会切磁场位形来有效地约束等离子体，降低等离子体在壁面的损耗。会切场电推进最具代表性的应用场景为空间重力场测量所需的无拖曳控制任务。在很多任务中，会切场电推进可采用流量和电压综合调节方案，极大地拓展推力器稳定工作的范围，使其推力具备跨越三个数量级的连续可调节能力。此外，会切场电推进还具有高分辨率调节能力和长寿命等优点[16]。

激光烧蚀微电推进技术是一种基于激光与固体燃料相互作用原理的先进推进

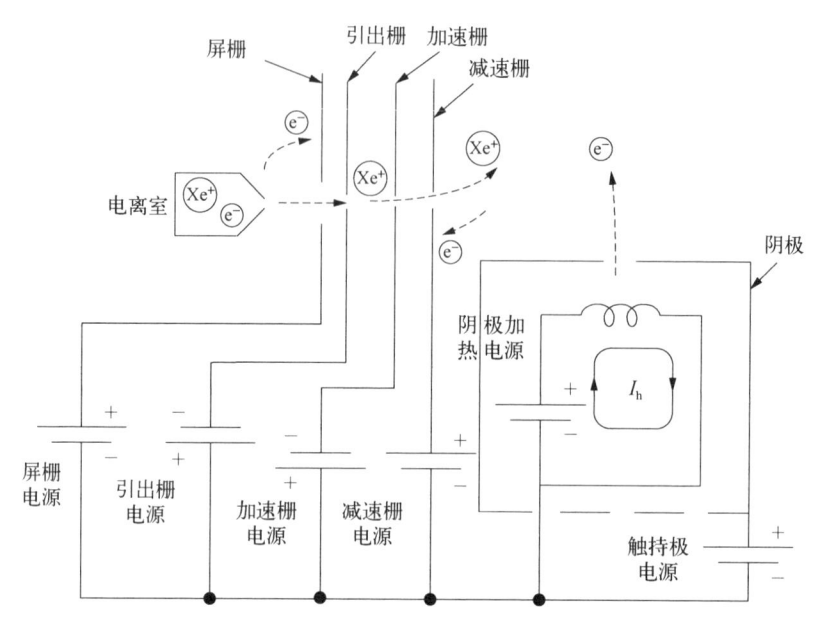

图 1-7 多栅极离子电推进系统电源结构示意图

技术。激光烧蚀微电推进技术利用激光的能量,使固体燃料在微小的尺度上瞬时蒸发和膨胀,产生高速气体流,从而产生推力。基于这种推进原理,可通过控制激光的能量和频率来实现微小的姿态调整和轨道变化。固体燃料的选择和激光参数的调节决定了推进系统的性能和效率。激光电源的性能决定了推力器性能,尤其是高精度、高稳定度电流源设计,是保证激光烧蚀微电推进推力微调的关键。

以上新型电推进以微小功率调节为特点,在不同功率和推力等级、不同轨道高度、不同航天器质量的多种新型航天任务中具有广泛的应用前景。其中,每个新型电推进系统都和电源有着密切的关系,其都是保障推力调节和推力精度的必要保证。

1.3 电推进 PPU 常用电路拓扑简析

全桥拓扑具有功率变压器磁芯利用率高、开关管电压和电流应力小及结构简单等优点,在早期的航天器电推进 PPU 中得到了广泛应用。图 1-8 为日本三菱公司针对 200 mN 及 250 mN 量级的霍尔电推进系统 PPU 中阳极电源采用的拓扑结构[17]。该拓扑采用两个功率变换器组合使用的方式实现升压大功率变换,其中两个功率变换器的原边全桥逆变部分并联输入,副边倍流整流部分串联输出,该拓扑具有输出电压范围较宽、输出二极管应力小等特点。

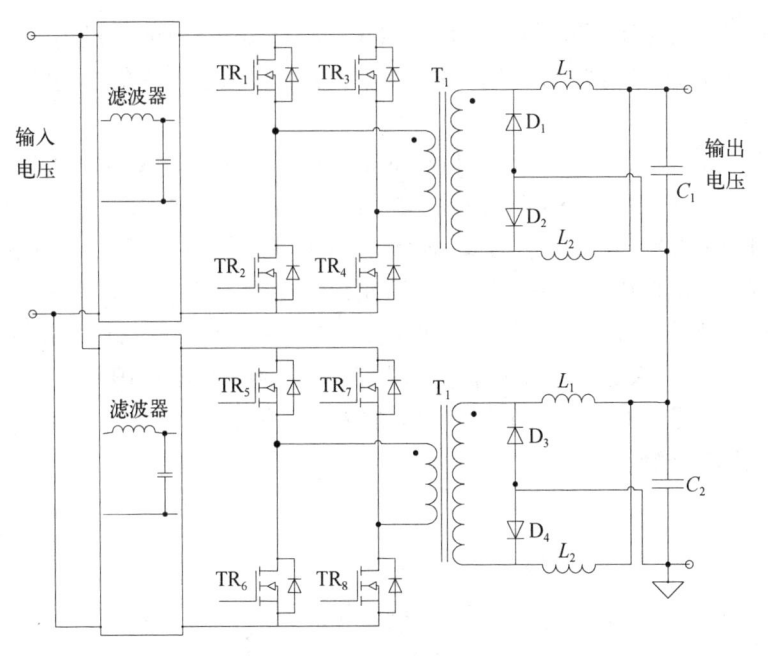

图 1-8 全桥倍流整流拓扑[17]

图 1-9 为美国国家航空航天局(National Aeronautics and Space Administration，NASA)研制的千瓦量级霍尔电推进阳极电源拓扑结构[18]。由于采用目前较为成熟的移相全桥结构,该拓扑能够在较宽的负载范围内实现零电压开通,从而使开

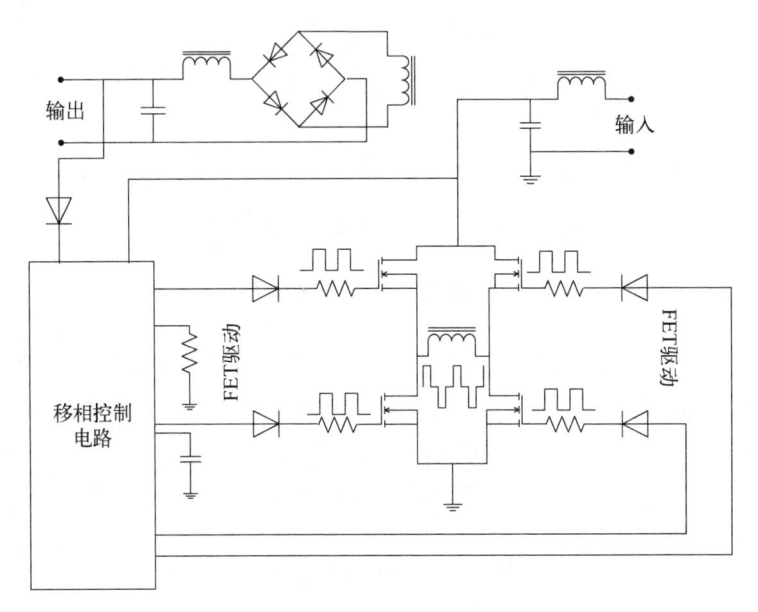

图 1-9 移相全桥拓扑结构[18]

关损耗较小,同时还可改善电磁兼容性(electro magnetic compatibility，EMC)[19]。该拓扑的主要缺点为输出整流二极管电压应力较大,且存在较大的反向恢复损耗。

图1-10所示为欧洲航天局(European Space Agency，ESA)阿尔卡特(Alcatel)欧洲通信公司研制的1.6 kW霍尔电推进阳极电源拓扑结构图[20]。从图中可看出,该拓扑采用两级功率变换结构,前级为Buck降压拓扑,后级为全桥拓扑结构,前级负责宽范围调压,后级不控升压。因此,该拓扑能够在较宽的范围内对输出电压进行连续调整,以满足多模式霍尔推理器的工作需求。同时,该拓扑原边并联,副边串联输出,开关管较低且功率等级易扩展,据称已扩展至10 kW功率等级,输出电压足以满足700 V量级霍尔推力器的需求。但由于该拓扑采用两级拓扑结构,其效率相对较低。

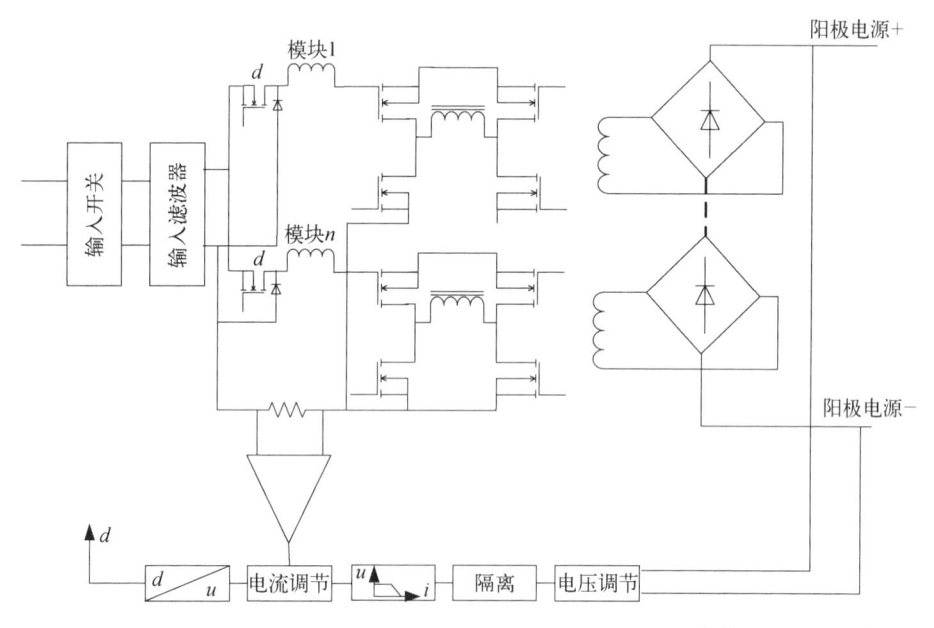

图1-10 Alcatel的霍尔电推进阳极电源拓扑结构[20]

图1-11为NASA格林研究中心针对5~10 kW量级的离子电推进中屏栅电源的宽输出电压范围需求,提出的移相/脉冲宽度调制(PWM)混合控制双全桥拓扑[21]。该拓扑原边包含两个并联的全桥功率变换,通过对原边开关管的开关控制可使副边的六个整流二极管工作在并联或串联的方式,具有软开关、宽输入输出电压变化范围的特点。

图1-12为德国Astrium公司针对AlphaBus卫星平台及高效多级等离子体推力器对PPU的电性能需求所采用的平顶谐振型拓扑结构[22]。该拓扑较适用于输

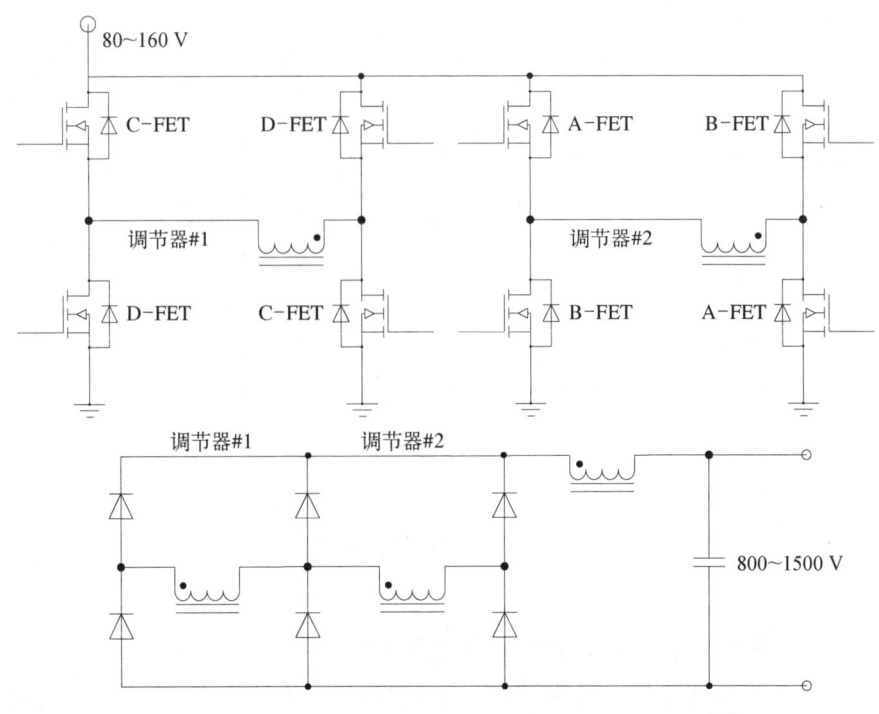

图 1-11　5~10 kW 量级离子电推进屏栅电源拓扑结构[21]

入输出电压都相对固定的场合,同时主功率变压器上的电流为方波,电流有效值较小,导通损耗较低,且变换器开关频率较低,因此该拓扑具有效率高、开关管应力低、易于并联等特点。NASA 针对大功率离子电推进的屏栅电源提出了图 1-13 所示的交流变换拓扑结构[23],该拓扑的输入为 1~1.5 kHz 的交流源,单变换器可达到 10 kW 功率等级,具备单体功率大、输出电压高等特点。

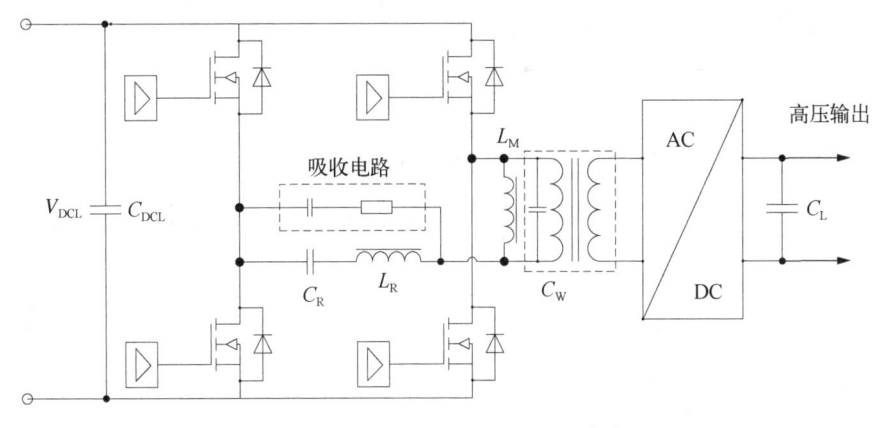

图 1-12　平顶谐振型拓扑结构[22]

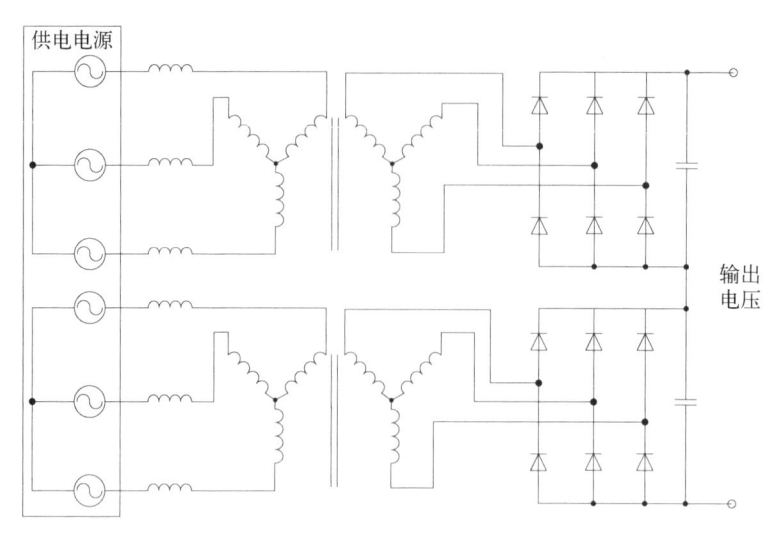

图 1-13　交流变换拓扑结构[23]

1.3.1　电流馈电移相全桥变换器研究现状

传统电压型移相全桥变换器利用主功率变压器漏感及开关管漏源极寄生电容实现软开关[24]，其拓扑结构如图 1-14 所示。由于输出滤波电感参与了超前桥臂开关管的软开关过程，而输出滤波电感相对较大，因此超前桥臂开关管较易实现零电压开通；在滞后桥臂开关管软开关过程中，只有变压器漏感起了作用，而变压器漏感一般较小，因此传统电压型移相全桥变换器滞后桥臂开关管软开关范围较小，特别当负载较轻或输入电压较大时，滞后桥臂开关管甚至无法实现零电压开通。一般可在主功率变压器原边串联一个额外电感来扩大滞后桥臂开关管的软

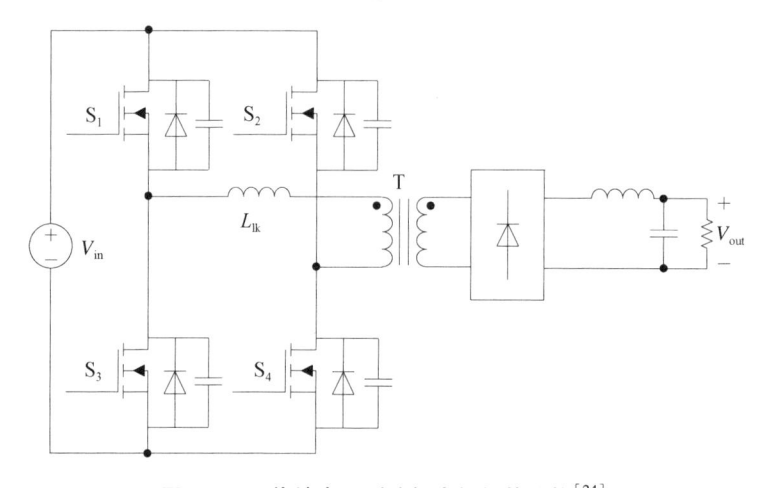

图 1-14　传统电压型移相全桥拓扑结构[24]

开关范围,然而过大的原边串联电感将导致占空比丢失问题更为严重,同时将增大原边续流导通损耗及副边整流二极管电压尖峰,严重影响变换器的性能[25]。

为解决传统电压型移相全桥变换器的问题,浙江大学的钱照明教授及多伦多大学的 Jain 教授等国内外知名学者近年来对电流馈电移相全桥变换器进行了深入研究[26]。图 1-15 为电流馈电移相全桥变换器电路原理图,该变换器在主功率变压器原边串联了一个交流电感,该交流电感工作于断续模式,因此变换器无占空比丢失且滞后桥臂开关管及副边整流二极管都能实现零电流关断。同时,超前桥臂开关管利用交流电感电流来实现零电压开通,而交流电感相对较大,因此超前桥臂开关管的软开关范围较大。对于副边整流桥,原边交流电感类似于一个交流电流源,因此整流桥输出端采用的是容性滤波结构,从而使输出二极管两端无电压尖峰,电压应力较小。由以上分析可知,电流馈电移相全桥变换器本质为一个不需要额外钳位电路的 ZVZCS(zero voltage and zero current switching)移相全桥变换器,较为适用于高压输出场合。

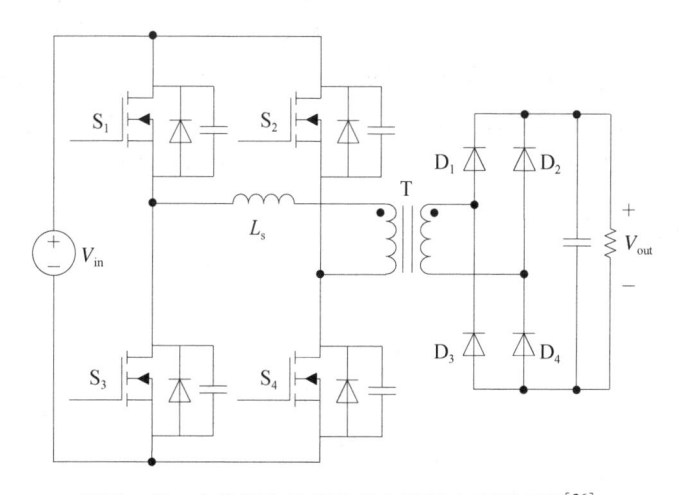

图 1-15 电流馈电移相全桥变换器电路原理图[26]

电流馈电移相全桥变换器的主要缺点如下:① 交流电感工作于断续模式,线路上的电流峰值与有效值较大,开关管电流应力及变换器导通损耗相对较大;② 滞后桥臂开关管无法实现零电压开通;③ 交流电感上有较大磁通摆幅,从而使铁损有所增加。为了解决这些问题,文献[27]在电流馈电移相全桥变换器中引入了辅助软开关电路,从而使所有开关管都能实现零电压开通,同时将交流电感以漏感的形式集成于主功率变压器中,消除了由交流电感带来的损耗且提高了功率密度。文献[28]利用变压器激磁电感电流来辅助滞后桥臂开关管实现零电压开通,不需要额外的辅助软开关电路,但由于激磁电感电流随着移相角变化而变化,变换器软开关范围有限。

1.3.2　宽电压输出范围变换器研究现状

宽电压输出范围变换器广泛应用于微弧氧化电源、空间电推进 PPU[29]及弧焊电源等领域。该类电源一般具有恒功率特性,即负载电流大时输出电压小,而要求输出电压大时负载电流小[30]。当应用于该场合时,传统电压型移相全桥拓扑存在诸多问题,如小占空比、大电流输出时的原边环流问题及高压输出时的副边二极管电压尖峰问题。因此,学者们近年来提出了多种改进拓扑结构以适应宽范围输出的要求。

文献[31]~[33]提出了一类共用桥臂的混合桥式拓扑结构,其电路原理图如图 1-16 所示。该类变换器有以下特点:采用移相及开环相结合的控制策略,变换器整流桥输出为多阶梯的电压波形,从而使输出电压能够在较宽范围内实现连续调整。不仅如此,该类变换器的输出滤波电感电流纹波及原边续流电流相对较小,原边开关管能够在较宽的负载范围内实现软开关,因此该类混合桥式拓扑较适用于宽电压输出范围场合。该类变换器的主要缺点为功率电路较为复杂,可靠性稍有降低。文献[34]提出了一个可扩展宽范围输出桥式变换器,其典型电路结构如图 1-17 所示。该变换器所有开关管的占空比都为 50%,且两个全桥电路都工作于对管导通状态,变换器可通过调节两个全桥电路之间的移相角控制两个变压器串联或者并联输出,从而使输出电压能够在宽范围内连续调整。

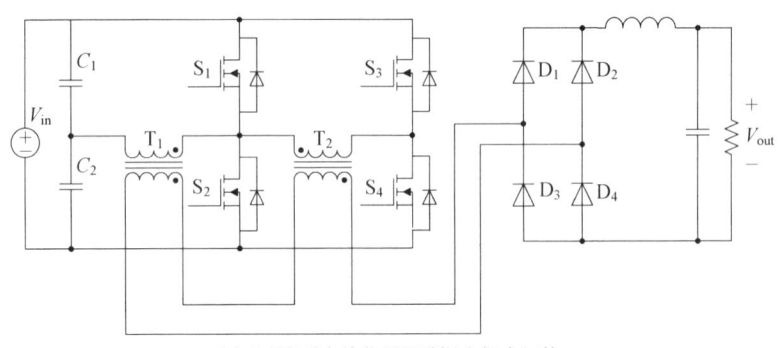

(a) 文献[31]中的共用桥臂混合桥式拓扑

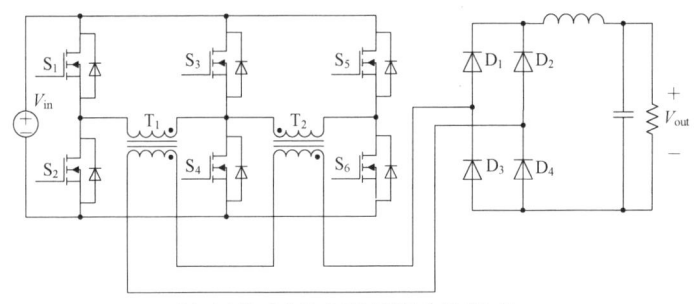

(b) 文献[32]中的共用桥臂混合桥式拓扑

(c) 文献[33]中的共用桥臂混合桥式拓扑

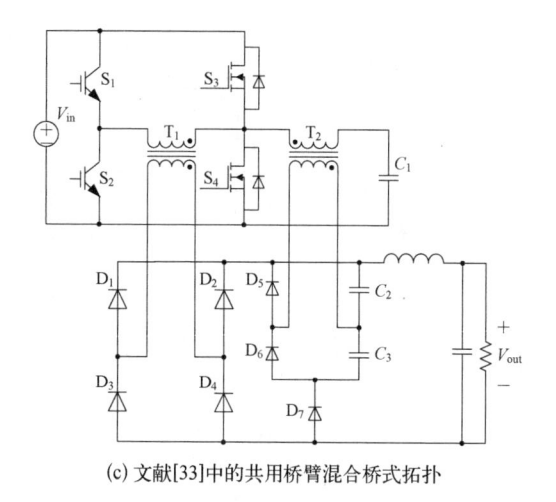

图 1-16　一类共用桥臂的混合桥式变换器

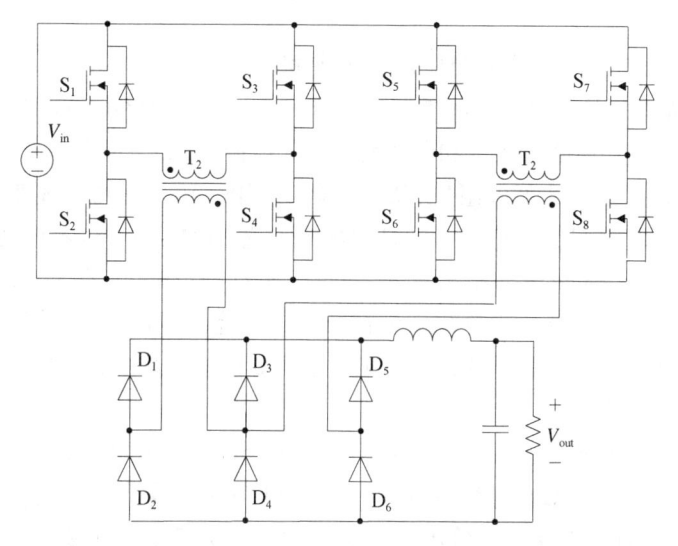

图 1-17　可扩展宽范围输出桥式变换器典型电路结构图[34]

为提高变换器对宽电压输出范围的适应性,学者们提出了一系列变结构控制的变换器[35-38],该类变换器的主要特点为通过控制新引入开关管的通断而改变变换器拓扑结构,从而使变换器输出电压在极宽的范围内实现连续可调,以满足宽电压输出范围的需求。文献[35]通过增加额外的开关管,能够将变换器由全桥结构切换至半桥结构,从而达到宽范围输出的目的。文献[36]通过控制开关管的通断对变压器副边绕组进行切换,进而使变换器的连续可调节范围扩大。文献[37]和[38]给出了一种可在并联结构与串联结构之间切换的宽范围输出变换器,其中文献[38]中的拓扑结构原理图如图 1-18 所示。

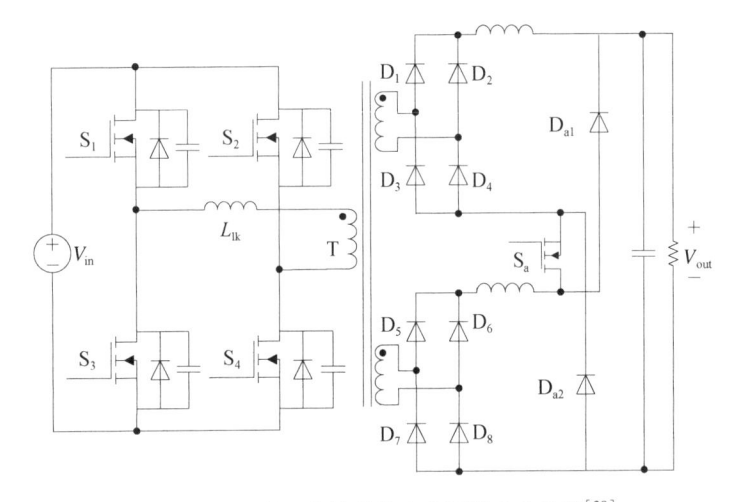

图 1-18　一种可变结构的宽范围输出变换器[38]

1.3.3　三相 LCC 谐振变换器研究现状

与 PWM 型拓扑相对的是频率调制(pulse frequency modulation，PFM)型拓扑。在 PFM 型拓扑中，电路中容性和感性元件构成谐振单元，通过调节频率，控制变换器的容性和感性元件的等效阻抗，从而控制谐振的程度，以此实现变换器输出控制。通常采用变频调制的功率拓扑都可实现全范围的软开关[零电压开关(zero-voltage-switching，ZVS)或零电流开关(zero-current-switching，ZCS)]，故具有较高的全局效率。这类拓扑的主要缺点为在频率变化范围较宽时，滤波器及磁性元件的设计将会变得比较困难，同时，高频工况下的驱动损耗及功率器件的开关损耗将成倍增加。

串联谐振变换器(series resonant converter，SRC)和并联谐振变换器(parallel resonant converter，PRC)都存在一定的不足：SRC 在轻载情况下调节电压时的频率变化较大，且在空载条件下输出电压变得无法调节，造成整个变换器在轻载及空载条件下工作不稳定；PRC 克服了 SRC 不能在轻载或空载条件下工作的缺点，但负载由重载或满载变为轻载时，谐振环路中的电流变化不大，即谐振环路中的电流对负载的变化不敏感，无功电流在轻载情况下占比较大，使得轻载时的效率较低。SRC 与 PRC 都属于二元谐振变换器，LLC 和 LCC 属于三元谐振拓扑，是目前应用最为广泛的两种串并联谐振软开关拓扑结构，这两种拓扑同时存在串联谐振和并联谐振过程，对其谐振过程加以利用，可有效克服单一串联谐振或并联谐振的缺点，融合两者的优点[39]。图 1-19 为全桥 LLC 谐振拓扑结构示意图，LLC 的谐振单元主要由三个谐振元件组成，包括串联谐振电感 L_s、串联谐振电容 C_s 及并联谐振电感 L_p，其中串联谐振电感和并联谐振电感分别可用变压器的漏感和激磁电感来替代,以实现变压器寄生参数的利用。通过对 LLC 谐振变换器的建模、谐振曲线的分析,以及谐振参数的选取和优化,可使 LLC 谐振变换器在全工作范围内实现软开关,降低电磁干扰,实现高效高功率密度变换。

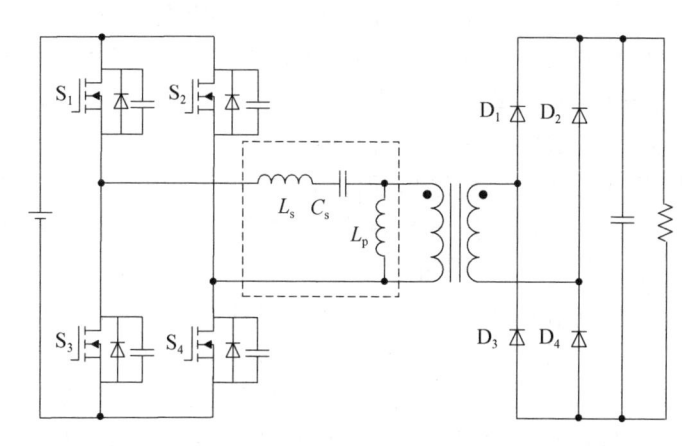

图 1-19 全桥 LLC 谐振拓扑结构

尽管 LLC 变换器存在诸多优点,但应用在高压大功率变换领域时,当输出电压进一步升高,高压变压器的次级匝数显著增多,由匝间电容和层间电容组成的变压器分布电容随着变压器变比的升高而不断增大。LLC 谐振拓扑所需变压器的励磁电感相对较小,与分布电容的谐振频率已经非常接近工作频率,所以分布电容对 LLC 谐振电路的影响非常大。LLC 谐振变换器对高压变压器的分布电容提出了非常苛刻的要求,提高了高压变压器的设计难度。而 LCC 谐振变换器则充分利用了高压变压器的分布电容,并使得分布电容成为谐振变换器必不可少的组成部分。图 1-20 为全桥 LCC 串并联谐振拓扑结构图。

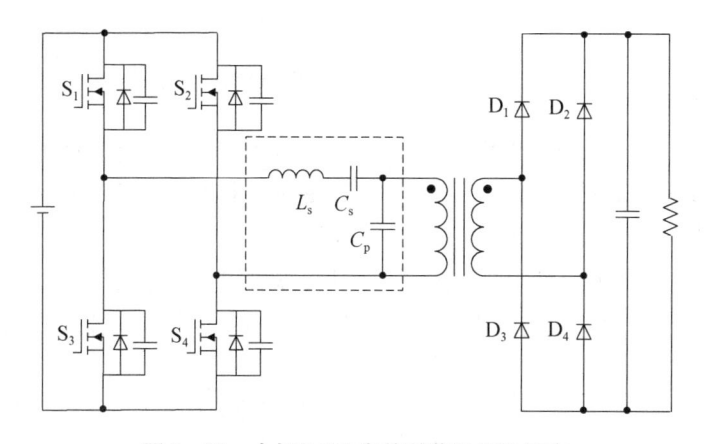

图 1-20 全桥 LCC 串并联谐振拓扑结构

LCC 综合了二元件串联谐振和并联谐振变换器的特点,具有良好的电压增益特性和抵抗负载开路或短路能力的优点。由于谐振元件为三个,高频变压器的漏电感和寄生电容均可参与到变换器的工作过程中,LCC 的这一特点使得其在大功率的高压直流电源场合得到了广泛应用。传统高压输出应用中,如果采用 LC 二阶低通滤波的形式,电感的体积会因为绕组高压绝缘的需求而变得庞大。另外,对于整流器接 LC 滤波回路的形式,整流二极管有可能处于硬关断状态,在二极管反向恢复的过程中会产生较高的损耗,容易过热而损坏二极管,从而影响变换器的整体可靠性。因此,对于应用在高压输出场合的 LCC,可直接采用单个电容的滤波结构,省去了滤波电感,同时采用全桥整流或倍压整流的整流二极管均工作在 ZCS 状态,降低在高压输出场合对二极管的耐压、功耗要求。

在 20 世纪 90 年代初,Bhat 等[40]综合了三相 DC-DC 变换器和谐振变换器的特点,提出了三相谐振变换器(three phase resonant converter,3PRC)的概念。图 1-21 为三相 LCC 谐振变换器电路图。从图中可看出,三相 LCC 谐振变换器是在三相 DC-DC 变换器的基础上引入的谐振电路,使变换器具备了两种电路的优点。输入母线电压经过逆变桥转化为三相方波电压,再经过谐振网络,转化为近似正弦的三相交流电压,最后经过副边整流桥后输出直流电压。通过上述分析,可总结出该电路具有如下优点[41]。

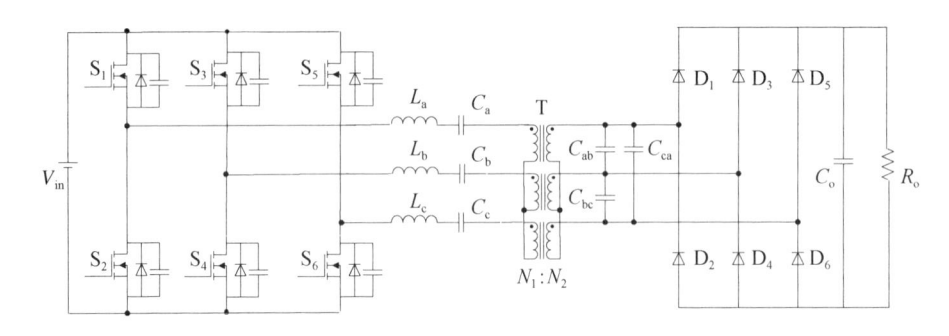

图 1-21 三相 LCC 谐振变换器电路图

(1)输入与电流输出纹波小,纹波频率为开关频率的 6 倍,滤波电容体积小、重量轻,在某些特殊的应用场合甚至可不需要滤波电容,降低了变换器的成本,可提高变换器使用寿命。

(2)LCC 谐振电路的引入,使变换器具有高可靠性及软开关的特性,原边开关管零电压开通,副边二极管零电流关断,降低了开关损耗,变换器效率得以提高,存储能量较低。

(3)变压器漏感可设计为串联谐振电感。副边并联电容不仅对副边整流二极管的软开关起到了重要作用,还可降低二极管寄生电容的敏感度。不同于单相谐振变换器一般应用在中小功率场合,三相谐振变换器可应用于许多大功率场合。

(4) 同等功率等级,相比单相谐振变换器,三相变换器的变压器可设计得体积更小、重量更轻。

(5) 具有容性滤波器的三相谐振变换器可将二极管电压钳位在输出电压,降低二极管的电压应力。

1.4 电推进 PPU 国内外发展现状

PPU 的发展需要紧密跟随电推进发动机的发展。电推进发动机技术是各航天大国的核心技术,其对应的电性能指标及工作方式也是各国保密的重点,所以目前 PPU 的发展具备了各国各自独立的特点。下面分别从国际和国内的 PPU 发展来展开介绍。

1.4.1 国外 PPU 的发展现状

苏联是最早开始霍尔电推进技术研究的国家之一,1972 年,苏联首先成功将霍尔电推进发动机应用到卫星上,开启了电推进系统在航天器上的应用。鉴于苏联在霍尔电推进上取得的成功应用和技术优势,20 世纪 90 年代后,其他航天大国在采购俄罗斯(苏联)成熟的霍尔电推进发动机的前提下,引进了俄罗斯的霍尔电推进技术并进一步开发。例如,ESA 在俄罗斯发动机 SPT-100 的基础上,融入新的改进技术并研制出了 PPS-1350,现已成功在轨应用;基于 Spacebus 4000 和 Eurostar 3000 电源系统平台的近十颗欧洲新研制 GEO 卫星也都采用了霍尔电推进系统。2003 年 9 月,ESA 发射的月球探测器 SMART-1 开创了以霍尔电推进作为主推进发动机进行深空探测的先例。迄今,累计有三百多台霍尔电推进发动机成功应用于多个国家的航天器上。美国研制的离子电推进发动机相比霍尔电推进发动机更加复杂,其经过多年的攻关已完成型号研制,搭载该离子全电推进发动机的波音 702SP 平台卫星首次于 2015 年 3 月发射升空,至今稳定工作。

PPU 是电推进系统中最核心的功能设备之一,其电性能直接决定了整个电推进系统的工作性能。图 1-22 为霍尔电推进系统的 PPU 功能模块组成示意图,从图 1-22 可看出,PPU 的主要功能模块包括阳极电源(anode supply)、磁线圈电流源(magnetic supply),以及为空心阴极(hollow cathode)供电的加热电流源(heater supply)、触持电流源(keeper supply)和点火脉冲电压源(ignitor supply)。在上述功能模块中,阳极电源和点火脉冲电压源是研制难点,特别是阳极电源;除这两个电源外,其他电源均为常规的 DC-DC,功率相对较小,负载特性稳定,控制要求上也较为单一。PPU 由 PCU 的一次功率母线供电,霍尔电推进系统点火瞬间及在准稳态工作时会产生非常大的电压电流振荡,需针对性设计输入滤波器来避免对 PCU

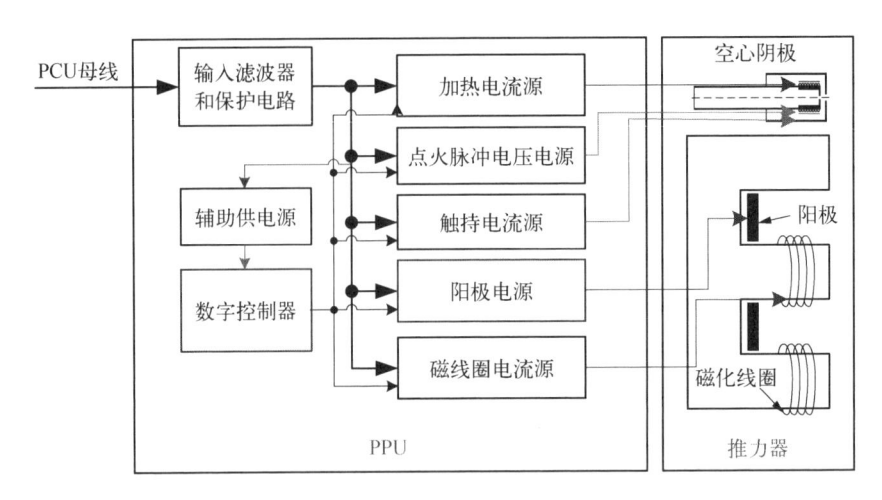

图 1-22　霍尔电推进系统的 PPU 功能模块组成示意图

一次功率母线的干扰。

离子电推进发动机相比霍尔电推进发动机的结构更复杂,离子电推进 PPU 的电源种类也比霍尔电推进 PPU 更多。离子电推进 PPU 包含空心阴极的加热电源、点火电源和触持电源,中和器的加热电源、点火电源和触持电源,以及阳极电源、屏栅电源、加速电源和烧蚀电源。其中,屏栅电源具有高压和大功率特点,在发动机发生打火等故障时,屏栅电源需要及时响应并得到保护。霍尔电推进的阳极电源和离子电推进的屏栅电源直接影响了电推进 PPU 的效率、功率密度和可靠工作,因此在各航天大国研发 PPU 的过程中,阳极电源或屏栅电源是设计的难点和重点,其所花费的人力、物力和财力占据 PPU 研制的重要部分[17,22,23,42]。各国 PPU 的研制工作主要是针对大功率高压电源的功率变换技术、过压过流保护技术、高压灌封技术等。对于全电推进霍尔发动机或离子发动机,其功率需求达到 5 kW,电压从 500 V 变化到 1.5 kV,考虑宇航级元器件的实际电特性,通常采用模块串并联方式来实现阳极电源或屏栅电源的功率和输出电压的扩展。

图 1-23 所示为各国选用的几种阳极电源或屏栅电源的主功率拓扑结构。德国 Astrium 公司针对 AlphaBus 卫星平台及高效多级等离子体推力器对 PPU 的电性能需求,采用了图 1-23(a)所示的平顶谐振拓扑结构来实现高压大功率变换[22,43],该拓扑具有效率高、开关管应力低、易于并联等特点。日本三菱公司研制针对 200 mN 及 250 mN 量级的霍尔电推进发动机的 PPU 时,阳极电源采用了图 1-23(b)所示的全桥倍流整流拓扑结构[17],即通过两个功率变换器组合使用的方式实现升压大功率变换,其中两个功率变换器的原边全桥逆变部分并联输入,副边倍流整流部分串联输出。该拓扑结构及原边并联、副边串联的方式具备输出电压变换范围宽、整流二极管应力低的特点。比利时 Alcatel 公司研制的霍尔电推进 PPU 中采用了图 1-23(c)

所示的电流型全桥拓扑结构[20],该结构与图1-23(b)不同的是原边为电流型全桥逆变结构,副边为桥式整流,该拓扑结构能适应更宽的输入输出电压变化范围。在 NASA 设计的霍尔电推进 PPU 中,阳极电源采用了图1-23(d)所示的移相全桥拓扑结构[18],移相控制方式带来的软开关可降低开关管的损耗及电压应力。美国波音公司针对 5~10 kW 量级的离子电推进 PPU 中屏栅电源的宽输出电压范围需求,提出了图1-23(e)所示的移相/PWM 双全桥拓扑[21],该拓扑原边包含两个并联的全桥功率变换,通过对原边开关管的调节可使副边的六个整流二极管工作在并联或串联的方式,该拓扑具有软开关、宽输入输出电压变化范围的特点。美国 NASA 针对离子电推进的屏栅电源提出了图1-23(f)所示的交流变换拓扑[42],

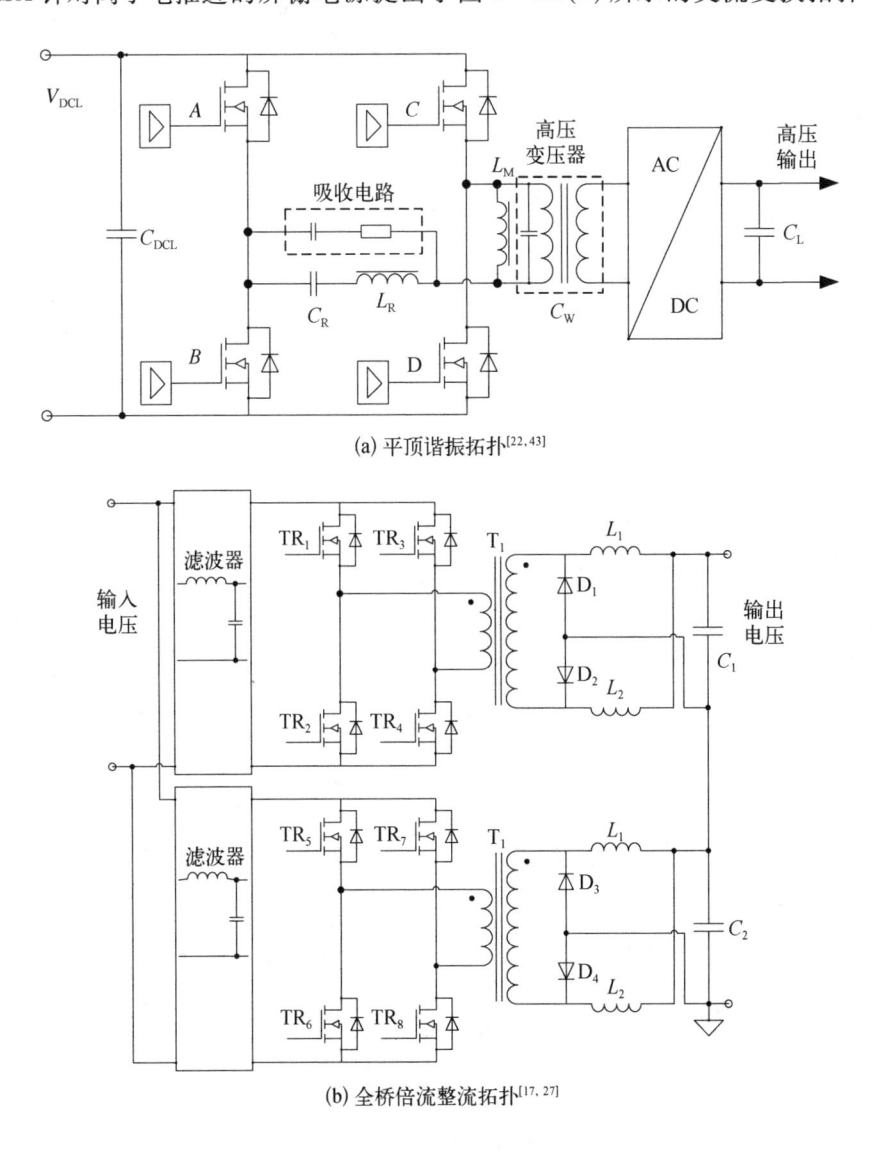

(a) 平顶谐振拓扑[22,43]

(b) 全桥倍流整流拓扑[17,27]

(c) 电流型全桥拓扑[20]

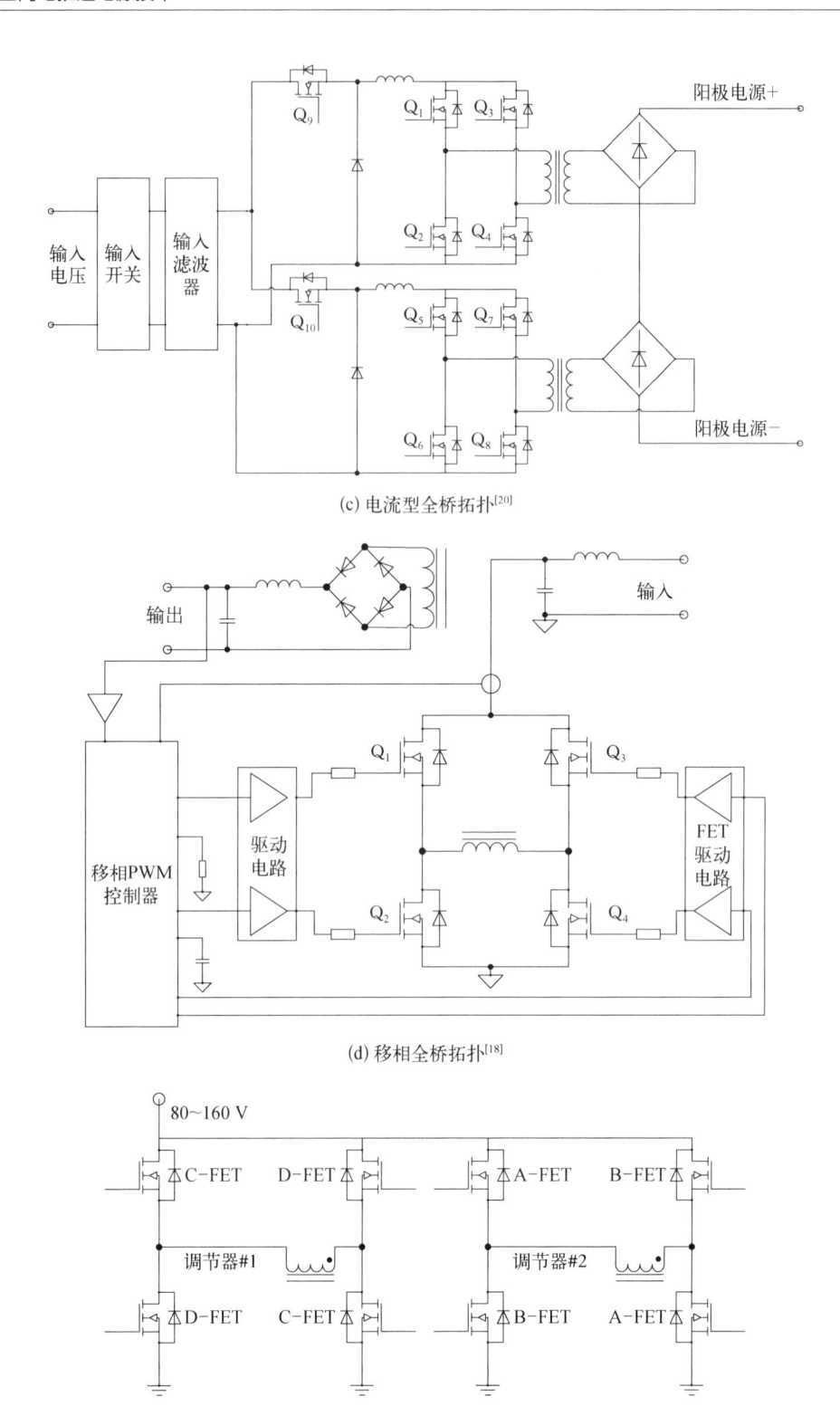

(d) 移相全桥拓扑[18]

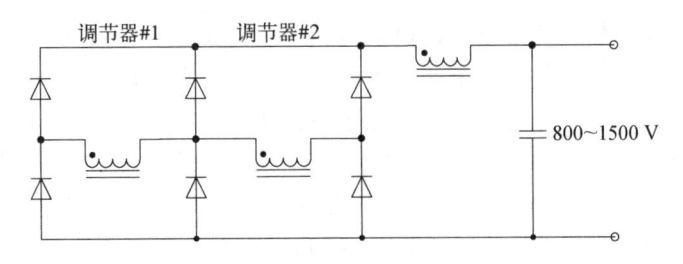

(e) 移相/PWM双全桥拓扑[21]

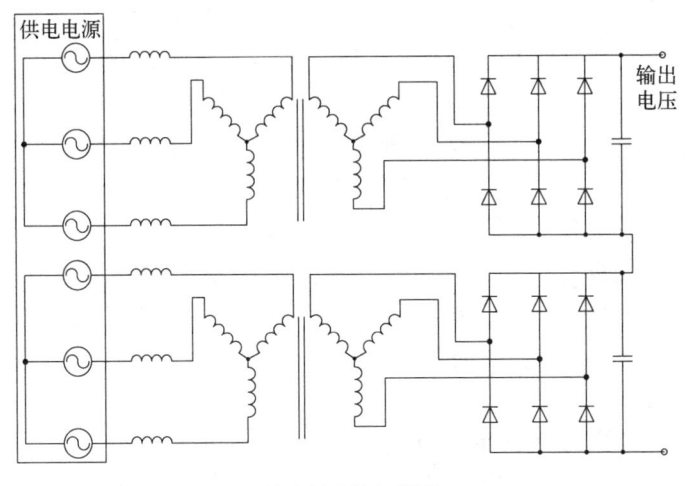

(f) 交流变换拓扑[42]

图 1-23　PPU 中的高压电源拓扑结构图

该拓扑的输入为 1~1.5 kHz 的交流源，单变换器可达到 10 kW 功率等级，具备单体功率大、输出电压高等特点。

图 1-24 所示为欧洲 Astrium 公司研制的对应图 1-23(a) 所示的拓扑结构的高压模块实物照片，该模块的功率范围为 1.2~1.8 kW，效率可达 95%~97%，对于 1~10 kW 的高压电源需求，该高压模块可通过模块组合的方式获得所需功率及冗余备份。

电推进发动机的原理是通过电场加速并喷出离子化的推进剂来产生推力，推进剂一般采用氙气。空心阴极对电推进发动机中氙气离子

图 1-24　欧洲 Astrium 公司研制的 PPU 高压模块照片[22]

化的过程起两个关键作用：为发动机的点火和稳定放电提供源源不断的电子、中和发动机喷出的等离子体放电羽流。为发动机的空心阴极供电的三个电源：阴极加热电源、阴极点火电源、阴极触持电源将直接影响空心阴极的工作性能和寿命[18]。考虑到空心阴极材料的热敏感特性[44]，阴极加热电源需要对给阴极加热器供电的加热电流进行精准档位调节，在空心阴极点着火前，迅速将空心阴极加热到大约1 200℃，使发射体产生电子，再由电子和加在空心阴极触持极两端的脉冲型高压电压将氙气流击穿成等离子体态，促使空心阴极点火成功。在空心阴极点火成功瞬间，空心阴极触持极间的阻抗迅速下降，使其电压迅速下降，在触持极间阻抗下降到一定程度时，触持电源为空心阴极的触持极提供限制的输出电流，来维持空心阴极的等离子体状态。在发动机点火成功后，因空心阴极自身会产生自热现象，使温度进一步升高，如果空心阴极长时间维持在过高温度会降低其使用寿命[45]，因此在点火成功后尽快降低加热电源的功率或是关闭加热电源可防止空心阴极因长时间过热而降低使用寿命。

各国的空心阴极均独立于电推进发动机进行研制，目前主要从材料、结构设计等方面增加空心阴极的可靠性和寿命[46]，另外从PPU供电的角度来提高空心阴极的使用寿命也成了新的研究方向。

1.4.2 国内PPU的发展现状

我国电推进发动机的研究可追溯到20世纪60年代，中国科学院电工研究所（简称电工所）开展了离子发动机和脉冲等离子体发动机的原理性探讨，电工所于70年代研制了脉冲等离子体发动机的工程样机并进行了试验飞行，取得了一定的经验。70年代后期，兰州空间技术物理研究所（510所）利用其在真空电子学领域的专业优势，开展了离子电推进发动机的研制，于1986～1993年间先后完成了以汞和氙为推进剂的离子发动机的样机研制。2000年后，上海空间推进研究所（801所）在单元肼的工作基础上，开展了霍尔电推进的研究并完成了原理样机的研制。目前，在国际电推进技术大发展环境的促进下，我国电推进技术研究有了较快的发展，形成了研究所和高等院校同时涉足研究的局面，特别是在国家高技术研究发展计划（简称863计划）和有关部门预先研究计划的支持下，国内分别在霍尔推力器、离子推力器、脉冲等离子体推力器、电弧加热推力器等技术方面获得了突破。涉及上述推力器技术研究的科研院所和高等院校主要有上海801所、兰州510所、中国科学院国家空间科学中心、北京航空航天大学、西北工业大学、清华大学、哈尔滨工业大学等，这些机构已成为我国电推进技术发展的基础力量。

PPU的研制一直是制约我国电推进应用的关键瓶颈，航天高压电源的开发同时涉及宇航级高压半导体器件、电容、高压灌封工艺、真空实验环境等。"十一五"之前，我国的大功率航天一次电源（如PCU）均依靠进口，因为PPU与发动机存在匹配性问题,只能进口电推进系统(发动机和配套的 PPU)而不能单独引进 PPU。目前,我国在大功率宇航电源领域逐步开展了由小功率低电压向大功率高压 PPU 电源的研制工作。2012 年 10 月,SJ-9A 号卫星同时搭载了兰州 510 所研制的 40 mN 量级的离子电推进和上海 801 所研制的霍尔电推进,两种电推进均取得了成功。其中,兰州 510 所配套研制的 PPU 的输出电压为 1 000 V,功率达到了 700 W,包含 10 路电源[46]。西安微电子技术研究所(771 所)为上海 801 所配套的 PPU 的阳极电源电压为 300 V,功率为 750 W。2016 年 11 月,随 SJ-17 号卫星发射的兰州 510 所的 80 mN 霍尔电推进系统和北京控制工程研究所(502 所)研制的 80 mN 量级的磁聚焦霍尔电推进系统,其功率均达到了 1.6 kW,该量级的霍尔电推进可用于高轨卫星的南北位置保持。目前,上海 801 所、兰州 510 所、北京 502 所和哈尔滨工业大学均已开展了全电推进霍尔电推进 PPU 的研制。兰州 510 所研究的 LIPS-300 发动机,口径达到 30 cm,屏栅电压达到 1 450 V,功率 5 kW,其 PPU 采用了平顶谐振变换的升压拓扑结构、模块串联组成高压屏栅电源、高压组件整体灌封等技术[47]。深圳航天科技创新研究院为上海 801 所的 5 kW 全电推进发动机配套研制了全电推进 PPU,采用了全谐振拓扑、并联冗余备份、电源耦合等技术[48]。

整体来说,我国电推进技术的发展相比国外还有一定的差距,但已经从模仿追赶的态势到了与国外站在同一起跑线上开发的位置。随着国内全电推卫星的研发,新的电推进发动机配套体系将得到全面的发展。

参考文献

[1] 毛根旺,唐金兰. 航天器推进系统及其应用[M]. 西安:西北工业大学出版社,2009.

[2] 耿海,李婧,吴辰宸,等. 空间电推进技术发展及应用展望[J]. 气体物理,2023,8(1):1-16.

[3] 刘罡,张乾,赵登峰,等. 电源处理单元配置方案可靠性比较及选择[J]. 电子产品可靠性与环境试验,2017,35(4):37-41.

[4] 穆肯德·R·帕特尔. 航天器电源系统[M]. 韩波,陈琦,崔晓婷,译. 北京:中国宇航出版社,2010.

[5] 于达仁,乔磊,蒋文嘉,等. 中国电推进技术发展及展望[J]. 推进技术,2020,41(1):1-12.

[6] 康小录,张岩. 空间电推进技术应用现状与发展趋势[J]. 上海航天,2019,36(6):24-34.

[7] 刘洋,张晓天. 各推力级霍尔推力器研究现状与展望[J]. 航空动力学报,37(12):2782-2796.

[8] 王少宁,陈昶文,张保平,等. 霍尔电推进系统数字化电源处理单元设计[J]. 航天器工程,2016,25(5):69-73.

[9] 张保平,阮新波,高波,等. 空间电推进系统电源处理单元技术发展综述[J]. 电源学报,2022,20(5):42-50.

[10] Boeuf J P, Garrigues L. Low frequency oscillations in a stationary plasma thruster[J]. Journal of Applied Physics,1998,84(7):3541-3554.

[11] Chable S, Rogier F. Numerical investigation and modeling of stationary plasma thruster low frequency oscillations[J]. Physics of plasmas, 2005, 12(3): 033504.

[12] Kaufman H R. Technology of electron-bombardment ion thrusters[M]//Advances in electronics and electron physics. New York: Academic Press, 1975: 265-373.

[13] 郭德洲,顾左,郑茂繁,等.离子推力器碳基材料栅极研究进展[J].真空与低温,2016,(3):125-131.

[14] Butler G W, Cassady R J. Directions for arcjet technology development[J]. Journal of Propulsion and Power, 1996, 12(6): 1026-1034.

[15] 张天平,耿海,张雪儿,等.离子电推进技术的发展现状与未来[J].上海航天,2019,36(6):88-96.

[16] 刘辉,胡鹏,于达仁.会切场电推进原理[M].北京:科学出版社,2020.

[17] Osuga H, Suzuki K, Ozaki T, et al. Development status of power processing unit for 250mN-class Hall thruster[C]. Princeton: 29th International Electric Propulsion Conference, AIAA, 2005.

[18] Pinero L, Bowers G. High performance power module for Hall effect thrusters[C]. Indianapolis: 38th AIAA/ASME/SAE/ASEE Joint Propulsion Conference & Exhibit, AIAA, 2002.

[19] Zhao L, Li H Y, Wu X, et al. An improved phase-shifted full-bridge converter with wide-range ZVS and reduced filter requirement[J]. IEEE Transaction on Industrial Electronics, 2018, 65(3): 2167-2176.

[20] De Clercq H, Rijm C, Bourguignon E, et al. High power processing unit for stationary plasma thruster[C]. Cannes: Spacecraft Propulsion, 3rd International Conference, ESA, 20006.

[21] Pinero L R, Bond T, Okada D, et al. Design of a modular 5-kW power processing unit for the next-generation 40-cm ion engine[C]. Pasadena: 27th International Electric Propulsion Conference, AIAA, 2002.

[22] Gollor M, Boss M, Herty F, et al. Generic high voltage power supplies (HVPS) with optimum efficiency and multi-range[C]. Florence: Proceedings of the 30th International Electric Propulsion Conference, AIAA, 2007.

[23] 侯天明,王卫国,郭祖佑,等.从国外典型SPT-PPU看其现状和发展趋势[J].通信电源技术,2010,27(4):71-73.

[24] Mweenem L H, Wright C A, Schlecht M F. A 1 kW 500 kHz front-end converter for a distributed power supply system[J]. IEEE Transaction on Power Electronics, 1991, 6(3): 398-407.

[25] Ye Z. Dual Half-bridge DC-DC converter with wide-range ZVS and zero circulating current[J]. IEEE Transaction on Power Electronics, 2013, 28(7): 3276-3286.

[26] Pahlevani M, Pan S, Jain P. A hybrid phase-shift modulation technique for DC/DC converters with a wide range of operating conditions[J]. IEEE Transaction on Industrial Electronics, 2016, 63(12): 7498-7510.

[27] Pahlevaninezhad M, Das P, Drobnik J, et al. A novel ZVZCS full-bridge DC/DC converter used for electric vehicles[J]. IEEE Transaction on Power Electronics, 2012, 27(6): 2752-2769.

[28] Pahlevaninezhad M, Eren S, Bakhshai A, et al. A series-parallel current-driven full-bridge DC/

DC converter[J]. IEEE Transaction on Power Electronics, 2016, 31(2): 1275-1293.

[29] Drummond G N, Hesterman B L. Ion and plasma thruster console based on three-phase resonant conversion power modules[P]. U. S. Patent: 8462525B2, 2013.

[30] Peng H, Maksimovic D. Overload protection in digitally controlled DC-DC converters[C]. South Korea: Proceedings of 37th IEEE Power Electronics Specialists Conference, 2006.

[31] Ayyanar R, Mohan N. Novel soft-switching DC-DC converter with full ZVS-range and reduced filter requirement. I: Regulated-output applications [J]. IEEE Transaction on Power Electronics, 2001, 26(12): 184-192.

[32] Ayyanar R, Mohan N. Novel soft-switching DC-DC converter with full ZVS-range and reduced filter requirement. II: Constant-input, variable-output applications[J]. IEEE Transaction on Power Electronics, 2001, 16(2): 193-200.

[33] Yu W, Lai J, Lai W, et al. Hybrid resonant and PWM converter with high efficiency and full soft-switching range[J]. IEEE Transaction on Power Electronics, 2012, 27(12): 4925-4933.

[34] Zhang D, Zhang D L. Flexible-structured phase-shifted multiple-full-bridge DC-DC power supply with wide range output[J]. IET Power Electronics, 2016, 9(1): 132-141.

[35] Bakan A F, Altintas N, Aksoy I. An improved PSFB PWM DC-DC converter for high-power and frequency applications [J]. IEEE Transaction on Power Electronics, 2013, 28(1): 64-74.

[36] Ayyanar R, Mohan N. A novel full-bridge DC-DC converter for battery charger using secondary-side control combines soft switching over the full load range and low magnetics requirement[J]. IEEE Transaction on Industrial Applications, 2001, 37(2): 559-565.

[37] Yao Z, Xiao L, Yan Y. Control strategy for series and parallel output dual-buck half bridge inverters based on DSP control[J]. IEEE Transaction on Power Electronics, 2009, 24(2): 434-444.

[38] Sun P, Zhou L, Smedley K M. A reconfigurable stucture DC-DC converter with wide output range and constant peak power[J]. IEEE Transaction on Power Electronics, 2011, 26(10): 2925-2935.

[39] 张治国,谢运祥. 高频LCC谐振变换器的分析与轨迹控制[J]. 中国电机工程学报,2011,31(27): 52-58.

[40] Bhat A K S, Zheng R L. A three-phase series-parallel resonant converter-analysis, design, simulation, and experimental results[J]. IEEE Transactions on Industry Applications, 1996, 32(4): 951-960.

[41] 石岩. 宽范围输出的三相LCC谐振变换器研究[D]. 哈尔滨: 哈尔滨工业大学,2016.

[42] Scina J, Hewitt F, Gerber S, et al. Power processing for a conceptual project prometheus electric propulsion system [C]. Fort Lauderdale: 40th AIAA/ASME/SAE/ASEE Joint Propulsion Conference and Exhibit, AIAA, 2005.

[43] Osuga H, Kurokawa F. Power processing unit for the next generation satellite[C]. Barcelona: 2009 13th European Conference on Power Electronics and Applications,IEEE, 2009: 1-8.

[44] Vancil B, Schmidt V, Lorr J, et al. Scandate hollow cathode for ion thruster[C]. Monterey: IEEE International Vacuum Electronics Conference, IEEE, 2014: 57-58.

[45] Ohkawa Y, Hayakawa Y, Yoshida H, et al. Hollow cathode life test for the next-generation ion

engine in JAXA[C]. Florence: 30th International Electric Propulsion Conference, IEPC paper, 2007.

[46] Fu M, Zhang D, Li T. A novel coupling method of power supplies with high power density, efficiency, and fast dynamic response for spacecraft hollow cathode power supply applications [J]. IEEE Transactions on Power Electronics, 2016, 32(7): 5377-5387.

[47] Zhang T, Yang L, Tian L, et al. The electric propulsion progress in LIP-2015[C]. Toulouse: 30th ISTS, 34th IEPC and 6th NSAT, 2015.

[48] 王少宁,王卫国.适用于 30 cm 离子推力器的 5 kW 电源处理单元设计[J].航天器工程, 2013,22(5): 74-79.

第 2 章
电推进 PPU 的能量来源及输入级特性与约束

引 言

电推进系统可应用于轨道提升、轨道转移、南北位置保持及深空探测等多种应用场合。不同的应用场景，适合应用不同的供配电系统架构，电推进 PPU 系统的能量来源及输入级特性也不相同。同时，电推进 PPU 在使用中也面临级联稳定性及空间环境影响等问题。本章将为读者详细介绍电推进 PPU 的能量来源及输入特性，提出电推进 PPU 系统可能面临的稳定性及空间环境影响问题，并给出相应的分析和解决办法，可为电推进 PPU 的设计和应用提供参考。

2.1 航天器系统能量来源与供配电系统特性

空间全电推进技术具有高比冲，推力控制精度高，可显著提高有效载荷因数，降低发射成本，增加在轨寿命，实现精确定位和指向等，在某些领域正日益取代传统化学推进系统成为空间航天器推进平台的主流配置[1-5]。特别是应用于大功率地球同步轨道(GEO)通信卫星时，离子电推进和霍尔电推进是现今研制最为成熟、应用最为广泛的两种电推进产品，其作为主要推进系统配置应用在大功率航天器平台，具有显著的成本和性能优势。现阶段，离子电推进和霍尔电推进主要用于卫星的轨道提升和南北位置保持等任务[6-9]。目前，绝大部分大功率卫星平台采用基于顺序开关分流调节器(sequential switching shunt regulator, S3R)[10-13]、串联型顺序开关分流调节器(sequential switching shunt series regulator, S4R)[10,11]或 Diversion[14,15]等架构的全调节功率母线，即由 PCU 形成统一的一次功率母线为卫星平台上的电推进系统及载荷设备进行集中供电，现 PCU 已有成熟的设计和丰富的产品系列[15-17]。电推进 PPU 是电推进系统的核心子系统之一，其作用是对卫星平台功率母线的能量进行调节，为电推进发动机的各功能部件(阳极、空心阴极、磁线圈等)提供相应电性能匹配的隔离型电源。全电推卫星平台一般配置两台或以上的电推进发动机和对应数量的 PPU,不同类型的电推进发动机对应不同电性能的 PPU 设计,现已有一系列成熟的 PPU 产品[7-9,18-24]。图 2-1 为传统大功率全电推卫星平台集中供配电示意图。

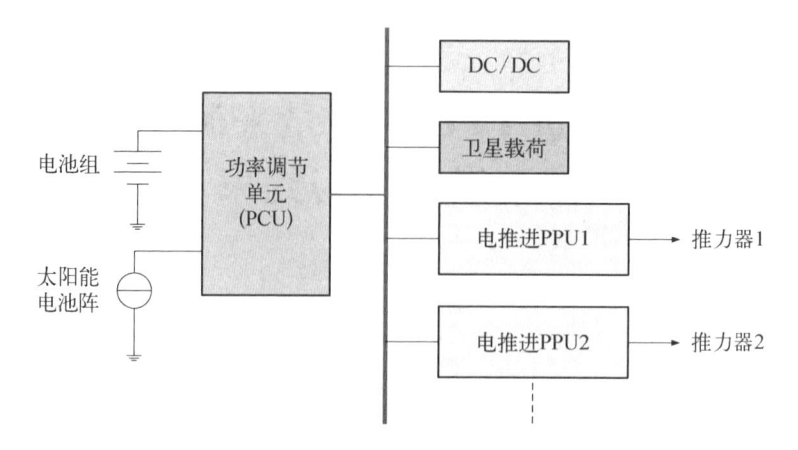

图 2-1 传统大功率全电推卫星平台集中供配电示意图

现阶段,大功率 PCU 和 PPU 均是独立发展,并采用集中供配电的供电方式,该配电方式具备一、二次电源设备独立设计、易于管理、供配电系统设计简单、成熟、可靠等优点。但随着电推进发动机所需的功率逐渐增大,特别是集中供配电的供电方式应用在全电推卫星平台上时,其缺点显而易见:① 两级功率变换使得能量转换效率低;② 太阳能电池阵配置设计过度冗余;③ 电推进通过一次功率母线干扰其他载荷设备。因此,目前传统集中供配电的供电方式已不适用于全电推卫星平台的发展。

2.1.1 一次电源控制器系统特性

PCU 是卫星平台的核心功能设备,是航天器所有平台及载荷设备的唯一能量来源,其可靠稳定的工作直接关系到空间任务的成败。按母线电压的调节方式来区分,PCU 可分为不调节功率母线、半调节功率母线和全调节功率母线三种方式。其中,不调节功率母线方式的母线电压在卫星处于阳光区和地影区时均是变化的,该调节方式的优点是电源系统结构简单、工作可靠,缺点是母线电压的波动加大了星载二次 DC-DC 负载电源的设计难度,所以该调节方式一般应用于低轨道的小功率卫星[25-27];半调节功率母线方式的母线电压在卫星处于阳光区时保持稳定,但在卫星处于地影区时是随电池电压变化的,该调节方式的优点是对蓄电池组的放电功能基本无损耗,但缺点同样是星载二次 DC-DC 需要适应宽范围输入电压的工作,该方式一般应用于中小功率等级的卫星[28];全调节功率母线方式的特点是母线电压在卫星处于阳光区和地影区时都是恒定的,优点是能提高卫星的整体效率、输出功率及电源系统的稳定性,适应能力强,能同时为大量不同类别的载荷进行供电,缺点是 PCU 的设计相对前两种更复杂。

目前,国内外主流的中大功率等级卫星主要采用全调节功率母线,该母线普遍基于 S3R 架构[16,29-31]、S4R 架构[10,11,32],或基于前两者改进的架构,如 NG、Diversion 等架构[14,15,33]。全调节功率母线形成一条单一的功率母线,卫星平台上所有的负载均从功率母线取电。全电推卫星平台的电推进系统一般需采用两台或以上数量的发动机,每台电推进发动机的功率达到 5 kW,所以全电推卫星平台主要选用基于全调节功率母线的 PCU。以下重点介绍全调节功率母线的 PCU 研究现状。

1. 基于 S3R 架构的 PCU

S3R 架构是最早的卫星电源系统中 PCU 的调节功率母线架构[29,30],由 ESA 的 O'Sullivan 和 Weinberg 等研究人员共同提出。基于该架构,ESA 的合作企业研制了 28 V 母线的 PCU[31],Alcatel 公司研制了 50 V 母线的 SB3000 系列和 100 V 母线的 SB4000 系列全调节功率母线 PCU[16]。图 2-2 为基于 S3R 架构的 PCU 结构图,其主要功能部件包含分流调节器(shunt regulator, SR)、电池充电变换器(battery charging regulator, BCR)、电池放电变换器(battery discharging regulator, BDR)和主误差放大器(main error amplifier, MEA)。BCR 和 BDR 一般采用多个子模块并联输出的方式来扩展母线的输出功率并实现冗余备份。S3R 架构中的 MEA 通过三域控制方式来稳定母线电压: 在阳光区能量充足时,MEA 工作在分流调节域来控制 SR 模块组处于分流调节状态;在阳光区和地影区的过渡期间,MEA 工作在充电域来控制 BCR 模块组处于充电调节状态;当在阳光区能量不足以供给负载或地影区时,MEA 工作在放电域来控制 BDR 处于放电状态,为功率

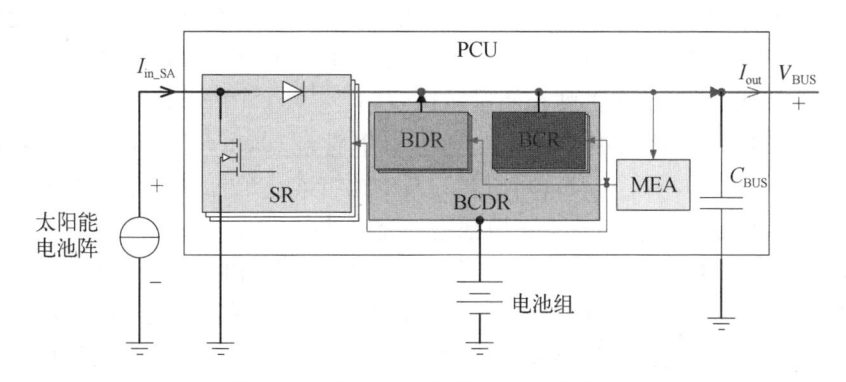

图 2-2 基于 S3R 架构的 PCU 结构图

母线供电。

考虑到高轨卫星处于光照区的时间远远超过地影区,其中 GEO 的卫星在春分和秋分点附近最长的阴影区时间不超过 73 min,因此卫星在轨工作过程中每天用于给电池组充电的时间大大超过放电的时间,所以 S3R 架构中的 BDR 模块组的总功率远大于 BCR 模块组的功率,如 Alcatel 公司开发的 SB3000 和 SB4000 系列 PCU[16]。目前,欧洲的 Thales Alenia(泰雷兹阿来尼亚)公司正在开展新一代电源控制器 PCU - NG 的研制,该 PCU 依然是基于 S3R 架构,不同之处在于采用双向拓扑结构的电池充放电变换器(battery charging and discharging regulator,BCDR)代替独立的 BCR 和 BDR,见图 2 - 2。在该 BCDR 中,放电电流最高达到了 18A,而充电电流仅为 2.5 A。如此改进后,PCU 的结构可进一步简化,PCU 的效率和功率密度也得到了进一步提高。截至 2016 年底,Thales Alenia 公司已完成 PCU - NG 的鉴定件研制。

相比不调节功率母线和半调节功率母线方式,全调节母线方式的 S3R 架构的主要特点是:① 具有一条电压稳定的功率母线,且该母线具有非常优异的动态响应能力;② 太阳能电池阵的能量可得到充分利用;③ 模块化的设计使得 PCU 可方便扩展功率和实现冗余备份;④ PCU 的所有组成部分均包含了电路级或模块级的冗余设计,避免了单点失效。

2. 基于 S4R 架构的 PCU

对于中低轨道需要频繁进行充电和放电的卫星,基于 S3R 架构的 PCU 需要提高 BCR 的配置数量,这将降低 PCU 的功率密度。同时,能量从太阳能电池阵变换到功率母线,再经 BCR 给电池组充电,在频繁充放电情况下,PCU 的低功率变换效率将引起整星的热耗加大,间接提高了卫星的热控设备需求。此外,S3R 应对低母线电压体系的要求时,因 BCR 和 BDR 均直接与功率母线相连,蓄电池组的有效工作电压范围受到很大的限制,在不改变容量的情况下只能增大并联的蓄电池单体数量,这会带来充放电电流的增大,影响功率转换效率。S4R 架构是在 S3R 架构的基础上演化过来的,通过在 S3R 架构上串联一个能量控制单元来控制太阳能电池阵直接对蓄电池组进行充电即可得到 S4R 架构,基于该架构的 PCU 中不需要配置 BCR,提高了 PCU 的功率密度和能量转换效率[10,11,32]。图 2 - 3 为基于 S4R 架构的 PCU 结构图,相比 S3R 架构,受电池控制管理(battery control management,BCM)单元控制的太阳能电池阵可直接为蓄电池组进行充电,太阳能电池阵能量不足时,受 MEA 的控制,可减小对蓄电池组的充电功率。

基于 S4R 架构的 PCU 通过如下工作方式可具备更高的效率,使太阳能电池阵达到更高的利用率:PCU 从第 1 个太阳能电池阵获取能量来稳定母线电压并提供给负载,当负载电流变大时,第 2 个及后序的太阳能电池阵依次切入功率母线并提供能量给负载;与此同时,PCU 从最后一个太阳能电池阵获取能量为蓄电池组充

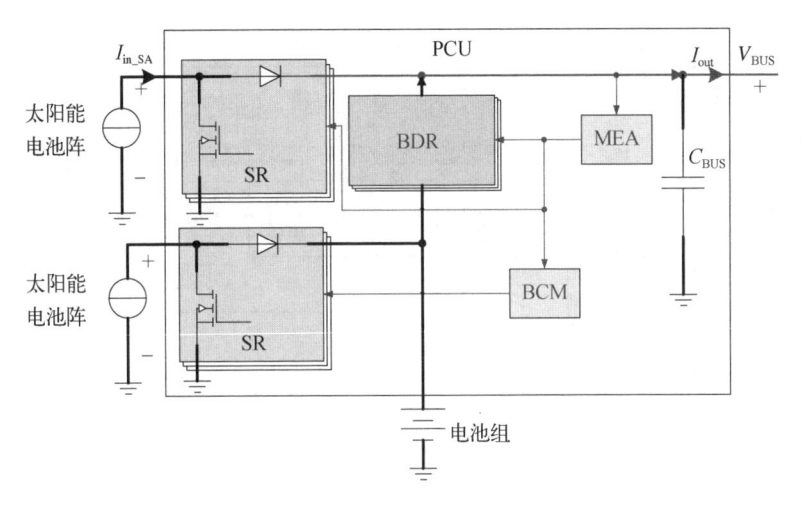

图 2-3 基于 S4R 架构的 PCU 结构图

电,如果需要更大的充电电流,倒数第 2 个及后序太阳能电池阵依次切入 PCU 中为蓄电池组充电。当基于 S4R 架构的 PCU 的功率母线所接负载为轻载时,用于稳定母线电压的太阳能电池阵与用于给蓄电池组充电的太阳能电池阵彼此间独立,不存在竞争,其余的太阳能电池阵对地分流。当 V_{BUS} 所接负载为重载时,太阳能电池阵为功率母线供电,或用于给蓄电池组充电,两种供电交界的太阳能电池阵处于既分流调节又充电的状态,该太阳能电池阵的能量优先用于稳定母线电压,剩余的能量用于充电。

相比 S3R 架构,S4R 架构具有如下优点:① 省掉了 BCR,提高了 PCU 的功率密度和转换效率;② 功率变换元器件的需求减少,对母线和电池的保护措施需求减少,冗余度和可靠性提高。然而 S4R 架构也具有如下缺点:① 充电时太阳能电池阵的输出电压被钳位在蓄电池电压,太阳能电池阵无法以最优功率输出,其利用率不高;② 充电电流不连续,电流纹波大,蓄电池组的使用寿命受到影响。

3. 基于 Diversion 架构的 PCU

针对地球同步轨道通信卫星在光照区和地影区的时间变化规律,Astrium 公司在 ESA 的支持下提出了一种新的基于 S4R 改进的 Diversion 架构[14]。图 2-4 为基于 Diversion 架构的 PCU 结构图,相比 S4R 架构,Diversion 架构增加了如下几个功能模块。

(1) 昼夜平分点开关 ENOX。对于 GEO 轨道卫星,其在阳光区的时间比在地影区的时间要长很多,在卫星位于阳光区的大部分时间段内,PCU 可通过昼夜平分点开关将充电太阳能电池阵切换到为功率母线供电,从而最大限度地利用太阳能电池阵。在卫星位于地影区时,PCU 通过昼夜平分点开关将充电太阳能电池阵切

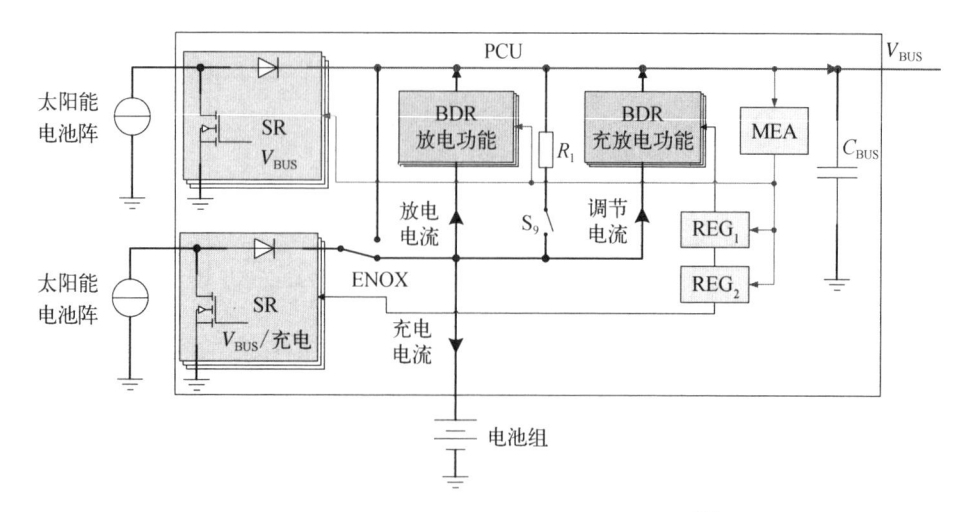

图 2-4 基于 Diversion 架构的 PCU 结构图[14]

换到对蓄电池组进行充电。

（2）调节器 REG$_1$，其主要作用是对流经 BDR 的剩余电流进行控制，从而间接控制充电电流。

（3）调节器 REG$_2$，其主要作用是对用于充电的太阳能电池阵的输出电流进行控制，从而直接或间接控制充电电流。

（4）补充充电支路 R_1 和 S_9，其主要作用是当昼夜平分点开关将充电阵连接到一次功率母线上时，通过补充充电支路对蓄电池组进行补充充电，以弥补电池因自放电导致电池电压降低。

此外，太阳能电池阵分为供电阵和充电阵，供电阵的主要用途是向功率母线提供电流，充电阵的主要用途是为电池充电，在卫星处于阳光区时，PCU 通过昼夜平分点开关将充电太阳能电池阵切换到为功率母线供电。BDR 也分为直接放电的 BDR 模块和具备充放电调节功能的 BDR 模块，但这些 BDR 模块的设计完全一样，不同之处在于前者直接受 MEA 的控制，在卫星处于阳光区能量不足或地影区时对蓄电池组进行放电来维持母线电压的稳定，后者受调节器 REG$_1$ 的控制对蓄电池组进行放电来间接控制电池的充电电流。

Diversion 架构目前已有成熟应用，包括 Astrium 公司的 Eurostar 3000 和 Alphabus 平台的电源控制器，其中 Alphabus 平台的 PCU 功率为 8~20 kW[15]。Diversion 架构利用 BDR 间接调节蓄电池充电电流，从而克服了 S4R 架构充电电流不连续的问题，但该架构中用于充电的太阳能电池阵的电压依然被钳位在蓄电池电压，这些太阳能电池阵同样无法以最优功率输出。

4. 国内 PCU 的研究现状

早期，国内的厂所主要研制不调节功率母线方式的小功率等级 PCU，上海空间电源研究所(航天八院811所)和中国电子科技集团公司第十八研究所(简称中电18所)均有大量成熟的小卫星PCU在轨飞行[34,35],这些PCU根据所配置的太阳能电池阵和蓄电池组进行优化设计,在保证可靠性的同时尽可能提高功率密度。20世纪90年代后,我国高轨通信、导航、遥感等卫星大力发展,对大功率全调节高压母线PCU提出了迫切的需求,并引进了欧洲Alcatel公司基于S3R架构设计的SB4000系列100 V/9 kW等级PCU[16]。随后,国内的深圳市航天新源科技有限公司[13,23,36-38]、中电18所[39,40]、航天八院811所[41,42]等开展了国产化全调节功率母线PCU的研制。各单位分别基于S3R架构开展了100 V和42 V母线的全调节功率母线PCU研制。2015年7月,深圳市航天新源科技有限公司和航天八院811所分别研制的42 V母线PCU随2颗北斗导航卫星发射上天,至今工作稳定。2015年9月和2016年11月,深圳市航天新源科技有限公司研制的两种类型100 V母线PCU分别随导航卫星和通信卫星发射,至今工作稳定,至此我国大功率全调节功率母线PCU开启了国产应用的新篇章。目前,深圳市航天新源科技有限公司的PCU研制已进入快车道,基于NG架构的100 V/25 kW PCU已于2019年12月发射升空,该PCU产品突破了卫星电源功率扩展的技术瓶颈,解决了整星大功率电源系统级联稳定性理论难题,实现了25 kW功率等级的跨越式提升,是国际在轨卫星中功率最大的全调节PCU,目前产品在轨工作正常;研制的复合母线架构PCU已于2020年12月发射成功,该产品突破了大功率脉动型负载条件下PCU低输出阻抗及高稳定性难以同时实现的技术瓶颈,满足了复杂瞬态负载供电需求,这也是复合母线架构PCU在合成孔径雷达(synthetic aperture rader,SAR)载荷遥感卫星上的首次成功应用,目前产品在轨工作正常。

综上,国产PCU产品覆盖了通信、导航、遥感及微小卫星领域的各种功率等级的应用,基本满足了国内军、民用卫星发展需求,解决了核心宇航装备进口卡脖子的问题。

三端口变换器是目前宇航领域研究较多的一种变换器,其通过一个拓扑结构就可实现太阳能电池阵、蓄电池组和功率母线三者之间的能量互联。图2-5为应用在太阳阵-蓄电池架构下的几种三端口变换器,其最大优点是功率密度高。图2-5(a)是在传统Buck-Boost双向拓扑基础上引入太阳阵输入支路后得到的多端口变换器[43],该拓扑结构简单,但效率不高。ESA提出了图2-5(b)所示的三端口变换器[44],该拓扑的实际应用限制在于电池电压必须高于母线电压。图2-5(c)和图2-5(d)分别为国内研究机构提出的非隔离型和隔离型三端口变换器拓扑,2016年底已基于非隔离型三端口拓扑完成了原理样机的研制,实现了PCU的功率密度从290 W/kg到550 W/kg的跨越[45,46]。

(a) 多端口变换器[43]

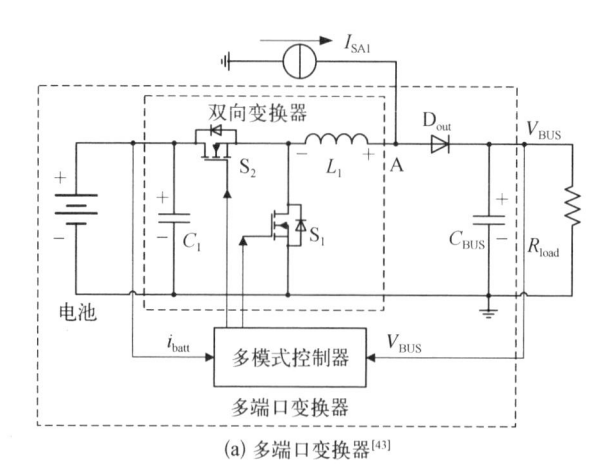

(b) B3R三端口变换器[44]

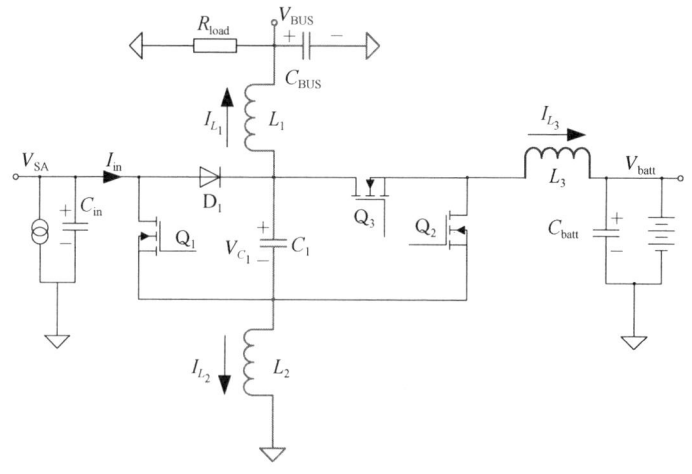

(c) 非隔离型三端口DC-DC变换器[45]

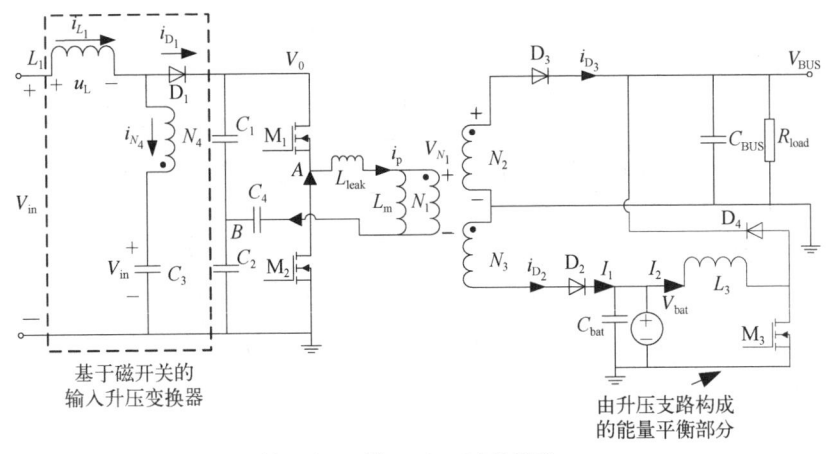

(d) 隔离型三端口DC-DC变换器[46]

图2-5 应用在太阳阵-蓄电池架构下的三端口变换器

2.1.2 太阳能直驱电推进PPU控制器系统特性

在深空探测领域,比冲成为制约航天器任务成败的关键因素,因此电推进显现出巨大的优势。在电推进作为主要推进方式的航天器中,载荷的功率相比电推进所需的功率要小,因此航天器电源系统的功率配置主要基于电推进系统的功率需求进行设计,同时为航天器平台及载荷进行供配电[47-49]。太阳能直驱电推进的电源系统控制方式在深空探测领域优先应用起来,即将太阳能电池阵配置到电推进发动机所需的高压母线的电压和功率单元中来直接为电推进发动机进行供电[49-51]。这种供配电方式的优点是一级功率变换,电源控制器结构简单可靠、效率高、太阳能电池阵利用率高,可显著降低重量和成本;但缺点是太阳能电池阵输出电压高带来的电气绝缘防护,以及太阳能电池阵能量供给与电推进发动机能量需求上的不匹配带来的能量调度控制较为复杂。因此,太阳能直驱电推进目前也仅在深空探测领域的电推进航天器平台上进行了相关应用[50,51]。图2-6所示为四种应用在深空探测领域的太阳能直驱电推进功率系统架构图,图2-6(a)所示为不调节功率母线,即太阳能电池阵的能量直接通过PPU供给电推进发动机,因PPU的输入电压范围变化宽,所以PPU的设计难度变大。图2-6(b)和图2-6(c)分别为半调节和全调节模式的供电架构,两者在阳光区均具有稳定的100 V母线电压,因而减小了PPU的设计难度,同时前三者均采用单独的低压变换器为航天器母线和载荷设备供电。图2-6(d)所示采用了太阳能电池阵分阵的方式,由各自独立的太阳能电池阵分别为PPU、航天器母线和载荷设备供电,该方案的优点是供配电系统简洁可靠,缺点是PPU及二次DC-DC设计难度大。

太阳能直驱电推进发动机的方式在卫星应用中具有明显的成本、效率和重量

(a) 不调节　　(b) 半调节

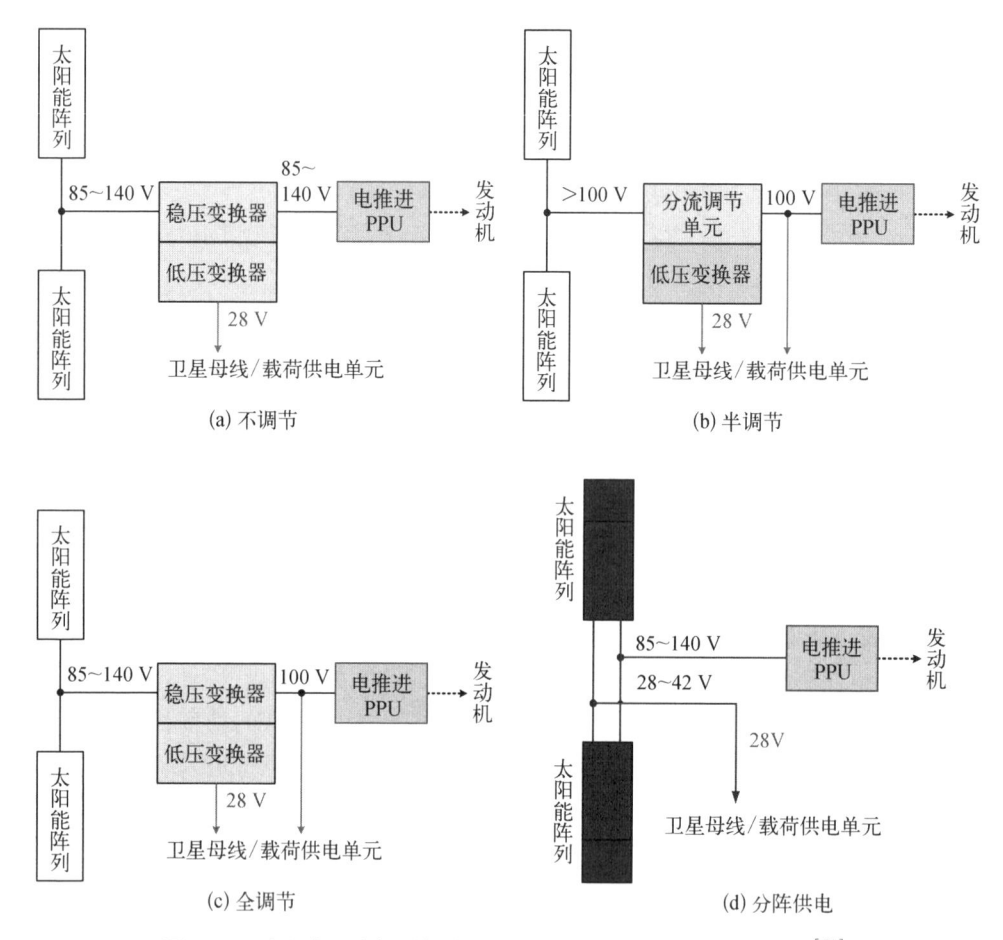

(c) 全调节　　(d) 分阵供电

图 2-6　应用在深空探测领域的太阳能直驱电推进功率系统架构[51]

优势[50,51]。对于采用全电推进系统的大功率卫星,在卫星轨道转移期间,电推进功率占整个供配电系统的绝大部分,但卫星在轨南北位置保持和姿态调整等过程中,电推进系统的功率仅占供配电系统的小部分,且工作时间较短(同步轨道卫星约 1 小时)。因此,应用于深空探测领域的太阳能直驱电推进功率系统架构不适用于大功率全电推卫星平台。

2.1.3　核能驱动的电推进 PPU 系统特性

产生几百千瓦或几兆瓦的功率需要化学或者核反应器作为主要能源,短期任务会考虑自带化学燃料,而长期任务需要核反应堆。反应堆中的能源如地面核反应堆一样来自核裂变,只是规模小得多。核裂变材料(如铀-235)作为热源使液态金属(如水银或钠钾合金)汽化。蒸汽驱动基于布雷顿或兰金循环的涡轮发电机,斯特林(Stirling)循环适合 50 kW~10 MW 的大功率。20 世纪 80 年代后期和 90 年代初期,美国提出的战略防御提案(Strategic Defense Initiative,SDI)计划中提到了使用核动力系统的理念。SDI的理论设计功率在30~300 MW,这些任务的基本要求是产生大功率脉冲或短时间内的触发模式,如任务期内满功率负荷工作几次,每次约15 min。在任务期的其他时间,系统依靠惯性工作,静态的功率很小。这样的电源系统的设计是一个储能缓慢、巨大,而放能迅速的能量储存器,要结合飞轮、超导磁体及其他因素一并考虑。

1. 放射性同位素温差电源

由于太阳光通量不足,光伏电池不能有效工作,因此在深空和外层空间进行探测活动时经常使用核能或者放射性同位素电源。放射性同位素推进的原理是:利用钚的放射性自然衰变产生的热量发电或使用非核氙工质产生推力。

放射性同位素温差电源经过几十年的发展已臻成熟,在几百瓦量级的电源中得到应用。这类电源的优点如下: ① 供电平稳,不需要蓄电池,没有峰值功率要求;② 可长时间地提供能量,而与航天器的姿态和离太阳的距离无关;③ 特别适用于远离太阳、接近太阳和长地影期月球探测等任务;④ 功率输出不受范艾伦带或者人为核威胁的影响。

其缺点在于:① 电子元件需要抗强辐射的防护装置;② 从燃料角度上考虑,经过简单隔离就能做到既安全又易于处置的核燃料,如 Cm 和 Pu 等,价格极其昂贵;但既经济又易于获取的原料,如 Sr-90,安全性却不高。

2. 大功率核能温差电源

对于功率等级为数百千瓦的系统,自20世纪80年代起,美国空军和美国能源部在 SP-100 项目中联合资助了大量针对核反应堆温差电源设计、建造和验证的研究与开发工作。静态温差电源相对于转动的涡轮发电机来讲是一种更好的电源系统。在空间应用中,大型转动机械大回转作用的影响是一项主要的技术风险,还未曾在空间使用过如此大的转动电机。

SP-100 电源系统中使用的温差电源由许多偶合 SiGe/GaP 热电(thermoelectricity,TE)电池组成,TE 转换效率约为 7%,但是工作热损会将系统效率降到 5%。一个 100 kW 的电源需要反应堆的热功率为 100 kW/0.05=2 MW,为了使航天器的温度维持在材料允许的范围内,必须将反应堆剩余 95% 的热能辐射到深空。因此,散热器成了主要设计因素。

从根本上讲,核反应堆就是加热液态金属,加热后的液体通过液锂泵回路在平台上循环流动,经过中间的热交换器,将热能传递到安装在 12 面锥体主体上的热排管中,TE 板吸收热排管的辐射热而发电。这样,将热能从反应堆的堆芯传递到 TE 段,每段产生 4.6 kW、100 V 的电能,没有转化为电能的热能将通过 TE 板的外表面辐射到深空而损失掉。TE 板的布置也要考虑辐射散热的最佳效率,锂冷却剂由 TE 电池驱动的电磁泵驱动。只要反应堆维持一定的温度,驱动泵的 TE 电池即可采用工作流体与泵驱散热器之间的温降能量,以维持驱动泵连续工作。

12 个 4.6 kW TE 热电池段并联可产生 100 V、50 kW 的功率,两个这样的机组串联,中间点与航天器结构接地,最外层两个导体间的电压为 200 V(图 2-7)。SP-100 任务轨道上无电击穿的可用电压处于 150~200 V,但从电效率的角度上看,确定的最佳电压应超过 200 V。最终选取的 200 V 母线电压通过 ±100 V 导体间中间接地的导体推算出来的。实际从结构地仅获得 100 V 的工作电压,而供给负载 200 V 的电压,从而维持电流和欧姆损失最小。

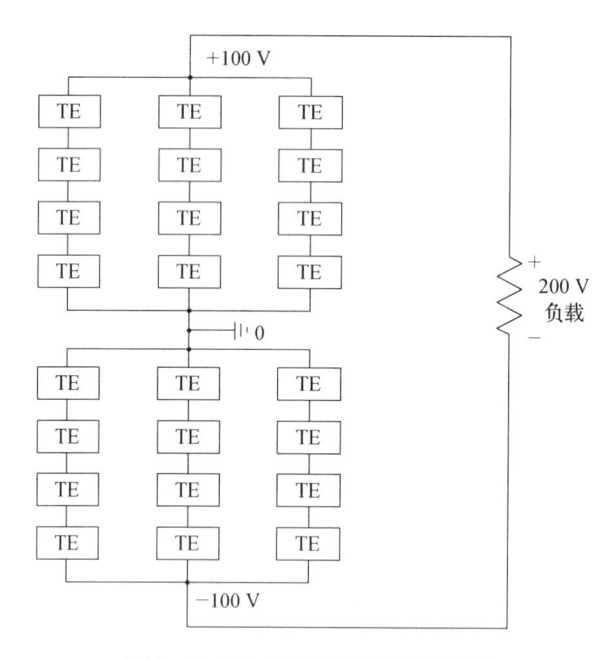

图 2-7　SP-100 热点能转换器组件

SP-100 电源系统采用分流器型全调节电压母线。不管负载使用与否,TE 电池段都产生 100 kW 的功率。当负载所需功率小于 100 kW 时,多余的功率被分流器吸收并散发到深空。分流器使用普通的高温钨电阻等器件,当出现母线电压故障信号时,分流器自动接通。TE 板的功率输出由隔离二极管完成,并与电源端的单一 200 V 直流母线相连,位于外伸悬杠的另一端,这种隔离措施可减少所需的屏蔽材料。

SP-100 系统研发的关键问题是开发高温材料,大功率电源系统需要高温来有效阻止袖珍型反应堆的热损失。

2.1.4　传统全电推卫星平台电源系统存在的问题

传统全电推卫星平台集中供配电方式的优点为各设备独立设计且均有成熟的

产品系列,易于采购、管理,供配电系统的设计继承性高[19,20]。然而,随着全电推卫星平台的发展,大功率全电推进系统的总功率占卫星平台总功率的比例越来越高,传统 PCU+PPU 集中供配电方式暴露出来的缺点也显而易见,简述如下。

(1)单一功率母线供配电系统的负载设备间干扰大。为全电推进发动机供电的 PPU 和所有星载设备统一由 PCU 的功率母线供电。电推进发动机属于长时间工作且干扰性极强的设备,在启动和正常工作过程中存在剧烈的电压、电流振荡[21,22]。该振荡通过 PPU 对功率母线的干扰会直接影响卫星供配电系统的稳定性和可靠性,并干扰连接到功率母线上其他载荷设备的正常工作,因此大功率全电推卫星平台对 PCU 的功率母线的品质和动态响应提出了极高要求[15,23]。

(2)太阳能电池阵冗余需求大,能量未得到最优利用。太阳能电池阵需要满足卫星平台全寿命周期的能量供给需求,因此设计时需要考虑太阳能电池阵因故障、老化等引起的输出功率降低的影响,且太阳能电池阵需要进行一级冗余配置。同时 PCU 的功率母线也需要对 PPU 的功率需求进行冗余配置,这两级冗余配置显著增加了太阳能电池阵的冗余配置,进而增大了全电推卫星平台的体积、重量和成本[24]。

(3)能量转换效率低,全电推卫星平台整体热耗大。全电推进发动机在工作过程中,其功率占据了 PCU 可输出能力的绝大部分,所需能量从太阳能电池阵到 PCU,再从 PCU 到 PPU 为电推进发动机供电,能量经过了两级功率变换,导致全电推卫星平台的整体效率低,所需热控设备的体积和重量大,进而引起整个全电推卫星平台的体积和重量增大。

上述问题的解决需采用新的电源系统架构来适应全电推进系统在大功率卫星平台上的应用。将 PPU 和 PCU 两者集成设计形成新的电源系统架构,这种新架构将带来如下优势。

(1)提高太阳能电池阵的利用率,降低冗余配置。S3R 中用于分流和冗余备份的太阳能电池阵直接供给电推进发动机,两级功率冗余变为一级冗余,同时增加最大峰值功率跟踪(maximum peak power tracking, MPPT)的功能,充分提高太阳能电池阵的利用率,降低冗余配置需求。在与传统大功率卫星同等冗余度的情况下,新电源系统架构可为电推进发动机提供更多的功率用于推进。

(2)减少 PCU 的功率需求。大功率模式下的电推进功率需求占 PCU 可输出功率的大部分,因此 PCU 的功率需按照电推进系统的最大功率需求包络进行选用。如果直接配置 PPU 高压母线,可降低 PCU 的功率需求,有效减小设备体积,提高整个供配电系统的效率。

(3)提高卫星电源系统的抗噪声能力。一次功率母线和高压母线分开配置,电推进发动机在启动或正常工作过程中的振荡对高压母线的干扰不会影响到一次功率母线,因此卫星电源系统的整体抗噪声能力得到提高。

（4）提高电源系统的整体集成度和功率密度。在不降低可靠性的前提下，一台PCU+多台PPU变为一体化的功率处理单元，以及采用模块并联冗余的方式替代整机备份的方式，提高了卫星电源系统的整体集成度和能量变换效率，并优化了配电结构。

（5）利于快速响应市场的不同配置需求。新架构体系中PCU的输出功率和PPU高压母线的电压、功率可根据市场需求灵活配置，因而在减少设备品类的情况下，新架构体系可兼容不同卫星平台所选用的不同电推进发动机的性能及载荷的电性能。

目前，PCU和PPU分别根据自身的发展过程形成了不同的设计理念，其中电推进系统晚于PCU的发展。近几年，波音公司将离子电推进系统成功应用于全电推卫星平台加速了电推进的发展，然而电推进系统的快速发展导致以往的集中供配电方式难以满足大功率全电推卫星的发展需求。结合PCU和PPU两个领域的研发经历，针对未来大功率全电推卫星平台PCU与PPU的发展，本书第7章和第8章将介绍新型全电推卫星平台的供配电系统，包括大功率全电推卫星平台的电源系统架构、关键功率变换模块和控制技术等。

2.2 航天器电源系统稳定性要求与考虑

关于航天器电源系统稳定性的要求可分为功率部件自身稳定性及对多级功率部件级联后的稳定性要求。

2.2.1 功率部件自身稳定性

对于航天器电源功率部件自身稳定性要求中，幅相判据是现阶段应用最广泛的稳定裕度标准。1999年，ESA发布的电源标准ECSS-E-20A[52]从频域角度给出了航天器电源系统的稳定裕度指标：系统级部件增益裕度大于10 dB，相位裕度在寿命末期最坏条件下应大于60°；非系统级的部件要求其增益裕度大于10 dB，相位裕度在寿命末期最坏条件下应大于50°。2022年，ESA发布了修订版ECSS-E-ST-20C Rev.2[53]。ESA标准是多个国家的航天电源标准，起到了引领的作用。根据其定义，增益裕度和相位裕度能够在一定程度上保证系统的相对稳定性。然而，使用增益裕度和相位裕度并不总是能保证系统有良好的相对稳定性。目前，低轨卫星中越来越多地使用宽禁带高频功率器件，如SiC[54]、GaN[55]等，和硅基功率器件构建的电源系统的不同之处在于，更高频率的开关电源的波特图会出现多次零点穿越的现象[56]，原有的增益裕度和相位裕度已不能全面衡量在复杂、高频、多频的功率系统中的稳定性情况，需要更严格的量化表征，这部分的工作已有一定进展[57]。

2.2.2 多级功率部件级联后的稳定性

各自稳定的开关电源,级联使用后不一定稳定,这一现象已被学术界和工业界认知[58,59]。

由于各个模块在设计时是单独考虑的,若未充分考虑集成后级联系统的特性,则在系统集成后,可能会出现不稳定现象。例如:① 开关变换器在设计时通常假设负载为电阻进行设计,但级联后开关变换器所带的负载的特性要比单纯的电阻负载复杂得多,这可能导致集成后的系统产生稳定性问题;② 每台单机都是独立设计、考核和鉴定的,各自的性能指标和稳定性均能满足要求,但级联后可能会出现未曾预料到的振荡等不稳定问题,若在航天器联试阶段出现该问题,则会严重迟滞研制进度。

在系统集成后,级联系统中的问题一般表现为以下几个方面:系统运行时突然崩溃、系统瞬态超调过大产生破坏性过冲、输出电压中能看到低频振荡、电源噪声大且产生"啸叫"现象、电源模块发热等[60]。这些情况轻则使系统瞬态性能下降,系统转换效率降低,重则直接使某些模块或整个系统失效,引发灾难性后果。

PCU 和 PPU 是级联运行的,PPU 较其他载荷的功率大、瞬态特性复杂,对于这种两级或多级功率部件级联后的稳定性问题,需要引起足够的重视。

然而,级联系统的稳定性研究非常复杂。如今的电源系统中的变换器大多采用开关变换器,开关变换器是非常复杂的时变非线性系统,有电压型、峰值电流型、平均电流型等多种控制方法,要考虑寄生参数的影响和不同工作模式[电流连续模式(continuous current mode,CCM)和电流非连续模式(discontinuous current mode,DCM)]下的特性及温度老化等对器件参数的影响。另外,系统级联后也会表现出一些非线性特性,如 Buck 加电阻负载对于前级变换器而言可等效成非线性的恒功率负载,再加上系统本身的源或负载也会呈现出非线性特性,如太阳电池阵作为系统的源,其电压电流特性即表现为非线性。非线性系统的稳定性分析方法远没有线性系统成熟,整个系统可能出现振荡、分岔、混沌等现象,众多非线性因素使得稳定性研究异常复杂。

ESA 在多个标准[52,53,61]中给出了级联系统稳定性判定、稳定裕度和鲁棒性等要求,对于 PCU 和 PPU 组成的级联系统,其稳定性问题是必须考虑的问题。

保障级联系统的稳定性,应考虑如下几个方面。

(1) 设计阶段:对于 PCU 和 PPU 级联系统,难以或无法进行长期联试、考核试验,故需在电源系统设计阶段有理论依据。采用"试验"的方法,对现有的互联系统进行多种情况的测试,如果不满足要求则重新进行设计,直至找到一种满足测试条件的参数。这样的方法费时费力,缺乏理论指导,而且,对于 PCU 和 PPU 这种大规模互联系统,这样的方法几乎无法实现。因此,应该在设计之初就考虑系统稳定性,分析每个部件可能对稳定性产生的影响,从而能够对设计进行优化,从源头上规避系统集成后可能产生的不稳定现象[62]。

（2）工程实施阶段：要能监测现有级联系统的稳定程度，防止不稳定引起的系统失效。器件老化、温度漂移、工作点变化、外界扰动或者故障等原因都有可能使系统的稳定性能下降，可能引发不可预料的结果。因此，为了加强系统的可靠性和安全性，需要对级联系统进行稳定程度的监测，在系统达到设定的限值时给出告警信号或采取断开负载模块等应对处理措施，防止不稳定引起的系统失效[63]。从小信号稳定的角度，是研究稳定裕度的定义、监测原理及具体实现方法，为实时监测系统稳定裕度提供理论依据和实施方法。从大信号稳定的角度，是估计现有级联系统稳态运行时的吸引域，分析计算系统允许的扰动值范围。如果扰动值超过允许的范围，整个系统将面临崩溃的危险。如在电网中，若电压扰动超过允许值，可能引起大面积停电[64]。

（3）"事后"阶段：对于商业航天等领域，要有改善现有系统稳定性的手段和方法。有时互联系统出现不稳定现象后，并不能通过重新修改设计来使系统达到稳定，因为很多模块电源都是已经封装好的商业化电源模块，无法得到详细的内部拓扑结构及参数。这种情况可采取事后"补救"的方式，即在互联系统中间"插入"无源滤波器[65]或者有源电容变换器[66]等，可在不改变已有模块参数和配置的前提下，提高整个互联系统稳定性，减少由于互联而造成的不稳定现象的发生。进而言之，对待其他工业领域，发现问题后再补救，代价不高；而对于航天工业，因体积、连接、结构、工艺等限制代价一般很高，所以此处再次提出要对于级联稳定性问题予以足够重视。

2.2.3　稳定性设计的理论依据和工程方法

在分布式电源系统的小信号稳定性判据研究中，阻抗比判据是一种常用的方法。Middlebrook 是最早开始研究阻抗比判据的学者[67]，他提出，对于两个级联的子系统，只要在所有的频率段满足 $|Z_o| \ll |Z_{in}|$，则可忽略子系统间的相互作用，系统能够保持级联前的稳定性和瞬态性能。Middlebrook 判据是在设计滤波器时提出的，该判据是系统稳定的充分条件而不是必要条件。对分布式电源系统而言，在所有的频率段满足 $|Z_o| \ll |Z_{in}|$ 常常是不现实的。为了减少 Middlebrook 判据的保守性，人们提出了很多其他判据（或者说是禁区）。Lee 等提出了一种 GMPM（gain margin and phase margin）判据[68]，该判据主要用于在给定幅值裕度和相位裕度情况下整个负载子系统的输入阻抗设计。不久之后，文献[69]中提出了 opposing argument 判据，该判据可用于计算多个负载子系统并联时单个负载子系统应该满足的阻抗条件。ESAC（energy source analysis consortium criterion）判据[70,71]及其改进判据——RESC（root exponential stability criterion）判据[72]进一步减少了阻抗比判据的保守性。从鲁棒稳定性的角度出发，文献[73]提出了 MPC（maximum peak criterion)判据,该判据可保证系统具有一定的稳定裕度。和其他判据不同的是,MPC 判据并不能保证系统的稳定性,必须使用 Nyquist(奈奎斯特)判据来进行辅助判定[73]。ESAC 判据、RESC 判据和 MPC 判据有一个共同的缺点是:它们都不太适合进行阻抗设计,因为很难在波特图上对这几个判据进行计算。

表 2-1 中所列的阻抗比判据或多或少都带有一定的保守性,这种保守性使得系统在设计之初就付出了一些不必要的代价,这些代价包括:系统性能下降、滤波器尺寸增大、母线电容增大等。因此,有必要寻找一种使系统稳定的充分必要条件,以消除阻抗比判据的保守性。同时,通过该充要条件稳定判据,可评估已有阻抗比判据保守性的程度。

表 2-1 文献中已有的禁区

判 据 名 称	阻 抗 比 禁 区
Middlebrook 判据[67]	
GMPM 判据[68]	
opposing argument 判据[69]	

续 表

判据名称	阻抗比禁区
ESAC 判据和 RESC 判据[70-72]	
MPC 判据[73]	

综上,提出了两级级联系统小信号稳定的充要条件[74]。

在小信号意义上,分布式电源系统可等效为两个级联的子系统:源子系统和负载子系统(图 2-8)。整个系统 F 的传递函数可用式(2-1)来表示[75]:

$$F = \frac{\hat{u}_{o2}}{\hat{u}_{in1}} = \frac{F_1 F_2}{1 + \frac{Z_o}{Z_{in}}} = \frac{F_1 F_2}{1 + T_m} \quad (2-1)$$

其中,F_1 和 F_2 分别是源子系统和负载子系统的传递函数;Z_o 为源子系统的输出阻抗;Z_{in} 为负载子系统的输入阻抗;分母 $1 + T_m$ 代表两个子系统的阻抗对整个系统的影响;T_m 通常称作次环路增益或小环路增益(minor loop gain),$T_m = 1 + \frac{Z_o}{Z_{in}}$;

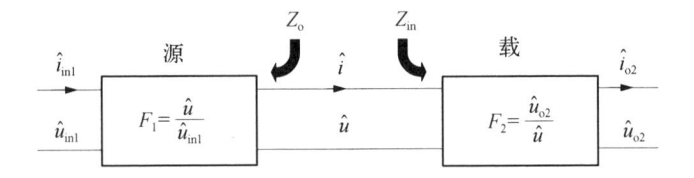

图 2-8 两级级联的分布式电源系统

$\hat{u}_{in1}$、$\hat{u}_{o2}$ 分别是小扰动输入电压和对应的小扰动输出电压,变量上的小三角代表该变量是基于某一稳态工作点的小信号扰动变量。

所提出的使分布式电源系统小信号稳定的充要条件如下:假设子系统 F_1 和 F_2 是各自稳定的,只要 T_m 的奈奎斯特曲线不进入如图 2-9 所示的禁区,整个系统 F 就是稳定的。如图 2-9 所示的禁区称作实轴禁区,在极坐标图下,可用式(2-2)来描述:

$$\begin{cases} \mathrm{Re}\{T_m\} \leqslant -1 \\ \mathrm{Im}\{T_m\} = 0 \end{cases} \quad (2-2)$$

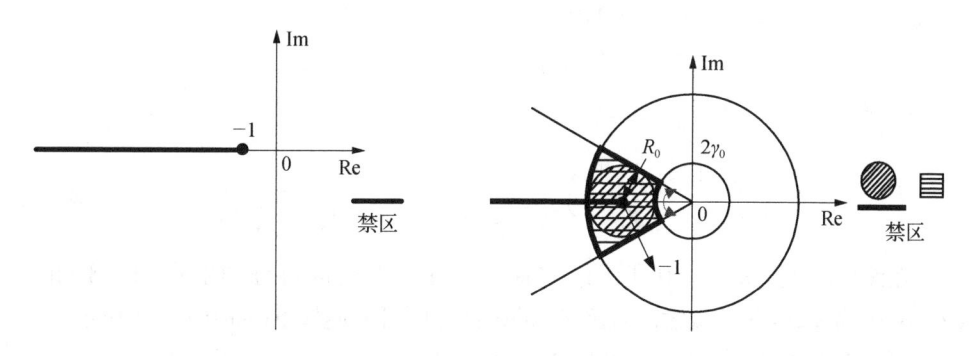

图 2-9 实轴禁区

图 2-10 实轴禁区和扇形禁区

在此基础上,我们给出了 n 级级联的阻抗比判据、M 个源变换器和 N 个负载变换器级联的阻抗比判据及任意集成的分布式电源系统阻抗比判据[76-78]。

在工程上仅保证系统的稳定性是不够的,考虑到稳定裕度要求,实轴禁区常常和圆禁区(MPC 判据[73])配合使用。实轴禁区很容易计算,但是圆禁区在波特图上却非常难以计算,而波特图是工程中普遍使用的方法。针对该问题,本书提出了一种新的禁区——扇形禁区。如图 2-10 所示,该扇形禁区恰好包含圆禁区,由两段圆弧和两条线段组成。圆弧的圆心为原点,半径分别为 $1-R_0$ 和 $1+R_0$,线段与实轴的夹角分别是 $180-\gamma_0$ 和 $180+\gamma_0$。若需要计算幅值裕度和相位裕度,可采用式(2-3):

$$\begin{cases} \mathrm{PM} \geqslant 2\arcsin \dfrac{R_0}{2} \geqslant R_0 [\mathrm{rad}] \\ \mathrm{GM} \geqslant \dfrac{1}{1-R_0} = 20\lg \dfrac{1}{1-R_0} [\mathrm{dB}] \end{cases} \quad (2-3)$$

在极坐标上,扇形禁区可由式(2-4)来描述:

$$\begin{cases} 1-R_0 \leqslant |T_m| \leqslant 1+R_0 \\ (2k+1)180-\gamma_0 \leqslant \angle T_m \leqslant (2k+1)180+\gamma_0 \end{cases} \quad (2-4)$$

在波特图上,扇形禁区可由式(2-5)来描述:

$$\begin{cases} 20\lg(1-R_0) \leqslant |T_\mathrm{m}| \leqslant 20\lg(1+R_0) \\ (2k+1)180-\gamma_0 \leqslant \angle T_\mathrm{m} \leqslant (2k+1)180+\gamma_0 \end{cases} \quad (2-5)$$

把 $T_\mathrm{m} = Z_\mathrm{o}/Z_\mathrm{in}$ 代入式(2-5),可得

$$\begin{cases} 20\lg(1-R_0) \leqslant |Z_\mathrm{o}|-|Z_\mathrm{in}| \leqslant 20\lg(1+R_0) \\ (2k+1)180-\gamma_0 \leqslant \angle Z_\mathrm{o} - \angle Z_\mathrm{in} \leqslant (2k+1)180+\gamma_0 \end{cases} \quad (2-6)$$

实轴禁区在波特图上可描述为

$$\begin{cases} |T_\mathrm{m}| \geqslant 0\text{ dB} \\ \angle T_\mathrm{m} = (2k+1)180, \quad k=0,\pm 1,\cdots \end{cases} \quad (2-7)$$

把 $T_\mathrm{m} = Z_\mathrm{o}/Z_\mathrm{in}$ 代入式(2-7),可得

$$\begin{cases} |Z_\mathrm{o}| \geqslant |Z_\mathrm{in}| \\ \angle Z_\mathrm{o} - \angle Z_\mathrm{in} = (2k+1)180, \quad k=0,\pm 1,\cdots \end{cases} \quad (2-8)$$

在波特图上,图 2-10 所示的实轴禁区和扇形禁区可分别由式(2-8)和式(2-6)来描述,因此负载输入阻抗 Z_in 的设计原则可表述如下(如图 2-11 所示)。

(1) 在 $|Z_\mathrm{in}| > |Z_\mathrm{o}| + 20\lg(1+R_0)$ 的频率段,对 $\angle Z_\mathrm{in}$ 无要求。

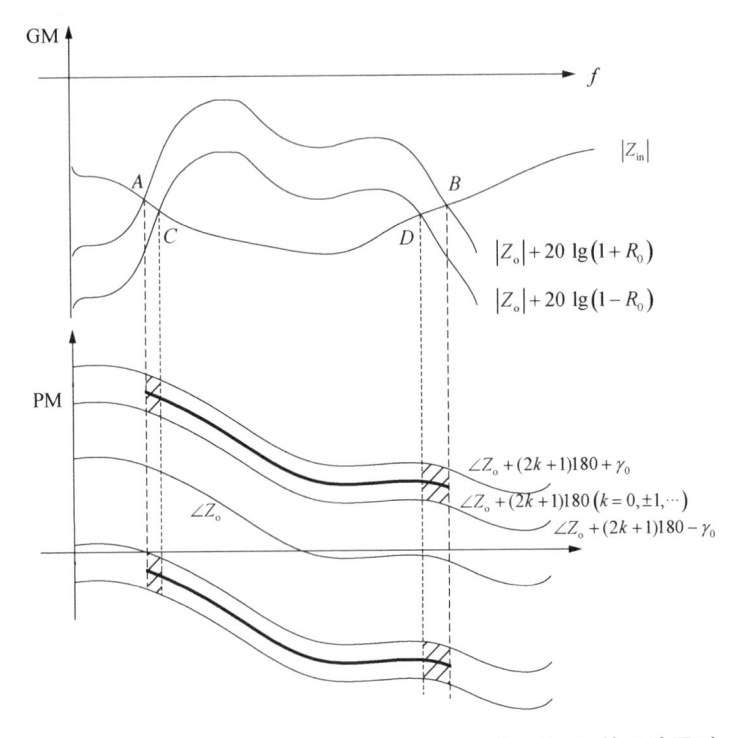

图 2-11 根据实轴禁区和扇形禁区得到的负载阻抗 Z_in 的设计原则

(2) 在 $|Z_{in}| < |Z_o| + 20\lg(1 - R_0)$ 的频率段，$\angle Z_{in}$ 不能穿过线 $\angle Z_o + (2k+1)180$ $(k = 0, \pm1, \cdots)$。

(3) 在 $|Z_o| + 20\lg(1 - R_0) < |Z_{in}| < |Z_o| + 20\lg(1 + R_0)$ 的频率段，$\angle Z_{in}$ 不能穿过由 $\angle Z_o + (2k+1)180 \pm \gamma_0$ 围成的相位禁区。

和文献[68]提出的 GMPM 判据相比，本书提出的实轴禁区和扇形禁区（如图 2-10 所示）在复平面上所占用的空间更小但却保持了与 GMPM 判据相同的稳定性和稳定裕度。同样地，在波特图上也可看到，和 GMPM 判据（图 2-12）相比，本书提出的判据（图 2-11）的相位禁区占用更少的空间。

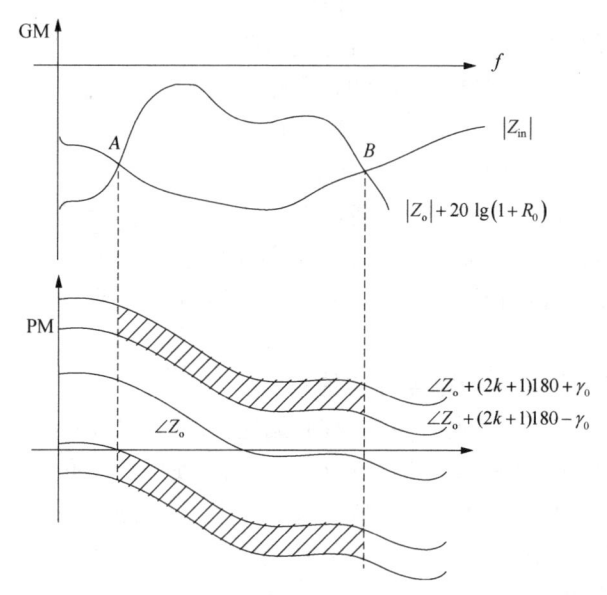

图 2-12 根据 GMPM 判据[68]得到的负载阻抗 Z_{in} 的设计原则

在工程实际中，源子系统的输出阻抗和负载子系统的输入阻抗会随着工作点、温度、器件容差及老化等的影响而发生变化，可使用蒙特卡洛方法估计上述因素对源子系统的输出阻抗和负载子系统的输入阻抗的影响，这样可使得负载阻抗设计更接近工程实际[77,78]。

综上所述，分布式电源系统的稳定性研究是一个重要但却很复杂的课题，至今仍是研究的重点和难点。

2.3 空间环境对电推进 PPU 的要求及共性技术

2.3.1 低气压环境对高压电源的影响

电推进系统中产生等离子体即是低气压环境，该环境是电推进所需要的工作条件,但在低气压的运行工况中,在电场强度较强的电极附件会产生局部放电现象,更严重时会发生间隙击穿。在轨环境中的真空度一般不会导致异常放电条件,但下述工况可能会产生低气压异常放电行为：

（1）在地面实验阶段,环境条件使压力失控,引起低气压,多台电推进设备在同一真空罐中同时运行,使真空度降低；

（2）电推进系统自身压力失控,释放出更多的气体,产生低气压；

（3）空间碎片撞击产生的等离子体云团；

（4）入轨后,设备内部空气未释放到位,即开机运行；

（5）高压器件灌封胶中的残存气体缓慢析出；

（6）受损或被毁伤的器件升华所造成的低气压环境。

这种放电行为,往往是很难预期的,因此要注意以下几点：

（1）保持实验环境的真空度,即便如此,也很难保证意外的发生,虽然概率很低,但还是要在电路级和系统级做好保护；

（2）入轨后,开机前,要保证设备内部气体的真空度满足条件；

（3）对高压部件实施灌封胶或高绝缘涂覆等防护工艺,在该领域的研究中,国内一些研制单位已经取得了较好的研究成果,可资工程借鉴。

2.3.2 空间环境下功率器件的约束

受到辐照、单粒子等空间环境的限制,无论在国内还是国外,目前高频、高压的开关半导体器件仍旧处在同一个水准,即在高电压使用条件下,抗辐照和单粒子的宇航半导体器件长期未在工程化上取得进展。因为器件的约束,导致拓扑复杂,功率密度低；在高压侧隔离故障的开关还使用继电器等器件,频繁开关会对寿命及可靠性产生很大影响。

对于电容器等其他功率器件,可参照相应的宇航选用规范,在此不再赘述。

2.3.3 保护方式

由于电推进负载特性复杂,初始阶段和寿命末期表现形式不一致,对它的保护是需要重点考虑的问题。常见的问题是：一方面,容易出现误保护,甚至可能导致不能完成约定的推进任务,对于这种情况,即使推力器和电源均未损坏,由于不能完成既定任务,也视同失效；另一方面,就是不能有效起到保护作用,可能烧毁电源,也可能损伤推力器。需要重点关注以下两个方面。

（1）电推进拉弧、打火等负载特性复杂,应分别对推力器电源PPU和推力器实施保护。

保护单元的设计依据一般是根据推力器的最大功率、电流包络,设定电源的保护阈值。由于电推进负载特性复杂,为防止误动作,一般对电信号滤波后,再进行阈值比较，从而限制 PPU 的最大输出功率来实现对发动机的保护。在正常条件下，该保护没有问题，但若负载侧不是短路、拉弧，而是瞬态"严重"打火或周期性"严重"打火，则表征瞬态超标的电应力信号会被滤波环节"平滑"，即使超过了电源功率器件的应力，仍旧不能触发保护，这将对电源造成严重损伤直至烧毁，从而不能对电源自身起到有效的保护作用。该现象一般是突发，故障时间滞后于打火，难以通过有限的遥测数据捕捉到细节，对事后分析、故障定位造成了很大困难。出于对可靠性和寿命的综合考虑，至少同时应用两种保护模式：即推力器的保护和电推进 PPU 自身的保护（图 2-13），用滤波后的"平均"信号来限制最大输出功率从而保护推力器，用瞬态信号保护 PPU 的功率器件不会因过应力而烧毁。

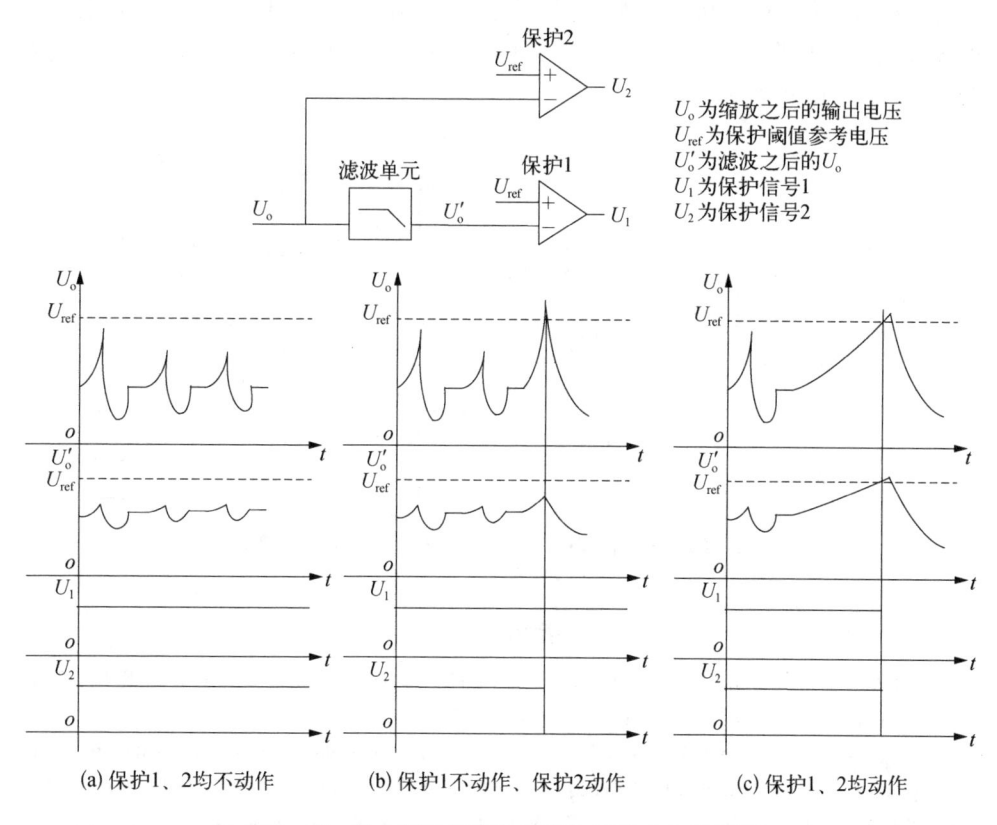

U_o 为缩放之后的输出电压
U_{ref} 为保护阈值参考电压
U'_o 为滤波之后的 U_o
U_1 为保护信号1
U_2 为保护信号2

(a) 保护1、2均不动作　　(b) 保护1不动作、保护2动作　　(c) 保护1、2均动作

图 2-13　推力器的保护和电推进 PPU 自身的保护

（2）拉弧、打火等条件下电源输出侧的共模干扰机理和抑制保护。

电推进 PPU 输入侧采用电磁干扰（electromagnetic interference，EMI）滤波器，防止"病从口入"，也同时减小电推进 PPU 对母线侧的影响。以霍尔电推进为例，一旦出现阳极短路、拉弧或打火等现象，其电压会发生迅变，相对母线侧的"地"会同时出现共模和差模干扰；由于电推进 PPU 有多路输出，各路电源之间按照一定方式连接,阳极发生上述现象后,其他路电源也同样会相对母线侧的地出现共模和差模干扰。因此,PPU 内部各电源有独立的 EMI 滤波器接到输入母线上,各 PPU 单机对输入母线具有各自独立的 EMI 滤波器,在发动机发生严重打火等干扰时,不会影响输入母线及连接在母线上其他设备的正常工作。由于 EMI 的共模滤波器在电源母线侧,而一般输出端都会实施差模滤波,但输出端的共模干扰易被忽略(图 2-14)。若电源输出端发生打火等现象,如不对输出端实施共模抑制,则可能引起电源在滤波器至隔离变压器这一低压侧的故障,故障的表现形式是通信掉线、测量数据偏差、弱电单元或者电源功率单元损坏。由于电源和母线间是隔离的,靠近母线侧的源端发生了故障往往会被误认为是"病从口入",另外变压器原副端存在寄生电容,所以电源的输出侧要进行共模干扰抑制。通常在 PPU 和发动机之间增加独立的滤波单元(filter unit, FU),针对不同型号或厂家的发动机,FU 的滤波参数可进行适应性的匹配。

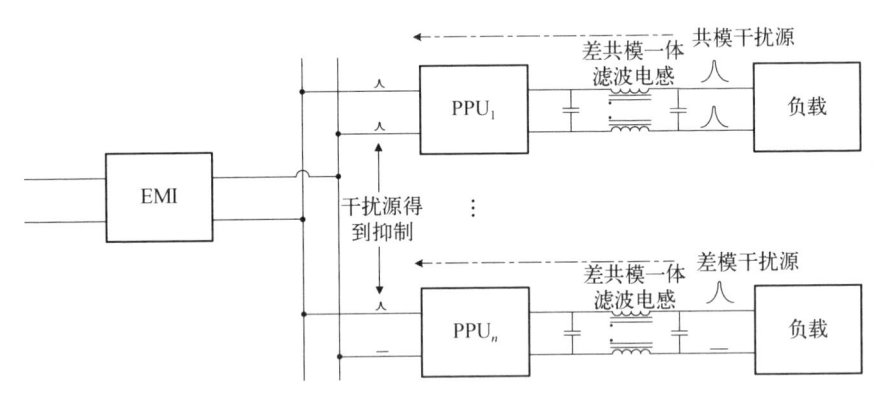

图 2-14 电推进 PPU 输入和输出侧滤波及干扰抑制

参考文献

[1] del Amo J G. European Space Agency (ESA) electric propulsion activities[C]. Kobe: 34th International Electric Propulsion Conference, 2015.

[2] Delgado J J, Baldwin J A, Corey R L. Space systems Loral electric propulsion subsystem: 10 years of on-orbit operation[C]. Kobe: Joint 30th ISTS/34th IEPC/6th NSAT Conference, 2015.

[3] Takegahara H, Kuninaka H, Funaki I, et al. Overview of electric propulsion research activities in japan[C]. Wiesbaden: Proceedings of the 32nd International Electric Propulsion Conference, 2015.

[4] Zhang T, Yang L, Tian L, et al. The electric propulsion progress in lip-2015[C]. Kobe: International Symposium on Space Technology Science, 34th international Electric Propulsion Conference, 6th Nano-Satellite Symposium, 2015.

[5] Ceruti L, Nicolini D. Power processing control units for FEEP micro-propulsion subsystems[C]. Konstanz 8th European Space Power Conference, 2008.

[6] Hoskins W A, Cassady R J, Morgan O, et al. 30 years of electric propulsion flight experience at Aerojet Rocketdyne[C]. Washington D C: 33rd International Electric Propulsion Conference, 2013.

[7] Bourguignon E, Fraselle S, Scalais T, et al. Power processing unit activities at Thales Alenia space Belgium (ETCA)[C]. Washington D C: 33nd International Electric Propulsion Conference, 2013.

[8] Osuga H, Suzuki K, Ozaki T, et al. Development status of power processing unit for 250mN-class Hall thruster[C]. Florence: 30th International Electric Propulsion Conference, 2007.

[9] Gollor M, Boss M, Herty F, et al. Generic high voltage power supplies (HVPS) with optimum efficiency and multi-range[C]. Florence: 30th International Electric Propulsion Conference, 2007.

[10] Capel A, Perol P. Comparative performance evaluation between the S4R and the S3R regulated bus topologies[C]. Vancouver: 2001 IEEE 32nd Annual Power Electronics Specialists Conference, 2001.

[11] Garrigós A, Carrasco J A, Blanes J M, et al. A power conditioning unit for high power GEO satellites based on the sequential switching shunt series regulator[C]. Malaga: MELECON 2006 - 2006 IEEE Mediterranean Electrotechnical Conference, 2006.

[12] Garrigos A, Blanes J M, Carrasco J A, et al. The sequential switching shunt maximum power regulator and its application in the electric propulsion system of a spacecraft[C]. Orlando: 2007 IEEE Power Electronics Specialists Conference, 2007.

[13] 马鑫,张东来,徐殿国. S3R&S4R 控制策略分析及仿真[J]. 测控技术,2007,26(6): 45 - 47.

[14] Diraison J F, Trehet E. Electrical power supply system for a satellite: U. S. Patent 7999504[P]. 2011 - 8 - 16.

[15] Soubrier L, Trehet E. High power PCU for alphabus: PSR100V[C]. Saint Raphael: 9th European Space Power Conference, 2011.

[16] Castiaux J P, Bury P, Liegeois B. Power conditioning units for high power geostationary satellites[C]. Louis: Record 28th Annual IEEE Power Electronics Specialists Conference, Formerly Power Conditioning Specialists Conference 1970 - 71, Power Processing and Electronic Specialists Conference, 1972.

[17] Cantamessa M, Calcaterra P, Galantini P, et al. Power supply unit for highly demanding SAR antenna transmitter/receiver modules[C]. Saint Raphael: Proceeding of 9th European Space Power Conference, 2011.

[18] Stuckey P, Clauss C, Day M, et al. SPT - 140 high performance Hall system (HPHS) development[C]. Cleveland: 34th AIAA/ASME/SAE/ASEE Joint Propulsion Conference and Exhibit, 1998.

[19] 周志成,高军. 全电推进 GEO 卫星平台发展研究[J]. 航天器工程,2015(2): 1 - 6.

[20] 左坤,王敏,李敏,汤海滨. 全电推商业卫星平台研究综述[J]. 火箭推进,2015(2): 13 - 20.

[21] Choueiri E Y. Plasma oscillations in Hall thrusters[J]. Physics of Plasmas, 2001, 8(4): 1411 - 1426.

[22] Tamida T, Suga I, Nakagawa T, et al. Realization of low frequency oscillation free operation in a Hall thruster[C]. Florence: Proceedings of 30th International Electric Propulsion Conference,

2007.

[23] Fu M, Zhang D, Li T. Design and analysis of a conductance compensator for keeping constant bandwidth and output impedance in average current mode control[J]. IEEE Transactions on Power Electronics, 2016, 32(1): 837-848.

[24] 陈晓杰,李鉴,朱振华,等.基于联合供电的 GEO 卫星电推进工作策略[J].空间控制技术与应用,2017(3):41-47.

[25] Neugnot N, Loche D, Alcindor P, et al. A new modular and flexible power system for LEO missions[C]. Saint Raphael: Proceeding of 9th European Space Power Conference, 2011.

[26] 陈琦,赵长江,马亮.LEO 卫星电源系统拓扑研究[J].航天器工程,2012(6):60-66.

[27] Soto A, Lapeña E, Otero J, et al. High performance and reliable MPPT solar array regulator for the low mass PCDU of lisa pathfinder[C]. Berlin: Proceeding of 8th European Space Power Conference, 2008.

[28] 石海平,付林春,张晓峰.立方体卫星电源系统及关键技术[J].航天器工程,2016(3):115-122.

[29] O'Sullivan D, Weinberg G. The sequential switching shunt regulator S3R[J]. Spacecraft Power Conditioning, 1977: 123-131.

[30] Capel A, O'Sullivan D, Marpinard J C. High-power conditioning for space applications[J]. Proceedings of the IEEE, 1988, 76(4): 391-408.

[31] Knorr W. Power system of meteosat second generation[C]. Tarragona: Proceedings of the Fifth European Space Power Conference (ESPC), 1998.

[32] 吴小华,袁野,李伟明.新型空间电源控制器的设计与实现[J].电源技术,2011,35(10):1259-1261.

[33] Garrigos A, Carrasco J A, Blanes J M, et al. A new sequential switching shunt regulator-digital shunt regulator (S3R-DSR) for solar array regulators[C]. Montreal: 2006 IEEE International Symposium on Industrial Electronics, 2006.

[34] 王涛,黄晓,郗志伟.低轨道微小卫星电源系统研究[J].电源技术,2012(7):1011-1014.

[35] 李国欣,张利群,张忠卫,等.创新一号微小卫星电源分系统[J].上海航天,2006(1):41-45,60.

[36] 苗狄,张东来,张乃通.基于 $\Delta\Sigma$ 超频的高功率密度空间功率平台[J].电工技术学报,2013,28(8):233-240.

[37] Zhu H, Zhang D. Influence of multijunction Ga/As solar array parasitic capacitance in S3R and solving methods for high-power applications[J]. IEEE Transactions on Power Electronics, 2014, 29(1): 179-190.

[38] 王超,张东来,李勇,等.航天大功率 PCU 测试技术研究[J].测控技术,2012,31(11):135-139.

[39] 赵长江.航天器太阳电池阵分流技术研究[J].航天器工程,2009,18(3):41-47.

[40] 邹世纯,薛梅,鲍伟丰,等.太阳电池分流电路与 PCU 联试仿真与分析[J].电源技术,2013,37(3):398-400.

[41] 蔡晓东,何小斌,张明,等.一种新型的充放电及分流一体化空间电源控制技术[J].航天器工程,2014(1):69-74.

[42] 朴海国.卫星电源控制系统结构和降压变换器仿真研究[J].现代电子技术,2014(21):

102-103.

[43] Li F, You X, Li Y. Design of a multi-port converter using dual-frequency PWM control for satellite applications[C]. Worth: IEEE Applied Power Electronics Conference and Exposition-APEC, 2014.

[44] Mourra O, Fernandez A, Tonicello F, et al. Multiple port DC-DC converter for spacecraft power conditioning unit[C]. Orlando: 27th Annual IEEE Applied Power Electronics Conference and Exposition (APEC), 2012.

[45] Zhu H, Zhang D, Zhang B, et al. A nonisolated three-port DC-DC converter and three-domain control method for PV-battery power systems[J]. IEEE Transactions on Industrial Electronics, 2015, 62(8): 4937-4947.

[46] Zhu H, Zhang D, Athab H S, et al. PV isolated three-port converter and energy-balancing control method for PV-battery power supply applications[J]. IEEE Transactions on Industrial Electronics, 2014, 62(6): 3595-3606.

[47] Mikellides I G, Jongeward G A, Schneider T, et al. Solar arrays for direct-drive electric propulsion: electron collection at high voltages[J]. Journal of spacecraft and rockets, 2005, 42(3): 550-558.

[48] Hamley J A. Direct drive options for electric propulsion systems[J]. IEEE Aerospace and Electronic Systems Magazine, 1996, 11(2): 20-24.

[49] Coletti M, Grubisic A, Collingwood C, et al. European student moon orbiter solar electric propulsion subsystem architecture: an all-electric spacecraft[J]. Acta Astronautica, 2009, 65(3-4): 354-364.

[50] Snyder J S, Brophy J R. Peak power tracking and multi-thruster control in direct drive systems[C]. Washington D C: The 33rd International Electric Propulsion Conference, 2013.

[51] Oh D Y, Snyder J S, Goebel D M, et al. Solar electric propulsion for discovery-class missions[J]. Journal of Spacecraft and Rockets, 2014, 51(6): 1822-1835.

[52] ESA-ESTEC E S. European cooperation for space standardization-space engineering-space environment[R]. Technical Report ISSN 1028-396X, ESA Publications Division, 2000.

[53] European Cooperation for Space Standardization. Space engineering electrical and electronic[S]. Netherlands: ESA ECSS-E-ST-20C Rev. 2, ESA Requirements and Standards Division, 2022.

[54] 曹宇翔,张潇,王少宁,等. 碳化硅功率器件在宇航电源中的研究与应用[J]. 电子设计工程,2023,31(9): 7-12.

[55] 季启政,王一凡,胡小锋,等. 航天用氮化镓材料的研究进展[J]. 材料导报,2022,36(22): 86-91.

[56] Lee J R. Stability analysis of spacecraft power systems and power processing units[C]. Salt Lake City: 14th International Energy Conversion Engineering Conference, 2016.

[57] Meng Y, Li A, Zhang D. A novel method to characterize and measure the small-signal stability margin of spacecraft power systems[C]. Cheng du: 2021 IEEE 4th International Conference on Electronics Technology (ICET), 2021.

[58] 张波. 电力电子学亟待解决的若干基础问题探讨[J]. 电工技术学报,2006,21(3): 24-35.

[59] 万成安,于磊,刘建强. 航天器直流电源系统稳定性分析方法研究[J]. 航天器工程,2009,

18(2)：14-19.

[60] 王媛彬.矿用本安型开关电源的稳定性研究[J].煤矿机械,2011,32(11)：58-60.

[61] European Cooperation for Space Standardization, Space Engineering Control Performance Guidelines[S]. Netherlands：ESA ECSS-E-HB-60-10A, ESA Requirements and Standards Division, 2010.

[62] 姚雨迎,张东来,徐殿国.级联式DC/DC变换器输出阻抗的优化设计与稳定性[J].电工技术学报,2009,24(3)：147-152.

[63] 杨晓平,张浩,马西奎.基于ESAC标准的分布式电源系统稳定裕度监控[J].电工技术学报,2009,24(8)：15-21.

[64] 许心.浅谈分布式电源的应用[J].中国科技信息,2007,(2)：33-35.

[65] Choi B, Cho B H. Intermediate line filter design to meet both impedance compatibility and EMI specifications[J]. IEEE Transaction on Power Electronics, 1995, 10(5)：583-588.

[66] 张欣,阮新波.用于提高级联型电源系统稳定性的自适应有源电容变换器[J].电工技术学报,2012,27(2)：23-32.

[67] Middlebrook R D. Input filter considerations in design and application of switching regulators [C]. Cleveland：IEEE Power Electronics Specialists Conference, 1976.

[68] Wildrick C M, Lee F C, Cho B H, et al. A method of defining the load impedance specification for a stable distributed power system[J]. IEEE Transaction on Power Electronics, 1995, 10(3)：280-285.

[69] Feng X, Ye Z, Xing K, et al. Individual load impedance specification for a stable DC distributed power system[C]. Dallas：14th Annual Applied Power Electronics Conference and Exposition, 1999：923-929.

[70] Sudhoff S D, Glover S F, Lamm P T, et al. Admittance space stability analysis of power electronic systems[J]. IEEE Transaction on Aerospace and Electronic Systems, 2000, 36(3)：965-973.

[71] Sudhoff S D, Glover S F. Three-dimensional stability analysis of DC power electronics based systems[C]. Galway：2000 IEEE 31st Annual Power Electronics Specialists Conference, 2000.

[72] Sudhoff S D, Crider J M. Advancements in generalized immittance based stability analysis of DC power electronics based distribution systems [C]. Alexandria：2011 IEEE Electric Ship Technologies Symposium, 2011.

[73] Vesti S, Suntio T, Oliver J A, et al. Impedance-based stability and transient-performance assessment applying maximum peak criteria[J]. IEEE Transactions on Power Electronics, 2012, 28(5)：2099-2104.

[74] Li A, Zhang D. Necessary and sufficient stability criterion and new forbidden region for load impedance specification[J]. Chinese Journal of Electronics, 2014, 23(3)：628-634.

[75] Cho B H, Choi B. Analysis and design of multi-stage distributed power systems[C]. Kyoto：13th International Telecommunications Energy Conference-INTELEC 91, 1991.

[76] Li A S, Zhang D L, Tong Q. Impedance stability criterion of complex connected DC distributed power system[J]. Applied Mechanics and Materials, 2013, 321：1449-1453.

[77] 李安寿.分布式电源系统稳定性研究[D].哈尔滨：哈尔滨工业大学,2014.

[78] 张东来.航天器电源拓扑与控制方法[M].哈尔滨：哈尔滨工业大学出版社,2024.

第3章
霍尔电推进 PPU

引 言

电推进技术的发展在航天领域产生了革命性的影响,而其中的关键是能源的供给。在众多电推进 PPU 中,霍尔电推进 PPU 以其高效、可靠和可控的特性而备受关注。本章将为读者详细介绍霍尔电推进 PPU 中的各个组成部分,探讨其工作原理、控制策略和实验验证,以及在设计和应用中所面临的难点。

3.1 霍尔电推进 PPU 的构成

1962 年,苏联的 Morozov 教授提出了霍尔效应推力器(Hall effect thruster,HET)这一概念,它是一种新型推力器。HET 系统包括四部分:霍尔推力器、霍尔电推进 PPU、霍尔推进剂贮供单元和控制单元。在推进系统中,PPU 是核心组件之一,主要完成两部分功能:一是接收控制信号,使继电器和各开关动作;二是支配、转换 HET 系统输入的一次电源,根据时序供应给推力器的各电极,同时传送遥测数据。

典型的霍尔电推进 PPU 包括阳极电源、阴极电源和点火电源,各个电源模块的功能是将一次母线电压通过不同的电力电子变换器转化为满足推力器中各电极所需的各类电源。阳极电源一般为电压源,其功能是作为电离氙推进剂和作为离子加速的能量来源。阴极电源一般为电流源,包括阴极加热和触持两部分,加热电源给阴极提供一个恒定的电流用于加热空心阴极,提高其温度,等上升到 1 600℃时,阴极释放电子;触持电源用来维持阴极持续释放电子。点火电源的类型一般为脉冲电压源,主要作用是用于点火、产生电弧,为霍尔工质提供动力。另外,大多数霍尔电推进 PPU 还包括辅助电源,用于控制系统的供电。

在霍尔电推进 PPU 系统中,大部分功率由阳极电源供应,阳极电源的功率最大,一般提供了 90% 以上的功率,因此针对阳极电源的研究也是最为广泛的,尤其是针对其效率和体积的优化。阴极电源和点火电源相对阳极电源来说功率较小,因此其电路拓扑相对简单,但是阴极电源和点火电源之间的相互耦合、点火电源的时序及整个阴极电源的控制策略是值得关注和研究的。霍尔电推进 PPU 整体系统框图已经在 1.2.1 节中的图 1-3 展示,不再重复绘制。

3.2 阳极电源与推力器的关系

3.2.1 阳极功率扩展与推力的关系

霍尔推力器有着悠久的发展历史和飞行经验,于 20 世纪 70 年代初由苏联航空航天设计局首次试飞。与离子推力器相比,霍尔推力器通常具有更高的推力密度,但比冲相对较低。典型的霍尔推力器设计包括:稳态等离子体推力器(SPT)[1]和阳极层推力器(TAL)[2],以及近几十年研究的为减少功率和尺寸下的壁损耗而设计的圆柱形霍尔推力器(cylindrical Hall thruster,CHT)。

SPT 采用环形放电室和在放电出口处外置阴极,环形阳极与气体分配器位于推力器底部,从阴极释放的电子在向阳极运动的过程中被通道内的径向磁场束缚,与气体分配供给的中性气体发生碰撞,产生等离子体。在电场和磁场的共同作用下,被俘获的电子沿周向漂移,形成霍尔电流。离子几乎不受磁场的影响,通过放电通道上维持的电位差加速,形成高速离子流。离子束被位于出口平面的阴极发射的电子中和,维持中性束流,避免空间电荷饱和限制。TAL 的工作原理与 SPT 相同,但物理特性略有不同。TAL 通道壁面一般为金属,其电势结构与绝缘通道壁面的 SPT 壁不同。TAL 电场加速离子通过的空间区域相对来说要小得多,因此一般使用短通道。尽管存在差异,SPT 和 TAL 都可视为传统的霍尔推力器原理设计。圆柱形霍尔推力器也是一种霍尔推力器的改进设计,旨在通过消除环形配置中的内壁损耗来提高效率。圆柱形霍尔推力器通常适用于低功率(低于 kW)运行,且在低功率下的工作性能更为优异。国外典型的霍尔推力器性能数据如表 3-1 所示,表 3-1 中对应的霍尔推力器的性能数据与输入功率的关系如图 3-1 所示。从图中可看出,推力器推力与输入推力近似呈线性关系,环形通道(SPT/TAL)推力器结构下的推力功率比为 54 mN/kW,高于圆柱形通道的 CHT(33 mN/kW)。对于环形通道结构的霍尔推力器而言,随着功率的提升,推力功率比会略有提升,所以在工程上一般近似认为霍尔推力器的推力功率比为 60 mN/kW。这是我们从不同类型推力器统计看到的结果,实质上这一结果本质上是由推力器的物理量相互关系近似决定的,推力器的效率可表示为

$$\eta = \frac{T^2}{2\dot{m}_\mathrm{p} P_\mathrm{in}} = \frac{T I_\mathrm{sp} g}{2 P_\mathrm{in}} \quad (3-1)$$

其中,T 为推力,单位为 N;$\dot{m}_\mathrm{p}$ 为流量,单位为 kg/s;P_in 是输入功率,单位为 W;I_sp 为比冲,单位为 s;g 为重力加速度,单位为 m/s^2。

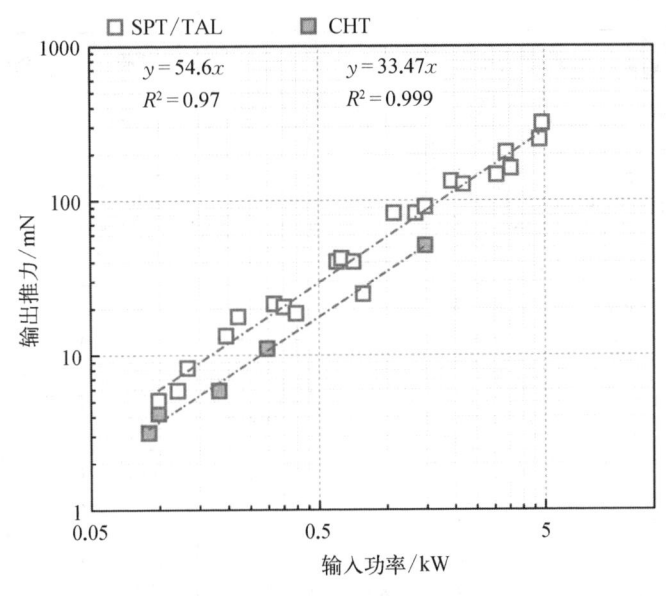

图 3-1 各种型号霍尔推力器的输入功率与输出推力的相互关系[3]

表 3-1 国外典型的霍尔推力器性能数据[3]

推进器名称	型号/规格	功率范围/kW	输入功率/kW	推力/mN	比冲/s	报道效率	计算效率
BHT	200	0.1~0.4	0.2	13	1 394	0.44	0.44
	—	—	0.4	19.4	1 900	0.50	0.45
	600	0.3~0.8	0.6	39	1 585	0.50	0.50
	1 000	0.5~1.5	1	58	1 750	—	0.50
	8 000	2~9	2.1	129	1 266	0.39	0.39
	—	—	9.1	474	2 420	0.62	0.62
BPT(XR-5)	2 000	—	2.2	123	1 700	0.48	0.47
	4 000	1.1~4.5	1.1	80	1 200	0.45	0.43
	—	—	4.9	250	2 100	0.55	0.53
CHT	28 mm	0.1~0.4	0.3	11	1 800	0.32	0.32
	40 mm	—	—	—	—	—	—

续 表

推进器名称	型号/规格	功率范围/kW	输入功率/kW	推力/mN	比冲/s	报道效率	计算效率
CHT	50 mm	—	—	—	—	—	—
	2.6 cm	0.09~0.19	0.09	3	1 100	0.20	0.18
	—	—	0.19	6	1 650	0.27	0.26
	9cm	—	1	—	—	0.4	—
HiVHAc	—	0.32~3.7	0.32	21.3	981	0.32	0.32
	—	—	3.52	197.5	2 144	0.59	0.59
	—	—	3.66	157	2 655	0.56	0.56
HEMPT	—	13.8~1.5	1.5	90	2 800	0.49	0.46
HT	100D	0.12~0.4	0.12	6	800	0.2	0.2
	—	—	0.4	18	1 600	0.35	0.35
	400	0.4~0.8	0.4	19	1 000	0.23	0.23
	—	—	0.8	25	1 450	0.22	0.22
PlaS	40	0.1~0.65	0.23	17	1 010	0.37	0.37
PPS	1 350-G	—	1.5	89	1 650	0.50	0.52
ROS	200	—	2	132	1 765	0.52	0.57
SPT	1	0.6~3.2	0.6	39.9	1 424	0.39	0.46
	—	—	3.1	144.5	2 533	0.55	0.58
	50	—	0.35	20	1 010	0.35	0.31
	70	—	0.7	40	1 500	0.45	0.42
	100	—	1.35	80	1 600	0.5	0.46
	140	—	5	300	1 750	0.55	0.54
T	40	0.1~0.4	0.1	5	1 000	0.25	0.25
	—	—	0.4	20	1 600	0.39	0.39
	140	2~4	3.4	197	2 000	0.57	0.57

对式(3-1)进行适当变换,可得到霍尔推力器的推力功率比:

$$\frac{T}{P_{in}} = \frac{2\eta}{I_{sp}g} \tag{3-2}$$

由式(3-2)可知,推力功率比与效率和比冲的比值相关,而由于工质电离耗能、离子损失等,推力器的效率一般在40%~60%,比冲提高的主要影响因素是放电电压,实际上高电压放电推力器也会受到推力器物理过程的限制,这一问题将在下一节中详细讨论,霍尔推力器的比冲一般在1 500~2 500 s,这些参数耦合在一起也决定了霍尔推力器的推力功率比的基本量级,在空间平台为推进系统提供的总效率确定的前提下,通过霍尔推力器基本的推力功率比和电源的转换效率即可近似确定系统的输出推力,反过来对于一个给定任务需求的推力指标,也可近似确定需要提供给推进系统的功率下限。

3.2.2 阳极电压扩展与比冲的关系

在讨论阳极电压和推力器比冲的关系前,首先有必要厘清推进系统的比冲选择问题,任务需求的比冲决定了阳极电压要求。对所有推进器技术的选择而言,更关心航天器最终质量 M_f 所占初始质量 M_0 的比率,该比率是航天器速度增量 ΔU 与有效排气速度 c 的函数:

$$\frac{M_f}{M_0} = e^{-\frac{\Delta U}{c}} \tag{3-3}$$

航天器的初始质量为

$$M_0 = M_p + M_{pl} + M_{pp} \tag{3-4}$$

其中,M_{pp} 是电源、推进器及其他所有供电和供气的设备质量之和(如 PPU、电缆、推进剂储存罐、万向节等);M_p 是推进剂质量;M_{pl} 是有效载荷质量(按照定义,有效载荷质量包括一切除动力装置之外的航天器的干质量)。如果系统效率和质量流量在一个推进时间段 t_p 内恒定,且已知在 t_p 时间段内所消耗的推进剂质量为 M_p,则有

$$P_{sys} = \frac{\frac{1}{2}\frac{M_p}{t_p}c^2}{\eta_{sys}} = \frac{M_p c^2}{2 t_p \eta_{sys}} \tag{3-5}$$

将式(3-3)~式(3-5)联立,可得有效载荷比:

$$\frac{M_{pl}}{M_0} = e^{-\Delta U/c} - (1 - e^{-\Delta U/c})\left(\frac{c}{v_c}\right)^2 \tag{3-6}$$

定义特征速度 v_c 为

$$v_c = \sqrt{2\alpha t_p \eta_{sys}} \quad (3-7)$$

其中，α 为比功率，定义为 $\alpha = \dfrac{P_{sys}}{M_{pp}}$。

注意到，对于一个给定的推力器而言，特征速度仅仅取决于任务时长，因为选择推力器的同时就已经确定了比功率和系统效率。只要明确了有效载荷比，方程(3-6)的解就会呈现出单峰函数的形式，解的函数表达式如下所示：

$$\frac{c}{\Delta U}(e^{\Delta U/c} - 1) - \frac{1}{2}\left(\frac{v_c}{c}\right)^2 - \frac{1}{2} = 0 \quad (3-8)$$

图3-2绘制出了式(3-6)和式(3-8)的解，其中速度增量 ΔU 和有效排气速度 c 都通过式(3-7)中的特征速度 v_c 加以归一化。对于给定的有效载荷比和特征速度，总存在一个有效排气速度的最佳选择 c_{op}（也就存在一个最佳比冲 $I_{sp_{op}}$）使得速度增量 ΔU 最大化。之所以会存在这样一个有效排气速度最佳值 c_{op}，是因为电源质量会随着排气速度的增大而增大，而推进剂质量会随着排气速度增大而减小。

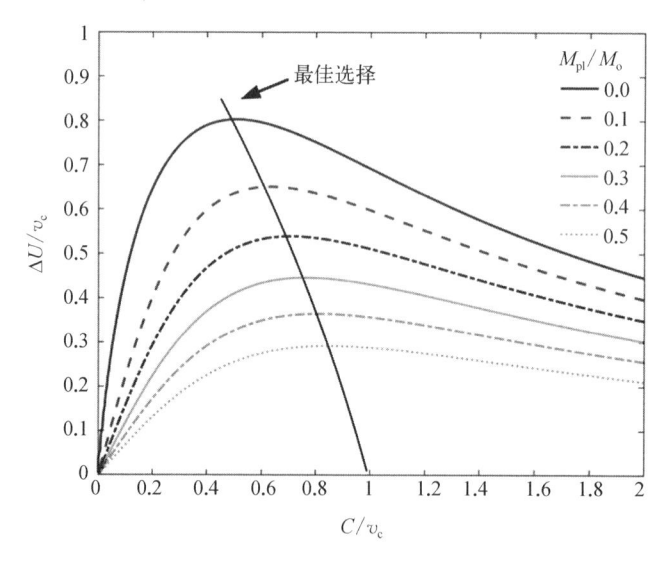

图3-2 归一化速度增量和归一化有效排气速度与有效载荷比的函数关系[4]

通常，在电推进应用平台设计中，卫星总体会根据总体功率水平、任务需求、有效载荷比、总冲需求等对推进系统提出设计比冲需求，对于不同功率等级的霍尔推力器而言，由式(3-2)可知，在给定功率条件比冲、效率和推力是相互影响的，由于面容比相对较大,其小功率霍尔推力器的效率往往相对较低,一般百瓦量级的霍尔推力器效率在 40% 左右,千瓦量级霍尔推力器效率可达到 50%~60%,而十千瓦及以上功率等级的霍尔推力器效率一般可以达到 60% 以上,卫星总体对推进系统比冲(离子速度除以重力加速度)需求的输入约束,大致决定了霍尔推力器的阳极电源电压设计参考值,一般根据工程经验来初步选择阳极电源电压并最终通过实验确定。需要实验确定的主要原因是,理想情况下离子将在与阳极电源电压大小相等的压降下被加速。然而,阴极电势通常会在航天器地线电压以下 10~20 V 浮动,同时,在推力器出口下游几个推进器直径的位置处,其等离子体电势仍高出航天器地线电压 5~10 V。这两种效应都降低了离子的最大加速电势,并会进一步导致推力值降低,如图 3-3 所示,离子实际的加速电压是低于阳极电压的。

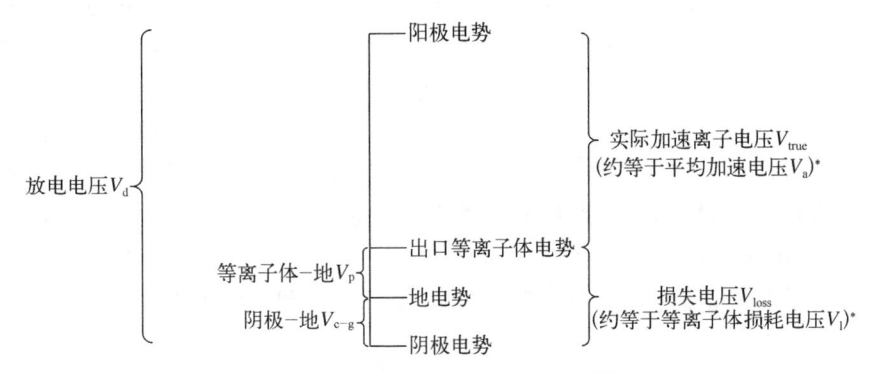

图 3-3 推力器放电压降示意图[4]

注*:之所以是约等于,是因为可能存在的多电荷离子会导致两者之间略有几伏的偏差

此外,由于离子会在放电室不同轴向位置上产生,不同位置上产生的离子自然会被该位置上相应的压降所加速,因此排出的等离子体中将含有不同速度的离子。从总体上来看,推力器的平均轴向出口速度还会受推进剂电离能、壁面损失、离子价态、径向束流发散及等离子体振荡的影响。在霍尔推力器中,离子的加速可归因于静电过程产生的轴向电场。从静电学的角度出发,利用能量守恒原理可计算出离子的平均出口速度:

$$eV_a^+ \equiv \frac{1}{2}m_{xe}\langle v_b^+ \rangle^2 \qquad (3-9)$$

其中,m_{xe} 代表离子质量;e 为基本电荷;V_a^+ 为平均加速电压;v_b^+ 为离子的平均速度。

因此,离子的平均出口速度为

$$\langle v_b^+ \rangle = \sqrt{\frac{2eV_a^+}{m_{xe}}} = \sqrt{\frac{2e\eta_v^+ V_d}{m_{xe}}} \qquad (3-10)$$

其中，η_v^+为电压利用率；V_d为阳极电压。

根据式(3-10)可近似确认阳极电压，显然放电电压是调节霍尔推力器比冲的最有效手段，比冲与放电电压的开方基本呈线性关系。但事实上，霍尔推力器的设计中存在一个有限且适中的放电电压，使放电效率最优，在低于最优电压值时，效率能达到的上限值随着放电电压的升高而升高，这是由电子能够从电场中获得的能量上限决定的。当放电电压低于最优值时，最大电子温度与放电电压基本呈线性关系。在小于最优电压值的范畴，放电电压越高，电子温度越高，电离区位置越靠近通道出口，这有利于降低壁面损失；电离反应系数越大，电离速率越高，电离区越窄，这有利于降低加速电压损失和羽流发散损失，进而获得更高的推力器效率。当放电电压高于最优值时，最大电子温度饱和，放电电流会剧增，放电电流增长的部分主要是电子电流；由于电子在超过最优值的高放电电压下被强电场过度加热，电子与壁面的相互作用中产生了壁面材料二次电子发射系数大于1的情况及鞘层转变为空间电荷饱和状态等质变，壁面损失过大引起放电热失稳，还会导致电子近壁传导效应呈非线性增长，电子电流比例增大，推力器效率降低，相关内容读者可参考霍尔电推进原理的相关专业书籍。尽管可通过阳极电压的量级近似确定推力器比冲，但霍尔电推进系统阳极电压的选择要是根据空间任务需求、综合电源的设计难度、体积重量需求、推力器工作效率、可靠性及稳定性等约束条件综合确定的，需要平台应用总体、电源设计和推力器设计等各方面协同完成。

3.2.3 多模式工作对阳极电压、功率的要求

尽管霍尔推力器具有宽范围变工况工作的能力，但在设计之初，霍尔推力器在空间应用中都是应用于卫星平台的南北位保任务中。产品研制主要针对单模式定点工作，转折点出现在2010年8月，美国发射了一颗战术通信卫星AEHF-1，星箭分离后远地点推力器BT-4未能启动，因此采用BPT-4000霍尔推力器的救援方案，成功将卫星从低地球轨道(low earth orbit，LEO)转移到GEO，成功地挽救了价值20多亿美元的卫星。这件事情给电推进在空间的任务赋予了新的使命：可执行轨道提升等多种任务。2012年3月，波音公司在一次商业通信卫星竞标中，首次正式推出全球首款全电推进卫星平台BSS-702SP。由于全电推进技术的使用，702SP平台的重量相比以前的常规版本大为下降，两颗卫星总质量为4.2 t，"猎鹰9号"运载火箭可一次性完成双星发射。电推进由单一任务执行南北位保的辅助推进任务转变为执行轨道转移的主推进和入轨后的轨道保持等任务，为电推进的技术发展注入了新的活力，多款具有多个工作点的多模式电推进系统相继研制成功并开始在GEO卫星平台上得到应用。

由前述章节可知，不同的功率输入和电压输入对应霍尔推力器的推力和比冲，

对霍尔推力器多模式运行而言,阳极电源的输出功率即对应的电压和电流范围是适配霍尔推力器多模式运行的关键参数,这一参数范围受霍尔推力器空间任务需求、推力器物理过程的限制,多模式霍尔电推进技术包括两层内涵:一是在性能层面上,在工况参数的全局范围内,推力器均具有高的效率输出;二是在稳定性层面上,在工况参数的全局范围内均具有足够大的稳定裕度。两者互为补充,共同保障多模式霍尔推力器的先进性,从推进系统层面考虑,同时需要兼顾电源设计的难度和可靠性、系统的复杂程度,以及体积、重量、散热等。抛开具体空间任务,可从不同任务推力器的输入功率来分析多模式霍尔推力器设计的难度,从而定性地理解对应多模式霍尔推力器运行的阳极电源运行参数范围,根据霍尔推力器中的能量平衡与损失体系可知,要保证推力器具有较好的整体性能,就必须保证高的工质利用率和电压利用率,即工质要充分电离,且离子能获得较大份额的加速电压,在霍尔推力器中可用中性气体的连续性方程来描述中性气体的电离过程,如式(3-11)所示:

$$\nabla \cdot (n_n V_n) = -\beta_i n_n n_e \quad (3-11)$$

霍尔推力器的创始人 Morozov 等利用零维模型导出一个保证工质充分电离的相似准则数 S [5]:

$$S = \frac{2eMU_d V_a^2}{\beta^2 L^2} \left(\frac{\dot{m}}{A}\right)^{-2} \quad (3-12)$$

根据 Bugrova - Maslennikov - Morozov 判据,S 满足式(3-13):

$$S < S_{cr} = \frac{1}{3} \quad (3-13)$$

进而可得到在一定放电条件下,保证工质充分电离的质量流量范围:

$$\dot{m} > \sqrt{\frac{6eMU_d V_a^2 A^2}{\beta^2 L^2}} \quad (3-14)$$

这说明在推力器变参数运行时,为实现大功率和小功率等多种工况的协调设计,必然导致在小功率情况下,通道内的中性气体密度低,通道内电子的平均自由程变大,碰撞频率降低,进一步降低了通道内的电子密度,使得工质利用率大幅降低。

在低功率下,为了获得更大的比冲,尽管放电电压相对比较高,但提高放电电压能够提高电离系数 β,增加通道内的工质电离率,通道内的电离系数与电子温度有关,即

$$\beta(T_e) = \sigma_0 \sqrt{\frac{8T_e}{\pi m_e}} \left(1 + 2\frac{T_e}{E_i}\right) \exp\left(-\frac{E_i}{T_e}\right) \quad (3-15)$$

研究表明,通道内的最高电子温度在一定的高电压区间内达到饱和,即在一定的高电压区间内,最高电子温度不随放电电压的增加而升高,同时电压的提高会导致离子的束流控制难度增加,通道壁面轰击增加,推力器总体的热负荷增加,同时高能离子对通道壁面轰击增加也会影响推力器的设计寿命。因此,在推力器多模式工作时,为实现大功率和小功率等多种工况的协调设计时,推力器的流量变化范围不能太大,其下限值由保证充分电离的相似准则数决定,其上限由通道内的热负荷决定。在霍尔推力器多模式工作的设计过程中,必须在充分电离条件和热负荷间寻找折中方案,如果推力器工质流量变化范围过大,就会导致推力器设计上的不可实现,保证了在低流量条件下推力器通道内工质的充分电离,在高流量条件下,通道热负荷过大,会导致放电失稳。保证了高流量下的热负荷,那么在低流量下必然面临工质电离率低、性能下降的问题。霍尔推力器的阳极流量设定实际上定性地反映了推力器工作所需的电流,通常情况下流量与阳极电流的系数约为0.9,即1 mg/s的阳极流量通常对应的阳极电流约为0.9 A。考虑到在大功率模式下(大功率模式的应用场合多为转轨等长时间工作状态,星上的主要用电负荷为电推进器),运行时间较长,是工质消耗的主要部分,提高其比冲对于提升整星的有效载荷具有重要意义,而小功率模式多为位保等应用背景,工质消耗相对较少,以全电推进为例,转轨的工质消耗为位保阶段的3~5倍,因此需要保证在大功率情况下有更高的比冲,即推力器具有相对较高的放电电压。霍尔推力器的设计通常在满功率时使用高电压放电,在低功率时使用低电压放电,以维持推力器设计中通道内工质通流密度的相对稳定。因此,多模式霍尔推力器为了维持相对较高的效率和运行稳定性,合理的流量变化比(最大流量和最小流量的比值)一般在2以内,即流量变化范围在2倍以内,对应电源的输出最大工作电流和最小工作电流的比值在2以内,阳极电源设计电流变化范围在2倍以内,因为在高功率下一般使用更高或相对高的阳极电压运行,所以阳极电源设计功率变化范围一般也控制在2倍以内,阳极电压变化范围控制在3倍以内。

图3-4给出了ESA设计的5 kW量级多模式霍尔推力器的运行包络[6],从运行包络线中可看出,在高电压高功率情况下,电源系统设计会受到复杂性和高压绝缘、体积等限制,推力器单机受到热负荷、放电稳定性和工作寿命等限制,在低电压下推力器受到放电稳定性的限制,因此针对给定任务的输入功率,需要平衡推力器设计、电源系统设计、贮供系统流量控制、推进系统稳定性、可靠性和寿命诸多约束条件,合理选择多模式的运行工况点。

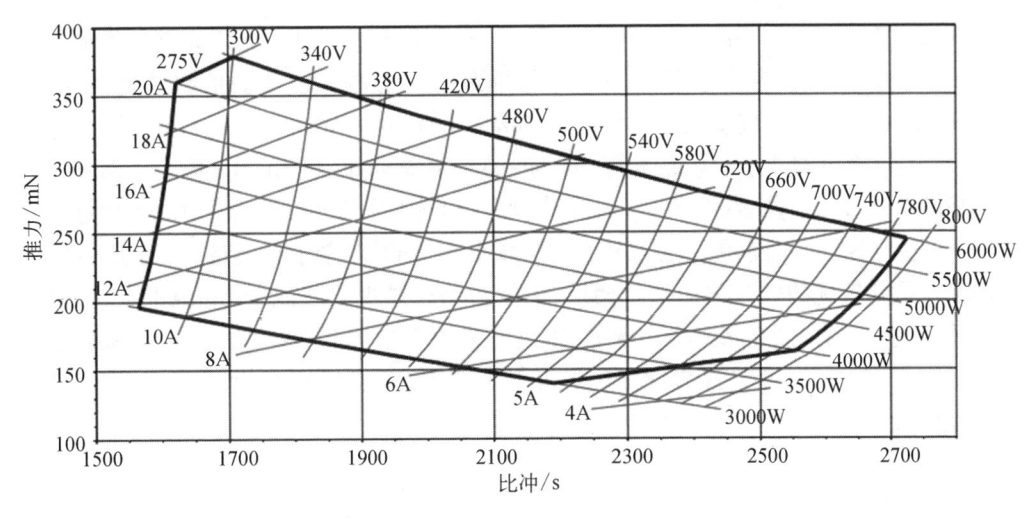

图 3-4 多模式霍尔推力器的运行包络

3.3 阳极电源功率电路

3.3.1 原副边移相控制宽范围输出阳极电源研究

目前,宽范围输出高压电源已广泛应用于等离子体电源、空间电推进 PPU 及弧焊电源等场合。该类电源一般要求其输出具有恒功率特性,即输出电压高时负载电流小,输出电压低时负载电流大。为同时满足高压及大电流输出的需求,本章提出了一种适用于霍尔电推进 PPU 系统阳极电源的新型高压宽范围输出变换器,本书中将该拓扑命名为双移相控制双桥变换器(dual phase-shift dual full bridge converter,DPS - DFBC)。该拓扑中的开关管能够在全负载范围内实现软开关,同时原边续流电流较小,副边整流管的电压应力较小,而且通过原边及副边移相的双移相控制,其输出电压能够在较宽的范围内连续调整。因此,该拓扑能够较好地应用于恒功率宽范围电压输出的场合。本章对 DPS - DFBC 的两种工作模式进行了详细的分析,并给出了不同模式下的直流电压增益,分析了拓扑结构及参数对电压增益的影响。本章还对开关管的软开关状态进行了研究,给出了各桥臂开关管软开关条件。最后,通过实验验证了 DPS - DFBC 拓扑的可行性。

1. 工作原理分析

原副边移相控制宽范围输出变换器的拓扑结构如图 3-5 所示。该拓扑由两部分组成,一部分为副边移相全桥电路(secondary-side phase-shift full-bridge circuit,SPS - FBC),另一部分为原边移相全桥电路(primary-side phase-shift full-bridge circuit，PPS-FBC)。由图3-5可知，SPS-FBC与PPS-FBC共用超前桥臂开关管S_3和S_4，且两者输出串联在一起后得到最终的总输出电压。值得注意的是，PPS-FBC采用绝缘栅双极型晶体管(insulated gate bipolar transistor，IGBT)而非金属-氧化物半导体场效应晶体管(metal-oxide-semiconductor field-effect transistor，MOSFET)作为滞后桥臂开关管(S_5和S_6)。这是因为MOSFET为采用"多数载流子"导电的器件，其漏源极电容较大，为减小MOSFET的开通损耗，零电压开关(ZVS)是其较优的软开关策略。相反，IGBT为采用"少数载流子"导电的器件，其在关断过程中存在"电流拖尾"现象，因此需采用零电流开关(ZCS)减小其关断损耗。由于滞后桥臂开关管S_5和S_6能在全负载范围内实现ZCS，此处采用IGBT作为主开关管。

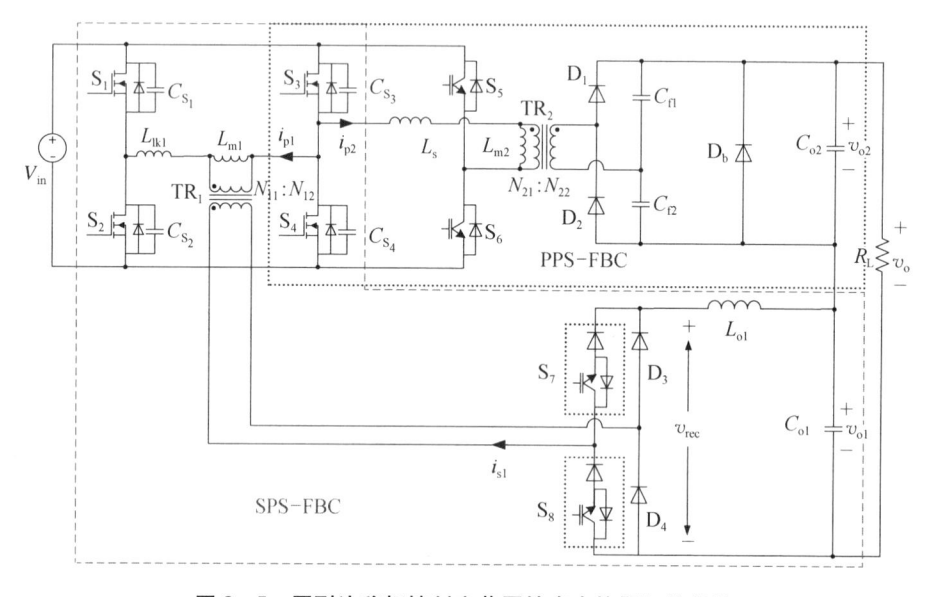

图3-5 原副边移相控制宽范围输出变换器拓扑结构

根据负载电压的需求，本章的拓扑有两种工作模式：原边移相控制(primary-side phase-shift control，PPSC)模式及副边移相控制(secondary-side phase-shift control，SPSC)模式。当要求输出电压较大时，变换器工作在PPSC模式，副边移相全桥电路原副边开关管驱动信号完全同相，其输出稳定在最大值，而原边移相全桥电路通过控制超前桥臂与滞后桥臂开关管的移相角来控制总输出电压。当要求负载电压较小时，变换器工作在SPSC模式，此时原边移相全桥电路超前与滞后桥臂对角开关管的驱动信号完全错相，输出为零，二极管D_b导通，而副边移相全桥电路通过控制其原副边开关管的移相角来控制总输出电压。由以上分析可知，根据负载电压的需求，本章提出的拓扑在不同工作模式下能够改变拓扑结构，从而达到同时满足高压小电流及低压大电流需求的目的。为了简化分析,作以下假设:① 所有开关管均采用理想器件;② 变换器工作在稳态;③ 电容 C_{f1} 和 C_{f2} 相等且足够大,从而两个电容电压都等于 $v_{o2}/2$;④ 开关管 $S_1 \sim S_4$ 漏源极电容均相等,且 $C_{S_1} = C_{S_2} = C_{S_3} = C_{S_4} = C_{S_0}$。

2. PPSC 模式变换器工作状态分析

在该模式下,原副边移相控制宽范围输出变换器在一个开关周期内存在 16 种工作状态。由于其中的 8 种工作状态与其余的 8 种工作状态存在对称关系,因此本章只对半个开关周期内的 8 种工作状态进行详细分析。不同工作状态下的等效电路如图 3-6 所示,图 3-7 为相对应的关键点波形示意图,另外旁路二极管 D_b 在该模式下一直反向偏置。

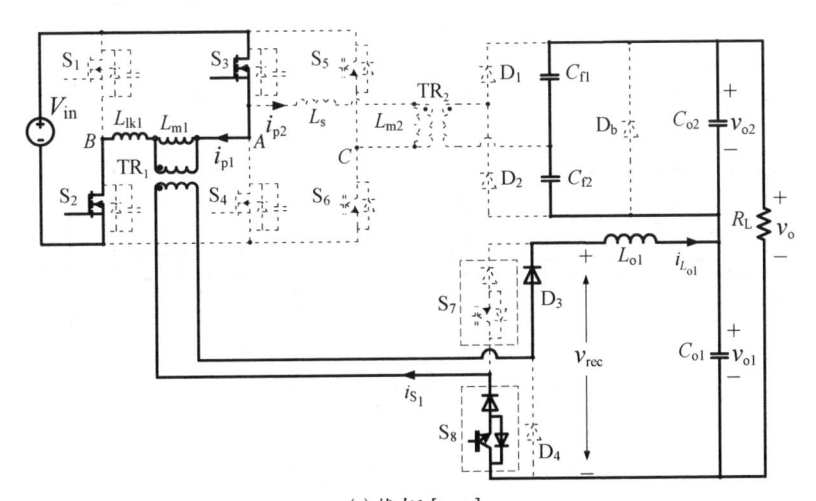

(a) 状态1 [t_0, t_1]

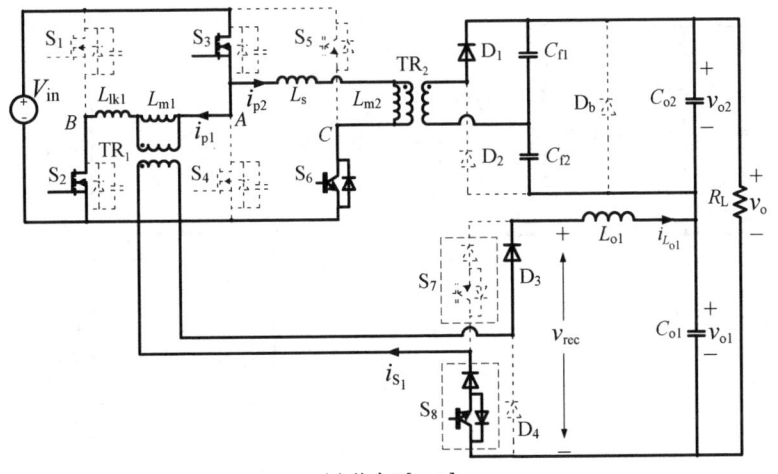

(b) 状态2 [t_1, t_2]

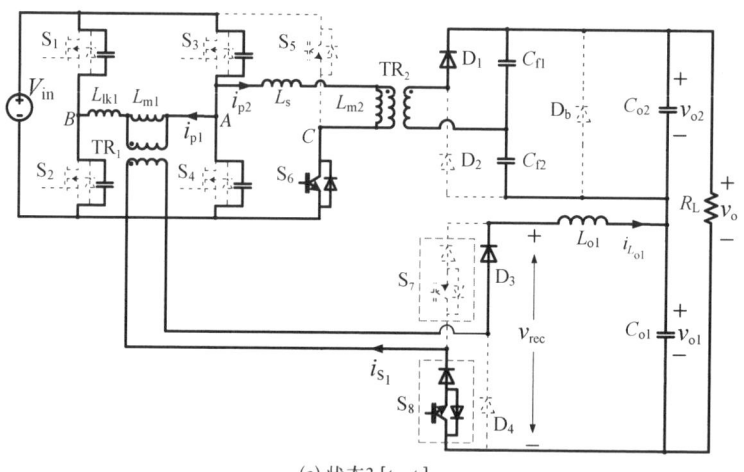

(c) 状态3 [t_2, t_3]

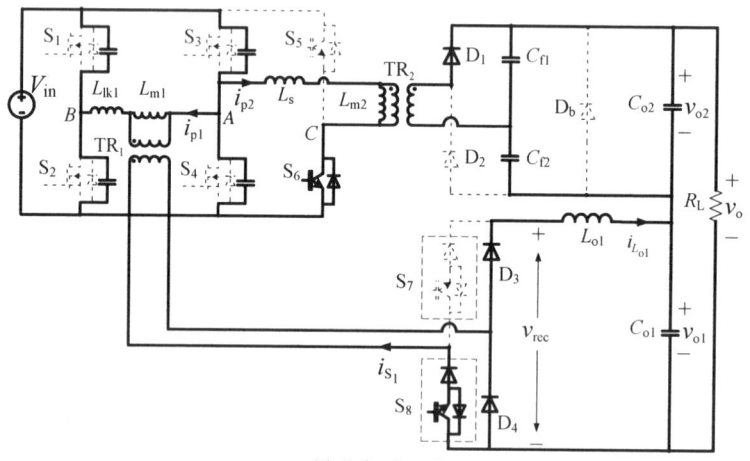

(d) 状态4 [t_3, t_4]

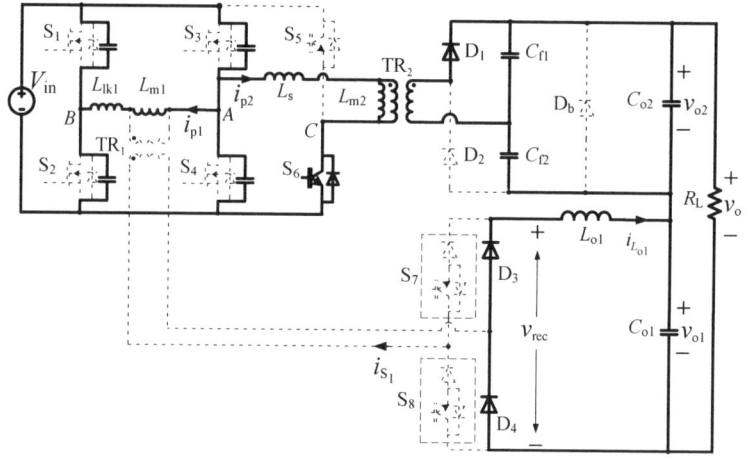

(e) 状态5 [t_4, t_5]

(f) 状态6 [t_5, t_6]

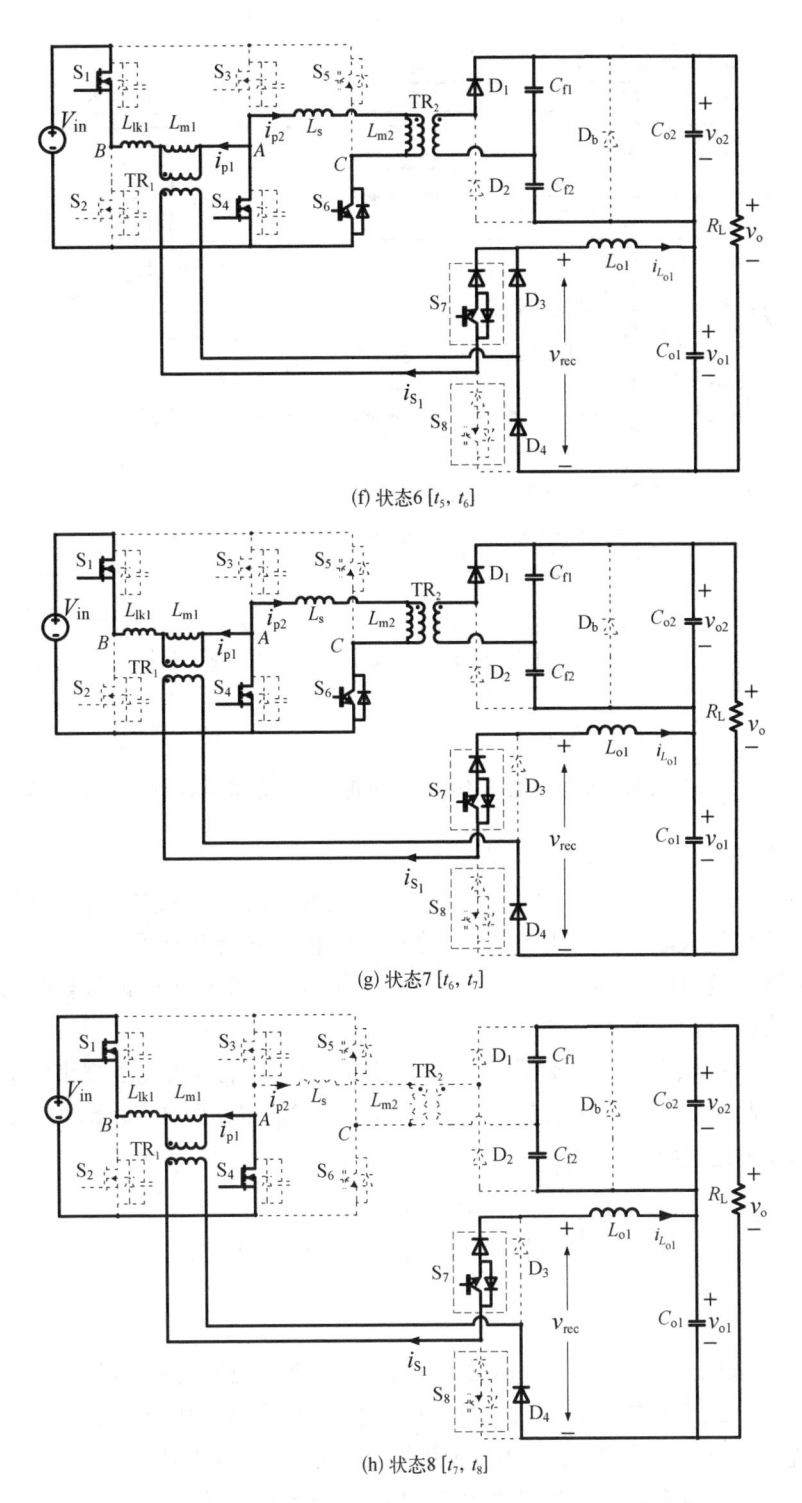

(g) 状态7 [t_6, t_7]

(h) 状态8 [t_7, t_8]

图 3-6 变换器在 PPSC 模式下的各工作状态等效电路图

(a) 关键点波形

(b) 从t_2到t_8的放大图

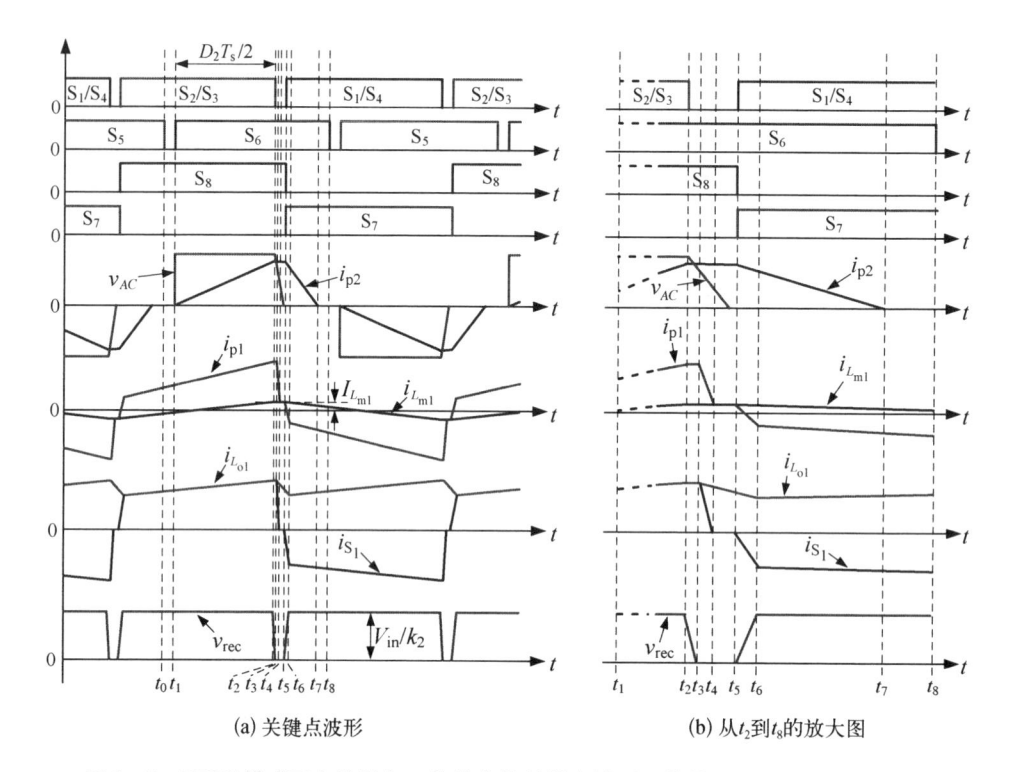

图 3-7　PPSC 模式下变换器各工作状态的关键点波形及其从 t_2 到 t_8 的放大示意图

1) 状态 1[$t_0 \leqslant t < t_1$]

当 $t = t_0$ 时，开关管 S_5 关断。由于在此之前变压器 TR_2 原边电流 i_{p2} 已经下降至零，S_5 零电流关断。开关管 S_2 与 S_3 在该工作状态下处于导通状态，副边移相全桥电路工作于有源功率输出状态，输入功率由副边移相全桥电路馈送至输出端。

2) 状态 2[$t_1 \leqslant t < t_2$]

当 $t = t_1$ 时，S_6 导通，二极管 D_1 导通，变压器 TR_2 副端绕组电压被钳位至 C_{f1} 两端电压，则此时变压器 TR_2 的副端绕组电压为 $v_{o2}/2$。根据图 3-6(b) 可知，TR_2 原边电流 i_{p2} 满足式(3-16)：

$$\begin{cases} i_{p2}(t) = \dfrac{V_{in} - k_2 v_{o2}/2}{L_s}(t - t_1) \\ k_2 = N_{21}/N_{22} \end{cases} \quad (3-16)$$

其中，V_{in} 代表输入母线电压；k_2 代表变压器 TR_2 原副边匝比；i_{p2} 代表变压器 TR_2 原边电流；v_{o2} 代表原边移相全桥电路 PPS-FBC 的输出电压；L_s 代表变压器 TR_2 原边电感；N_{21} 和 N_{22} 分别代表 TR_2 原边绕组匝数和副边绕组匝数。

当该状态结束时，i_{p2} 达到最大值 I_{p2}，根据图 3-7，I_{p2} 为

$$I_{p2} = \frac{V_{in} - k_2 v_{o2}/2}{L_s} D_2 \frac{T_s}{2} \quad (3-17)$$

其中，T_s 代表开关周期；D_2 代表原边移相全桥电路 PPS - FBC 有源输出（对管导通）占空比。

由图 3-6(b) 可知，副边移相全桥电路一直处于有源输出状态。在该状态下，变压器 TR_1 的原边激磁电流线性上升，当 $t = t_2$ 时，达到其最大值 $I_{L_{m1}}$，则根据图 3-7，$I_{L_{m1}}$ 为

$$I_{L_{m1}} = \frac{V_{in}}{L_{m1} + L_{lk1}} \frac{T_s}{4} \quad (3-18)$$

其中，L_{m1} 和 L_{k1} 分别代表变压器 TR_1 原边激磁电感和漏感。

3) 状态 3 $[t_2 \leq t < t_3]$

当 $t = t_2$ 时，开关管 S_2 和 S_3 关断，变压器原边电流对开关管 $S_1 \sim S_4$ 漏源极寄生电容进行充放电。根据图 3-6(c) 及图 3-7，此时开关管 S_2 和 S_4 漏源极电压满足式 (3-19)：

$$\begin{cases} v_{S_2}(t) = \dfrac{I_{L_{m1}} + i_{L_{o1}}(t_2)/k_1}{2C_{S_o}}(t - t_2) \\ v_{S_4}(t) = V_{in} - \dfrac{I_{L_{m1}} + i_{L_{o1}}(t_2)/k_1 + I_{p2}}{2C_{S_o}}(t - t_2) \\ k_1 = N_{11}/N_{12} \end{cases} \quad (3-19)$$

其中，$v_{S_2}(t)$ 和 $v_{S_4}(t)$ 分别代表开关管 S_2 和 S_4 的栅源极电压；k_1 代表变压器 TR1 原副边匝比；N_{11} 和 N_{12} 分别代表变压器 TR_1 原边匝数和副边匝数；$i_{L_{o1}}(t_2)$ 代表在 $t = t_2$ 时输出电感 L_{o1} 上的电流。

根据式 (3-19)，变压器 TR_1 原边电压 v_{AB} 为

$$v_{AB}(t) = v_{S_4}(t) - v_{S_2}(t) = V_{in} - \frac{2[I_{L_{m1}} + i_{L_{o1}}(t_2)/k_2] + I_{p2}}{2C_{S_o}}(t - t_2)$$

$$(3-20)$$

当 v_{AB} 下降为零时，该状态结束。根据式 (3-20)，可得 t_3 为

$$t_3 = t_2 + \Delta t_{2,3} = t_2 + \frac{2C_{S_o} V_{in}}{2[I_{L_{m1}} + i_{L_{o1}}/k_1] + I_{p2}} \quad (3-21)$$

其中，$\Delta t_{2,3}$ 代表变换器工作在状态 3 的时间。

4) 状态 4 $[t_3 \leqslant t < t_4]$

如图 3-6(d)所示，当 $t=t_3$ 时，副边移相全桥电路整流二极管 D_4 导通，变压器 TR_1 副边绕组短路，因此漏感 L_{lk1} 开始与原边开关管寄生电容发生谐振。激磁电感 L_{m1} 两端电压为零，激磁电流保持不变。此时，开关管 S_2 和 S_4 的栅源极电压满足式(3-22)：

$$\begin{cases} -C_{S_o}\dfrac{\mathrm{d}v_{S_4}(t)}{\mathrm{d}t} = \dfrac{I_{p2} + I_{L_{m1}} + i_{S_1}(t)/k_1}{2} \\ C_{S_o}\dfrac{\mathrm{d}v_{S_2}(t)}{\mathrm{d}t} = \dfrac{I_{L_{m1}} + i_{S_1}(t)/k_1}{2} \\ L_{lk1}\dfrac{\mathrm{d}[I_{L_{m1}} + i_{S_1}(t)/k_1]}{\mathrm{d}t} = v_{S_4}(t) - v_{S_2}(t) \end{cases} \quad (3-22)$$

其中，$i_{S_1}(t)$ 代表变压器 TR_1 副边绕组电流。

根据式(3-22)，可得 $i_{S_1}(t)$ 为

$$\begin{cases} i_{S_1}(t) = i_{L_{o1}}(t_2)\cos[\omega(t-t_3)] + \dfrac{[v_{S_4}(t_3) - v_{S_2}(t_3)]}{Z}\sin[\omega(t-t_3)] \\ \quad - \dfrac{k_1(I_{p2} + 2I_{L_{m1}})}{2}\{1 - \cos[\omega(t-t_3)]\} \\ \omega = 1/\sqrt{k_1 C_{S_o} L_{lk1}} \\ Z = \sqrt{L_{lk1}/k_1 C_{S_o}} \end{cases}$$

$$(3-23)$$

其中，ω 和 Z 分别代表漏感与开关管寄生电容谐振电路特征角频率和特征阻抗。

当变压器 TR_1 副边绕组电流 i_{S_1} 下降至零时，状态 4 结束。此时，漏感 L_{lk1} 上的电流与激磁电流 $I_{L_{m1}}$ 相等，副边整流开关管 S_8 上无电流。

5) 状态 5 $[t_4 \leqslant t < t_5]$

如图 3-6(e)所示，在该状态下，变压器 TR_1 副边电流为零，二极管 D_3 和 D_4 导通续流，而原边开关管 $S_1 \sim S_4$ 的漏源极寄生电容在变压器 TR1 激磁电流的作用下继续充放电。开关管 S_1 和 S_4 的寄生电容放电至零后，开关管的寄生二极管开始导通续流，最后当 S_1 和 S_4 零电压开通时，状态 5 结束。

6) 状态 6 $[t_5 \leqslant t < t_6]$

当 $t=t_5$，开关管 S_1、S_4 和 S_7 导通。在该状态下，开关管 S_4 和 S_6 同时导通，副

边整流二极管 D_1 导通，串联电感 L_s 两端电压为倍压电容 C_{f1} 折射至变压器原边的电压，因此变压器 TR_1 原边电流 i_{p2} 以一固定斜率减小，由此分析可得

$$\frac{\mathrm{d}i_{p2}(t)}{\mathrm{d}t} = -\frac{k_2 v_{o2}}{2L_s} \tag{3-24}$$

如图 3-6(f) 所示，开关管 S_7 处于导通状态，激磁电感 L_{m1} 两端电压为零，而漏感 L_{lk1} 两端电压为输入母线电压 V_{in}。由于漏感 L_{lk1} 较小，变压器 TR1 原边电流 i_{p1} 快速从 $I_{L_{m1}}$ 减小至零后反向增大，而副边电流 i_{S_1} 从零开始逐渐增大，副边电流 i_{S_1} 满足式(3-25)：

$$i_{S_1} = \frac{k_1 V_{in}}{L_{lk1}}(t - t_5) \tag{3-25}$$

当副边电流 i_{S_1} 与输出电感 L_{o1} 电流相等时，二极管 D_3 上的电流为零，D_3 关断，该状态结束。

7) 状态 7 $[t_6 \leqslant t < t_7]$

当 $t = t_6$ 时，二极管 D_3 关断，副边移相全桥电路变为有源输出状态，此时输出电感电流 $i_{L_{o1}}$ 满足式(3-26)：

$$\frac{\mathrm{d}i_{L_{o1}}(t)}{\mathrm{d}t} = \frac{V_{in}/k_1 - v_{o1}}{L_{o1}} \tag{3-26}$$

变压器 TR_2 原边电流 i_{p2} 继续以式(3-24)的斜率减小。当电流 i_{p2} 下降至零时，二极管 D_1 关断，该状态结束。

8) 状态 8 $[t_7 \leqslant t < t_8]$

当 $t = t_7$ 时，二极管 D_2 关断。如图 3-6(h) 所示，在该状态下，开关管 S_1、S_4 和 S_6 处于导通状态，变压器 TR_2 原边电流一直为零。当 S_6 零电流关断时，该状态结束，下半个对称的开关周期开始。

3. SPSC 模式变换器工作状态分析

当变换器工作在 SPSC 模式时，PPS-FBC 超前桥臂与滞后桥臂对角开关管驱动信号完全错相，PPS-FBC 输出电压为零，二极管 D_b 导通，PPS-FBC 被旁路，变换器总输出电压由 SPS-FBC 原副边开关管的移相角控制。在该模式下，变换器在一个开关周期内存在 12 种工作状态，由于其中的 6 种工作状态与其余 6 种工作状态存在对称关系，因此本章只对半个开关周期内的 6 种工作状态进行详细分析。不同工作状态下的等效电路如图 3-8 所示，图 3-9 为相对应的关键点波形示意图。由图 3-8 可知，在该工作模式下，PPS-FBC 被旁路，而 SPS-FBC 的工作状态与其在 PPSC 工作模式下的工作状态类似，只有状态 4 有明显区别。因此，本节

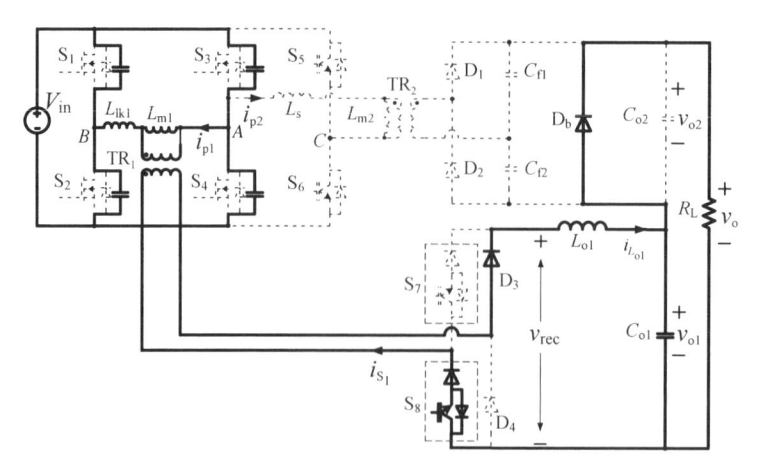

(a) 状态1 [t_0, t_1]

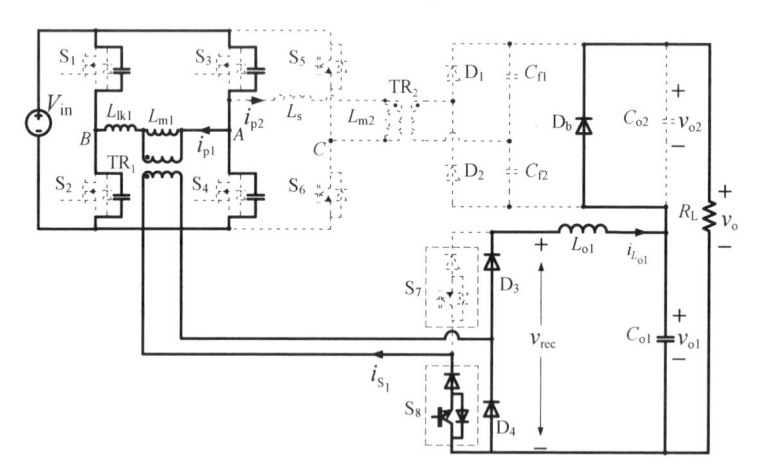

(b) 状态2 [t_1, t_2]

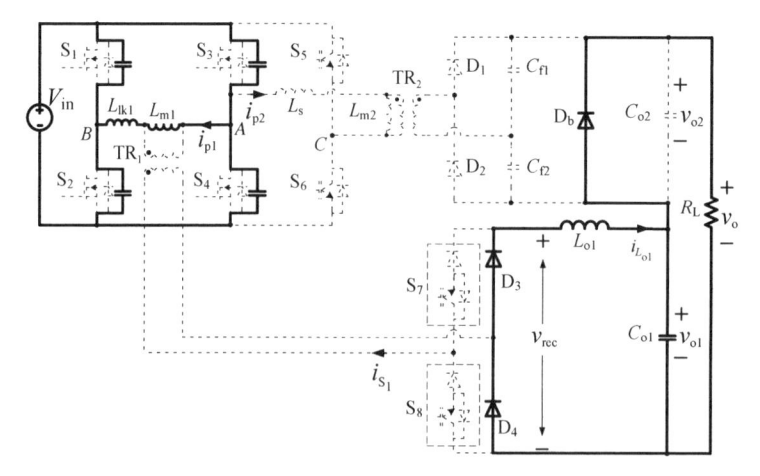

(c) 状态3 [t_2, t_3]

(d) 状态4 [t_3, t_4]

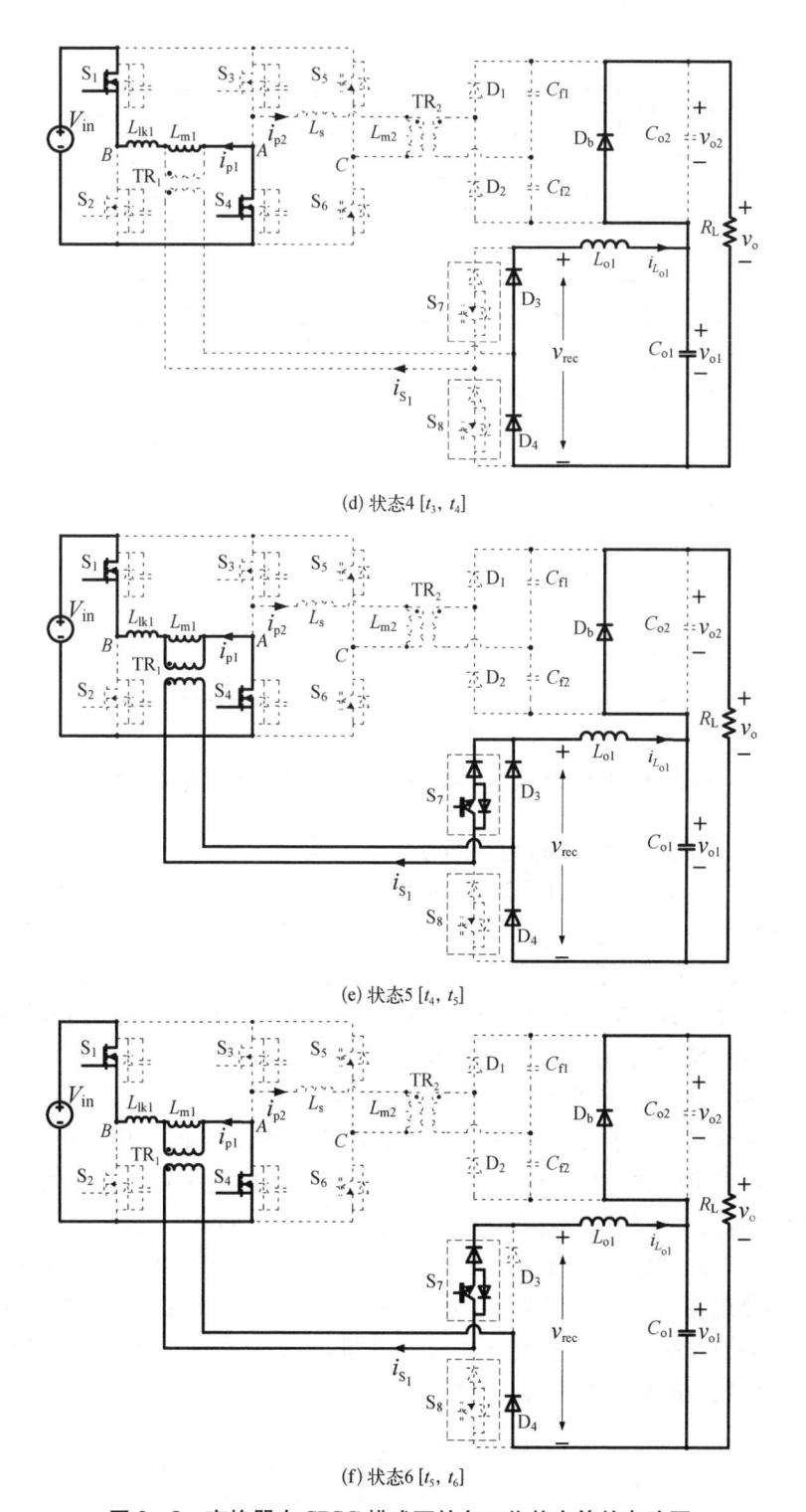

(e) 状态5 [t_4, t_5]

(f) 状态6 [t_5, t_6]

图 3-8 变换器在 SPSC 模式下的各工作状态等效电路图

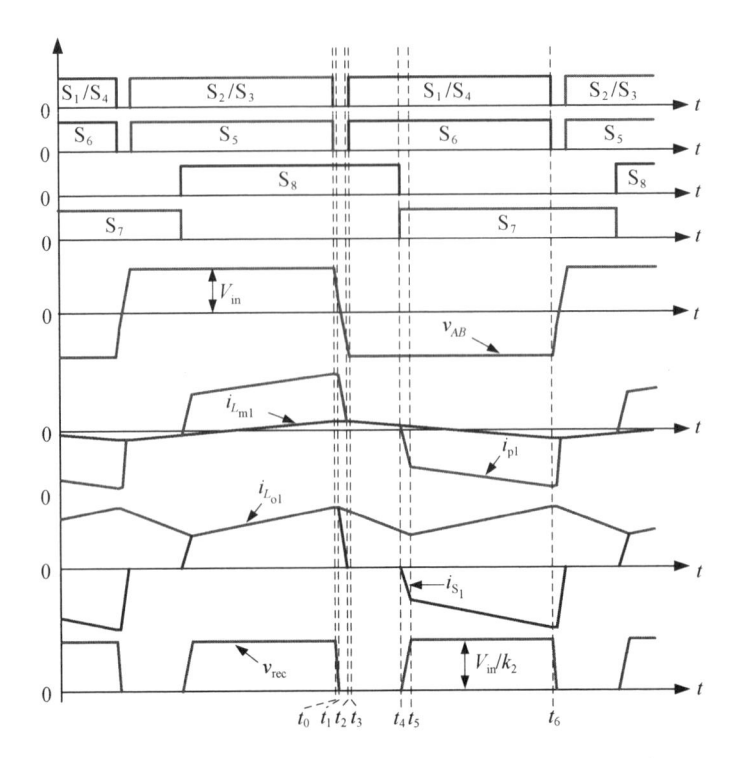

图 3-9 SPSC 模式下变换器的各工作状态关键点波形示意图

只对该模式下的工作状态 4 进行详细分析。

状态 4[$t_3 \leq t < t_4$]：如图 3-8(d)所示，当 $t = t_3$ 时，开关管 S_3 与 S_4 零电压开通。在该状态下，开关管 S_3、S_4 和 S_8 处于导通状态，变压器 TR1 副边电流一直为零，TR1 原边电流等于激磁电流且在输入电压的作用下逐渐减小。同时，输出电感电流通过二极管 D_3 与 D_4 续流，负载功率完全由 SPS-FBC 的输出滤波器提供。当副边开关管 S_8 零电流关断，该状态结束。

4. 原边移相控制模式下的变换器直流增益分析

当要求输出电压较大时，变换器工作于 PPSC 模式。此时，PPS-FBC 和 SPS-FBC 的输出端串联在一起后得到最终的总输出。因此，为了得到变换器在该模式下的直流增益，需要分别求得 PPS-FBC 与 SPS-FBC 的电压增益。

由于变压器 TR2 激磁电感很大，为了便于分析，在计算 PPS-FBC 的电压增益时忽略 TR2 的激磁电流。图 3-10 为 PPSC 模式下 PPS-FBC 原边电感电流 i_{p2} 在一个开关周期内的波形示意图。由图 3-10 可知，交流电感 L_s 工作于断续模式，i_{p2} 在正半个周期内的平均电流为

$$\bar{I}_{p2} = \frac{1}{T_s}\left(\frac{V_{in} - k_2 v_{o2}/2}{L_s}\right)\left(D_2 \frac{T_s}{2}\right)^2 \left(\frac{2V_{in}}{k_2 v_{o2}}\right) \quad (3-27)$$

其中，$\bar{I}_{p2}$ 代表正半周期内 PPS-FBC 原边交流电感上的平均电流。

为简化分析，假设变换器损耗为零，即变换器输出功率等于输入功率，则可得

$$\begin{cases} k_2 \dfrac{v_{o2}}{2} \bar{I}_{p2} = v_{o2} i_{L,PPS} \\ i_{L,PPS} = \dfrac{v_{o2} + V_{o1,PPS}}{R_e} \end{cases} \quad (3-28)$$

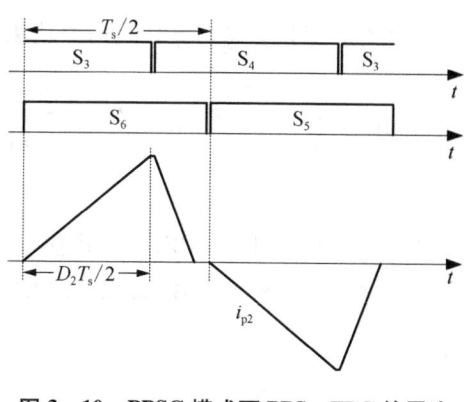

图 3-10 PPSC 模式下 PPS-FBC 的原边电感电流波形示意图

其中，$i_{L,PPS}$ 代表变换器在 PPSC 模式下的负载电流；R_e 代表负载电阻；$V_{o1,PPS}$ 代表 SPS-FBC 在该模式下的输出电压。

根据式(3-27)和式(3-28)，PPS-FBC 在该模式下的直流电压增益为

$$G_{v_{o2},PPS} = \dfrac{v_{o2}}{V_{in}} = \dfrac{2}{\dfrac{V_{o1,PPS}}{V_{in}} \dfrac{4L_s}{D_2^2 T_s R_e} + \dfrac{k_2}{2} + \sqrt{\left(\dfrac{V_{o1,PPS}}{V_{in}} \dfrac{4L_s}{D_2^2 T_s R_e} + \dfrac{k_2}{2}\right)^2 + \dfrac{16L_s}{R_e D_2^2 T_s}}}$$

$$(3-29)$$

其中，$G_{V_{o2},PPS}$ 代表 PPS-FBC 在 PPSC 模式下的直流增益。

图 3-11 为变压器 TR1 副边绕组电流及 SPS-FBC 输出电感电流波形图。根据图 3-11，SPS-FBC 在该模式下的直流电压增益满足式(3-30)：

$$\begin{cases} G_{v_{o1},PPS} = \dfrac{V_{o1,PPS}}{V_{in}} = \dfrac{D_{1,PPS}}{k_1} \\ D_{1,PPS} = D_{1,max} - \Delta D_{1,PPS} \\ D_{1,max} = 1 - \dfrac{2t_d}{T_s} \end{cases}$$

$$(3-30)$$

其中，$G_{v_{o1},PPS}$ 代表 SPS-FBC 在 PPSC 模式下的直流增益；$D_{1,PPS}$ 代表 SPS-FBC 的有效占空比；$\Delta D_{1,PPS}$ 代表占空比丢失；$D_{1,max}$ 代表最大占空比；t_d 代表 SPS-FBC 的死区时间。

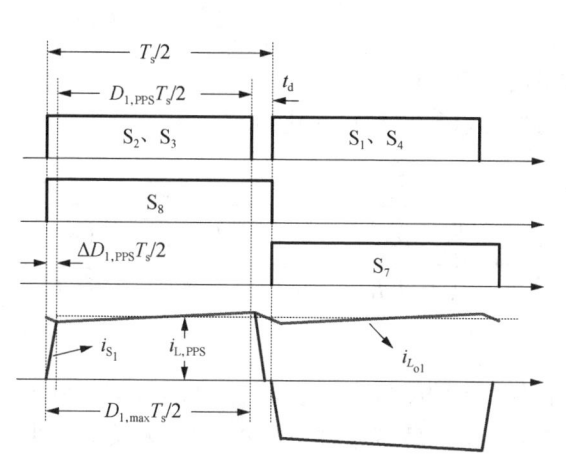

图 3-11 PPSC 模式下变压器 TR1 副边绕组电流及 SPS-FBC 输出电感电流波形示意图

由图 3-11 及式(3-30)，占空比丢失 $\Delta D_{1,\text{PPS}}$ 为

$$\Delta D_{1,\text{PPS}} = \frac{2L_{\text{lk1}}}{k_1 V_{\text{in}} T_s}(i_{\text{L,PPS}} - \Delta i_{L_{o1}}) = \frac{2L_{\text{lk1}}}{k_1 V_{\text{in}} T_s}\left[i_{\text{L,PPS}} - \frac{V_{o1,\text{PPS}}}{2L_{o1}}(1 - D_{1,\text{PPS}})\frac{T_s}{2}\right] \tag{3-31}$$

其中，$\Delta i_{L_{o1}}$ 代表 SPS-FBC 输出电感电流纹波。

在该模式下，SPS-FBC 输出电感电流纹波较小，为分析方便，式(3-31)可简化为

$$\Delta D_{1,\text{PPS}} = \frac{2L_{\text{lk1}}}{k_1 V_{\text{in}} T_s} i_{\text{L,PPS}} \tag{3-32}$$

结合式(3-28)、式(3-30)与式(3-32)，SPS-FBC 在该模式下的直流增益为

$$G_{v_{o1},\text{PPS}} = \frac{V_{o1,\text{PPS}}}{V_{\text{in}}} = \frac{D_{1,\text{max}}}{k_1} - \frac{2L_{\text{lk1}}}{k_1^2 V_{\text{in}} T_s} i_{\text{L,PPS}} \tag{3-33}$$

由式(3-33)可知，由于漏感 L_{lk1} 较小，SPS-FBC 在该模式下的直流增益随着负载电流增大而略有减小。根据式(3-29)与式(3-33)，变换器在该模式下的总电压传输比为

$$\begin{aligned}G_{\text{PPS}} &= G_{v_{o1},\text{PPS}} + G_{v_{o2},\text{PPS}} \\ &= \frac{D_{1,\text{max}}}{k_1} - \frac{2L_{\text{lk1}}}{k_1^2 V_{\text{in}} T_s} i_{\text{L,PPS}} + \frac{2}{\dfrac{4L_s G_{v_{o1},\text{PPS}}}{D_2^2 T_s R_e} + \dfrac{k_2}{2} + \sqrt{\left(\dfrac{4L_s G_{v_{o1},\text{PPS}}}{D_2^2 T_s R_e} + \dfrac{k_2}{2}\right)^2 + \dfrac{16L_s}{R_e D_2^2 T_s}}}\end{aligned} \tag{3-34}$$

其中，G_{PPS} 代表变换器在 PPSC 模式下的总直流电压增益。

为简化分析，可忽略漏感 L_{lk1} 的影响，式(3-34)可简化为

$$G_{\text{PPS}} = \frac{D_{1,\text{max}}}{k_1} + \frac{2}{\dfrac{4L_s}{D_2^2 T_s R_e}\dfrac{D_{1,\text{max}}}{k_1} + \dfrac{k_2}{2} + \sqrt{\left(\dfrac{4L_s}{D_2^2 T_s R_e}\dfrac{D_{1,\text{max}}}{k_1} + \dfrac{k_2}{2}\right)^2 + \dfrac{16L_s}{R_e D_2^2 T_s}}} \tag{3-35}$$

根据式(3-35)，图 3-12 给出了当 $k_1 = 0.9$，$k_2 = 1.1$，$D_{1,\text{max}} = 0.96$，$T_s = 20~\mu\text{s}$ 及 $L_s = 80~\mu\text{H}$ 时变换器的直流电压增益在不同负载条件下随占空比 D_2 变化的曲线图。由图 3-12 可知，在该模式下，变换器的电压增益曲线与电流馈电移相全桥变换器类似，当负载电阻较小时，变换器直流电压增益变化趋势较为平缓；而当负

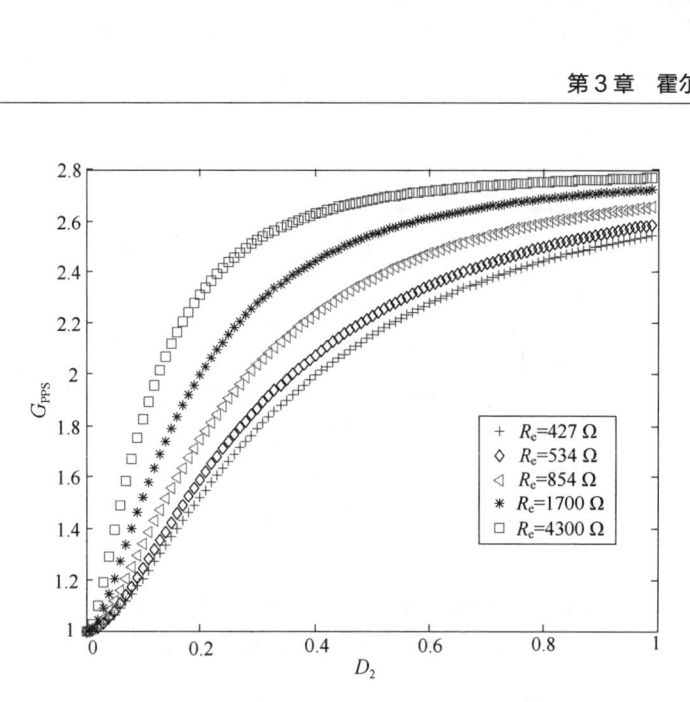

图 3-12　不同负载条件下变换器在 PPSC 模式的
直流电压增益随占空比的变化曲线

载电阻较大时,增益曲线在小占空比时斜率较大,随着占空比的增大,变换器增益曲线又趋于平缓。

5. 副边移相控制模式下的变换器直流增益分析

在 SPSC 模式下,PPS-FBC 输出电压为零,二极管 D_b 导通,此时变换器输出电压等于 SPS-FBC 输出电压。图 3-13 为该模式下 TR_1 的副边绕组电流及 SPS-FBC 输出电感电流波形示意图。由图 3-13 可知,变换器在该模式下的直流增益满足式(3-36):

$$\begin{cases} G_{SPS} = \dfrac{v_{o1}}{V_{in}} = \dfrac{D_{1,SPS}}{k_1} \\ D_{1,SPS} = D_1 - \Delta D_{1,SPS}, \ D_1 = 1 - \dfrac{2(t_d + t_\phi)}{T_s} \\ \Delta D_{1,SPS} = \dfrac{2L_{lk1}}{k_1 V_{in} T_s} \left[i_{L,SPS} - \dfrac{v_{o1}}{2L_{o1}}(1 - D_{1,SPS}) \dfrac{T_s}{2} \right] \\ i_{L,SPS} = \dfrac{v_{o1}}{R_e} \end{cases} \quad (3-36)$$

其中,G_{SPS} 代表变换器在 SPSC 模式下的直流增益;v_{o1} 代表变换器在 SPSC 模式的输出电压;$D_{1,SPS}$ 和 $\Delta D_{1,SPS}$ 分别代表 SPSC 模式下 SPS-FBC 的有效占空比和占空比丢失;D_1 代表 SPS-FBC 的占空比;t_ϕ 代表 SPS-FBC 在半个开关周期内的错相工作时间。

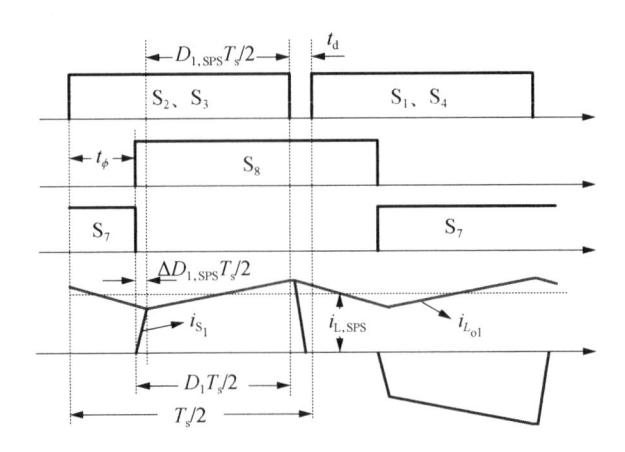

图 3-13 SPSC 模式下变压器 TR₁ 副边绕组电流及 SPS-FBC 输出电感电流波形示意图

由式(3-26),变换器在该模式下的直流电压增益为

$$\begin{cases} G_{\text{SPS}} = \dfrac{D_1}{k_1} \dfrac{2}{1 + \dfrac{2L_{lk1}}{T_s R'_e} - \dfrac{L_{lk1}}{2L'_{o1}} + \sqrt{\left(1 + \dfrac{2L_{lk1}}{T_s R'_e} - \dfrac{L_{lk1}}{2L'_{o1}}\right)^2 + \dfrac{2D_1 L_{lk1}}{L'_{o1}}}} \\ R'_e = k_1^2 R_e, \ L'_{o1} = k_1^2 L_{o1} \end{cases}$$

(3-37)

其中,R'_e 和 L'_{o1} 分别代表折算至变压器 TR₁ 原边的负载电阻和输出电感。

根据式(3-37),图 3-14 为不同漏感条件下变换器的直流电压增益随占空比 D_1 变化的曲线。由图 3-14 可知,在不同漏感条件下,变换器直流增益随占空比的变化趋势可近似为直线,同时直流增益随着变压器漏感逐渐增大而略有减小。

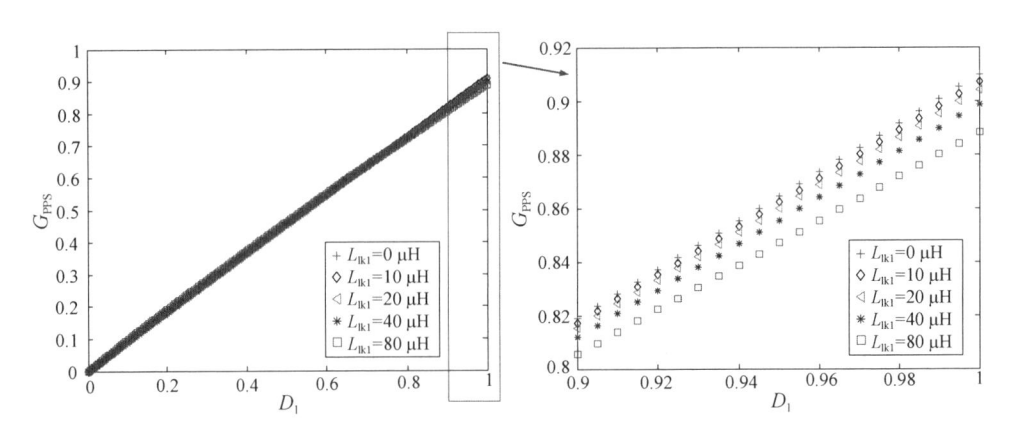

图 3-14 不同漏感条件下变换器在 SPSC 模式的直流增益随占空比的变化曲线

6. 交流电感及倍压滤波电容选取原则

为了使原边开关管 S_5 和 S_6 工作在零电流关断模式,交流电感 L_s 需在全负载范围内工作于断续模式。因此,交流电感取值应确保变换器工作于满载时,L_s 刚好工作于临界模式,同时由于原边移相全桥电路副边采用的是倍压整流方式,因此变压器原边峰值电流为折射至原边的负载电流的 4 倍。根据以上分析及图 3-10,可得

$$4k_2 i_{L,\max} = \frac{V_{in} - k_2 v_{o2}/2}{L_s} D_2 \frac{T_s}{2} \tag{3-38}$$

其中,$i_{L,\max}$ 代表满载电流。

交流电感 L_s 工作在临界模式,根据伏秒平衡原则,可得

$$\frac{V_{in} - k_2 v_{o2}/2}{L_s} D_2 \frac{T_s}{2} - \frac{k_2 v_{o2}/2}{L_s}(1-D_2)\frac{T_s}{2} = 0 \tag{3-39}$$

联立式(3-38)和式(3-39),可得电感 L_s 为

$$L_s = \frac{v_{o2} T_s (V_{in} - k_2 v_{o2}/2)}{16 V_{in} i_{L,\max}} \tag{3-40}$$

图 3-15 给出了当变换器工作于满载且交流电感处于临界模式时的倍压整流滤波电容电压及电流波形示意图。变换器工作于稳态,倍压电容上电量平衡,根据图 3-15,可得

$$3 i_{L,\max} \frac{3 T_s}{8} = 2 C_f \Delta v_{C_f} \tag{3-41}$$

其中,Δv_{C_f} 代表倍压电容电压纹波。

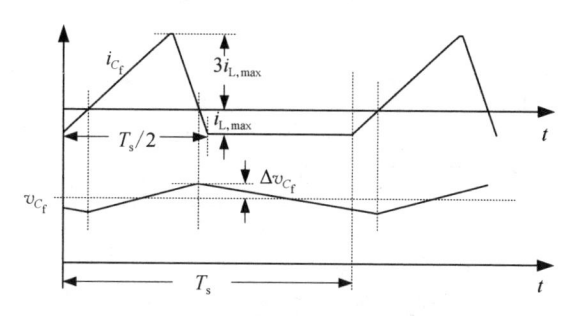

图 3-15 变换器满载及临界模式情况下的倍压整流
滤波电容电压及电流波形示意图

倍压电容的取值应确保电容电压的波形不会超过所允许的最大值,根据式(3-41),倍压电容容值需满足:

$$C_f \geqslant \frac{9 i_{L,\max} T_s}{16 \Delta v_{C_f,\max}} \tag{3-42}$$

其中，$\Delta v_{C_f,\max}$ 代表倍压电容电压纹波最大值。

7. 软开关条件分析

图3-16(a)为传统移相全桥原边电流波形示意图。由图3-16(a)可知，传统移相全桥滞后桥臂开关管由于采用变压器漏感电流实现零电压开通，因此其软开关范围受负载电流的影响。图3-16(b)为副边移相控制模式下的变压器TR$_1$原边电流波形。由图3-16(b)可知，与传统移相全桥不同，副边移相全桥电路原边开关管采用变压器TR$_1$激磁电流实现ZVS，由于TR$_1$激磁电流不受负载影响，当变压器TR$_1$的激磁电感设计合理时，SPS-FBC原边开关管能够在全负载范围内实现ZVS。根据以上分析，SPS-FBC原边开关管的软开关条件为

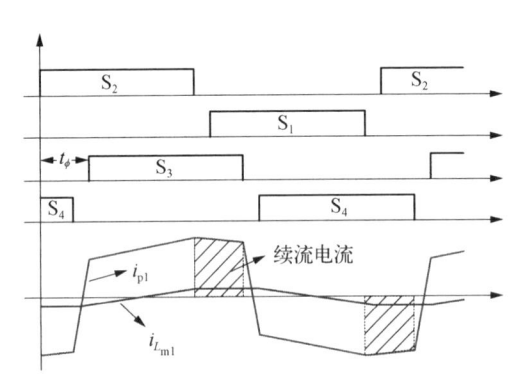

$$\frac{1}{2}(L_{m1}+L_{lk1})I_{L_{m1}}^2 > 2C_{S_o}V_{in}^2 \tag{3-43}$$

(a) 传统移相全桥原边电流波形示意图

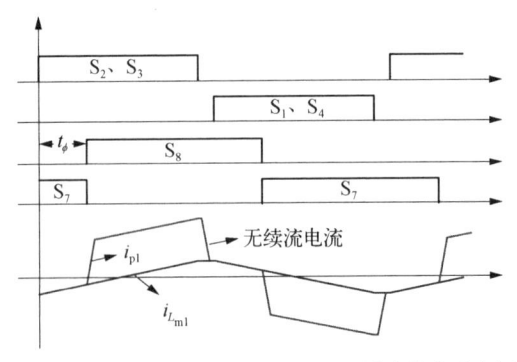

(b) 副边移相控制模式下变压器TR$_1$原边电流波形示意图

图3-16　传统移相全桥原边电流与副边移相控制模式下TR$_1$原边电流波形对比图

联立式(3-8)和式(3-33),则变压器 TR_1 激磁电感应满足:

$$L_{m1} < \frac{T_s^2}{64 C_{S_o}} - L_{lk1} \tag{3-44}$$

为了确保 SPS-FBC 原边开关管能够在全负载条件下实现 ZVS,原边开关管漏源极电容需在死区时间内完成充放电,此时死区时间为

$$t_d \geqslant \frac{2C_{S_o} V_{in}}{I_{L_{m1}}} = \frac{8 C_{S_o}(L_{m1} + L_{lk1})}{T_s} \tag{3-45}$$

其中,t_d 代表 SPS-FBC 原边开关管死区时间。

由式(3-44)和式(3-45)可知,当变压器激磁电感及开关管死区时间设计合理时,SPS-FBC 原边开关管能够在全负载范围内实现软开关,同时其软开关的范围不受输入电压、输出电压及负载电流的影响。

由图 3-7 可知,为了使 SPS-FBC 副边开关管 S_7 和 S_8 实现零电流关断,S_7 与 S_8 的驱动信号都为 50% 占空比,即开关管 S_7 和 S_8 的驱动信号之间无死区。同时,由图 3-7(b)可知,变压器 TR1 副边电流应在死区时间内减小至零。因此,根据式(3-21)和式(3-23),死区时间 t_d 需满足式(3-46):

$$\begin{cases} t_d \geqslant \Delta t_{2,3} + \Delta t_{3,4} \\ \Delta t_{2,3} = \dfrac{2 C_{S_o} V_{in}}{2[I_{L_{m1}} + i_{L_{o1}}/k_1] + I_{p2}} \\ 0 = i_{L_{o1}}(t_2)\cos(\omega \Delta t_{3,4}) + \dfrac{[v_{S_4}(t_3) - v_{S_2}(t_3)]}{Z}\sin(\omega \Delta t_{3,4}) \\ \quad - \dfrac{k_1(I_{p2} + 2 I_{L_{m1}})}{2}[1 - \cos(\omega \Delta t_{3,4})] \end{cases} \tag{3-46}$$

其中,$\Delta t_{3,4}$ 代表 PPSC 模式下变换器工作在状态 4 的时间。

联立式(3-45)及式(3-46),有

$$t_d \geqslant \max\left[\frac{8 C_{S_o}(L_{m1} + L_{lk1})}{T_s}, \Delta t_{2,3} + \Delta t_{3,4}\right] \tag{3-47}$$

由于 SPS-FBC 原边开关管采用激磁电感电流实现 ZVS,同时式(3-44)为空载条件下得到的死区时间,根据图 3-7(b)可得

$$\frac{8 C_{S_o}(L_{m1} + L_{lk1})}{T_s} > \Delta t_{2,3} + \Delta t_{3,4} \tag{3-48}$$

根据式(3-37)及式(3-38),则死区时间 t_d 需满足:

$$t_d \geqslant \frac{8C_{S_o}(L_{m1} + L_{lk1})}{T_s} \qquad (3-49)$$

由式(3-49)可知,SPS-FBC 副边开关管 S_7 和 S_8 能够在全负载范围内实现零电流关断,且不受输入电压影响。

8. 实验验证

为了验证本章所提出拓扑的性能,搭建原理样机并进行实验分析,样机采用 TopCon 公司的 TC.P.20.800.400.PV.HMI 型电源供电,实验结果采用泰克公司的 TDS3034C 型示波器记录,图 3-17 为原理样机测试照片。采用表 3-2 所示的系统参数进行试验验证,图 3-18 为实验系统框图,其中数字控制芯片采用的是德州仪器(Texas Instruments,TI)的 TMS320F28335。由图 3-18 可知,输出电压经隔离信号调理电路采样后与给定电压比较得到误差电压信号,而后送入数字比例积分微分(proportion-integral-derivative,PID)运算得控制信号 v_c。同时,SPS-FBC 对应的锯齿波电压范围为 0~2.5 V,PPS-FBC 对应的锯齿波电压范围为 2.5~5 V。因此,当变换器工作于原边移相控制模式时,v_c 在 2.5~5 V 变化,此时 SPS-FBC 工作于满占空比状态,输出电压达到最大值,而 PPS-FBC 的输出电压随着 v_c 的变化而变化。当变换器工作于副边移相控制模式时,v_c 减小至 2.5 V 以下,此时 PPS-FBC 的输出电压为零,变换器的总输出电压等于 SPS-FBC 的输出电压。

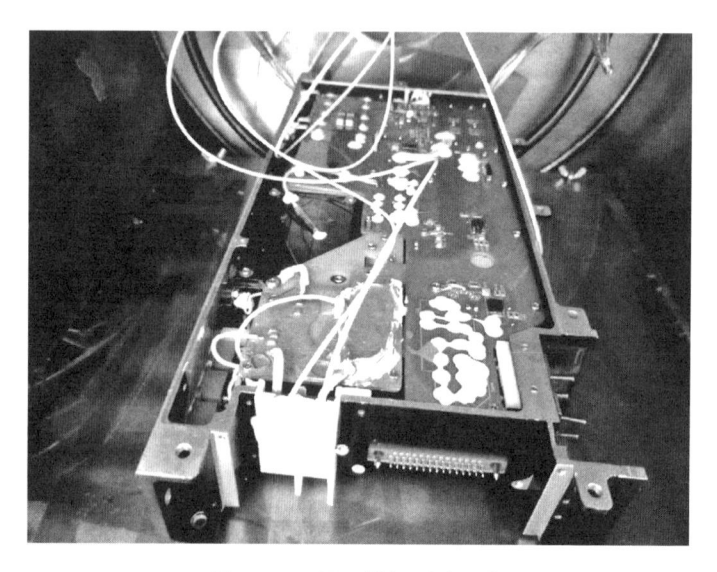

图 3-17 原理样机测试照片

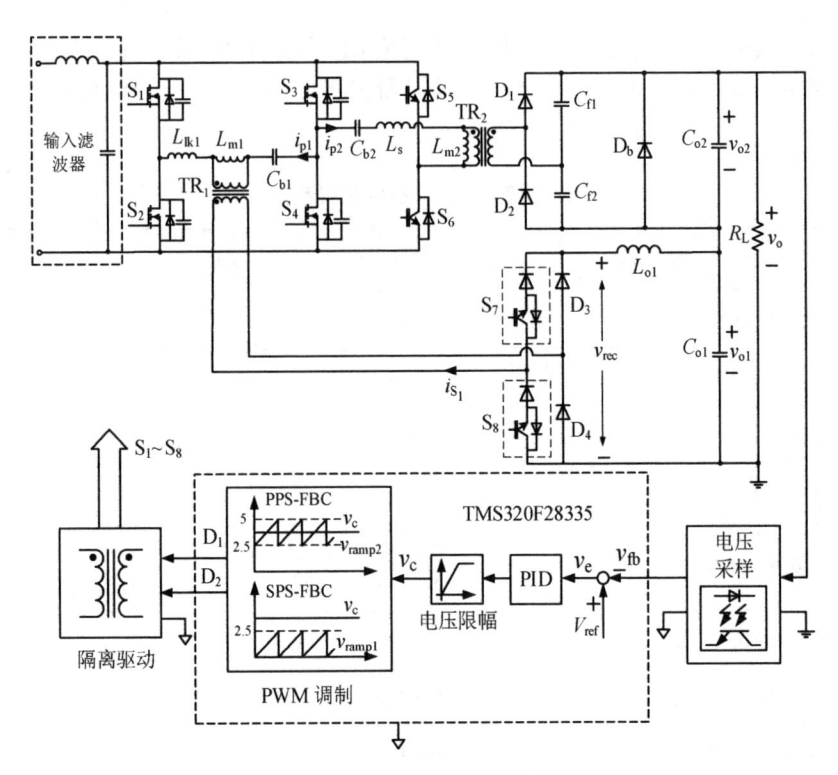

图 3-18 原理样机系统框图

图 3-19 为 PPSC 模式下当 $V_{in}=350\text{ V}$、$v_o=800\text{ V}$ 及 $P=800\text{ W}$ 时原边移相全桥电路的主要波形图,其中 v_{AC} 为 PPS-FBC 原边逆变桥输出电压,i_{p2} 为变压器 TR2 原边电流。由图 3-19 可看出,交流电感 L_s 工作于断续模式,因此当 S_5 或 S_6

(a) 主要实验波形图　　(b) 主要实验波形放大图

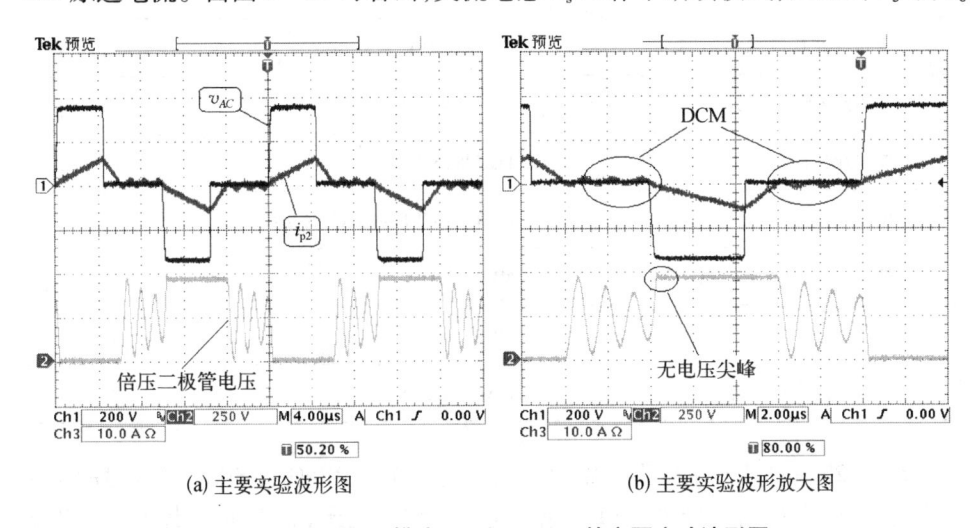

图 3-19　PPSC 模式下 PPS-FBC 的主要实验波形图

关断时,交流电感 L_s 上的电流为零,由此可看出 PPS-FBC 滞后桥臂 IGBT(S_5 和 S_6)能够实现零电流关断。从图 3-19 还可看出倍压整流二极管(D_1 和 D_2)两端电压被钳位,无电压尖峰,电压应力较小。

表 3-2 原理样机的主要参数

参 数	型号/数值
最大输出功率 P_{max}	1.5 kW
输入电压 V_{in}	300~400 V
输出电压 v_o	300~800 V
开关频率 f_s	50 kHz
主功率变压器 TR_1	Ferroxcube E42/21/20-3C95,$N_{11}=38$,$N_{12}=42$,$L_{m1}=800\ \mu H$,$L_{lk1}=20\ \mu H$
输出滤波电感 L_{o1}	520 μH
输出滤波电容 C_{o1}	14 μF/630 V
原边串联电感 L_s	80 μH
主功率变压器 TR_2	Ferroxcube E42/21/15-3C95,$N_{21}=33$,$N_{22}=30$
倍压整流电容 C_{f1}、C_{f2}	14 μF/630 V
输出电容 C_{o2}	4.7 μF/630 V
隔直电容 C_{b1}、C_{b2}	15 μF/250 V
原边开关管 S_1~S_4	STW45NM60
原边开关管 S_5、S_6	FGH75T65UPD
副边开关管 S_7、S_8	FGH75T65UPD&IDW30G65C5
整流二极管 D_1、D_2	MUR1560
旁路二极管 D_b	MUR1560
整流二极管 D_3、D_4	IDW30G65C5

图 3-20 和图 3-21 分别为副边移相电路工作于 PPSC 及 SPSC 模式时的主要实验波形图,其中 v_{AB} 为 SPS-FBC 原边逆变桥输出电压,i_{p1} 为变压器 TR_1 原边电

流，$i_{L_{o1}}$ 为输出滤波电感 L_{o1} 上的电流，可看出由于 SPS-FBC 采用副边移相的控制策略，原边主功率开关管对管导通，因此当原副边开关管错相时，变压器 TR1 副边相当于开路，从而使变压器 TR1 原边无续流电流，大大减小了变换器原边导通损耗。

(a) 主要实验波形图　　　　　　　　(b) 主要实验波形放大图

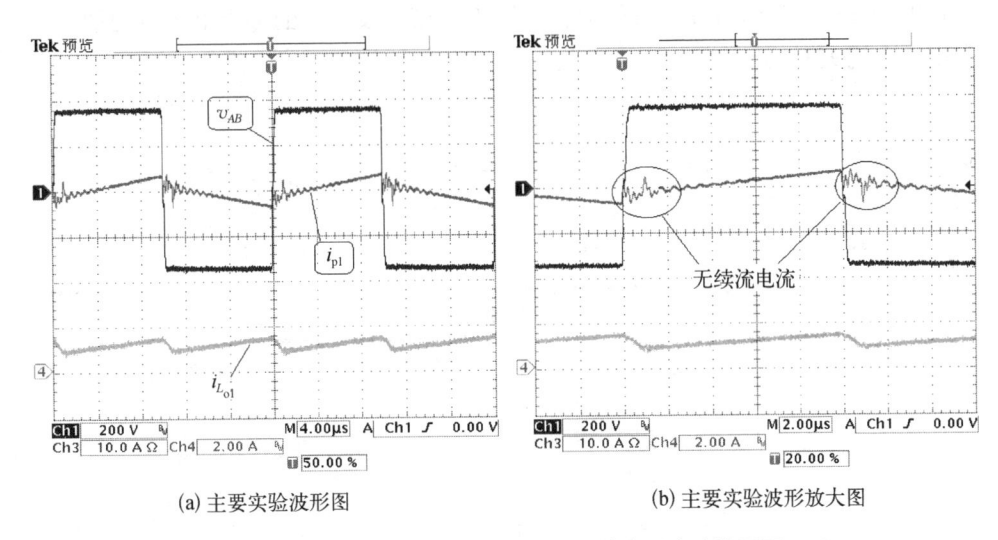

图 3-20　PPSC 模式下 SPS-FBC 的主要实验波形图

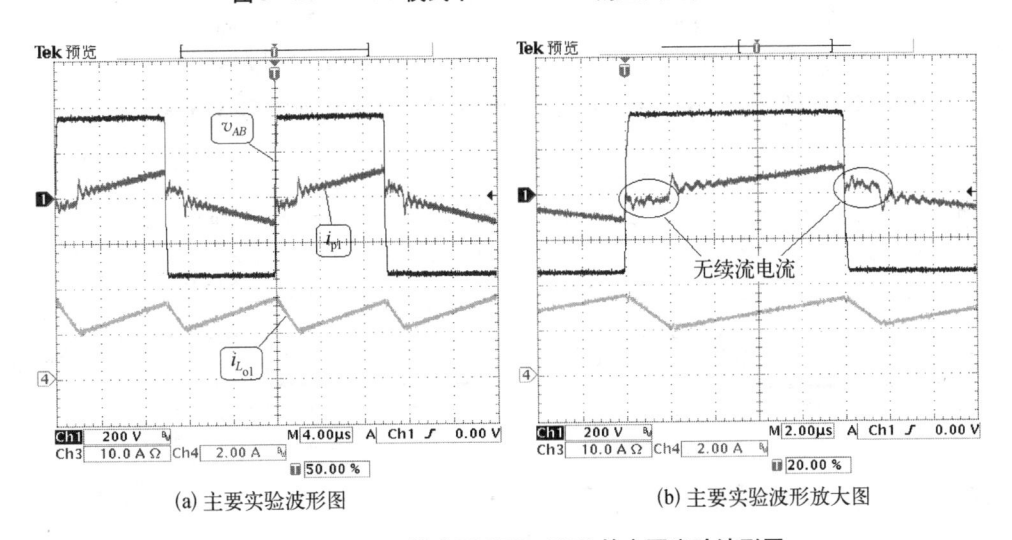

(a) 主要实验波形图　　　　　　　　(b) 主要实验波形放大图

图 3-21　SPSC 模式下 SPS-FBC 的主要实验波形图

图 3-22~图 3-25 为不同负载及输出电压条件下 SPS-FBC 原边开关管软开关波形，其中 v_{S_2}/v_{S_4} 为开关管 S_2/S_4 漏源极电压波形，v_{g2}/v_{g4} 为 S_2/S_4 驱动电压波形，i_{S_2}/i_{S_4} 为 S_2/S_4 上的电流波形。从图中可看出，当 S_2/S_4 导通之前，开关管上电

流为负,开关管漏源极电压迅速下降至零。由以上分析可看出,SPS-FBC 原边开关管能够在全负载范围及较宽的输出电压范围内实现零电压开通,从而显著地降低开关管的开关损耗。图 3-26 为 SPS-FBC 副边开关管 S_7 在两种不同工作模式下的软开关波形图,其中 v_{S_7} 为开关管 S_7 漏源极电压波形,i_{S_7} 为 S_7 上的电流波形,可看出 SPS-FBC 副边开关管能够在不同工作模式及较宽的输出电压范围情况下实现零电流关断。

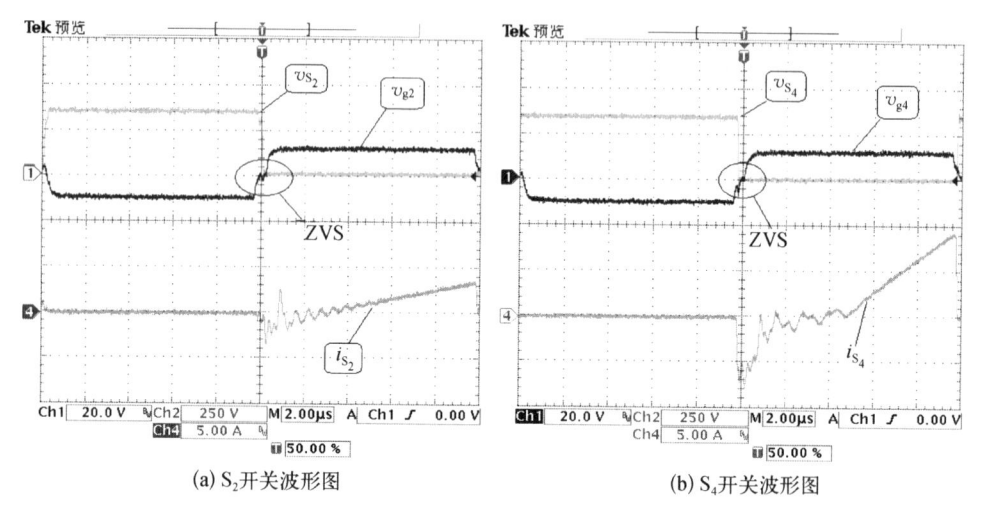

(a) S_2 开关波形图

(b) S_4 开关波形图

图 3-22　PPSC 模式下,$V_{in}=350\ V$、$v_o=800\ V$ 及 $P=800\ W$ 时的 S_2/S_4 开关波形图

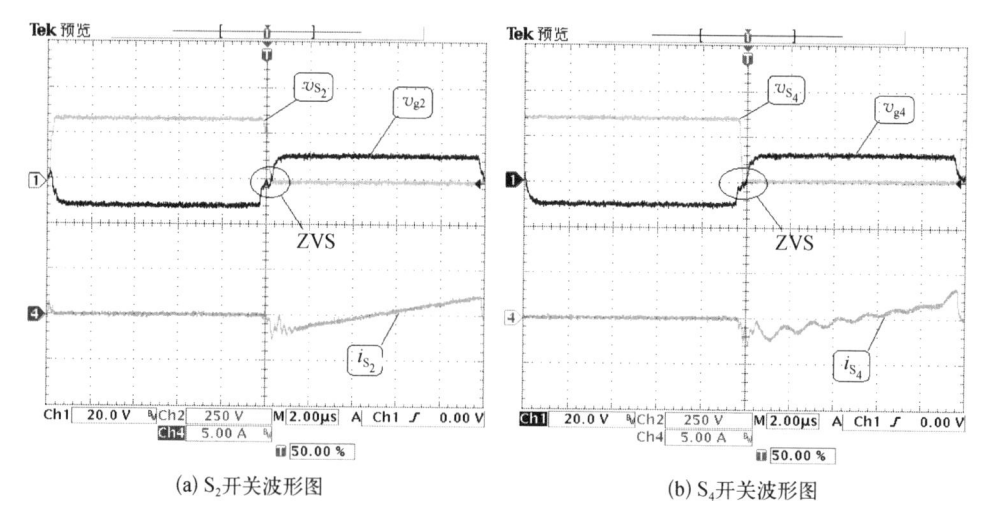

(a) S_2 开关波形图

(b) S_4 开关波形图

图 3-23　PPSC 模式下,$V_{in}=350\ V$、$v_o=800\ V$ 及 $P=30\ W$ 时的 S_2/S_4 开关波形图

(a) S_2 开关波形图

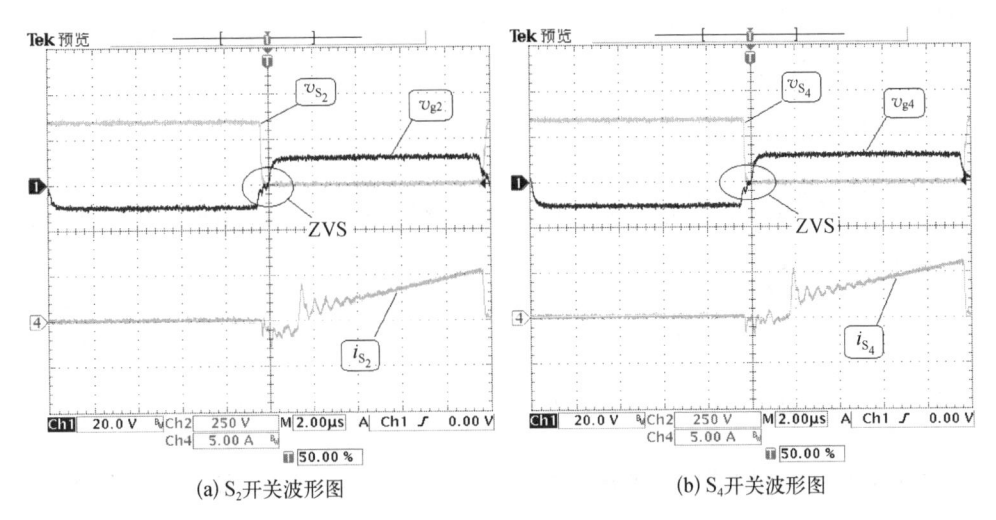

(b) S_4 开关波形图

图 3-24　SPSC 模式下，$V_{in}=350$ V、$v_o=300$ V 及 $P=800$ W 时的 S_2/S_4 开关波形图

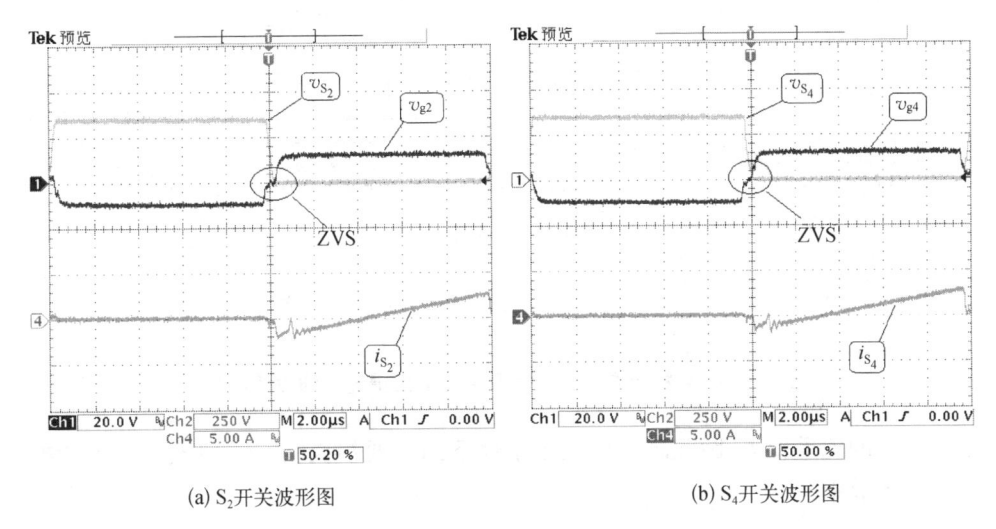

(a) S_2 开关波形图

(b) S_4 开关波形图

图 3-25　SPSC 模式下，$V_{in}=350$ V、$v_o=300$ V 及 $P=30$ W 时的 S_2/S_4 开关波形图

在不同负载条件下，变换器在不同输出电压情况下的效率曲线如图 3-27 所示。从图中可以看出，当负载功率在 20% 负载与满载之间时，变换器效率都能在 90% 以上。当变换器工作在满载状态且输出电压 $v_o=800$ V 时，变换器效率达到最大值，为 95.3%。值得注意的是，在较宽负载范围内，当输出电压较大时，变换器效率也相对较高，这是由于当输出功率相同时，输出电压越大，变换器线路上的导通电流越小，因而变换器导通损耗在高输出电压条件下相对较小。同时由于变换器在极宽的负载范围内都能实现软开关，因而开关损耗相对较小，而导通损耗占变换

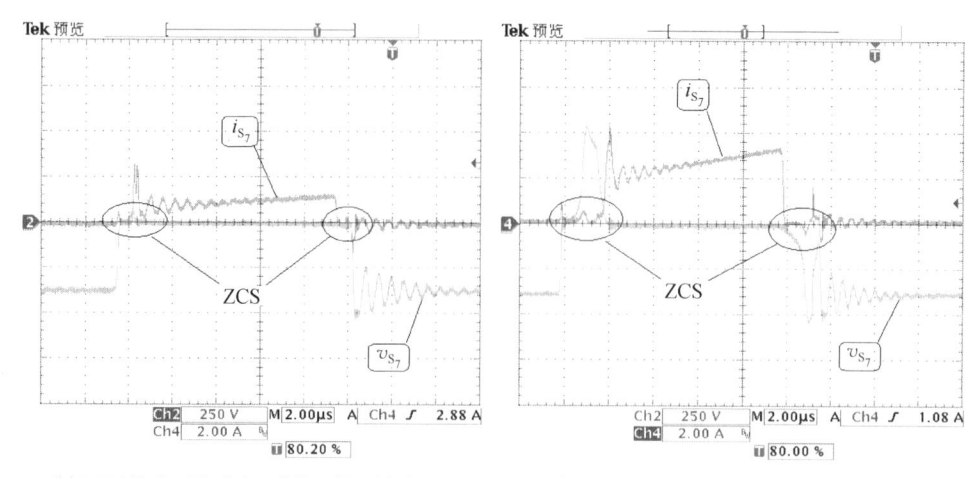

(a) PPSC模式下的副边开关管S₇软开关波形图　　(b) SPSC模式下的副边开关管S₇软开关波形图

图3-26　副边开关管 S_7 在两种不同模式下的开关波形图

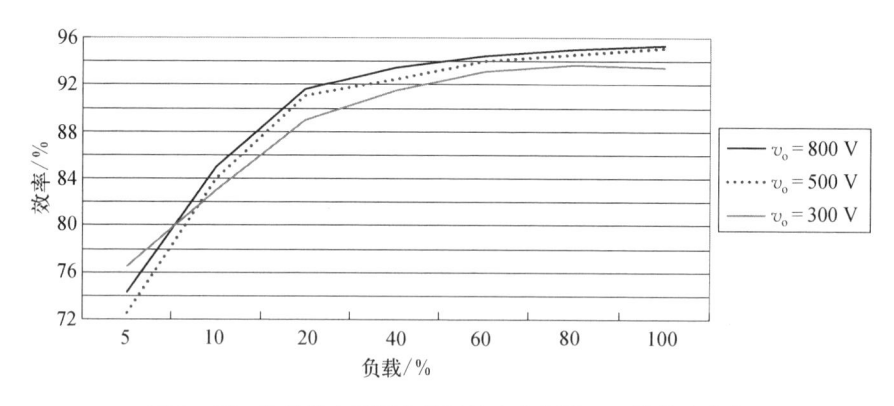

图3-27　变换器在不同负载及输出电压情况下的效率曲线

器总损耗的比重较大,因此高输出电压条件下的导通损耗减小变相地提高了变换器的总体效率。

3.3.2　适用于霍尔电推进的电流馈电移相全桥变换器

与传统电压型移相全桥变换器相比,电流馈电移相全桥变换器具有输出整流二极管电压应力小、无占空比丢失及无续流损耗等优点。由电感工作于断续模式所导致的开关管电流应力较大及滞后桥臂开关管无法实现零电压开通(ZVS)等问题是其主要的缺点。目前,交错并联技术在减小开关管电流应力、提高变换器暂态响应速度[7-9]、减小变换器输入输出电流纹波及分散热耗方面有较好的效果[10-13]。基于此,本章提出了一种适用于霍尔电推进 PPU 系统阳极电源的结合磁集成(magnetic integration)技术的交错并联电流馈电移相全桥变换器(interleaved current-driven phase-shift full-bridge converter with magnetic integration，ICD－PSFB），该变换器具有以下特点：所有主功率开关管均能在宽负载范围内实现ZVS，从而大大提高了效率；由于输出端采用容性滤波结构，输出二极管两端电压被钳位，电压应力小且无反向恢复损耗；采用了磁集成技术将交流电感集成至主功率变压器中，提高了变换器的功率密度；采用两相交错并联结构，变换器输入电流纹波及开关管电流应力大大减小。

本章详细分析了变换器的工作原理，给出了变换器直流增益、输入电流纹波及功率开关管软开关条件，并对主功率变压器工作状态进行了详细分析。最后，通过实验验证了本章所提出拓扑的可行性。

1. 变换器工作原理分析

交错并联电流馈电移相全桥变换器拓扑结构如图3－28所示，该拓扑由两相电流馈电移相全桥变换器错相90°后并联而成。本章还采用一个辅助LC支路确保滞后桥臂开关管能够实现零电压开通，该辅助电路连接于两相滞后桥臂中点(B，D)处。交错并联电流馈电移相全桥变换器在半个开关周期内存在12种工作状态，不同工作状态下的等效电路如图3－29所示，图3－30为相应的关键点波形示意图。为了简化分析，作以下假设：① 所有开关管均采用理想器件；② 变换器工作于稳态；③ 倍压电容C_{f1}与C_{f2}相等且足够大，即$C_{f1}=C_{f2}=C_f$，从而两个倍压电容电压都等于$v_o/2$；④ 两相电流馈电移相全桥变换器拓扑参数完全相同，即$L_s = L_{S_1} = L_{S_2}$，$L_m = L_{m1} = L_{m2}$；⑤ 开关管$S_1 \sim S_4$漏源极电容均等于C_{S_o}。

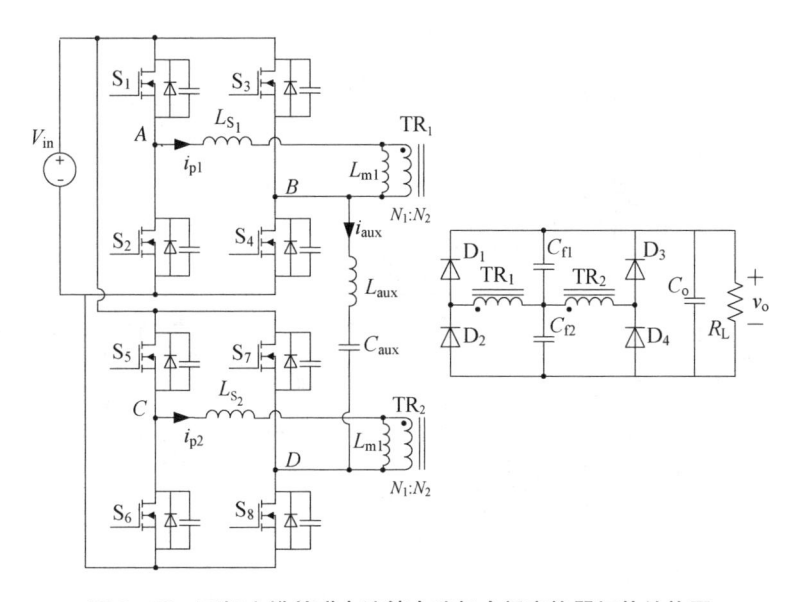

图3－28 两相交错并联电流馈电移相全桥变换器拓扑结构图

(a) 状态1 [t_0, t_1]

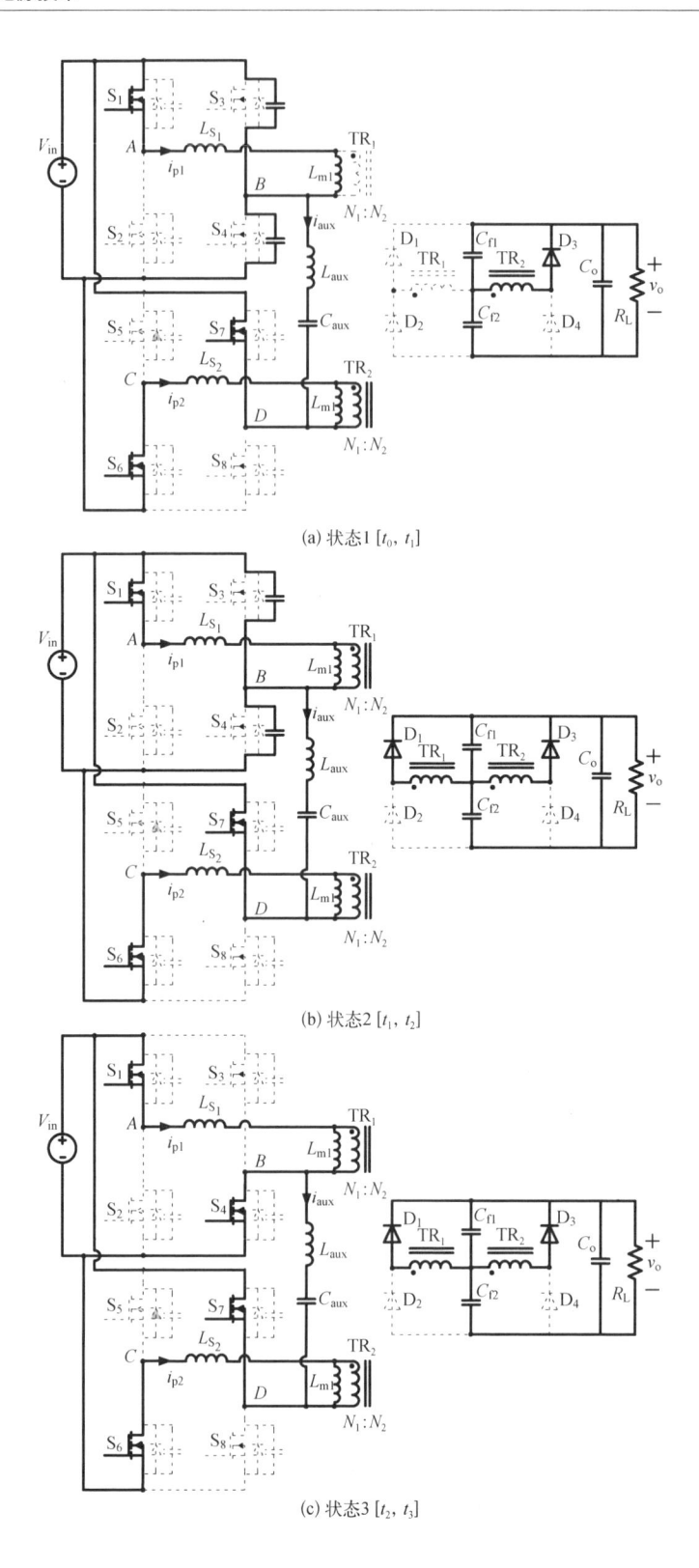

(b) 状态2 [t_1, t_2]

(c) 状态3 [t_2, t_3]

(d) 状态4 [t_3, t_4]

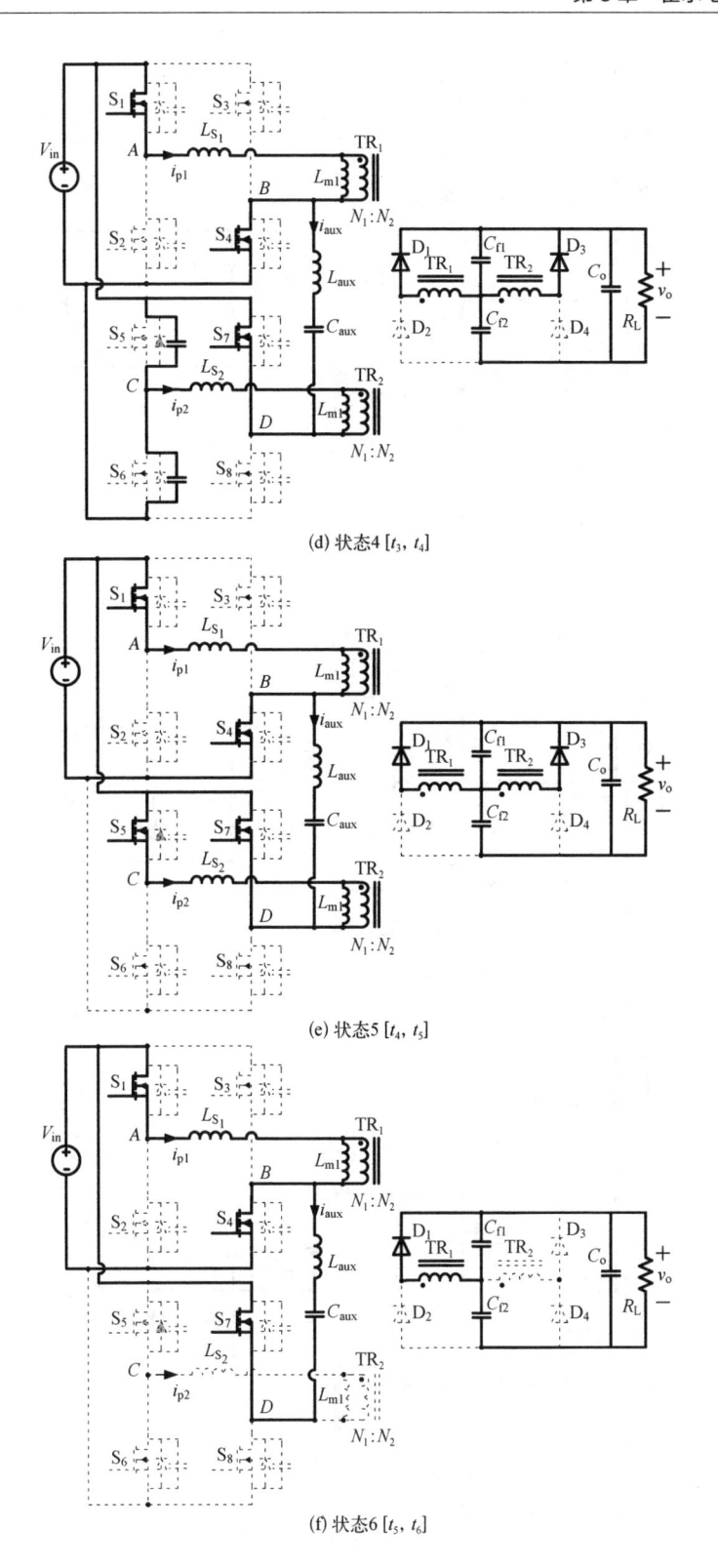

(e) 状态5 [t_4, t_5]

(f) 状态6 [t_5, t_6]

(g) 状态7 [t_6, t_7]

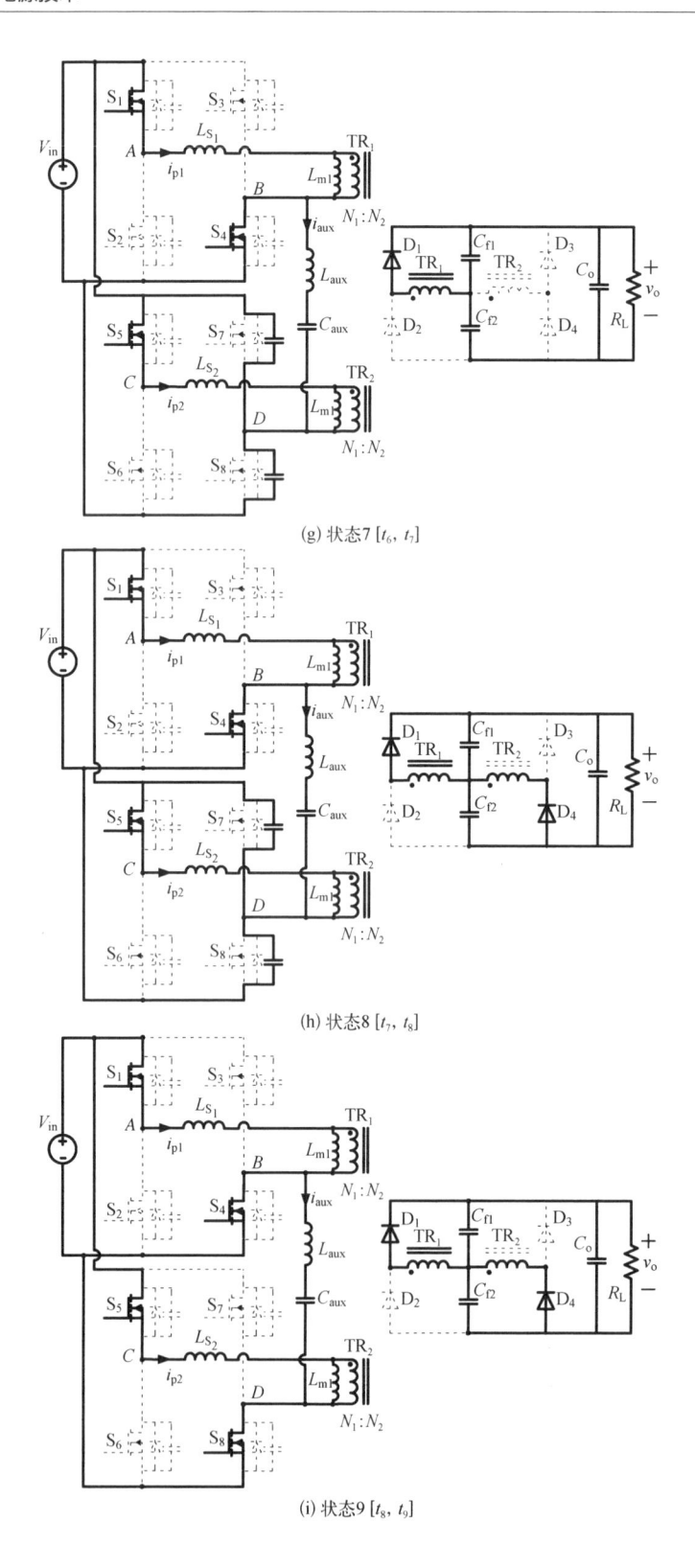

(h) 状态8 [t_7, t_8]

(i) 状态9 [t_8, t_9]

(j) 状态10 [t_9, t_{10}]

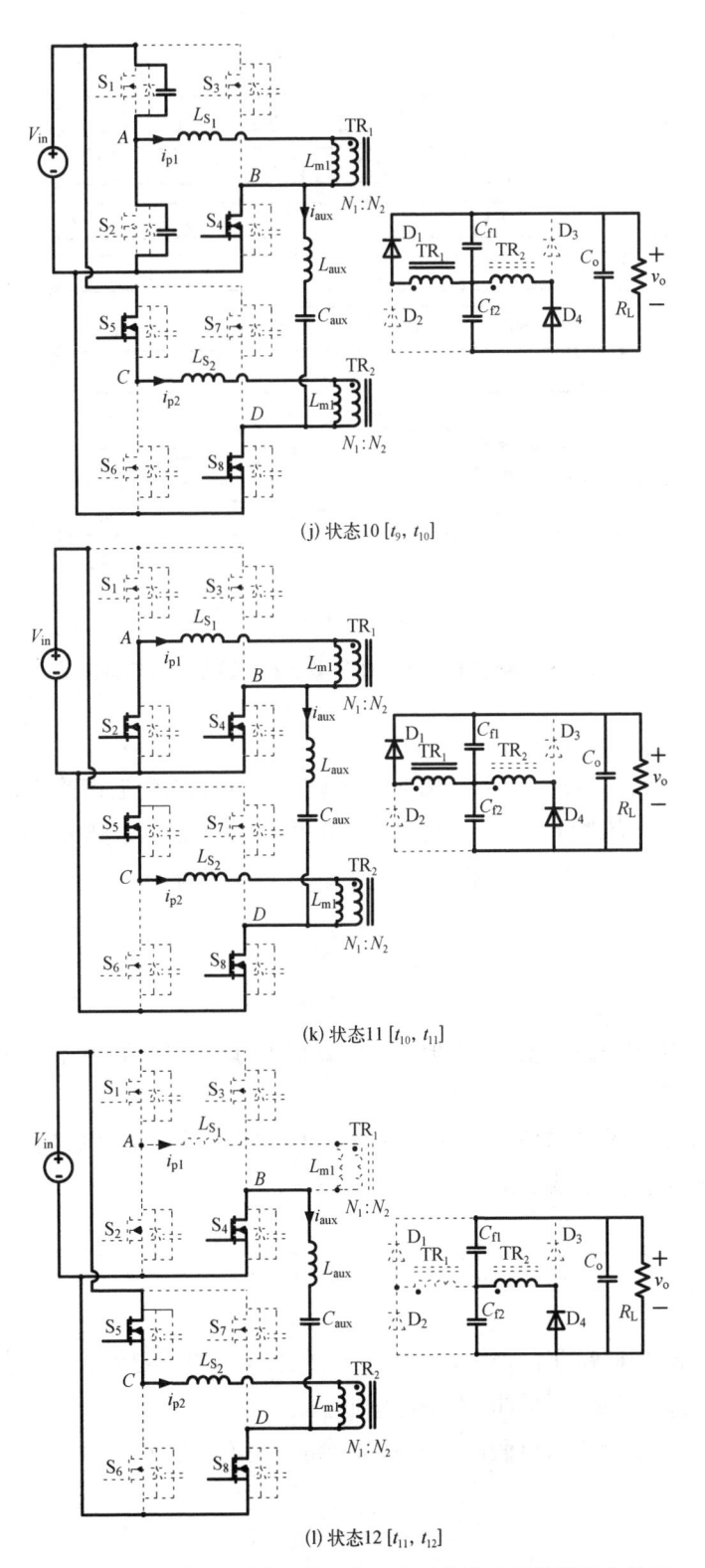

(k) 状态11 [t_{10}, t_{11}]

(l) 状态12 [t_{11}, t_{12}]

图 3-29 变换器在半个开关周期内各工作状态下的等效电路图

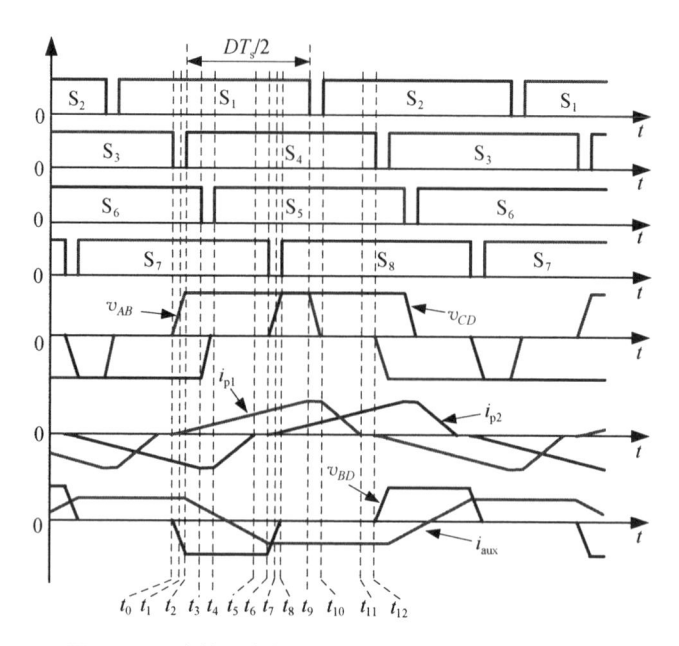

图 3-30 变换器在各工作状态下的关键点波形示意图

1) 状态 1 $[t_0 \leqslant t < t_1]$

当 $t = t_0$ 时,开关管 S_3 关断。辅助电路电流 i_{aux} 开始对滞后桥臂开关管 S_3 及 S_4 的漏源极寄生电容进行充放电。由图 3-30 可知,由于辅助电感 L_{aux} 相对较大,在此过程中可近似认为电流 i_{aux} 保持在最大值,其最大值为

$$I_{aux} = \frac{V_{in} T_s}{8 L_{aux}} \qquad (3-50)$$

其中,I_{aux} 代表辅助电路电流最大值;V_{in} 代表输入母线电压;T_s 代表开关周期;L_{aux} 代表辅助电感。

在该状态下,副边整流二极管 D_1 及 D_2 反向偏置,变压器 TR_1 副边开路,则交流电感 L_{s1} 上的电流满足式(3-51):

$$v_{AB} = (L_{s1} + L_{m1}) \frac{di_{p1}}{dt} \qquad (3-51)$$

其中,L_{s1} 代表变压器 TR_1 原边交流电感;i_{p1} 代表交流电感电流;v_{AB} 代表全桥电路输出电压;L_{m1} 代表变压器 TR_1 激磁电感。

同时,由于 $i_{p1} \ll I_{aux}$,可假设只有辅助电路电流 I_{aux} 对开关管 S_4 漏源极电容充电,则 v_{AB} 为

$$v_{AB}(t) = \frac{I_{\text{aux}}}{2C_{S_o}}(t - t_0) \tag{3-52}$$

联立式(3-51)及式(3-52),可得交流电感电流 i_{p1} 为

$$i_{p1}(t) = \frac{I_{\text{aux}}}{4C_{S_o}(L_{S_1} + L_{m1})}(t - t_0)^2 \tag{3-53}$$

由于开关管 S_6、S_7 及二极管 D_3 在该状态下一直保持导通,变压器 TR_2 两端电压被钳位,交流电感 L_{S_2} 上的电流 i_{p2} 线性增大。当变压器 TR_1 副边绕组电压达到 $v_o/2$ 时,该状态结束,则根据式(3-52),可得时间 t_1 满足如下公式:

$$\begin{cases} t_1 = t_0 + \dfrac{v_o C_{S_o}}{k I_{\text{aux}}} \dfrac{L_{m1} + L_{S_1}}{L_{m1}} \\ k = N_2/N_1 \end{cases} \tag{3-54}$$

其中,v_o 代表输出电压;k 代表变压器 TR_1 及 TR_2 的原副边匝比。

2) 状态 2 $[t_1 \leqslant t < t_2]$

在该状态下,二极管 D_1 开始导通,变压器 TR_1 副边电压被钳位。由图 3-29(b)可知,电流 i_{p1} 满足式(3-55):

$$v_{AB} - \frac{v_o}{2k} = L_{S_1}\frac{di_{p1}}{dt} \tag{3-55}$$

联立式(3-52)~式(3-55),可得该状态下的交流电感电流 i_{p1} 为

$$i_{p1}(t) = \frac{I_{\text{aux}}}{4L_{S_1}C_{S_o}}(t - t_1)^2 - \frac{v_o}{2kL_{S_1}}(t - t_1) + \frac{v_o^2 C_{S_o}(L_{m1} + L_{S_1})}{4k^2 L_{m1}^2 I_{\text{aux}}} \tag{3-56}$$

当开关管 S_4 漏源极输出电容完全放电至零时,S_4 寄生二极管开始导通,该状态结束。根据式(3-52),可得时间 t_2 为

$$t_2 = t_0 + \frac{2C_{S_o}V_{\text{in}}}{I_{\text{aux}}} \tag{3-57}$$

3) 状态 3 $[t_2 \leqslant t < t_3]$

当 $t = t_2$ 时,开关管 S_4 零电压开通。由图 3-29(c)可知,交流电感 L_{S_1} 上两端电压为输入母线电压与变压器 TR_1 原边绕组电压之差。由此可得电流 i_{p1} 满足式(3-58):

$$i_{p1}(t) = \frac{V_{\text{in}} - v_o/2k}{L_{S_1}}(t - t_2) \tag{3-58}$$

根据式(3-53)、式(3-54)及式(3-56)~式(3-58),可得交流电感峰值电流为

$$I_\mathrm{p} = \frac{C_{\mathrm{S_o}} v_\mathrm{o}^2 (L_\mathrm{m} + L_\mathrm{s})}{4k^2 I_\mathrm{aux} L_\mathrm{m}^2} + \frac{I_\mathrm{aux}}{4L_\mathrm{s} C_{\mathrm{S_o}}} \left(\frac{2C_{\mathrm{S_o}} V_\mathrm{in}}{I_\mathrm{aux}} - \frac{C_{\mathrm{S_o}} v_\mathrm{o}}{k I_\mathrm{aux}} \frac{L_\mathrm{m} + L_\mathrm{s}}{L_\mathrm{m}} \right)^2$$

$$- \frac{v_\mathrm{o}}{2kL_\mathrm{s}} \left(\frac{2C_{\mathrm{S_o}} V_\mathrm{in}}{I_\mathrm{aux}} - \frac{C_{\mathrm{S_o}} v_\mathrm{o}}{k I_\mathrm{aux}} \frac{L_\mathrm{m} + L_\mathrm{s}}{L_\mathrm{m}} \right) + \frac{V_\mathrm{in} - \dfrac{v_\mathrm{o}}{2k}}{L_\mathrm{s}} D \frac{T_\mathrm{s}}{2} \quad (3-59)$$

其中,I_p 代表交流电感 $L_{\mathrm{S_1}}$ 及 $L_{\mathrm{S_2}}$ 上的峰值电流;D 代表有源输出占空比。

由图3-29(c)可知,此时辅助电路两端电压为输入母线电压,因此辅助电感上的电流 i_aux 线性减小。当超前桥臂开关管 S_6 关断时,该状态结束。

4) 状态4[$t_3 \leq t < t_4$]

由图3-29(d)可知,交流电感 $L_{\mathrm{S_2}}$ 上的电流 i_p2 开始对开关管 S_5 及 S_6 漏源极电容进行充放电,则电流 i_p2 及开关管 S_5 上的电压 $v_{\mathrm{S_5}}$ 满足式(3-60):

$$\begin{cases} C_{\mathrm{S_o}} \dfrac{\mathrm{d} v_{\mathrm{S_5}}}{\mathrm{d} t} = \dfrac{i_\mathrm{p2}}{2} \\ V_\mathrm{in} - v_{\mathrm{S_5}} - \dfrac{v_\mathrm{o}}{2k} = L_{\mathrm{S_2}} \dfrac{\mathrm{d} i_\mathrm{p2}}{\mathrm{d} t} \end{cases} \quad (3-60)$$

由式(3-60)可求得电流 i_p2 及电压 $v_{\mathrm{S_5}}$ 为

$$\begin{cases} i_\mathrm{p2}(t) = -I_\mathrm{p} \cos[\omega(t - t_3)] - \dfrac{V_\mathrm{in} - v_\mathrm{o}/2k}{Z} \sin[\omega(t - t_3)] \\ v_{\mathrm{S_5}}(t) = V_\mathrm{in} \cos[\omega(t - t_3)] - Z I_\mathrm{p} \sin[\omega(t - t_3)] + \dfrac{v_\mathrm{o}}{2k} \{1 - \cos[\omega(t - t_3)]\} \\ \omega = 1/\sqrt{2 C_{\mathrm{S_o}} L_\mathrm{s}}, \quad Z = \sqrt{L_\mathrm{s}/2 C_{\mathrm{S_o}}} \end{cases}$$

$$(3-61)$$

其中,ω 代表开关管漏源极寄生电容与原边交流电感的特征角频率;Z 代表开关管漏源极寄生电容与原边交流电感的特征阻抗。

当开关管 S_5 两端电压减小至零时,其寄生二极管开始导通,该状态结束。

5) 状态5[$t_4 \leq t < t_5$]

当 $t = t_4$ 时,开关管 S_5 零电压开通。由图3-29(e)可知,交流电感 $L_{\mathrm{S_2}}$ 两端电压为变压器 TR_2 原边电压,$L_{\mathrm{S_2}}$ 上的电流 i_p2 线性下降:

$$-\frac{\mathrm{d}i_{\mathrm{p2}}(t)}{\mathrm{d}t} = \frac{v_\mathrm{o}}{2kL_{\mathrm{S}_2}} \qquad (3-62)$$

当电流 i_{p2} 线性减小至零时,副边整流二极管 D_3 零电流关断,该状态结束。

6) 状态 $6[t_5 \leqslant t < t_6]$

由图 3-29(f)可知,开关管 S_5 及 S_7 导通而交流电感 L_{S_2} 上的电流为零,同时,辅助电路电流 i_{aux} 在输入母线电压的作用下线性增大至最大值。

7) 状态 $7[t_6 \leqslant t < t_7]$

当 $t = t_6$ 时,开关管 S_7 关断。辅助电路电流 i_{aux} 开始对开关管 S_7 及 S_8 的漏源极寄生电容进行充放电。当变压器 TR_2 副边电压增大至 $v_\mathrm{o}/2$ 时,该状态结束。

8) 状态 $8[t_7 \leqslant t < t_8]$

由图 3-29(h)可知,副边整流二极管 D_4 导通,变压器 TR_2 副边电压被钳位。辅助电流 i_{aux} 继续对滞后桥臂开关管 S_7 及 S_8 的漏源极寄生电容充放电,直至 S_8 两端电压为零。当开关管 S_8 寄生二极管导通时,该状态结束。

9) 状态 $9[t_8 \leqslant t < t_9]$

当 $t = t_8$ 时,开关管 S_8 零电压开通。由图 3-29(i)可知,两相电流馈电移相全桥电路都处于有源输出状态,交流电感电流线性上升。同时,辅助电路两端电压为零,辅助电感电流保持在最大值 I_{aux}。当开关管 S_1 关断时,该状态结束。

10) 状态 $10[t_9 \leqslant t < t_{10}]$

由图 3-29(j)可知,交流电感 L_{S_1} 电流对超前桥臂开关管 S_1 及 S_2 漏源极输出电容进行充放电,直至 S_2 两端电压为零。当开关管 S_2 的寄生二极管导通时,该状态结束。

11) 状态 $11[t_{10} \leqslant t < t_{11}]$

当 $t = t_{10}$ 时,开关管 S_2 零电压开通。由图 3-29(k)可知,交流电感 L_{S_1} 两端电压为变压器 TR_1 原边电压。当 L_{S_1} 上的电流 i_{p1} 线性下降至零时,该状态结束。

12) 状态 $12[t_{11} \leqslant t < t_{12}]$

由图 3-29(l)可知,开关管 S_2 及 S_4 导通,交流电感 L_{S_1} 上的电流为零,开关管 S_4 上只有辅助电路电流 I_{aux}。当 S_4 关断时,该状态结束。

2. 交流电感断续工作模式研究

图 3-31 为传统移相全桥变换器与交错并联电流馈电移相全桥变换器原边电流对比图。由图 3-31 可知,与传统移相全桥变换器相比,交错并联电流馈电移相全桥变换器无占空比丢失及原边续流电流等问题。由于原边交流电感工作于断续模式,该拓扑中的输出整流二极管零电流关断,无反向恢复损耗。同时,当滞后桥臂开关管 S_4 关断时,原边交流电感电流为零,此时流过 S_4 的电流只有辅助电路电流 i_{aux},该电流远小于交流电感电流 i_{p1},因此可认为交错并联电流馈电变换器中的

滞后桥臂开关管能够同时实现零电流关断及零电压开通。然而由于原边交流电感电流断续,该电流有效值及峰值相对较大。根据图3-31(b)可得,交错并联电流馈电移相全桥变换器原边交流电感电流有效值为

$$I_{\text{p\_RMS}} = \frac{V_{\text{in}}(1 - D_{\max})D_{\max}T_s}{2\sqrt{3}L_s} \quad (3-63)$$

其中,$I_{\text{p\_RMS}}$代表交流电感电流有效值;$D_{\max}$代表交流电感工作于临界模式时变换器的有源输出占空比。

(a) 传统移相全桥变换器

(b) 交错并联电流馈电移相全桥变换器

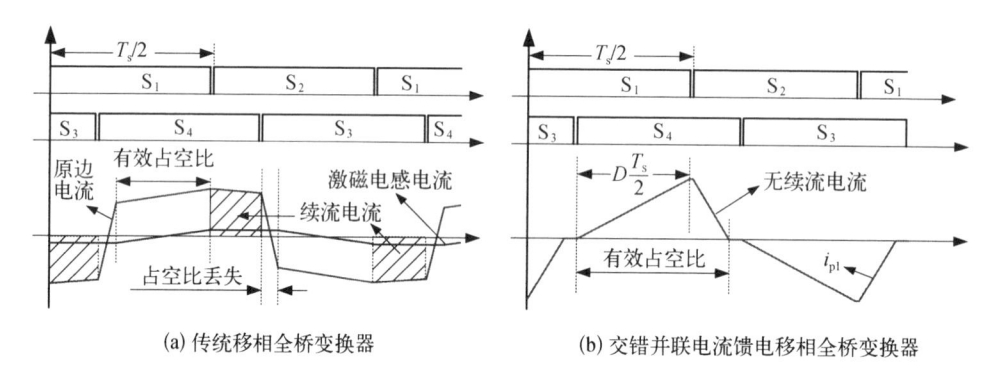

图3-31 主功率变压器原边电流对比示意图

根据式(3-63),可得交流电感电流有效值在不同交流电感条件下随$D_{\max}$变化的曲线如图3-32所示。由图3-32可知,当$D_{\max}$等于0.5时,交流电感电流有效值达到最大值。同时,当$D_{\max}$大于0.5时,交流电感电流有效值随着$D_{\max}$增大而迅速减小。因此,可将$D_{\max}$设计得较大,以减小交流电感电流有效值。然而,过大的$D_{\max}$易使变换器工作于连续模式。因此,为了确保交流电感工作于断续模式,有源输出占空比D需满足式(3-64):

$$\begin{cases} \dfrac{v_o}{L_s} \dfrac{(1-D)T_s}{2} \dfrac{1}{2k^2} \geqslant 2i_L \\ i_L = \dfrac{v_o}{R_L} \end{cases} \quad (3-64)$$

其中,i_L和R_L别代表负载电流和负载电阻。

根据式(3-64),可得变换器工作于断续模式的条件为

$$\begin{cases} K \leqslant K_{\text{crit}}(D) \\ K = 8k^2L_s/R_LT_s, \quad K_{\text{crit}}(D) = 1 - D \\ D_{\max} = 1 - K \end{cases} \quad (3-65)$$

其中，K 和 $K_{crit}(D)$ 别代表等效负载参数和临界等效负载参数。

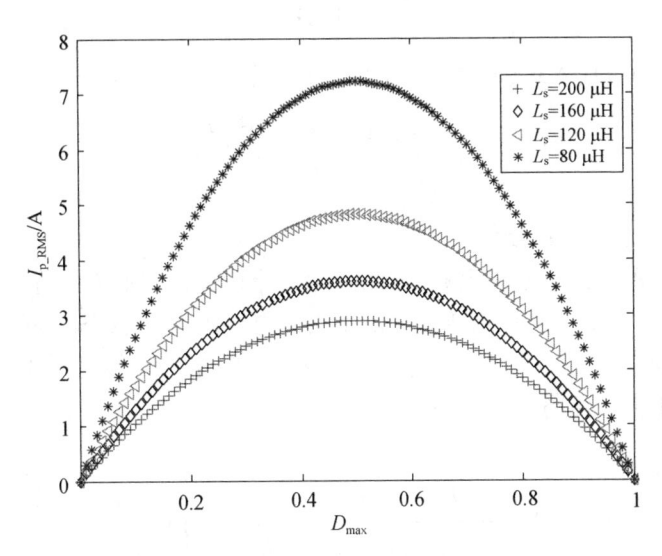

图 3-32　交流电感电流有效值在不同交流电感
条件下随 D_{max} 变化的曲线

根据式(3-65)，临界等效负载参数 $K_{crit}(D)$ 随有源输出占空比 D 的变化曲线图如图 3-33 所示。根据图 3-33 可知，当有源输出占空比 D 小于 D_{max} 时，变换器工作于断续模式。同时，等效负载参数 K 随着负载电阻 R_L 的减小而增大，当 K 大于 1 时，变换器工作模式与占空比无关，且都工作于连续模式。根据式(3-65)可知，可适当减小交流电感 L_s，从而增大断续模式占空比的工作范围。但是由图 3-32 可知，交流电感电流有效值 I_{p_RMS} 随 L_s 的减小而迅速增大。因此，交流电感的取值需确保变换器在满载情况下工作于临界模式：

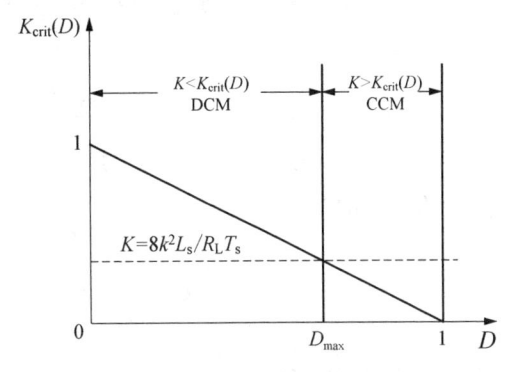

图 3-33　临界等效负载参数 $K_{crit}(D)$ 随有源输出占空比 D 的变化曲线图

$$L_s = \frac{V_{in}(V_{in} - v_o/2k)D_{max}^2 T_s}{2P_{o,max}} \qquad (3-66)$$

其中，$P_{o,max}$ 代表变换器最大输出功率。

同时，主功率变压器原副边匝比需满足式(3-67)：

$$k = \frac{v_o}{2V_{in}D_{max}} \quad (3-67)$$

将式(3-67)代入式(3-66),可得交流电感为

$$L_s = \frac{V_{in}^2(1-D_{max})D_{max}^2 T_s}{2P_{o,max}} \quad (3-68)$$

3. 变换器直流增益分析

由于变换器工作于断续模式,因此需计算原边交流电感在半个周期内的平均电流,从而确定变换器的直流增益。由于交流电感电流在状态 1、状态 2 及状态 4 下的变化量较小,为简化分析,可将这些变化量忽略不计。根据图 3-31(b),交流电感电流在正半开关周期内的平均值为

$$\bar{I}_p = \int_{t_0}^{t_0+\frac{T_s}{2}} i_{p1}(t)\,dt = \frac{I_{p1}D_{eff}}{2} = \frac{1}{T_s}\left(\frac{V_{in}-v_o/2k}{L_s}\right)\left(D\frac{T_s}{2}\right)^2\left(\frac{2kV_{in}}{v_o}\right) \quad (3-69)$$

其中,$\bar{I}_p$ 代表交流电感电流在半个开关周期内的平均值;D_{eff} 代表有效占空比。

假设变换器无功率损耗,即变换器输出功率等于输入功率,则有

$$\frac{v_o}{2k}\bar{I}_p = \frac{v_o i_L}{2} \quad (3-70)$$

联立式(3-65)、式(3-69)及式(3-70),两相交错并联电流馈电移相全桥变换器的直流增益为

$$G = \frac{v_o}{V_{in}} = \frac{4k}{1+\sqrt{1+4K/D^2}} \quad (3-71)$$

其中,G 代表变换器直流增益。

根据式(3-71),图 3-34 给出了当变压器匝比 $k=0.65$,开关周期 $T_s=16.7\ \mu s$,交流电感 $L_s=75\ \mu H$ 时变换器直流增益在不同等效负载参数 K 情况下随占空比 D 变化的曲线图。由图 3-34 可知,当等效负载参数 K 较小时,变换器直流增益在小占空比时的上升斜率较大;而当占空比较大时,直流增益曲线趋于平坦。同时,当等效负载参数 K 趋近于零,即变换器负载接近空载时,变换器直流增益在极小的占空比下就能达到最大值。

4. 开关管软开关条件及辅助电路参数设计

由图 3-31(b)可知,当变换器超前桥臂开关管关断时,交流电感电流对超前桥臂开关管漏源极输出电容进行充放电。由于原边交流电感相对较大,因此变换

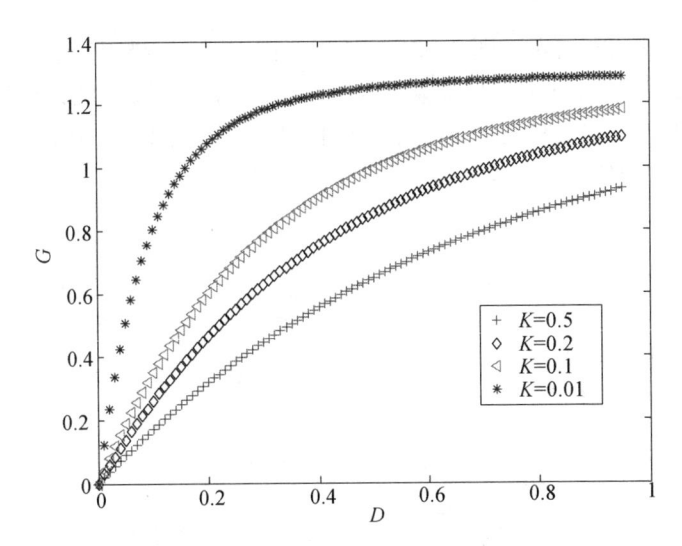

图 3-34 变换器直流增益在不同等效负载参数 K 情况下随占空比 D 变化的曲线图

器超前桥臂开关管在非常宽的负载范围内都能实现 ZVS。为使超前桥臂开关管能实现 ZVS,交流电感原边电流需满足:

$$\begin{cases} \dfrac{1}{2}L_s I_p^2 > C_{S_o} V_{in}^2 \\ I_p = \dfrac{V_{in} - v_o/2k}{L_s} \dfrac{DT_s}{2} \end{cases} \quad (3-72)$$

其中,I_p 代表交流电感上的峰值电流。

由式(3-72),可得变换器超前桥臂开关管能够实现 ZVS 的条件为

$$\frac{1 - G/2k}{L_s} \frac{DT_s}{2} - \sqrt{\frac{2C_{S_o}}{L_s}} > 0 \quad (3-73)$$

将式(3-71)代入式(3-73),可得

$$Z(D, K) = D - \frac{2}{T_s}\sqrt{2C_{S_o}L_s} - \frac{2D}{1 + \sqrt{1 + 4K/D^2}} > 0 \quad (3-74)$$

其中,$Z(D, K)$ 代表超前桥臂开关管软开关条件函数。

根据式(3-74),图 3-35 给出了当变压器匝比 $k=0.65$,开关周期 $T_s = 16.7\ \mu s$,开关管漏源极寄生电容 $C_{S_o} = 1\ nF$ 及交流电感 $L_s = 75\ \mu H$ 时软开关条件函数 $Z(D, K)$ 随占空比 D 及等效负载参数 K 变化的三维曲线图。对图 3-35 作 $Z(D, K) = 0$ 的等高线,可得超前桥臂开关管软开关范围随占空比及等效负载参数变化

的平面图如图 3-36 所示。图 3-36 还给出了固定增益情况($G=1$ 及 $G=0.75$)下等效负载参数 K 与占空比 D 的关系曲线。由图 3-36 可知,两相交错并联电流馈电移相全桥变换器超前桥臂开关管能够在非常宽的负载及占空比范围($D>0.05$ 及 $K>0.02$)内实现 ZVS。

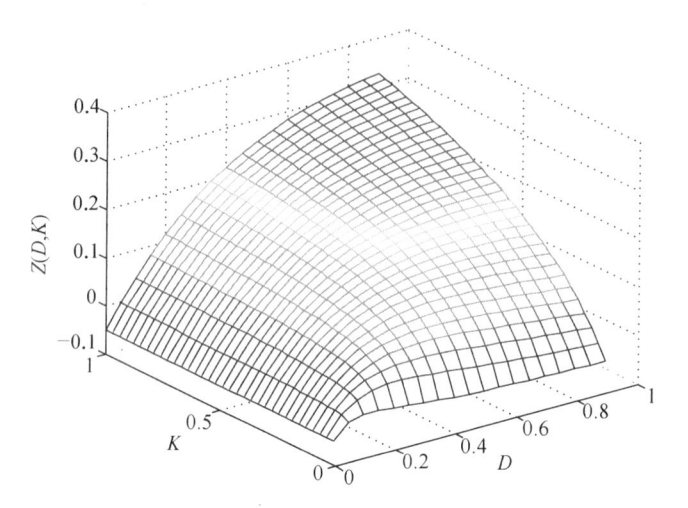

图 3-35 软开关条件函数 $Z(D, K)$ 随占空比 D 及等效负载参数 K 变化的曲面图

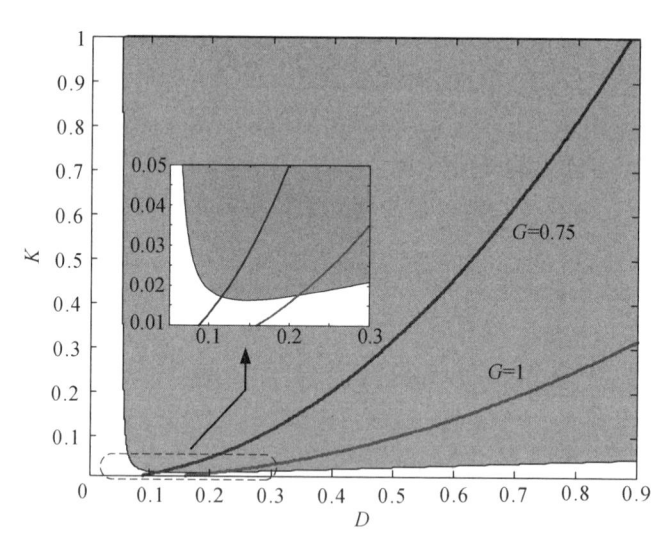

图 3-36 超前桥臂开关管软开关范围随占空比及等效负载参数变化的平面图

为了确保超前桥臂开关管能够实现 ZVS,超前桥臂开关管漏源极寄生电容需在死区时间内完成充放电。根据式(3-61),超前桥臂死区时间需满足:

$$\begin{cases} t_{\text{d, leading}} > \Delta t_{34} \\ V_{\text{in}}\cos(\omega\Delta t_{34}) - ZI_{\text{p}}\sin(\omega\Delta t_{34}) + \dfrac{v_o}{2k}[1-\cos(\omega\Delta t_{34})] = 0 \end{cases} \quad (3-75)$$

其中,$t_{\text{d, leading}}$ 代表超前桥臂死区时间；Δt_{34} 代表变换器工作于状态 4 时的时间。

由于交流电感工作于断续模式,交错并联电流馈电移相全桥变换器滞后桥臂开关管需采用辅助电路才能实现零电压开通。辅助电感上的电压及电流波形如图 3-37 所示。由图 3-37 可知,为确保滞后桥臂开关管能够实现 ZVS,辅助电路电流需满足：

$$\frac{1}{2}L_{\text{aux}}I_{\text{aux}}^2 \geq C_{S_o}V_{\text{in}}^2 \quad (3-76)$$

联立式(3-50)及式(3-76),辅助电感需满足：

$$L_{\text{aux}} \leq \frac{T_s^2}{128 C_{S_o}} \quad (3-77)$$

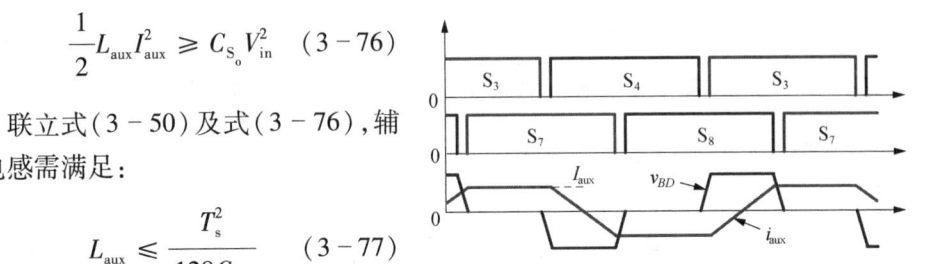

图 3-37 辅助电感上电压及电流波形示意图

滞后桥臂开关管漏源极寄生电容需在死区时间内完成充放电,滞后桥臂死区时间为

$$t_{\text{d, lagging}} \geq \frac{2C_{S_o}V_{\text{in}}}{I_{\text{aux}}} = \frac{16C_{S_o}L_{\text{aux}}}{T_s} \quad (3-78)$$

其中,$t_{\text{d, lagging}}$ 代表滞后桥臂死区时间。

为了确保辅助电路中无直流偏置电流,辅助电路中串联了隔直电容 C_{aux},该电容需确保辅助电路谐振频率小于开关频率的 1/5[14]：

$$C_{\text{aux}} \geq \frac{1}{\left(2\pi\dfrac{f_s}{5}\right)^2 L_{\text{aux}}} \quad (3-79)$$

5. 交错并联控制策略对输入电流纹波的影响

图 3-38 为两相交错并联电流馈电移相全桥变换器输入电流纹波在不同占空比情况下的波形图。由于本节所提出的变换器采用两相交错并联结构,因此变换器输入电流纹波频率为开关频率的 4 倍,同时输入电流纹波幅值也相对较小。由图 3-38 可知,输入电流纹波峰峰值为

$$\Delta i_{\text{in}} = \frac{V_{\text{in}}(1-G/2k)}{L_s}\frac{DT_s}{2} \quad (3-80)$$

其中，Δi_{in} 代表输入电流纹波峰峰值。

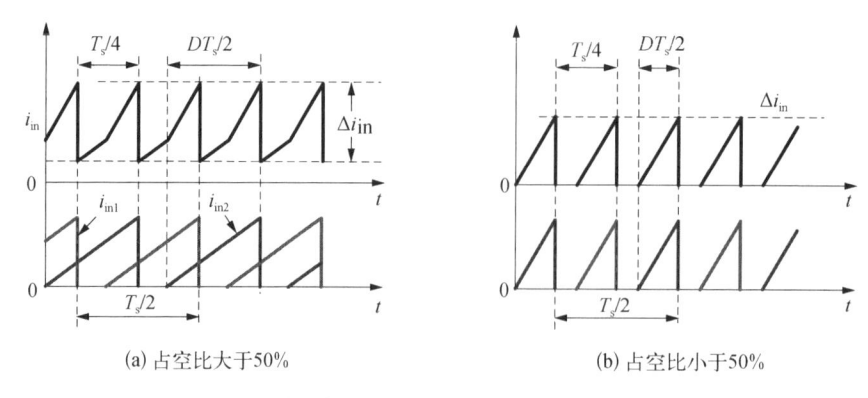

(a) 占空比大于50%

(b) 占空比小于50%

图 3 – 38　输入电流纹波在不同占空比情况下的波形图

将式(3 – 71)代入式(3 – 80)，有

$$\Delta i_{in} = \frac{V_{in} T_s D}{2 L_s} \left(1 - \frac{2}{1 + \sqrt{1 + 4K/D^2}} \right) \quad (3-81)$$

根据式(3 – 81)，图 3 – 39 给出了当变压器匝比 $k = 0.65$，开关周期 $T_s = 16.7\ \mu s$ 及交流电感 $L_s = 75\ \mu H$ 时输入电流纹波峰峰值在不同等效负载参数 K 情况下随有源输出占空比 D 变化的曲线图。由图 3 – 39 可知，当占空比较小时，输入电流纹波峰峰值上升较快至最大值后逐渐缓慢减小。因此，应根据等效负载参数 K（即实际负载条件）及实际占空比变化范围确定最大输入电流纹波后最终确定变换器输入滤波器。

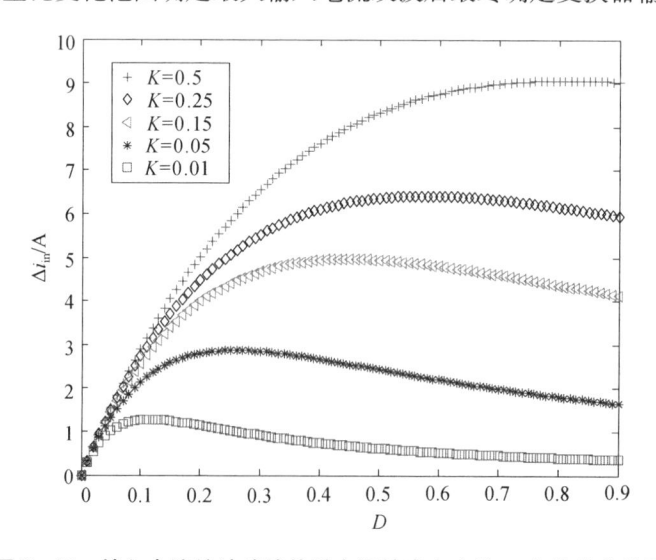

图 3 – 39　输入电流纹波峰峰值随有源输出占空比 D 变化的曲线图

6. 主功率变压器磁集成方式及设计原则

目前,将电感与主功率变压器集成到一起的磁集成方式广泛应用于各领域[15-18]。其中,将功率电感以漏感形式集成于变压器的磁集成方式由于结构简单且不需要额外的绕组,在小功率场合较受欢迎。但是由于变压器漏感大小不易控制,实际大批量生产时无法保证电感的一致性,因此该方式的实际应用受到限制。同时,为获得足够漏感,一般需将变压器原副边绕组分开绕制。该绕制方式会使变压器由绕组邻近效应主导的铜损成倍增加[19,20]。因此,为解决这个问题,两相交错并联移相全桥变换器采用在主功率变压器上绕制额外绕组的方式进行磁集成,磁集成变压器实物照片及绕组绕制方式如图 3-40 所示。根据图 3-40(b)所示的绕组绕制方式,图 3-41 给出了磁集成主功率变压器的磁路模型及各绕组的电压电流波形图。为简化分析,分析时忽略了各绕组漏感。根据法拉第定律及图 3-40(b),各绕组电压及磁芯磁通分布满足式(3-82):

$$\begin{cases} v_{AB} = \dfrac{d(N_1\Phi_1 + N_L\Phi_3)}{dt} \\ v_T = N_2 \dfrac{d\Phi_1}{dt} \\ \Phi_1 = \Phi_2 + \Phi_3 \end{cases} \quad (3-82)$$

其中,v_{AB} 及 v_T 分别代表原边及副边绕组电压;N_1、N_2 及 N_L 分别代表各绕组匝数;Φ_1 代表变压器中柱磁通;Φ_2 及 Φ_3 分别代表变压器边柱磁通。

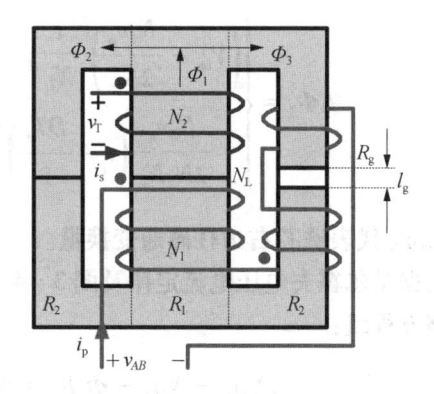

(a) 变压器实物照片　　(b) 绕组绕制方式

图 3-40　主功率变压器实物照片及绕组绕制方式

根据式(3-82)及图 3-41(b)中各绕组电压电流波形,可得变压器磁芯各支路磁通变化量如下:

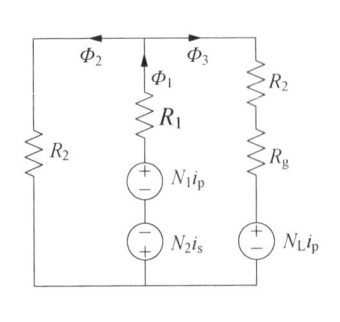

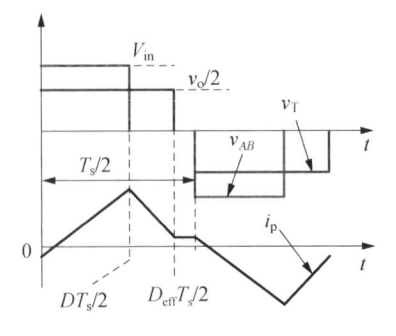

(a) 变压器磁路模型   (b) 各绕组电压电流波形示意图

图 3‑41　磁集成主功率变压器磁路模型及各绕组电压电流波形示意图

$$\Delta \Phi_1 = \frac{v_o t}{2N_2}, \quad 0 \leq t < \frac{D_{\text{eff}} T_s}{2} \tag{3-83}$$

其中，$\Delta \Phi_1$ 代表磁芯中柱的磁通变换量。

$$\Delta \Phi_2 = \begin{cases} \dfrac{(N_L + N_1) v_o t}{2N_2 N_L} - \dfrac{V_{\text{in}} t}{N_L}, & 0 \leq t < \dfrac{D T_s}{2} \\ \dfrac{(N_L + N_1) v_o}{2N_2 N_L} \left(t - \dfrac{D T_s}{2} \right), & \dfrac{D T_s}{2} \leq t < \dfrac{D_{\text{eff}} T_s}{2} \end{cases} \tag{3-84}$$

其中，$\Delta \Phi_2$ 代表磁芯左边柱的磁通变换量。

$$\Delta \Phi_3 = \begin{cases} \left(V_{\text{in}} - \dfrac{N_1 v_o}{2 N_2} \right) \dfrac{t}{N_L}, & 0 \leq t < \dfrac{D T_s}{2} \\ -\dfrac{N_1 v_o}{2 N_2 N_L} \left(t - \dfrac{D T_s}{2} \right), & \dfrac{D T_s}{2} \leq t < \dfrac{D_{\text{eff}} T_s}{2} \end{cases} \tag{3-85}$$

其中，$\Delta \Phi_3$ 代表磁芯右边柱磁通变换量。

根据基尔霍夫电压电流定律及图 3‑41(a) 中的变压器等效磁路模型，可得以下磁路方程组：

$$\begin{cases} N_1 i_p - N_2 i_s - \Phi_1 R_1 = \Phi_2 R_2 \\ N_1 i_p - N_2 i_s - \Phi_1 R_1 = \Phi_3 (R_2 + R_g) + N_L i_p \\ \Phi_1 = \Phi_2 + \Phi_3 \end{cases} \tag{3-86}$$

其中，R_1、R_2、R_g 及 R_3 分别代表磁芯中柱磁阻、右边柱磁阻、右边柱气隙磁阻及左边柱磁阻。

根据式(3-86),磁芯各支路分布为

$$\begin{cases} \Phi_1 = \dfrac{(2R_2 + R_g)(N_1 i_p - N_2 i_s) - R_2 N_L i_p}{\Delta} \\ \Phi_2 = \dfrac{(R_2 + R_g)(N_1 i_p - N_2 i_s) + R_1 N_L i_p}{\Delta} \\ \Phi_3 = \dfrac{R_2(N_1 i_p - N_2 i_s) - (R_1 + R_2)N_L i_p}{\Delta} \\ \Delta = (R_1 + R_2)(R_2 + R_g + R_1 // R_2) \end{cases} \quad (3-87)$$

根据图 3-41(b)及式(3-87)可知,当 $D_{\text{eff}} T_s/2 \leqslant t < T_s/2$ 时,磁芯中柱磁通达到最大值,为

$$\Phi_{1m} = \dfrac{v_o D_{\text{eff}} T_s}{8 N_2} \quad (3-88)$$

其中,Φ_{1m} 代表变压器副边绕组电流为零时的磁芯中柱磁通量。

主功率变压器副端绕组上的电流 i_s 为零,此时磁芯边柱磁通量为

$$\begin{cases} \Phi_{2m} = \dfrac{(R_2 + R_g)N_1 + R_1 N_L}{(2R_2 + R_g)N_1 - R_2 N_2} \Phi_{1m} \approx \Phi_{1m} \\ \Phi_{3m} = \dfrac{R_2 N_1 - (R_1 + R_2)N_L}{(2R_2 + R_g)N_1 - R_2 N_2} \Phi_{1m} \approx 0 \\ R_g \gg R_1, R_2 \end{cases} \quad (3-89)$$

其中,Φ_{2m} 及 Φ_{3m} 分别代表变压器副边绕组电流为零时的磁芯左边柱磁通量及磁芯右边柱磁通量。

根据式(3-83)~式(3-85)及式(3-87)~式(3-89),图 3-42 给出了主功率变压器的磁通变化示意图。由图 3-42 可知,当变换器工作于临界模式时,变压器磁通幅值达到最大,为

$$\begin{cases} \Phi_{1\max} = \dfrac{v_o T_s}{8 N_2} \\ \Phi_{2\max} = \Phi_{1\max} \\ \Phi_{3\max} = \left(V_{\text{in}} - \dfrac{N_1 v_o}{2 N_2}\right) \dfrac{D_{\max} T_s}{2 N_L} \end{cases}$$

(3-90)

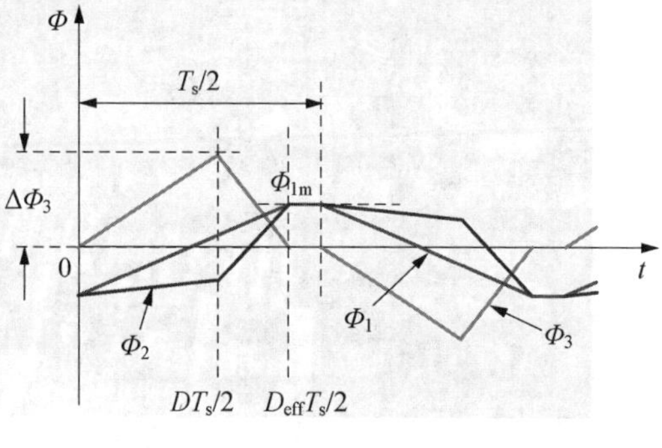

图 3-42 主功率变压器磁通变化示意图

其中，Φ_{1max}、Φ_{2max} 及 Φ_{3max} 分别代表磁芯中柱最大磁通、左边柱最大磁通及右边柱最大磁通。

则根据式(3-90)可求得变压器磁芯各支路的磁通强度最大值为

$$B_{1max} = \frac{\Phi_{1max}}{A_c}, \quad B_{2max} = \frac{\Phi_{2max}}{A_o}, \quad B_{3max} = \frac{\Phi_{3max}}{A_o} \quad (3-91)$$

其中，B_{1max}、B_{2max} 及 B_{3max} 分别代表磁芯中柱最大磁通强度、左边柱最大磁通强度及右边柱最大磁通强度；A_c 代表磁芯中柱横截面积；A_o 代表磁芯边柱横截面积。

同时，可根据式(3-90)、式(3-91)及所选取磁芯能允许的峰值磁通密度确定主功率变压器各绕组匝数。另外，主功率变压器磁芯右边柱气隙长度为

$$l_g = \frac{\mu_0 A_o N_L^2}{L_s} \quad (3-92)$$

其中，l_g 代表磁芯右边柱气隙长度；μ_0 代表空气磁导率。

7. 实验结果及分析

为验证两相交错并联电流馈电移相全桥变换器的特性，搭建了原理样机并进行实验验证。样机采用 TopCon 公司的 TC.P.20.800.400.PV.HMI 型电源供电，实验结果采用 Tektronix 公司的 TDS3034C 型示波器记录。图 3-43 为原理样机照片，原理样机主要电路原理图如图 3-44 所示。表 3-3 给出了原理样机的主要系

图 3-43 实验样机照片

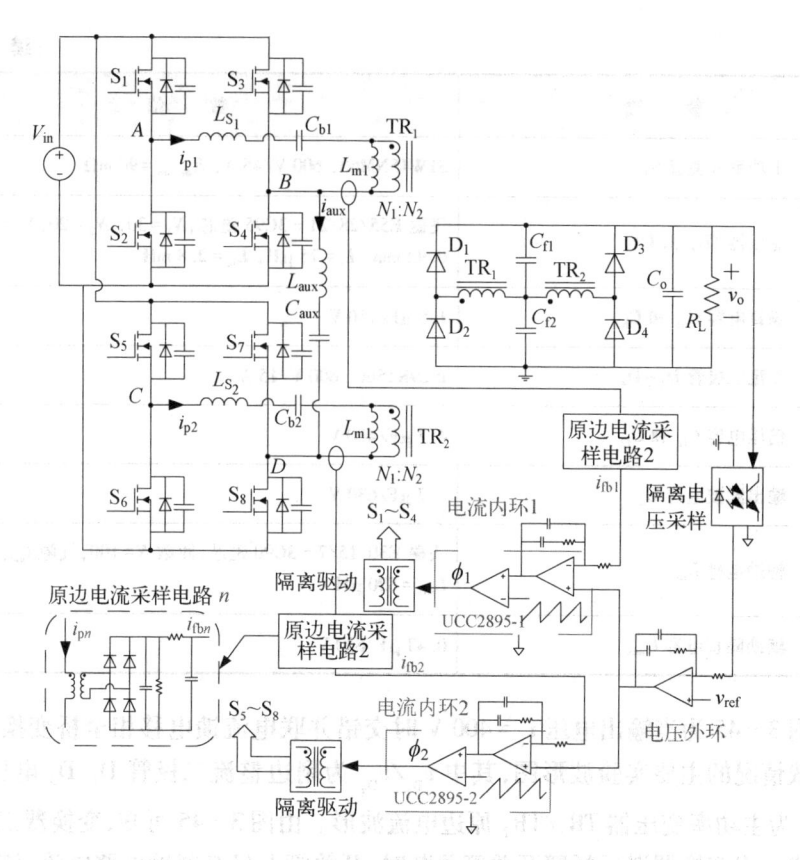

图 3-44 原理样机主要电路原理图

统参数。由图 3-44 可知,原理样机采用双环控制策略,外环为输出电压环,内环为平均电流环,移相控制芯片采用的是 TI 公司的 UCC2895。原边交流电感电流由电流变压器采样后作为电流内环反馈信号,该信号同时将作为过流保护信号送入芯片 UCC2895 的过流保护引脚。

表 3-3 实验样机参数

参　数	数　值
最大输出功率 $P_{o,max}$	2 kW
输入电压 V_{in}	400 V
输出电压 v_o	200~400 V
开关频率 f_s	60 kHz

续 表

参　数	数　值
主功率开关管 $S_1 \sim S_8$	STW45NM60，600 V/45 A，$R_{ds,on}=90\ m\Omega$
变压器 TR_1 和 TR_2	飞磁 E55/28/21－3C95 磁芯，$N_1=30$，$N_2=20$，$N_L=15$，$l_g=0.92\ mm$，$L_s=75\ \mu H$，$L_m=2.8\ mH$
隔直电容 C_{b1} 和 C_{b2}	1.5 μF/150 V
整流二极管 $D_1 \sim D_4$	ISL9R1560，600 V/15 A
倍压电容 C_{f1} 和 C_{f2}	4.7 μF/400 V
输出滤波电容 C_o	4.7 μF/630 V
辅助电感 L_{aux}	飞磁 E30/15/7－3C90 磁芯，匝数 $N=100$，气隙 $l_{gaux}=1\ mm$，$L_{aux}=820\ \mu H$
辅助隔直电容 C_{aux}	0.47 μF/630 V

图 3-45 为当输出电压 $v_o=400\ V$ 时交错并联电流馈电移相全桥变换器在不同负载情况的主要实验波形图，其中 v_{D_1}/v_{D_3} 为副边整流二极管 D_1/D_3 电压波形，i_{p1}/i_{p2} 为主功率变压器 TR_1/TR_2 原边电流波形。由图 3-45 可知，变换器工作于断续模式。当变换器滞后桥臂开关管关断时，开关管上只有辅助电路电流，该电流远小于原边交流电感电流，由此可知变换器滞后桥臂开关管能够实现零电流关断。

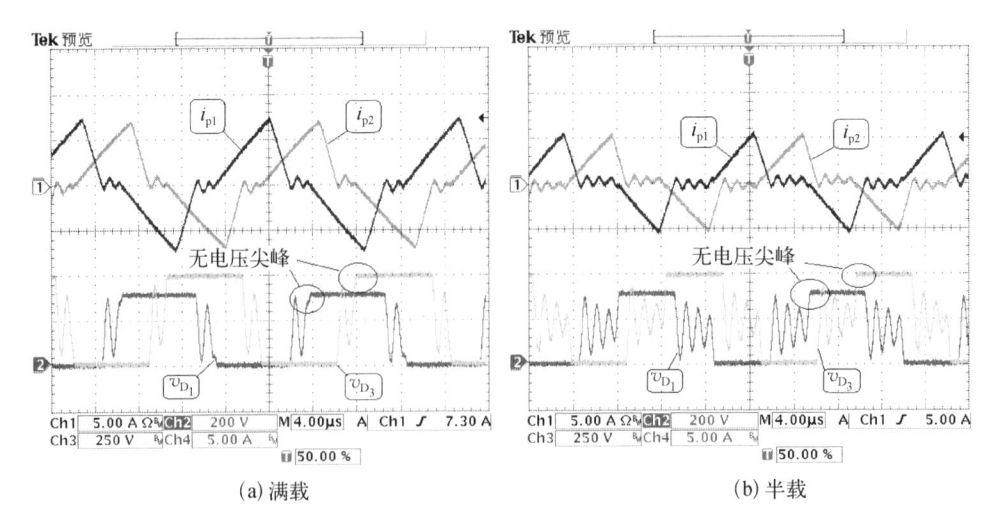

(a) 满载　　　　　　　　　　　　　(b) 半载

图 3-45　变换器在不同负载情况下的主要实验波形图

从图 3-45 还可看出，由于变换器采用电流馈电结构，输出整流二极管两端无电压尖峰，电压应力相对较小。另外，在输出二极管换流过程中，由于 di/dt 较小，二极管反向恢复损耗较小。因此，该变换器无须采用反向恢复特性良好但昂贵的 SiC 二极管作为输出整流管。

图 3-46 和图 3-47 给出了当输出电压 v_o = 400 V 时超前桥臂开关管 S_2 在不同负载情况下的软开关波形，从图中可看出，超前桥臂开关管能够在非常宽的负载范围内实现零电压开通。图 3-48 和图 3-49 给出了辅助电感电流 i_{aux} 及滞后桥

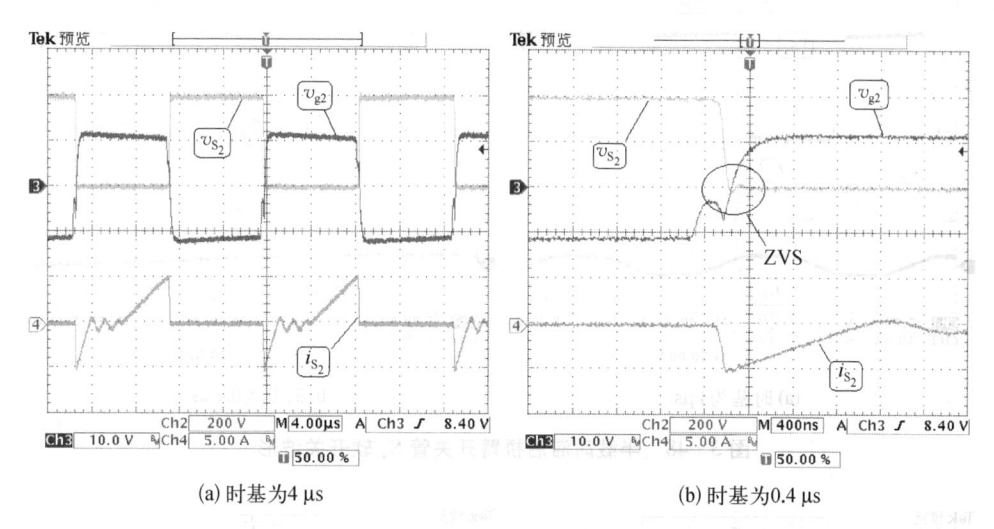

(a) 时基为4 μs

(b) 时基为0.4 μs

图 3-46 半载时超前桥臂开关管 S_2 软开关波形

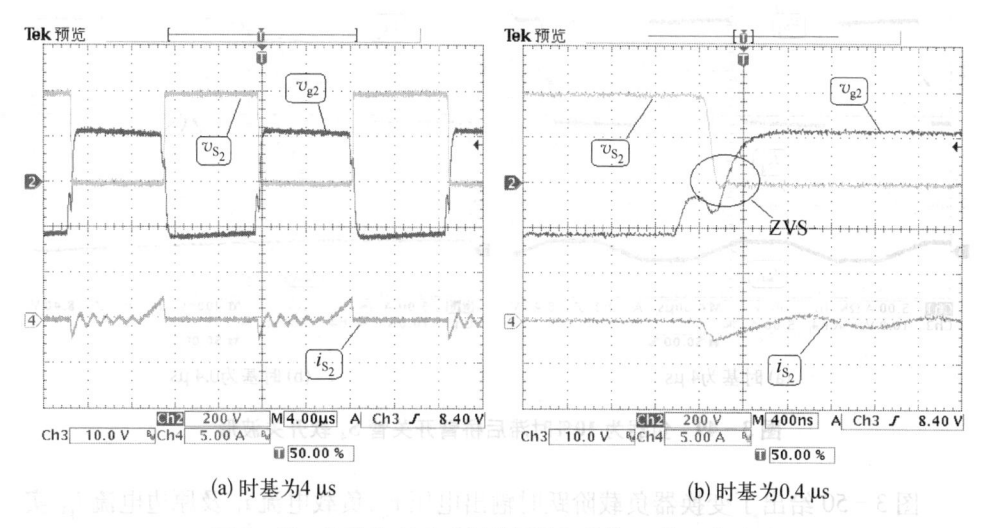

(a) 时基为4 μs

(b) 时基为0.4 μs

图 3-47 负载为 10% 时超前桥臂开关管 S_2 软开关波形

臂开关管 S_4 在不同负载情况下的软开关波形,从图中可看出辅助电感电流与负载无关。滞后桥臂开关管采用辅助电感电流来实现零电压开通,由此可知滞后桥臂开关管能够在全负载范围内实现零电压开通。由以上实验结果分析可知,本章所提出的变换器的开关管在非常宽的负载范围内都能实现软开关,从而大大减小了开关损耗,提高了变换器的效率。

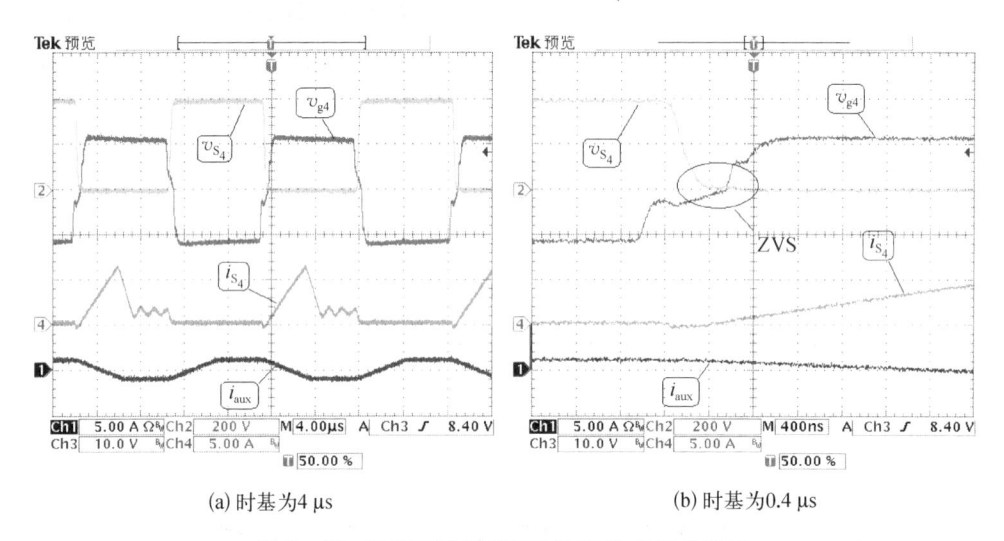

(a) 时基为4 μs (b) 时基为0.4 μs

图 3‐48　半载时滞后桥臂开关管 S_4 软开关波形

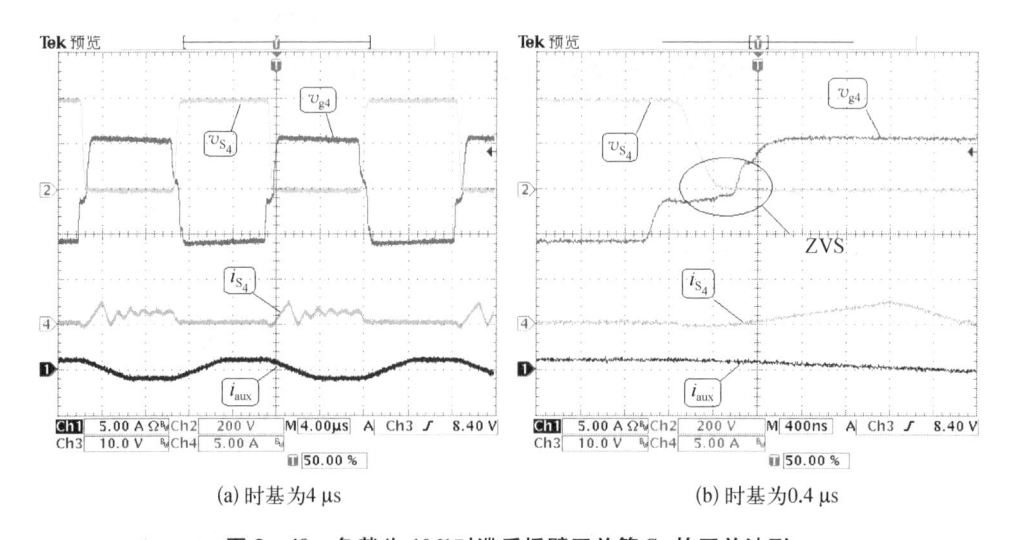

(a) 时基为4 μs (b) 时基为0.4 μs

图 3‐49　负载为10%时滞后桥臂开关管 S_4 软开关波形

图 3‐50 给出了变换器负载阶跃时输出电压 v_o、负载电流 i_L 及原边电流 i_{p1} 实验波形图,可看出当负载电流从 2 A 突增至 3.8 A 时,本章所提出的变换器的输出

电压超调为 38 V,调整时间为 1.2 ms;同时当负载电流从 3.8 A 突降至 2 A 时,该变换器的输出电压超调不超过 34 V,调整时间为 1.68 ms。由此可知,采用双环控制策略的两相电流馈电移相全桥变换器具有较快的动态响应。

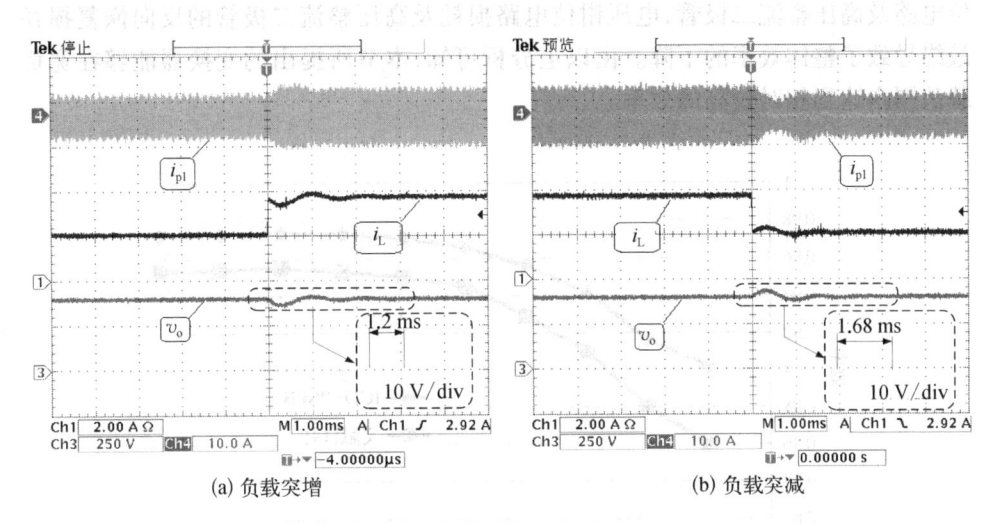

(a) 负载突增

(b) 负载突减

图 3-50 变换器负载阶跃实验波形图

图 3-51 给出了本章所提出变换器在不同输出电压条件下的效率曲线,从图中可看出,当输出电压高时,变换器效率也相对较高。这是因为当输出电压高时,主功率开关管及整流二极管上的电流较小,变换器导通损耗减小,从而提高了整体效率。同时,变换器效率在较宽的负载范围内都能够高于 90%,且当输出功率 P_o = 1.6 kW,输出电压 v_o = 400 V 时,变换器效率达到最大值 97.4%。图 3-52 还给出

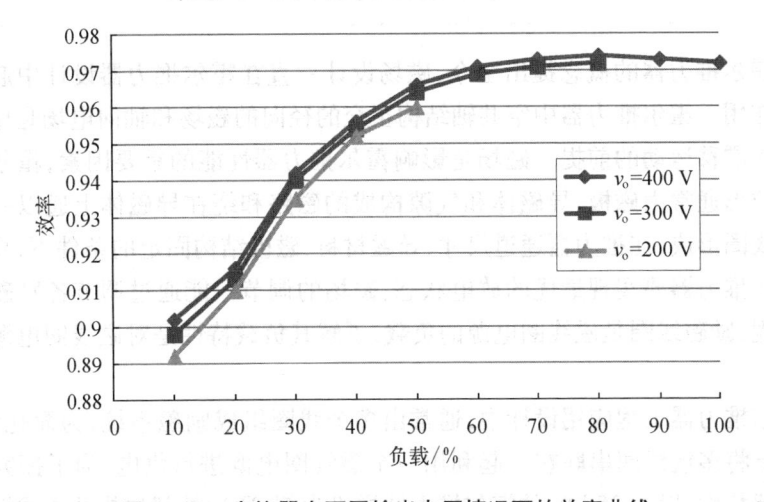

图 3-51 变换器在不同输出电压情况下的效率曲线

了当输出电压为400 V时两相交错并联电流馈电移相全桥变换器与参考文献[14]中所提出的拓扑的效率曲线对比图,可看出本章所提出拓扑的整体效率远高于文献[14]中的拓扑。这是由于文献[14]中的拓扑在高压应用时需采用副边电压钳位电路及高压整流二极管,电压钳位电路损耗及高压整流二极管的反向恢复损耗最终导致了整体效率的下降。由以上分析可知,本节所提出的变换器能够在宽负载范围内达到相对较高的效率。

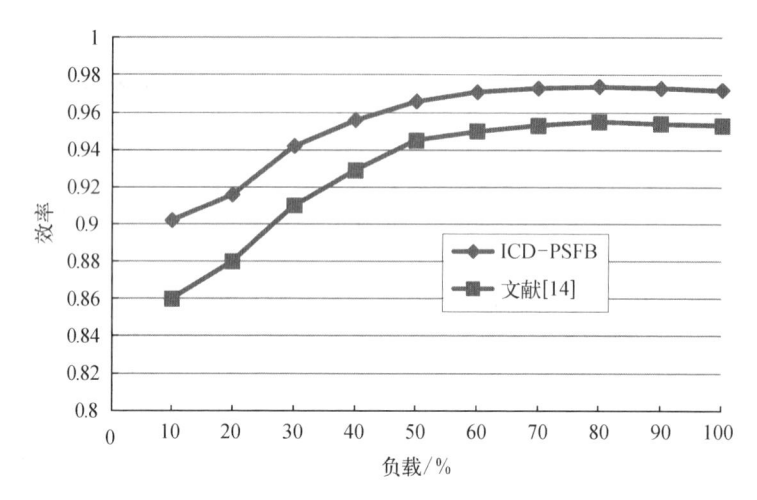

图3-52 本章所提出变换器与文献[13]中所提出变换器的效率对比曲线图

3.4 磁线圈负载特性及电源

从霍尔推力器的概念提出至今,磁场设计一直在霍尔推力器设计中起着至关重要的作用。霍尔推力器中空共轴结构正交的径向的磁场和轴向电场是电子建立周向霍尔漂移运动的前提。磁场是影响霍尔推力器性能的重要因素,霍尔推力器的磁场位形通常由磁极、导磁体和气隙构成的磁路和绕在导磁体上通以一定电流的励磁线圈形成,在推力器通道尺寸、导磁材料、磁极结构固定的条件下,变参数运行的霍尔推力器要实现最优的放电状态,磁场的调节只能通过调节各励磁线圈电流来实现,励磁线圈是磁线圈电源的负载,了解其负载特性是对磁线圈电源设计的前提。

霍尔推力器工程应用设计中,通常由多个线圈组成励磁系统,为简化设计,多数情况下将多组线圈串联在一起利用一个磁线圈电源进行供电,为了探究串联线圈的电感特性,以1.35 kW的霍尔推力器样机为例,通过外部加热的方式模拟励磁线圈的持续温升过程,改变励磁电流的幅值和频率,对励磁线圈的电感特性进行研究。实验中选取 5 个温度点进行测定,分别为 13℃、100℃、200℃、300℃、400℃,励磁电流选取 0 A 和 3 A 两组,取励磁电流的频率为 50 Hz、1 kHz、10 kHz、20 kHz、40 kHz、100 kHz,对励磁线圈进行电感特性测试。在直流励磁电流为 0 A 时,五个温度测量点下通过各频率的交流分量时的串联励磁线圈电感分别如图 3-53 和图 3-54 所示。直流励磁电流为 3 A 时,五个温度测量点下通过各频率的交流分量时的串联励磁线圈电感分别如图 3-55 和图 3-56 所示。

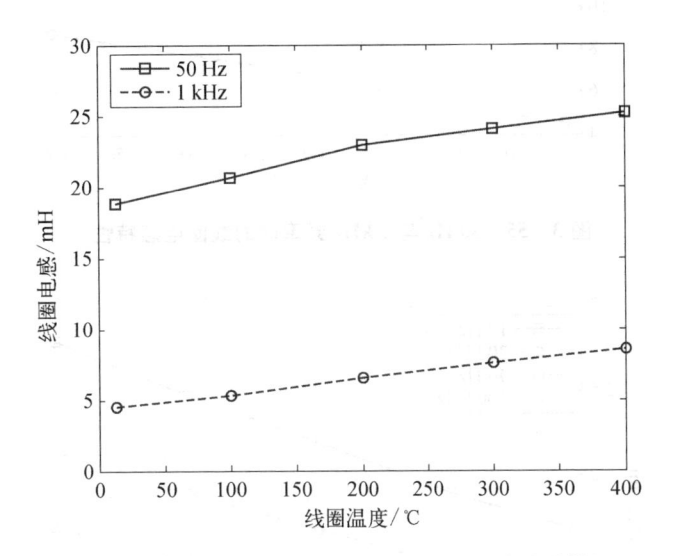

图 3-53　50 Hz 与 1 kHz 频率时的线圈电感特性

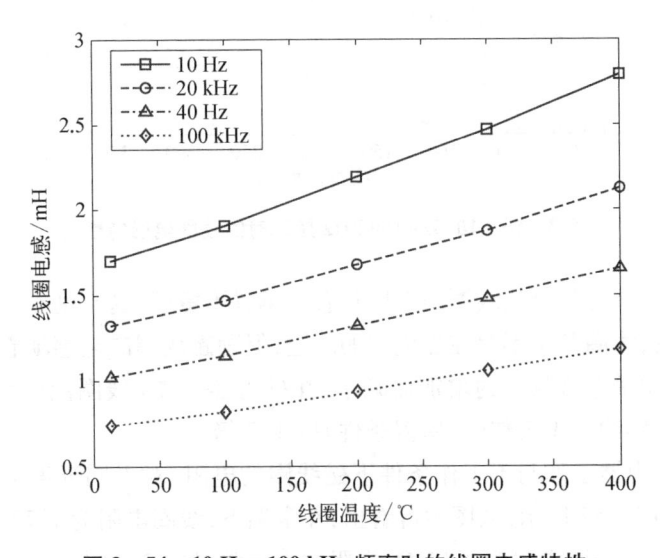

图 3-54　10 Hz~100 kHz 频率时的线圈电感特性

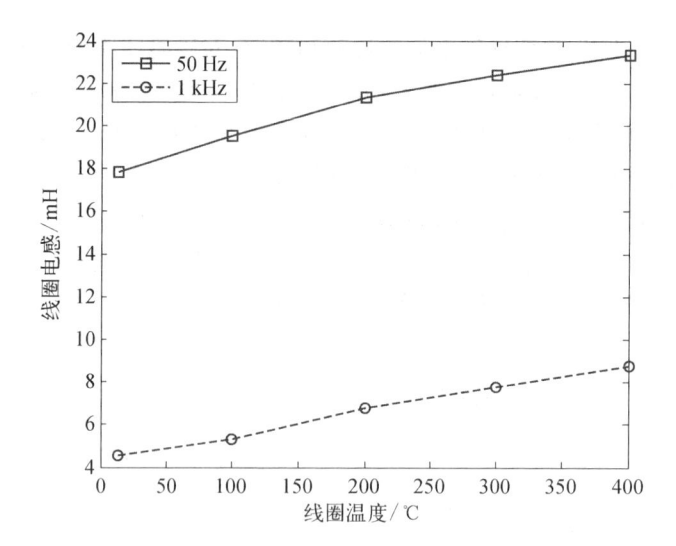

图 3‑55　50 Hz 与 1 kHz 频率时的线圈电感特性

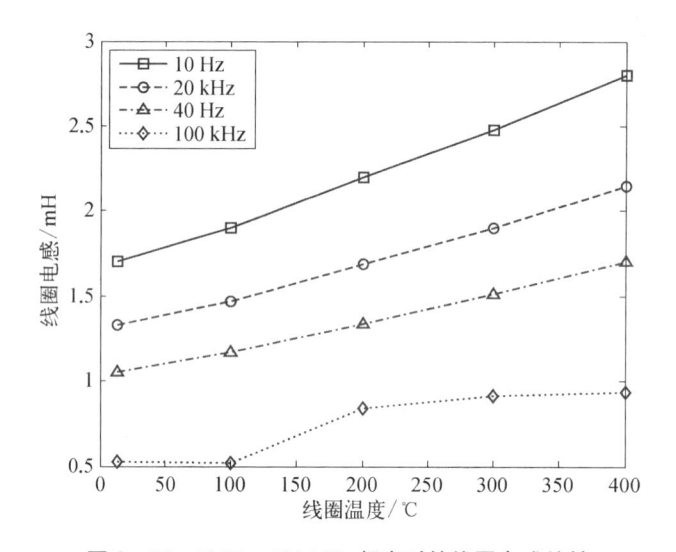

图 3‑56　10 Hz~100 kHz 频率时的线圈电感特性

从数据上可看出,励磁线圈的电感对直流偏置不敏感,这与励磁线圈电感的磁路为开路有关,线圈基本不存在磁饱和的问题,但励磁线圈的电感随着温度的增大而增大,随着激励电流频率的增加而减小,在推力器工作(线圈温度为400℃)时,励磁线圈的电感约为不工作时(室温条件)的1.7倍。

为对比推力器工作与不工作条件下磁线圈的电阻,对不同温度下的线圈电阻测试结果如图3‑57所示,从图中可看出,在常温下,线圈电阻为1.72 Ω,当线圈温度达到400℃时,线圈电阻为4.01 Ω,电阻增大为常温的2.33倍,因此在磁电源设计中除了考虑线圈的感性负载特性以外,应考虑推力器励磁线圈工作温度的影响,保留冷态3倍以上的输出功率裕量。

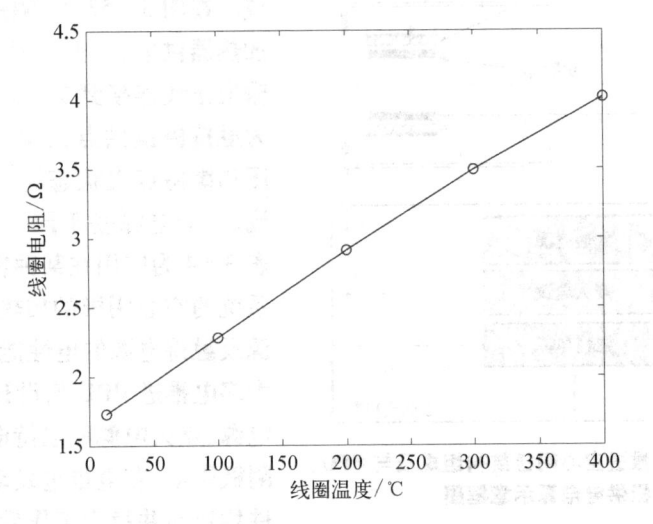

图 3-57 线圈电阻随温度变化的测试结果

3.5 耦合空心阴极电源变换器

由于空间容量、运行成本、特殊负载特性等因素的限制,高功率密度、高效率、高动态响应始终是航空航天、特种工业类电源设备在设计过程中所追求的主要性能指标。某些为特殊装置供电的系统类电源通常由多个电源组成,并按照一定的时序特征进行供电,这类电源系统需从系统级的角度进行优化设计,以提高功率密度、效率和动态响应,如电推进发动机的空心阴极电源。本章基于空心阴极的供电特性,提出了一种电源耦合方法来提高空心阴极供电电源的功率密度、效率和动态响应,与此同时提高了空心阴极的使用寿命。

电推进 PPU 提供多种品类的电源,为电推进发动机的各功能部件供电,鉴于电推进发动机的各功能部件的位置基准地均不一样,PPU 的各路输出电源均设计成隔离型电源[21-23]。空心阴极是离子电推进和霍尔电推进这两种电推进发动机中必不可少的关键核心部件,为空心阴极供电的三路电源的输出电压、功率均不相同,且各电源在工作时具备一定的时序。

3.5.1 空心阴极电源耦合策略

图 3-58 所示为应用在某种霍尔类电推进系统中的空心阴极及其供电电源,其中空心阴极由法兰、阴极管、加热器、发射体、热屏、触持极、阴极顶板组成,空心

阴极的供电电源由阴极加热电源、阴极点火电源、阴极触持电源三部分组成。在图3-58中,阴极加热电源为加热器供电,点火电源和触持电源的输出正线连接到空心阴极的触持极,为触持极提供点火用的高压脉冲电压和维持点火状态的(触持)恒定电流,三个电源基于同一基准地输出。表3-4为应用在某种霍尔类电推进系统的空心阴极的加热电源、点火电源及触持电源的电性能指标。目前,大多电推进PPU均设计独立的加热电源、点火电源和触持电源来对空心阴极供电,在电推进发动机各功能部件均启动并稳定工作后,电推进控制系统通过判读电推进发动机的工作状态再发送指令关闭加热电源、点火电源和触持电源。现有的这种空心阴极供电方式存在供电电源体积和质量大、设计复杂,以及对空心阴极供电功率的控制调节具有较长的延迟时间等缺点,降低了空心阴极的寿命。

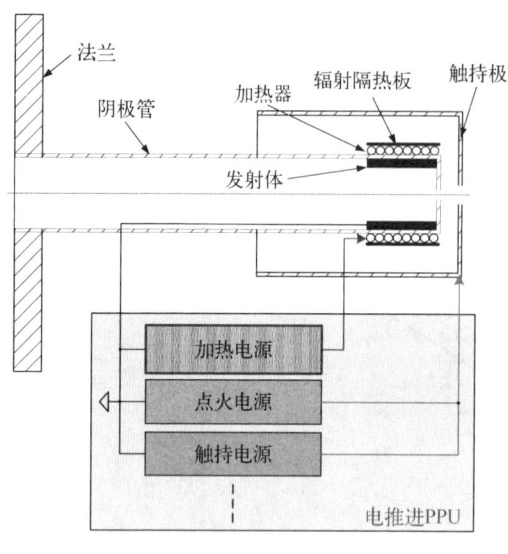

图 3-58 电推进空心阴极结构组成及与 PPU 阴极供电电源示意框图

表 3-4 空心阴极变换器的技术指标

参数描述	符号	参数值	备注说明
输入电压/V	V_{in}	100±3	一次功率母线电压
点火电压/V	V_{ik}	300±20	—
点火脉冲周期/ms	T_i	100	周期可设置
点火脉冲宽度/ms	D_i	5	脉宽可设置
触持电流限制/A	I_{keeper}	0.3~1.5	0.1 A 步进,额定电流 0.5 A
触持电压限制/V	V_k	≤60	触持电源最大输出电压
加热电流/A	I_h	4~10	0.1 A 步进,额定电流 8 A
加热电压限制/V	V_{h_max}	≤20	加热电源最大输出电压
输出功率/W	P_{out}	≤200	三个电源的总输出功率
效率	η	>80%	额定工况下

对于单电源变换器,采用 SiC 和 GaN 类新型开关器件以提高开关频率[24-27],采用新型功率变换拓扑[28,29]、纹波抵消技术[30,31]、滤波电感耦合技术[32,33]及先进控制技术[34-37]等均是目前提高单一电源变换器的功率密度、效率和动态响应的重点研究方向。变换器采用多路输出方式是工业领域提高功率密度的常用手段,目前研究的多路输出变换器输出电压大多是固定的,研究的核心内容主要集中在负载功率变化、各路输出间负载功率不匹配、输入电压变化等情况下如何保证低的输出电压调整率、如何消除不同输出之间的相互干扰和交叉调整等[38-42],但这种方式不适用于空心阴极电源这类具有不同功能、输出电压电流可变且各路输出具有一定时序的应用场合。

电源变换器间的耦合技术在保证电源系统功能不变的前提下,通过对电源变换器拓扑结构的耦合和控制方式进行设计,可实现一个电源变换器同时具备多个电源变换器功能的目的。电源耦合技术可显著提高电源系统的整体功率密度、效率等,因此成为某些对功率密度、效率要求极高的应用领域的研究热点[32,43,44]。本章提出了一种将空心阴极的传统三个电源耦合成一个阴极加热点火触持电源变换器的电源耦合方法,实现了电源变换器功率密度、效率、动态响应的提高。

在表 3-4 中,为空心阴极供电的三款电源的总输出功率均小于 200 W,这种功率等级下双管正激拓扑具备原边开关管及副边整流二极管电压应力低、控制方式简单、不需采用单独的复位电路等优点,因此,以下内容均是基于双管正激拓扑分析传统阴极加热电源、阴极点火电源、阴极触持电源,并在此基础上提出将三个电源耦合的设计方法。

3.5.2 阴极点火电源和触持电源的耦合

阴极点火电源和触持电源均连接到空心阴极的触持极,这两个电源输出端相同,但点火电源的输出脉冲电压峰值要远高于触持电源的输出电压,因此传统的三个阴极电源在供电时,触持电源的输出经高压二极管隔离后再与点火电源共同连接到触持极,图 3-59(a)为传统的阴极点火电源和阴极触持电源拓扑结构。阴极点火电源主拓扑在点 A_1 处对输出电压进行采样闭环控制,产生 300 V 恒定的直流电压,该电压通过开关管 Q_3 工作在脉冲宽度为 5 ms、周期为 100 ms 的斩波方式,形成所需的高压脉冲电压。阴极触持电源对输出滤波电感 L_3 的电流进行采样闭环,以调节触持电源的输出电流,同时通过对原边开关管 Q_6、Q_7 的最大占空比的设置来限制点 B 的最大输出电压为 60 V。触持电源的输出端通过高压二极管 D_9 连接到斩波开关 Q_3 的输出端,形成点火触持输出(Ignitor_Keeper_out)连接到空心阴极的触持极。在点火成功前,触持极处于高阻抗状态,因此 Ignitor_Keeper_out 的输出电压为脉宽宽度 5 ms、周期 100 ms、峰值电压 300 V、谷值电压 60 V 的脉冲电压。

在点火成功时，点火电源通过检测到点 A_1 的电压低于峰值电压的 60%(180 V)以下来判断空心阴极点火成功，此时斩波开关 Q_3 置于完全断开状态，触持极阻抗进一步下降，当触持极电压降到低于触持电源最高限制电压(60 V)时，触持电源开始工作并限制其输出电流在设定值，以维持空心阴极的等离子体状态。

基于阴极点火电源和触持电源工作时序上的先后顺序，以及两者在功率变换时拥有同样的输入输出功率接口，本节首先考虑将这两种电源耦合成一个点火触持电源变换器。图 3-59(b) 为耦合后的阴极点火触持电源的拓扑结构，该拓扑通过控制方式的设计可同时具备点火电源和触持电源的功能。即对点 A_2 的电压进行采样形成电压闭环控制，对输出滤波电感 L_1 的电流进行采样形成输出电流闭环控制，通过对这两个闭环环路取小输出来控制 Q_1 和 Q_2 的 PWM 的占空比调节。在空心阴极点火成功前，触持极与基准地呈现高阻抗，流过触持极的电流为零，流

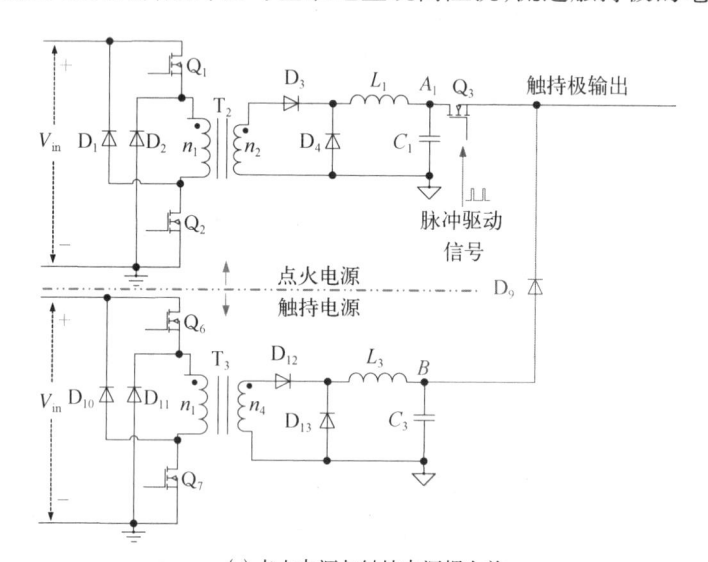

(a) 点火电源与触持电源耦合前

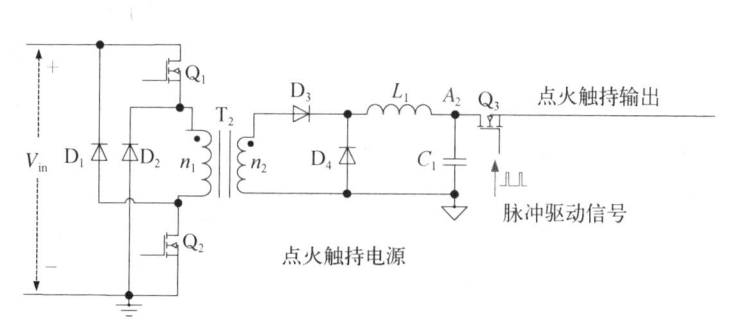

(b) 点火电源与触持电源耦合后

图 3-59　点火电源和触持电源耦合示意图

过 L_1 的电流的闭环环路不工作,而点 A_2 的电压闭环工作使其稳定在 300 V;在空心阴极点火成功时,触持极阻抗迅速下降,点 A_2 的电压被拉低到设定值(300 V)以下,使得电压环环路工作在 PID 输出最高的状态,斩波开关 Q_3 的控制电路在检测到点 A_2 的电压低于峰值电压的 60%(180 V)以下时,即判断空心阴极点火成功,从而将 Q_3 置于长时间导通状态;当触持极阻抗进一步降低,使得流过触持极的电流增大到触持电源的设定限流值时,对流过 L_1 的电流进行闭环控制并调节该电流工作在设定的触持电流值。

上述控制方式的设计实现了对阴极点火电源和触持电源的耦合,该耦合带来的好处是将点火电源和触持电源合为一个电源输出,功率密度提高一倍,同时省掉了触持电源的输出端与空心阴极触持极之间的高压二极管 D_9。在此基础上,下一节将对阴极点火触持电源与加热电源进一步耦合。

3.5.3 阴极点火触持电源与加热电源的耦合

图 3-60(a)为 3.2.2 节耦合得到的阴极点火触持电源和耦合前的阴极加热电源,从图中可以看出,阴极点火触持电源和阴极加热电源均由双管正激拓扑构成。因这两个变换器同时工作,在图 3-60(b)中,原边 DC-AC 变换的功能部分先结合在一起,然后变压器副边整流电路进行如下改变:将加热电源的整流二极管 D_5 及输出滤波电感 L_2 移到地线端,再将 Ignitor_Keeper_out 支路的输出整流部分叠加到加热电源输出(Heater_out)支路的整流上面,并采用同样的地输出回路。如此,Ignitor_Keeper_out 支路的电压相对于基准地叠加了 Heater_out 支路的输出电压,即 Ignitor_Keeper_out 的输出电压 V_A 与输入电压 V_{in} 之比由 $n_2:n_1$ 变为 $(n_2+n_3):n_1$;因耦合前后 V_A 需维持不变,所以 n_2 降低,T_1 的设计进一步简化。图 3-60(c)将 Ignitor_Keeper_out 支路的输出滤波电感 L_1 和 Heater_out 支路的输出滤波电感 L_2 进一步集成为绕制在同一个磁芯上的耦合电感 L_c,最终形成本书提出的新的阴极加热点火触持电源拓扑结构。

上述耦合进一步提高了阴极电源的功率密度,同时减小了 Ignitor_Keeper_out 支路的输出电流纹波及 V_A 随 Heater_out 支路输出变化的交叉调整率。整体来说,与传统三个电源的实现方式[45,46]相比,将三个独立的阴极电源耦合成一个阴极加热点火触持电源具有如下优点。

(1) 功率密度显著提高(约 3 倍)。

(2) 加热电流 I_h 的动态响应显著提高。在空心阴极点火成功瞬间,阴极加热点火触持电源马上降低对加热器加热的功耗,并限制流过触持极的电流,如此可保护空心阴极并提升其寿命。

(3) 总效率提高。三个电源的辅助供电、开关损耗、变压器损耗等变为一个电源的损耗。

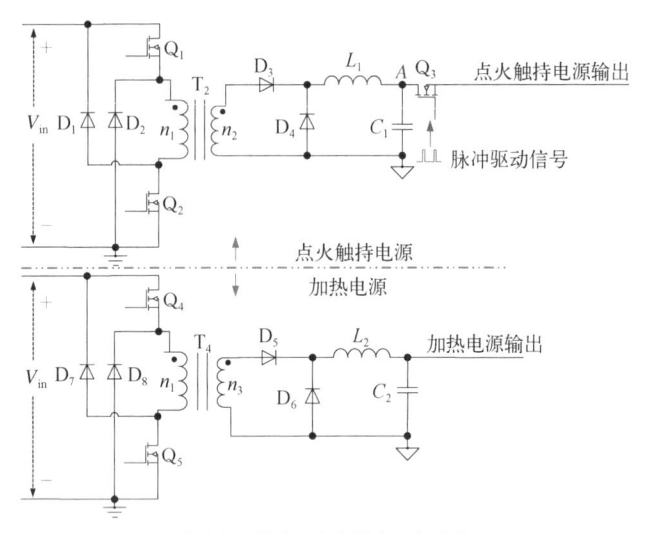

(a) 点火触持电源与加热电源耦合前

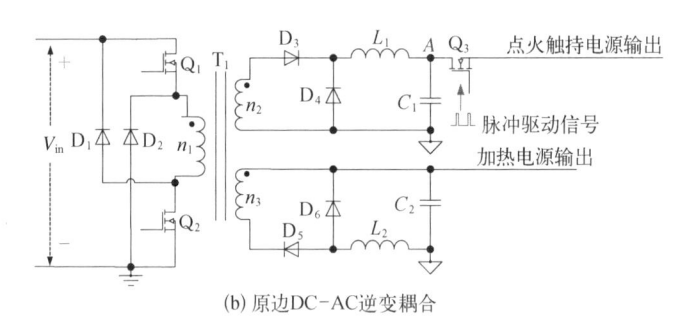

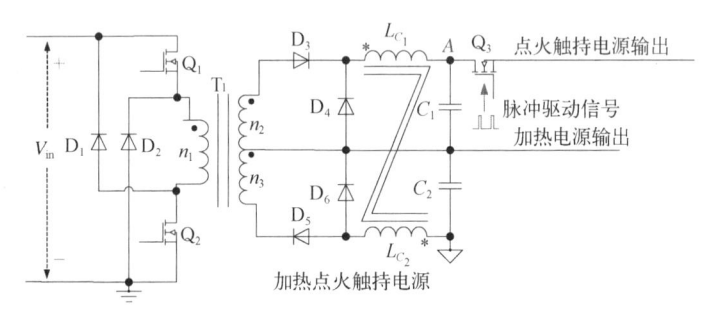

(b) 原边DC-AC逆变耦合

(c) 耦合后的加热点火触持电源

图 3-60 阴极点火触持电源与加热电源耦合示意图

3.5.4 耦合电源的工作原理

耦合后的阴极加热点火触持电源的工作原理决定了两个输出支路的电压电流。在空心阴极点火成功前后，为空心阴极供电的各路电源具备一定的时序，且两个输出支路的电压电流在此期间都是变化的。

在图 3-60(c) 所示的阴极加热点火触持电源拓扑结构中,主变压器副边有 Heater_out 和 Ignitor_Keeper_out 两个输出支路,这两个支路均基于同一基准地输出,其中 Heater_out 属于低电压大电流的输出支路,Ignitor_Keeper_out 输出点火用高压脉冲电压和触持用低压可设置电流。图 3-61(a) 为 Q_1 和 Q_2 同时导通时的电路结构图,变换器通过变压器 T_1 将能量从原边传输到副边,为耦合电感 L_{c1} 和 L_{c2} 同时充电储能;图 3-61(b) 为 Q_1 和 Q_2 同时关断时的电路结构图,耦合电感 L_{c1} 和 L_{c2} 分别通过 D_4 和 D_6 续流,变压器 T_1 的原边激励电流通过 D_1 和 D_2 流回到输入电源 V_{in}。

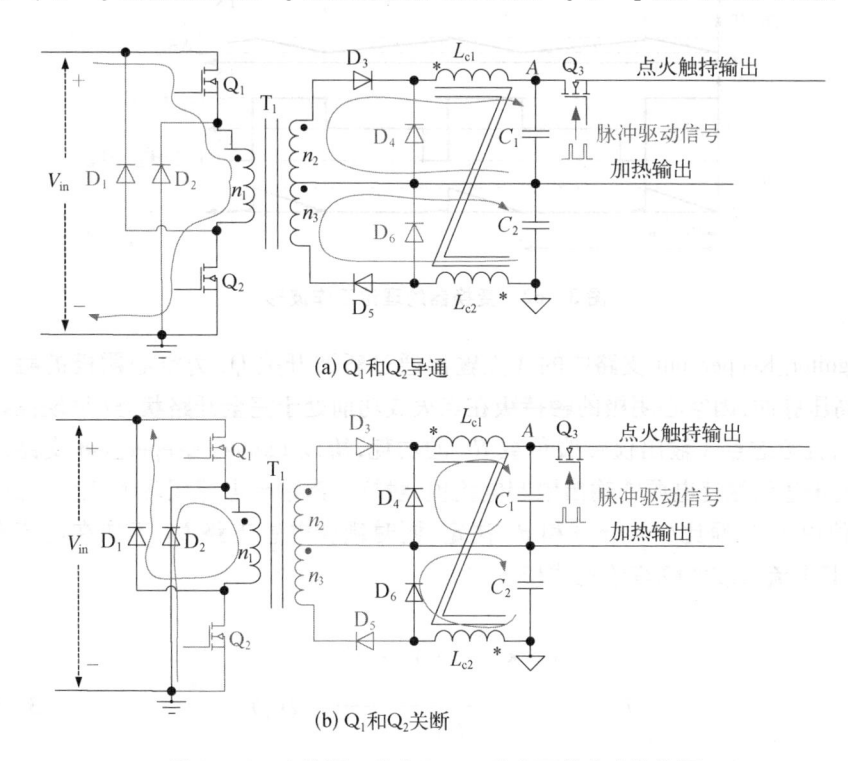

(a) Q_1 和 Q_2 导通

(b) Q_1 和 Q_2 关断

图 3-61　变换器工作在 PWM 状态下的电路结构图

图 3-62 为交换器的理论工作波形。在空心阴极点火成功前,Heater_out 支路输出在设定范围内的电流,为空心阴极加热电阻丝提供能量,使电阻丝升温,Q_1 和 Q_2 的 PWM 由加热电流环闭环调节,耦合电感支路 L_{c2} 工作在电流连续状态,其电流纹波的峰峰值见式(3-93):

$$i_{L_{c2}} = \frac{V_{in} \times \dfrac{n_3}{n_1} - V_{F\_D_5} - V_h}{L_{c2}} \times D_{on} \times T \qquad (3-93)$$

其中，$V_{F\_D_5}$ 代表 D_5 的正向导通压降(V)；D_{on} 代表 PWM 的占空比；V_h 代表 Heater_out 支路的输出电压(V)；T 代表开关周期(μs)。

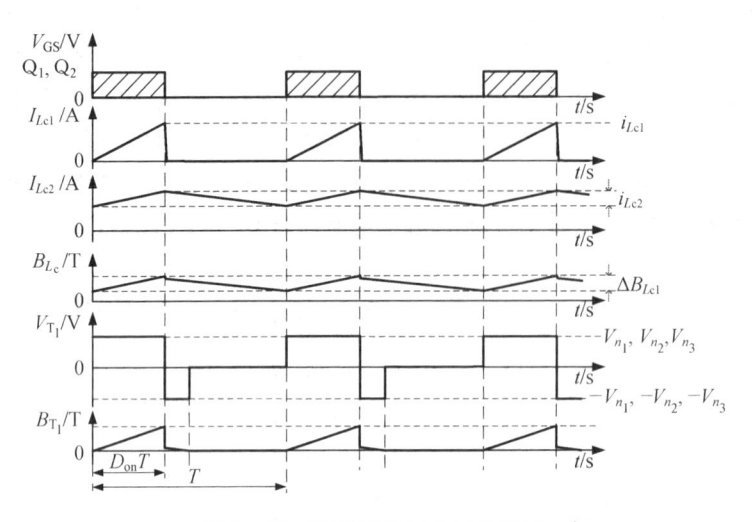

图 3-62 变换器的理论工作波形

Ignitor_Keeper_out 支路中的 A 点输出通过斩波开关 Q_3 为空心阴极的触持级提供高压脉冲，因空心阴极的触持级在点火成功前处于完全开路状态(呈现高阻抗特性)，且考虑点 A 输出仅带假负载 R_D 的功耗，所以 Ignitor_Keeper_out 支路的输出电流未达到触持电源的输出限制电流值，触持电源输出电流闭环不工作。此时，V_A 的值由 T_1 的匝比($n_2:n_1$) 和 R_D 决定，同时耦合电感支路 L_{c1} 工作在电流断续状态，其电流纹波的峰峰值见式(3-94)：

$$i_{L_{c1}} = \frac{V_{in} \times \frac{n_2}{n_1} + V_h - V_A}{L_{c1}} \times D_{on}T \tag{3-94}$$

当 Q_1 和 Q_2 关断时，耦合电感支路 L_{c1} 的电流在 $D'_{off}T$ 时间内降到零，满足式(3-95)：

$$\begin{cases} i_{L_{c1}} = \dfrac{V_A - V_h}{L_{c1}} \times D'_{off}T \\ D'_{off} < 1 - D_{on} \end{cases} \tag{3-95}$$

因为 L_{c1} 和 L_{c2} 属于同一个耦合电感 L_c，所以 L_c 的磁通密度 B_{L_c} 同时受这两个电感支路电流的影响。T_1 的三个绕组工作电压(V_{n_1}、V_{n_2}、V_{n_3})有三个电平，当开关管 Q_1、Q_2 导通时，V_{n_1}、V_{n_2}、V_{n_3} 的值见式(3-96)：

$$\begin{cases} V_{n_1} = V_{\text{in}} \\ V_{n_2} = \dfrac{n_2}{n_1} \times V_{\text{in}} \\ V_{n_3} = \dfrac{n_3}{n_1} \times V_{\text{in}} \end{cases} \quad (3-96)$$

当开关管 Q_1、Q_2 关闭时,原边绕组励磁电流通过 D_1、D_2 续流,V_{n_1}、V_{n_2}、V_{n_3} 的值见式(3-97):

$$\begin{cases} V_{n_1} = -V_{\text{in}} \\ V_{n_2} = -\dfrac{n_2}{n_1} \times V_{\text{in}} \\ V_{n_3} = -\dfrac{n_3}{n_1} \times V_{\text{in}} \end{cases} \quad (3-97)$$

当续流完成后,V_{n_1}、V_{n_2}、V_{n_3} 的值均为零。T_1 的磁芯属于单向励磁,其峰值磁通密度 B_{T_1} 由 V_{in} 和 Q_1、Q_2 的导通时间 $D_{\text{on}}T$ 决定。Ignitor_Keeper_out 支路中的 A 点因仅提供假负载 R_D 的功耗,所以点 A 电压近乎等于 T_1 副边绕组 n_2 的峰值电压与 Heater_out 支路输出电压之和,Heater_out 输出的耦合电感 L_{c2} 依旧工作在电流连续状态,点火成功前两路输出电压满足式(3-98):

$$\begin{cases} V_{\text{Ignitor\_Keeper\_}A} = V_{\text{in}} \times \dfrac{n_2}{n_1} + V_{\text{Heater\_out}} \\ V_{\text{Heater\_out}} = \left(V_{\text{in}} \times \dfrac{n_3}{n_1} - V_{\text{F\_D}_5} \right) \times D_{\text{on}} \end{cases} \quad (3-98)$$

其中,$V_{\text{Ignitor\_Keeper\_}A}$ 代表 Ignitor_Keeper_out 支路中 A 点的电压(V);$V_{\text{Heater\_out}}$ 代表 Heater_out 支路输出电压(V)。

点火成功后,耦合电源由 Heater_out 支路的电流闭环控制转为 Ignitor_Keeper_out 支路的电流闭环控制,Ignition_Keeper_out 支路输出可设定的恒定电流 I_{ik} 维持空心阴极触持极间的等离子体状态。此时空心阴极的触持极电压由空心阴极触持极与基准地间的阻抗 R_K 决定,R_K 与空心阴极的结构、氙气流量及电推进发动机所处的工作状态有关,因此触持极的输出电压随着电推进工况的变化而变化。Heater_out 支路的耦合电感 L_{c2} 工作在电流连续状态,两个支路的输出电压满足式(3-99):

$$\begin{cases} V_{\text{Ignitor\_Keeper\_A}} = I_{ik}R_K + V_{Q_3} \\ V_{\text{Heater\_out}} = \left(V_{in} \times \dfrac{n_3}{n_1} - V_{F\_D_5}\right) \times D_{on} \end{cases} \quad (3-99)$$

其中，V_{Q_3} 代表斩波开关 Q_3 的导通压降(V)。

3.5.5 点火时序分析

三个电源耦合集成为一个阴极加热点火触持电源后，为空心阴极供电的三种电源的电压电流波形发生了相应的变化。图 3-63 为三个传统电源及加热点火触持电源在空心阴极点火过程中的电压电流时序波形图。

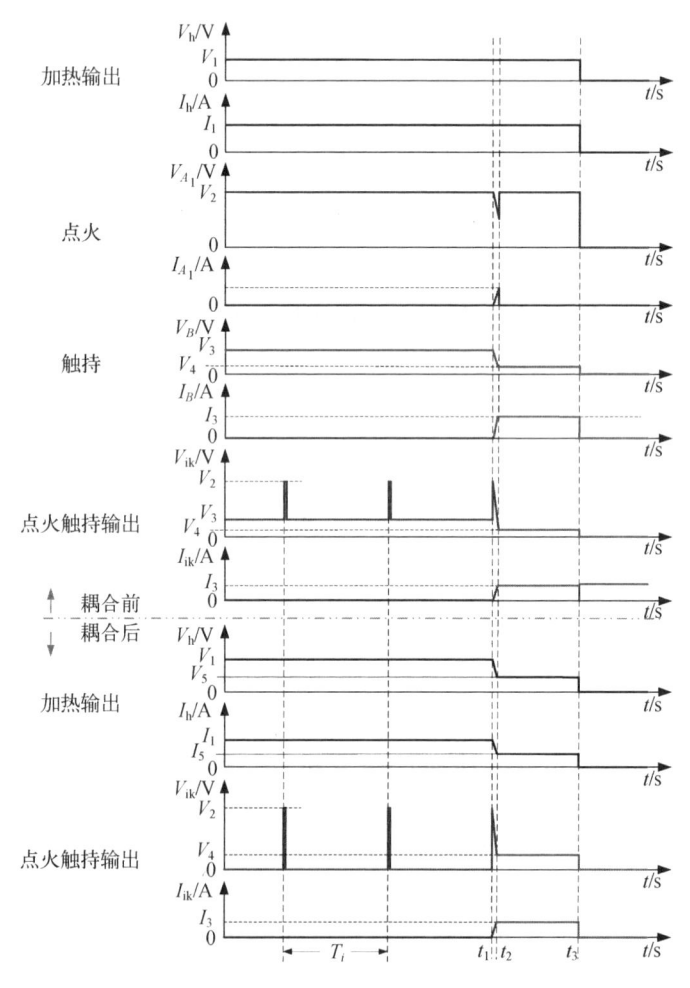

图 3-63 传统三个电源及加热点火触持电源在空心阴极点火过程中的电压电流时序波形图

三个传统电源的工作时序如下。

(1) $0 \sim t_1$：处于空心阴极点火成功前。加热电源输出电流 I_h 设为 I_1，输出电压 V_h 记为 V_1；点火电源输出电压 V_{A_1}[图 3-59(a)中 A_1 点]为 V_2，输出电流 I_{A_1} 为零；触持电源工作在开环调节状态，其输出电压 V_B[图 3-59(a)中 B 点]为 V_3，输出电流 I_B 为零；点火电源的斩波开关管[图 3-59(a)中 Q_3]与触持电源通过 D_9 连接到一起，构成 Ignitor_Keeper_out 的输出并连接到空心阴极的触持极上。空心阴极的触持极电压 V_{ik} 为脉冲型电压，峰值为 V_2，谷值为 V_3(此处忽略 D_9 的导通压降)，电流 I_{ik} 为零。

(2) $t_1 \sim t_2$：点火过程进行中。I_h 维持恒定，V_{A_1} 由 V_2 降低，I_A 由零增大；当判断点火成功后，Q_3 关断，V_{A_1} 恢复到 V_2，I_A 恢复到零；V_B 由 V_3 下降到 V_4，I_B 由零增大到 I_3；V_{ik} 由之前的脉冲型电压(峰值为 V_2，谷值为 V_3)降为 V_4(此处忽略 D_9 的导通压降)，I_{ik} 由零上升到 I_3。

(3) $t_2 \sim t_3$：电推进控制系统通过遥测数据判断空心阴极及阳极的点火完成过程。该时间段包含了指令发送和执行的时间，在此期间，I_h 依然维持不变，加上点火成功后空心阴极的自热效应，空心阴极的温度将大大提高，该过程的时间越长，空心阴极的有效使用寿命将越短。

(4) $t_3 \rightarrow$：电推进控制系统发出指令关闭加热电源、点火电源。对于触持电源，不同的电推进系统在此处有不一样的要求：霍尔类电推进因其阳极电源能维持空心阴极的等离子状态，触持电源可关闭；离子电推进系统需要触持电源维持空心阴极的等离子体状态，因此触持电源需要保持长时间的开启。

耦合集成后加热点火触持电源的工作时序如下。

(1) $0 \sim t_1$：处于空心阴极点火成功前。加热输出电流处于闭环调节状态，I_h 为 I_1，V_h 记为 V_1；Ignitor_Keeper_out 支路的输出[图 3-60(c)中 A 点]处于开环调节状态，该输出通过 Q_3 形成脉冲型电压 V_{ik}(峰值为 V_2，谷值为零)，I_{ik} 为零。

(2) $t_1 \sim t_2$：点火过程进行中。在脉宽峰值处点着火，点火触持极因空心阴极的阻抗降低而使得 V_{ik} 降低到 V_4，I_{ik} 由零升高到 I_3，耦合电源的闭环调节由加热输出电流环闭环调节转变为点火触持极的限流环闭环调节，斩波开关控制电路在判断点火成功后维持 Q_3 导通状态；Heater_out 支路处于开环调节状态，因用于点火触持极的限流环闭环调节的 PWM 的占空比相比用于加热电流闭环调节的 PWM 的占空比变小，Heater_out 支路的输出电压 V_h 由 V_1 降到 V_5，I_h 由 I_1 降到 I_5，Heater_out 支路的输出功率迅速降低。

(3) $t_2 \sim t_3$：电推进控制系统通过遥测数据判断空心阴极和阳极的点火完成过程。在此期间，Heater_out 支路输出的功率相比传统的三电源供电方式已大大下降，电推进控制系统的指令即使存在延时，空心阴极的温度也维持在受控制的较低水平，因而延长了空心阴极的使用寿命。

(4) $t_3 \rightarrow$：电推进控制系统发出指令关闭阴极加热点火触持电源。霍尔类电推进系统在点火成功后由空心阴极与阳极间的偏置电压维持空心阴极的等离子体状态。离子类电推进系统通过断开 Heater_out 支路到空心阴极加热器的配电开关，停止对空心阴极加热；Ignitor_Keeper_out 支路输出恒定电流，维持空心阴极的等离子体状态。

三个传统的电源耦合成一个电源后，对空心阴极加热器和触持极的供电及点火时序的实现将完全依赖于耦合电源的闭环控制策略。

下面将分别对耦合的阴极加热点火触持电源控制电路中的三环控制电路、集成电流采样电路及点火斩波控制的设计进行分析。

3.5.6 三环控制电路设计

阴极加热点火触持电源的两个输出支路 Heater_out 和 Ignitor_Keeper_out 同时包含了加热、点火、触持三种电特性，这三种电特性的输出控制将通过对开关管 Q_1 和 Q_2 的 PWM 的占空比大小的调节、斩波开关 Q_3 的通断逻辑控制来实现。图 3-64 为阴极加热点火触持电源的三闭环控制及斩波开关逻辑控制框图，该图同时体现了对两个输出支路电压电流的采样、三个闭环控制及 PID 输出取小运算、斩波开关的逻辑判断。

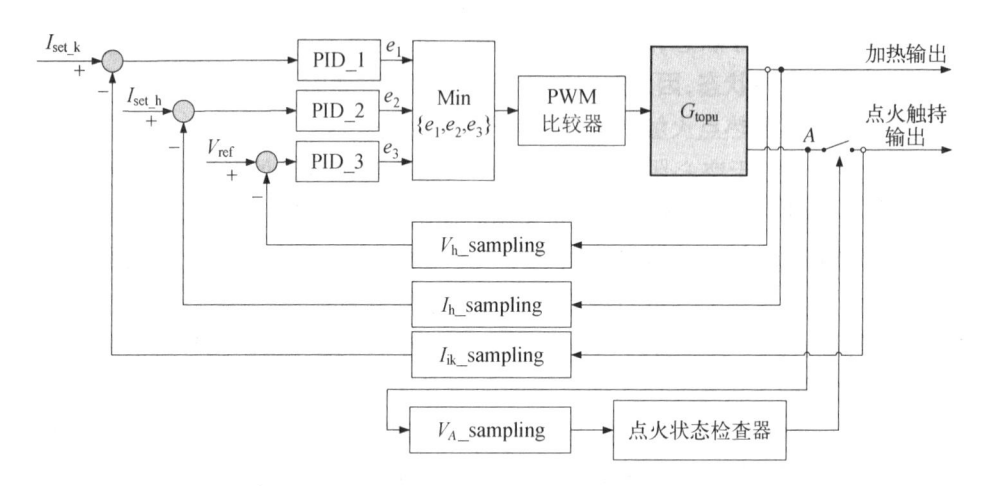

图 3-64 阴极加热点火触持电源的三闭环控制及斩波开关逻辑控制框图

三个 PID 控制环包括加热输出电压 V_h 钳位控制环、加热输出电流 I_h 闭环及点火触持输出电流 I_{ik} 限制环，这三个控制环均是通过调节各自 PID 的输出误差电压信号（e_1、e_2、e_3）来实现对各自闭环输出的控制。通过对 e_1、e_2 和 e_3 采用取小输出的逻辑运算方式，三个控制环对耦合电源的控制作用呈递减关系；三个 PID 闭环控制器输出的最小电压经过 PWM 比较器产生占空比可调的 PWM 对

Q_1 和 Q_2 进行调节,图 3-65 为三个 PID 控制环的 PWM 占空比分布示意图,满足式(3-100):

$$\begin{cases} D'_{\text{keeper\_}I} < D_{\text{heater\_}I} < D_{\text{heater\_}V} \\ D_{\text{heater\_}V} = D_{\max} < 45\% \\ D_3 < D_{\text{heater\_}I} < D_{\max} \\ D_1 < D_{\text{keeper\_}I} < D_2 \\ D_3 - D_2 \approx 1\% \end{cases} \quad (3-100)$$

其中,$D_{\text{heater\_}V}$ 代表加热输出电压钳位控制环工作时对应 PWM 的占空比值;$D_{\text{heater\_}I}$ 代表加热输出电流闭环工作时对应 PWM 的占空比值;$D_{\text{keeper\_}I}$ 代表点火触持输出电流限制环工作时对应 PWM 的占空比值。

为保证双管正激拓扑主变压器 T_1 的有效磁复位,图 3-65 和式 (3-100) 中 PWM 的最大占空比 $D_{\max}$ 限制在 45%。加热输出电压钳位控制环将 Heater_out 支路的最大输出电压限制在 20 V,此时的占空比是耦合电源稳态工作时的最大占空比值 $D_{\max}$,Ignitor_Keeper_out 支路处于开环调节状态,其输出电压设计为 $V_A < 320$ V。在 V_h 最小时,对应加热输出电流控制环稳态工作在最小占空比 D_3,此时 Ignitor_Keeper_out 支路处于开环调节状态,其输出电压设计为 $V_A > 280$ V。点火触持输出电流限制环工作占空比范围为 $[D_1, D_2]$,该占空比范围完全由点火触持输出电流和空心阴极触持极间的阻抗决定。此外,加热输出电压钳位控制环与点火触持输出电流环工作的占空比之间(D_3 与 D_2 之间)设置大约 1% 的间隔区间。

图 3-66 为阴极加热点火触持电源的三闭环控制电路结构图,图中所示的控制电路实现了如下三种闭环控制功能。

(1) 对加热输出电流 I_h 的闭环控制。因加热电阻丝阻值 R_h 随自身温度的变化缓慢变化,加热输出电流 I_h 对精度控制要求非常高,但其对动态响应要求不高。通过对 I_h 进行采样及闭环控制,以及通过指令设置闭环参考基准 $I_{\text{set\_h}}$ 可调节输出

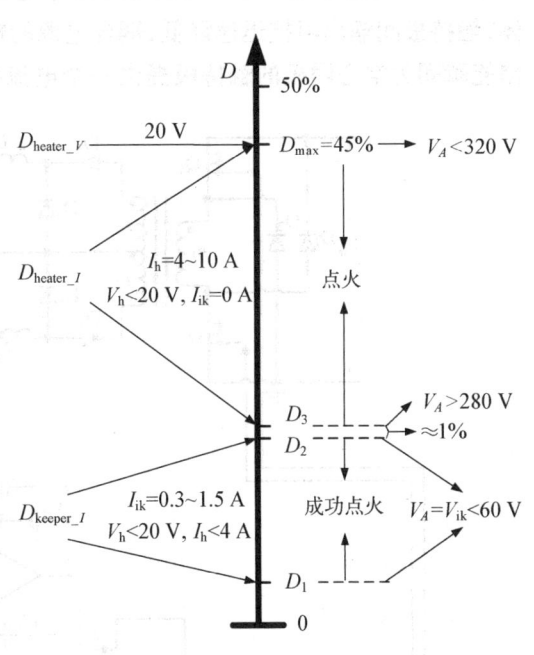

图 3-65 三闭环控制 PWM 占空比分布示意图

电流值。空心阴极点火成功前,Heater_out 支路的输出电流 I_h 可在 4~10 A 设置,耦合电源的 PWM 占空比在 $[D_3, D_{max}]$ 变化,此时用于点火斩波的高压输出[图 3-60(c)中 A 点]处于开环不调节状态,A 点电压值通过 T_1 的匝比($n_2 : n_1$)、输出假负载 R_D 的设计来确保在正常范围内波动。

(2) 对加热输出电压 V_h 的钳位闭环控制。空心阴极的加热电阻丝阻值 R_h 随温度的增加而增大,因此当 I_h 恒定时,Heater_out 支路的输出电压 V_h 随 R_h 的增大而增大。加热输出电压环仅仅是为了限制供给加热电阻丝的功率,防止耦合电源及空心阴极因过功率而烧毁,通过对 V_h 进行采样及闭环控制,将闭环基准 V_{set_h} 设置为固定值可保证 V_h 的最大电压不超过 20 V。

(3) 对点火触持输出电流 I_{ik} 的闭环控制。空心阴极点着火瞬间,Ignitor_Keeper_out 支路输出的脉冲高压电压击穿空心阴极触持极间的氙气流产生等离子体,触持间输出阻抗迅速降低,耦合电源的输出电容[图 3-60(c)中 C_1 和 C_2]在储能瞬间为空心阴极的触持极提供一个电流尖峰,加速氙气流转化为更多的等离

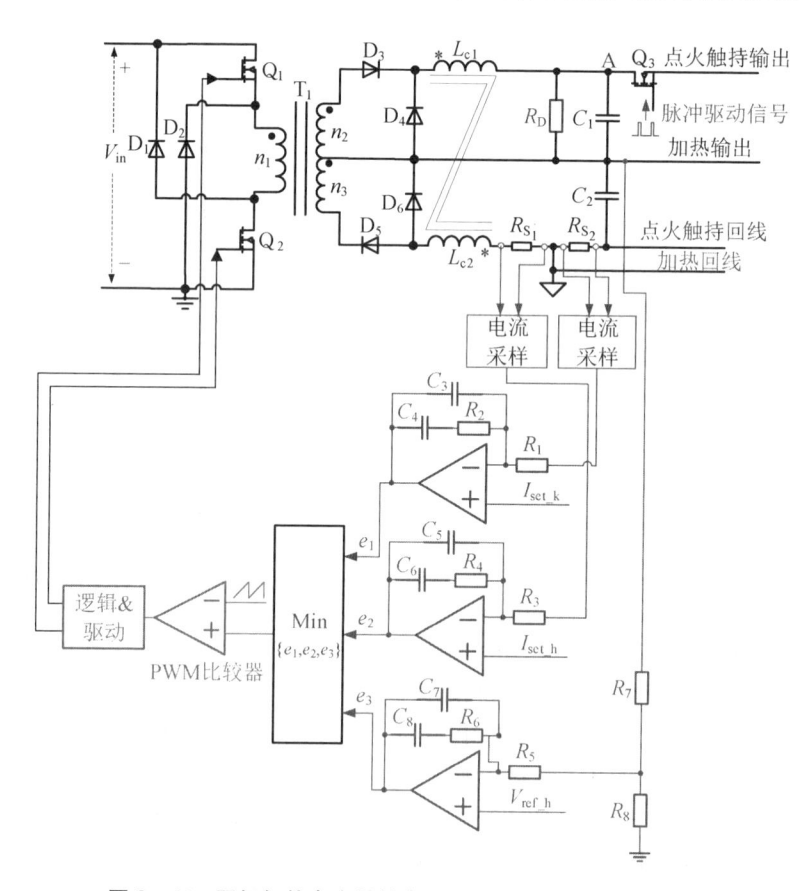

图 3-66 阴极加热点火触持电源的三闭环控制电路结构图

子体,直到空心阴极触持极间的等离子体达到稳定状态,此时触持极间呈现低阻抗特性。在此过程中,触持极间的电压电流在点火瞬间存在剧烈的动态调整;I_{ik} 迅速经闭环控制调节到设定值,以防止 Ignitor_Keeper_out 端输出过大功率,烧毁耦合电源,或防止对空心阴极的触持极产生持续的大电流冲击,从而损伤空心阴极的触持极材料。通过对 I_{ik} 进行采样和闭环控制,以及通过指令设置闭环基准 I_{set_k} 可调节 Ignitor_Keeper_out 支路的输出电流值。

上述三个控制环在不同的时间段内独立工作,且每次只有一个环路工作,三个环路之间不存在相互作用,仅存在不同工况下环路之间的切换。因此,三个环路独立设计,三个环路对应的 PID 参数根据主功率拓扑、各环路对应的输出电压电流及负载工况来确定,PID 参数均能保证自身在全部工况下的稳定性。三个控制环通过占空比来划分各自的工作区,触持电流环的占空比小于加热电压环和电流环,三个 PID 的输出经过取小操作后实现对占空比的控制。耦合电源在点火瞬间的动态响应主要体现在由加热电流环或电压环过渡到触持电流环,此时加热电流瞬间自动降低,该动态响应通过点火成功后触持电流环对空心阴极触持极间电流的快速闭环来实现,在设计上采用了两个措施:① 点火开关通过检测触持极电压 V_{ik} 低于设定值后判断空心阴极点火成功,并将点火开关置于长通状态;② 采用高动态响应高精度的采样电路对触持电流 I_{ik} 进行采样,设计高带宽的触持电流环的闭环参数来确保阴极加热点火触持电源对 I_{ik} 的快速响应,使 I_{ik} 快速闭环在设定的触持限流值。

3.5.7 集成电流采样方式设计

在上述三闭环控制电路设计中,耦合电源需要对 Heater_out 支路的输出电流 I_h 和 Ignitor_Keeper_out 支路的输出电流 I_{ik} 进行精确采样,点火成功前对 I_h 闭环控制,点火成功瞬间转为对 I_{ik} 闭环控制,且需同时保证对 I_h 的高控制精度和对 I_{ik} 的高动态响应。阴极加热点火触持电源将 Heater_out 支路和 Ignitor_Keeper_out 支路的输出滤波电感耦合在一起后,两路输出具有统一的地线电流回线,该地线回路上同时流过 I_h 和 I_{ik},将这两种电流通过对采样电阻 R_{S_1} 和 R_{S_2} 的特殊布置来被分离并精确采样。

在图 3-66 中,两种电流的采样电阻 R_{S_1}、R_{S_2} 均放置在地线回线的输出滤波电容 C_2 前,与耦合电感的 L_{c2} 支路串联,I_h 的回线 Heater_return 接在 R_{S_1} 与 R_{S_2} 之间,并作为耦合电源副边的控制基准地,I_{ik} 的回线 Ignitor_Keeper_return 接在滤波电容 C_2 与 R_{S_2} 之间。空心阴极点火成功前,流过 R_{S_1} 的电流 $I_{R_{S_1}}$ 为 Heater_out 支路的电流 I_h(其值为图 3-63 中的 I_1),R_{S_2} 相当于加热输出支路滤波电容 C_2 的等效串联电阻,流过 R_{S_2} 的电流仅为滤波电容 C_2 的交流纹波电流 ΔI_{C_2}(ΔI_{C_2} 的直流平均值为

零),流过两个采样电阻的电流值满足式(3-101):

$$\begin{cases} I_{R_{S_1}} = I_h \\ I_{R_{S_2}} = \Delta I_{C_2} \end{cases} \quad (3-101)$$

空心阴极点火成功瞬间及之后,I_h 和 I_{ik} 同时流过 R_{S_1},电流值等于图 3-63 中的 I_5+I_3,I_{ik} 和 ΔI_{C_2} 流过 R_{S_2},电流值等于图 3-63 中的 $I_3+\Delta I_{C_2}$,流过两个采样电阻的电流值满足式(3-102):

$$\begin{cases} I_{R_{S_1}} = I_h + I_{ik} \\ I_{R_{S_2}} = I_{ik} + \Delta I_{C_2} \end{cases} \quad (3-102)$$

因此,点火成功前,通过对流过 R_{S_1} 的电流进行精确采样和闭环控制可实现对 I_h 的控制调节。点火成功后,通过对流过 R_{S_2} 的电流进行精确采样和闭环控制,以及通过采样环节滤波参数的选取滤除交流电流纹波 ΔI_{C_2},可实现对 I_{ik} 的可设定的控制调节。I_h 的值较大,因而 R_{S_1} 采用小阻值采样电阻;I_{ik} 的值小于 I_h,故 R_{S_2} 采用更大阻值的采样电阻。

3.5.8 斩波开关控制设计

脉冲型高压电压源更易击穿氙气流,使空心阴极产生等离子体状态。图 3-66 中的斩波开关管 Q_3 通过对耦合电源 Ignitor_Keeper_out 支路的高压直流输出点 A 进行斩波来产生脉冲型高压电压。点火成功后,空心阴极的触持极等效阻抗迅速下降,斩波开关控制电路通过触持极电压的迅速下降判断点火成功,然后脉冲型斩波方式关闭,Q_3 保持导通状态;Ignitor_Keeper_out 支路迅速对 I_{ik} 闭环限流输出,点火触持电流环闭环工作在限流状态来维持空心阴极的等离子体状态,在此期间,加在空心阴极触持极的电源由脉冲型高压电压源直接过渡到设定电流值的恒流源。

图 3-67 为点火可变脉宽斩波开关的控制电路图,对 A 点电压 V_A 进行采样并通过比较器与基准电压比较来判断点火状态:点火成功前,V_A 高于设定值,比较器输出"0"电位;点火成功瞬间,V_A 低于设定值,比较器输出"1"电位,从而判断点火成功。脉冲信号发生器(pulse signal generator)用来设置斩波开关脉冲的周期与宽度(图 3-67 中设置为周期 100 ms、宽度 5 ms),该信号与比较器的输出进行 OR 运算;OR 运算的输出与载波信号发生器(carrier signal generator)的输出进行 AND 运算,这样脉冲信号发生器通过控制载波信号的有无来产生脉冲型载波信号;载波信号通过隔离驱动变压器传输到副边,并整流产生直流电压来驱动 Q_3 导通,关闭载波信号,即使 Q_3 断开;Q_3 的脉冲型开关状态对 A 点电压进行斩波,使 Ignitor_

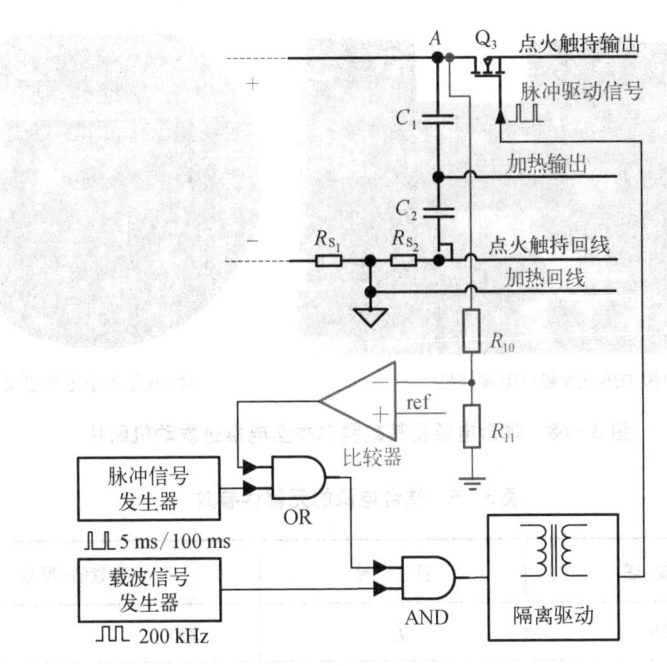

图 3-67 斩波开关控制电路图

Keeper_out 支路输出对应周期和宽度的脉冲高压。点火成功后，OR 运算输出恒定的"1"电位，连续的载波信号将 Q_3 置于长期导通的状态。

对于本书所提出的阴极加热点火触持电源，其核心思想是隔离型变换器副边整流及输出滤波的整合、三环控制、集成电流采样及斩波开关。基于上述核心思想，原边主拓扑不限于本书采用的双管正激拓扑结构，也可采用反激、半桥、全桥、推挽等拓扑。本章电源的原边主拓扑结构采用双管正激变换器仅仅是因为其不需要磁复位绕组，原边开关管及副边整流二极管的电压应力低，主拓扑结构及驱动控制均简单，且已满足表 3-4 所示的指标要求。通过引入软开关、副边同步整流等工业领域提高效率的常用措施，可进一步提高耦合电源的效率。但考虑到在宇航领域的可靠性要求，电推进发动机的振荡特性，3.5 节所研制的耦合电源样机将采用常规双管正激拓扑来实现。

3.5.9　耦合电源与发动机联试实验验证

基于表 3-4 所示的技术指标，本节研制了一款阴极加热点火触持电源。为便于与应用在宇航电推进发动机上的三个传统电源方案进行对比，本样机严格对应可选购到的宇航等级的元器件的参数选用对应的工业级元器件，表 3-5 所示为耦合电源的元器件参数。图 3-68(a) 为阴极加热点火触持电源的实物照片，图 3-68(b) 为用于与耦合电源点火联试的某款霍尔类全电推进发动机的实物照片。

(a) 阴极加热点火触持电源样机　　　(b) 霍尔类全电推进发动机

图 3-68　耦合电源及某款霍尔类全电推进发动机照片

表 3-5　耦合电源的元器件参数

参 数 描 述	符　　号	参数值/型号
开关频率/kHz	f_s	200
功率 MOSFET	Q_1、Q_2	IRFB42N20D
脉冲斩波 MOSFET	Q_3	STF20N65M5
功率二极管	D_1、D_2	STTH4R02UY
	D_3、D_4	STTH1210D
	D_5、D_6	STPS60150CT
主变压器	T_1	Ferroxcube, TN32/19/13-3C95 $n_1:n_2:n_3=18:41:12$
耦合电感/μH	L_{c1}、L_{c2}	Magnetics High Flux, 58 324 $L_{c1}=240$, $L_{c2}=90$
滤波电容/(μF/V)	C_1、C_2	5.6、600 20、100
假负载电阻/kΩ	R_D	50
采样电阻/mΩ	R_{S_1}、R_{S_2}	5、20

图 3-69 为空心阴极点火成功前 Heater_out 支路和 Ignitor_Keeper_out 支路的电压、电流测试波形,其测试条件为采用电子负载模拟空心阴极的加热电阻丝阻值,设定 $R_h=0.68\ \Omega$,采用 1 MΩ 电阻模拟点火成功前空心阴极触持极间的阻抗特

性。在图 3-69 中，I_h 设定为 9 A，V_h 的测试值为 6.1 V。Ignitor_Keeper_out 支路输出脉冲电压，脉宽为 5 ms，周期为 100 ms，脉冲电压峰值为 288 V，等于 V_A，谷值为零。

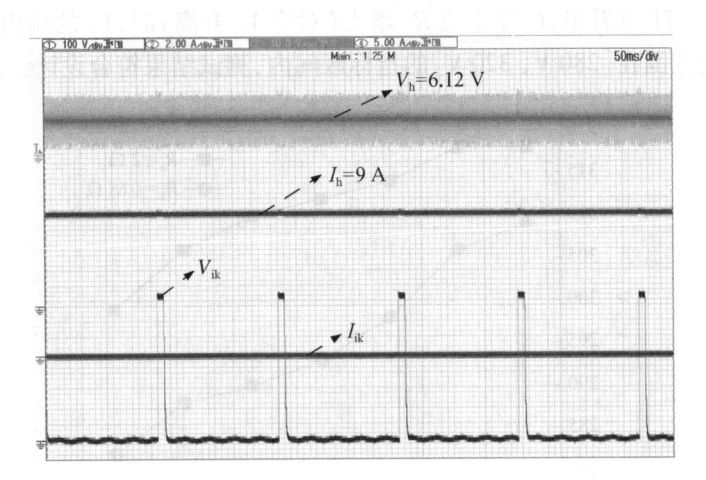

图 3-69　点火成功前 Heater_out 和 Ignitor_Keeper_out 支路的电压、电流测试波形图

点火成功瞬间，空心阴极的触持极间阻抗瞬间下降。图 3-70 为 Heater_out 支路和 Ignitor_Keeper_out 支路在模拟点火成功瞬间的电压、电流测试波形。其中，空心阴极点火成功瞬间的工作状态通过对 Ignitor_Keeper_out 支路输出采用空气开关进行短路的方式来模拟。从图 3-70 可以看出，模拟点火成功瞬间，V_{ik} 迅速下降，I_{ik} 由 0 升到 0.5 A，I_h 由 9 A 降到 4.8 A，V_h 由 6.1 V 降到 3.2 V，实现了点火瞬间耦合电源迅速降低加热输出功率的目的。

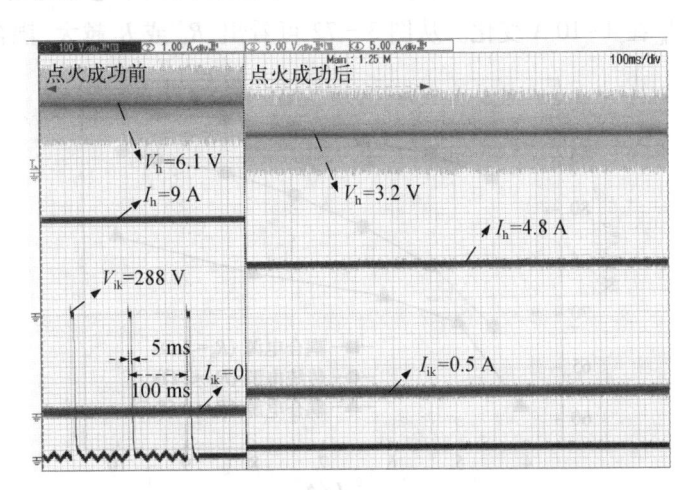

图 3-70　点火触持支路短路模拟空心阴极点火成功瞬间的电压、电流波形

Ignitor_Keeper_out 支路在点火成功前输出高压脉冲电压,其峰值电压等于 A 点的电压 V_A。图 3-14 为 $R_h=0.68\ \Omega$ 或 $2\ \Omega$,I_h 在 4~10 A 变化时 V_A 的变化趋势。从图 3-71 可看出,I_h 变小或 R_h 增大(对应 V_h 升高)时,V_A 的输出电压变高,其电压变化范围在[280 V,320 V]的指标区间内,测试结果符合设计预期。

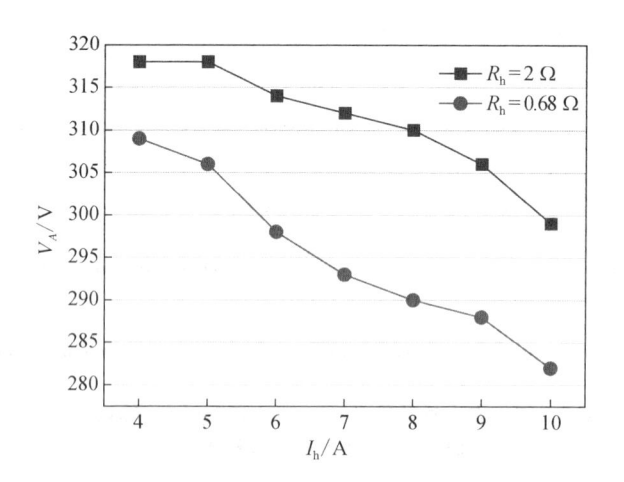

图 3-71 点火峰值电压 V_A 随 I_h 的变化曲线图

传统三个电源的功率损耗主要来源于辅助供电、原边主功率开关管、隔离功率变压器、副边整流二极管、滤波电容等。实验结果表明,耦合电源的辅助供电带来的损耗与传统三个电源的平均损耗相近,约为 90 mA/12 V,其他损耗随工况的变化而变化。图 3-72 为耦合电源与传统三个电源的效率曲线,其中耦合电源的效率测试条件为 $R_h=0.68\ \Omega$ 或 $2\ \Omega$,I_h 在 4~10 A 变化;传统三个电源的效率测试条件为 $R_h=2\ \Omega$,I_h 在 4~10 A 变化。从图 3-72 可看出,R_h 或 I_h 越大,耦合电源的效

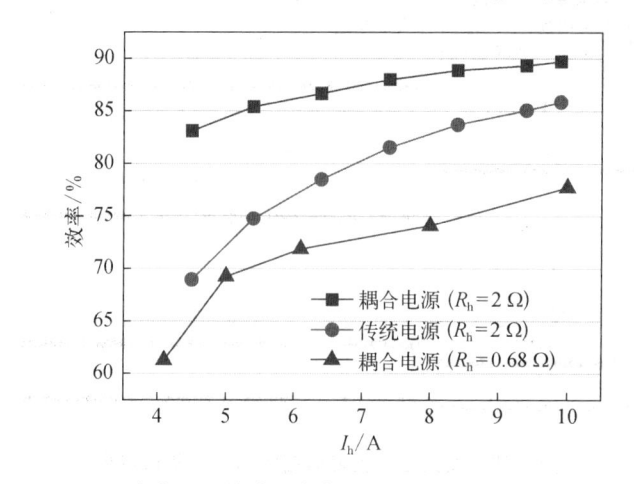

图 3-72 耦合电源和传统三个电源在不同负载下的效率测试曲线

率越高,在 $R_h = 2\ \Omega$,$I_h = 10$ A 时,最高效率能达到 89.7%;相比传统的三个电源,耦合电源的效率提升 3.9%~14.2%,I_h 越小时,效率提升越多。

本节也对耦合电源与霍尔全电推进发动机进行了点火联试实验。图 3-73 为电推进发动机点火成功后的羽流照片,图 3-74 为联试时点火成功瞬间 Heater_out 支路和 Ignitor_Keeper_out 支路的电压电流测试波形,其中测试条件设置为 I_h = 9 A,在刚启动点火时 $V_h = 5.2$ V,之后 V_h 随加热时间的延长而升高。从图 3-74 可看出,在接近于成功点火时,Ignitor_Keeper_out 支路输出的高压点火脉冲电压峰值为 290 V,输出电流为零;当 $V_h = 6.1$ V 时,空心阴极在高压点火脉冲的一个脉冲上升沿 t_1 时刻点火成功,并触发电推进发动机点火成功;t_1 到 t_2 时间段,空心阴极与阳极等离子体处于动态调整过程中,V_{ik} 先被钳位在 115 V,然后振荡下降到 70 V,图中所示的调整时间为 100 ms;在 t_1 时刻 I_{ik} 产生一个 8.9 A 的电流尖峰,随后限流在 0.3 A;t_2 时刻后,点火触持输出电流环开始工作,I_{ik} 闭环限制在 0.6 A,加热

图 3-73 电推进发动机点火成功后的羽流照片

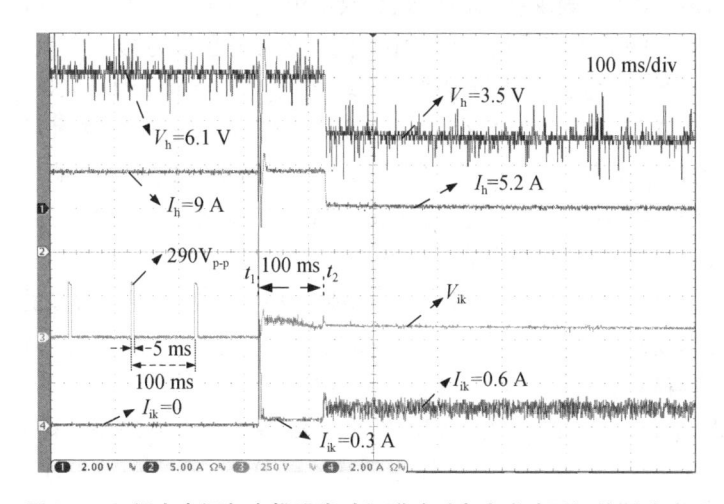

图 3-74 耦合电源与电推进发动机联试时点火成功瞬间的测试波形

输出电流环处于不工作状态，V_h瞬间下降到3.5 V，I_h在小于0.5 ms的时间内下降到5.2 A，该时间远远小于传统三个电源的响应时间(>500 ms)，实现了点火瞬间I_h迅速降低的目的，即耦合电源达到快速动态响应的目的。

在上述全电推进发动机中，空心阴极的加热电阻值较小，设置$I_h = 9$ A时，V_h在点火瞬间仅上升到6.1 V，小于20 V，因此加热输出电压钳位闭环在整个点火过程中未工作。若空心阴极采用更大阻值的加热电阻丝，耦合电源将先工作在加热输出电流I_h闭环，当V_h达到设定的最大输出电压值时，耦合电源转为工作在加热输出电压V_h钳位闭环，并于点火成功后再转为点火触持输出电流I_{ik}限制环。

基于空心阴极三个电源输出共基准地，以及点火前后工作时序的特点，本章以霍尔全电推进系统中空心阴极的加热电源、点火电源和触持电源为例提出了一种将阴极传统三个电源集成为一个阴极加热点火触持电源的电源耦合方法，并对耦合方法进行了详细的描述，说明了耦合电源的工作原理、时序特征和控制策略。最后通过耦合电源样机的测试及与电推进发动机的联试结果验证了该耦合方法可提高功率密度、效率和点火瞬间的动态响应。

3.6 滤波器设计

3.6.1 滤波器单元作用分析

当霍尔推力器工作参数及环境参数不满足稳定放电条件时，推力器进入异常放电区域或者大振荡放电区域，放电电流大幅值的振荡通常被认为是由电离强度波动引起的电子和离子产生速率的波动，这种波动随着电子和离子的运动贯穿整个推力器通道和羽流，表现在回路中就是放电电流的振荡。为了降低推力器的放电电流低频振荡的危害和干扰，目前国际上广泛采用在推力器和电源之间增加一个FU对推力器的放电振荡进行隔离滤波。文献[47]针对SPT-100霍尔推力器给出了电感为0.35 mH、电容为6 μF和电阻100 Ω的滤波器，文献[48]中对PPS-20 KML推力器采用电感0.34 mH、电容8 μF和电阻100 Ω的滤波器，这些滤波器组合都是采用大电感、大电容的低通滤波器结构，实现推力器端振荡信号的滤波，从而避免对PPU造成干扰和危害。

事实上，滤波器单元低频振荡的主动控制功能经常被忽视。众多的研究表明，低频振荡对滤波器的参数敏感，合理的滤波器参数可使低频振荡幅值降低到可接受范围，滤波器单元对推力器放电具有稳定作用[49]，但是滤波器对PPU的保护作用是通过滤波器的低通滤波功能实现的，而滤波器对推力器的振荡抑制作用则是通过电压反馈实现的，两部分的设计原理是不一样的，基于滤波单元工作特性分析，认为霍尔推力器的FU应具备的主要功能如下：其一，保护电源，避免放电电流振荡引起的电压波动导致电源控制误动作；其二，抑制推力器放电低频振荡，为推力器提供控制量，降低低频振荡幅值。单一滤波器的设计自由度不够，无法同时满足上述两个需求，因此 FU 的两级设计是一个解耦的设计思路，如图 3-75 所示，分别完成保护电源和低频振荡抑制的功能，对两级的功能进行解耦设计：第一级滤波器，起隔离滤波匹配功能，对推力器频率在 20 kHz 左右的低频振荡进行隔离，保护电源的控制回路不受推力器负载特性的影响；第二级滤波器，起控制功能，提供给推力器出口必要的电场波动，以控制放电电流的低频振荡，同时明确了两级滤波器的设计方法。

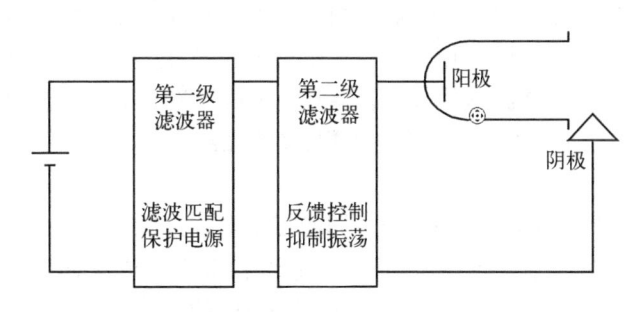

图 3-75 双级 FU 基本结构

PPU 中滤波器的设计原则遵循和推力器的匹配原则。霍尔电推进发动机因存在"呼吸效应"，在稳态工作过程中，会产生准稳态振荡；在电推进发动机冷态点火时，从阳极电压击穿推进工质到等离子体流形成，发动机会出现高频振荡；长时间工作过程中，发动机产生巨量的发热，会导致发动机的线圈、绝缘层等材料的绝缘性能下降，引起瞬间的短路打火等特性。

准稳态振荡会严重影响 PPU 各功能电源模块的稳定性，而瞬间短路打火特性也会给发动机的安全性带来隐患。因此，在 PPU 和发动机之间插入 FU 用来平滑发动机带来的准稳态振荡及瞬间打火放电的电压电流尖峰，降低发动机对 PPU 稳定工作的扰动。

建议 PPU 中 FU 的设计原则如下。

（1）在体积和绝缘条件容许的情况下，尽可能减小 FU 的滤波截止频率，来降低发动机对 PPU 的扰动。电推进发动机的稳定工作，处于对阳极电源能量予取予求的过程：在电推进发动机点火启动时（特别冷态），PPU 需供给发动机足够的能量和电压来击穿推进工质，形成推进用的等离子体气流，否则易"点火不成功"；在稳态工作时，FU 需同时作为"源或负载"的方式来平滑发动机的准稳态振荡，FU 的截止频率至少应小于准稳态振荡频率的 1/10；在瞬间打火放电时，FU 能抗住发动机的短路电流尖峰，平滑后的电流上升曲线能让 PPU 安全作出过流保护反应动作。

（2）FU 的滤波参数应尽可能提高感性,减少容性输出。霍尔电推进发动机的工作电压纹波与其推力输出精度及波动密切相关,所以需要一个稳定输出、低纹波的工作电压为发动机供电。容性滤波器件能够平滑工作电压,但在电推进发动机瞬间短路打火时,过大的容性储能单元会瞬间产生尖峰电流,带来灭弧困难。感性滤波器件可以有效限制短路电流的上升斜率,因此在平衡输出电压纹波的情况下,FU 的滤波参数应尽可能采用感性滤波。

（3）根据发动机的工作模式,设计良好的接地网络(阳极地对卫星机壳地)。发动机的阳极地理论上是悬浮的,在工作过程中,因电荷累积,阳极地相对卫星机壳地的电势会逐步抬升到几十伏到几百伏,直至产生静电打火放电。中和器发射出的电子与电推进发动机的羽流(如带正电荷的氙离子)在远端中和,如果直接把发动机的阳极地和卫星机壳短路,将会导致整星机壳流过电流。良好的接地网络,既能有效泄放发动机工作带来的静电累积,又能隔离发动机羽流,通过卫星机壳进行环流。

（4）通过微调 FU 的参数来匹配不同的霍尔电推进发动机特性。不同型号、不同批次的电推进发动机,因加工精度误差、原材料等因素变化,会导致发动机的工作性能、振荡打火等特性不一致。可通过调整 FU 的阻抗特性,使得发动机和 FU 共同的阻抗匹配到 PPU 输出端,具有统一的阻抗特性,从而优化 PPU 的设计,便于 PPU 和发动机的批产稳定性。

3.6.2　滤波级设计

滤波级作为开关电源和霍尔推力器间匹配的网络单元,它要实现的基本功能和要求有两点：其一,保证电源的采样正常工作,也就是保证电源的输出负载特性基本恒定,实现电源以近乎恒定的电压/电流向负载供电；其二,滤波级作为匹配网络,其插入线路的直流阻抗应足够小,避免降低整个系统的效率。严格意义上说,滤波级设计达到的目标是推力器负载电流波动,但电源侧电流/电压尽可能不波动。由此,可近似认为滤波级是二端口的黑箱,电源端提供恒定功率,推力器端以 20~40 kHz 的频率消耗能量,从能量守恒的角度去看,滤波级需要一个足够大容量的电容去存储能量及释放给波动负载。直接将电容的正负极并联在电源端显然是不合理的,因此选择一个器件放置在电源和电容之间,其目的就是给电容充电。所选器件应该有低的直流阻抗,因为它直接连接在放电回路中,也应具有高的交流阻抗,原因如下：推力器以脉冲的模式消耗能量,这会引起电容电压的波动。同时,电容和电源端的电压差会导致电源输出电流产生波动,这是不希望看到的情形。因此,这一器件应该具有高的交流阻抗去压制这种电流波动,显然电感是最符合要求的元件,所以滤波级由电容和电感组成。在推力器端利用电荷存储的特性实现电压的稳定,在电源端利用电感实现稳定电流的目的。同时,为了避免 LC 电路的谐振及电磁干扰,因此给电感并联一个电阻。图 3-76 是滤波级通用连接示意图。

通过上述分析,滤波器的电感应该足够大,保证电源端产生足够小的电流波动。同时电容也应该足够大,保证推力器端尽可能小的电压波动。如果想实现电源端电流的波动是推力器端电流波

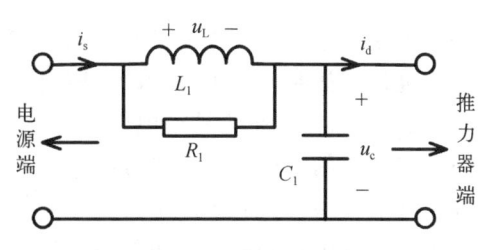

图 3-76 滤波级通用连接示意图

动的十分之一,则系数 α 是 10,低频振荡的主频可假设为 20 kHz。如果选择电感是 0.1 mH,通过电路计算可得到电容值应大于 5.7 μF。因此,在 $\alpha>10$ 的情况下,电感和电容值可选择不同值。不过在选择电感和电容值的时候需要考虑其他因素,如直流功率消耗、体积及重量。当电感和电容确定后,LC 网络的频率特性会有一个共振峰,这会产生不必要的电磁干扰。因此,通常做法是在电感两端并联一个电阻,其范围为 50~200 Ω,电感值通常可通过实验确定。

图 3-77 给出了不同电感和电容组合的电流振荡衰减系数 α。从图中可看出,随着电感和电容的增加,电流振荡衰减率也会增加。尽管随着电感和电容的增加可产生大的电流振荡衰减,但是同时也伴随着电容体积及电感质量的增加。因此,合理的电流衰减系数一般设置为 5~10。

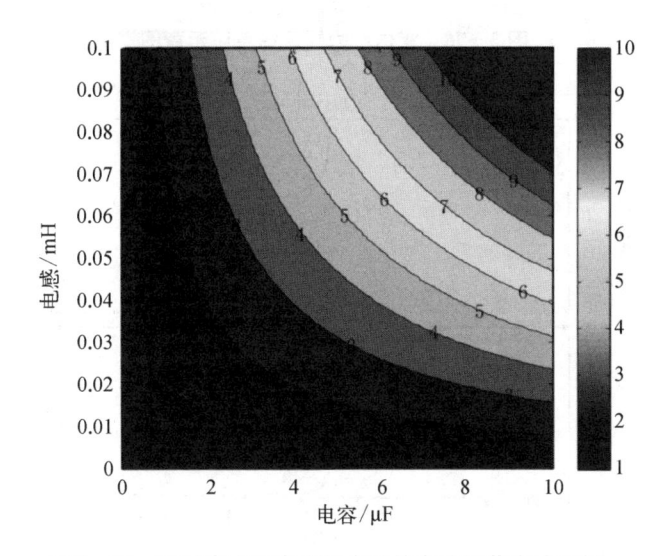

图 3-77 不同电感和电容组合下的电流振荡衰减系数 α

3.6.3 控制级设计

从控制理论的角度,霍尔推力器放电电路可看作一个由推力器、放电电源和控制级组成的反馈系统,如图 3-78 所示。在这个系统中,推力器是被控对象,放

电电源是一个参考信号,控制级单元(二级滤波单元)是控制单元[50],因此推力器二级滤波器按照控制级去设计。控制级滤波器根据放电电流的变化调整自身的电压降,进而去影响推力器放电通道内的电场分布,使推力器放电电流的振荡幅值降低。最简单的电子元件可通过放电电流的变化改变自身电压降的就是电感。然而霍尔推力器中磁化的等离子振荡频率分布范围是从 kHz 到 GHz,高频电流振荡会在电感上产生不需要的高幅值电压波动。因此,控制级需要在低频段有足够的增益,在高频段可进行信号衰减。需要的频率响应特性应如图 3-79 所示,这一特性可由 RLC 二阶环节实现,因此双级滤波器原理示意图如图 3-80 所示,其详细分析,读者可查阅霍尔推进原理等相关书籍。

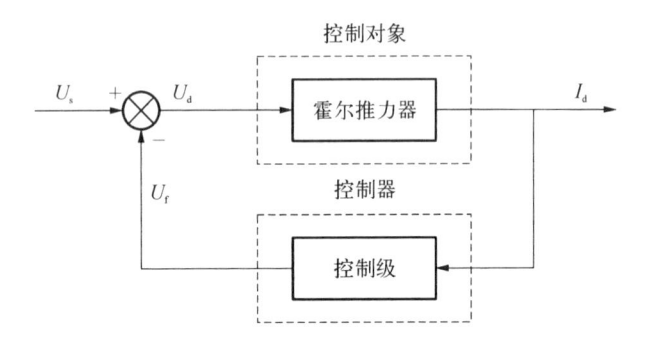

图 3-78 霍尔推力器反馈系统示意图

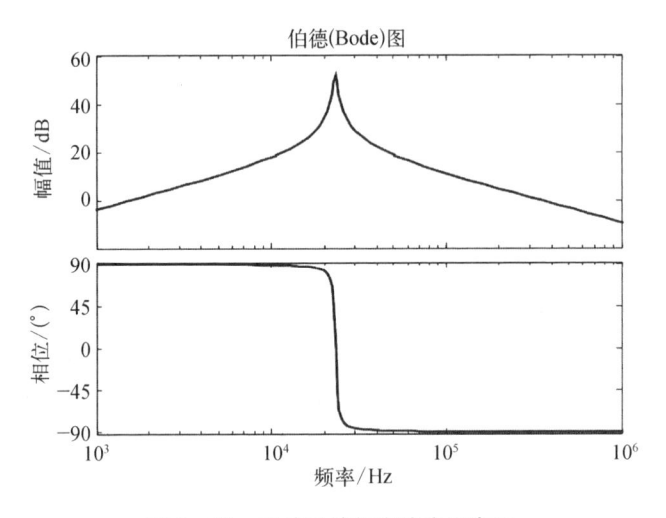

图 3-79 反馈系统频率响应示意图

霍尔推力器放电电路可看作一个反馈控制系统。霍尔推力器是被控制对象,FU 的控制级是控制器,放电电源的电压是参考信号。控制器根据放电电流的波动调节其自身电压降,从而实现对放电电流波动的反馈影响。随着离子密度的增加,

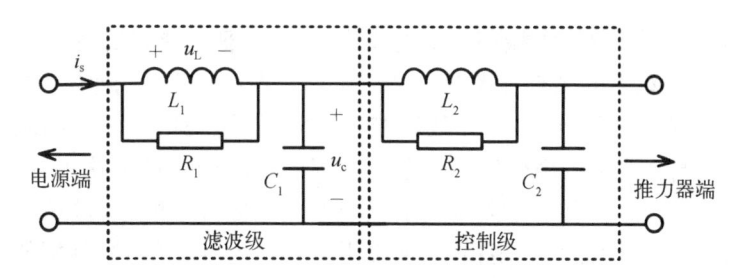

图 3-80　霍尔推力器双级滤波器原理示意图

通过电离产生的离子数量大于推力器喷射出去的离子数量,离子数密度就会正反馈增大,这时增大电压可提高离子的迁移率。同样,当离子密度减小时,一个相对小的放电电压可降低离子的电离率,从而帮助平衡离子的产生。控制器的最小增益系数和最小电压波动及电流波动率之间是对数关系,最小的电压波动是平衡此刻放电电流波动的电压,这也就是说最小增益系数是指需要控制器提供的电压可使放电电流达到需求的小振荡。显然,对于不同放电参数,无法给出一个确切的最小增益系数,但是可通过实验和分析给出一些有用的参考值,这个我们将在下一节中予以简单讨论。

3.6.4　滤波器单元对放电稳定性的作用

验证滤波级的作用,图 3-81 为不同电感和电容组合下电流低频振荡幅值衰减比例的实验结果。电流衰减率通过对推力器端的放电电流和电源端放电电流的标准方差比例进行计算得到,从图中可看到,实验结果和理论计算结果基本吻合。

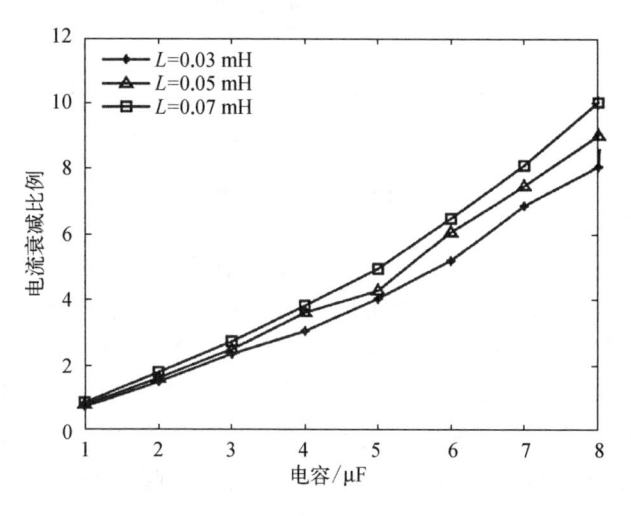

图 3-81　滤波级实验结果

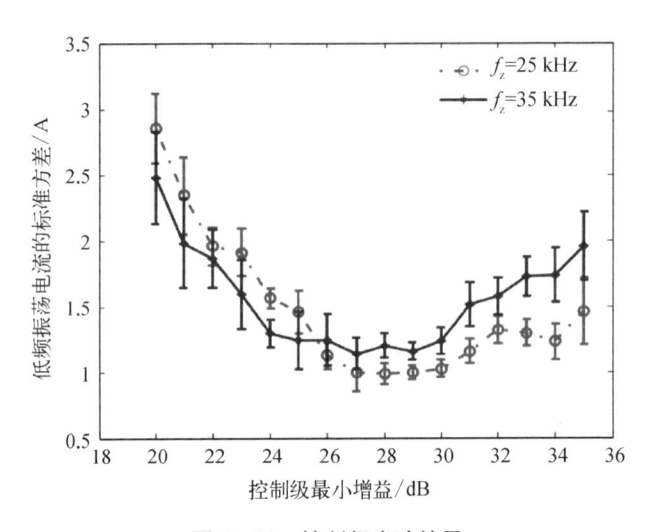

实验验证控制级单元对振荡反馈的作用,低频振荡的标准方差值和系统的增益在95%置信系数下的结果如图3‑82所示。从图中可看出,随着系统增益的增大,放电电流低频振荡的标准方差逐渐减小,然后轻微地增大。当系统的增益在25~30 dB时,电流低频振荡幅值达到最小。当系统的增益偏离这个区间时,低频振荡幅值增大。这可作如下解释:当系统的增益系数过小时,滤波单元可提供的反馈电压太小,不能使低频振荡稳定,放电电流振荡增加,低频振荡幅值也随着增大。换句话说,如果反馈电压太小或者太大,霍尔推力器会出现调节不足或者过度调节。上述分析可从图3‑82中转折频率为35 kHz下的实验结果中得到验证,从图中可看出,当转折频率提高时,控制器的带宽将增宽。放电电流中更多的高频分量通过控制器提供过大的控制电压。因此,在低的增益范围下,$f_z = 35$ kHz 的低频振荡比 $f_z = 25$ kHz 对应的振荡小。然而,在高的增益范围下,这个关系相反。如果给出 $g_o = 30$ dB,$\Delta = 80°$,$f = 20$ kHz,$f_z = 25$ kHz,可得到控制级的参数,使 $L_2 = 179\ \Omega$,$L_2 = 0.09$ mH 和 $C_2 = 0.447\ \mu F$。根据上边的分析和实验结果,可考虑系统的合理增益为25~30 dB,这等效于电场强度1 700~3 000 V/m的增加或者减小。

图3‑82 控制级实验结果

双级滤波器设计的主要思想是将霍尔推力器滤波器的设计分为两级去分别考虑。第一级是滤波器单元,主要实现推力器的波动信号和电源隔离。而第二级则是一个控制器,提供反馈控制电压去降低低频振荡的电流幅值。双级滤波器的参数可通过分析,结合实验给出。最后还需要指出,双级滤波器设计方法只有在推力器的磁场合理的情况下才是可行的。也就是说,电离区应该首先是通过推力器的磁场设计,使其控制在一个小的范围,然后才能通过控制器对其进行优化控制[51]。

3.7　霍尔电推进 PPU 设计难点总结

霍尔电推进 PPU 承担着将一次电源 PCU 的能量转化为霍尔电推进发动机所需能量的功能,其主要接口为 PPU 与发动机的接口,以及 PPU 与 PCU 的接口,霍尔电推进 PPU 的设计难点如下。

(1) 减小霍尔电推进 PPU 启动浪涌对 PCU 输出母线的影响。PCU 的输出母线通常具备稳态指标及动态指标,其中稳态指标为母线电压纹波,动态指标则是负载电流阶跃变化时母线电压的允许跌落幅值。霍尔电推进 PPU 的输入浪涌峰值电流在不同工况下会达到稳态电流值的 2 倍及以上,该启动瞬间的浪涌电流将引起 PCU 输出功率母线电压的瞬时跌落。PPU 需控制自身的启动浪涌电流,在发动机点火及打火工况下,均不能造成 PCU 母线电压跌落幅值超出限定范围而引起卫星其他载荷工作异常,甚至欠压关机。

(2) 减小霍尔电推进发动机点火瞬间及准稳态工作时对 PPU 及 PCU 的影响。霍尔电推进发动机在点火瞬间及准稳态工作时会产生非常大的电压电流振荡,由于 PCU 为霍尔电推进 PPU 提供一次功率母线,为减轻上述工况对 PCU 的影响,需对放置于 PPU 与发动机之间的滤波单元进行严格设计,来降低发动机振荡期间通过 PPU 传导到 PCU 的电压、电流振荡。

同时,PPU 各功能电源模块需达到一定的稳定裕度,来确保 PPU 在电推进发动机各种恶劣工况下的稳定工作。稳定裕度是在考虑对象模型不确定性的情况下,仍能使闭环系统稳定运行的特性。ESA 的电源标准要求航天器系统级电源在最坏情况下的相角裕度大于 60°,增益裕度大于 10 dB。

(3) 避免 PCU 与 PPU 级联时可能出现的稳定性问题。PCU 的功率母线由太阳阵、电池的能量变换而来,并提供给 PPU。PPU 内部各电源模块均为隔离型变换器,前级或后级均在 PWM 调整变换中,在宏观上看,整个 PCU、PPU 是一个复杂的级联系统。PPU 的所有功能模块均是独立设计的,每个功能模块的设计仅仅是保证自身的稳定性,当所有这些功能模块被集成在一起后,整个系统的稳定性能可能下降甚至达到不稳定的状态。为避免上述情况的发生,PPU 的各功能电源模块的输入滤波器需单独设计,各功能电源模块的输入阻抗与 PCU 的输出阻抗间需满足级联稳定性的要求。

(4) 减小 PCU 输出功率母线波动对 PPU 的影响。PCU 输出功率母线除了与 PPU 相连接外,还将为卫星其他有效载荷供电,当其他载荷功率需求变化时,将引起 PCU 输出功率母线瞬态超调或跌落。由于霍尔电推进 PPU 中的阳极电源通常为升压型高压电压源,若功率母线的电压瞬态变化经升压比放大至 PPU 输出端,将引起输出侧高压产生较大的超调或跌落,影响推力系统正常工作。为避免上述情况的发生,在设计 PPU 产品时确保电源闭环音频易感性满足要求,该指标将反映 PPU 各模块输出电压对输入电压扰动的抑制能力,从而提高设备的抗扰性。

参考文献

[1] Morozov A I. The conceptual development of stationary plasma thrusters[J]. Plasma Physics Reports, 2003, 29: 235 - 250.

[2] Zhurin V V, Kaufman H R, Robinson R S. Physics of closed drift thrusters[J]. Plasma Sources Science and Technology, 1999, 8(1): 1 - 20.

[3] Petro E M, Sedwick R J. Survey of moderate-power electric propulsion systems[J]. Journal of Spacecraft and Rockets, 2017, 54(3): 529 - 541.

[4] Hofer R R. Development and characterization of high-efficiency, high-specific impulse xenon Hall thrusters[D]. Michigan: University of Michigan, 2004.

[5] Bugrova A I, Lipatov A S, Morozov A I, et al. On a similarity criterion for plasma accelerators of the stationary plasma thruster type[J]. Technical Physics Letters, 2002, 28: 821 - 823.

[6] Vial V, Duchemin O. Optimization of the PPS® X000-technological demonstrator for high ISP operation[C]. Denver: 45th AIAA/ASME/SAE/ASEE Joint Propulsion Conference & Exhibit, 2009.

[7] 杨玉岗,邹雨霏,马杰. 交错并联磁集成双向 DC/DC 变换器的软开关实现条件[J]. 中国电机工程学报,2016,36(14): 3920 - 3928.

[8] Zhang M T, Jovanovic M, Lee F C. Analysis and evaluation of interleaving techniques in forward converters[J]. IEEE Transaction on Power Electronics, 1998, 13(4): 690 - 698.

[9] Wu X, Chen H, Zhang J, et al. Interleaved phase-shift full-bridge converter with transformer winding series-parallel autoregulated (SPAR) current doubler rectifier[J]. IEEE Transaction on Power Electronics, 2015, 30(9): 4864 - 4873.

[10] 陆治国,祝万平,刘捷丰,等. 一种新型交错并联双向 DC/DC 变换器[J]. 中国电机工程学报,2013,33(12): 39 - 46.

[11] Wang D, He X, Shi J. Design and analysis of an interleaved flyback forward boost converter with the current autobalance characteristic[J]. IEEE Transaction on Power Electronics, 2010, 25(2): 489 - 498.

[12] Lin B R, Huang C L, Wan J F. Analysis, design, and implementation of a parallel ZVS converter[J]. IEEE Transaction on Industrial Electronics, 2008, 55(4): 1586 - 1594.

[13] Gautam D, Musavi F, Edington M, et al. An isolated interleaved DC - DC converter with voltage doubler rectifier for PHEV battery charger[C]. Long Beach: 28th Annual IEEE Applied Power Electronics Conference and Exposition (APEC), 2013.

[14] Mason A J, Tschirhart D J, Jain P. New ZVS phase shift modulated full-bridge converter topologies with adaptive energy storage for SOFC application[J]. IEEE Transaction on Power Electronics, 2008, 23(1): 332 - 342.

[15] 陈乾宏,阮新波,严仰光. 开关电源中磁集成技术及其应用[J]. 电工技术学报,2004,19(3): 1 - 8.

[16] 陈为,王小博. 一种具多路 LED 自动均流功能的反激式磁集成变换器[J]. 中国电机工程学

报,2012,32(30): 30-36.
[17] Pan D, Ruan X, Bao C, et al. Magnetic integration of the LCL filter in grid-connected inverters [J]. IEEE Transaction on Power Electronics, 2014, 29(4): 1573-1578.
[18] Liu Y, See K Y, Tseng K J, et al. Magnetic intergration of three-phase LCL filter with delta-yoke composite core[J]. IEEE Transaction on Power Electronics, 2017, 32(5): 3835-3843.
[19] Dauhajre A A. Modeling and estimation of leakage phenomena in magnetic circuits [D]. Pasadena: California Institute of Technology, 1986.
[20] Erickson R W, Maksimovic D. Fundamentals of power electronics[D]. Fort Collins: University of Colorado.
[21] Scina J, Hewitt F, Gerber S, et al. Power processing for a conceptual project prometheus electric propulsion system [C]. Fort Lauderdale: 40th AIAA/ASME/SAE/ASEE Joint Propulsion Conference and Exhibit, 2004.
[22] Declercq H, Bourguigon E, Scalais T, et al. Power processing unit for stationary plasma thruster [C]. Tarragona: Proceeding of 5th European Space Power Conference, 1998.
[23] Gollor M, Breier K. Compact high voltage power processing for field emission electric propulsion (FEEP)[C]. Princeton: 29th International Electric Propulsion Conference, 2005.
[24] Wang H, Wang F. Power MOSFETs paralleling operation for high power high density converters [C]. Tampa: Conference Record of the 2006 IEEE Industry Applications Conference, Forty-First IAS Annual Meeting, 2006.
[25] Cougo B, Schneider H, Meynard T. High current ripple for power density and efficiency improvement in wide bandgap transistor-based buck converters[J]. IEEE Transactions on Power Electronics, 2015, 30(8): 4489-4504.
[26] Sarnago H, Lucia O, Mediano A, et al. Multi-MOSFET-based series resonant inverter for improved efficiency and power density induction heating applications[J]. IEEE Transactions on Power Electronics, 2014, 29(8): 4301-4312.
[27] Whitaker B, Barkley A, Cole Z, et al. A high-density, high-efficiency, isolated on-board vehicle battery charger utilizing silicon carbide power devices[J]. IEEE Transactions on Power Electronics, 2014, 29(5): 2606-2617.
[28] Das T, Prasad S, Dam S, et al. A pseudo cross-coupled switch-capacitor based DC-DC boost converter for high efficiency and high power density [J]. IEEE Transactions on Power Electronics, 2014, 29(11): 5961-5974.
[29] Jia W, Lee F C. Two novel soft-switched, high frequency, high-efficiency, non-isolated voltage regulators—the phase-shift buck converter and the matrix-transformer phase-buck converter[J]. IEEE Transactions on Power Electronics, 2005, 20(2): 292-299.
[30] Jing W, Dunford W G, Mauch K. Analysis of a ripple-free input-current boost converter with discontinuous conduction characteristics[J]. IEEE Transactions on Power Electronics, 1997, 12 (4): 684-694.
[31] Gu Y, Zhang D, Zhao Z. Input current ripple cancellation technique for boost converter using tapped inductor[J]. IEEE Transactions on Industrial Electronics, 2014, 61(10): 5323-5333.
[32] Sanchis E, Maset E, Ferreres A, et al. Bidirectional high-efficiency nonisolated step-up battery regulator[J]. IEEE Transactions on Aerospace and Electronic Systems, 2011, 47(3): 2230-

2239.

[33] Wibowo S A, Zhang T, Masashi K, et al. Analysis of coupled inductors for low-ripple fast-response buck converter [J]. IEICE Transactions on Fundamentals of Electronics, Communications and Computer Sciences, 2009, 92(2): 451-455.

[34] Dong Y. Investigation of multiphase coupled-inductor buck converters in point-of-load applications[D]. Blacksburg: Virginia Polytechnic Institute and State University, 2009.

[35] Li Q, Dong Y, Lee F C, et al. High-density low-profile coupled inductor design for integrated point-of-load converters[J]. IEEE Transactions on Power Electronics, 2013, 28(1): 547-554.

[36] Hyung-Woo L, Tae-Hyung K, Ehsani M. Practical control for improving power density and efficiency of the BLDC generator[J]. IEEE Transactions on Power Electronics, 2005, 20(1): 192-199.

[37] Zhou X, Peng X, Lee F C. A high power density, high efficiency and fast transient voltage regulator module with a novel current sensing and current sharing technique[C]. Dallas: 14th Annual Applied Power Electronics Conference and Exposition. 1999 Conference Proceedings, 1999.

[38] Zhang Y, Xu D. Design and implementation of an accurately regulated multiple output ZVS DC-DC converter[J]. IEEE Transactions on Power Electronics, 2007, 22(5): 1731-1742.

[39] Wu H, Wan C, Sun K, et al. A high step-down multiple output converter with wide input voltage range based on quasi two-stage architecture and dual-output LLC resonant converter[J]. IEEE Transactions on Power Electronics, 2015, 30(4): 1793-1796.

[40] Kim J K, Choi S W, Kim C E, et al. A new standby structure using multi-output full-bridge converter integrating flyback converter[J]. IEEE Transactions on Industrial Electronics, 2011, 58(10): 4763-4767.

[41] Chen Y, Kang Y, Nie S, et al. The multiple-output DC-DC converter with shared ZCS lagging leg[J]. IEEE Transactions on Power Electronics, 2011, 26(8): 2278-2294.

[42] Barrado A, Olias E, Lazaro A, et al. PWM-PD multiple output DC/DC converters: operation and control-loop modeling [J]. IEEE Transactions on Power Electronics, 2004, 19(1): 140-149.

[43] Zhu H, Zhang D, Zhang B, et al. A non-isolated three-port DC-DC converter and three domain control method for PV-battery power systems[J]. IEEE Transactions on Industrial Electronics, 2015, 62(8): 4937-4947.

[44] Mourra O, Fernandez A, Landstroem S, et al. Buck-buck-boost regulator (B^3R) for spacecraft power conditioning unit [C]. Saint Raphael: Proceeding of 9th European Space Power Conference, 2011.

[45] Osuga H, Suzuki K, Ozaki T, et al. Development status of power processing unit for 250mN-class Hall thruster[C]. Berlin: Proceeding of 8th European Space Power Conference, 2008.

[46] Milligan D J, Gabriel S B. Generation of experimental plasma parameter maps around the baffle aperture of a Kaufman (UK-25) ion thruster[J]. Acta Astronautica, 2008, 64(9-10): 952-968.

[47] Darnon F, Lyszyk M, Bouchoule A, et al. Optical investigation on plasma investigations of SPT

thrusters[C]. Seattle: 33rd Joint Propulsion Conference and Exhibit, 1997.
[48] Zurbach S, Cornu N, Lasgorceix P. Performance evaluation of a 20 kW Hall effect thruster[C]. Wiesbaden: 32nd International Electric Propulsion Conference, 2011.
[49] Thiard B, Beaufils G, De Clercq H. SPT electrical module development[C]. Noordwijk: Second European Spacecraft Propulsion Conference, 1997.
[50] Yu D, Wang C, Wei L, et al. Stabilizing of low frequency oscillation in Hall thrusters[J]. Physics of Plasmas, 2008, 15(11): 1−7.
[51] Wei L Q, Han L, Ding Y J, et al. Stabilizing low-frequency oscillation with two-stage filter in Hall thrusters[J]. Review of Scientific Instruments, 2007, 88(7): 1−7.

第 4 章
离子电推进 PPU

引　言

离子电推进技术作为一种高效、高比冲的推进方式,已经在深空探测和卫星轨道修正等任务中得到广泛应用。离子电推进 PPU 系统的核心在于屏栅电源,其处理功率约占到整个离子电推进 PPU 的 80%,其电路效率不仅影响自身的温升、体积和寿命,更是对 PPU 整机和电推进系统的效率有着重要影响。本章将详细探讨离子电推进 PPU 中屏栅电源,从带谐振钳位电路的高压屏栅电源到混合谐振及 PWM 高压输出屏栅电源,再到磁隔离变换器,为读者揭示其设计和应用的要点。

4.1 离子电推进 PPU 的构成及其与推力器的关系

PPU 作为电推进系统的核心部件,其主要功能是对航天器的一次功率母线电源进行功率变换,接收电推进子系统控制器的程序控制指令,完成对电源处理单元内部各功能模块的时序控制,同时采集 PPU 内部各功能模块参数的数据后通过通信总线将数字量上传给电推进子系统控制器。

4.1.1 离子电推进 PPU 的构成

离子电推进 PPU 的组成框图如图 1-4 所示。从图中可以看出,离子电推进 PPU 由屏栅电源(beam supply)、加速电源、阳极电源、阴极加热电源、阴极点火电源、阴极触持电源、中和器加热电源、中和器触持电源及中和器点火电源组成。

按电源类型划分,可将离子电推进 PPU 所包含的供电电源大致分为三类: ① 高压电压源、屏栅电源及加速电源,负责为离子推力器栅极提供高压引束流,从而提供稳定推力;② 各类电流源,如阳极电源、励磁电源、阴极加热电源、阴极触持电源、中和器加热电源、中和器触持电源等,主要负责为离子推力器提供稳定磁场,或为空心阴极提供稳定电流以产生稳定电子,或为电阻丝提供稳定电流从而使加热器在一定时间内达到工作温度等;③ 脉冲高压电压源,如阴极点火电源及中和器点火电源,主要为阴极及中和器提供高压脉冲以击穿工质,形成等离子体。这些电源根据设定的时序分工协作为离子推力器提供电能,从而使推力器产生稳定推力。其中,屏栅电源功率占离子电推进 PPU 总功率的 80% 以上,稳态输出电压在 1 000 V 以上。因此,屏栅电源这类大功率高电压输出电源是目前电推进 PPU 系统的核心部件,也是国内外相关科研人员的研究热点及重点。离子推力器的其他电源与霍尔推力的阴极电源相似,已经在第 3.5 节介绍过,因此在本章不再重复介绍。

4.1.2 屏栅电源与推力器的关系

离子推力器中,屏栅电源作为离子电推进 PPU 中功率最大的部分,在整个推力器工作过程中发挥着重要的作用,主要有以下几个功能。

(1) 控制离子束的发射。屏栅电源为电推进发动机的屏栅提供正电势,电压通常为几百到几千伏。该正电势可以加速离子,控制离子束从加速栅发射出来的速度。

(2) 聚焦离子束。合适的屏栅电源电压有助于对离子电推进发动机的离子束进行聚焦,使其更加集中,离子束的聚焦程度将直接影响电推进发动机的推力和效率。

(3) 优化离子束特性。屏栅电源与加速电源、阳极电源等协同工作,屏栅电压可以优化离子束的能量、发散角等特性,从而提高电推进发动机的整体性能。

(4) 防止电子反流。屏栅电源的正电势可以阻挡来自离子束中的电子反向进入离子电推进发动机,进而避免不必要的推进能量损失。

屏栅电源的稳定性和控制精确对整个离子推进系统至关重要,其在确保离子束质量、优化推进性能等方面扮演着关键角色。屏栅电源需要具有快速响应、低噪声、高精度等特点。同时,与其他电源相比,屏栅电源是离子电推进系统中功率最大的电源,该电源设计的难点和注意事项如下。

(1) 高精度输出要求。屏栅电源通常需要提供几百到几千伏的精确直流电压输出,输出电压的波动会直接影响电推进发动机离子束的特性和发射稳定性,一般要求屏栅电压精度控制在 0.1% 以内,瞬态响应时间在微秒级。

(2) 高效率输出要求。作为离子电推进发动机供电电源中功率最大的电源,受限于航天器严格的能源供给、功耗和热管理要求,电源效率至关重要。需研究高效的隔离功率变换拓扑结构和高压功率器件,以提高转换效率。

(3) 电弧/故障保护。屏栅电源通常包括电流限制和保护功能,需具备快速响应的电弧/故障保护能力,防止因离子束不正常而导致屏蔽栅与其他电极发生打火等故障,从而对发动机造成损坏,也可以保护屏栅电源自身不被损坏。

(4) 高功率密度要求。作为离子电推进系统中功率最大的电源,屏栅电源的电压和功率直接决定了离子发动机的比冲和推力大小。囿于航天器极其严格的空间和重量限制,在保障散热、高压工艺的前提下,屏栅电源必须实现高功率密度。

(5) 高压绝缘防护。离子电推进中的屏栅电源、点火电源等输出上千伏的高压,且各电源之间、壳之间均存在上千伏的电势差,因此离子电推进 PPU,特别是屏栅电源对高压绝缘防护的要求非常高。需从绝缘材料、高压器件的布局和走线、静电防护、高压封装和灌封、焊接等方面来充分保障高压绝缘。

综上,离子电推进屏栅电源的设计需要在功能、性能、可靠性和航天环境适应性等多方面达到极为苛刻的标准,极具挑战。

4.2 带谐振钳位电路的高压屏栅电源研究

传统电压型移相全桥变换器具有结构简单、易实现软开关及 EMI 特性较好等优点,同时也存在一些缺点,如软开关范围受负载影响,续流导通损耗较严重及副边整流二极管存在电压尖峰等。当传统电压型移相全桥变换器应用于此类高压大功率电源场合时,这些问题将会更严重。为了解决这些问题,本章提出了一种适用于氙离子电推进屏栅电源的带谐振钳位电路高压输出变换器。该拓扑副边串联输出,且在整流桥两端并联了一个新型的谐振钳位电路,从而大大降低了副边整流二极管的电压应力。同时,该谐振钳位电路能有效地减小原边续流电流,进而降低变换器原边续流损耗。为提高开关管软开关范围,该变换器原边全桥电路采用了共用滞后桥臂开关管结构。本章对该变换器的三种工作模式进行了详细的分析,给出了拓扑参数设计步骤及主功率开关管软开关条件,并对变换器输出电流纹波及整流二极管电压应力进行了深入研究。最后,通过实验验证了带谐振钳位电路高压输出变换器的可行性。

4.2.1 变换器工作原理分析

本章提出的适用于氙离子电推进的带谐振钳位电路高压输出变换器的拓扑结构如图 4-1 所示。由图 4-1 可看出,该拓扑原边两个全桥 FB_1 及 FB_2 共用滞后桥臂开关管 S_3 与 S_4,而变换器副边分别整流滤波后叠加输出。其中,FB_1 开关管 $S_1 \sim S_4$ 对管导通,FB_2 开关管 $S_3 \sim S_6$ 工作于移相模式,变换器通过控制开关管 $S_3 \sim S_6$ 的移相角控制总输出电压。同时,变换器副边整流桥两端各并联了一个仅由电容及二极管组成的无损谐振钳位电路。由于该谐振钳位电路的存在,整流桥输出电压被钳位,整流桥电压振荡及尖峰得到有效抑制,二极管的电压应力较小,从而可采用耐压等级较低、导通压降小的整流二极管,进一步减小变换器导通损耗,提高变换器效率。而且,当全桥 FB_2 工作于续流状态,即开关管 S_3 与 S_5(或 S_4 与 S_6)同时导通时,输出滤波电感电流 $i_{L_{o2}}$ 通过电容 C_r 及二极管 D_{r1} 续流,此时变压器 T_2 副边电压为谐振电容 C_r 两端电压。变压器 T_2 原边续流电流在该电压的作用下迅

速减小至零,从而大大减小了续流电流。假设全桥 FB_2 半个开关周期内的对管导通时间为 T_{on},则有

$$T_{on} = \frac{DT_s}{2} \qquad (4-1)$$

其中,D 代表全桥 FB_2 有源输出占空;T_s 代表开关周期。

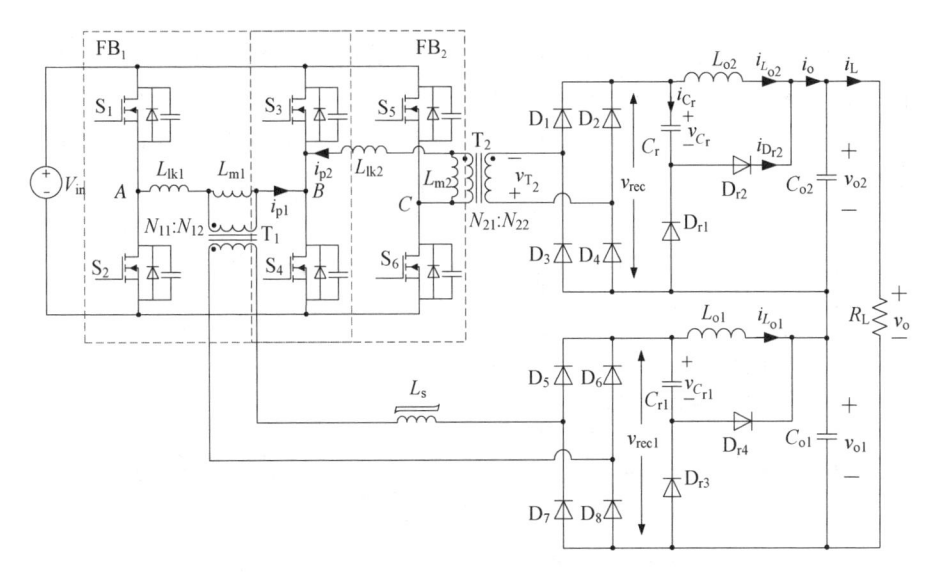

图 4-1 带谐振钳位电路的高压输出变换器拓扑结构图

假设由变压器 T_2 漏感 L_{lk2} 与电容 C_r 所组成谐振网络的谐振周期为 T_{r2},则有

$$\begin{cases} T_{r2} = 2\pi k_2 \sqrt{L_{lk2} C_r} \\ k_2 = N_{22}/N_{21} \end{cases} \qquad (4-2)$$

其中,k_2 代表变压器 T_2 原副边匝比;L_{lk2} 代表变压器 T_2 原边漏感;C_r 代表谐振钳位电容。

根据全桥 FB2 对管导通时间 T_{on} 与谐振周期 T_{r2} 的关系[1],本章所提出的变换器存在三种不同的工作模式,如表 4-1 所示。由图 4-1 及表 4-1 可知:在工作模式 1,当漏感 L_{lk2} 与电容 C_r 谐振完成,即谐振电流 $i_{D_{r2}}$ 为零时,全桥 FB2 仍处于对管导通状态;在工作模式 2,当漏感 L_{lk2} 与电容 C_r 谐振完成时,全桥 FB2 超前桥臂开关管关断,对管导通状态结束;在工作模式 3,当全桥 FB2 对管导通状态结束时,漏感 L_{lk2} 与电容 C_r 仍处于谐振状态。

本节接下来将对变换器三种工作模式进行详细分析,为简化分析,作以下假设:① 所有开关管均采用理想器件;② 变换器工作在稳态;③ 开关管 $S_1 \sim S_6$ 漏源

表 4-1　变换器三种工作模式所对应的条件

工作模式 1	工作模式 2	工作模式 3
$T_{on} > T_{r2}/2$	$T_{on} = T_{r2}/2$	$T_{on} < T_{r2}/2$

极电容均相等,且 $C_{S_1} = C_{S_2} = C_{S_3} = C_{S_4} = C_{S_5} = C_{S_6} = C_{S_o}$。

1. 工作模式 1

在该模式下,本章所提出的变换器在一个开关周期内存在 20 种工作状态。由于其中的 10 种工作状态与其余的 10 种工作状态存在对称关系,因此只对半个开关周期内的 10 种工作状态进行详细分析。变换器处于工作模式 1 时在不同工作状态的等效电路如图 4-2 所示,图 4-3 为相对应的关键点波形。

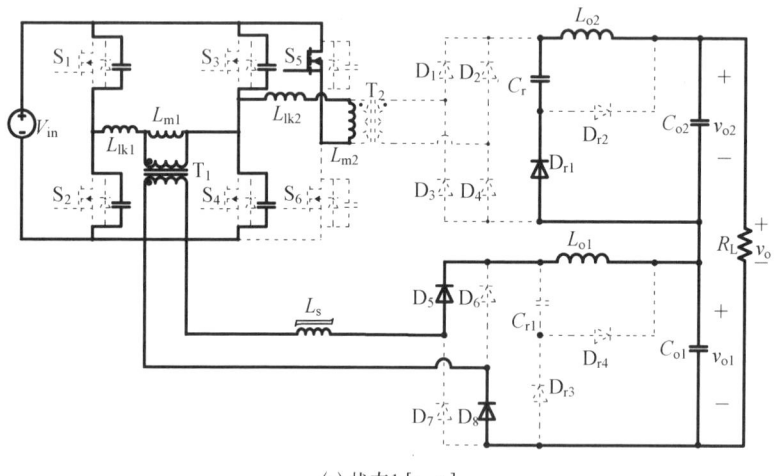

(a) 状态1 [t_0, t_1]

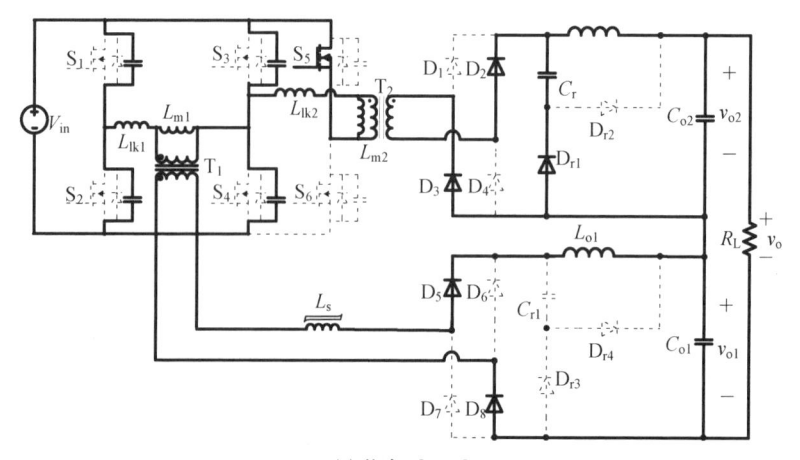

(b) 状态2 [t_1, t_2]

(c) 状态3 [t_2, t_3]

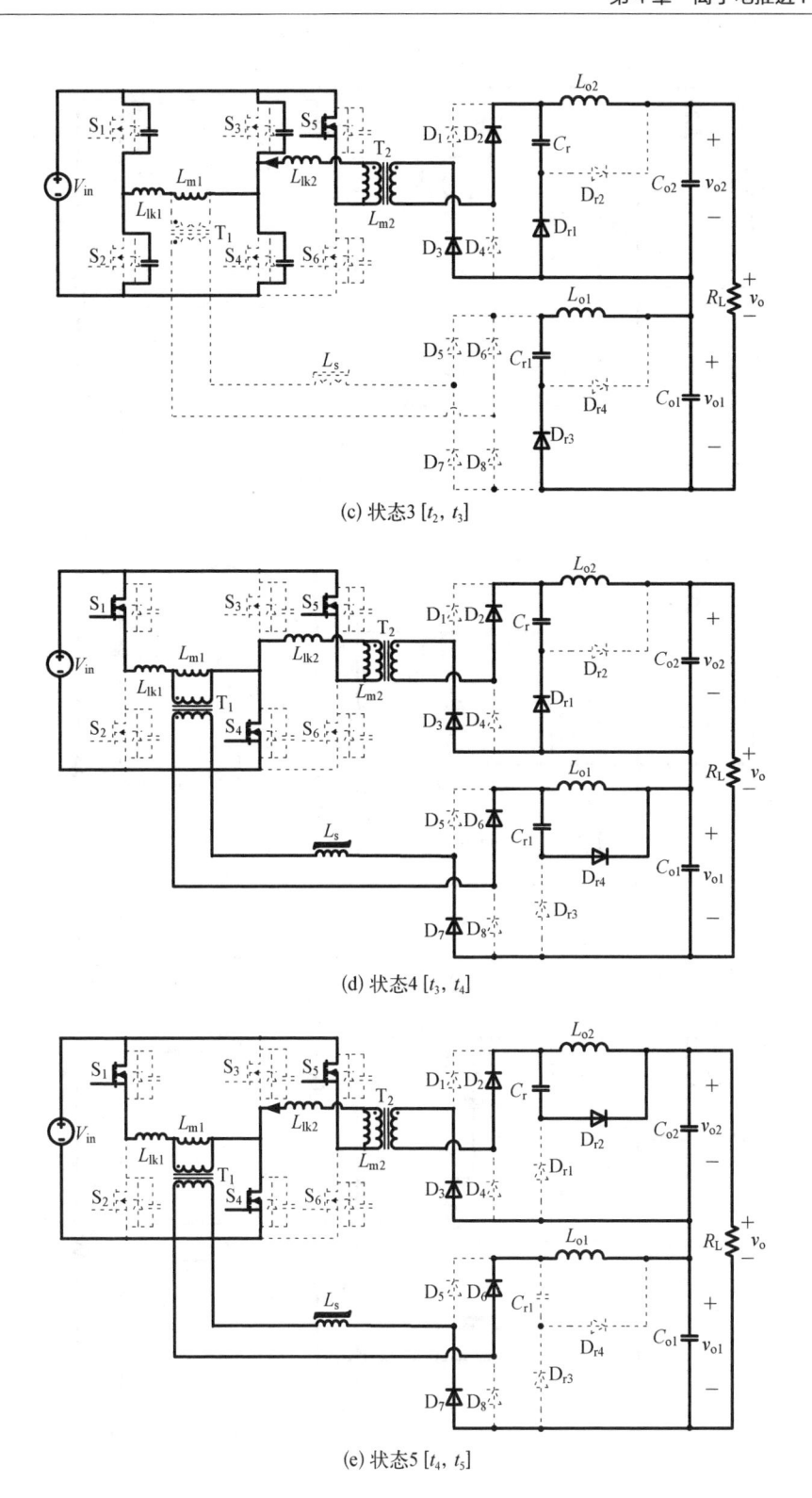

(d) 状态4 [t_3, t_4]

(e) 状态5 [t_4, t_5]

(f) 状态6 [t_5, t_6]

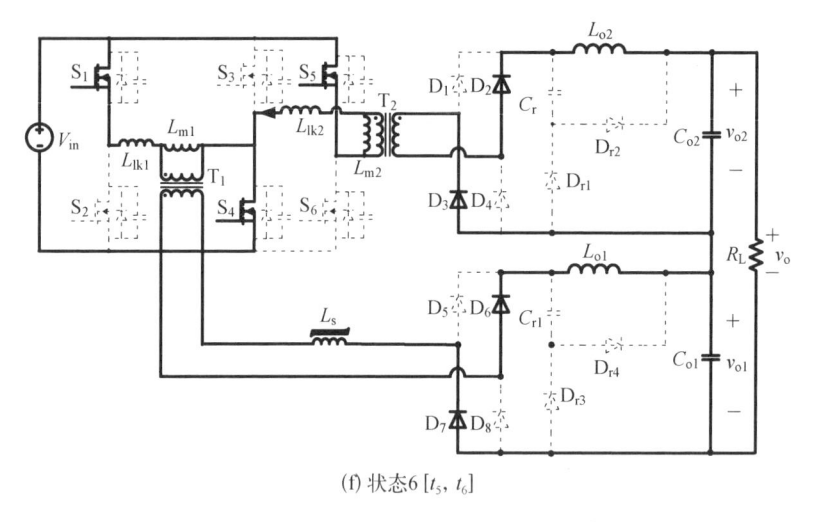

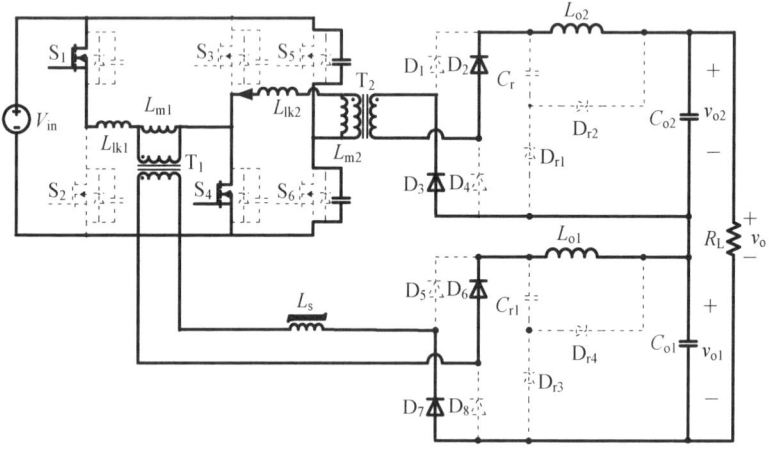

(g) 状态7 [t_6, t_7]

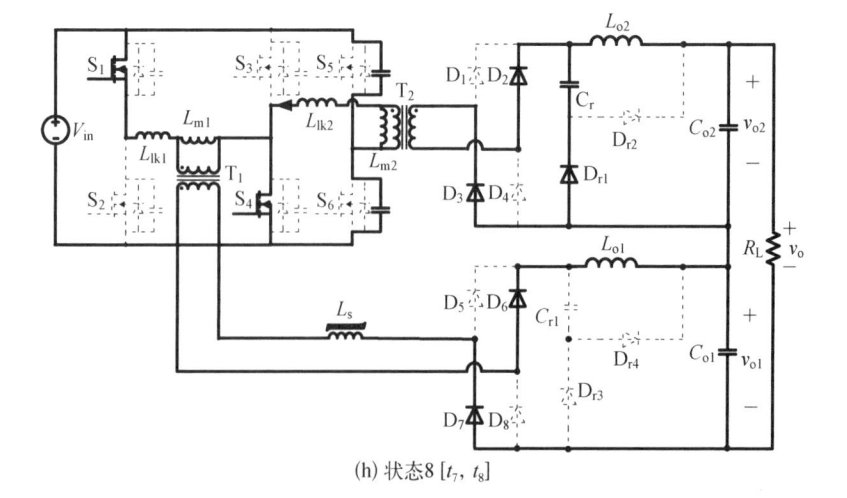

(h) 状态8 [t_7, t_8]

(i) 状态9 [t_8, t_9]

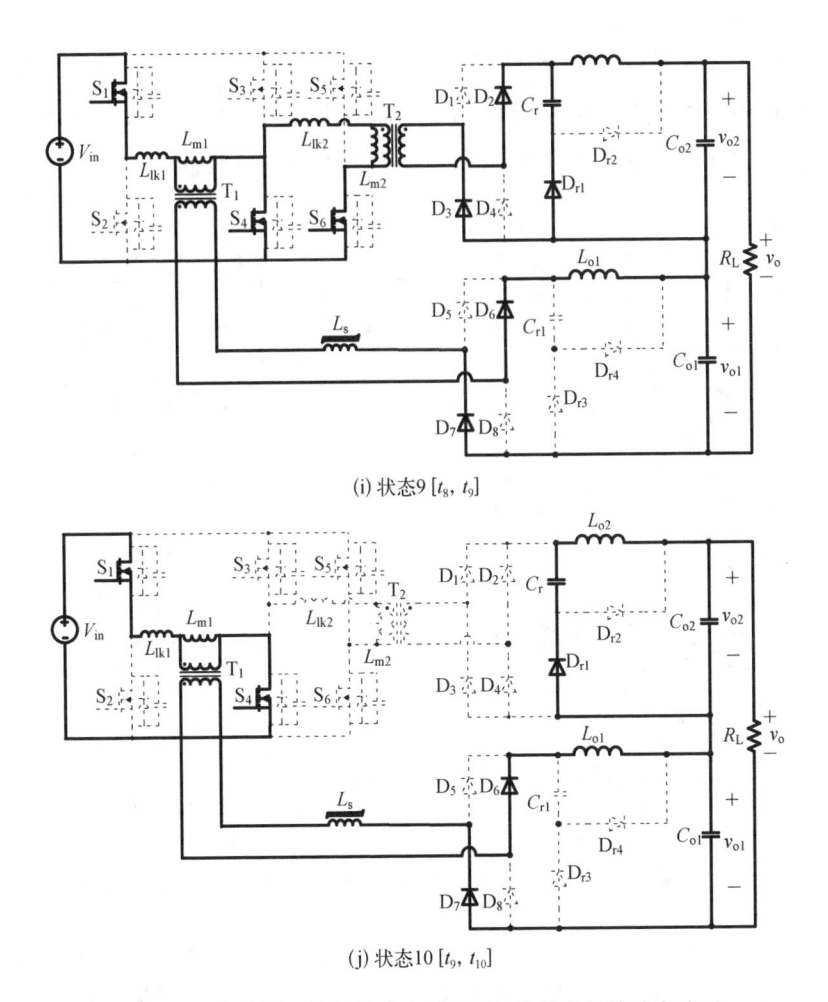

(j) 状态10 [t_9, t_{10}]

图 4-2　变换器工作于模式 1 时不同工作状态的等效电路图

1) 状态 1[$t_0 \leqslant t < t_1$]

当 $t = t_0$ 时,开关管 S_2 和 S_3 关断。此时,变压器 T_2 原边电流为零,变压器 T_1 原边电流 i_{p1} 开始对开关管 $S_1 \sim S_4$ 漏源极寄生电容充放电。则开关管 S_3 漏源极电压满足式(4-3):

$$\begin{cases} v_{S_3}(t) = \dfrac{k_1 i_{L_{o1}} + I_{L_{m1}}}{2C_{S_o}}(t - t_0) \\ I_{L_{m1}} = \dfrac{V_{in}}{2(L_{m1} + L_{lk1})} \dfrac{T_s}{2} \\ k_1 = \dfrac{N_{12}}{N_{11}} \end{cases} \quad (4-3)$$

其中，V_{in} 代表输入母线电压；k_1 代表变压器 T_1 原副边匝比；$i_{L_{o1}}$ 代表输出滤波电感 L_{o1} 上电流；$I_{L_{m1}}$ 代表变压器 T_1 激磁电感电流最大值；$v_{S_3}(t)$ 代表开关管 S_3 的漏源极电压；L_{m1} 及 L_{lk1} 分别代表分别变压器 T_1 的激磁电感及漏感。

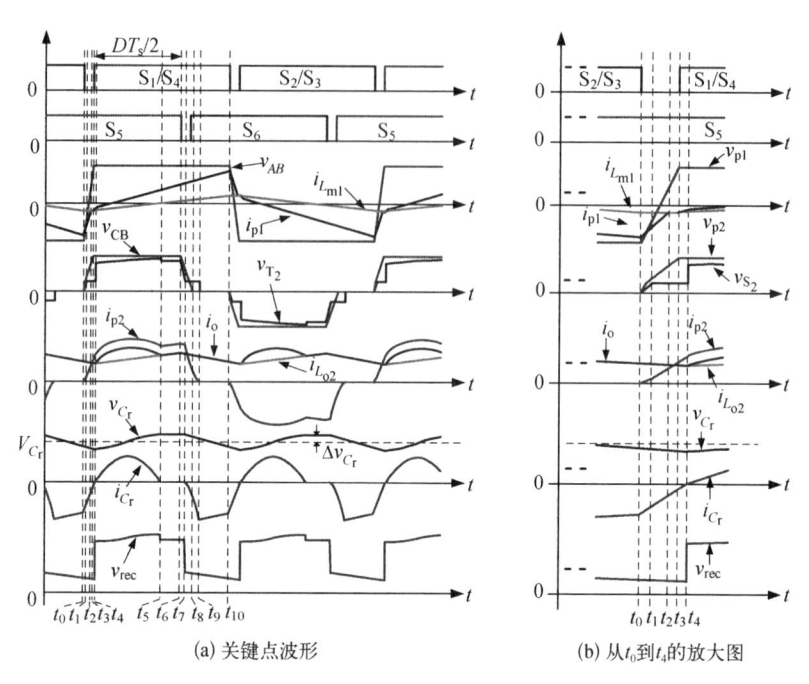

图 4-3 变换器工作于模式 1 时的关键点波形及其从 t_0 到 t_4 的放大示意图

(a) 关键点波形　　(b) 从 t_0 到 t_4 的放大图

由式（4-3）可知，在该状态下，开关管 S_3 漏源极电压逐渐增大，从而使变压器 T_2 两端电压接近线性增大。当变压器 T_2 副边绕组电压增大至谐振电容 C_r 两端电压时，该状态结束。

2) 状态 2[$t_1 \leqslant t < t_2$]

当 $t = t_1$ 时，二极管 D_2 及 D_3 导通，漏感 L_{lk2} 两端电压为开关管 S_3 漏源极电压与变压器 T_2 原边绕组电压之间的压差，则变压器 T_2 原边电流 i_{p2} 满足式（4-4）：

$$v_{S_3}(t) - \frac{v_{C_r}}{k_2} = L_{lk2}\frac{di_{p2}(t)}{dt} \quad (4-4)$$

其中，v_{C_r} 代表谐振钳位电容 C_r 两端电压；L_{lk2} 代表变压器 T_2 漏感；$i_{p2}(t)$ 代表变压器 T_2 原边电流。

3) 状态 3[$t_2 \leqslant t < t_3$]

在该状态下，由于漏感 L_{lk1} 较小，变压器 T_1 原边电流 i_{p1} 迅速下降至激磁电感电流 $i_{L_{m1}}$，饱和电抗器 L_s 由饱和导通状态转变成高阻状态。由于激磁电感 L_{m1} 相对较大,可认为激磁电流 $i_{L_{m1}}$ 在该过程中保持在最大值 $I_{L_{m1}}$ 不变。此时,开关管 S_2 及 S_3 漏源极两端电压需满足式(4-5):

$$\begin{cases} \dfrac{I_{L_{m1}}}{2} = C_{S_o} \dfrac{\mathrm{d}v_{S_2}(t)}{\mathrm{d}t} \\ \dfrac{I_{L_{m1}} - i_{p2}(t)}{2} = C_{S_o} \dfrac{\mathrm{d}v_{S_3}(t)}{\mathrm{d}t} \end{cases} \quad (4-5)$$

其中,$v_{S_2}(t)$代表开关管 S_2 漏源极电压;L_{lk2} 代表变压器 T_2 漏感;$i_{p2}(t)$ 代表变压器 T_2 原边电流。

由式(4-5)可看出,与开关管 S_2 相比,中间桥臂开关管 S_3 更难实现零电压开通。联立式(4-4)及式(4-5),变压器 T_2 原边电流 i_{p2} 及开关管 S_3 两端电压 $v_{S_3}(t)$ 满足式(4-6):

$$\begin{cases} i_{p2}(t) = I_{L_{m1}} - [I_{L_{m1}} - i_{p2}(t_2)]\cos[\omega_0(t-t_2)] + \dfrac{(V_{in}/2 - v_{C_r}/k_2)}{Z_0}\sin[\omega_0(t-t_2)] \\ v_{S_3}(t) = \dfrac{v_{C_r}}{k_2} + (V_{in}/2 - v_{C_r}/k_2)\cos[\omega_0(t-t_2)] + Z_0[I_{L_{m1}} - i_{p2}(t_2)]\sin[\omega_0(t-t_2)] \\ Z_0 = \sqrt{2C_{S_o}/L_{lk2}}, \omega_0 = 1/\sqrt{2L_{lk2}C_{S_o}} \end{cases}$$
$$(4-6)$$

其中,$i_{p2}(t_2)$ 代表当 $t = t_2$ 时变压器 T_2 的原边电流;Z_0 代表由漏感 L_{lk2} 及寄生电容 C_{S_o} 组成谐振网络的特征阻抗;ω_0 代表由漏感 L_{lk2} 及寄生电容 C_{S_o} 组成谐振网络的谐振角频。

当开关管 S_3 漏源极电容电压充电至输入母线电压,开关管 S_4 寄生二极管导通时,该状态结束。

4)状态 4[$t_3 \leq t < t_4$]

如图 4-2(d)所示,当 $t = t_3$ 时,开关管 S_1 及 S_4 零电压开通,饱和电抗器 L_s 处于饱和导通状态。二极管 D_{r4} 导通,变压器 T_1 原边漏感 L_{lk1} 开始与谐振电容 C_{r1} 谐振,全桥 FB_1 副边整流桥电压被钳位至谐振电容 C_{r1} 及输出滤波电容 C_{o1} 两端电压之和。此时变压器 T_2 漏感 L_{lk2} 两端电压为输入母线电压 V_{in} 与变压器 T_2 原边绕组电压之间的压差,因此变压器 T_2 原边电流迅速增大。

5)状态 5[$t_4 \leq t < t_5$]

当 $t = t_4$ 时,变压器 T_1 副边电流与输出电感 L_{o1} 上的电流相等,二极管 D_{r4} 关断。二极管 D_{r2} 开始导通,全桥 FB_2 副边整流电压被钳位,变压器 T_2 漏感 L_{lk2} 继续与电容 C_r 谐振。此时输出滤波电感 L_{o2} 两端电压为谐振电容 C_r 上的电压。

6) 状态 6 $[t_5 \leqslant t < t_6]$

当 $t = t_5$ 时,变压器 T_2 副边绕组电流与输出滤波电感 L_{o2} 上的电流相等,二极管 D_{r2} 关断。此时,两个全桥电路 FB_1 及 FB_2 都处于有源功率输出状态。当开关管 S_5 关断时,该状态结束。

7) 状态 7 $[t_6 \leqslant t < t_7]$

当 $t = t_6$ 时,开关管 S_5 关断。在该状态下,开关管 S_5 及 S_6 漏源极寄生电容通过变压器 T_2 原边电流 i_{p2} 充放电。由于输出滤波电感 L_{o2} 相对较大,可假设电流 $i_{L_{o2}}$ 在超前桥臂开关管 S_5 及 S_6 换流过程中保持不变,此时 S_5 与 S_6 漏源极电压分别为

$$\begin{cases} v_{S_5}(t) = \dfrac{i_{p2}(t_6)}{2C_{S_o}}(t - t_6) = \dfrac{k_2 i_{L_{o2}}(t_6)}{2C_{S_o}}(t - t_6) \\ v_{S_6}(t) = V_{in} - v_{S_5}(t) \end{cases} \quad (4-7)$$

其中,$v_{S_5}(t)$ 代表开关管 S_5 漏源极电压;$v_{S_6}(t)$ 代表开关管 S_6 漏源极电压。

当变压器 T_2 副边绕组电压下降至谐振电容 C_r 上的电压时,该状态结束。根据式(4-7),可得时间 t_7 为

$$t_7 = t_6 + \Delta t_{6,7} = t_6 + \dfrac{2C_{S_o}(V_{in} - v_{cr}/k_2)}{k_2 i_{L_{o2}}(t_6)} \quad (4-8)$$

其中,$\Delta t_{6,7}$ 代表变换器工作于状态 7 的时间。

8) 状态 8 $[t_7 \leqslant t < t_8]$

当 $t = t_7$ 时,二极管 D_{r1} 导通,此时变压器 T_2 漏感 L_{lk2} 两端电压为开关管 S_6 漏源极电压与变压器 T_2 原边绕组电压之差。则开关管 S_6 漏源极电压 $v_{S_6}(t)$ 与变压器 T_2 原边电流 $i_{p2}(t)$ 满足式(4-9):

$$\begin{cases} v_{S_6}(t) - \dfrac{v_{C_r}}{k_2} = L_{lk2} \dfrac{di_{p2}(t)}{dt} \\ \dfrac{i_{p2}(t)}{k_2} - i_{L_{o2}} = C_r \dfrac{dv_{C_r}}{dt} \end{cases} \quad (4-9)$$

根据式(4-9),可得 $v_{S_6}(t)$ 与 $i_{p2}(t)$ 为

$$\begin{cases} i_{p2}(t) = k_2 i_{L_{o2}}(t_6) \cos[\omega_0(t - t_7)] \\ v_{S_6}(t) = \dfrac{v_{C_r}}{k_2} - k_2 i_{L_{o2}}(t_6) Z_0 \sin[\omega_0(t - t_7)] \end{cases} \quad (4-10)$$

当开关管 S_6 漏源极电容电压放电至零，S_6 寄生二极管开通导通时，该状态结束。根据式(4-10)，可得时间 t_8 为

$$t_8 = t_7 + \Delta t_{7,8} = t_7 + \frac{1}{\omega_0}\sin^{-1}\left[\frac{2C_{S_o}\omega_0 v_{C_r}}{k_2^2 i_{L_{o2}}(t_6)}\right] \quad (4-11)$$

其中，$\Delta t_{7,8}$ 代表变换器工作于状态 8 的时间。

9) 状态 9 $[t_8 \leq t < t_9]$

当 $t = t_8$ 时，开关管 S_6 零电压开通。由图 4-2(i)可看出，此时漏感 L_{lk2} 两端电压为变压器 T_2 原边绕组电压。变压器 T_2 原边续流电流在该电压的作用下迅速减小至零。当电流 i_{p2} 减小至零时，该状态结束。

10) 状态 10 $[t_9 \leq t < t_{10}]$

在该状态下，开关管 S_4 与 S_6 导通，而变压器 T_2 原边电流为零。此时，输出滤波电感 L_{o2} 上的电流通过二极管 D_{r1} 及谐振电容 C_r 续流。当开关管 S_1 及 S_4 关断时，该状态结束，下半个对称的开关周期开始。

2. 工作模式 2

本章所提出的变换器工作于模式 2 时在一个开关周期内的关键波形如图 4-4 所示。由图 4-4 可看出，当变换器工作于模式 2 时，其工作状态与工作于模式 1 时基本相同。唯一不同的是，变换器工作于模式 2 时无工作状态 6，这是由于当开

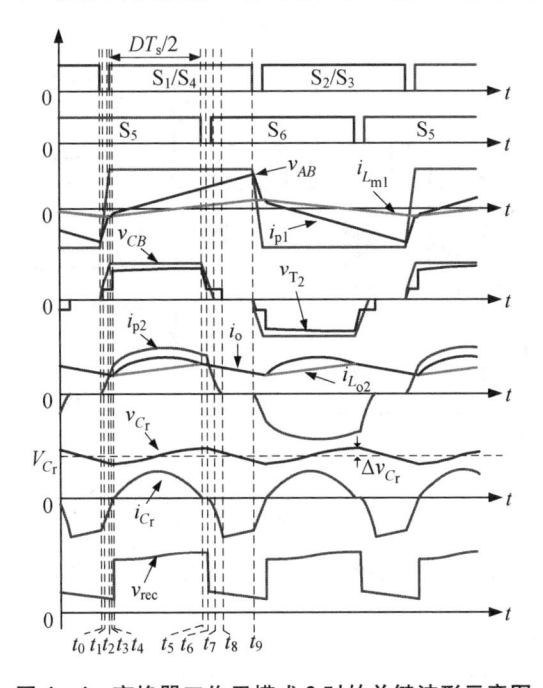

图 4-4 变换器工作于模式 2 时的关键波形示意图

关管 S_5 关断时,谐振电容 C_r 上电流刚好下降至零。

3. 工作模式 3

在该工作模式下,本章所提出的变换器存在 9 种工作状态,其中除了状态 6 及状态 7,其余的工作状态与工作模式 1 时相同,因此本节只对状态 6 及状态 7 作详细分析。在该模式下,变换器状态 6 及状态 7 的等效电路原理图见图 4-5。带谐振钳位电路的高压输出变换器在该模式下一个开关周期内的关键波形示意图如图 4-6 所示。

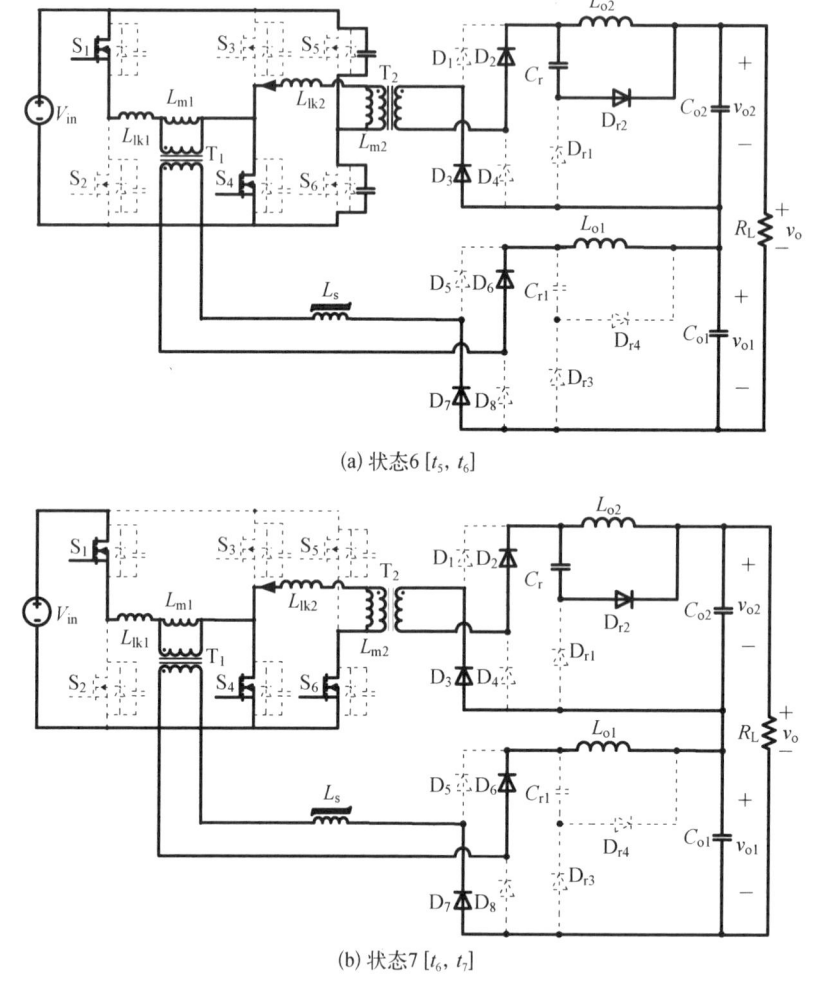

(a) 状态6 [t_5, t_6]

(b) 状态7 [t_6, t_7]

图 4-5 变换器工作于模式 3 时的等效电路图

1) 状态 6 [$t_5 \leqslant t < t_6$]

当 $t = t_5$ 时,开关管 S_5 关断。由图 4-5(a)可知,此时变压器 T_2 副边电流为输

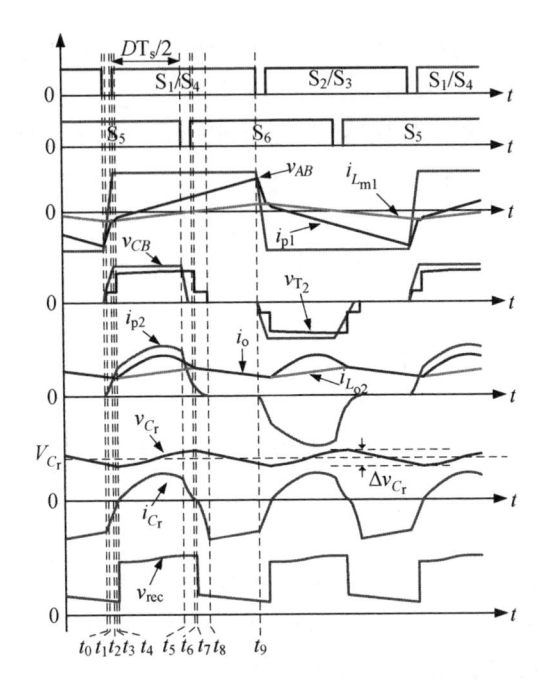

图 4-6 变换器工作于模式 3 时的关键波形示意图

出滤波电感电流与谐振电容电流之和,开关管 S_5 及 S_6 漏源极寄生电容通过变压器 T_2 原边电流充放电。当 S_6 漏源极寄生电容完全放电,其寄生二极管导通时,该状态结束。

2) 状态 7 $[t_6 \leq t < t_7]$

当 $t = t_6$ 时,开关管 S_6 零电压导通。由图 4-6(b)可知,此时变压器 T_2 副边电压为谐振电容 C_r 电压与输出电容 C_{o2} 电压之和。变压器 T_2 原边副边电流 i_{p2} 在该电压的作用下迅速减小。当 i_{p2} 减小至 $n_2 i_{L_{o2}}$ 时,二极管 D_{r1} 开始导通,该状态结束。

4.2.2 拓扑参数设计原则及软开关条件分析

1. 变压器匝数设计原则

带谐振钳位电路高压输出变换器总输出电压为两个全桥电路输出电压之和。为简化分析,忽略开关管死区时间,则总输出电压为

$$v_o = v_{o1} + v_{o2} = (k_1 + k_2 D) V_{in} \qquad (4-12)$$

其中,v_o 代表变换器总输出电压;v_{o1} 代表全桥 FB1 输出电压;v_{o2} 代表全桥 FB2 输出电压。

由式(4-12)可知,可通过调整全桥 FB2 对管导通占空比 D 来控制变换器总输出电压,同时可根据变换器输入及输出电压的波动范围确定主功率变压器的匝

比。变压器 T_1 的匝比需确保当输入母线电压最大时 T_1 副边电压小于或者等于变换器的最小输出电压，而变压器 T_2 的匝比需确保当输入母线电压最小时两变压器副边电压之和大于或者等于变换器最大输出电压。由以上分析可知，变压器 T_1 及 T_2 的匝比满足式(4-13)：

$$\begin{cases} k_1 \leqslant \dfrac{v_{\text{o,min}}}{v_{\text{in,max}}} \\ k_2 \geqslant \dfrac{v_{\text{o,max}} - k_1 v_{\text{in,min}}}{v_{\text{in,min}}} \end{cases} \quad (4-13)$$

其中，$v_{\text{o,min}}$、$v_{\text{o,max}}$、$v_{\text{in,max}}$ 及 $v_{\text{in,min}}$ 分别代表变换器最小输出电压、变换器最大输出电压、最大输入母线电压及最小输入母线电压。

2. 开关管软开关条件分析

当输出功率相同时，输出电压越高，变换器线路上的电流就越小，开关管就越难实现零电压开通。因此，当输出功率相同，本章所提出的变换器工作于模式 1 时，开关管实现零电压开通的难度最大。图 4-2(g)~(h)给出了变换器工作于模式 1 时超前桥臂开关管零电压开通过程的等效电路图，可看出当开关管 S_5 关断后，S_5 及 S_6 漏源极电容通过变压器 T_2 原边电流 i_{p2} 充放电，此时 i_{p2} 为输出滤波电感电流折射至变压器 T_2 原边的电流。变压器 T_2 副边电压在该过程中线性下降，当该电压下降至谐振电容 C_r 电压时，二极管 D_{r1} 导通，漏感 L_{lk2} 开始与开关管漏源极电容谐振，为超前桥臂开关管零电压导通提供能量。根据以上分析并结合图 4-2(g)~(h)可知，为使超前桥臂开关管 S_5 及 S_6 能够实现软开关，变压器 T_2 原边电流需满足式(4-14)：

$$\frac{1}{2}L_{\text{lk2}}[i_{\text{p2}}(t_6)]^2 = \frac{1}{2}L_{\text{lk2}}[k_2 i_{L_{\text{o2}}}(t_6)]^2 \geqslant C_{S_o}\left(\frac{v_{C_r}}{k_2}\right)^2 \quad (4-14)$$

根据式(4-14)及图 4-2(g)~(h)，可得超前桥臂开关管 S_5 及 S_6 的软开关条件为

$$\begin{cases} i_{L_{\text{o2}}}(t_6) \geqslant \dfrac{v_{C_r}}{k_2^2}\sqrt{\dfrac{C_{S_o}}{L_{\text{lk2}}}} \\ i_{L_{\text{o2}}}(t_6) = \bar{I}_{L_{\text{o2}}} + \dfrac{v_{\text{o2}} - v_{C_r}}{L_{\text{o2}}}\dfrac{(1-D)T_s}{4} \end{cases} \quad (4-15)$$

其中，$\bar{I}_{L_{\text{o2}}}$ 代表输出滤波电感平均电流。

同时，开关管 S_5 及 S_6 漏源极电容需在死区时间内完成充放电，根据式(4-8)及式(4-11)，可得超前桥臂开关管死区时间需满足：

$$t_{\text{d, leading}} > \Delta t_{6,7} + \Delta t_{7,8} = \frac{2C_{S_o}\left(V_{\text{in}} - \dfrac{v_{C_r}}{k_2}\right)}{k_2 i_{L_{o2}}(t_6)} + \frac{1}{\omega_0}\sin^{-1}\left[\frac{v_{C_r}}{k_2}\frac{2C_{S_o}\omega_0}{k_2 i_{L_{o2}}(t_6)}\right] \tag{4-16}$$

其中,$t_{\text{d, leading}}$代表超前桥臂开关管死区时间。

与超前桥臂开关管不同,本章所提出拓扑滞后桥臂开关管 $S_1 \sim S_4$ 采用变压器 T_1 的激磁电感电流实现零电压开通。图 4-2(a)~(c)给出了滞后桥臂开关管的软开关过程。由图 4-3、图 4-4 及图 4-6 可看出,在滞后桥臂开关管软开关过程中,T_1 原边电流下降至激磁电流,此时饱和电感上无电流,处于关断状态。此时,T_1 副边开路,因此只有变压器 T_1 激磁电流参与滞后桥臂开关软的开关过程。同时还可看出,左桥臂开关管(S_1 和 S_2)与中间桥臂开关管(S_3 及 S_4)漏源极寄生电容的充放电电流不同,分别为 $I_{L_{m1}}$ 及 $I_{L_{m1}} - i_{p2}$。但由于变压器 T_2 原边电流 i_{p2} 在该开关过程中相对较小,为简化分析,可将其忽略,则本章所提出的变换器滞后桥臂开关管零电压开通条件为

$$\frac{1}{2}(L_{\text{m1}} + L_{\text{lk1}})I_{\text{Lm1}}^2 \geqslant 2C_{S_o}V_{\text{in}}^2 \tag{4-17}$$

联立式(4-3)及式(4-17),可得变压器 T_1 激磁电感 L_{m1} 需满足式(4-18):

$$L_{\text{m1}} \leqslant \frac{T_s^2}{64 C_{S_o}} - L_{\text{lk1}} \tag{4-18}$$

为确保滞后桥臂开关管能够实现零电压开通,其死区时间需满足式(4-19):

$$t_{\text{d, lagging}} \geqslant \frac{2C_{S_o}V_{\text{in}}}{I_{\text{Lm1}}} = \frac{8C_{S_o}(L_{\text{m1}} + L_{\text{lk1}})}{T_s} \tag{4-19}$$

其中,$t_{\text{d, lagging}}$代表滞后桥臂开关管死区时间。

由式(4-18)及式(4-19)可看出,激磁电感 L_{m1} 及死区时间 $t_{\text{d, lagging}}$ 的取值与负载电流及输入母线电压无关。因此,当 L_{m1} 及 $t_{\text{d, lagging}}$ 取值合理时,滞后桥臂开关管能够在全负载范围内实现零电压开通。

3. 谐振钳位电容对副边整流二极管电压的钳位作用分析

当传统移相全桥变换器滞后桥臂开关管开通,即变换器由续流阶段转变成对管导通阶段时,变压器漏感与副边整流二极管寄生电容谐振,从而导致整流二极管两端电压尖峰较大。为减小副边二极管电压尖峰,带谐振钳位电路的高压输出变换器在输出整流桥两端并联了一个谐振钳位电路。根据图 2-3、图 2-4 及图 2-6,全桥 FB2 副边整流二极管电压最大值为

$$v_{\text{rec,max}} = \bar{v}_{C_r} + \Delta v_{C_r} + v_{o2} \qquad (4-20)$$

其中,$v_{\text{rec,max}}$ 代表全桥 FB2 副边整流二极管电压最大值;$\bar{v}_{C_r}$ 代表谐振电容 C_r 上的电压平均值;Δv_{C_r} 代表谐振电容 C_r 上的电压纹波。

谐振电容 C_r 两端平均电压满足式(4-21):

$$\bar{v}_{C_r} = k_2 V_{\text{in}} - v_{o2} \qquad (4-21)$$

将式(4-21)代入式(4-20),可得全桥 FB2 副边整流二极管电压最大值为

$$v_{\text{rec,max}} = k_2 V_{\text{in}} + \Delta v_{C_r} \qquad (4-22)$$

当全桥 FB2 工作于续流导通阶段时,谐振电容 C_r 通过二极管 D_{r1} 向负载馈送功率,谐振电容 C_r 两端电压逐渐减小,可知谐振电容 C_r 上的电压纹波为

$$\Delta v_{C_r} = \frac{i_L(1-D)T_s}{4C_r} \qquad (4-23)$$

其中,i_L 代表变换器负载电流。

由式(4-22)及式(4-23)可知,全桥 FB2 副边整流二极管两端最大电压随着谐振电容 C_r 的增大而减小,为使整流二极管电压应力满足要求,谐振电容 C_r 需满足式(4-24):

$$C_r \geqslant \frac{i_L(1-D)T_s}{4(v_{\text{rec,max}} - k_2 V_{\text{in}})} \qquad (4-24)$$

为确保全桥 FB2 原边续流电流能够迅速减小至零,谐振电容 C_r 上的电压应不能减小至零,则电容 C_r 需满足:

$$C_r \geqslant \frac{i_L(1-D)T_s}{4(k_2 V_{\text{in}} - v_{o2})} \qquad (4-25)$$

联立式(4-24)及式(4-25),可得

$$C_r \geqslant \max\left[\frac{i_L(1-D)T_s}{4(v_{\text{rec,max}} - k_2 V_{\text{in}})}, \frac{i_L(1-D)T_s}{4(k_2 V_{\text{in}} - v_{o2})}\right] \qquad (4-26)$$

4.2.3 输出电流纹波对比分析

图 4-7 为传统移相全桥(phase shift full bridge,PSFB)变换器及全桥 FB2 副边整流桥两端电压和输出电感电流对比图。假设传统移相全桥变换器与全桥 FB2 的输出电压都为 v_{o2},输出滤波电感都为 L_{o2},且谐振电容 C_r 足够大,无电压纹波,由图 4-7 可得两者输出滤波电感电流纹波满足式(4-27):

$$\begin{cases} \Delta i_{1\text{pk}}(M) = \dfrac{k_2 V_{\text{in}} T_s}{4 L_{o2}} M(1-M) \\ \Delta i_{2\text{pk}}(M) = \dfrac{k_2 V_{\text{in}} T_s}{4 L_{o2}} \dfrac{(1-M)(2M-1)}{M} \\ M = \dfrac{v_{o2}}{k_2 V_{\text{in}}} \end{cases} \quad (4-27)$$

其中,$\Delta i_{1\text{pk}}(M)$ 代表传统移相全桥变换器输出滤波电感纹波电流;$\Delta i_{2\text{pk}}(M)$ 代表全桥 FB2 输出滤波电感纹波电流;M 代表直流电压增益。

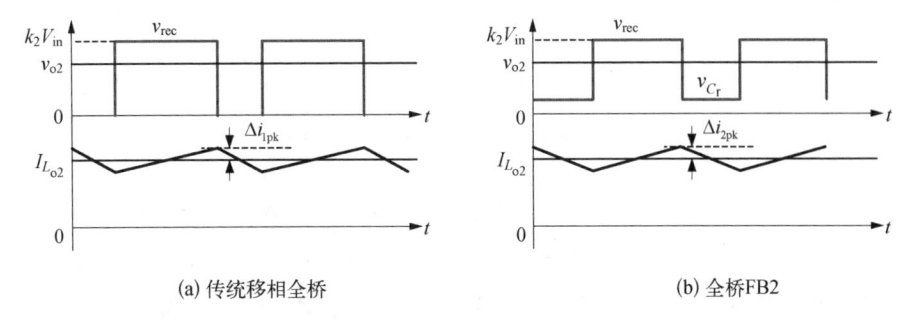

图 4-7 副边整流桥两端电压及输出电感电流对比示意图

(a) 传统移相全桥　　(b) 全桥FB2

由式(4-27)可得,传统移相全桥变换器与全桥 FB2 输出滤波电感纹波电流之比为

$$\text{CRR} = \frac{\Delta i_{2\text{pk}}(M)}{\Delta i_{1\text{pk}}(M)} = \frac{2M-1}{M^2} \quad (4-28)$$

根据式(4-27)及式(4-28),图 4-8 给出了传统移相全桥变换器及全桥 FB2 输出滤波电感归一化电流纹波及纹波电流比随电压增益 M 的变化曲线图。由图 4-8 可知,与传统移相全桥变换器相比,全桥 FB2 输出滤波电感纹波电流在较宽的电压增益范围内都相对较小,也就是说,在相同的纹波电流条件下,全桥 FB2 所需的输出滤波电感值更小。

图 4-9 为全桥 FB1 副边整流桥两端电压及输出滤波电感电流波形图。由图 4-9 可知,全桥 FB1 输出滤波电感电流纹波满足式(4-29):

$$\begin{cases} \Delta i_{\text{pk}, L_{o1}} = \dfrac{(v_{o1} - v_{C_{r1}})(t_{\text{d, lagging}} + t_{\text{d, loss}})}{2 L_{o1}} \\ t_{\text{d, loss}} = \dfrac{N_{L_s} B_{L_s} A_{L_s}}{k_1 V_{\text{in}}} + \dfrac{L_{\text{lk1}}(k_1 i_{L_{o1}} - I_{L_{m1}})}{V_{\text{in}}} \end{cases} \quad (4-29)$$

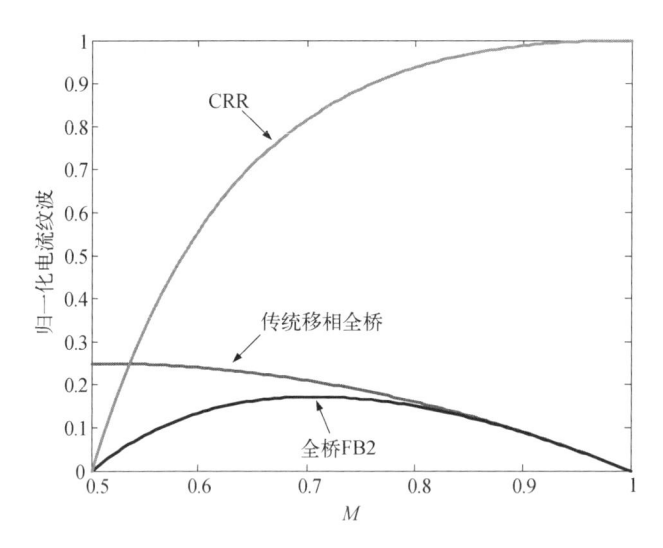

图 4-8 输出滤波电感归一化电流纹波及纹波电流比变化曲线图

其中,$\Delta i_{pk,L_{o1}}$表示全桥 FB1 输出滤波电感电流纹波;v_{o1}表示全桥 FB1 输出电压;$v_{C_{r1}}$表示谐振钳位电容 C_{r1} 两端电压;$t_{d,loss}$代表全桥 FB1 占空比丢失时间;N_{L_s}代表饱和电抗器 L_s 匝数;B_{L_s}代表饱和电抗器 L_s 饱和磁通;A_{L_s}代表饱和电抗器 L_s 磁芯有效横截面积。

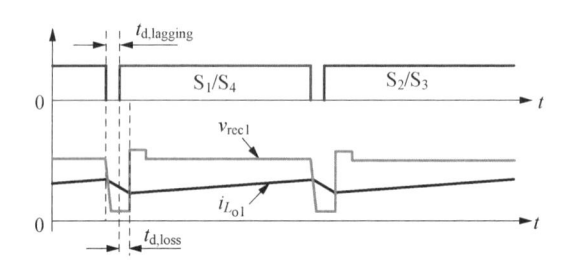

图 4-9 全桥 FB1 副边整流桥两端电压及输出滤波电感电流波形示意图

由式(4-29)可知,由于采用饱和电抗器辅助滞后桥臂开关管实现零电压开通,全桥 FB1 占空比丢失问题变得更为严重,从而使输出滤波电感电流纹波稍有增大。然而,由于全桥 FB1 对管导通,死区时间 $t_{d,lagging}$ 及占空比丢失时间 $t_{d,loss}$ 相对较小,输出滤波电感纹波电流 $\Delta i_{pk,L_{o1}}$ 还是相对较小。

4.2.4 实验验证及分析

为了验证本章所提出拓扑的性能,搭建原理样机并进行实验分析,样机采用 TopCon 公司的 TC.P.20.800.400.PV.HMI 型电源供电,实验结果采用 Tektronix

公司的 TDS3034C 型数字存储示波器进行监测,实物照片如图 4-10 所示。图 4-11 为实验系统框图,表 4-2 列出了原理样机相关系统参数。由图 4-11 可知,原理样机采用电压模式控制,控制芯片为德州仪器公司的 UCC2895。

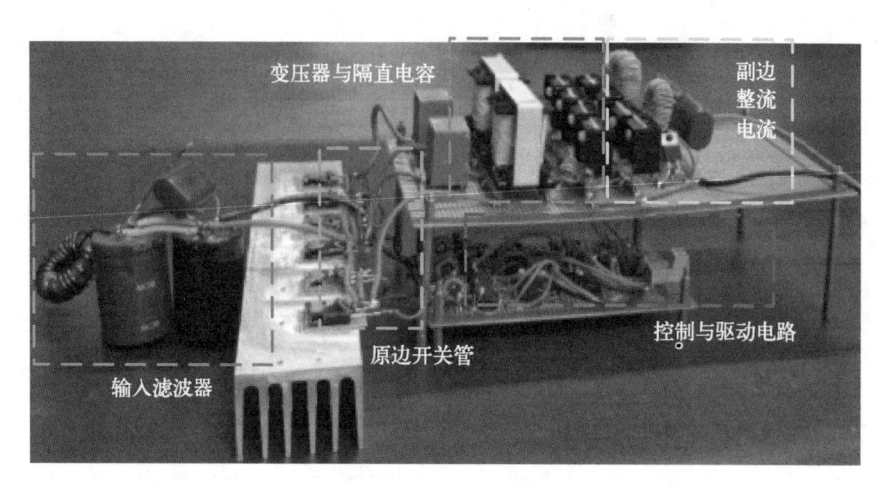

图 4-10 原理样机照片

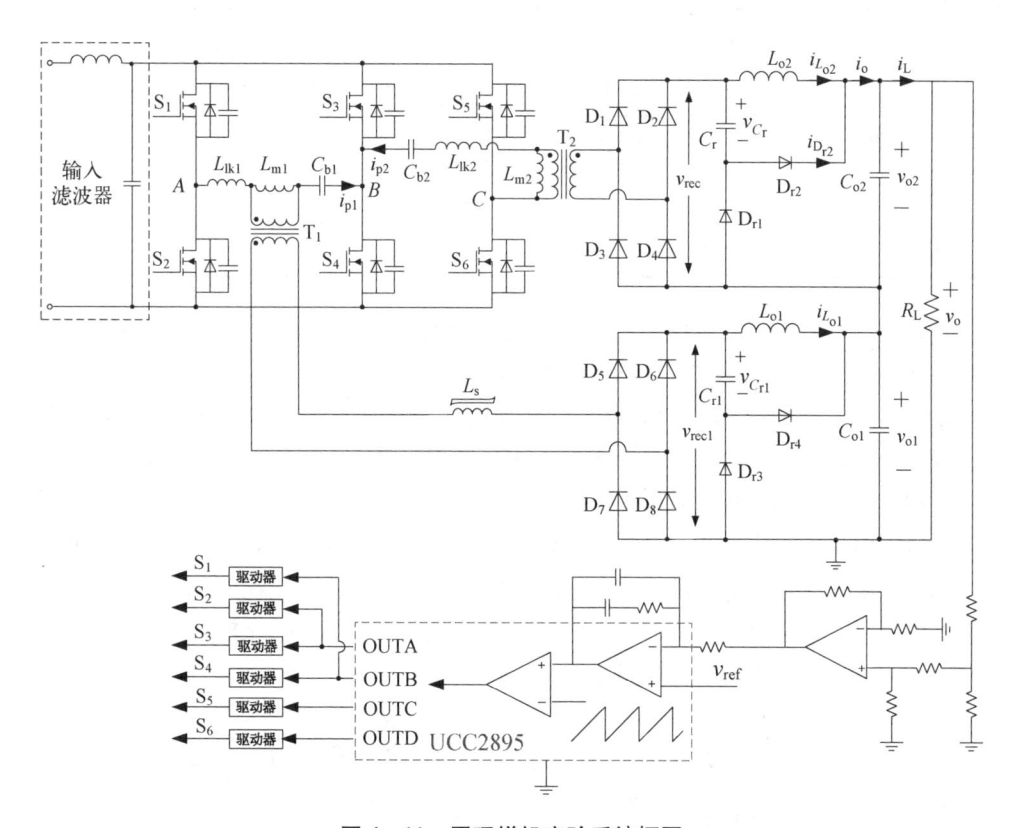

图 4-11 原理样机实验系统框图

表 4-2 实验样机的主要参数

参　　数	型号/数值
最大输出功率 $P_{o,max}$	1 kW
输入电压 V_{in}	80~110 V
输出电压 v_o	500~700 V
开关频率 f_s	100 kHz
主功率开关管 S_1~S_8	IRFP90N20D,200 V/94 A,$R_{ds,on}$ = 0.023 Ω
变压器 T_1	飞磁 E42/21/15-3C95 磁芯,N_{11} = 14,N_{12} = 49,L_{lk1} = 2.5 μH,L_{m1} = 40 μH
隔直电容 C_{b1} 和 C_{b2}	15 μF/250 V
整流二极管 D_1~D_8	IDW30G65C5
输出滤波电感 L_{o1}	阿诺德 MS-090060-2 铁硅铝磁芯,匝数 41,L_{o1} = 85 μH
输出滤波电感 L_{o2}	阿诺德 MS-130060-2 铁硅铝磁芯,匝数 79,L_{o2} = 382 μH
饱和电感 L_s	飞磁 TN9/6/3 磁芯,匝数 7
变压器 T_2	飞磁 E42/21/15-3C95 磁芯,N_{11} = 14,N_{12} = 80,L_{lk2} = 6.4 μH,L_{m2} = 1 mH
输出滤波电容 C_{o1} 和 C_{o2}	4.7 μF/630 V
二极管 D_{r1}~D_{r4}	MUR1560
谐振电容 C_r 和 C_{r1}	33 nF/1 200 V

图 4-12 为带谐振钳位电路的高压输出变换器在三种不同工作模式下的关键实验波形图,其中 $i_{L_{o2}}$ 为输出滤波电感电流,v_{CB} 为逆变桥输出电压,i_{p2} 为变压器 T_2 原边电流,v_{rec} 为全桥 FB2 副边整流桥两端电压。由图 4-12 可看出,由于采用了谐振钳位电路,全桥 FB2 副边整流二极管两端无电压尖峰,电压应力较低;变压器 T_2 原边无续流电流,从而大大减小了变换器原边续流导通损耗。图 4-13 给出了全桥 FB1 输出滤波电感电流 $i_{L_{o1}}$ 及副边整流桥电压 v_{rec1} 波形图,从图中可看出全桥 FB1 副边整流桥两端电压被钳位,无电压尖峰。由以上分析可看出,本章所提出的变换器副边二极管电压应力较小,因此可采用耐压较低导通压降较小的二极管,从而进一步减小变换器的导通损耗。

图 4-14 和图 4-15 给出了当 V_{in} = 100 V,v_o = 600 V 时,变换器工作于不同负载时的主功率开关管软开关波形及原边电压电流波形图,其中 v_{S_1}、v_{S_3} 及 v_{S_5} 为开关管漏源极电压波形,v_{g1}、v_{g3} 及 v_{g5} 为开关管驱动电压波形,i_{S_1}、i_{S_3} 及 i_{S_5} 为开关管

(a) 模式1

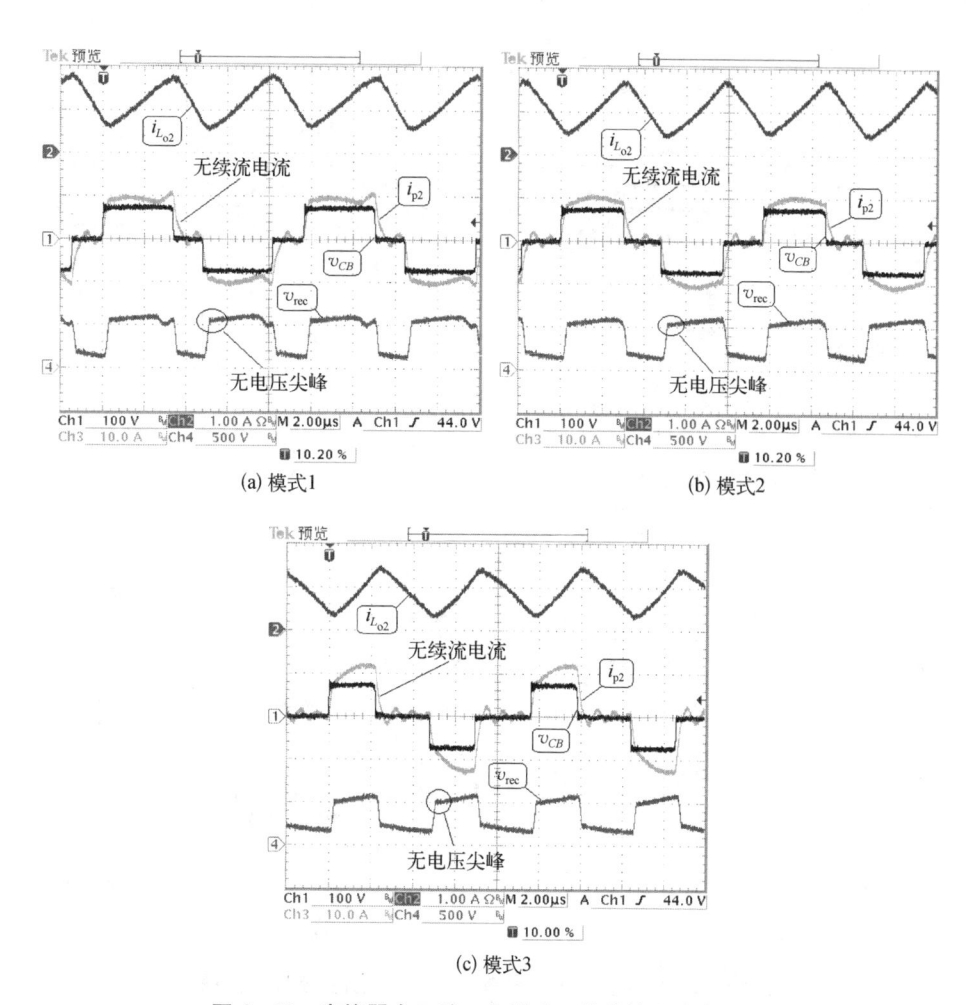

(b) 模式2

(c) 模式3

图 4-12 变换器在三种工作模式下的关键实验波形图

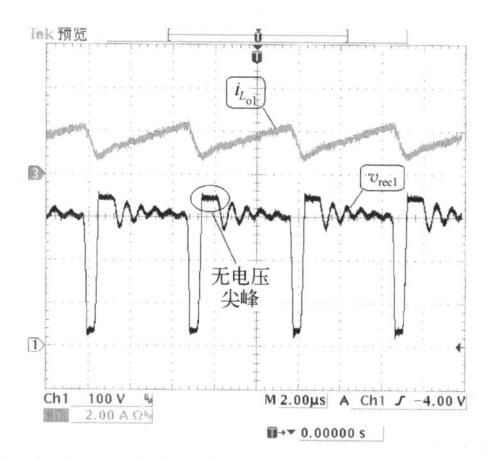

图 4-13 输出滤波电感电流 $i_{L_{o1}}$ 及副边整流桥电压 v_{rec1} 波形图

(a) S_5 开关波形图

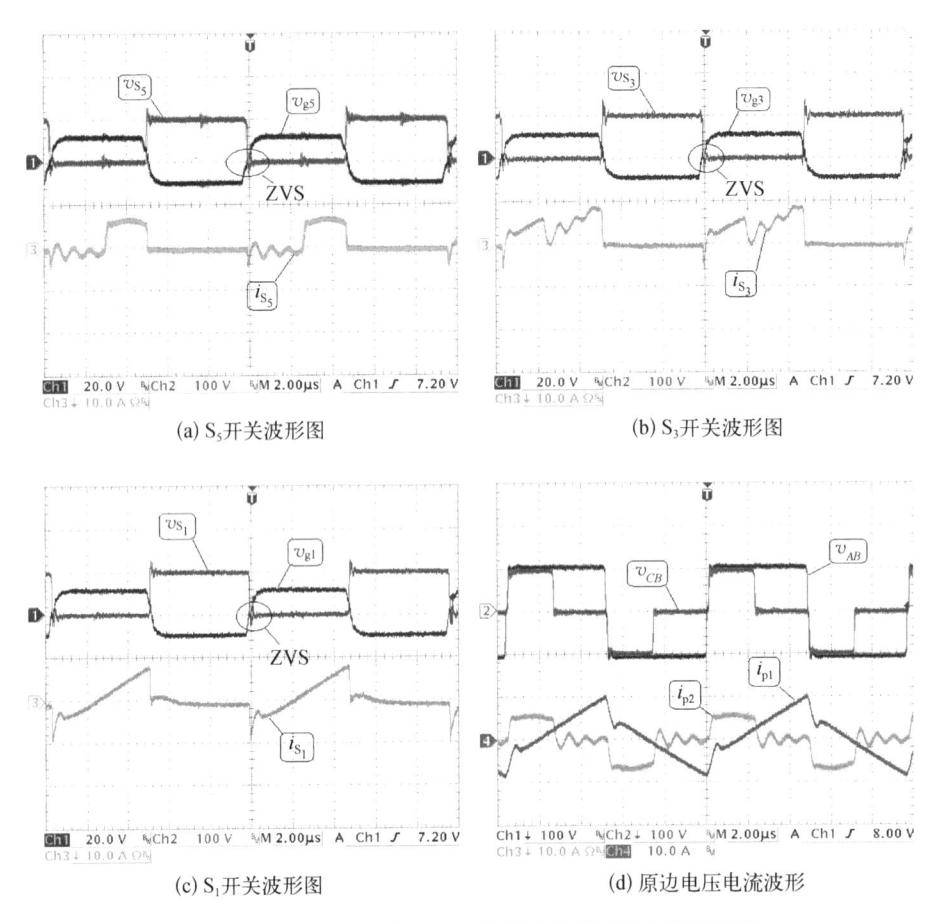

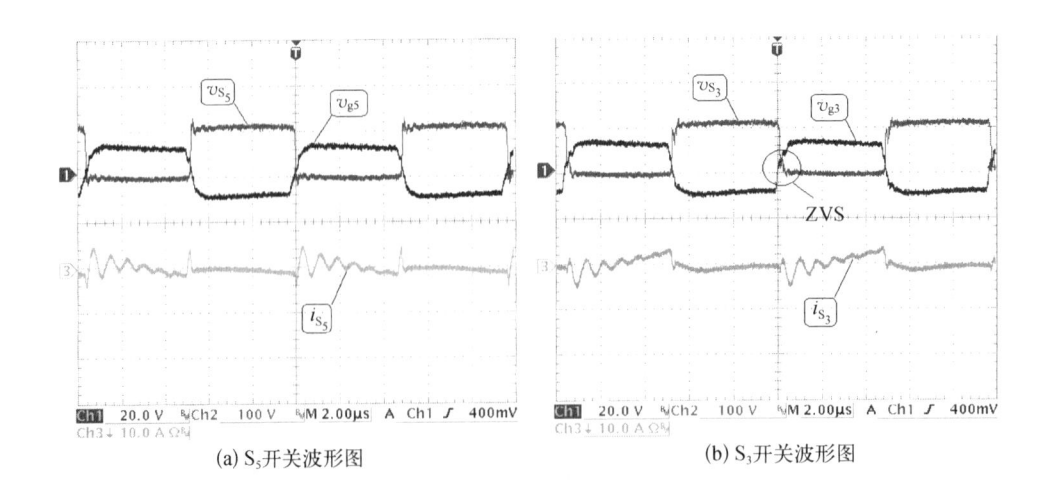

(b) S_3 开关波形图

(c) S_1 开关波形图

(d) 原边电压电流波形

图 4-14 变换器工作于 50% 负载时的软开关实验波形图

(a) S_5 开关波形图

(b) S_3 开关波形图

(c) S₁开关波形图　　　　　　　　　(d) 原边电压电流波形

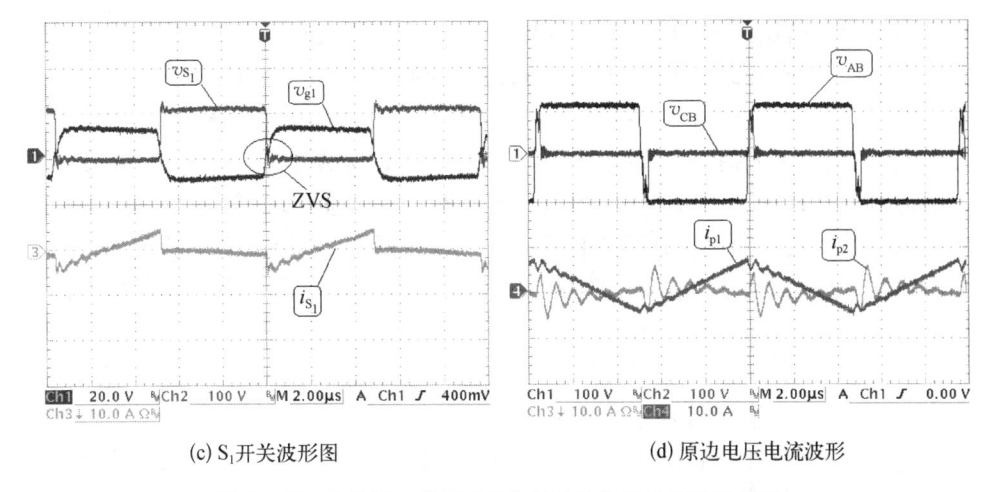

图 4‑15　变换器工作于 2% 负载时的软开关实验波形图

电流波形。由图 4‑14 和图 4‑15 可看出,在主功率开关管导通之前,开关管上电流为负,开关管漏源极电压迅速下降至零,寄生二极管续流导通。由以上分析可知,本章所提出的变换器主功率开关管能够在非常宽的负载范围内实现零电压开通。

图 4‑16 给出了变换器在不同输出电压情况下的效率曲线。由图 4‑16 可看出,本章所提出的变换器在较宽的负载范围内都能有较高的效率,且当输出功率为 1 kW,输出电压为 700 V 时,变换器效率达到最大值 95.5%。

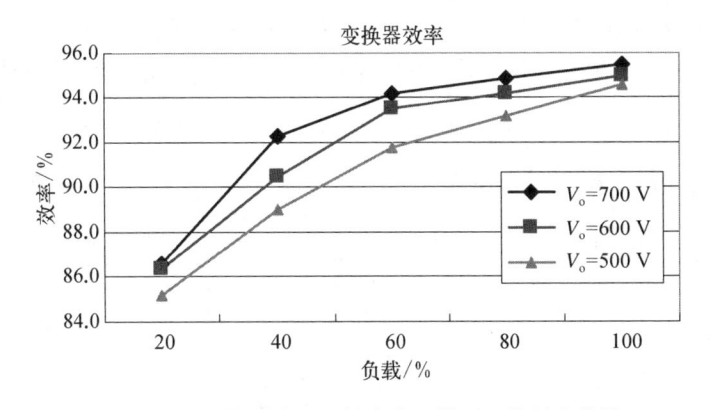

图 4‑16　变换器在不同输出电压情况下的效率曲线

4.3　混合谐振及 PWM 高压输出屏栅电源

针对电流馈电移相全桥变换器滞后桥臂开关管无法实现零电压开通(ZVS)的问题及大功率高电压输出的需求,本节提出了一种适用于离子电推进 PPU 系统屏栅电源的混合谐振及 PWM 高压输出变压器,该变换器具有以下特点:整流二极管两端无电压尖峰,不需要电压钳位电路,而且变换器输出端采用串联结构,副边二极管电压应力较小;所有主功率开关管均能在宽负载范围内实现零电压开通,开关损耗较小,从而大大提高了变换器效率;将功率电感集成于主功率变压器中,减少了磁性器件的数量。本节详细分析了该变换器的工作原理,对变换器直流增益、功率电感工作模式及开关管软开关特性进行了深入的研究,给出了主功率变压器磁集成方案。最后,通过实验结果验证了本章所提出的变换器在高压输出场合的适用性。

4.3.1 变换器工作原理分析

适用于氙离子电推进 PPU 系统屏栅电源的混合谐振及 PWM 高压输出变换器拓扑结构图如图 4-17 所示。该拓扑由两部分组成:一部分是电流馈电移相全桥电路(current-driven phase shift full bridge circuit, CD - PSFB),另一部分为半桥 LLC 谐振电路(LLC half-bridge resonant circuit, LLC - HBC)。由图 4-17 可知,两者共用滞后桥臂开关管 S_3 及 S_4,从而使 S_3 及 S_4 能够实现全负载范围的零电压开通。这是由于电流馈电移相全桥电路原边电感工作于断续模式,无法为滞后桥臂开关管提供软开关无功电流。而当两个电路共用滞后桥臂开关管后,滞后桥臂开关管采用 LLC 谐振电路功率变压器激磁电流来实现软开关。由于该电流不受负载影响,当该电流设计合理时,滞后桥臂开关管完全能够在空载条件下实现零电压开通。从图 4-17 还可看出,两个电路的连接方式类似于输入并联输出串联(input parallel output series, IPOS)结构,该连接方式使本章所提出的变换器较适用于大功率高压输出场合。

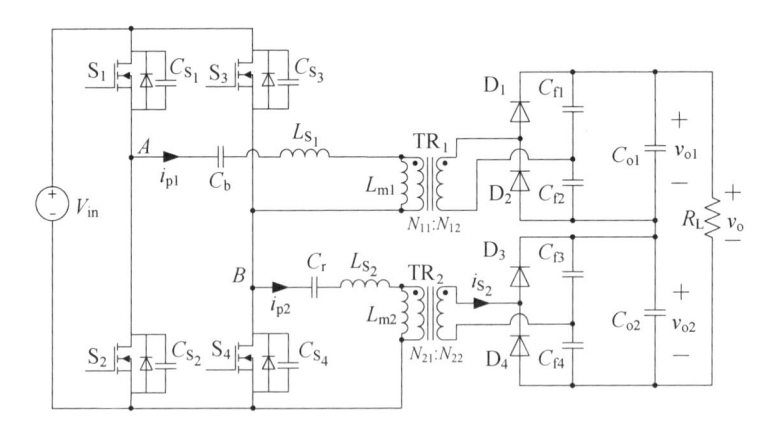

图 4-17 混合谐振及 PWM 高压输出变压器拓扑结构图

混合谐振及 PWM 高压输出变压器在一个开关周期内存在 12 种工作状态,由于其中的 6 种工作状态与其余的 6 种工作状态存在对称关系,因此本节只对半个开关周期内的 6 种工作状态进行详细分析。不同工作状态下的等效电路如图 4-18 所示,图 4-19 为相对应的关键点波形示意图。由图 4-19 可看出,半桥 LLC 谐振电路工作于恒频模式,且开关频率与电路谐振频率相同,因此该电路输出

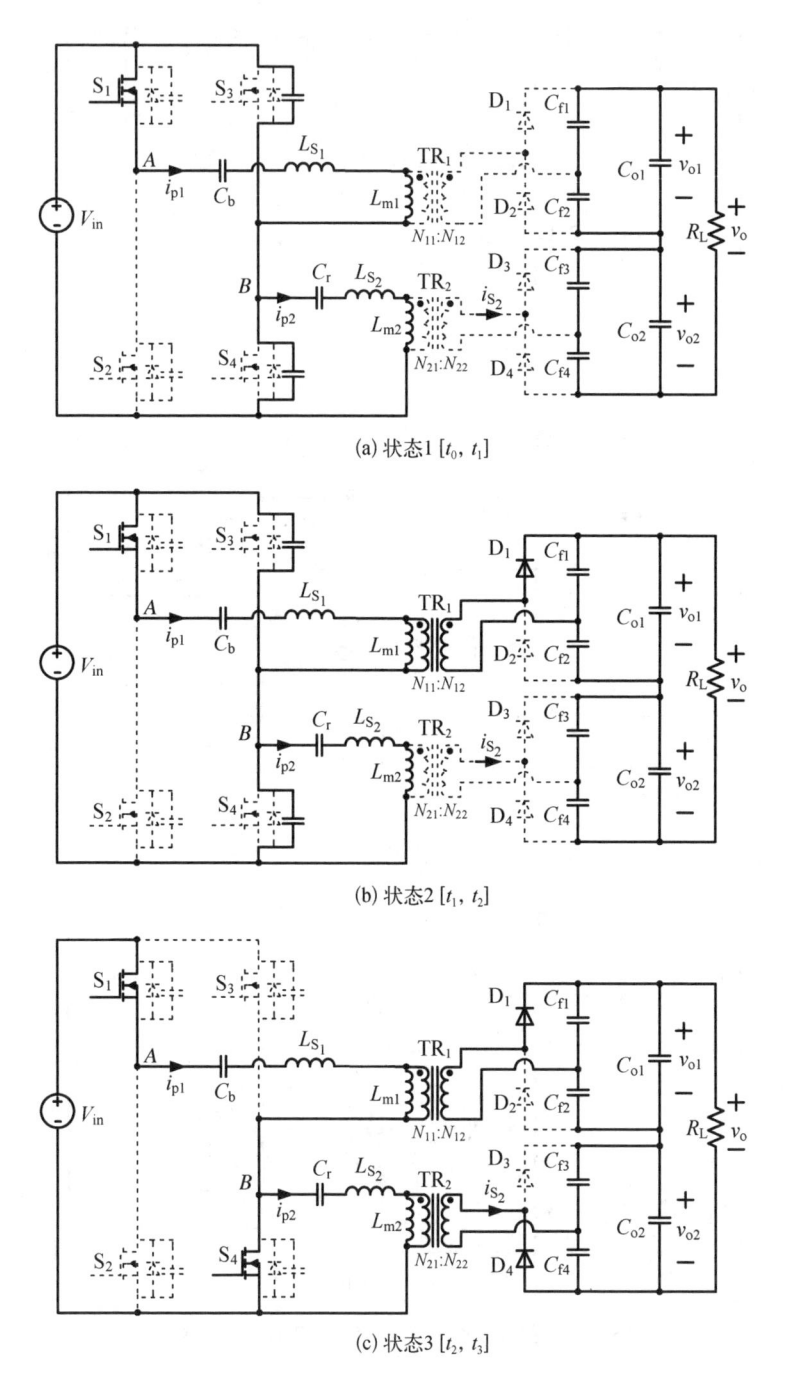

(a) 状态1 [t_0, t_1]

(b) 状态2 [t_1, t_2]

(c) 状态3 [t_2, t_3]

(d) 状态4 [t_3, t_4]

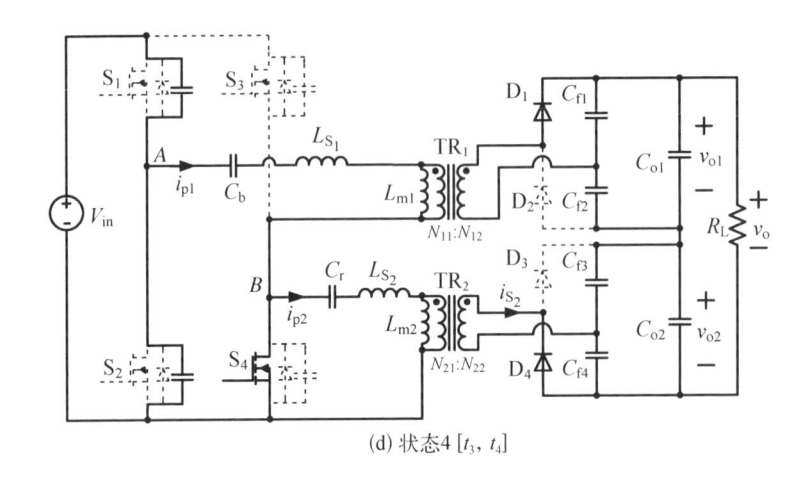

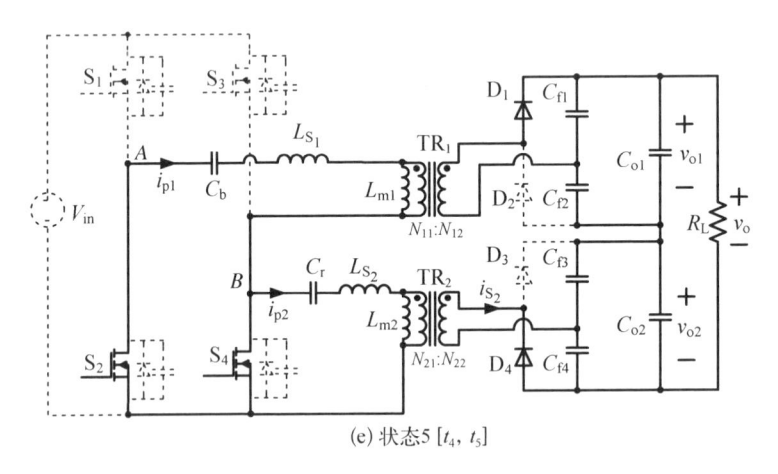

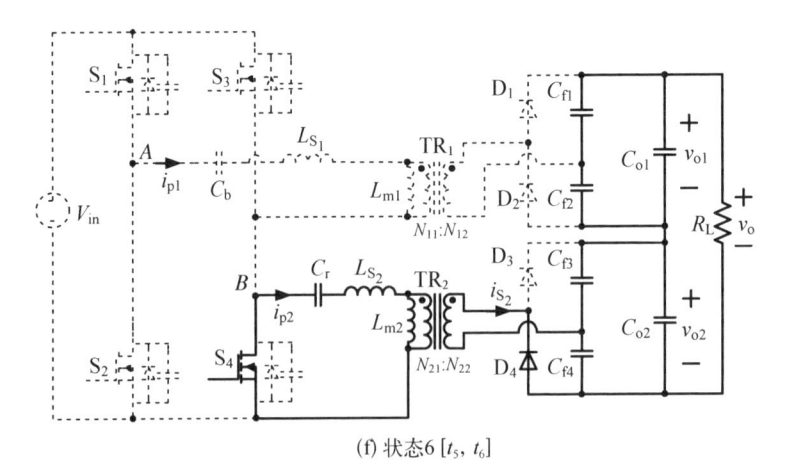

(e) 状态5 [t_4, t_5]

(f) 状态6 [t_5, t_6]

图 4-18 变换器在半个开关周期内的工作状态等效电路图

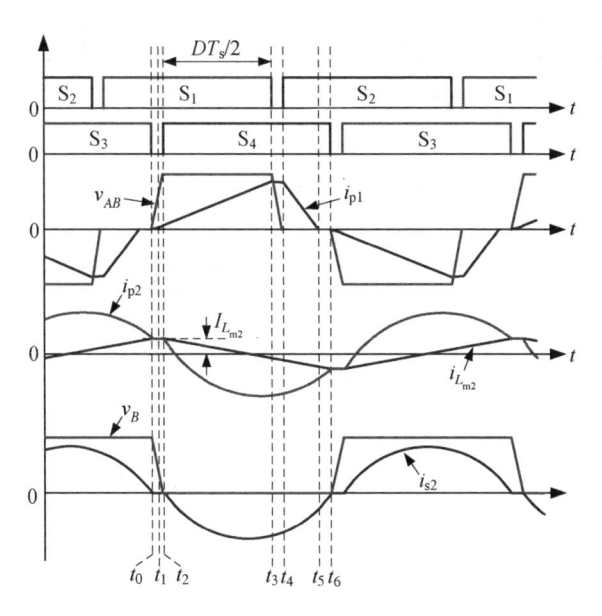

图 4-19 变换器各工作状态关键点波形示意图

电压恒定且不受负载影响；而电流馈电移相全桥电路工作于移相模式，因此可通过控制超前桥臂及滞后桥臂之间的移相角控制总输出电压。为了简化分析，作以下假设：① 所有开关管均采用理想器件；② 变换器工作在稳态；③ 倍压电容 C_{f1} 与 C_{f2}、C_{f3} 与 C_{f4} 相等且足够大，即 $C_{f1}=C_{f2}$，$C_{f3}=C_{f4}$；④ 开关管 $S_1 \sim S_4$ 漏源极电容均等于 C_{S_o}。

1) 状态 1 $[t_0 \leqslant t < t_1]$

当 $t = t_0$ 时，开关管 S_3 关断。变压器 TR2 原边电流 i_{p2} 开始对滞后桥臂开关管 S_3 及 S_4 的漏源极寄生电容进行充放电。由图 4-18(a) 可看出，变压器 TR2 副端电流 i_{s2} 为零，原边电流 i_{p2} 与激磁电流相等。此时，变压器 TR2 激磁电流达到最大值，为

$$I_{L_{m2}} = \frac{V_{in}T_s}{8L_{m2}} \quad (4-30)$$

其中，$I_{L_{m2}}$ 代表变压器 TR_2 峰值激磁电流；V_{in} 代表输入母线电压；T_s 代表开关周期；L_{m2} 代表变压器 TR_2 激磁电感。

在该状态下，副边整流二极管 D_1 及 D_2 反向偏置，变压器 TR_1 副边开路，交流电感上的电感从零开始缓慢增大，该电流满足式 (4-31)：

$$v_{AB} = (L_{s1} + L_{m1})\frac{di_{p1}}{dt} \quad (4-31)$$

其中，L_{s1} 代表变压器 TR_1 原边交流电感；i_{p1} 代表交流电感 L_{s1} 电流；v_{AB} 代表全桥电路输出电压；L_{m1} 代表变压器 TR_1 激磁电感。

由于此时交流电感电流 i_{p1} 非常小,可假设只有变压器 TR2 激磁电流 $I_{L_{m2}}$ 对滞后桥臂开关管漏源极寄生电容充放电,则 v_{AB} 为

$$v_{AB}(t) = \frac{I_{L_{m2}}}{2C_{S_o}}(t-t_0) \tag{4-32}$$

联立式(4-31)及式(4-32),可得变压器 TR1 原边电流 i_{p1} 为

$$i_{p1}(t) = \frac{I_{L_{m2}}}{4C_{S_o}(L_{s1}+L_{m1})}(t-t_0)^2 \tag{4-33}$$

由式(4-33)可看出,全桥输出电压 v_{AB} 线性增大,变压器 TR1 副边电压也随之增大,当 TR1 副边电压增大至 $v_{o1}/2$ 时,该状态结束。根据式(4-33),时间 t_1 满足式(4-34):

$$\begin{cases} t_1 = t_0 + \dfrac{v_{o1}C_{S_o}}{k_1 I_{L_{m2}}} \dfrac{L_{m1}+L_{s1}}{L_{m1}} \\ k_1 = N_{12}/N_{11} \end{cases} \tag{4-34}$$

其中,v_{o1} 代表电流馈电移相全桥电路输出电压;k_1 代表变压器 TR1 原副边匝比。

2) 状态 2 $[t_1 \leq t < t_2]$

当 $t = t_1$ 时,二极管 D_1 导通,变压器 TR1 副边电压被钳位至 $v_{o1}/2$,此时交流电感 L_{s1} 两端电压为全桥电路输出电压 v_{AB} 与 TR1 原边电压的电压差。由图 4-18(b)可知,电流 i_{p1} 满足式(4-35):

$$v_{AB} - \frac{v_{o1}}{2k_1} = L_{s1}\frac{di_{p1}}{dt} \tag{4-35}$$

联立式(4-31)~式(4-35),可得该状态下的变压器 TR1 原边电流 i_{p1} 为

$$i_{p1}(t) = \frac{I_{L_{m2}}}{4L_{s1}C_{S_o}}(t-t_1)^2 - \frac{v_{o1}}{2k_1 L_{s1}}(t-t_1) + \frac{v_{o1}^2 C_{S_o}(L_{m1}+L_{s1})}{4k_1^2 L_{m1}^2 I_{Lm2}} \tag{4-36}$$

当开关管 S_4 漏源极寄生电容放电至零,S_4 寄生二极管开始导通,该状态结束。根据式(4-31),可得时间 t_2 为

$$t_2 = t_0 + \frac{2C_{S_o}V_{in}}{I_{L_{m2}}} \tag{4-37}$$

3) 状态 3 $[t_2 \leq t < t_3]$

当 $t = t_2$ 时,开关管 S_4 零电压开通。由图 4-18(c)可知,交流电感 L_{s1} 上两端

电压为输入母线电压与变压器 TR_1 原边电压之差,电流 i_{p1} 线性增大,由此可得电流 i_{p1} 满足式(4-38):

$$i_{p1}(t) = \frac{V_{in} - v_{o1}/2k_1}{L_{s1}}(t - t_2) \qquad (4-38)$$

在该状态下,由图 4-18(c)可看出,半桥 LLC 谐振电路谐振电感 L_{s2} 与谐振电容 C_r 开始谐振,谐振电流 i_{p2} 迅速从峰值激磁电流 $I_{L_{m2}}$ 减小至零并反向增大,同时二极管 D_4 导通并将变压器 TR_2 副边电压钳位至 $v_{o2}/2$,变压器 TR_2 激磁电流开始线性减小。当开关管 S_1 关断时,该状态结束。

4) 状态 4[$t_3 \leq t < t_4$]

当 $t = t_3$ 时,开关管 S_1 关断,此时变压器 TR_1 原边电流达到最大值。根据式(4-33)、式(4-34)及式(4-36)~式(4-38),可得变压器 TR_1 原边电流峰值为

$$I_{p1} = \frac{C_{S_o} v_{o1}^2 (L_{m1} + L_{s1})}{4k_1^2 I_{L_{m2}} L_{m1}^2} + \frac{I_{Lm2}}{4L_{s1} C_{S_o}} \left(\frac{2C_{S_o} V_{in}}{I_{Lm2}} - \frac{C_{S_o} v_{o1}}{k_1 I_{L_{m2}}} \frac{L_{m1} + L_{s1}}{L_{m1}} \right)^2$$

$$- \frac{v_{o1}}{2k_1 L_{s1}} \left(\frac{2C_{S_o} V_{in}}{I_{L_{m2}}} - \frac{C_{S_o} v_{o1}}{k_1 I_{L_{m2}}} \frac{L_{m1} + L_{s1}}{L_{m1}} \right) + \frac{V_{in} - v_{o1}/2k_1}{L_{s1}} D \frac{T_s}{2} \qquad (4-39)$$

其中,I_{p1} 代表交流电感 L_{s1} 上的峰值电流;D 代表电流馈电移相全桥电路有源输出占空比。

在该状态下,变压器 TR1 原边电流 i_{p1} 开始对超前桥臂开关管 S_1 及 S_2 的漏源极寄生电容进行充放电。根据图 4-18(d),电流 i_{p1} 及开关管 S_2 上的电压 v_{s2} 满足式(4-40):

$$\begin{cases} -C_{S_o} \dfrac{dv_{s2}(t)}{dt} = \dfrac{i_{p1}}{2} \\ L_{s1} \dfrac{di_{p1}}{dt} = v_{s2}(t) - \dfrac{v_{o1}}{2k_1} \end{cases} \qquad (4-40)$$

由式(4-40)可求得电流 i_{p1} 及电压 v_{s2} 为

$$\begin{cases} i_{p1}(t) = I_{p1}\cos[\omega(t - t_3)] + \dfrac{V_{in} - v_{o1}/2k_1}{Z}\sin[\omega(t - t_3)] \\ v_{s2}(t) = V_{in}\cos[\omega(t - t_3)] - ZI_{p1}\sin[\omega(t - t_3)] + \dfrac{v_{o1}}{2k_1}\{1 - \cos[\omega(t - t_3)]\} \\ \omega = 1/\sqrt{2C_{S_o} L_{s1}}, \quad Z = \sqrt{L_{s1}/2C_{S_o}} \end{cases}$$

$$(4-41)$$

其中，ω 代表开关管漏源极寄生电容 C_{S_o} 与电感 L_{s1} 的特征角频率；Z 代表开关管漏源极寄生电容 C_{S_o} 与电感 L_{s1} 的特征阻抗。

当开关管 S_2 漏源极寄生电容完全放电至零时，寄生二极管开始导通，该状态结束。

5) 状态 5 $[t_4 \leqslant t < t_5]$

当 $t = t_4$ 时，开关管 S_2 零电压开通。由图 4-18(e)可看出，此时全桥输出电压 v_{AB} 等于零，电感 L_{s1} 两端电压为变压器 TR1 原边绕组电压，电流 i_{p1} 线性下降，则可得

$$-\frac{d i_{p1}(t)}{dt} = \frac{v_{o1}}{2k_1 L_{s1}} \qquad (4-42)$$

当电流 i_{p1} 线性减小至零时，该状态结束。

6) 状态 6 $[t_5 \leqslant t < t_6]$

当 $t = t_5$ 时，副边整流二极管 D_1 零电流关断。由图 4-18(f)可看出，开关管 S_2 及 S_4 保持导通而变压器 TR1 原边电流 i_{p1} 为零。在该状态下，半桥 LLC 谐振电路持续为负载馈送能量，当谐振电流 i_{p2} 逐渐减小至激磁电感电流峰值 $I_{L_{m2}}$ 时，该状态结束，下半个开关周期的工作状态开始。

4.3.2　直流增益分析及拓扑参数设计原则

半桥 LLC 谐振电路原副边等效电路如图 4-20 所示。图 4-21 给出了变压器 TR2 副边电压及电流波形示意图。由于半桥 LLC 谐振电路副边采用倍压整流结构，变压器 TR2 副边电流 i_{s2} 整流后的平均值为负载电流 i_L 的两倍。根据基波等效原则及图 4-21，半桥 LLC 谐振电路原边等效负载电阻为

$$\begin{cases} R_{eq} = \dfrac{v_{s2\_1}(t)}{k_2^2 i_{s2}(t)} = \dfrac{2v_{o2}/\pi}{k_2^2 \pi i_L} = \dfrac{2}{\pi^2 k_2^2} \dfrac{v_{o2}}{i_L} \\ i_L = \dfrac{v_o}{R_L}, \quad k_2 = \dfrac{N_{22}}{N_{21}} \end{cases} \qquad (4-43)$$

其中，R_{eq} 代表半桥 LLC 谐振电路折射至变压器原边的等效负载电阻；k_2 代表变压

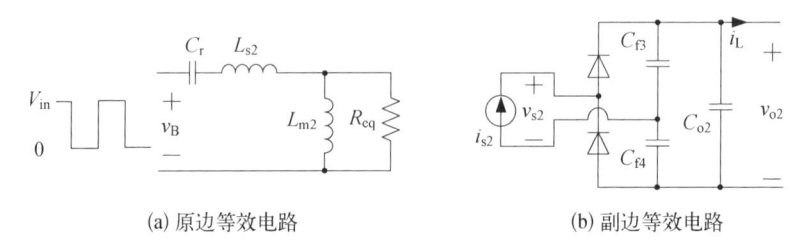

(a) 原边等效电路　　　　　　　　(b) 副边等效电路

图 4-20　半桥 LLC 谐振电路等效电路图

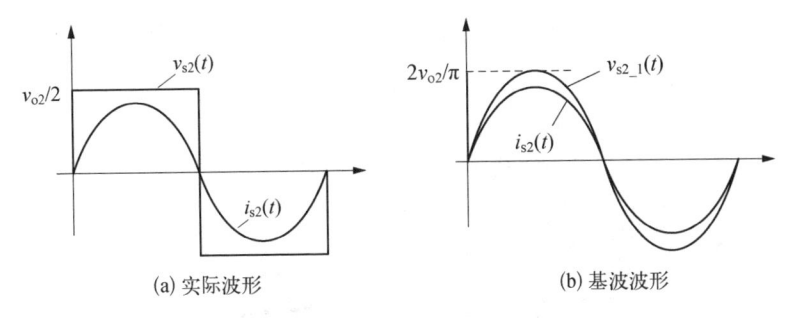

图 4-21 变压器 TR2 副边电压及电流波形示意图

(a) 实际波形 (b) 基波波形

器 TR2 原副边匝比；R_L 代表负载电阻；i_L 代表负载电流；v_{o2} 代表半桥 LLC 谐振电路输出电压。

根据式(4-43)，半桥 LLC 谐振电路原边等效负载电阻为

$$R_{eq} = \frac{2R_L}{\pi^2 k_2^2} \frac{v_{o2}}{v_o} \tag{4-44}$$

根据图 4-20(a)及基波等效原则，半桥 LLC 谐振电路的增益为

$$\begin{cases} G_{LLC-HBC} = \dfrac{\dfrac{4}{\pi} \dfrac{v_{o2}}{2k_2}}{\dfrac{4}{\pi} \dfrac{V_{in}}{2}} = \dfrac{v_{o2}}{k_2 V_{in}} = \left| \dfrac{\dfrac{f^2}{f_r^2}(m-1)}{\left(\dfrac{mf^2}{f_r^2} - 1\right) + j\dfrac{f}{f_r}\left(\dfrac{f^2}{f_r^2} - 1\right)(m-1)Q} \right| \\ m = \dfrac{L_{L_{m2}} + L_{s2}}{L_{s2}}, Z_r = \sqrt{\dfrac{L_{s2}}{C_r}}, Q = \dfrac{Z_r}{R_{eq}}, f_r = \dfrac{1}{2\pi\sqrt{L_{s2}C_r}}, f_p = \dfrac{1}{2\pi\sqrt{(L_{L_{m2}} + L_{s2})C_r}} \end{cases}$$

$$\tag{4-45}$$

其中，f_r 代表 L_{s2} 与 C_r 组成谐振电路的谐振频率；f_p 代表 L_{s2}、$L_{L_{m2}}$ 与 C_r 组成谐振电路的谐振频率；Q 代表 L_{s2} 与 C_r 组成谐振电路的品质因数；Z_r 代表 L_{s2} 与 C_r 组成谐振电路的特征阻抗；$G_{LLC-HBC}$ 代表半桥 LLC 谐振电路增益。

根据式(4-45)，图 4-22 给出了在不同品质因数 Q 条件下半桥 LLC 谐振电路增益随着归一化频率 f_s/f_r 变化而变化的曲线图。由图 4-22 可知，当开关频率 f_s 趋近于 L_{s2} 与 C_r 组成谐振电路的谐振频率时，半桥 LLC 谐振电路增益不随品质因数 Q 的变化而变化，为

$$G_{LLC-HBC} = \frac{v_{o2}}{k_2 V_{in}} = 1 \tag{4-46}$$

当开关频率 f_s 与谐振频率 f_r 不一致时，半桥 LLC 谐振电路增益在不同品质因

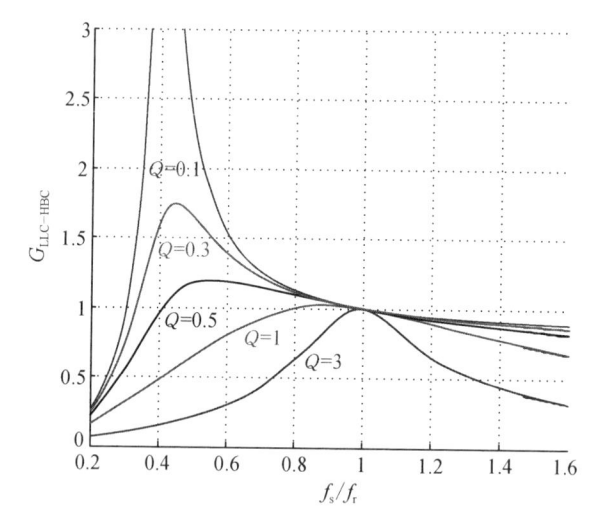

图 4-22 半桥 LLC 谐振电路增益在不同品质
因数 Q 条件下的变化曲线图

数情况下会有略微波动。为确保该波动较小,根据图 4-22,可设置最小品质因数 Q_{min} 等于 1,则谐振电感 L_{s2} 及谐振电容 C_r 为

$$\begin{cases} L_{s2} = \dfrac{Q_{min} R_{eq,min}}{2\pi f_r} \\ C_r = \dfrac{1}{L_{s2}(2\pi f_r)^2} \\ R_{eq,min} = \dfrac{2R_{L,min}}{\pi^2 k_2^2} \dfrac{v_{o2}}{v_{o,max}} \end{cases} \quad (4-47)$$

其中,$R_{L,min}$ 代表最小负载电阻;$R_{eq,min}$ 代表最小等效负载电阻;$v_{o,max}$ 代表最大输出电压。

为确定电流馈电移相全桥电路的电压增益,需确定原边交流电感在半个开关周期内的电流平均值。图 4-23 为电流馈电移相全桥电路原边交流电感在半个开关周期内的电流及电压波形图。由于电感电流 i_{p1} 在状态 1、状态 2 及状态 4 时较小,因此在计算电流平均值时可将这些工作状态忽略不计。根据图 4-23,交流电感 L_{s1} 在半个开关周期内的电流平均值为

$$\bar{I}_{p1} = \dfrac{1}{T_s}\left(\dfrac{V_{in} - v_{o1}/2k_1}{L_{s1}}\right)\left(D\dfrac{T_s}{2}\right)^2 \left(\dfrac{2k_1 V_{in}}{v_{o1}}\right) \quad (4-48)$$

其中,I_{p1} 代表交流电感电流在半个开关周期内的平均值。

假设变换器无损耗,即电流馈电移相全桥电路的输出功率等于输入功率:

$$\begin{cases} \dfrac{v_{o1}}{2k_1}\bar{I}_{p1} = v_{o1}i_L \\ i_L = \dfrac{v_o}{R_L} = \dfrac{v_{o1}+v_{o2}}{R_L} \end{cases} \quad (4-49)$$

联立式(4-46)及式(4-48)和式(4-49),可得本章所提出变换器直流增益为

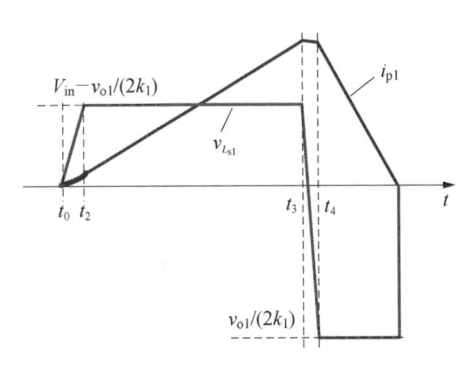

图 4-23 电流馈电移相全桥电路原边交流电感电流及电压波形示意图

$$G = \frac{v_{o1}+v_{o2}}{V_{in}} = \frac{2}{\dfrac{4k_2L_{s1}}{D^2T_sR_L}+\dfrac{1}{2k_1}+\sqrt{\left(\dfrac{4k_2L_{s1}}{D^2T_sR_L}+\dfrac{1}{2k_1}\right)^2+\dfrac{16L_{s1}}{D^2T_sR_L}}} + k_2$$

$$(4-50)$$

其中,G 代表变换器直流增益。

根据式(4-50),图 4-24(a)给出了当 $k_1=2.8$,$k_2=4$,$T_s=16.7\ \mu s$ 及 $L_{s1}=12\ \mu H$ 时变换器的直流电压增益在不同负载条件下随占空比 D 变化的曲线图。由图 4-24(a)可看出,当负载电阻较小时,变换器增益曲线较为平坦;而当负载电阻较大时,增益曲线在小占空比时的斜率较大;在占空比较大时,增益曲线又趋于平坦。图 4-24(b)给出了当 $k_1=2.8$,$k_2=4$,$T_s=16.7\ \mu s$ 及 $R_L=640\ \Omega$ 时变换器的直流电压增益在不同交流电感 L_{s1} 条件下随占空比 D 变化的曲线图。由图 4-24(b)可看出,在相同占空比条件下,变换器直流增益随着 L_{s1} 的减小而明显增大。

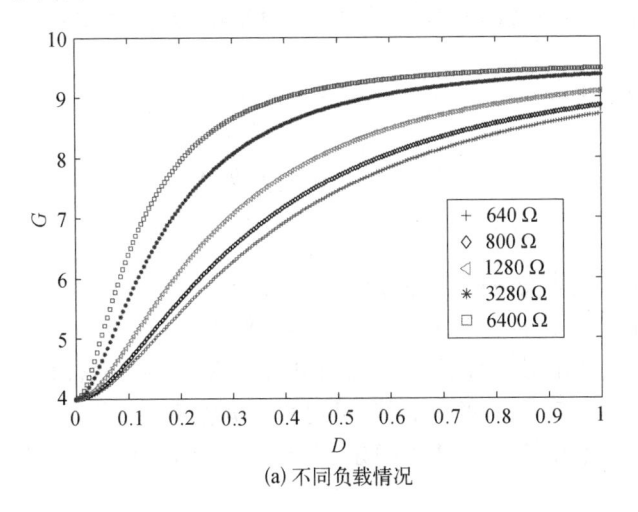

(a) 不同负载情况

(b) 不同串联交流电感 L_{s1}

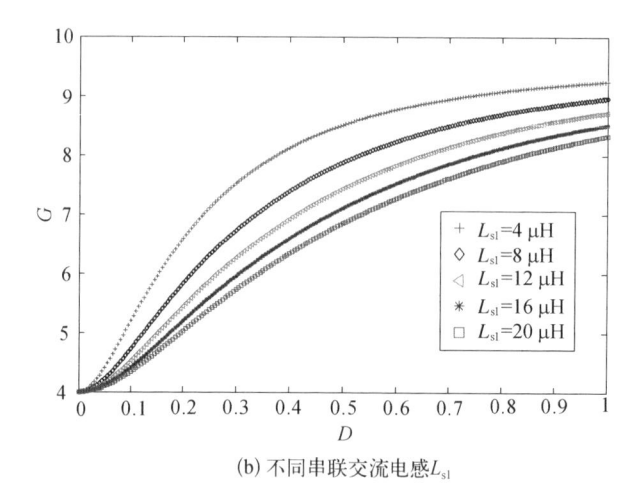

图 4-24 直流电压增益随有源输出占空比 D 变化的曲线图

4.3.3 最大占空比及交流电感选取原则

由图 4-19 可知,变压器 TR1 原边串联交流电感 L_{s1} 工作于断续模式,因此电流馈电移相全桥电路副边整流二极管零电流关断,无反向恢复损耗且无电压尖峰。同时,还可看出,当滞后桥臂开关管关断时,开关管上电流只有变压器 TR2 激磁电流 $I_{L_{m2}}$。由于 $I_{L_{m2}}$ 较小,可认为滞后桥臂开关管能够实现零电流关断。为使 L_{s1} 工作于断续模式,需确保当变换器占空比达到最大有源输出占空比 D_{max} 时,电流馈电移相全桥电路在满载条件下工作于临界模式,则 D_{max} 需满足式(4-51):

$$D_{max} - D = \frac{v_{o1}}{2k_1 V_{in}} - D \geqslant 0 \qquad (4-51)$$

联立式(4-50)及式(4-51),可得交流电感在断续模式的条件参数为

$$F(D, R_L) = D_{max} - D = \frac{2}{\dfrac{8k_1 k_2 L_{s1}}{D^2 T_s R_L} + 1 + \sqrt{\left(\dfrac{8k_1 k_2 L_{s1}}{D^2 T_s R_L} + 1\right)^2 + \dfrac{64k_1^2 L_{s1}}{D^2 T_s R_L}}} - D \geqslant 0$$

$$(4-52)$$

其中,$F(D, R_L)$ 代表交流电感在断续模式下的条件参数。

根据式(4-52),图 4-25 给出了当 $k_1 = 2.8$, $k_2 = 4$, $T_s = 16.7\ \mu s$ 及 $L_{s1} = 12\ \mu H$ 时,$F(D, R_L)$ 随有源输出占空比 D 及负载电阻 R_L 变化的三维曲面图。在不同交流电感 L_{s1} 下作 $F(D, R_L) = 0$ 的等高线,可得交流电感断续工作区域图如图 4-26 所示。图 4-26 还给出了电压增益固定($G = 8$)时负载电阻 R_L 与占空比 D 的关

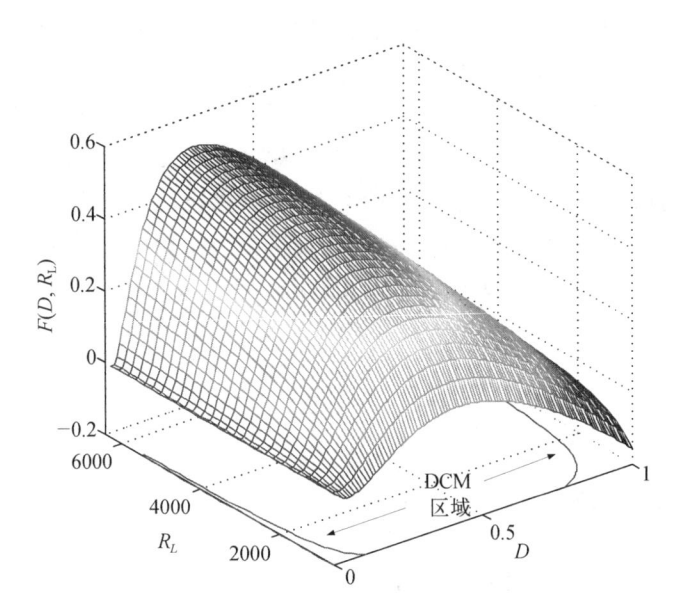

图 4-25 交流电感断续模式下条件参数随占空比及负载电阻变化的曲面图

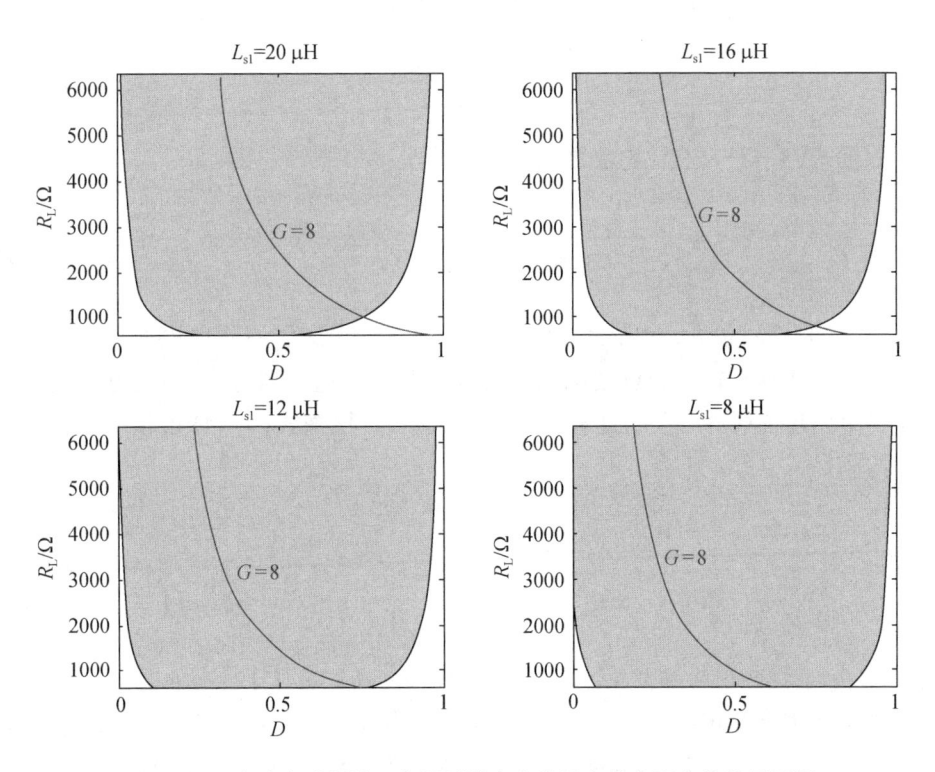

图 4-26 交流电感断续工作区域随占空比及负载电阻变化的平面图

系曲线。由图4-26可看出,减小交流电感 L_{s1} 可较为明显地扩大断续工作区域。然而,过小的交流电感将使变压器原边电流 i_{p1} 的峰值及有效值明显增大,从而大大增加电流馈电移相全桥电路的导通损耗。从图4-24可知,当占空比 D 大于0.8时,变换器的增益曲线较为平坦,即继续增大占空比带来的增益收益有限。同时,由图4-26的增益曲线可看出,增大断续工作最大占空比需减小交流电感,当选取较小的交流电感时,变换器工作在满载时所需的占空比较小,这将进一步增加原边电流有效值。由以上分析可知,最大有源输出占空比 D_{max} 的取值应在0.8左右,而交流电感 L_{s1} 为

$$L_{s1} = \frac{V_{in}^2(1-D_{max})D_{max}^2 T_s}{2P_{o,max}}\left(1 + \frac{v_{o2}}{v_{o1}}\right) \tag{4-53}$$

其中, $P_{o,max}$ 代表变换器的最大输出功率。

4.3.4 开关管软开关条件分析

电流馈电移相全桥电路超前桥臂开关管采用变压器TR1原边电流来辅助实现软开关。为使超前桥臂开关管能实现ZVS,需满足:

$$\frac{1}{2}L_{s1}I_{p1}^2 > C_{S_o}V_{in}^2 \tag{4-54}$$

根据式(4-54),交流电感峰值电流需满足:

$$I_{p1} > \sqrt{\frac{2C_{S_o}}{L_{s1}}}V_{in} \tag{4-55}$$

由式(4-55)可看出,由于交流电感 L_{s1} 远大于开关管寄生电容 C_{S_o},因此超前桥臂开关管能够在较宽的负载范围内实现零电压开通。同时,为确保电流馈电移相全桥电路超前桥臂开关管能够实现零电压开通,根据式(4-41),超前桥臂死区时间需满足:

$$\begin{cases} t_{d,leading} > \Delta t_{34} \\ V_{in}\cos(\omega\Delta t_{34}) - ZI_{p1}\sin(\omega\Delta t_{34}) + \frac{v_{o1}}{2k_1}[1-\cos(\omega\Delta t_{34})] = 0 \end{cases} \tag{4-56}$$

其中, $t_{d,leading}$ 代表超前桥臂死区时间; Δt_{34} 代表变换器工作于状态4时的时间。

由于原边交流电感 L_{s1} 工作于断续模式,因此当滞后桥臂开关管关断时,开关管上电流只有变压器TR2激磁电流。为使滞后桥臂开关管实现零电压开通,变压器TR2激磁电流需在死区时间内使滞后桥臂开关管漏源极寄生电容完全

充放电：

$$I_{L_{m2}} t_{d,\text{lagging}} \geqslant 2C_{S_o} V_{\text{in}} \qquad (4-57)$$

其中，$t_{d,\text{lagging}}$代表滞后桥臂死区时间。

联立式(4-30)及式(4-57)，可得激磁电感L_{m2}需满足式(4-58)：

$$L_{m2} \leqslant \frac{T_s t_{d,\text{lagging}}}{16 C_{S_o}} \qquad (4-58)$$

同时，由式(4-30)可看出，变压器TR2峰值激磁电流不受负载的影响。根据式(4-58)，当激磁电感L_{m2}取值合理时，电流馈电移相全桥电路滞后桥臂开关管能够实现全负载范围软开关。

4.3.5 主功率变压器磁集成方式设计

为减少磁性器件数量，提高功率密度，本章所提出的变换器将原边串联电感L_{s1}及L_{s2}作为漏感分别集成为主功率变压器TR_1及TR_2中。为获得足够的漏感，可将原副边绕组分开绕制，如图4-27所示。采用分开绕制方式后，就能通过调整原副边绕组的距离调整变压器漏感的大小。根据文献[2]，变压器原边漏感可通过计算副边短路情况下原边绕组的磁场强度分布获得，则由图4-27中变压器原边的磁场强度可得原边漏感为

$$L_{lk} = \frac{\mu_0 N_p^2}{h}\left(c + \frac{b_1 + b_2}{3}\right) \qquad (4-59)$$

其中，L_{lk}代表变压器原边漏感；μ_0代表空气磁导率；N_p代表变压器原边匝数；h代表变压器原边绕组高度；b_1及b_2分别代表压器原边及副边绕组宽度；c代表变压器原副边绕组距离。

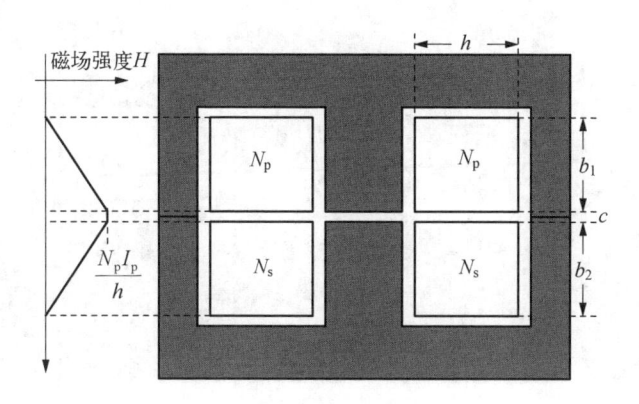

图4-27 主功率变压器绕组分开绕制方式截面图

由式(4-59)可知,当变压器原副边绕组结构相对固定时,可通过调整原副边绕组距离调整变压器漏感大小,同时,当变压器漏感确定后可通过调整磁芯气隙大小获得所需的激磁电感:

$$L_m = \frac{\mu_0 N_p^2 A_e}{\varepsilon} \qquad (4-60)$$

其中,L_m 代表变压器激磁电感;A_e 代表变压器磁芯中柱横截面积;ε 代表变压器气隙长度。

4.3.6 实验结果及分析

为验证本章所提出的变换器的性能,搭建了原理样机进行实验验证,样机由 TopCon 公司的 TC.P.20.800.400.PV.HMI 型电源供电,实验结果通过数字存储示波器(Tektronix,TDS3034C)进行记录,实物照片如图 4-28 所示,表 4-3 给出了原理样机的主要系统参数。原理样机主要电路原理图如图 4-29 所示,样机采用电压型控制策略,移相控制芯片采用的是德州仪器(Texas Instruments,TI)公司的 UCC2895,可看出本章所提出变换器主功率及控制电路不需要额外的辅助电路,相对简单可靠。图 4-30 给出了当输出电压 v_o = 800 V 时混合谐振及 PWM 高压输出变换器在不同负载条件下的主要波形图,其中 i_{p1} 为原边交流电感电流,v_{AB} 为逆变桥输出电压,v_{D_2} 为副边整流二极管 D_2 两端电压。由图 4-30 可看出,原边串联交流电感电流 i_{p1} 断续,因此电流馈电移相全桥电路滞后桥臂开关管零电流关断。同时,还可看出由于变换器输出端采用容性滤波结构,二极管两端电压被钳位,无电压尖峰,电压应力较小。

图 4-28 原理样机实物照片

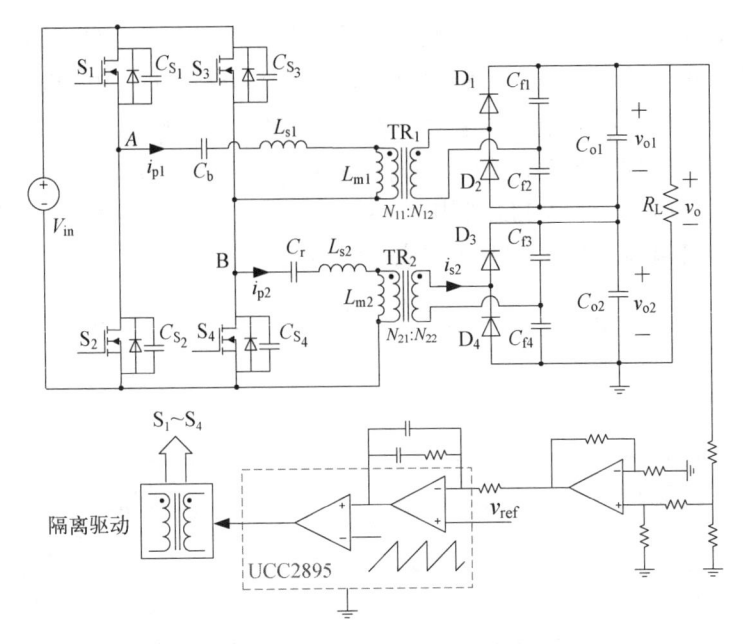

图 4-29 原理样机主要电路原理图

表 4-3 实验样机参数

参　数	型号/数值
最大输出功率 $P_{o,max}$	1 kW
输入电压 V_{in}	100 V
输出电压 v_o	700~800 V
开关频率 f_s	60 kHz
主功率开关管 $S_1 \sim S_8$	IRFP4668PBF, 200 V/130 A, $R_{ds,on}$ = 9.7 mΩ
变压器 TR_1	飞磁 E42/21/15-3C95 磁芯, N_{11} = 14, N_{12} = 39, 漏感 L_{s1} = 12 μH
隔直电容 C_b	15 μF/250 V
滤波电容 C_{o1} 和 C_{o2}	2.2 μF/630 V
变压器 TR_2	飞磁 E42/21/15-3C95 磁芯, N_{21} = 10, N_{22} = 40, 漏感 L_{s2} = 8 μH, L_{m2} = 40 μH
倍压电容 $C_{f1} \sim C_{f4}$	2.2 μF/630 V
谐振电容 C_r	0.94 μF/275 VAC
副边二极管 $D_1 \sim D_4$	IDW30G65C5, 650 V/30 A

图 4-31 给出了半桥 LLC 谐振电路在不同负载条件下的主要电路波形，其中 i_{p2} 为谐振电感 L_{s2} 上的电流，v_B 为桥臂中点 B 对地的电位，v_{D_4} 为副边整流二极管 D_4 两端电压。由图可看出，半桥 LLC 谐振电路工作于由电感 L_{s2} 与电容 C_r 组成谐振腔的谐振频率附近，因此半桥 LLC 谐振电路的输出电压与负载无关且恒定不变。由图 4-31 还可看出，半桥 LLC 谐振电路输出二极管零电流关断，无反向恢复损耗，而且二极管两端无电压尖峰，电压应力较小。

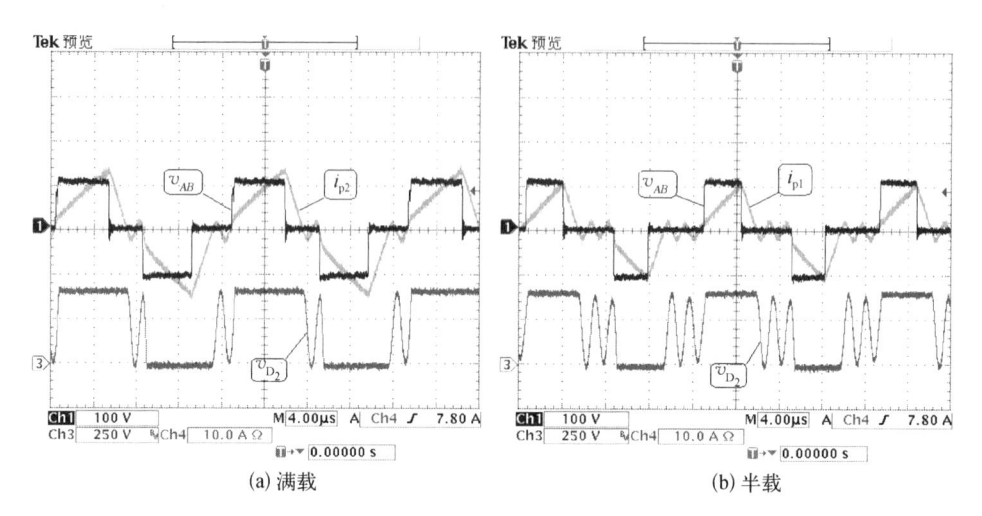

(a) 满载　　　　　　　　　　　　(b) 半载

图 4-30　电流馈电移相全桥电路在不同负载情况下的主要波形图

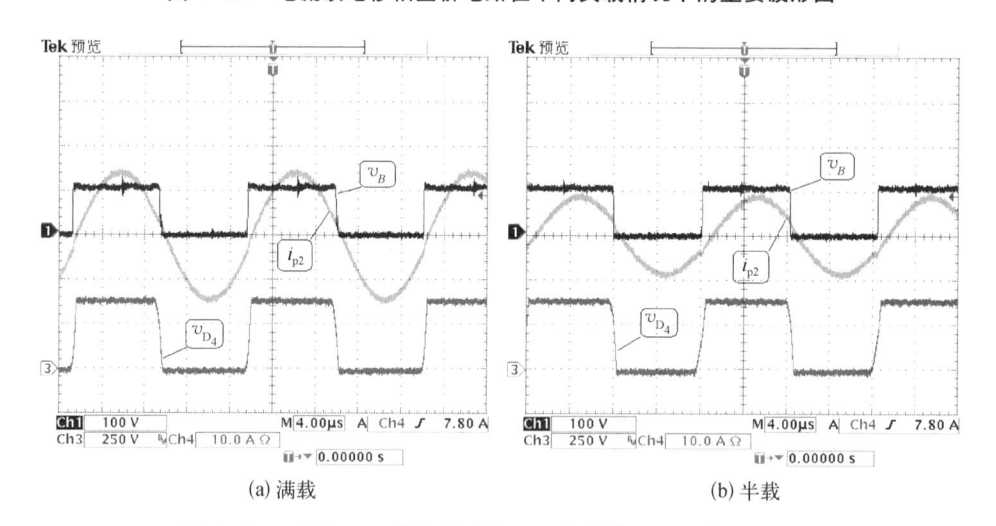

(a) 满载　　　　　　　　　　　　(b) 半载

图 4-31　半桥 LLC 谐振电路在不同负载情况下的主要波形图

图 4-32 及图 4-33 给出了混合谐振及 PWM 高压输出变换器主功率开关管在不同负载情况下的软开关波形，其中 v_{S_2}/v_{S_4} 为开关管 S_2/S_4 漏源极电压波形，

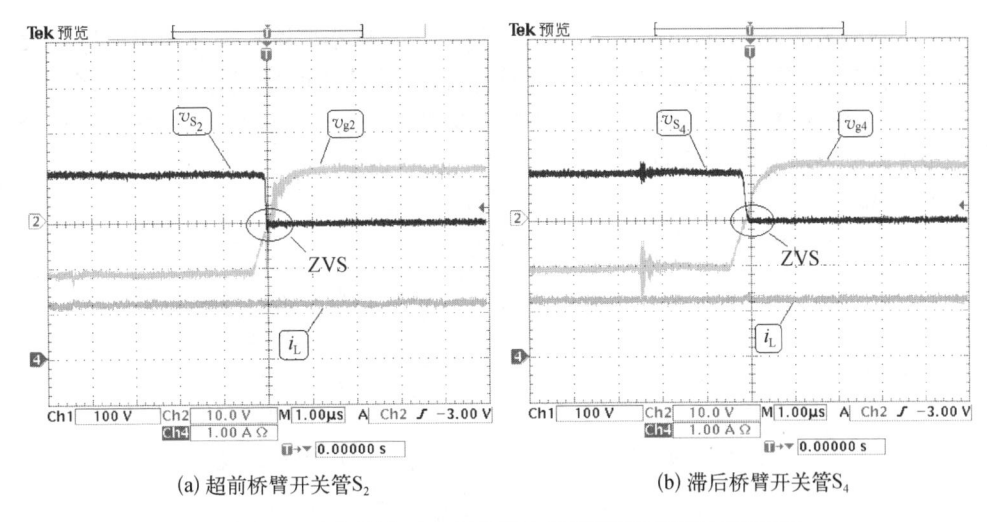

(a) 超前桥臂开关管 S_2　　　　　　　(b) 滞后桥臂开关管 S_4

图 4-32　变换器主功率开关管在满载情况下的软开关波形

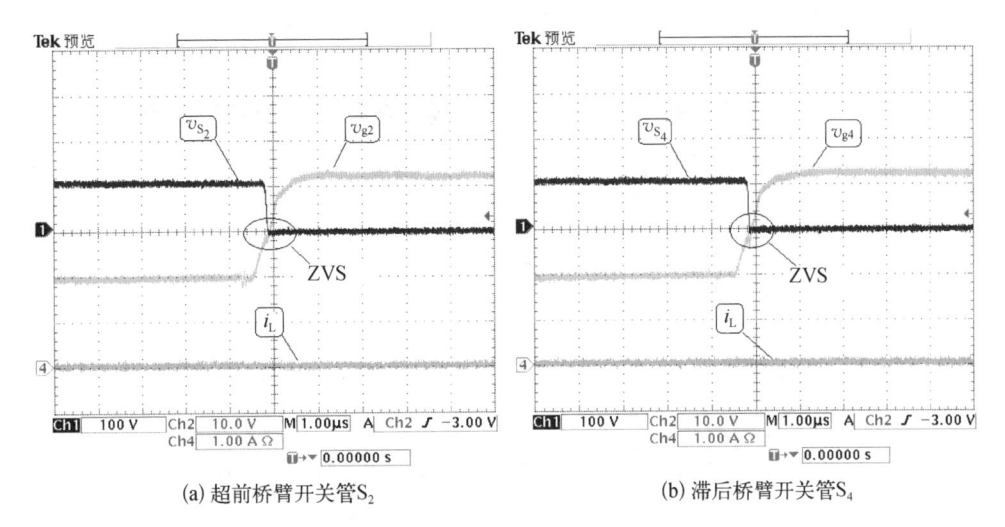

(a) 超前桥臂开关管 S_2　　　　　　　(b) 滞后桥臂开关管 S_4

图 4-33　变换器主功率开关管在 2% 负载情况下的软开关波形

v_{g2}/v_{g4} 为 S_2/S_4 驱动电压波形，i_L 为负载电流波形。由图可看出，本章所提出变换器主功率开关管能够在非常宽的负载范围内实现软开关。

图 4-34 给出了当输出电压为 800 V 时，本章所提出的变换器在不同负载条件的损耗分布柱状图。由图中可看出，随着负载功率增加，主功率开关管及输出二极管的导通损耗有明显增大，而开关损耗增大相对较少，由此可看出混合谐振及 PWM 高压输出变换器所采用软开关方式的有效性。图 4-35 给出了本章所提出变换器在不同输出电压条件下的效率曲线，从图中可看出，变换器效率在较宽的负载范围内都能够高于 90%，且当输出功率 $P_o=1$ kW，输出电压 $v_o=800$ V 时，变换器

效率达到最大值 96.3%。从图 4-35 还可看出，变换器整体效率在输出电压较大时相对较高，这是由于当输出电压较大时，变换器线路上的导通损耗也相对较小，而由图 4-34 可知，导通损耗占变换器总损耗的比例较大，因此导通损耗的减小变相地提高了变换器的总体效率。

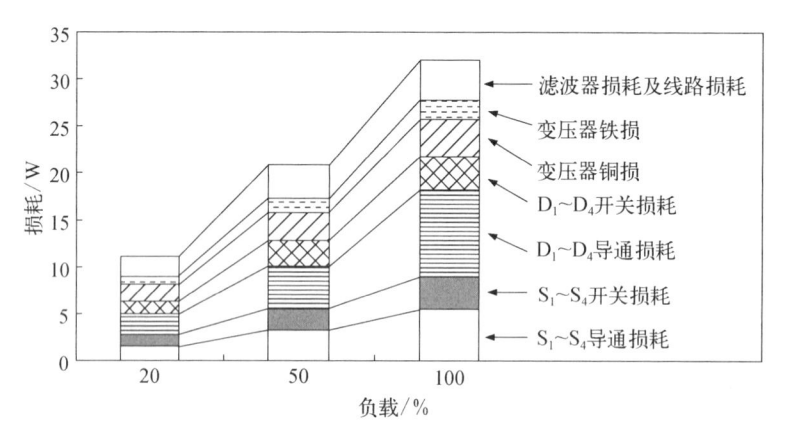

图 4-34　当输出电压 $v_o = 800$ V 时变换器在不同负载条件下的损耗分布

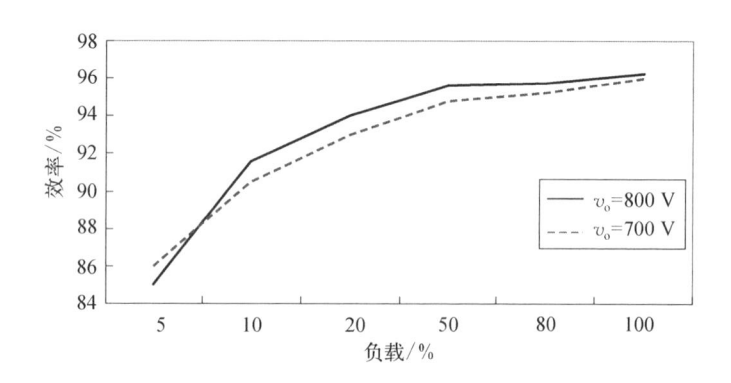

图 4-35　变换器在不同输出电压情况下的效率曲线

4.4　磁隔离变换器

超高压电源广泛应用在各种工业、宇航等场合中，这类超高压电源中存在大量需要进行绝缘防护处理的电路、器件和模块等。离子电推进 PPU 中的放电阴极电源、阳极电源悬浮在屏栅电源上，导致这两种电源的变压器绕组间存在很大的电压差，结合离子电推进发动机的高压绝缘防护需求，在此提出了一种变压器松耦合功率传输技术。

4.4.1　磁隔离高压绝缘问题的提出

现有的高压电源研究多集中在拓扑结构[3-7]、高升压比[8,9]、闭环控制稳定性[10,11]、输出电压精度和低纹波等电性能的研究[12-14],而高压绝缘问题是高压电源设计时优先考虑的问题,目前对高压绝缘防护的研究主要集中在绝缘材料及对应防护工艺的研究等[15-17]。此外,在应用高变比功率变压器实现高压电源的高增益电压变换时,其原副边绕组间存在很大的电压差,而高效率功率传输又需要这类变压器的原副边绕组间紧密耦合,所以这类磁性器件成为高压绝缘防护中的难点。

在地面应用时,在不限制设备的体积或重量的情况下,超高压电源通常采用增大距离的方式来增加绝缘,对于功率变压器、传感器等内部直接同时存在高压和低压部分的元器件,通常直接将其浸泡在绝缘油中来实现有效的绝缘和散热[18,19]。当应用在宇航环境中时,由于空间应用的真空特殊环境,防止低气压放电是宇航高压电源设计重点考虑的事情[15,20]。宇航设备对体积、重量、振动、挥发等要求严格,传统地面应用的高压绝缘防护手段不能直接应用在宇航设备中。目前,采用喷涂、灌封、屏蔽等方式将高压部分(元器件、焊点、导线等)与低压部分、机壳进行绝缘隔离是对宇航高压电源进行有效防护的主要手段[15,21]。此外,根据帕邢曲线,增加高低压侧电路的打火路径以实现物理隔离是最有效的防护手段[11,20],但该手段的使用与传统宇航高压电源的高功率密度指标要求严重矛盾。

目前,在航天器轨道提升及南北位置保持、阻力补偿等任务中应用最为普遍的两种电推进系统是离子电推进和霍尔电推进[22-25]。相比霍尔电推进,离子电推进的工作电压及比冲更高,但为离子电推进发动机供电的电推进PPU也更复杂,高压绝缘防护难度更大[21,26-29]。本书以离子电推进PPU中为放电阴极供电的电源为例,提出了一种新的采用磁隔离的方式进行高压电源绝缘的防护方式。

图4-36所示为离子电推进发动机及其电推进PPU的功能组成示意图。其中,PPU由屏栅电源、加速电源、中和器加热电源、中和器点火电源、中和器触持电源、阳极电源、放电阴极加热电源、放电阴极点火电源、放电阴极触持电源等组成。其中,阳极电源、放电阴极加热电源、放电阴极点火电源和放电阴极触持电源悬浮在屏栅电源上。离子电推进PPU中的屏栅电源电压在1 000～2 000 V,阳极电源及为放电阴极供电的加热、点火、触持电源均悬浮在屏栅电源上,使得这些隔离电源主变压器的原副边绕组和控制驱动电路等因压差太大,从而容易发生低气压放电[15,21,26,30]。在传统设计中,两级功率变换或副边闭环调节控制方式的应用均使得悬浮在屏栅电源上的元器件太多,不利于空间应用的高压绝缘防护,变压器紧耦合方式的采用也不利于空间应用的高压绝缘

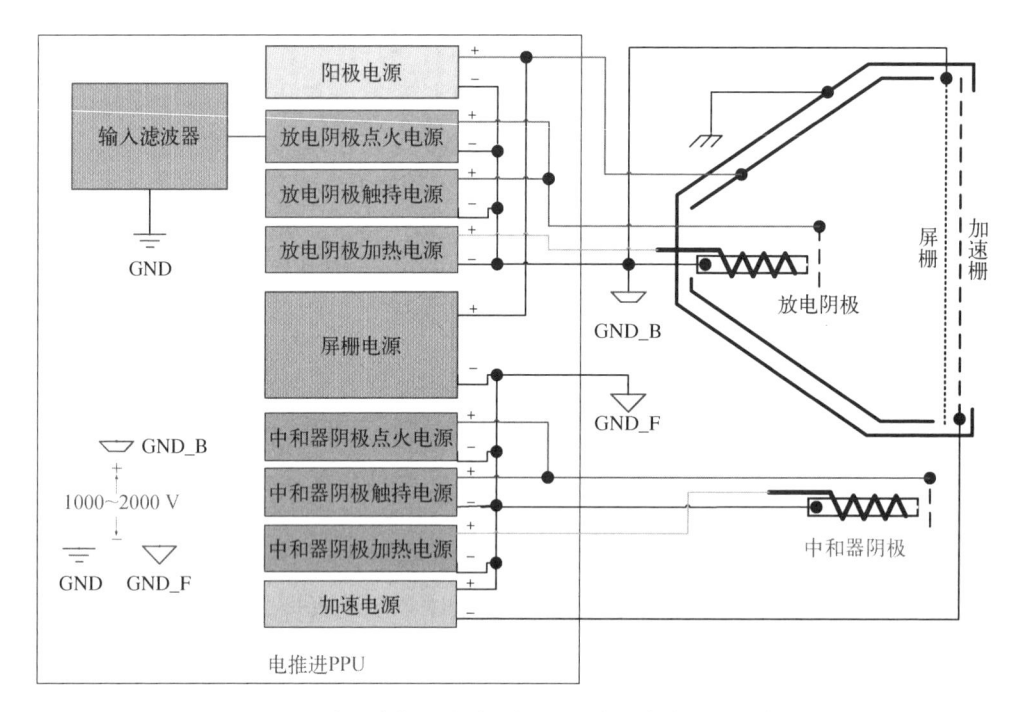

图 4-36　离子电推进发动机与 PPU 各供电电源的示意图

防护[21,26,29]。

本节基于离子电推进的放电阴极在点火前后工作时序上的特点,提出一种新型的可同时实现放电阴极加热电源、点火电源、触持电源功能的耦合电源变换器,在此基础上,通过一种磁隔离的方式实现了高压侧与低压侧的物理隔离,同时使得悬浮在屏栅电源高压侧上的器件尽可能少,从而有效实现宇航高压电源的绝缘防护,解决了此类电源在空间应用时易发生低气压放电的问题。此外,这种通过磁隔离实现高压侧与低压侧的物理隔离的方式,不仅仅可用于离子电推进中放电阴极的高压绝缘防护,还可用于其他原副边存在巨大压差的高压隔离变换器中。

4.4.2　磁隔离放电阴极加热点火触持电源变换器

离子电推进发动机的放电阴极供电电源主要由阴极加热电源、阴极点火电源(ignitor)、阴极触持电源(keeper)三部分组成,其中加热电源为放电阴极中的加热丝进行供电,点火电源和触持电源输出正线连接到放电阴极的触持极上,并为触持极提供点火用的高压脉冲电压和维持等离子体状态的(触持)恒定电流。应用在某种离子类电推进放电阴极的加热电源、点火电源及触持电源的电性能指标需求如表 4-4 所示。

表 4-4 样机参数

参数描述	符　号	参数值	备　注　说　明
输入电压/V	V_{in}	28±2	一次功率母线电压
点火电压/V	V_{spike}	900~1 200	点火时输出电压超过 500 V 的脉宽>6 μs
触持电流/A	I_{ik}	0.5~2	调节步长 0.1 A,额定 1.5 A
触持电压/V	V_{ik}	≤70	开路电压
加热电流/A	I_h	2~8	调节步长 0.1 A,额定 6 A
加热电压/V	V_h	≤30	最大输出电压
输出功率/W	P_{out}	≤200	加热、点火和触持电源的最大输出功率
效率/%	η	>80	额定工况下

1. 磁隔离松耦合变换器的提出

在离子电推进发动机暴露大气、真空中第一次点火、低温点火等情况下,均需通过加热电源加热的方式对放电阴极进行除气、激活等[31,32]。考虑到阴极材料的热敏感特性,加热电源需要对给阴极加热丝供电的加热电流进行精准档位调节,在放电阴极点着火前,迅速将放电阴极加热到大约 1 200℃,使发射体产生电子。随后,点火电源接受脉冲驱动信号(single pulse driver signal)产生高压点火脉冲,电子和加在放电阴极触持极两端的脉冲型高压电压将氙气流击穿成等离子体态,此时触持极间的阻抗迅速下降,放电阴极点火成功。触持电源在阴极点火电源关闭的瞬间为放电阴极的触持极提供限制的输出电流,来维持放电阴极的等离子体状态。相比霍尔电推进的空心阴极工作模式在点着火后需要将触持和加热都关闭的情况,离子电推进的放电阴极在点着火后,仅仅需要关闭加热电源,触持电源在发动机正常工作的时间段均需要稳定工作[33-35]。

在放电阴极点着火后,电推进 PPU 系统等再按照一定的时序进行中和器电源、屏栅电源等的开机动作。屏栅电源开机后,放电阴极的供电电源副边的器件均悬浮在屏栅电源的高压输出侧,与原边存在极大的压差。因此,放电阴极电源的高压防护设计原则是:浮在屏栅高压输出上的元器件,以及跨接在原边低压侧与屏栅输出高压侧之间工作的元器件越少越好。

基于放电阴极加热电源、点火电源、触持电源工作时序上的先后顺序,且在功率变换时拥有同样的功率输入/输出接口,采用磁隔离的方式将这三种电源耦合成一个放电阴极加热点火触持电源变换器,如图 4-37 所示,为放电阴极加热点火触持电源的主功率拓扑结构示意图。图中,主功率拓扑采用半桥LLC谐振拓扑结构,实际应用中,该拓扑的主功率变压器T_1原边绕组N_1与副边绕组N_2、N_3设计成松耦合的方式,即原边绕组N_1与副边绕组N_2、N_3分开绕制,副边绕组N_2和N_3紧密绕制,使得原副边绕组间存在物理上的隔离。主变压器T_1副边两个独立的绕组N_2和N_3通过全桥整流的方式,形成IK_out和H_out两个输出支路。其中,输出支路IK_out连接到放电阴极的触持极,输出支路H_out连接到放电阴极的加热丝。

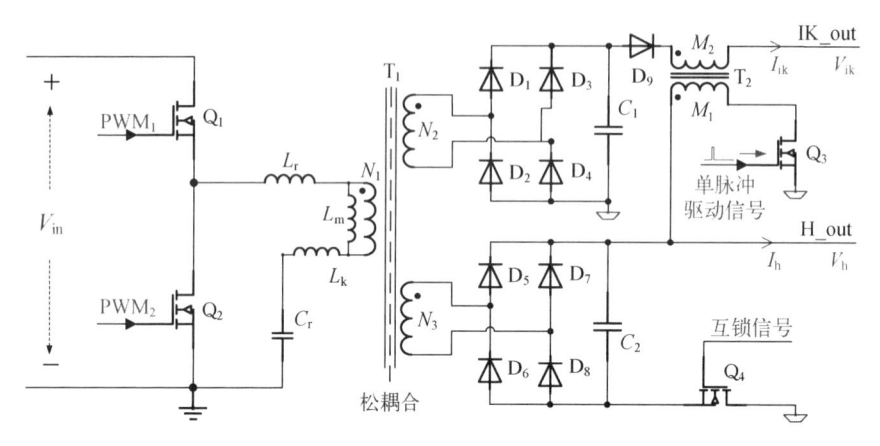

图 4-37 耦合放电阴极加热点火触持电源示意框图

点火电源采用变压器储能与泵升的方式来产生点火脉冲,点火电源的变压器T_2的副边绕组M_2通过二极管D_7串联到IK_out支路中,原边绕组M_1一端接到H_out支路,另外一端接到点火开关管Q_3的漏极(Drain极)。点火过程中,开关管Q_3导通一定的时间,其间M_1通过从加热输出支路取电来进行储能,D_7用来防止Q_3导通时在IK_out的输出产生负电压。在开关管Q_3关断瞬间,因伏秒平衡,T_2的副边绕组M_2续流在IK_out支路输出产生一个脉冲高压电压。为保证Q_3关断时M_1的储能足以转化为M_2的高压脉冲电压输出,点火变压器原副边绕组间的耦合系数需要尽可能高,即M_1和M_2必须紧耦合。如果M_1从主变压器T_1的原边取电,则因M_1和M_2必须紧耦合而使得高压防护存在困难,因此绕组M_1直接从主变压器T_1的副边输出(点火触持支路或加热支路)取电是比较好的选择。若M_1从点火触持支路的整流输出(电容C_1的正电压端)取电,在点火瞬间因触持开环产生的电压波动,会对触持极的触持电流闭环产生一定的影响。而加热输出支路的电压与点火触持支路具有相同的基准地,因加热丝的温度是累积的,绕组M_1从加热输出支路输出取电为点火蓄能,点火蓄能期间加热电源的电压波动对加热丝的温度变化完全不影响点火过程。

在放电阴极点着火后,加热电源需要迅速关闭,才能再进行离子电推进PPU

系统后续其他功率电源的开关机时序操作。如果放电阴极在发送一次点火脉冲信号后未成功点着火,则放电阴极触持极仍然处于高阻状态,加热电源继续加热,并继续发送点火脉冲信号进行点火操作,直到放电阴极点着火或判断为故障退出。图 4-37 中,Q_4 为加热支路的输出开关,采用了 N 型 MOSFET 作为通断开关。相比 P 型 MOSFET,在同等漏源电压情况下,N 型 MOSFET 具有更低的导通电阻。当 N 型 MOSFET 放置在高边时,需要额外的隔离辅助供电、驱动电路、载波电路等使得 MOSFET 工作在常通或者闭合的状态,而放置在低边时,可利用加热电源自身输出电压来驱动开关管工作在常开或关闭状态。

2. 工作原理

为保证主功率变压器松耦合的情况下,本书提出的新磁屏蔽变换器依然能够高效率地工作,采用谐振的方式来从 T_1 的原边传递能量到副边。图 4-37 中,谐振电感 L_r、谐振电容 C_r 与主变压器 T_1 的原边漏感 L_k、激磁电感 L_m 共同组成谐振腔来调节变换器的输出。由于 V_{ik} 和 V_h 的电压值变化范围较宽,变换器采用了变频和 PWM 变占空比两种闭环控制方式,其中变频的方式适用于 I_{ik} 和 I_h 工作在额定值附近的场合,移相 PWM 的方式适用于空载、轻载和低输出电压的场合。

图 4-38 所示为变频工作模式下变换器的工作等效电路图,变换器的开关管 Q_1 和 Q_2 的 PWM 工作在互补状态,占空比恒定且接近 50%。如图 4-38(a)所示为该变换器的开关管 Q_1 导通、Q_2 关闭时的等效电路示意图,L_r、L_k 和 C_r 构成谐振腔在此阶段被持续充电,流过激磁电感 L_m 电流增大,副边绕组 N_2(或 N_3)感应的电流分别通过 D_1、D_4(或 D_5、D_8)为滤波电容 C_1(或 C_2)充电并为负载供电。图 4-3(b)所示为开关管 Q_1 和 Q_2 均关闭时的等效电路示意图,此时为半桥 LLC 电路的死区时间,流过 L_r 和 L_k 的电流对 Q_1 的输出寄生电容进行放电(或充电),并对 Q_2 的输出寄生电容进行充电(或放电),直到 Q_2 的输出寄生电容的电压等于 V_{in}(或为零),随后 Q_1(或 Q_2)的体二极管导通,为 Q_1(或 Q_2)的下次导通创造零电压开通的条件。此阶段,L_m、L_k、L_r 和 C_r 一起谐振,两个支路的输出电压比 N_2 和 N_3 的峰值电压高,所有整流二极管均处于反偏状态,仅滤波电容 C_1(或 C_2)为负载提供能量。图 4-38(c)所示为开关管 Q_1 关闭、Q_2 导通时的等效电路示意图,L_k、L_r 和 C_r 构成的谐振腔的能量持续放电,流过 L_m 的电流减小,副边绕组 N_2(或 N_3)感应的电流分别通过 D_2、D_3 和(或 D_6、D_7)为滤波电容 C_1(或 C_2)充电并为负载供电。图 4-38 中流过 T_1 的原边绕组电流由于谐振的关系,在开关管导通关断期间,电流存在正反向交错流动的情况,因此未标明电流方向。

图 4-38 中所示的变换器在放电阴极点火成功前工作在加热状态,仅绕组 N_3 对应的 H_out 支路输出电流 I_h,因触持极处于高阻状态,绕组 N_2 的电流 I_{N_2} 为 0;在放电阴极点火成功后变换器工作在触持状态,Q_4 锁定关断,仅绕组 N_2 对应的 IK_out 支路输出电流 I_{ik},绕组 N_3 的电流 I_{N_3} 为 0。两条输出支路通过点火触持与

(a) Q₁导通，Q₂关闭

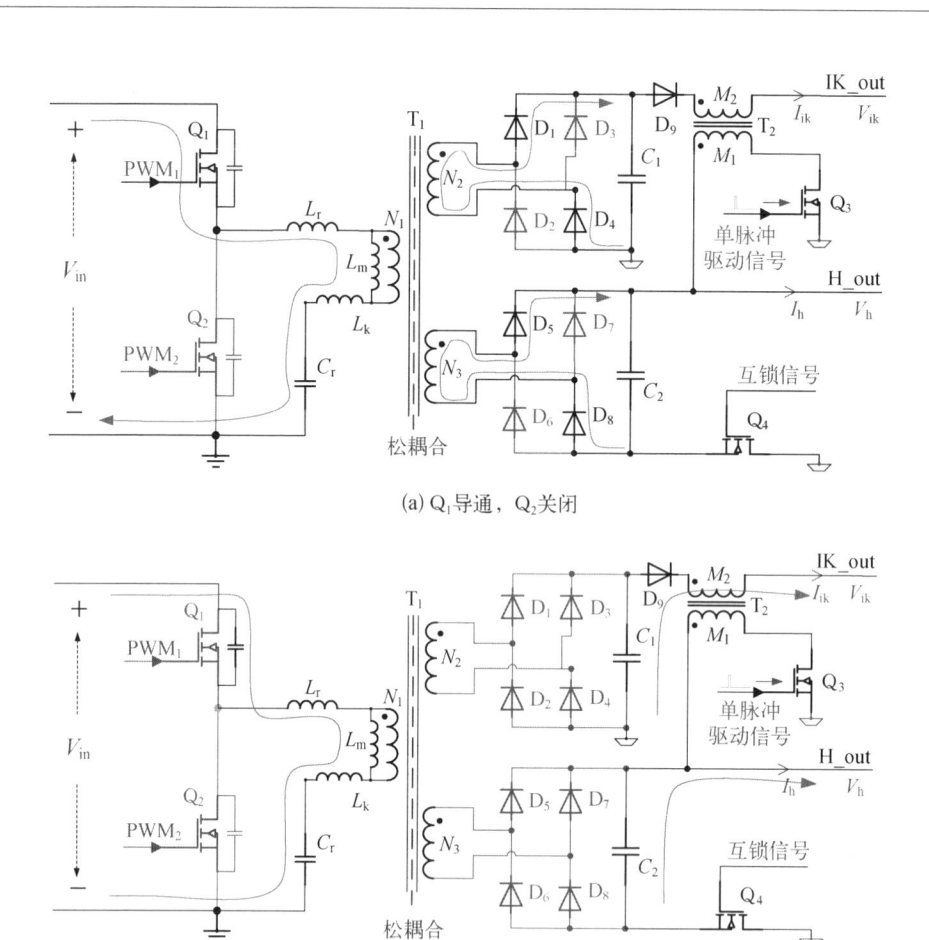

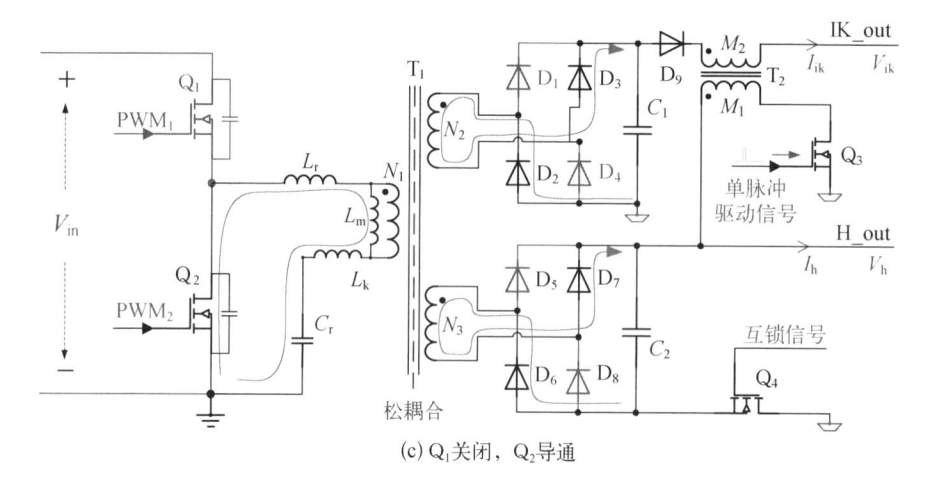

(b) Q₁关闭，Q₂关闭

(c) Q₁关闭，Q₂导通

图 4-38 变换器工作等效电路图

加热互锁控制逻辑来保证 N_2 和 N_3 绕组间每次有且仅有一个绕组输出电流,变频工作模式下,I_{N_2} 和 I_{N_3} 与原边绕组 N_1 的电流 I_{N_1} 直接呈现匝比关系,满足关系式(4-61),其中 f_s 为开关频率:

$$\begin{cases} I_{N_3} = \dfrac{N_1}{N_3} I_{N_1} = I_h \dfrac{\pi}{2} \sin(\omega t) \\ I_{N_2} = \dfrac{N_1}{N_2} I_{N_1} = I_{ik} \dfrac{\pi}{2} \sin(\omega t) \\ \omega = 2\pi f_s \end{cases} \quad (4-61)$$

图 4-39 为变换器工作在变频模式下的等效谐振电路,R_{ac} 为负载电阻等效到变压器 T_1 原边侧的反射负载电阻初级等效电阻,点火成功前后 R_{ac} 满足式(4-62):

$$R_{ac} = \begin{cases} R_{ac\_h} = \dfrac{8}{\pi^2} \left(\dfrac{N_1}{N_3}\right)^2 \dfrac{V_h}{I_h}, & 点火前 \\ R_{ac\_ik} = \dfrac{8}{\pi^2} \left(\dfrac{N_1}{N_2}\right)^2 \dfrac{V_{ik}}{I_{ik}}, & 点火后 \end{cases} \quad (4-62)$$

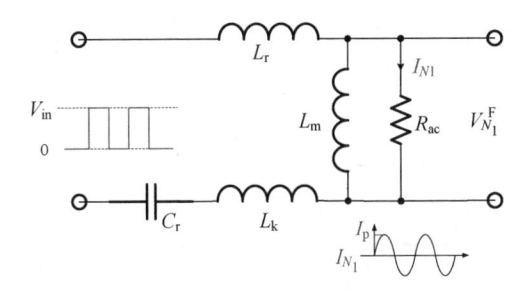

图 4-39 变换器工作在变频模式下的交流等效电路

变频工作模式下,图 4-39 中等效电路的输入电压为占空比 50%、峰值电压为 V_{in} 的方波,在谐振工作模式下,仅该方波的基波分量能够通过谐振腔、变压器传递到副边,原边绕组 N_1 的电流 I_{N_1} 满足式(4-63):

$$I_{N_1} = \dfrac{\dfrac{2}{\pi} V_{in} \sin(\omega t) \left| \dfrac{R_{ac}//j\omega L_m}{\dfrac{1}{j\omega C_r} + j\omega(L_r + L_k) + R_{ac}//j\omega L_m} \right|}{R_{ac}} \quad (4-63)$$

随着负载功率或工作电压的降低,变频工作模式下 f_s 继续增大,当 f_s 增大到 f_{max} 时(f_{max} 受限于 Q_1 和 Q_2 选用元器件可工作的最大开关频率),变换器开始工作在半桥 PWM 模式,f_s 恒定在 f_{max},此时通过调节 PWM 的占空比 D 的方式来调节输出支路的电压电流。

3. 点火时序分析

离子电推进发动机在空间环境中第一次点火前,需要对放电阴极进行加热激活,激活处理完成后即可进行常规的点火过程。图 4-40 为放电阴极点火过程中的理论工作波形示意图,图中,$t_0 \sim t_1$ 时刻对应放电阴极的激活过程,$t_2 \sim t_6$ 时刻对应放电阴极点火成功前的状态,t_6 时刻起对应放电阴极点火成功后的状态。

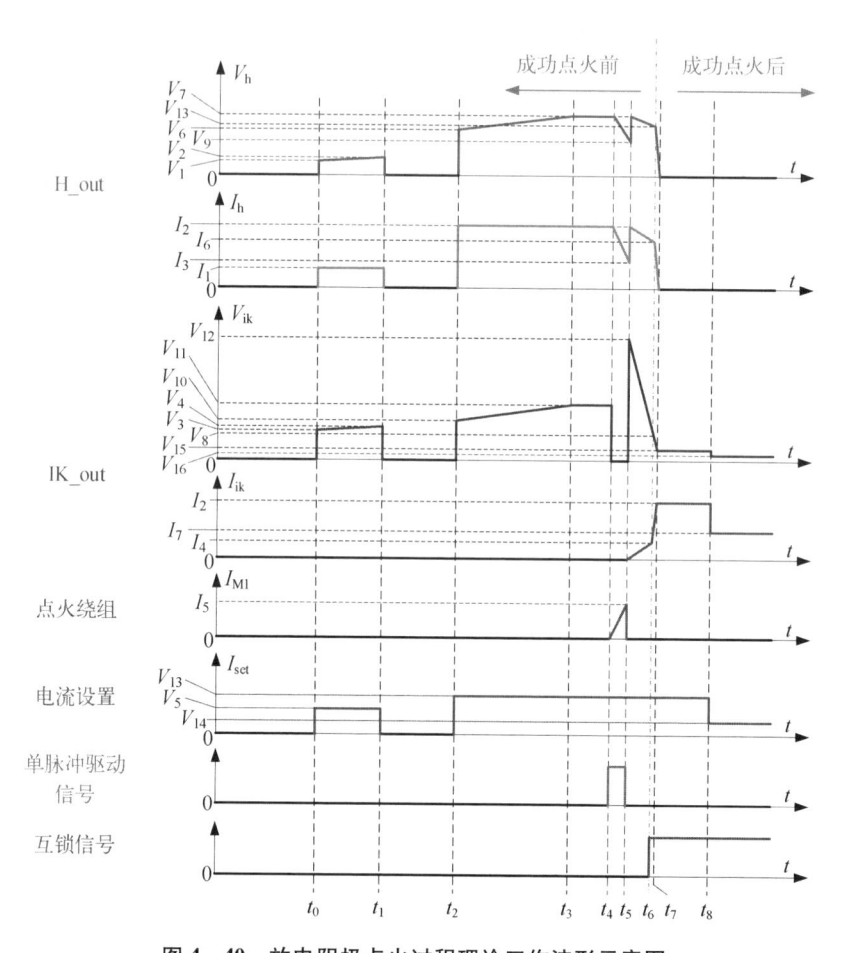

图 4-40 放电阴极点火过程理论工作波形示意图

(1) t_0 时刻前为放电阴极未工作状态,IK_out 和 H_out 支路的电压电流均为 0。
(2) t_0 时刻开机,设置电流闭环基准 $I_{set} = V_5$,对应放电阴极激活用加热电流

$I_h = I_1$,此刻 $V_h = V_1$,$V_{ik} = V_3$,$I_{ik} = 0$。

(3) $t_0 \sim t_1$ 时刻,随着加热过程持续,放电阴极加热电阻丝的阻值增大,在对 I_h 的闭环调节作用下,V_h 和 V_{ik} 均增大,放电阴极的触持极处于高阻状态,即 $I_{ik} = 0$。t_1 时刻,激活结束,此刻 $V_h = V_2$,$V_{ik} = V_4$。

(4) t_2 时刻,放电阴极供电电源点火前开机,设置 $I_{set} = V_{13}$,对应 $I_h = I_2$,此刻 $V_h = V_6$,$V_{ik} = V_{10}$,$I_{ik} = 0$,加热到 t_3 时刻,放电阴极的加热电阻丝温度达到稳态,并与环境温度处于热平衡的状态,此时 $V_h = V_7$,$V_{ik} = V_{11}$,$I_{ik} = 0$。

(5) $t_3 \sim t_4$ 时刻,放电阴极加热电阻丝的阻值因温度达到稳定而恒定,所以 V_h 和 V_{ik} 保持不变。

(6) $t_4 \sim t_5$ 时刻,控制器发送点火指令,通过磁隔离脉冲信号变压器等电路产生单脉冲驱动器信号使得 Q_3 导通,绕组 M_1 的电流 I_{M_1} 由 0 储能充电到 I_5,因对电流 I_h 闭环的作用,I_h 由 I_2 下降到 I_3,V_h 由 V_7 下降到 V_9,V_{ik} 由 V_{11} 下降到 0;此阶段,D_7 工作在截止状态并承受反向电压 V_{D_7}。

(7) 在 t_5 时刻,点火指令关闭,绕组 M_1 储能结束,假定 Q_3 瞬间关断,则 I_{M_1} 变为 0,I_h 恢复到 I_2,因变压器伏秒平衡(Volt-second balance),变压器的储能使得绕组 M_2 产生高压尖峰,V_{ik} 由 0 瞬间增大到 V_{12}(V_{12} 即为 V_{spike} 的值),击穿触持极间的氙气流,形成等离子体。

(8) $t_5 \sim t_7$ 时刻为放电阴极点火调整状态,其中 $t_5 \sim t_6$ 时刻,I_{ik} 由 0 增大到 I_4,I_h 由 I_2 下降到 I_6,V_h 由 V_7 下降到 V_{13},V_{ik} 由 V_{12} 下降到 V_8,t_6 时刻因 V_{ik} 达到判定放电阴极点火成功的电压值而触发联锁信号(interlock signal);$t_6 \sim t_7$ 时刻,Q_4 关断,I_{ik} 由 I_4 增大到 I_2,I_h 由 I_6 下降到 0,V_h 由 V_{13} 下降到 0,V_{ik} 由 V_8 下降到 V_{15}。

(9) $t_7 \sim t_8$ 时刻为留给放电阴极等离子体振荡过程的稳定时间;t_8 时刻设置放电阴极稳态工作过程中的触持电流值 $I_{set} = V_{14}$,I_{ik} 由 I_2 闭环调整到 I_7,V_{ik} 由 V_{15} 调整到 V_{16},此后放电阴极维持点火成功后的等离子体状态,电推进控制系统可顺序开启为离子发动机供电的其他电源。

图 4-40 中所示的放电阴极点火过程理论工作波形,电流闭环基准 I_{set} 在阴极激活阶段($t_0 \sim t_1$)、点火预处理阶段($t_2 \sim t_8$)及触持阶段($t_8 \rightarrow$)需要根据放电阴极的电性能指标要求进行设定,$t_2 \sim t_8$ 阶段,因 I_{set} 设置恒定及电流闭环的作用,图中参数满足式(4-64):

$$\begin{cases} I_3 + I_5 = I_2 \\ I_6 + I_4 = I_2 \\ V_{D_7} = V_{11} \cdot \dfrac{M_2}{M_1} - V_9 \end{cases} \quad (4-64)$$

在放电阴极加热到热稳态后（$t_3 \rightarrow$）即可发送点火触发脉冲指令（igniting command pulse signal），其触发的单脉冲驱动信号（single pulse driver signal）工作时间（$t_4 \sim t_5$）受式（4-5）自动调节。因不同的放电阴极具有不同的点火峰值电压V_{12}，其点火瞬间，稳态调整时间（$t_4 \sim t_7$）也不一致（实际过程中该时间段存在剧烈的振荡过程，图4-40中理论波形忽略了该振荡过程），所以$t_4 \sim t_8$对应的点火到触持稳态的时间因不同的阴极也不同，一般$t_4 \sim t_8$时间设置为200 ms。在放电阴极一次点火未点着，或发生放电阴极等离子体灭弧的情况下，触持极间阻抗变大，直到断路状态，V_{ik}迅速升高，interlock signal变为0，Q_4导通，两路输出恢复到t_3时刻对应的电压电流状态。

4.4.3 磁隔离控制策略

图4-36为放电阴极供电的加热、点火及触持电源的副边输出悬浮在屏栅电源上的使用方式，该使用方式使得主变压器T_1原副边绕组间的压差在1 000~2 000 V，因此放电阴极电源变换器的变压器T_1的副边绕组及所有相关电路均悬浮在屏栅电源上，为降低高压绝缘防护的难度，这些悬浮在屏栅电源上的放电阴极电源的器件及跨接在T_1原副边绕组间的器件数量越少越好。本章对该用于控制策略的跨接器件原副边间依然采用类似T_1的原副边绕组那样进行物理上的隔离来实现磁绝缘，以下对加热-触持输出电流闭环控制、点火控制及加热互锁控制设计进行分析。

1. 自适应加热-触持电流源闭环控制设计

加热支路的输出和点火触持支路的输出与T_1的副边共地，而对这两个支路的输出电流进行闭环调节的电路，驱动电路及其对应的开关管Q_1、Q_2与T_1的原边绕组共地，因此在设计对I_h及I_{ik}的精确采样、闭环、驱动的整个闭环控制信号路径时，必须考虑到T_1原副边绕组间的高电压差带来的难防护问题。

考虑到太空环境中的辐照及单粒子因素的影响，传统宇航应用中的变换器主要采用电阻分压的方式来实现对输出电流的精确采样，但该采样方式及对应的PID（proportional integral derivative）闭环，驱动电路等整个闭环环节无法顺利解决T_1原副边之间的电压差问题。光耦合霍尔器件可有效地实现对电流的隔离采样与传输，但这类器件的精度完全有赖于器件本身的线性放大参数，但该参数极易受空间环境的影响，例如，光耦器件的电流传输比极易受到空间辐照的影响而衰减。电流互感器可实现对交流电流的精确隔离采样，且被测电流采用穿心的方式流经电流互感器，可很好地实现两者间物理上的隔离，同时电流互感器的精度不受空间环境的影响，结合放电阴极变换器的电流型工作方式，因此这里电流互感器是理想的电流采样方式。图4-41为放电阴极加热点火触持电源实现对输出电流采样及闭环控制的电路示意图。

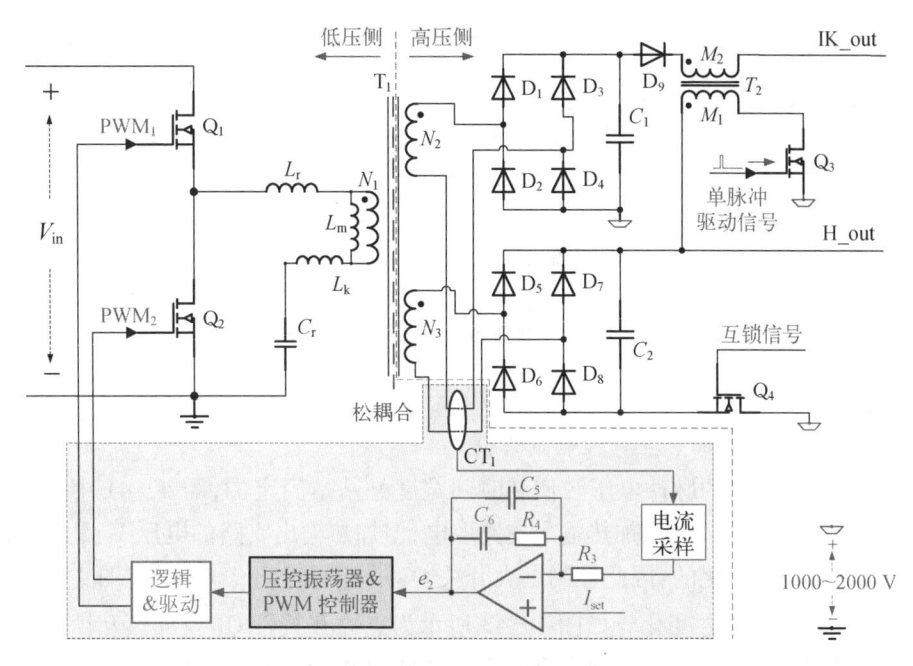

图 4-41　放电阴极加热点火触持电源示意框图

放电阴极稳态工作情况下 I_h 及 I_{ik} 不会同时输出，因此在放电阴极点火前需对 I_h 进行精确采样闭环调节，在点着火后，需迅速对 I_{ik} 进行闭环限流输出。图 4-41 中 T_1 的两个副边绕组 N_2、N_3 的引出线同时穿过电流互感器 CT_1，因 N_2、N_3 的引出线与 CT_1 的采样绕组间完全物理隔离，所以能够非常好地避免 T_1 原副边绕组间的高电压差对加热、触持电流闭环控制环路带来的高压防护难的问题。由式 (4-61) 可知，变压器副边绕组整流后的电流平均值与该绕组对应输出支路的输出电流严格匹配，因此电流互感器对变压器 T_1 副边绕组的电流采样，直接实现了该绕组对应输出支路的输出电流的精确采样。

如图 4-42 所示，在放电阴极点着火前，触持极呈现高阻状态，此时 I_{ik} 为 0，CT_1 采样的电流 I_{hik} 仅为绕组 N_3 对应的加热支路的输出电流 I_h，此时变换器工作在加热输出电流闭环状态，通过设置基准电压 I_{set} 的值即可调节 I_h 的大小；放电阴极点着火后，触持极阻抗变低，点火状态检测（ignition state detector）功能在检测到 V_{ik} 小于某个设定值时即判断放电阴极点火成功，开关管 Q_4 立即关闭，I_h 变为 0，I_{hik} 仅为绕组 N_2 对应的点火触持支路的输出电流 I_{ik}，此时变换器工作在触持输出电流闭环状态，调节基准电压 I_{set} 的值即可调节 I_{ik} 的大小。上述闭环控制方式可使得变换器在放电阴极点火前后由对 I_h 的闭环调节自动变为对 I_{ik} 的闭环调节。

上述电流互感器穿心的电流采样方式，减少了高低压信号接触的环节和路径，在保证高压防护情况下，仅用一个电流互感器即实现了对两种电流的精确采样与

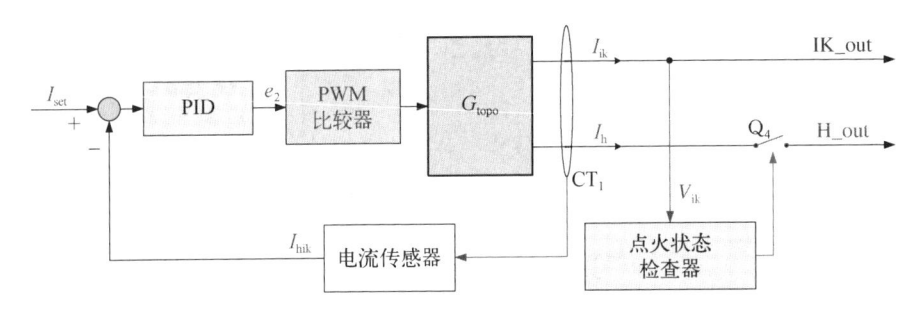

图 4-42 变换器的控制结构示意图

闭环控制。

2. 点火触持与加热互锁控制策略设计

放电阴极需要的脉冲电压峰值和时间宽度是基本固定的,图 4-41 中点火电源的变压器 T_2 绕组 M_1 从加热输出支路取电,但加热输出支路的电压 V_h 是随着加热负载的变化而变化的,因此控制点火开关 Q_3 的开通时间 Δt_{Q_3}(对应图 4-40 中的 $t_4 \sim t_5$)也需要随之变化。如图 4-43 所示为点火开关管 Q_3 及加热互锁开关管 Q_4 控制方式示意图,点火脉冲指令经原副边绕组物理隔离的磁脉冲变压器 T_3 传输到主变压器 T_1 的副边,引起触发器输出高电平使开关管 Q_3 导通;通过采样电阻

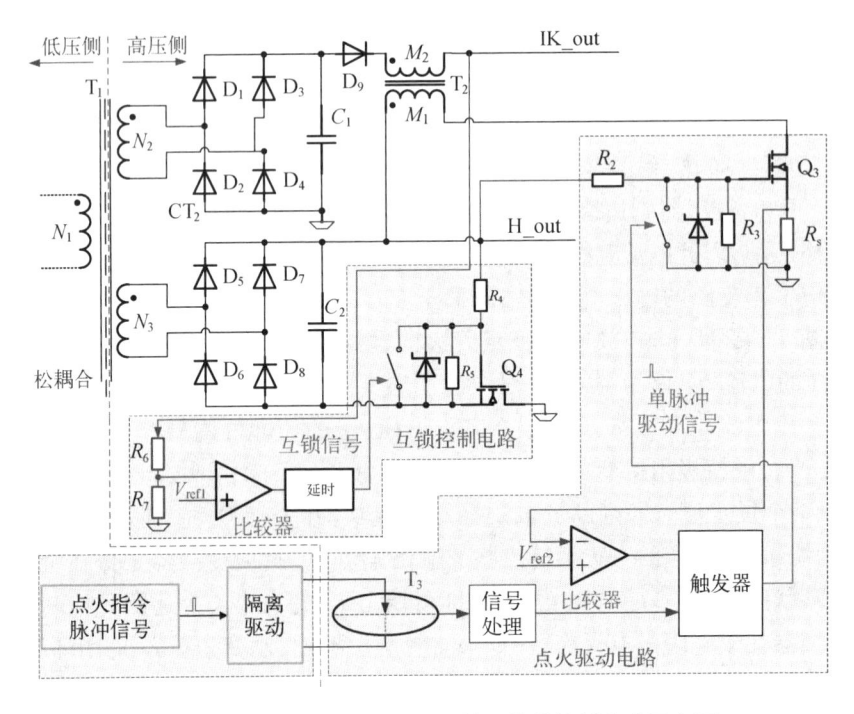

图 4-43 点火开关管及加热互锁开关管控制方式示意图

R_s 检测流过点火变压器 T_2 的储能绕组 M_1 的电流,在其峰值电流 Δi_m1 达到设定值 V_ref2(不同的放电阴极对应不同的设定值)对应的电流时使 Q_3 自动关闭。该控制方式在每次点火指令发送后,通过峰值电流检测的方式保证流经储能绕组 M_1 的峰值电流 Δi_m1 恒定,从而保证无论加热支路输出电压是多少,在 Q_3 关闭时通过 T_2 耦合到触持极的脉冲点火电压的幅值和宽度均能保持恒定,点火过程中所需的峰值电压 V_spike 满足式(4-65):

$$\begin{cases} \Delta i_\mathrm{m1} = \dfrac{V_\mathrm{ref2}}{R_\mathrm{s}} = \dfrac{V_h}{L_\mathrm{m1}}\Delta t_{Q_3}, \quad \Delta t_{Q_3} \Rightarrow t_4 \sim t_5 \\ V_\mathrm{spike} \approx \dfrac{M_1}{M_2}\Delta i_\mathrm{m1} R_{ik} \end{cases} \quad (4-65)$$

其中,R_{ik} 为触持极等效阻抗。

放电阴极在点着火后,能够自持并维持点火后的等离子体状态,此时需尽快关闭加热电源以保护放电阴极防止因过热而损坏或降低寿命。点火成功后,放电阴极的触持极等效阻抗迅速下降,图 4-43 中通过判断点火触持支路的输出电压 V_{ik}(该电压等于触持极电压)小于设定值 V_ref1 时即认为放电阴极已经点火成功,加热输出支路的开关管 Q_4 自动关闭,延迟时间(delay time)的设置用来避免点火瞬间触持极间电压振荡引起 Q_4 的反复导通关闭。如果触持极发生灭弧动作,触持极间的阻抗迅速增大,直到类似开路的状态,因电流闭环控制作用,点火触持输出支路的输出电压 V_{ik} 迅速升高;在电阻 R_4 和 R_5 对 V_{ik} 的分压大于 V_ref1 时,Q_4 自动导通,对 V_{ik} 的闭环自动转为对 V_h 的闭环控制,H_out 继续输出电流,对放电阴极的加热丝进行加热,等待下一次点火指令。

综上,本书提出的为离子电推进中放电阴极供电的耦合电源变换器及一种磁隔离方式具备如下特点:① 三个电源合为一个电源,功率密度同比提高接近 2 倍;② 主功率变压器 T_1 采用松耦合绕制方式实现原副边绕组的物理隔离,并通过谐振方式进行高效能量隔离传输,有效解决了传统紧密耦合主功率变压器匝间电压过高容易引起低气压放电的问题;③ 采用单个磁电流互感器 CT_1 同时实现了对加热电流和触持电流的精确电流采样与闭环调节,采用磁脉冲变压器 T_2 实现了点火触发信号的隔离传递,这两种磁性器件均采用穿心的方式进行工作,很好地实现了高低压侧信号传输的物理隔离;④ 自供电及自驱动技术的应用使得悬浮在屏栅电源高压侧的元器件非常少,进一步利于高压防护。

4.4.4 实验结果

研制了一款放电阴极加热点火触持电源,测试了该电源的电性能参数,并与某款离子类电推进发动机进行了点火联试,如图 4-44(a)所示,为放电阴极加热点火触持电源的实物照片(图中松耦合变压器原边绕组与副边绕组的绝缘路径>1.2 cm,填充灌封材料后,绝缘间距完全满足帕邢曲线对低气压放电的要求),图4-44(b)所示为用于联试的某款离子类电推进发动机的实物照片。表4-5为所研制变换器的元器件参数。该电源可实现5~8 A,最大30 V的加热电源输出;触持空载电压最高60 V,点火脉冲电压700~900 V,半峰宽>6 μs,在点火成功后触持电流在0.5~2 A可设定的范围内输出。

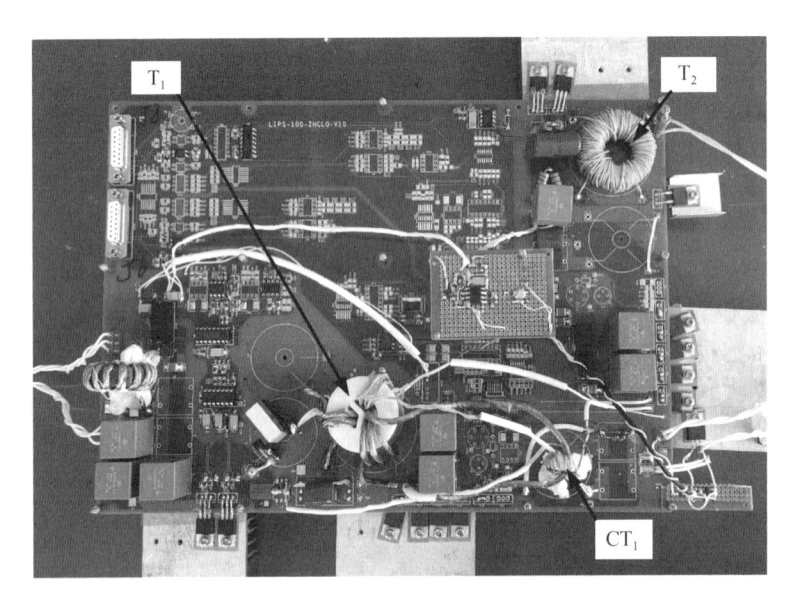

图4-44 放电阴极加热点火触持电源样机照片

表4-5 样机参数

参数描述	符　号	参数值/型号
开关频率	f_s	110~160 kHz
功率MOSFET	Q_1、Q_2、Q_4	IRFB4610
点火MOSFET	Q_3	STF20N65M5
功率二极管	D_1、D_2、D_3、D_4、D_5、D_6、D_7、D_8	STPS60150CT
	D_9	STTH15AC06
功率变压器	T_1	TX36/23/15 − 3C95 $N_1:N_2:N_3=2:6:4$, $L_m=16$ μH, $L_k=1.25$ μH
谐振电感	L_r	PQ20/16 − 3C90, 2.5 μH

续 表

参数描述	符 号	参数值/型号
谐振电容	C_r	0.47 μF/200 V
点火变压器	T_2	58324, High Flux − 125, $M_1:M_2=24:85$
电流互感器	CT_1	TX29/19/7.6 − 3C90,匝数:100
信号脉冲变压器	T_3	TN23/14/7 − 3C90,匝数:10
滤波电容	C_1、C_2	22 μF/100 V 27 μF/63 V

1. 电性能测试

变换器通过谐振的方式经过 T_1 传输能量,其可工作在变频模式和 PWM 调节占空比两种闭环控制方式,如图 4-45 所示,分别测试两种工作模式下 Q_1、Q_2 的驱动电压波形、流过谐振电感的电流(i_{lr})波形、绕组 N_2 的电流(I_{N_2})波形、绕组 N_3 的电流(I_{N_3})波形。如图 4-45(a)所示为加热电流闭环工作在变频模式下的典型电压电流测试波形,测试条件:触持极为高阻状态,$I_h=7.5$ A,$V_h=18.75$ V。此时,开关频率与谐振频率接近,谐振腔基本工作在完整的谐振周期,通过 T_1 传输的电流是接近理想的谐振正弦电流波形,通过示波器测试可知 I_{N_3} 为规则正弦波形,正负峰峰值均为 14.8 A,对应其平均值为 0,因此通过 CT_1 采样并整流后的电压能够准确反映 I_{N_3} 的值。

如图 4-45(b)所示为触持电流闭环工作在 PWM 调节占空比的模式下的典型电压电流测试波形,测试条件:Q_4 已关闭,$I_{ik}=1$A,$V_{ik}=15$ V。此时,谐振腔不能工作在完整的谐振周期,通过 T_1 传输的电流不是理想的谐振正弦电流波形。通过示波器测试可知,I_{N_2} 虽不是规则的正弦波形,但其正负峰峰值均为 4.5 A,平均值也为 0,因此通过 CT_1 采样并整流后的电压依然能够准确反应 I_{N_2} 的值。综上,CT_1 采样方式对于变换器工作在两种闭环控制方式的情况均能够实现准确的电流采样,从而实现一个电流互感器同时对 I_h 和 I_{ik} 的闭环控制调节。

松耦合变压器在带来绝缘防护优势的同时,因耦合系数较低而增加了隔离型变换器高效传输能量的难度。谐振模式可有效利用松耦合变压器的漏感作为谐振电感,通过调节开关频率的方式使得额定工况及大于额定工况功率的工况始终处于调频模式下,从而得到高效率。轻载及小电压模式下,变换器输出功率也低,此时工作在 PWM 调节占空比模式,此时虽然效率较低,但总的变换器热耗低,不会对变换器的使用带来问题。图 4-46 为测试所提出电源在加热电阻丝阻值为 2 Ω

(a) 变频控制

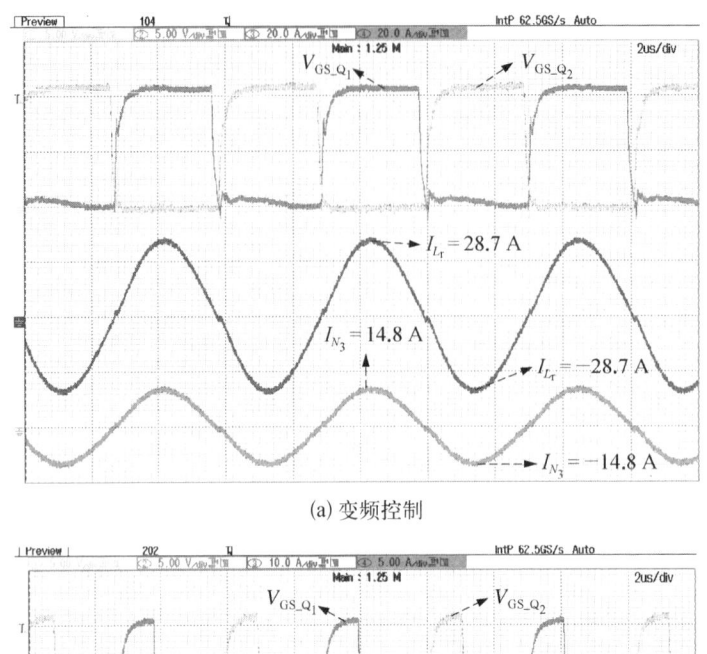

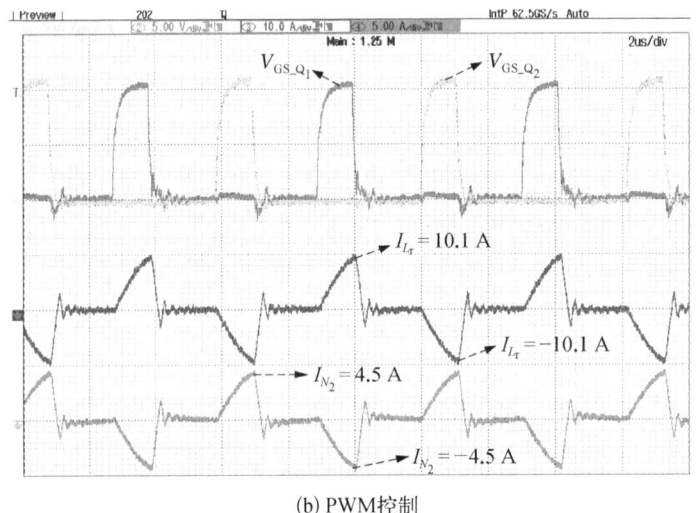

(b) PWM控制

图 4‑45　两种工作模式下的典型电压电流测试波形

和 4 Ω 情况下,不同加热输出电流情况下的电源效率曲线,以及传统紧耦合放电阴极加热电源阻值为 4 Ω 时的效率曲线。从图中可看出,对于所提出的电源,加热输出支路的输出电压越高、功率越大,效率越高,在加热输出电压为 30 V、输出电流为 7.5 A 时,工作在变频模式下的效率最高能达到 88.6%。所提出的电源与传统紧耦合阴极加热电源工作情况下的效率对比:从图中可看出,即使变压器采用松耦合的方式,变频模式下与传统紧耦合加热变换器的效率基本一致。在 PWM 调节占空模式下,效率相较传统的紧耦合变压器效率低 3.89%,总的热耗低 0.8 W,因为该测试条件并不在额定工况范围内,所以对散热影响不大。

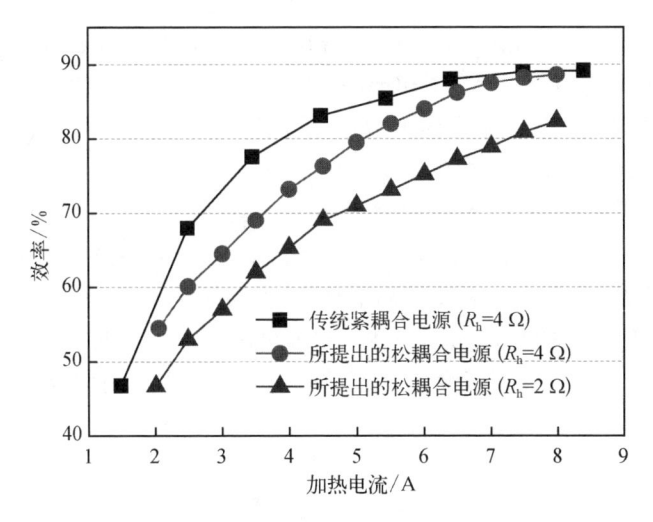

图 4-46 松耦合变换器效率测试曲线

2. 模拟点火测试

模拟点火测试首先测试触持极开路时的波形,然后测试模拟点火情况下的对比波形。在点火成功瞬间,放电阴极的触持极间阻抗瞬间下降。当二极管的反向耐压超过其可承受最高峰值耐压后,二极管发生雪崩击穿烧毁而短路,该过程与放电阴极的触持极间氙气被高压点火脉冲电压击穿并被恒流源触持的过程类似,因此可通过采用高压脉冲击穿二极管的方式来模拟放电阴极的点火过程。选用型号为 1N4148 的信号二极管,其反向电压为 75 V,峰值反向电压为 100 V。测试条件:加热电阻丝阻值为 1.6 Ω,加热电流设定为 5.5 A,触持闭环电流设定为 0.65 A。

图 4-47 为模拟触持极开路情况下的点火测试波形,包括加热输出电压 V_h、电

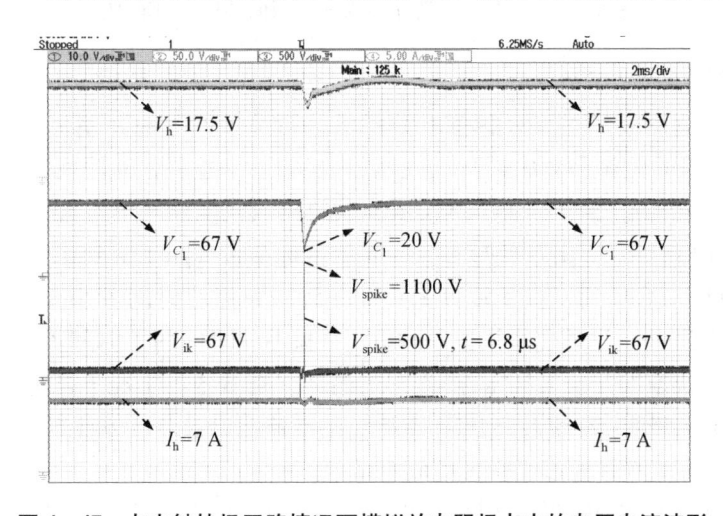

图 4-47 点火触持极开路情况下模拟放电阴极点火的电压电流波形

流 I_h 波形、点火触持输出支路的电压 V_{ik} 和电流 I_{ik} 波形。从图中可看出,在发射点火信号时,I_h 由 6 A 降到 5.6 A 随即恢复到 6 A,V_h 由 9 V 降到 8.4 V 随即恢复到 9 V,V_{ik} 在点火瞬间产生峰值电压 1 000 V 后恢复到原始的 58 V,超过 500 V 的脉宽时间大于 6 μs,而 I_{ik} 基本无变化。

图 4-48 所示为通过击穿二极管 1N4148 模拟点火触持过程的测试波形。从图中可看出,在发射点火指令后,I_h 由 5.5 A 降到 0 A,V_h 由 8.5 V 降到 0 V,V_{ik} 由 24 V 振荡下降到 16 V,点火触持输出电流 I_{ik} 由 0 振荡上升到 0.65 A,由此判断二极管被击穿并处于导通状态,由于被测二极管的寄生电容的滤波特性,未测试到点火时 V_{ik} 的峰值电压。该模拟测试验证了采用磁隔离方式的耦合电源可实现对放电阴极的加热点火触持功能。

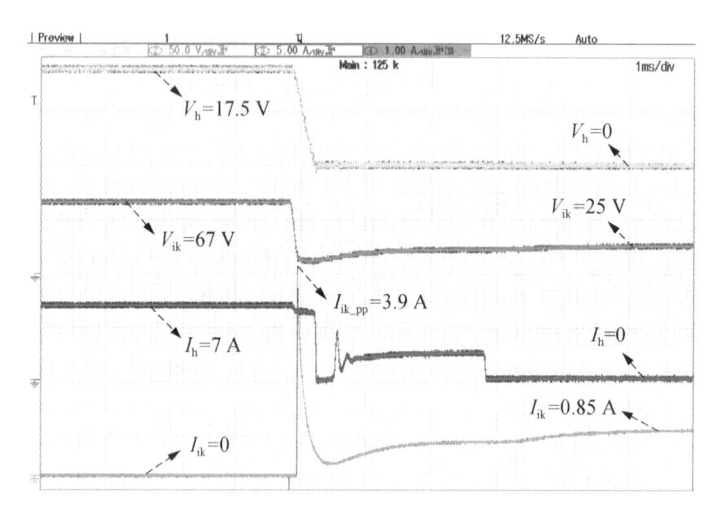

图 4-48 模拟放电阴极点火成功瞬间的电压电流波形

3. 低气压放电实验

将该放电阴极加热点火触持电源样机进行适当的灌封并整合到如图 4-49(a)所示的 PPU 测试装置中进行低气压放电实验,来检验该磁隔离方式是否能通过低气压放电实验。图 4-49(b)所示为低气压放电实验时真空罐的真空度变化情况,试验时真空度变化方案如下:① 气压由标准大气压下降到(1 000±100)Pa;② 由 1 000 Pa 下降到(700±50)Pa,(700±50)Pa 停留时间不小于 6 min;③ 由 700 Pa 下降到(10±5)Pa,其中由 1 000 Pa 下降到 10 Pa 的总时间不少于 20 min;④ 由 10 Pa 快速回升至大气压,按此方式循环并查看各种工况下样机是否出现异常。实验结果表明:样机在气压下降及气压迅速回升过程中均无放电现象,证明了该磁隔离方式顺利通过了低气压放电试验。

本章提出了一种磁隔离的阴极加热-点火-触持电源变换器的耦合拓扑结构,

(a) 低气压测试装置

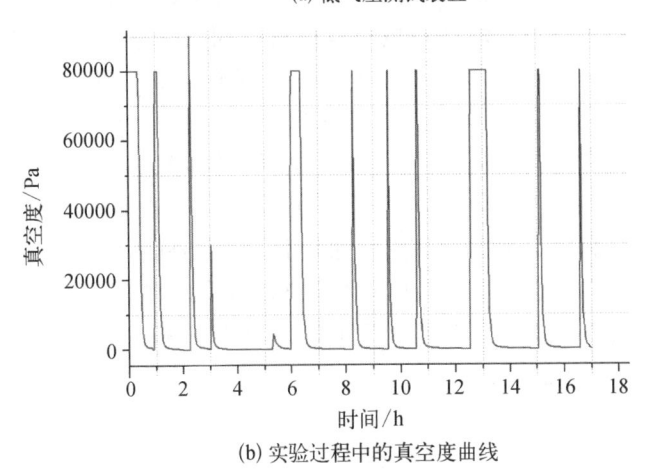

(b) 实验过程中的真空度曲线

图 4-49　低气压放电实验

分析了该拓扑的工作原理及点火工作时序,给出了自适应加热-触持电流源闭环控制及点火触持与加热互锁控制策略,设计了一款最大输出功率为 200 W 的放电阴极加热-点火-触持电源变换器样机。测试结果表明,该变换器能保证加热电流、触持电流在全输出范围内的精确档位调节;模拟点火测试,在触持极点着火瞬间,加热电流闭环能够迅速切换到触持电流闭环并维持放电阴极的等离子体状态,同时加热输出自动关闭;在主功率变压器松耦合并保证原副边绕组物理绝缘安全间距满足低气压环境的情况下,变换器最高效率达到 88.6%,符合设计预期。

4.5　离子电推进 PPU 难点总结

与霍尔推力器相比,离子推力器具有固有的栅极打火特性且需要的电源种类繁多,因此对离子电推进 PPU 提出了新的有要求和挑战。离子电推进 PPU 的研制难点大致可分为以下几点。

（1）需具备快速打火保护功能，当栅极短路工况消失时，电源需快速恢复至正常工作状态。离子推力器工作过程中可能会出现屏栅和加速栅之间的短路，引起屏栅电压的突降，对阳极和加速栅的电源施加瞬时大电流。因此，离子推力器电源需具备极快的过流保护与恢复特性，能为高压大功率离子电推进发动机提供能量的同时，保持自身的工作稳定与安全。

（2）在有较高体积和重量要求的条件下需具备多路输出供电能力。离子电推进 PPU 主要包括 10 个功能电源输出：2 个电压源，即屏栅电源和加速电源；6 个电流源，即阴极加热电源、中和器加热电源、阴极触持电源、中和器触持电源、励磁电源及阳极电源；2 个脉冲电压源，即阴极点火电源与中和器电源。空间电子设备一般对体积和重量要求较高，因此在极为有限的空间及重量要求下，如何让以上 10 个功能电源安全可靠高效地进行功率转换也是离子电推进 PPU 研制的难点之一。

（3）高压防护难度大。与霍尔电推进 PPU 相比，离子电推进 PPU 的电压等级高、种类繁多且电气连接复杂，如阴极点火电源（脉冲 800～1 200 V）、中和器点火电源（脉冲 800～1 200 V）、加速电源（-150～-500 V）和屏栅电源（也称束电源，1 000～2 000 V）。而且，励磁电源、阴极加热电源、阴极触持电源及阳极电源均需悬浮于屏栅电源正线上工作，这进一步增加了高压防护的难度。因此，如何对高电压等级、种类繁多且电气连接复杂的离子电推进 PPU 进行安全可靠高压防护，是离子电推进 PPU 研制的难点之一。

参考文献

[1] Gu B, Lai J, Kees N, et al. Hybrid-switching full-bridge DC‒DC converter with minimal voltage stress of bridge rectifier, reduced circulating losses, and filter requirement for electric vehicle battery chargers[J]. IEEE Transaction on Industrial Electronics, 2013, 28(3): 1132‒1143.

[2] Dauhajre A A. Modeling and estimation of leakage phenomena in magnetic circuits[D]. Pasadena: California Institute of Technology, 1986.

[3] Bandeira D G, Lazzarin T B, Barbi I. High voltage power supply using a T-type parallel resonant DC‒DC converter[J]. IEEE Transactions on Industry Applications, 2018, 54(3): 2459‒2470.

[4] Ravi V, Lakshminarasamma N. Modeling, analysis, and implementation of high voltage low power flyback converter feeding resistive loads[J]. IEEE Transactions on Industry Applications, 2018, 54(5): 4682‒4695.

[5] Song T T, Wang H, Chung H S H, et al. A high-voltage ZVZCS DC‒DC converter with low voltage stress[J]. IEEE Transactions on Power Electronics, 2008, 23(6): 2630‒2647.

[6] Katzir L, Shmilovitz D. A matrix-like topology for high-voltage generation[J]. IEEE Transactions on Plasma Science, 2015, 43(10): 3681‒3687.

[7] Zhang C, Lin D, Tang N, et al. A novel electric insulation string structure with high-voltage insulation and wireless power transfer capabilities[J]. IEEE Transactions on Power Electronics, 2017, 33(1): 87-96.

[8] Young C M, Chen M H, Chang T A, et al. Cascade cockcroft-walton voltage multiplier applied to transformerless high step-up DC-DC converter[J]. IEEE Transactions on Industrial Electronics, 2012, 60(2): 523-537.

[9] Baddipadiga B P, Strathman S, Ferdowsi M, et al. A high-voltage-gain DC-DC converter for powering a multi-mode monopropellant-electrospray propulsion system in satellites[C]. San Antonio: 2018 IEEE Applied Power Electronics Conference and Exposition (APEC), 2018.

[10] Hsu W, Chen J, Hsieh Y, et al. Design and steady-state analysis of parallel resonant DC-DC converter for high-voltage power generator[J]. IEEE Transactions on Power Electronics, 2017, 32(2): 957-966.

[11] Rustan P, Garrett H, Schor M J. High voltages in space: innovation in space insulation[J]. IEEE Transactions on Electrical Insulation, 1993, 28(5): 855-865.

[12] Ahn S H, Ryoo H J, Gong J W, et al. Low-ripple and high-precision high-voltage DC power supply for pulsed power applications[J]. IEEE Transactions on Plasma Science, 2014, 42(10): 3023-3033.

[13] He Z F, Zhang J L, Liu Y H, et al. Characteristics of a symmetrical cockcroft-walton power supply of 50 Hz 1.2 MV/50 mA[J]. Review of Scientific Instruments, 2011, 82(5).

[14] Kobougias I C, Tatakis E C. Optimal design of a half-wave cockcroft-walton voltage multiplier with minimum total capacitance[J]. IEEE Transactions on Power Electronics, 2010, 25(9): 2460-2468.

[15] Boss M, Herty F, Rogalla K, et al. Generic high voltage power module for electrical propulsion[C]. Princeton: 29th International Electric Propulsion Conference, 2005.

[16] Hong J, Heo J I, Nam S, et al. Study on the dielectric characteristics of gaseous, liquid, and solid insulation materials for a high voltage superconducting apparatus[J]. IEEE Transactions on Applied Superconductivity, 2012, 23(3): 7700604.

[17] Tobari H, Watanabe K, Kashiwagi M, et al. DC ultrahigh voltage insulation technology for 1 MV power supply system for fusion application[J]. IEEE Transactions on Plasma Science, 2017, 45(1): 162-169.

[18] Munderville M, Kempkes M. 400 kV, 400 mA power supply[C]. Brighton: 2017 IEEE 21st International Conference on Pulsed Power (PPC), 2017.

[19] Dwivedi C K, Daigvane M B. Multi-purpose low cost DC high voltage generator (60 kV output), using Cockcroft-Walton voltage multiplier circuit[C]. Goa: 2010 3rd International Conference on Emerging Trends in Engineering and Technology, 2010.

[20] Secretariat E. Space engineering: high voltage engineering and design handbook[J]. ESA Special Publication, 2014, 719: 133.

[21] Palencia J, de la Cruz F, Wallace N. Evolution of the power processing units architecture for electric propulsion at Crisa[C]. Constance: 8th European Space Power Conference, 2008.

[22] Tianping Z, Le Y, Licheng T, et al. The electric propulsion progress in lip-2015[C]. Kobe: 30th International Symposium Space Technology Science, 34th International Electric Propulsion

Conference, 6th Nano-Satellite Symposium, 2015.

[23] del Amo J G, Saccoccia G. Electric propulsion activities at ESA[C]. Atlanta: 35th International Electric Propulsion Conference, 2017.

[24] Fujita R, Tahara H, Takada K. Electric propulsion R&D at Osaka institute of technology[C]. Atlanta: 35th International Electric Propulsion Conference, 2017.

[25] Lev D, Myers R M, Lemmer K M, et al. The technological and commercial expansion of electric propulsion in the past 24 years[C]. Atlanta: 35th International Electric Propulsion Conference, 2017.

[26] Scina J, Hewitt F, Gerber S, et al. Power processing for a conceptual project prometheus electric propulsion system[C]. Fort Lauderdale: 40th AIAA/ASME/SAE/ASEE Joint Propulsion Conference and Exhibit, 2005.

[27] De Clercq H, Rijm C, Bourguignon E, et al. High power processing unit for stationary plasma thruster[C]. Cannes: Spacecraft Propulsion, 2000.

[28] Osuga H, Suzuki K, Ozaki T, et al. Development status of power processing unit for 250mN-class Hall thruster[C]. Florence: 30th International Electric Propulsion Conference, 2007.

[29] Gollor M, Boss M, Herty F, et al. Generic high voltage power supplies (HVPS) with optimum efficiency and multi-range[C]. Florence: 30th International Electric Propulsion Conference, 2007.

[30] Piñero L R, Bond T, Okada D, Phelps K, etc. Design of a modular 5-kW power processing unit for the next-generation 40-cm ion engine[C]. Pasadena: 27th International Electric Propulsion Conference, 2001.

[31] Milligan D J, Gabriel S B. Generation of experimental plasma parameter maps around the baffle aperture of a Kaufman (UK-25) ion thruster[J]. Acta Astronautica, 2008, 64(9-10): 952-968.

[32] Ohkawa Y, Hayakawa Y, Yoshida H, et al. Hollow cathode life test for the next-generation ion engine in JAXA[C]. Florence: 30th International Electric Propulsion Conference, 2007.

[33] Fu M, Zhang D, Li T. A novel coupling method of power supplies with high power density, efficiency, and fast dynamic response for spacecraft hollow cathode power supply applications [J]. IEEE Transactions on Power Electronics, 2016, 32(7): 5377-5387.

[34] Foster J, Haag T, Kamhawi H, et al. The high power electric propulsion (HiPEP) ion thruster [C]. Fort Lauderdale: 40th AIAA/ASME/SAE/ASEE Joint Propulsion Conference and Exhibit, 2004.

[35] Kitamura S, Hkawa Y, Hayakawa Y, et al. Overview and research status of the JAXA 150-mN ion engine[J]. Acta Astronautica, 2007, 61(1-6): 360-366.

第 5 章
电弧推进电源

引 言

电弧电推进经过多年的发展,已广泛应用于航天航空领域。本章将探讨电弧电推进器的负载特性将如何影响电推进 PPU 的指标确定,并分析电弧电推进 PPU 的构成,包括点火电源和恒流电源两个部分,以及围绕如何确保电源系统的可靠性和稳定性进行讨论并给出建议措施。

5.1 电弧电推进 PPU 构成

电弧推进器是一种高比冲推进系统,包括推力器本体和维弧电源。气体推进剂在强电场作用下形成高温电弧,并通过推力器主体加速喷出。电弧电推进 PPU 除了提供维持高温电弧所需的功率和电压,还需要在电弧形成阶段提供启动高压,用于激发气体推进剂电离。

电弧电推进 PPU 的构成如图 5-1 所示,包含主功率回路和高压脉冲启动电路。主功率回路决定了电弧电推进 PPU 的功率等级,该回路通过 DC/DC 变换器将

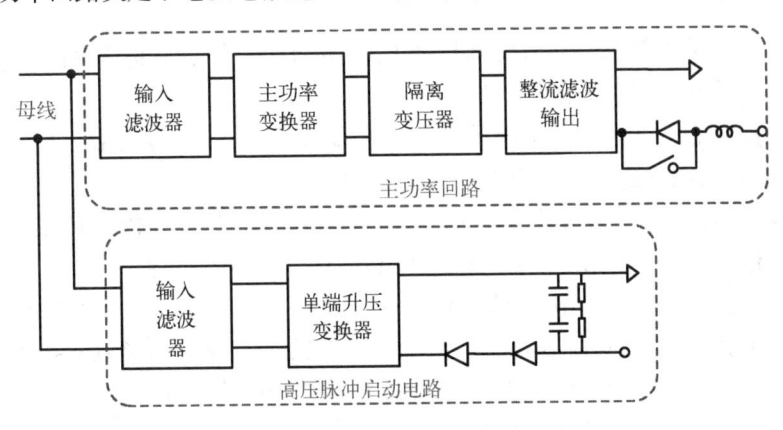

图 5-1 电弧电推进 PPU 的构成

航天器母线电压变换至电弧推进器工作所需的电压等级,同时提供维持高温电弧的稳定工作功率。高压脉冲启动电路在启动阶段为推力器阴阳极间提供高压脉冲,高压脉冲进一步形成强电场,推力器腔体中的气体推进剂在外加强电场作用下发生电离,形成放电通路,引起主功率回路放电,气体带电离子进一步被激发,温度迅速升高,主功率回路进入恒流输出模式,直至电弧稳定燃烧(图5-2)[1]。

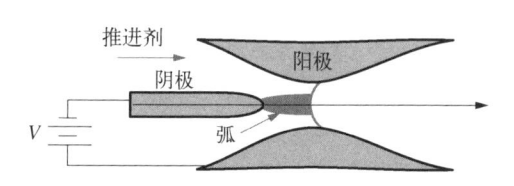

图 5-2 电弧推力器形成电弧示意图

由于受电极构造形状、极面外表面状况、温度及气体推力器喷流速度变化等因素影响,电弧具有快速变化的特性,要求电弧电源具有良好的输出电流动态调整能力。

5.2 电弧推进负载特性与电源要求

电弧推力器是一种航天器推进系统,它利用电弧放电产生的高温等离子体来产生推力。电弧推力器的负载特性指的是在特定电流和电压条件下推力器的输出特性,这些特性包括推力产生与电流、电压之间的关系,推力的线性或非线性响应,以及在不同工作点下的推力稳定性等。了解电弧推力器的负载特性对于推力器的设计、控制和性能评估都至关重要,电弧推力器的负载特性主要有以下四点[2]。

(1) 非线性特性。电弧推力器的推力产生与电流和电压之间的非线性关系密切相关。在低电流情况下,推力较小;在达到某一临界电流之后,推力急剧增加。这意味着系统的电流-推力特性不是简单的线性关系,而是具有强非线性关系。

(2) 高电流需求。电弧推力器需要较高的电流来维持等离子体的产生和加速,通常在几十到数百安培之间。因此,电推进 PPU 需要具备输出足够电流的能力。

(3) 可变推力需求。对需要调整推力大小的任务,如卫星轨道控制等,要求电弧推力器能够在不同推力条件下运行。

(4) 高压需求。产生和维持等离子体需要较高电压,通常在数千伏特到数万伏特之间,要求电推进 PPU 能够提供稳定高压。

根据电弧推力器的负载特性,其电源也必须满足其特性才能保证推力器能够正常稳定地工作,可总结出电弧电推进 PPU 应该具备以下特性。

(1) 电流输出能力。电推进 PPU 的输出电流应满足电弧推力器工作需求,通常在几十到数百安培,且应具有高稳定性,以确保等离子体的维持和推力的稳定。

(2) 电压输出能力。电推进 PPU 应能提供稳定的高电压输出,以维持等离子体的产生和加速。电压波动会导致推力不稳定,甚至灭弧。推力器在点火瞬间的电压需求为上千伏甚至上万伏,稳态工作时电压需求回落到几百伏。

（3）可调性。电源应该具有可调性,以便在不同推力需求下调整电流和电压。

（4）稳定性和可靠性。电推进 PPU 应具有高稳定性和高可靠性,其输出的任何波动或故障都可能影响推力性能。

（5）保护功能。电源应该具备过流保护、过压保护等功能,以防止电流和电压超出安全范围,保护电弧推力器和电源本身。

（6）效率。电弧电推进 PPU 的工作电流较大,输出功率较高,因此需要提高电路效率,以降低发热,延长航天器寿命。

5.2.1 脉冲点火特性

以 2 kW 电弧推力器为例分析,典型的电弧推力器脉冲点火启动过程如图 5-3 所示。在 t_0 时刻,位于电弧推力器上游的阀门打开,工质气体流入推力器。在 t_1 时刻后,随着推力器内的气流稳定,施加主电路电压 V_0,约为 250 V,电流上限设为 I_1,启动过程约为 10 A。显然,直到 t_2 时刻,当点火脉冲电压为 V_1 时,电弧推力器才会被点燃,点燃电压约为 6 000 V。在 V_1 上升过程中发生放电,产生电弧连接阳极和阴极,同时主电源电路作用于推力器。此时,根据推力器配置和推进剂流量的不同,推力器电流调节为 $I_1 = 10$ A,电弧电压 V_2 一般略大于 100 V。电弧放电维持数秒达到稳定状态后,在 t_3 时刻,PPU 切换到 2 000 W 稳压模式,电流上升到 I_2,约为 18 A,电压小幅

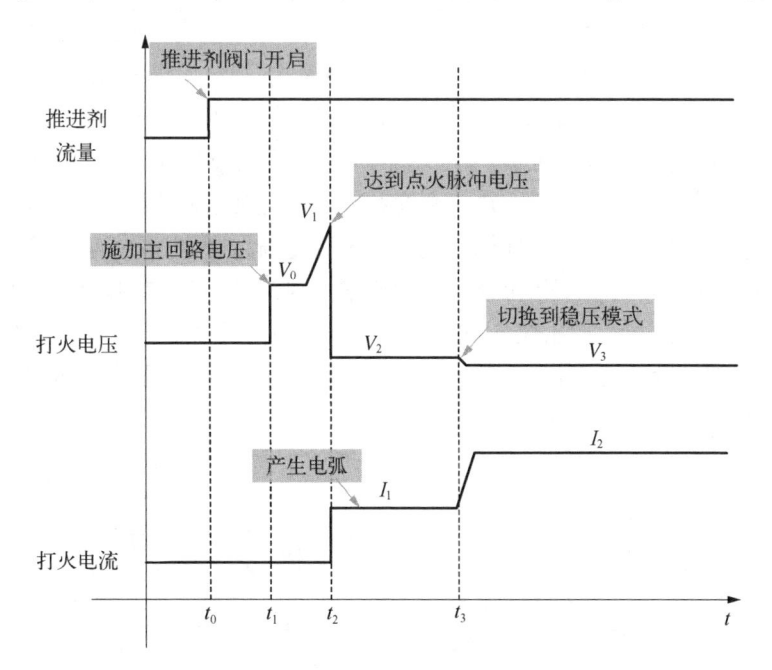

图 5-3 电弧推力器脉冲点火启动过程

下降到 V_3。这就是电弧推力器的启动过程,特别需要关注的是从 t_2 时刻开始通常小于 1 s 的时间间隔,因为它对应于阳极上从收缩区到膨胀区弧根传递的持续时间[3-5]。

5.2.2 电弧击穿快速触持特性

电弧推力器的电弧击穿快速触持特性指的是在电弧推力器中,当施加适当的电压和电流时,等离子体会迅速形成,即发生电弧击穿,同时在推力器内部的电流维持在相对稳定的水平。这种特性是实现电弧推力器正常工作的关键之一。

电弧击穿快速触持特性的要点包括以下几方面。

(1) 电压和电流临界值。电弧击穿的临界电压和电流是开始形成等离子体的最低电压和电流值,一旦达到临界值,推力器内部将产生等离子体。

(2) 等离子体建立时间。一旦电压和电流达到临界值,等离子体会在极短的时间内形成,这段时间成为等离子体建立时间,要求快速完成以确保推力器能够在短时间内实现所需推力输出。

(3) 电流稳定性。建立等离子体后,需要电流保持很好的稳定性,以避免电流波动影响推力稳定性,可通过电源稳定性和控制系统实现。

(4) 电弧熄灭控制。电源一方面需要快速燃弧的能力,另一方面也需要快速熄弧的能力,以及时停止推力输出。

(5) 精确控制。为了实现电弧击穿的快速触持和稳定性,电弧推力器需要有精确的电压和电流控制系统。

电弧推力器击穿后的工作过程中存在两种模式,即高压模式和低压模式,而电弧根附着点在阳极上的位置决定了推力器的工作模式,如图 5-4 所示。在高压模式下,电弧根附着在阳极膨胀段,其中气体流动处于高速低压区,电弧分散在阳极的其黏附区,对应着相对较低的热流密度和较低的烧蚀率。而在低压工作模式下,电弧根附着在阳极收缩段,此处气体流动处于低速高压区,电弧根集中在阳极附着点处,对应极高的热流密度和快速的烧蚀速率。因此,所有的电弧推进器在其稳态工作过程中都设计为在高压模式下工作。通过适当的推力器设计、涡流稳定、电源电路和推进剂供给系统优化,可很好地限制稳态运行过程中意外扰动导致的低压模式的发生[6-9]。

(a) 低压模式下的电弧 (b) 高压模式下的电弧

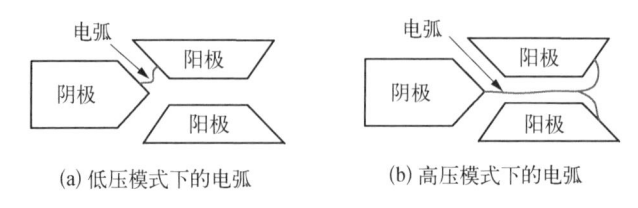

图 5-4 阳极表面电弧根附着

5.2.3 振荡特性

电弧推力器的振荡特性是指在其工作过程中可能出现的振荡、振动或波动现象。这些振荡并非额定工作情况，可能会使推力器性能恶化，并降低稳定性和寿命，需要加以注意，可能导致电弧推力器振荡的因素有以下几点[10]。

(1) 电弧不稳定性振荡。电弧推力器中由于等离子体的非线性行为，电弧会产生波动，可能会导致推力振荡。

(2) 电源波动。电弧推力器中电压或电流输出不稳定，将影响等离子体的发生过程和导致推力不稳定，电源波动可能导致推力的周期性振荡。

(3) 机械振动。航天器本身可能会受到机械振动，如发射过程中的振动。这些机械振动可能传递到电弧推力器，影响其稳定性和性能。

(4) 等离子体不均匀性。等离子体的空间分布不均匀可能导致推力分布的不均匀性，进而引起推力振荡。

(5) 控制系统响应。控制系统的响应速度和稳定性也可能影响电弧推力器的振荡特性。如果控制系统的响应不够快或存在不稳定性，可能会导致推力的振荡。

(6) 电弧点火和熄灭。电弧的点火和熄灭过程也可能引起推力的短暂波动，特别是在脉冲点火模式下。

其中，电弧推力器电源的稳定性对于推力稳定尤为重要，电压或电流失稳都可能导致推力器振荡。电源的响应速度也会影响推力器稳定性，例如，当电源无法及时响应推力器状态变化时，可能导致等离子体状态不稳定，引发振荡。叠加在电源输出电压或电流上的纹波亦可传递到电弧推力器，同样导致推力振荡。此外，推力器电源内部多为开关电源，会产生高频噪声或尖峰噪声等，当这些噪声传递到电弧推力器中时，将导致等离子体的非线性响应，引起推力振荡。

5.3 点火电源

电弧电推进系统中的点火电源用于在推力器启动时引燃和维持电弧，从而产生推力。

5.3.1 串联式脉冲点火方案

电弧电推进系统在航天领域中具有广泛的应用，提供了高效的推进方式。串联式脉冲点火方案是一种创新的控制策略，通过串联多个推进单元，实现脉冲点火序列，以满足特定任务的推力需求。

串联式脉冲点火方案中，多个电弧电推进单元依次串联连接。每个推进单元配备自己的点火电源和控制系统，脉冲点火的序列由这些推进单元依次完成。每个推进单元在完成点火和推力输出后,传递给下一个推进单元,形成连续的脉冲点火序列。

5.3.2 并联式脉冲点火方案

在并联式脉冲点火方案中,电弧电推进系统中的多个推力器被并联,每个推力器都配备有自己的点火电源和控制系统。这些推力器可在同一时间内独立地进行脉冲点火,形成并行的工作模式。通过协调不同推力器的点火时间和推力输出,可实现所需的推力调整。

5.3.3 高压脉冲隔离防护及 EMC 处理

在电子系统和设备中,高压脉冲和电磁干扰(EMI)常常是严重的问题,可能导致设备故障、数据损失甚至安全隐患。为了确保系统的稳定性、可靠性和安全性,高压脉冲隔离防护及电磁兼容性(electro magnetic compatibility, EMC)处理变得至关重要。

高压脉冲是指电压在极短时间内急剧增加的情况,可能会对电子系统造成严重影响。高压脉冲隔离防护旨在阻止高压脉冲进入敏感的电子元件,以避免损坏或干扰。电弧电推进 PPU 点火瞬间会形成很大的电压尖峰和电流尖峰,对于电源和推力器的安全运行有威胁,需要加以隔离和保护。对于高压脉冲信号,其隔离原理一般分为两种:一种是通过物理隔离,使用绝缘材料、绝缘层或隔离放大器等物理方法,将高压电源与低压电源或敏感电子元件隔离开来,防止高压脉冲传播;另一种方式是通过瞬态抑制器来实现对高压脉冲的隔离,在系统中加入瞬态抑制器,能够将高压脉冲引导到地或其他消散路径,从而保护系统[11]。

EMC 处理是确保电子设备在电磁环境中稳定运行的关键步骤,它涉及设计和实施方法,以减少或消除电磁干扰,同时提高设备的抗干扰能力。EMC 处理有助于保持设备在不同电磁环境下的稳定性,避免故障,有助于防止设备之间的相互干扰,保持设备的正常功能。航天器和卫星的设计需要符合国际和国内的 EMC 法规要求。经过 EMC 处理的电弧电推进 PPU 可更容易通过相关法规审核。EMC 处理一般有以下几种方法[12]。

(1) 良好的布局设计。设备内部电路的布局设计应遵循 EMC 原则,减少回路长度、最小化信号线的平行走向等。

(2) 屏蔽材料和屏蔽技术。使用合适的屏蔽材料和屏蔽技术可阻止电磁辐射和感受。

(3) 滤波器的使用。在输入和输出电路中使用滤波器可减少电磁噪声的传播。

(4) 接地和绝缘。正确的接地和绝缘设计可降低共模干扰和地线干扰。

5.4 恒流电源

5.4.1 高效率隔离恒流功率变换拓扑

电弧电推进 PPU 是以恒流输出为主要特性的功率变换器,且能够提供 0~200 V 的输出电压,其拓扑采用隔离输出的推挽变换器,输出端电感 L 起到平波电抗和滤波作用,抑制电流纹波,主功率拓扑如图 5-5 所示[13]。

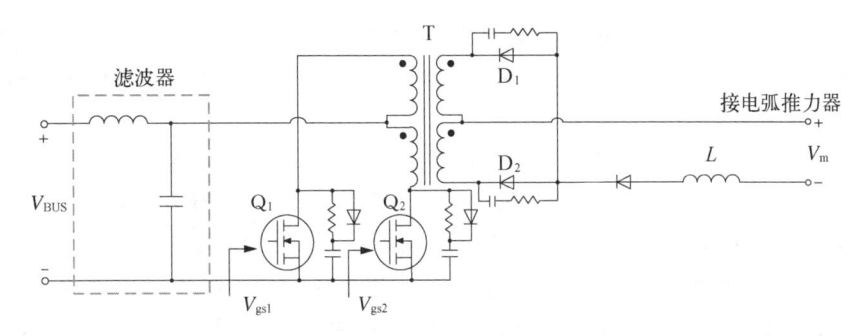

图 5-5 电弧电推进 PPU 恒流功率变换拓扑

功率变换器的输入为航天器一次母线电压 V_{bus},推挽变换器的开关管 Q_1 和 Q_2 受 PWM 信号控制交替导通,在变压器 T 原边的初级两个绕组形成相位相反的交流方波电压(以同名端电压为正),变压器 T 的次级线圈感应出相应的一对方波,幅值由输入母线电压及初次级绕组匝比(N_p/N_s)确定,次级电压方波经过二极管整流推动滤波电感 L 输出稳定直流负载电流。

功率开关管工作波形见图 5-6。Q_1 导通时,二极管 D_1 处于通态;Q_2 导通时,二极管 D_2 处于通态;当两个开关管都关断时,二极管 D_1 和 D_2 都处于通态,为电感

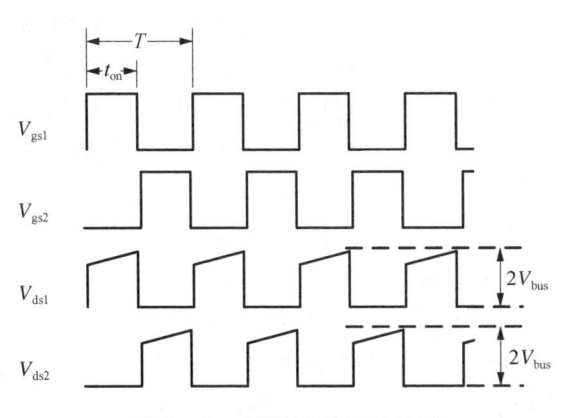

图 5-6 功率开关管工作波形

电流提供续流通路,各分担电感电流的一半;Q_1 或 Q_2 导通时,电感 L 的电流逐渐上升,Q_1 或 Q_2 都关断时,电感 L 的电流逐渐下降,Q_1 和 Q_2 关断时承受的峰值电压均为 2 倍的输入母线电压。

稳态工作时,变换器输出电压 V_m 与开关管导通时间 t_{on} 之间的关系如式(5-1)所示:

$$V_m = \left[(V_{bus} - V_{ds(on)}) \left(\frac{N_s}{N_p} \right) - V_d \right] \frac{2t_{on}}{T} \approx V_{bus} \frac{N_s}{N_p} \frac{2t_{on}}{T} \quad (5-1)$$

其中,$V_{ds(on)}$ 代表 MOSFET 的导通压降;V_d 代表副边整流二极管导通正向压降;T 代表变换器的工作周期。当 $V_{ds(on)}$ 和 V_d 都远小于 V_{bus} 时,可忽略两者对输出的影响,得到近似结果。

由于绕制工艺的限制,推挽变换器的功率变压器 T 存在漏感,在电路工作时将在开关管漏-源级产生较高的电压尖峰,为了减小功率开关管的电应力,保证电路安全运行,加入电阻电容二极管(RCD)吸收网络以吸取尖峰能量。开关管关断瞬间,漏感电流为吸收电容充电,开关管的源-漏级电压因此被吸收电容箝位,抑制电压尖峰。功率变换器为恒流输出特性,次级侧的漏感和整流二极管的寄生结电容的影响也需要一并考虑:原边功率开关管都关断时,二极管 D_1 和 D_2 处于通态,为电感电流 L 提供续流通路,在下一个开关管导通时将使一只二极管关断,相连的次级侧线圈漏感将在副边线圈产生振荡电流,并通过变压器耦合至初级侧,使得初级电流发生畸变,影响电流控制环的控制精度。因此,在整流二极管两端也加上了 RC 缓冲电路,以抑制次级漏感和二极管寄生电容谐振引起的电流畸变。

5.4.2 高动态恒流触持闭环控制

为获得高动态响应的电流控制环路,可采用峰值电流型控制方式控制主功率变换器。峰值电流型控制模式是指用电压控制器的输出信号作为控制量,用通过开关管的电流峰值作为反馈量,与功率级组成电流内环,其作用是使得开关管的电流峰值跟随电流控制量变化,以实现更快的动态特性。此外,为控制输出的平均电流满足燃弧需求,还需要加入平均电流控制环路,两者结合可有效抑制主变压器的偏磁,提高系统的响应速度,增强对功率器件的保护。峰值电流、平均电流的反馈环位置如图 5-7 所示。

峰值电流型控制方式有两个反馈环,一个是检测输出电流的电流外环,另一个是检测开关管电流且具有逐周期限流功能的电流内环,其框图见图 5-8。

图 5-7 中,与功率开关管串联的电流互感器(其匝比为 1:n)将开关管的电流 i_{pk} 变换为电流采样电阻 R_s 两端的脉冲电压 v_{pks},作为峰值电流控制器 A_2 的输入信号,与外环平均电流控制器 A_1 的输出电压 v_{cp} 进行比较并产生误差输出 v_{A_2},

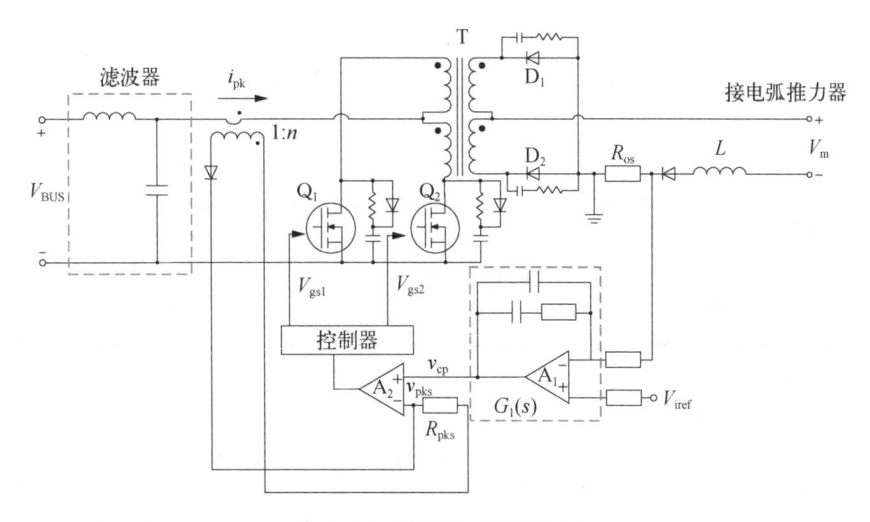

图 5-7 双电流环反馈电路

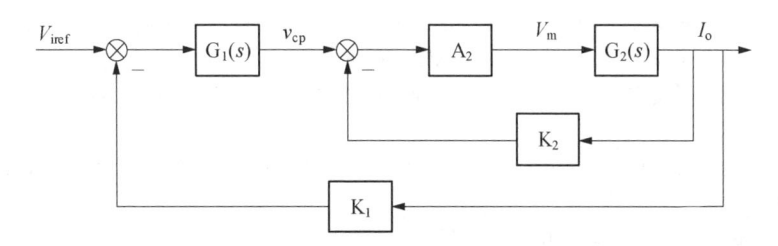

图 5-8 峰值电流、平均电流双环控制系统

通过控制器变成脉冲驱动信号 V_{gs}。

在平均电流控制中,选取输出电流作为反馈信号。由于输出电流中基本上都是直流分量,所以一般不使用电流互感器,而是采用串联电阻的方式进行电流采样。用直接串联电阻进行电流采样具有如下特点:简单、可靠、不失真且响应速度快。图 5-7 中,采样电阻 R_{os} 两端的电压直接反映了输出电流的大小,当 v_{CP} 恒定时,输出电流也是恒定的,因此平均电流控制环是一个稳流环。

5.5 电弧电推进难点总结

电弧推力器具有非线性的负载特性,其在正常工作阶段需要大电流以维持燃弧需求,而在点火阶段则需要高压电场点火,且在运行时要求电源电流能够按照给定值变化。因此,电弧电推进 PPU 的研发难点在于同时具备足够的电流输出能力和电压输出能力,且有一定的可调范围,并且为保护推力器阴阳极不烧蚀,还需要具备过流保护能力,防止燃弧电流超出安全范围危害推力器正常运行。

参考文献

[1] NASA. Arcjet technology research and development[R]. Cleveland: NASA Lewis Research Center, 1965.

[2] Polk J, Kelly A, Jahn R, et al. Mechanisms of hot cathode erosion in plasma thrusters[C]. Orlando: Proceedings of the 21st International Electric Propulsion Conference, 1990.

[3] Yan S, Yinggang T, Fuzhi W E I, et al. Influences of characteristic parameters on starting-up process of an arcjet thruster[J]. Chinese Journal of Aeronautics, 2020, 33(12): 3011 – 3017.

[4] Wang H X, He Q S, Murphy A B, et al. Numerical simulation of nonequilibrium species diffusion in a low-power nitrogen-hydrogen arcjet thruster[J]. Plasma Chemistry and Plasma Processing, 2017, 37: 877 – 895.

[5] He Q, Wang H. Nonequilibrium modeling study on plasma flow features in a low-power nitrogen/hydrogen arcjet thruster[J]. Plasma Science and Technology, 2017, 19(5): 055502.

[6] Huang H, Pan W X, Meng X, et al. Development of arc root attachment in the nozzle of 1 kW N_2 and $H_2 - N_2$ arcjet thrusters[C]. Bochum: International Symposium on Plasma Chemistry, 2009.

[7] Hamley J, Sankovic J. A soft-start circuit for arcjet ignition[C]. Monterey: Proceedings of the 29th Joint Propulsion Conference and Exhibit, 1993.

[8] 王洋,孟显,潘文霞.小功率氨电弧推力器的性能[J].航空动力学报,2018,33(2): 508 – 512.

[9] 孟显,潘文霞,吴承康.小功率氨电弧推力器性能研究[J].工程热物理学报,2013,34(10): 1931 – 1934.

[10] 段锟,潘文霞,孟显,等.小功率氩电弧推力器性能实验研究[J].推进技术,2013,34(11): 1580 – 1584.

[11] 王长智.智能脉冲高压电网防护系统的研制[J].煤矿机电,2005(3): 4 – 7.

[12] 李国强,夏亚茜.国外航天器电推进系统试验标准研究[J].中国标准化,2022(19): 70 – 74.

[13] 张泰峰.卫星电弧推进电源研究[J].电源技术,2012,36(6): 837 – 838,854.

第 6 章
特种电推进 PPU——高精度微推进电源及脉冲等离子推进电源

引　言

为保证空间引力波探测无拖曳控制对高精度大范围推力调节的要求,需采用高精度高电压大范围可调电源和高精度射频/微波电源;同时,由于电调是实现推力微调快调的主要手段,电源的输出分辨率将决定推力的调节分辨率,电源的执行速度会决定推力的响应速度,因此为实现推力的快速精调微控,从电源设计角度,电源应具备高压宽范围、快速动态响应、高分辨率、低噪声的特点,以满足在复杂空间环境条件下的稳定精确输出要求。此外,还需研究高隔离度、超高精度电压、电流遥控遥测技术,以实现推力器工作状态的精确采集和电压电流的精确控制。在此基础上还需要考虑典型卫星环境,保证电源的集成度和效率,提高不同力热条件下电源输出的稳定性[1-3]。

6.1　高压宽范围快速响应电源技术

6.1.1　高效率高升压比倍压整流拓扑

目前,高升压比 DC-DC 变换器拓扑总体可分为两种:非隔离式和隔离式。非隔离式的高升压比 DC-DC 拓扑主要利用开关电感、耦合电感、开关电容等升压技术实现对输入电压的高增益。非隔离型 DC-DC 电路以其体积小、成本低、损耗小等特点而得到了广泛应用[4]。虽然非隔离式变换器不需要考虑隔离变压器,在体积方面具有优势,但是同时也失去了电气隔离能力,需要设置额外的故障电路来保证系统的稳定运行。

传统高压电源主要将工频交流电压经升压变压器升压、整流或倍压整流得到。由于工频变压器体积大、重量重及调整管处于线性状态,故其效率低、发热严重且可靠性差,目前这类高压电源已经逐渐被淘汰。随着半导体开关器件的发展,基于高频开关电源的高压电源越来越成为市场的主流[5]。

高压电源的核心组成部分是高升压比 DC/DC 变换器,高升压比 DC/DC 变换器是高压电源小型化、高效化、高频化的关键所在。高升压比 DC/DC 变换器一般具有以下几个特性：① 较高的电压增益比；② 较宽的输入电压范围；③ 输入输出电气隔离[6]。综合目前国内外学者的研究成果来看,用于实现直流变换器的高升压技术总结如图 6-1 所示[7]。

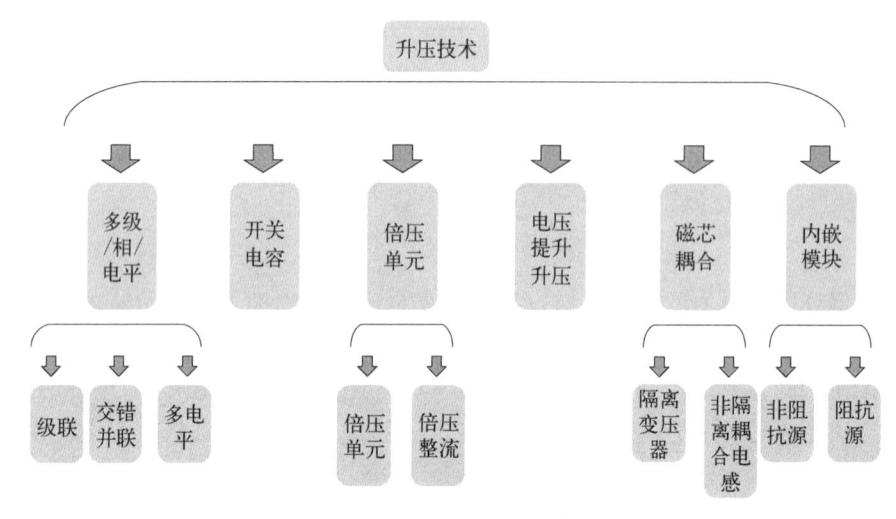

图 6-1 升压技术总结[7]

根据其电路拓扑结构,大致可分为以下几大类。第一类是基于倍压整流电路及其衍生拓扑而构成的高升压比 DC-DC 变换器,这类拓扑的好处是能输出较高的电压而不增加半导体器件的电压应力[8]。第二类通过磁耦合的方式实现高升压比,利用变压器或者耦合电感的特性,结合高频半导体开关器件,可将直流电压抬升到很高。这类变换器的特点是电容和二极管器件少,电压调节灵活,但缺点是磁性元件的体积大,器件应力大[9]。第三类是为了输出更高的电压常将上述两种方式进行拓扑复合或级联[10]。

对于应用在航天领域特殊电推进系统的高压直流电源,一般需要通过电气隔离,将低压 28 V 或 100 V 母线升高到几千伏甚至上万伏。从拓扑整体结构来看,主要分为单级高升压比拓扑和多级高升压比拓扑。如图 6-2 所示,单级高升压比拓扑主要利用逆变开关网络、变压器匝数比和副边倍压整流结构来实现高压输出。而多级高升压比拓扑由于多了一级或多级 DC-DC 变换器,使得输出电压更高,同时对电压的调节更加灵活。

虽然从结构复杂程度上来讲,单级高升压比拓扑比多级高升压比拓扑简单,但是对于小功率高压电推进 PPU 而言,电源的输出精度、响应速度等成为推力器更加关注的问题,而效率则放在设计的次位,因为整个电源的输出功率都不大,因此

第6章 特种电推进 PPU——高精度微推进电源及脉冲等离子推进电源

单级高升压比拓扑　　　　　　多级高升压比拓扑

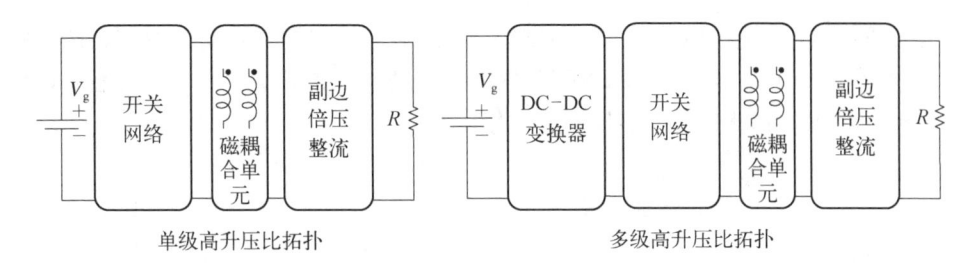

图 6-2　高升压比拓扑结构示意图

其热耗不会太大。相较于单级高升压比拓扑,多级高升压比拓扑在自由度和输出性能上更加有优势。因此,在高压小功率的电推进 PPU 系统中,更多的是使用多级高升压比拓扑结构。

针对输出电压的要求,前级 DC-DC 变换器一般为 Buck 变换器和 Boost 变换器,见图 6-3。Buck 变换器的优点是动态响应快、输出电压可从 0 V 到全范围覆盖,但其缺点是需要隔离驱动,由于是先降压,然后再升压,因此会增加后级升压电路的负担。相较于 Buck 电路而言,Boost 电路自带右半平面零点,因此响应速度偏慢。而且由于其输出电压最小值等于输入电压,对于整个电源而言,其输出电压范围不能覆盖 0 V 到输入电压这段区间。另外,由于 Boost 电路功率管接地,驱动电路相对简单,而且属于升压电路,提前升压可减小后级升压电路的负担。

(a) Buck 变换器　　　　　　(b) Boost 变换器

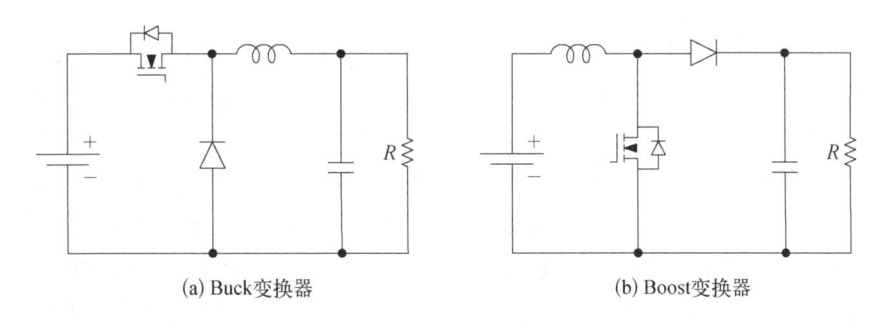

图 6-3　前级 DC-DC 变换器

对于隔离型 DC-DC 变换器,其电压隔离的核心是使用变压将输入电压和输出电压进行电气隔离,而变压器只能够传输交流信号,无法传输直流信号,因此必须将直流信号先通过开关网络逆变为交流信号,然后通过变压器耦合到副边。常见的开关网络如图 6-4 所示。推挽式结构具有对称性,脉冲变压器原边是两个对称线圈,两只开关管接成对称关系,轮流通断,工作过程类似于线性放大电路中的乙类推挽功率放大器。推挽结构的主要优点是高频变压器磁芯利用率高、电源电压利用率高、输出功率大、驱动电路简单,缺点是变压器绕组利用率低、对开关管的耐压要求比较高(至少是电源输入电压的两倍)。全桥结构的特点是有四只相同的开关管接成电桥结构驱动变压器原边。全桥结构的主要优点是,和推挽结构相比,原边绕组减少一半,开关管耐压降低一半;主要缺点是开关管数量多,且要求参数一致性好,驱动电路复杂,实现同步比较困难。

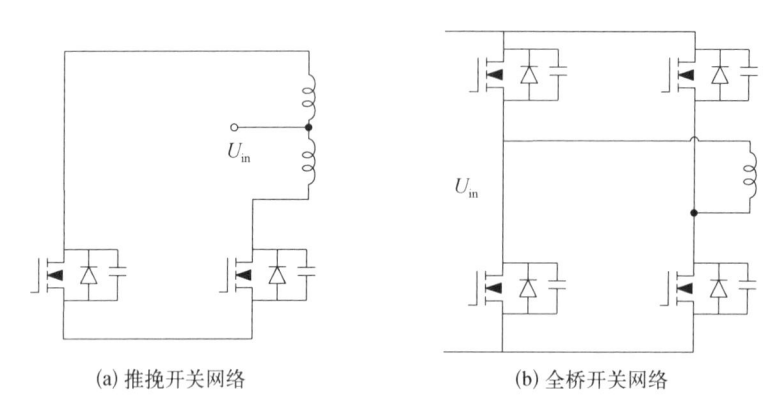

(a) 推挽开关网络

(b) 全桥开关网络

图 6-4 开关网络

磁耦合单元由变压器或谐振单元组成,高频开关网络将直流电斩波成高频交流信号,然后作用在磁耦合单元上,如果配合上一定的电容和电感,组成谐振单元,则既可实现开关网络的软开关,同时可减小变压器上的电磁干扰,常用的谐振单元有 LLC、LCC 等。

经过隔离后的高频信号被变压器成倍放大到副边绕组上,这时为了进一步提输出电压,一般选择使用倍压整流电路,通过电容和二极管的合理组合,能够将副边绕组上的电压成倍增加,同时副边的交流波形经过二极管后被整流为直流波形,以此来实现直流输出。一般来说,倍压整流电路具有可拓展性,能够级联产生极高的电压增益,这是倍压整流电路在高压场合广泛使用的原因。但是,倍压电路也存在一些问题,如倍压过程中存在电容对电容的直接放电,此时会产生极大的电流尖峰,因此倍压整流电路一般不适合应用于大功率场合。图 6-5 所示是几种常见的倍压整流电路。其中,全桥倍压整流和全波倍压整流单元不可拓展,斐波那契(Fibonacci)倍压整流单元和科克罗夫特-沃尔顿(Cockcroft-Walton)倍压整流单元可进行级联拓展。

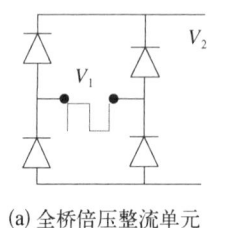

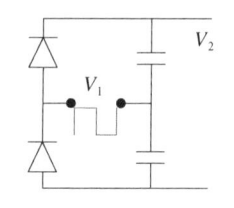

(a) 全桥倍压整流单元

(b) 全波倍压整流单元

(c) Fibonacci倍压整流单元　　(d) Cockcroft-Walton倍压整流单元

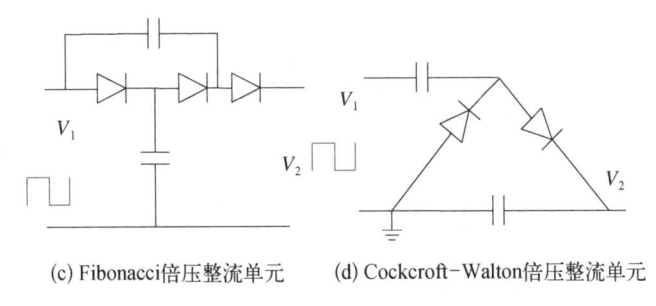

图 6-5　倍压整流网络

6.1.2　快速动态响应闭环调节技术

针对引力波探测所需的微牛级特种电推进 PPU，需要在低输入电压条件下实现高压小功率输出，且输出电压在较宽范围内能够快速连续可调。由于其功率较小，变换器长期工作在轻载状态。因此，当该电源需要快速响应时，变换器本身的性能很难弥补其轻载工况下的放电特性。通过快速动态响应闭环调节技术能够弥补拓扑自身性能的不足。

与线性电源相比，开关电源具有体积小、效率高等特点，适合工作在具有一定功率的场合。但是开关电源也有其固有的缺点，其开关动作本身的高频噪声容易影响输出电压的精度。同时，由于开关电源通过半导体开关器件产生高频脉动的信号，然后滤波得到想要的直流信号。而滤波器中的电感和电容就必定会产生一定的延时，使得开关电源的动态响应成为考查其性能的重要部分。目前，通过改善变换器拓扑结构、采用新器件、提高开关频率和优化控制策略等方式可实现对开关电源动态响应的优化。

影响开关电源动态响应的因素主要有两个——拓扑结构和控制策略。从拓扑结构来看，又有两个主要的方面影响电源的动态响应速度。一方面是拓扑的连接形式，其主要影响电路中右半平面零点的个数。以传统的升压型 Boost 电路为例，由于输入电感与输出电容之间存在交替通断的开关管与二极管，因此其变换器输出端等效存在一个不真实的 LC 滤波器。该不真实 LC 滤波器的存在，导致 Boost 变换器中存在一个不可消除的右半平面零点，且该零点无法从控制层面消除。针对传统 Boost 变换器动态响应不足的问题，文献[11]提出一种改进型三态 Boost 变换器拓扑，其电路结构如图 6-6 所示，相对于传统 Boost 变换器拓扑，三态 Boost 变换器中增加了额外的二极管 D_f 及开关管 S_f。在主开关管 S 关断区间内，辅助开关 S_f 导通使电感电流经过二极管 D_f 进行无损续流，变换器即工作在第三种惯性模态下。由于该额外电感电流续流回路的存在，传统 Boost 变换器中存在的右半平面零点被消除，变换器动态响应能力大幅提升[12]。虽然三态 Boost 变换器通过增加额外的开关消除了右半平面零点，但是增加了控制和驱动电路的复杂性。相对于通过增加额外器件来消除变换器的右半平面零点，文献[13]则从增加耦合电感的方向来实现对 Boost 变换器右边平面零点的消除，如图 6-7 所示，通过在传统 Boost 变换器的输出侧增加一个和输入电感同向耦合的电感，也可达到消除右半平面零点的目的。

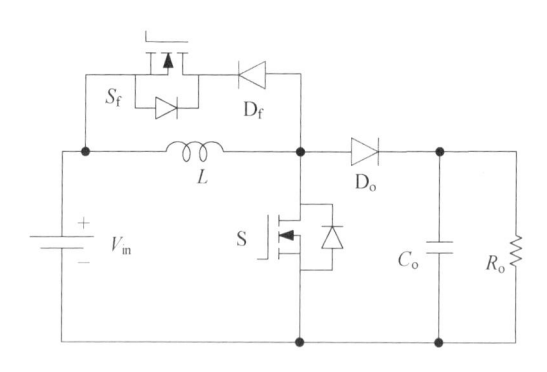

图 6-6 改进型三态 Boost 变换器电路结构

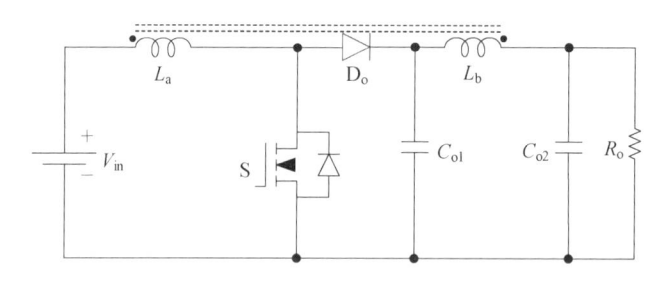

图 6-7 基于耦合电感的 Boost 变换器电路结构

另一方面是电路中无源器件的属性值（感值、容值、阻值），其主要影响电源的充放电时间及电压电流的纹波。以高压小功率电源为例，应用在霍尔电推进系统的高压电源，其输出负载特性近似等效为恒流源，其工作电流约为 10 mA，属于极轻载的工况。当变换器需要降低电压时，其响应时间受到负载特性的影响，很难快速地降低输出电压。针对这种情况，单一开关电源很难从拓扑和控制上优化动态响应速度。复合型快速跟踪电源利用部分功率处理的思想，在主功率开关电源上串接高带宽线性功率单元或高动态响应的开关电源[14,15]。由于主功率电源动态响应慢，利用串接的辅助电源提供暂态功率或部分小功率，实现在额定范围内整个电源系统的快速动态响应。图 6-8 和图 6-9 所示为该类快

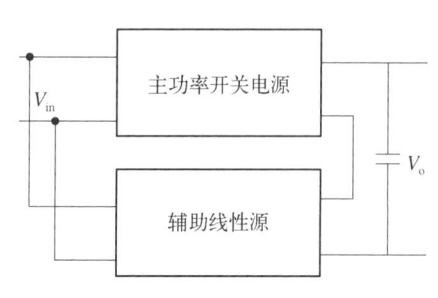

图 6-8 基于线性功率补偿的快速跟踪参考电源结构图

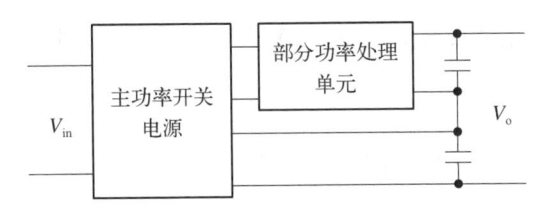

图 6-9　基于部分功率处理的快速跟踪参考电源结构图

速跟踪电源的电路结构图。

从控制策略来看,工业级应用中,绝大多数的开关电源的控制策略都是使用 PID 控制,PID 控制主要的特点就是结构简单、成本低、易于设计。但是 PID 控制是基于受控对象的线性化小信号模型进行性能设计的,当输出信号有大范围扰动且系统为强非线性系统时,PID 控制可能无法实现较好的控制。并且,当系统存在不确定因素的时候,为确保系统有良好的输出性能,传统的 PID 控制器参数需要被动地进行反复调节,导致系统的稳定性无法得到保证[16]。

自适应控制是控制系统中长期使用的一种控制方法,它适用于被控系统对象的参数会发生变化或系统的初始状态不确定的控制系统[17]。例如,当飞机飞行时,由于燃油的消耗,其质量会缓慢减小,这时候就需要一种能够主动适应系统参数变化的一种控制律,从而实现飞机的平稳飞行。自适应控制不同于鲁棒控制,它不需要系统不确定或时变参数的边界条件。鲁棒控制保证了在给定范围内的系统变化情况下其控制律不改变,而自适应控制的控制律会随系统参数的改变而改变。自适应控制可提高系统的稳定性及抗干扰能力[18]。

20 世纪 50 年代,滑模控制(sliding mode control,SMC)技术首次提出,它具备突出的鲁棒性,且算法简便易于实现,从而得到了广泛的关注[19]。滑模控制通过使用无限增益来迫使系统工作点沿着受限的滑膜面滑动,其调节的思想和开关电源变换器的开关状态非常契合。当系统工作点远离滑模面时,控制器强势使其回到滑模面。这一点和开关电源的工作特点很相似,当输出电压增大或者减小时,其工作状态会朝着相反的方向工作,从而达到稳态。SMC 的思路中具有一种强迫的方式,它往往会将某些特殊的控制律强加于算法中。但是实际工程中,较为理想的控制律往往也会带来无限大的开关切换频率。但是实际系统中存在的延时环节和惯性环节,不可避免地使得系统的切换速度达到无限大,导致滑模控制不可避免地存在抖振现象。由于这是数学本质上的特征,所以在滑模变结构控制中,抖振现象是必然存在的,轻则影响系统的动态品质,重则使系统崩溃。无法消除抖振,只能尽量去减弱抖振效应带来的影响[20]。文献[21]提出一种饱和控制律函数,当控制量接近滑模面时,用线性函数来控制切换的过程,在远离滑模面时继续采用理想的方式切换。这种方式在牺牲一定鲁棒性的同时,使得控制量在靠近滑模面时是连

续的,以达到较小抖振的效果。式(6-1)即为饱和函数控制价律:

$$u = \text{sat}(s) = \begin{cases} +1, & s > \varepsilon \\ \dfrac{s}{\varepsilon}, & |s| \leqslant \varepsilon \\ -1, & s < \varepsilon \end{cases} \quad (6-1)$$

另外,在滑模控制中,常采用趋近律的方式来消除抖振。常见的趋近律有等速型、指数型和幂次型。等速型是一种较为简单的形式,拥有控制简单、易于求解等特点。系数 ε 的大小代表了系统在进行滑动运动时的快慢,当 ε 减小时,系统进行滑动运动时速度会很慢,使得系统的响应速度降低;相反,当 ε 设置很大时,又会引起系统抖振。指数型算法会使得系统到达切换面的时间变快,并且其下降速度会比等速型快。因此,若想要更好地减弱抖振问题,可通过减小参数 ε、增大参数 k,从而使得系统缩短了滑动过程,且运动至切换面后,速度逐步减缓。幂次数趋近律可使系统到达滑模面上之后速度瞬时变成零,同时系统达到的时间是一个有限的值且较为快速。这种调整趋近律的核心思想是保证滑模面的导数等式两边同时乘以滑模面后,乘积小于零。表 6-1 给出了各种趋近律下的表达式。

表 6-1 滑模控制趋近律模型

趋 近 律	表 达 式
等速模型	$\dot{s} = -\varepsilon \text{sgn}(s), \varepsilon > 0$
指数模型	$\dot{s} = -\varepsilon \text{sgn}(s) - ks, \varepsilon > 0, k < 0$
幂次模型	$\dot{s} = -\sqrt{|s|}\varepsilon \text{sgn}(s), \varepsilon > 0$
一般趋近律模型	$\dot{s} = -f_1(s)\varepsilon \text{sgn}(s) - f_2(s), f_1(0) = f_2(0) = 0, sf_1(s) > 0, sf_2(s) > 0$

6.2 高精度低噪声电源技术

为适应新型深空探测器和高轨卫星的高压、高精度微牛级电推进系统,新型微型电推进 PPU 必须具备高压宽可调、高动态响应、高精度、低噪声等特点。本小节主要集中探讨微推进电源系统中的高精度和低噪声等电源指标技术。

6.2.1 低噪声开关电源技术

对于微推进电源系统而言,其初始的供电源来自太阳能光伏阵,然后通过一次电源将光伏阵的电压转化为低压(28 V)或者高压(100 V)母线,但是这种电压等级不足以向电推进 PPU 供电,中间还需要二次电源将其转化为最终需要的电压等级。随着半导体开关器件的发展,基于高频开关电源的高压电源逐渐成为市场的主流。

在高频开关电源的设计与应用中,噪声的产生、影响及其抑制策略是关键的考虑因素,对电源的性能和最终应用的可靠性有着直接的影响。高频开关电源的噪声主要来源于其工作原理——利用开关器件的快速开关动作来控制能量的传输。这种高频开关动作引起的主要噪声源包括开关瞬态噪声、电磁干扰(EMI)、寄生参数引起的振荡,以及负载和输入电源变化引起的反馈噪声。噪声对电子设备的影响广泛且复杂,从轻微的性能下降到严重的系统故障都有可能。

(1) 信号干扰:在通信、音频和视频等应用中,噪声会直接影响信号的质量,造成数据传输错误、图像和声音的失真等。

(2) 系统稳定性:在精密的测量和控制系统中,噪声会导致系统的不稳定,影响测量的准确性和控制的精度。

(3) 设备寿命:长期的噪声影响还可能加速电子组件的老化,缩短设备的使用寿命。

上述噪声影响均为高频噪声,对于微推进系统的电源而言,噪声是一个和电源指标息息相关的参数,为了克服太阳风、宇宙射线等造成的非保守力,需要卫星具有微牛级的补偿力来实现卫星的无拖曳控制。而 PPU 作为主要能量处理单元,其输出电压质量直接关系到推力生成的质量。在卫星的无拖曳控制中,卫星属于一个大质量惯性物体,对高频推力噪声无法响应,因此输出电压中的高频噪声几乎不会对卫星的推力造成影响,通常微推进电源更多是关注输出电压中的低频(<10 Hz)噪声。对于电源中的噪声,有以下几种技术来对其抑制或改善。

1. 软开关技术

软开关技术是减少开关电源中噪声和损耗的有效手段之一,它通过改变开关器件的导通和截止条件,使得开关过程在电流或电压为零的条件下发生,从而减少开关过程中的电磁干扰(EMI)和开关损耗。软开关技术主要包括零电压开关(ZVS)和零电流开关(ZCS)两种基本形式。

零电压开关(ZVS)的核心思想是使开关器件在电压为零时导通,在电压近似为零时截止。这种方式可以显著减少开关瞬间的电压和电流冲击,从而降低开关噪声和损耗。ZVS 技术特别适合于高电压、大电流的开关电源设计,以此来降低开关损耗和 EMI。

零电流开关(ZCS)技术则是在开关器件的电流为零时进行开关。与 ZVS 相比,ZCS 技术更适合于电流较小、频率较高的应用场景。在 ZCS 中,开关器件在电流为零时关闭,这可以通过在开关器件的两端串联一个辅助谐振电路来实现。谐振电路在特定的时刻使得通过开关器件的电流自然归零,从而实现零电流开关。

尽管软开关技术在理论上能够有效减少开关噪声和损耗,但在实际应用中,设计和实现这些技术面临着一些挑战。例如,辅助谐振电路的设计需要精确匹配开关器件的参数和工作条件,这在变负载或宽输入电压范围的应用中尤其困难。此外,软开关技术可能会增加电源设计的复杂度和成本,特别是在需要精确控制的高性能应用中。

2. 斩波频率调制技术

斩波频率调制技术,也称为频率抖动或扩频技术,是一种在开关电源设计中广泛使用的方法,用于减少 EMI。这种技术通过改变开关器件的开关频率,将噪声能量分散到更宽的频带上,从而降低在任何特定频率上的噪声峰值。斩波频率调制对于满足严格的 EMI 规范特别有效,是提高电源设计性能的关键技术之一。

在传统的开关电源设计中,开关频率是固定的。这种固定频率的开关操作会在频谱上产生尖锐的噪声峰值,特别是在基本开关频率及其谐波上。这些峰值容易超过 EMI 标准所允许的限制,从而影响电源的性能和可用性。

斩波频率调制技术通过轻微地改变开关频率来解决这个问题。这种频率的变化是随机的或按照预定的模式进行的,使得原本集中在固定频率和其谐波上的噪声能量被"抖动"或"扩散"到一个更宽的频率范围内。这样,任何给定频率上的能量都会减少,从而降低 EMI 的峰值。

尽管斩波频率调制技术在降低 EMI 方面非常有效,但在实现时也面临一些挑战。例如,频率的变化可能会影响电源的效率,特别是在某些工作点上可能不是最优的;实现频率调制需要额外的控制逻辑,这可能会增加系统的复杂性和成本;需要仔细选择扩频范围和模式,以确保不会干扰到其他频率敏感的系统或超出有效的工作频率范围。

3. 滤波器的应用

在开关电源的设计中,滤波器的应用是一项关键技术,用于减少噪声和 EMI,保护电源本身及其负载免受不希望的高频信号干扰。滤波器可以分为两大类:有源滤波器和无源滤波器,它们各有优缺点,并适用于不同的应用场景。

无源滤波器由电阻、电感和电容等无源元件组成,其结构简单、可靠且成本较低,广泛应用于各种开关电源设计中,以减少输出波形的纹波和噪声。最常见的滤波器为 LC 滤波器,它利用电感(L)和电容(C)的组合来形成低通、高通或带通滤波器。在开关电源中,LC 低通滤波器用于平滑输出电压,减少纹波。另外还有 π 形和 T 形滤波器,这些滤波器通过更复杂的电感和电容组合提供更高的衰减率,进一步减少噪声,特别适用于对 EMI 有严格要求的情况。无源滤波器的设计需要考虑元件的尺寸、损耗和温度稳定性,以及其如何影响电源的整体性能和效率。

有源滤波器使用有源元件(如晶体管和运算放大器)和无源元件共同构成。与无源滤波器相比,它们能提供更高的性能,包括更好的滤波效果、更小的尺寸和更低的重量,但通常成本更高,复杂度也更高。有源滤波器包括有源功率滤波器

(active power filter, APF)和有源阻尼,APF 通过生成与噪声相反的信号来抵消噪声,从而减少电源线上的噪声和纹波。在一些开关电源设计中,为了避免谐振峰和提高稳定性,会使用有源阻尼技术。与传统的无源阻尼相比,有源阻尼可以更有效地控制滤波器的响应,而不会引入过多的损耗。

滤波器的设计必须综合考虑电源的性能要求、成本限制和物理尺寸。对于无源滤波器,关键挑战包括元件的尺寸和损耗,特别是在高功率应用中,大型电感和电容可能会非常昂贵且占用较多空间。对于有源滤波器,设计挑战则包括保证稳定性、处理功率限制和管理热设计。

4. 优化布局和接地

在开关电源设计中,优化印制电路板(printed circuit board, PCB)的布局和接地策略是降低噪声、提高性能和可靠性的关键因素。不当的布局和接地会导致 EMI、信号完整性问题和电源不稳定,从而影响整个系统的性能。

(1)保持关键组件的接近性:将开关元件(如 MOSFETs、二极管)、控制 IC 和关键的无源元件(如电感、电容)靠近放置,可以减少回路面积,从而减少辐射噪声和敏感度。这种布局有助于最小化重要信号路径的长度,降低噪声耦合和传播。

(2)最小化大电流路径和回路面积:开关电源中的大电流路径会产生显著的磁场,可能引起电磁干扰。通过最小化这些路径的回路面积,可以降低磁场的强度和减少影响。这通常通过精心布局高电流开关和回路元件,如开关节点、地线和电源线来实现。

(3)优化接地布局:接地是开关电源设计中的一个关键方面,不正确的接地策略会导致噪声问题和不稳定。单点接地和多点接地是两种常见的接地策略:单点接地是将所有地线连接到一个共同点,有助于避免地回路和相互干扰,特别适用于低频应用;而多点接地主要在高频或大电流中应用。

(4)使用专用的模拟和数字地平面:在包含模拟和数字电路的系统中,将模拟和数字地分开,并在需要时通过一个单一的连接点连接,可以减少数字电路的高频噪声对模拟电路的干扰。这种做法有助于保持模拟信号的纯净度,提高系统性能。

(5)注意电源层和底层的布局:在多层 PCB 设计中,将电源层和地层紧密配对可以作为电容器,提供良好的去耦效果,减少电源噪声。确保关键信号层靠近地层也可以提高信号完整性,减少辐射。

(6)使用适当的去耦技术:在关键组件(如开关控制器、功率元件)附近放置去耦电容,可以有效减少局部的电源噪声,提高系统的稳定性。这些去耦电容应尽可能地靠近其关联的引脚,并且电路的布局应使这些电容的连接线长度最小化。

5. 先进控制策略

先进控制策略在开关电源的设计中扮演着至关重要的角色,尤其是在提高效率、减小体积、降低噪声及提高可靠性方面。随着电力电子技术的发展和控制理论的进步,一些新兴的控制策略已被开发和应用于开关电源,以解决传统控制方法难以克服的问题。以下是几种先进的控制策略,其在现代开关电源设计中越来越受到重视。

(1) 数字控制技术:数字控制技术通过使用微处理器、数字信号处理器(digital signal processor, DSP)或专用集成电路(application specific integrated circuit, ASIC)来实现开关电源的控制算法。与传统的模拟控制相比,数字控制提供了更高的灵活性和精度,使得系统能够实现更复杂的控制算法、自适应调整、故障诊断和远程监控。数字控制还可以实现更优的动态性能和效率,通过精确的控制和调节以适应负载变化和输入电压波动。

(2) 模糊逻辑控制:模糊逻辑控制是一种基于模糊逻辑集合、模糊规则和模糊推理的控制策略,它适用于系统模型难以准确建立或存在较大不确定性的场合。在开关电源中,模糊逻辑控制可以根据输入和输出的不确定性和非线性特性来调整控制策略,提高系统的鲁棒性和适应性。模糊控制器可以处理模糊、不精确的输入信息,并做出控制决策,以优化开关电源的性能。

(3) 滑模控制:滑模控制是一种非线性控制策略,它通过设计一个滑动模态(滑模面)来强制系统状态达到并在该模态上滑动,达到快速且精确的动态响应。滑模控制具有很强的鲁棒性,对参数变化和外部干扰不敏感。在开关电源中,滑模控制可以用于实现快速、精确的输出电压或电流控制,尤其适用于处理快速负载变化和输入电压波动的情况。

(4) 预测控制:预测控制是一种基于模型的控制策略,通过预测系统在未来一段时间内的行为来计算当前的控制输入。在开关电源中,预测控制可以利用电源的模型来预测输出响应,并根据预测结果实时调整控制策略,以优化性能和效率。预测控制适用于动态变化快、要求高精度控制的应用场景。

(5) 自适应控制:自适应控制策略能够根据系统性能的实时反馈来调整控制参数,以适应系统参数的变化和未知的外部扰动。在开关电源中,自适应控制可以提高系统对负载变化、输入电压波动和其他不确定因素的适应性和鲁棒性。自适应控制通过实时学习和调整,确保开关电源在各种工作条件下都能维持最佳性能。

这些先进的控制策略通过引入更复杂的数学模型和算法,使开关电源的设计和性能得到显著提升,特别是在提高转换效率、降低输出波动和噪声,以及增强系统稳定性方面表现突出。然而,实现这些控制策略需要较高的计算能力和复杂的软件开发,这也为开关电源的设计和测试提出了新的挑战。

6.2.2　高精度低噪声线性电源技术

高精度低噪声线性电源是一种提供稳定、准确电压输出并具有极低电源噪声的电源设备。线性电源的基本工作原理是利用线性调节元件(如晶体管或集成稳压器)在其线性工作区内调节输出电压,以补偿输入电压或负载电流的变化。这种调节方式可以实现非常低的输出噪声和高精度的电压稳定性,但以牺牲效率为代

第6章 特种电推进 PPU——高精度微推进电源及脉冲等离子推进电源

价,用于调节的电能会在调节元件中以热量的形式耗散。

对于应用在微推进电源系统中的线性电源,一般线性电源是作为高压输出的最后一级,最终的输出电压信号直接作为线性源的参考信号。前级开关电源的输出作为后级线性电源的输入,因此从结构上来说,线性管的位置有两种选择,即线性 MOS 管串接在输出电压的高压侧(高边)或者串接在输出电压的低压侧(低边),如图 6-10 所示。在不考虑控制电路的情况下,两种电路的主电路等效结构相同,都能够实现电压的高精度低噪声输出,但是两种电路在实际使用中会有很大的区别。

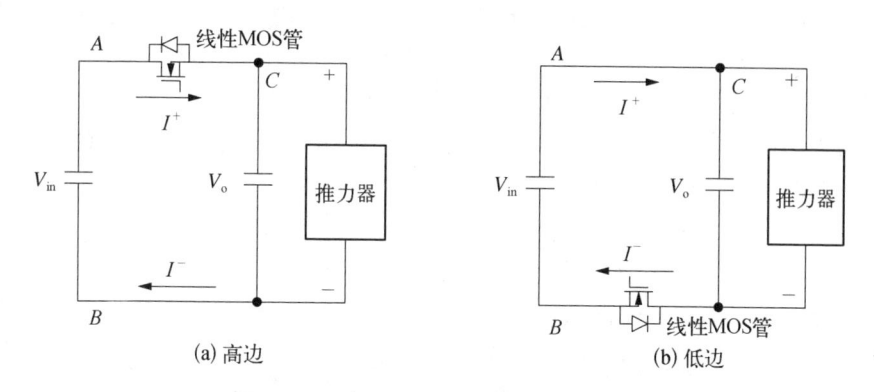

图 6-10 高边线性电路和低边线性电路

1. 辅助源差异

由于线性源的基本原理是控制线性元器件工作在线性区,因此无论是高边方案还是低边方案,都需要一个辅助源来驱动线性管的栅极和源级,最终让线性管的栅源电压随着输入电压和输出电压的差而波动。因此,两个方案中都需要一个以线性管源级为"地"的辅助源来提供一个足够的驱动。

从图 6-10 可以看出,高边驱动和低边驱动最大的区别在于线性管的漏极和源级的位置不一样。假设图中的 V_{in} 为开关电源的输出电压,则根据微推力器的要求,其阳极或屏栅电压需要高达数千伏特的高压。而高边方案中,线性管的源级位于开关电源的高压侧,即图中的 C 点,其辅助源必须是"骑"在高压电源上的一个相对于开关电源的地来说更高的电压,考虑到降额,其绝缘电压等级可能达到上万伏特。虽然辅助源本身电压并不高,功率也不大,但是需要为其考虑上万伏特的绝缘要求,难免有些大材小用,而且这种超高绝缘的辅助源需要采用特殊封装或者灌封,这会大大增加电推进 PPU 的体积。

从图 6-10(b)可以看出,低边方案中线性管的源级接在开关电源高压输出的低压侧,如果设计辅助源,只需要将辅助源的"地"设置在图中的 B 点。这样辅助源将不会面临高边方案中的高压绝缘问题,因为辅助源的地和前级开关电源的地在同一电位点，这样不仅可以节省一路辅助源，同时可以避免高压辅助源设计中存在的难点。

因此，总的来说：高边方案不适合在电压高的场合使用，因为需要设计绝缘度更高的辅助源；而低边方案由于辅助源数量少，而且没有更高的绝缘度要求，因此适合应用在更高输出电压的电推进 PPU 上。

2. 采样电路差异

线性电源的目的是得到高精度低噪声的输出电压，其参考信号来源于推力器期望的电压值，因此线性源通常是工作在闭环工作模式。在完整的闭环系统中，对输出电压的采样是必不可少的环节，而上述高边和低边方案对于采样电路的选择因为其结构差异也会存在不同。最终控制量是线性 MOS 管的栅源电压，因此输出电压的采样值最终的参考地为线性 MOS 管的源级。

对于高边方案，由于线性 MOS 管的源级在输出电压的高压侧，其总输出电压相对于 MOS 管的源级来说刚好是一个负压，因此可以使用一个反向放大电路来对输出电压采样，这样刚好可以得到一个和总输出电压相位相反、大小相等（缩放）的电压值，且成功将电压的参考地转移到高压侧，具体的采样控制电路如图 6-11 所示。输出电压的高压端接在运算放大器的同向端，输出电压的低压端接在运算放大器的反向端，同时运算放大器的供电地在输出电压的高压端，通过反向比例缩小，即可得到以高边为"地"的采样电压，然后通过补偿电路和驱动电路，即可实现对线性电源的闭环输出。

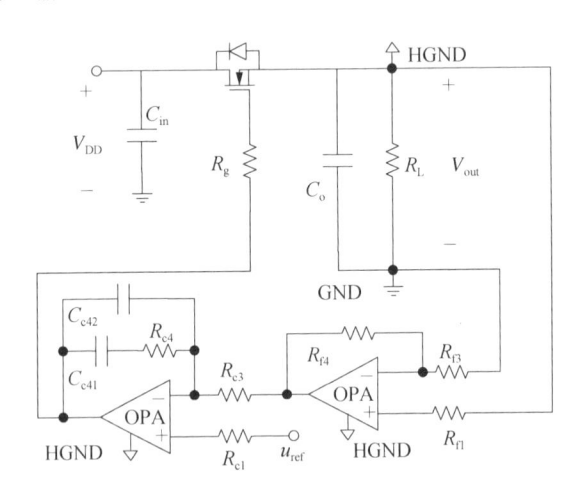

图 6-11 高边线性源采样控制电路

HGND 表示模拟地线；GND 表示功率地线；OPA 表示运算放大器

对于低边方案，由于输出电压的高压端和低压端都没有直接的辅助源，因此要想直接得到输出电压的采样值，需要采用差分电路对输出电压采样。具体的采样控制电路如图 6-12 所示,采用四电阻差分采样电路,其中同向端接输出电压的高压端,反向端接输出电压的低压端。

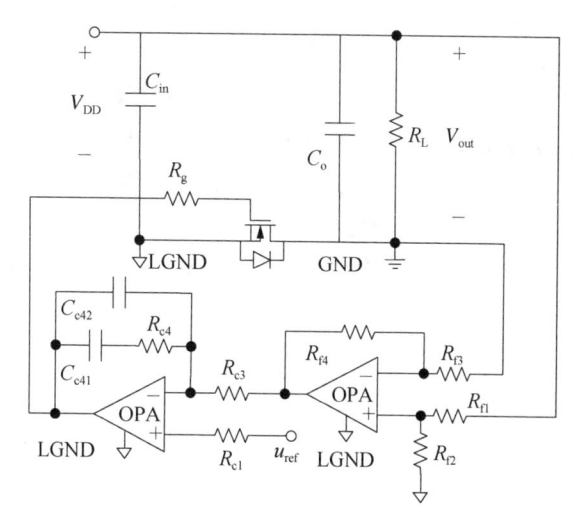

图 6-12 低边线性源采样控制电路

3. 性能差异

尽管高边线性源方案和低边线性源方案在主功率等效模型上一样,但是由于其采样电路的差异,其控制效果上也会存在一定的差异。尤其是针对微推进系统,由于其输出功率较小,电源实际输出电流极小,极小的输出电流对于采样电路来说就会产生不一样的后果。如图 6-13 所示为高低边方案对比示意图,从图中可以很明显地看到,在低边方案中,线性 MOS 管的两端存在一个等效的直流阻抗,正是这个直流阻抗的存在,使得高低边方案的性能上存在差异,下面具体分析其原因。

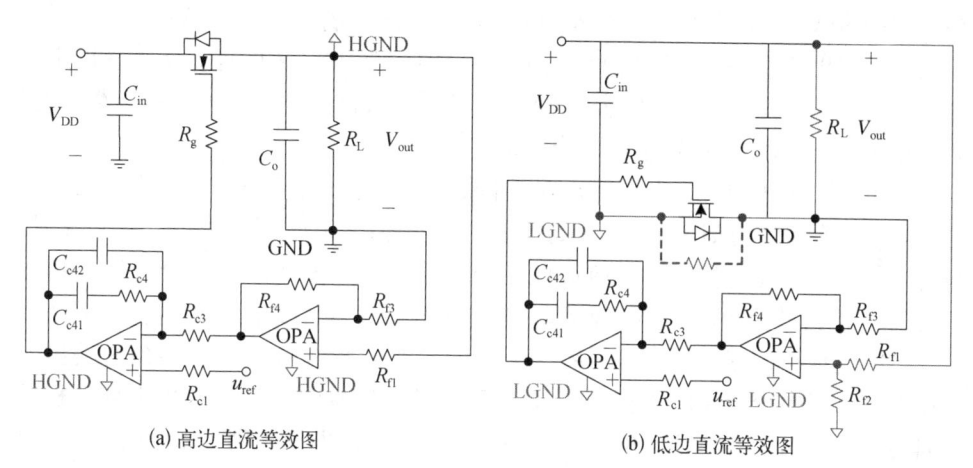

(a) 高边直流等效图　　(b) 低边直流等效图

图 6-13 高低边线性源方案对比

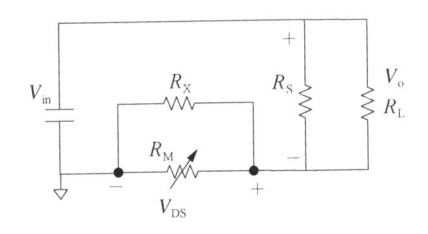

图 6-14 低边等效电路图

从图 6-13 中可以看出,在高边采样方案中,从线性 MOS 管的源级到漏极完全没有直流通路,等效在其两端的电阻 R_X 趋近于无穷大。但是在低边的方案中,由于是差分采样,存在图中红色实线表示的直流通路,因此会导致低边方案中存在一个相对较小的 R_X。下面分析 R_X 的存在对输出精度的影响。图 6-14 所示为低边等效电路图。

R_X 是 MOS 管漏极、源极两端(DS)的等效并联电阻,R_S 是输出电压采样电阻。输出电压的表达式为

$$V_o = \frac{R_o}{R_o + R_{eq}} V_{in} \quad (6-2)$$

其中,$R_o = \dfrac{R_L R_S}{R_L + R_S}$;$R_{eq} = \dfrac{R_M R_X}{R_M + R_X}$。

同理,可以得到 MOS 管上电压的表达式为

$$V_{DS} = \frac{R_{eq}}{R_o + R_{eq}} V_{in} \quad (6-3)$$

当 MOS 管完全关断时,其阻值为无穷大,因此可以得到 V_{DS} 的最大值表达式:

$$V_{DS\_max} = \frac{R_X}{R_o + R_X} V_{in} \quad (6-4)$$

式(6-4)表征了 MOSFET 调节的最大能力。若实际中设定线性源的输入端比输出端高 50 V(即 V_{DS} = 50 V),当 R_X 和 R_o 的配置无法满足 V_{DS_max} = 50 V 时,表示该工况已经超出线性 MOSFET 的调节范围,即 MOSFET 完全关断也无法实现设定条件,因此 V_{DS} 小于设定值,使得输出电压高于期望值,该状态常出现在极轻载工况,此时输出电压准确度降低,输出噪声增加。

当工况在 MOSFET 调节范围内时,可调节栅极电压 V_{GS} 来调节其线性区等效电阻 R_M,从而实现对期望信号 u_{ref} 的快速跟踪。超出 MOSFET 调节范围的工况带来的另一个影响是电路的动态响应性能变差,原因是 MOSFET 在完全关断的情况下失去了电阻调节能力,当 u_{ref} 增大时,理论上应减小 R_M,以增大输出电压,但在极轻载时电流很小,又应增大 R_M 以维持 V_{DS} 电压,因此两者相互冲突,导致总输出电压在上升过程中较为缓慢,响应速度取决于前级开关电源调节速度;而下降过程是同向的(增加 R_M 以增大 V_{DS} 电压、增加 R_M 以降低输出电压),则不受影响。

因此,线性源能够实现完全调节的条件有两个:一是 MOSFET 在关断时的漏

源间等效电阻 R_M 可视作无穷大,只要存在等效电阻 R_X,线性源的调节将存在边界;二是 MOSFET 在线性区内的最大阻抗 R_{Mmax} 足够大。

因此,总结来说,高边方案更适合在极轻载的工况下工作,因为其线性 MOS 管两端不存在等效电阻,MOS 可以被认为是理想可变电阻。而低边方案使用时则需要根据实际工况选择合适的采样电阻及采样电路,必要情况下需要增加电流槽来增加输出电流,从而让线性管工作在合适的工作区间。

6.2.3 高精度低噪声采样电路技术

在高精度低噪声的采样电路设计中,运算放大器(运放)是核心组件之一。运放的性能直接影响到整个采样电路的准确度、稳定性及信噪比。运放的输入端会有微小的电流流入或流出,一般分为输入偏置电流 I_B 和输入偏移电流 I_{os}。在高精度采样电路中,即使是极小的输入偏置电流也会导致测量误差,尤其是当电路的采样阻抗较高时。此外,输入偏移电流会导致两个输入端之间的微小电流差异,进一步影响采样精度。同样的,在运放两输入端之间可能存在微小的电压差异,即输入偏移电压 V_{os},这种电压差会直接加到采样信号上,导致采样值偏离真实值。尤其是在微推进电源系统中,需要跨越数个数量级的电压采样,如果采用相同的采样电阻情况下,低压信号的采样则会严重受到输入偏置电压的影响。另外,运放的频率响应不是理想的平坦特性,随着频率的增加,增益会下降。增益带宽积(gain-bandwidth product, GBW)定义了运放能提供单位增益的最高频率。在高速采样电路中,如果运放的 GBW 不足,会导致高频信号的衰减,影响采样精度。这一点相对于卫星电源来说相对次要,因为输出为直流信号,而且其参考信号的变化也不属于高频信号,所以对于微推进电源系统而言,增益带宽积考虑较少。最后,运放本身会产生噪声,包括热噪声、闪烁噪声(1/f 噪声)和散粒噪声等。这些噪声会直接叠加到采样信号上,降低信噪比,特别是在低频采样应用中,闪烁噪声的影响更为显著。

由于运放的偏置电流、失调电流和偏置电压等因素对输出电压的精度和噪声有很大的影响,因此下面主要分析其如何产生影响和影响的大小,以及提出对应的方法及应对措施。

首先分析采样电路中偏置电流和失调电压对直流增益(精度)的影响。如图 6-15 所示为电压跟随采样电路,考虑运放中偏置电流对直流电压增益的影响。

由图 6-15 可得到以下电路关系:

$$\frac{V_{in} - V_+}{R_1} = \frac{V_+}{R_2} + i_B \quad (6-5)$$

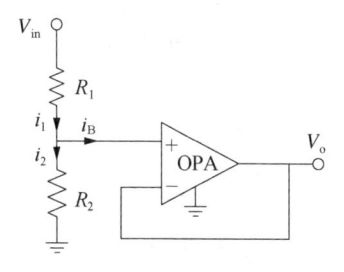

解得

图 6-15 电压跟随采样电路

$$V_o = V_+ = \frac{R_2}{R_1+R_2}V_{in} - \frac{R_1 R_2}{R_1+R_2}i_B \qquad (6-6)$$

$$V_o = GV_{in} - GR_1 i_B \qquad (6-7)$$

进一步得到实际电压增益和理想电压增益的比值关系:

$$K = 1 - (1-G)k \qquad (6-8)$$

其中,K 为实际电压增益和理想电压增益的比值;G 为理想电压增益;k 为运放偏置电流和采样电流的比值:

$$k = \frac{i_B}{i_s} = \frac{i_B}{\dfrac{V_{in}}{R_1+R_2}}$$

结论:从式(6-8)可以看出,当运放确定后,其 i_B 为固定值。电压跟随采样电路的实际增益只与理想增益和采样电流有关,输入电压缩小的倍数越大,采样电流对增益的影响越大。例如,当输入电压缩小 100 倍,且采样电流接近 10 倍偏置电流时,其实际输出电压增益仅仅缩小了 99.01 倍。而在高压采样中,电压缩小倍数为 1 000 倍,而当采样电流接近 10 倍偏置电流时,其实际倍数仅为 990.01 倍。

假设运放输出电压为 5 V,放大 1 000 倍后对应输入电压 5 000 V。若采用 OP27 作为采用运放,其偏置电流典型值为 10 nA,其 10 倍偏置电流为 100 nA。根据采样电阻总损耗不超过 0.3 W 计算,总电阻最小值为 83 MΩ。通过计算可以得到,当输入电压小于 8.3 V 时,其实际缩小倍数仅为 990.01 倍。可见,在低压信号采样时,实际的电压增益已经严重偏离理想电压增益,此时若继续按照理想的电压增益补偿,则会造成输出电压精度变低。表 6-2 给出了常见的四种采样电路因偏置电流和失调电压导致的增益偏差。

表 6-2 采样电路中偏置电流和失调电压导致的非理想增益

电 路	非理想增益 I_B	非理想增益 V_{os}
	$V_o = \dfrac{R_2}{R_1+R_2}V_{in} - \dfrac{R_1 R_2}{R_1+R_2}i_B$	$V_o = \dfrac{R_2}{R_1+R_2}V_{in} + V_{os}$

电　　路	非理想增益 I_B	非理想增益 V_{os}
(同相放大电路)	$V_o = \left(1 + \dfrac{R_2}{R_1}\right) V_{in} + i_B R_2$	$V_o = \left(1 + \dfrac{R_2}{R_1}\right) V_{in} + \left(1 + \dfrac{R_2}{R_1}\right) V_{os}$
(反相放大电路)	$V_o = -\dfrac{R_2}{R_1} V_{in} + i_B R_2$	$V_o = -\dfrac{R_2}{R_1} V_{in} + \left(1 + \dfrac{R_2}{R_1}\right) V_{os}$
(差分放大电路)	$\begin{cases} V_o = G V_{in} + G(R_3 - R_1) i_B \\ G = \dfrac{R_2}{R_1} = \dfrac{R_4}{R_3} \end{cases}$	$V_o = G V_{in} + (1 + G) V_{os}$

上述分析主要是讨论了偏置电流和失调电压对采样电路精度的影响，下面主要分析偏置电流和失调电压对采样电路噪声的影响。

由于差分电路包含其他三种电路，因此只需要完整地分析差分电路中偏置电流和失调电流对输出电压的影响，即可以完整地包含其他采样电路。如图 6-16 所示为差分采样电路，考虑运放中偏置电流和失调电流对直流电压增益的影响。

根据叠加定理，当输入为 0 时，输出不为 0 的电压就是偏置电流和偏置电压引起的误差。因此，令差分电路的两个输入端电压为 0，得到如图 6-17 所示的等效差分采样电路。

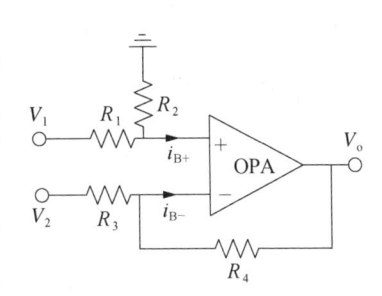

图 6-16　差分采样电路

若是没有偏置电流，显然，上面输出 $V_o = 0$。现在考虑偏置电流的影响，因为同相端和反相端的偏置电流可能并不相同，同相端的电流用 I_{b+} 表示，反相端的偏置电流用 I_{b-} 来表示。显然，流过同相端的电流等于流过电阻 R_p 的电流，因为电阻 R_p 左边接 GND，容易得到，同相端的电压 V_+ 就是电阻 R_p 的电压，假定电流方向向右，因此 $V_+ = -I_{b+} R_p$。

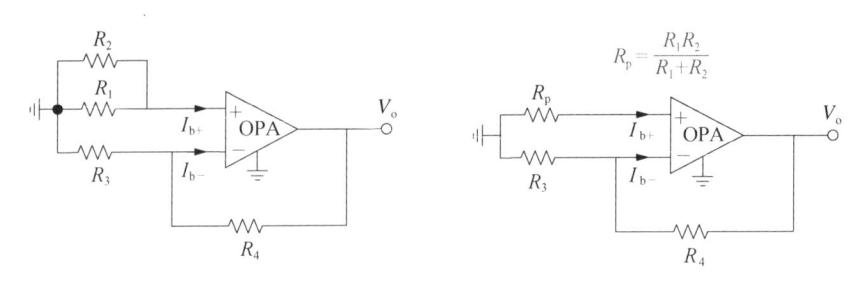

图 6-17 输入电压为 0 时的等效差分电路

$$\begin{cases} V_+ = -I_{b+} R_p \\ V_- = V_+ = -I_{b+} R_p \\ I_{R_3} = \dfrac{0 - V_-}{R_3} = \dfrac{I_{b+} R_p}{R_3} \\ I_{R_4} = \dfrac{V_- - V_o}{R_4} \\ I_{R_3} + I_{b-} = I_{R_4} \\ V_o = -I_{b+} R_p - R_4 \left(\dfrac{I_{b+} R_p}{R_3} - I_{b-} \right) \end{cases} \quad (6-9)$$

为了和运放的数据手册结合，一般将同向端和反向端的偏置电流统一用偏置电流和失调电流来表示，其关系如下：输入偏置电流（input bias current）$I_b = \dfrac{I_{b+} + I_{b-}}{2}$；输入失调电流（input offset current）$I_{os} = I_{b+} - I_{b-}$。通过上面两个定义，即可得到如下的关系：

$$\begin{cases} I_{b+} = I_b + \dfrac{I_{os}}{2} \\ I_{b-} = I_b - \dfrac{I_{os}}{2} \end{cases} \quad (6-10)$$

将式（6-10）的表达式代入 V_o 的表达其中，即可得重新得到 V_o 的表达式：

$$V_o = \dfrac{R_3 + R_4}{R_3} \left(\dfrac{R_3 R_4}{R_3 + R_4} - R_p \right) I_b - \left(R_4 + R_p \dfrac{R_3 + R_4}{R_3} \right) \dfrac{I_{os}}{2} \quad (6-11)$$

实际运放的中偏置电流 I_b 和失调电流 I_{os} 很多都可正可负，因此需要考虑 V_o 最差的情况：

第6章 特种电推进PPU——高精度微推进电源及脉冲等离子推进电源

$$V_{o最差} = \left| \frac{R_3 + R_4}{R_3} \left(\frac{R_3 R_4}{R_3 + R_4} - R_p \right) I_b \right| + \left| \left(R_4 + R_p \frac{R_3 + R_4}{R_3} \right) \frac{I_{os}}{2} \right|$$

(6-12)

在实际设计过程中，V_o越小越好，由式(6-12)可知，如果R_p的阻值为R_3和R_4的并联阻值，即$R_p = \frac{R_3 R_4}{R_3 + R_4}$，表达式中第一项为0，那么可以消掉$I_b$的影响。因此，可以得到当$R_p = \frac{R_3 R_4}{R_3 + R_4}$时的最差$V_o$：

$$V_{o最差min} = | R_4 I_{os} |$$

(6-13)

下面讨论R_p——平衡电阻的必要性。从式(6-12)可以看出，串联一定的R_p确实能够消除运放偏置电流的影响，但考虑到实际情况，R_p的加入可能引入更大的噪声。主要有以下两个方面的原因：

（1）有些运放偏置电流非常小，偏置电流引起的误差远小于失调电压，并且可能偏置电流引起的误差比电阻噪声还小；

（2）有些运放的I_b和I_{os}相差不多，增加平衡电阻本身带来的效果并不明显。

可以通过几个运放实例来分析R_p电阻带来的影响。

当没有R_p，即$R_p = 0$时：

$$V_{o最差无} = | R_4 I_b | + \left| R_4 \frac{I_{os}}{2} \right|$$

当有R_p，即$R_p = \frac{R_3 R_4}{R_3 + R_4}$时：

$$V_{o最差有} = | R_4 I_{os} |$$

有R_p带来的收益时：

$$V_{收益} = V_{o最差无} - V_{o最差有} = | R_4 I_b | - \left| R_4 \frac{I_{os}}{2} \right|$$

可以看到，如果I_b大于$I_{os}/2$，那么平衡电阻R_p都能降低输出误差。一般情况下，运放基本都是满足$I_b > I_{os}/2$这个条件的，因此加上了平衡电阻，基本都能降低影响，只是I_b和I_{os}的差异大小不同，效果也不相同，举例如下。

（1）LM6172，其偏置电流$I_b = 1.2~\mu A$，失调电流$I_{os} = 0.02~\mu A$，两者相差60倍。假如反馈电阻是$10~k\Omega$，没有平衡电阻时：

$$V_{o最差无} = 10\ \mathrm{k\Omega} \times 1.2\ \mathrm{\mu A} + 10\ \mathrm{K} \times 0.5 \times 0.02\ \mathrm{\mu A} = 12.1\ \mathrm{mV}$$

有平衡电阻时：

$$V_{o最差有} = 10\ \mathrm{k\Omega} \times 0.02\ \mathrm{\mu A} = 0.2\ \mathrm{mV}$$

显然，加了平衡电阻后效果更好。

（2）OP27A，其偏置电流 $I_b = 40\ \mathrm{nA}$，失调电流 $I_{os} = 35\ \mathrm{nA}$。假如反馈电阻是 10 kΩ，没有平衡电阻时：

$$V_{o最差无} = 10\ \mathrm{k\Omega} \times 40\ \mathrm{nA} + 10\ \mathrm{k\Omega} \times 0.5 \times 35\ \mathrm{nA} = 575\ \mathrm{\mu V}$$

有平衡电阻时：

$$V_{o最差有} = 10\ \mathrm{k\Omega} \times 35\ \mathrm{nA} = 350\ \mathrm{\mu V}$$

可以看到，虽然有所降低，但是效果不明显，加不加 R_p 其实影响不大。

（3）ADA4522-1，其偏置电流 $I_b = 150\ \mathrm{pA}$，失调电流 $I_{os} = 250\ \mathrm{pA}$。假如反馈电阻是 10 K，没有平衡电阻时：

$$V_{o最差无} = 10\ \mathrm{k\Omega} \times 150\ \mathrm{pA} + 10\ \mathrm{k\Omega} \times 0.5 \times 250\ \mathrm{pA} = 2.75\ \mathrm{\mu V}$$

有平衡电阻时：

$$V_{o最差有} = 10\ \mathrm{k\Omega} \times 350\ \mathrm{pA} = 3.5\ \mathrm{\mu V}$$

相反，有平衡电阻时，输出电压偏差更大了。

除此之外，我们还应该考虑电阻对热噪声的影响，如果用 ADA4522 放大 10 倍的情况下，带宽为 0.3 MHz，在 $R_3 = 10\ \mathrm{k\Omega}$ 时，$R_4 = 1\ \mathrm{k\Omega}$，那么 $R_p = 0.909\ \mathrm{k\Omega}$。通过热噪声公式，即可求出电阻 R_p 上的热噪声：7.02 μV。

$$E_n = \sqrt{4kTRB} \tag{6-14}$$

其中，k 代表玻尔兹曼常数，$k = 1.38 \times 10^{-23}\ \mathrm{J/K}$；$T$ 代表开尔文热力学温度；R 代表电阻值；B 代表系统的等效噪声带宽。

况且这个电阻噪声是直接加在同相端的，会被放大 10 倍，因为是同向放大，那么输出端对应的误差电压是：7.02 μV × (10 + 1) = 77.2 μV，这比偏置电流和失调电流本身带来的误差 2~3 μV 大多了。也就是说，这时如果加了平衡电阻，反而会带来负面的影响。

总的来说，是否加平衡电阻，可能要根据具体电路和具体放大器分析。如何快速估算平衡电阻的取舍，常规运放，可以先大致计算偏置电流造成的影响与运放失调电压 V_{os} 的大小关系。如果加了平衡电阻，那么偏置电流就会在平衡电阻上面产生压降，这个压降其实就是平衡电阻带来的效果（没有这个电阻，即阻值为 0，那么压降为0;有这个电阻,偏置电流在其上产生压降。这两种情况的差异就是这个压降,也就是平衡电阻带来的影响)。因为平衡电阻是直连运放的,所以这个压降的效果等同于运放的 V_{os},如果这个压降要比运放的 V_{os} 小很多。平衡电阻的使用需要参考电极的工作原理和数据表而定。

6.3 高精度射频离子电推进 PPU

6.3.1 微推力及微推进电源系统

微推力技术是航天领域中的一项关键技术,通过微小而精确的推力输出,为卫星、宇航器和其他空间器件的控制和调整提供了重要的支持。传统的大型推进系统在轨道调整和姿态控制方面存在一些限制,而微推力技术通过提供微弱但持续的推力,为航天器带来了更高的机动性、稳定性和精度[22]。

微推力的定义:微推力是指微小且精确的推力输出,通常以毫牛(mN)或微牛(μN)为单位。相比传统的大型推进系统,微推力的特点是推力输出相对较小,但具备更高的精确度和调整能力。微推力器是实现微推力的推进系统,其工作原理和设计旨在提供精细的推力控制和调整能力[23]。

微推力技术在航天领域中扮演着多种重要角色[24-26],其作用如下。

(1) 卫星轨道调整和姿态控制:微推力器可用于精确调整卫星的轨道高度、倾角和偏心率,使卫星能够保持预定的轨道运行,并实现精确的姿态控制,如引力波探测任务。

(2) 轨道维持和修正:长期在轨运行的卫星或航天器可能会受到外部扰动和轨道偏移的影响。微推力器可周期性地进行轨道维持和修正,使航天器能够保持在预定轨道上,提高任务的执行效率。

(3) 深空探测任务:微推力技术在深空探测任务中具有重要作用。微推力器可用于对探测器进行微调,以实现准确的飞越、轨道修正和飞控调整,从而使探测器更好地执行任务目标。

(4) 载荷部署和分离:微推力器可用于控制和调整卫星上的载荷部署和分离过程。通过微调推力输出,可实现载荷的准确分离和定位,确保部署过程的安全和精确性。

(5) 空间机器人和操作器件:微推力技术也可应用于空间机器人和其他操作器件中。微推力器可用于控制和调整机器人的移动、姿态和位置,使其能够在空间环境中完成精确的控制任务,如维修、装配和清理工作。

引力波探测旨在测量由引力波引起的微小时空扭曲,该扰动以波的形式从其源头以光速向外部传播。引力波概念由庞加莱于1905年提出,随后在1916年,爱因斯坦根据其广义相对论对引力波进行了预测,其来源于致密物体间的相互作用,可反映宇宙演化,但是引力波信号非常微弱。自20世纪60年代起,各类引力波探测装置相继建成并经历了不断改进[27],目前激光干涉仪已经达到了探测天体引力波所需的灵敏度。2015年,美国的激光干涉仪引力波天文台(Laser Interferometer Gravitational-wave Observatory, LIGO)首次直接探测到了引力波,这也是人类首次在地面上探测到引力波。引力波的频段很宽,可覆盖20个数量级[3]。地面探测装置受地面扰动、重力梯度噪声及干涉仪臂长不足等缺点的影响,检测范围只能覆盖$10 \sim 10^4$ Hz的频段,因此研究人员希望将地面探测改为天基探测,以此克服地面探测的各类缺点。与地面测量类似,空间引力波探测计划目标在太空中部署多颗全同卫星来构建空间中的天文测量基站(图6-18),这些探测卫星将在空间中利用激光干涉仪测量卫星上检验质量之间的光学长度变化,以此来检测中低频段(10 Hz以下)的引力波信号[27-31]。

图6-18 空间引力波探测示意图

空间引力波探测要求卫星平台能够提供超低扰动的微重力探测环境。在空间引力实验中,卫星由于不可避免地受到大气阻尼、太阳光压、宇宙射线等外部环境扰动,以及结构震动、姿态调节、内部件运动等自身扰动的限制,其扰动加速度噪声水平为$10^{-5} \sim 10^{-8} g_0/\text{Hz}^{1/2}$($g_0$为地球表面的重力加速度)量级,而满足空间引力实验的惯性传感器精度大多低于$10^{-9} g_0/\text{Hz}^{1/2}$量级,意味着在工作时极易受到内外扰动的影响。为了抑制卫星受到的残余扰动影响,在20世纪60年代,Lange等提出了无拖曳卫星(drag-free satellite)的实现方案[32-36]。无拖曳卫星采用无拖曳控制技术,使星载推力器产生推力来主动抵消太空环境中的扰动力。包括卫星平台在内,无拖曳控制系统由测量位移变化的惯性传感器、计算补偿推力大小的无拖曳控制器及对卫星施加微小推力的连续可调推力器四部分组成,如图 6-19 所示。其基本思想是利用卫星内部的检验质量作为惯性参考的基准,并采用高精度的位移检测手段测量检验质量相对于卫星的位置变化,利用推力器产生的推力来使卫星能跟随检验质量运动。经过计算,卫星平台受到的内外部环境扰动力大小在 $10^{-6} \sim 10^{-3}$ N 量级,为抵消卫星平台受到的非保守扰动力,推力器需要输出大小相等、方向相反的推力进行补偿。

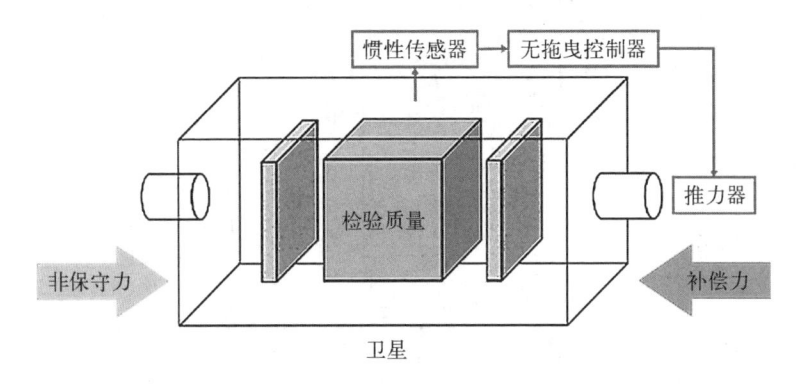

图 6-19 无拖曳控制卫星示意图

在无拖曳控制环路中,微牛顿量级推进器是最关键的执行机构,其精度直接决定了无拖曳控制系统的最终性能,进而直接影响基础物理实验卫星中高精度惯性传感器的测量水平。例如,在空间引力波探测中,针对无拖曳控制的微推力系统需满足的核心性能指标包括:推力在 $0.1 \sim 100$ μN 内连续可调,分辨率达到 0.1 μN,推力响应时间小于 300 ms,在 0.1 mHz ~ 1 Hz 的频段范围内推力噪声小于 0.1 μN/$Hz^{1/2}$。同时,引力波探测任务还要求微推进器满足大于 30 000 h 的工作寿命,因此需要微推进器系统提供较高的比冲。微推进系统的核心指标包括:推力连续可调范围、推力分辨率、推力噪声、响应时间和寿命。

射频离子推进技术作为一种先进的电推进技术,除了拥有传统考夫曼离子电推进系统的高比冲、羽流准直等优点外,还具有无内置阴极、结构简单、易于小型化、无污染等优点[37],适用于引力波探测等微推进系统。

高精度射频离子电推进 PPU 是一种专为射频离子推进系统设计的电源装置,包括射频发生器电源、屏栅电源、加速栅电源和中和器电源。射频发生器电源通过传输线和匹配网络给电离室外部射频线圈提供电流,高频变化的射频电流感应出轴向磁场,该磁场在电离室内部感应产生一个涡流电场,该涡流电场使进入电离室的推进剂发生电离产生等离子体。屏栅电源和加速栅电源给离子光学组件供电,对放电室内被电离的等离子体进行聚焦、加速和引出,从而产生推力。中和器电源给中和器提供电压,在推力器开始运行时进行点火放电并在推力器稳定工作时产生电子束来中和推力器喷出的离子流[38,39]。射频离子推力器的结构图如图 6-20 所示。

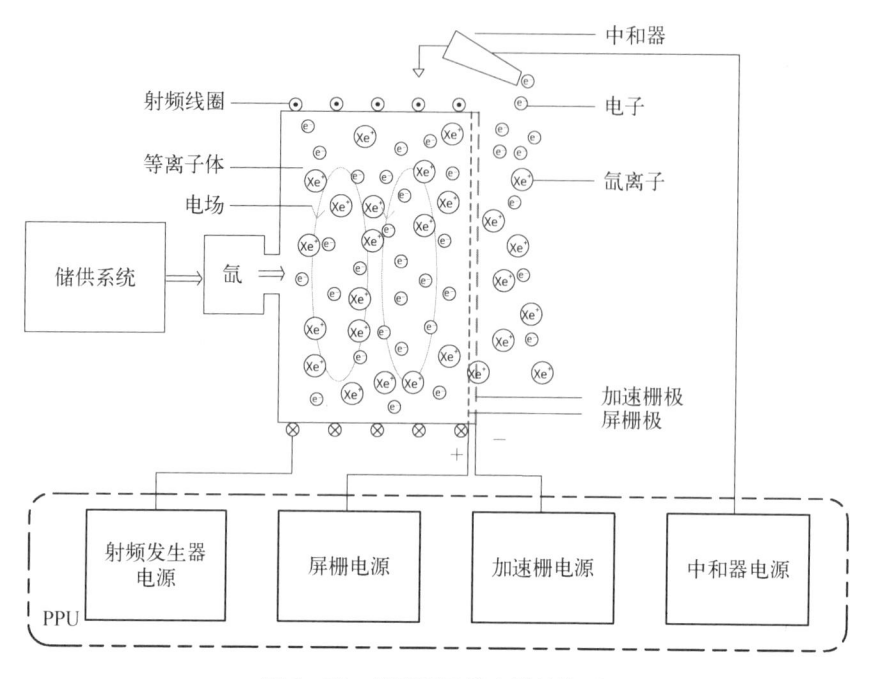

图 6-20 射频离子推力器结构图

6.3.2 高效射频发生器电源

射频发生器电源的主要功能是将直流电能转换为射频能量,并将其传输给射频电推进器。如图 6-21 所示,射频电源通常由多个子系统组成,包括频率信号源、信号调理电路、射频功率放大电路、阻抗匹配网络和负载线圈。射频离子源的整个工作流程如下:首先由频率信号源产生一定频率的正弦波信号,并送入信号调理电路;信号调理电路对正弦波信号整形、差分、占空比进行调节后送入射频功

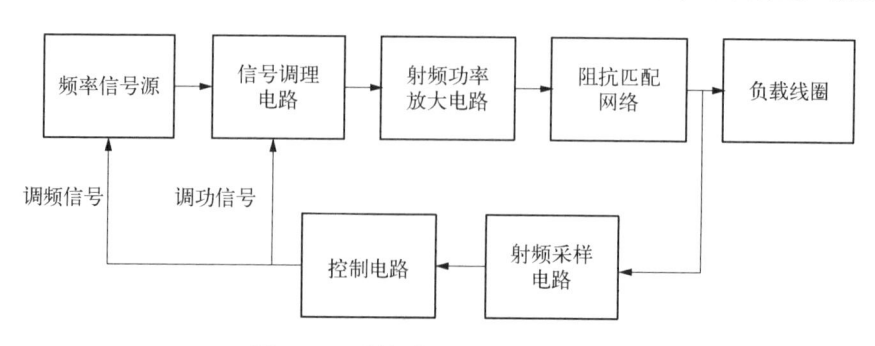

图 6-21 射频发生器电源结构框图

率放大器,输出大功率信号,经阻抗匹配网络加载到负载线圈,通过点火形成射频等离子体[37,40]。

频率信号源是整个射频发生器电源工作的起始部分,其决定着射频电源的工作频率,对射频电源工作稳定性起着至关重要的作用。对信号源的设计要求主要包括以下几点。① 工作稳定:能够在输电线路周围较为恶劣的电磁场环境下稳定工作。② 功耗低:信号源的功耗是影响射频电源工作效率的重要部分。③ 输出功率:要满足功率放大器对信号源输出功率的要求[41]。

信号调理电路是介于信号源和功率放大电路之间的电路,主要作用是通过调整信号源的幅值、相位或波形等变量来实现对输出功率的调节。在一个完整的闭环射频电源系统中,闭环信号的输出一般连接到信号调理电路。信号调理电路根据不同的功率放大电路或不同的功率控制方式来决定对信号源的处理。

功率放大器是射频电源的主要部分,它可实现信号源输出信号的功率放大,是影响射频电源工作效率的最重要的部分。功率放大器有多种分类方式,按照输入和输出信号的线性关系,常见的功率放大器可分为线性功放和非线性功放两类。对于线性射频功率放大电路,一般对应有 A 类、B 类、AB 类功率放大电路,信号调理电路更多的是对信号源的幅值作相应的变化,其输出信号依然是正弦波。对于非线性的射频功率放大电路,一般有 C 类、D 类和 E 类三种,信号调理电路将信号源的高频正弦波调制成高频方波信号,通过控制方波信号的占空比来调节功率放大电路的输出功率。随着第三代半导体技术的成熟,射频放大电路多采用 GaN 作为放大器件,具有足够快的开关速度,通过合适的电路结构可实现低损耗放大,提高效率[42,43]。

阻抗匹配网络能够实现功率放大器输出阻抗到负载阻抗的匹配,通过将功率放大器输出阻抗匹配至负载阻抗的共轭值可实现功率放大器的高效输出。目前,对于匹配网络设计,多在地面试验中采用手动调节的方式来确定电路参数,但由于手动调节精度低,反应时间长,而且射频离子电推进系统电离室内的等离子体负载实时变化,手动调节确定的参数在轨应用中无法进行实时改变。若采用自适应阻抗匹配技术,则可将实时变化的负载阻抗变换到与传输线特征阻抗一致。自适应阻抗匹配技术可利用反射系数的模和相位信息或者神经网络和遗传算法等人工智能算法,在轨应用时实时计算出匹配网络的最佳匹配参数,然后实现阻抗的自动匹配,进而可实现最大功率点的实时跟踪,提高功率传输效率。常见的阻抗匹配网络结构有 L 形、Π 形和 T 形三种。其中,L 形阻抗匹配网络有两个自由度,其 Q 值决定于频率和阻抗变化的比例。而 Π 形和 T 形阻抗匹配网络相比 L 形阻抗匹配网络多一个自由度,其中 Π 形可用于存在寄生电容的情况,而 T 形可用于存在寄生电感的情况。设计匹配网络的方法有多种,可通过人工计算、计算机辅助软件实现,也可利用图解法,如 Smith 圆图实现[44,45]。图 6-22 为匹配网

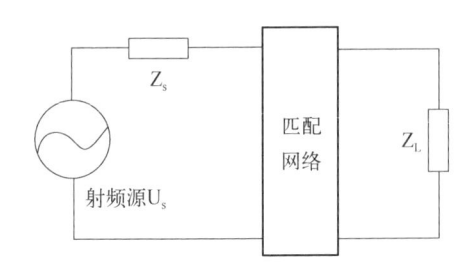

图 6-22 匹配网络设计示意图

络的设计示意图。

PPU 射频发生器电源功率传输与耦合效率,对射频离子电推进系统效率具有决定性意义。射频功率传输是指功率从射频电源模块传输到射频线圈的过程,传输效率越高,射频线圈所能获得的能量越高。射频功率耦合是指射频线圈功率通过感性耦合方式传递给放电等离子体,耦合效率越高,用于放电的能量越高。射频离子推力器工质利用率与放电损耗之间存在拐点,在该拐点处的效率最佳,过分提高工质利用率会造成放电损耗急剧增加,反而降低放电效率。因此,单纯依靠提高工质利用率来提升整机效率是不可行的,必须通过提升射频功率传输与耦合效率来提升 PPU 乃至系统的效率[37]。射频发生器电源与射频线圈、放电等离子体和等效电路图如图 6-23 所示。

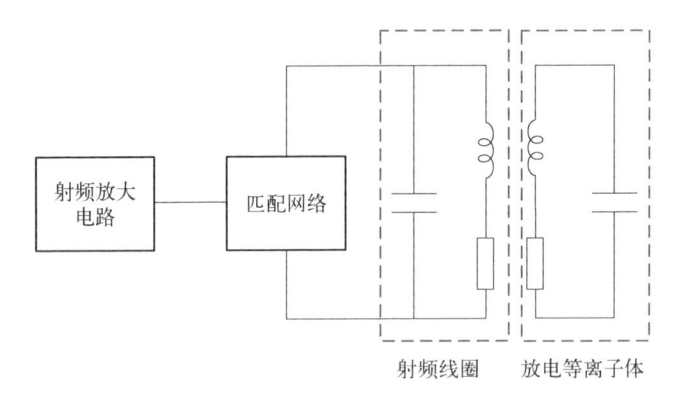

图 6-23 射频发生器电源与射频线圈、放电等离子体和等效电路图

6.3.3 高精度电压可调屏栅电源

微小卫星进行无拖曳控制要对实时变化的轨道阻尼作出及时、准确的响应,必须采用高分辨率推力调节技术。具体到射频离子电推进系统,调节参数主要有:射频功率、工质流率和屏栅电压。其中,射频功率主要影响放电等离子体的密度,若射频功率变化过小,放电等离子体密度几乎不发生变化;若射频功率变化过大,放电等离子体密度变化程度也较大,相应的推力变化幅度也较大,很难实现高分辨率调节。工质流率也会影响放电等离子体密度,其调节特性与射频功率相似,也很难实现高分辨率调节。屏栅电压的改变,能够非常灵敏地影响推力,其精度由屏栅电源输出精度决定。因此,高精度电压可调屏栅电源是研发高性能射频离子电推进系统 PPU 的关键技术之一[46-48]。

第6章 特种电推进PPU——高精度微推进电源及脉冲等离子推进电源

现阶段，国内外流行的屏栅电源拓扑结构主要有移项全桥拓扑、全桥LC串联谐振拓扑、全桥LLC拓扑、双全桥拓扑等，这些单级拓扑主要针对大功率应用场合或者低压小功率场合。而针对高压小功率场合的屏栅电源拓扑主要为多级级联结构，一般前级为Buck变换器，实现灵活调压。中间级为推挽电路、LLC电路，中间级电路不直接负责调压，主要实现高压隔离和通过变压器绕组实现固定比例升压。最后在副边采用倍压整流的方式获得高压。如图6-24~图6-26为常见的屏栅电源拓扑[49]。

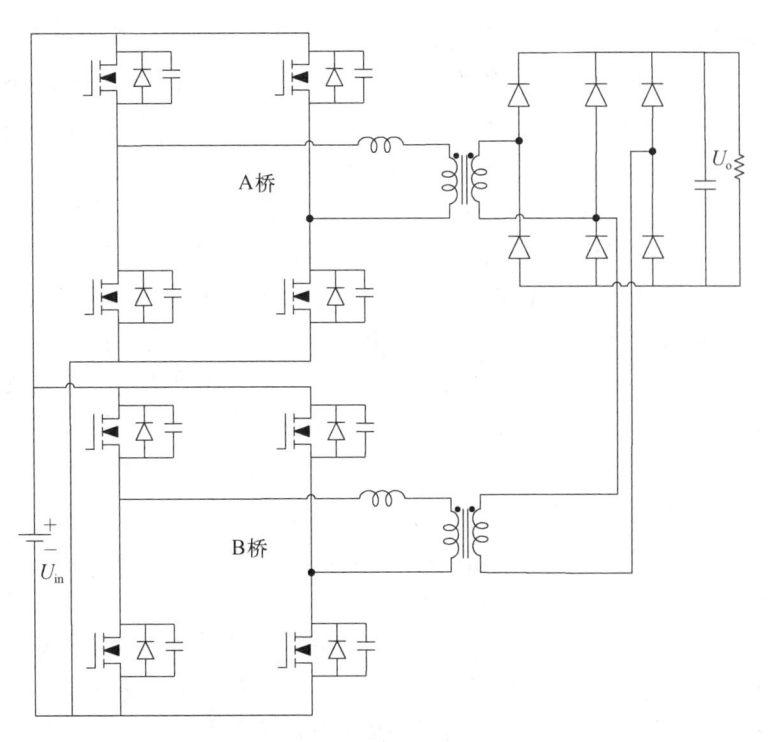

图6-24 双全桥-屏栅电源拓扑

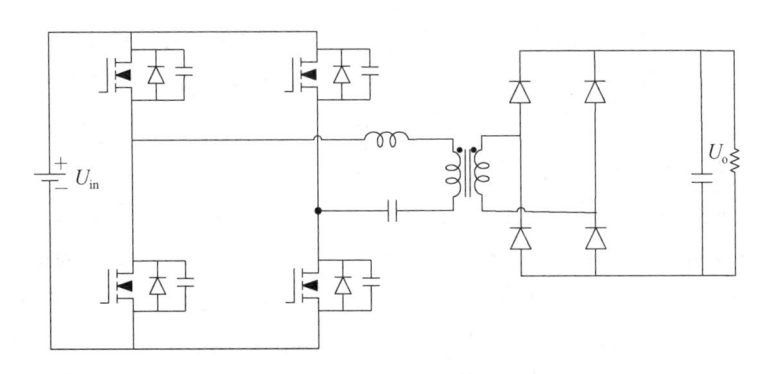

图6-25 全桥LLC-屏栅电源拓扑

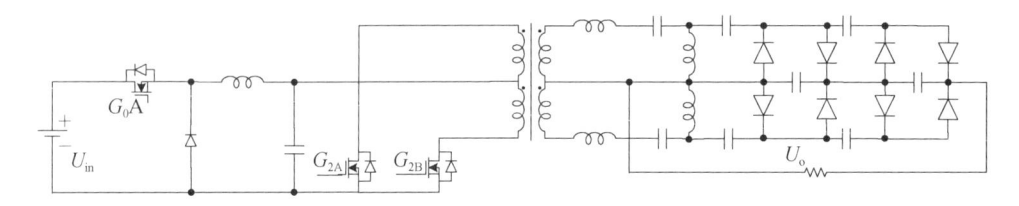

图 6-26 Buck+推挽+LLC+倍压整流-屏栅电源拓扑

针对应用于微小推力的卫星,屏栅电源大都工作在高压小功率场合,采用多级级联式结构能够更好地实现屏栅电压的精确调整。中间级结构只负责隔离和升压,因此工作在开环状态,这对有变压器结构的变换器来说是非常有优势的,不会因为占空比或者频率的调制引起额外的电磁干扰。且前级为 Buck 变换器,结构简单、控制成熟,可结合多种先进控制方式进行优化控制。

为满足屏栅电源实际应用的多工况与稳定性的需求,主要体现在系统的控制方法和新型拓扑设计方面。在新型拓扑上面,主要是研发高压高效直流电源模块,实现更小体积、更高功率密度的设计,以满足航天器对紧凑型和轻量化电源的需求。改进电源组件的可靠性,提高耐久性和抗辐射能力,以确保电源在长期太空任务中的稳定运行。在控制方法上面,主要应用先进的控制算法和智能化技术,实现电源系统的自适应调节和能量管理,提高整个电推进系统的性能和效率[50]。

6.3.4 加速栅电源和中和器电源

加速栅电源是射频离子推力器中负责提供电场的电源系统,用于加速离子并产生推力。在射频的作用下,电中性的氙气被电离室电离成氙离子和电子。通过图 6-20 可知,射频离子推力器的离子光学系统一般有三个极,即屏栅、加速栅和减速栅(图中未显示),屏栅接屏栅电源的正极,加速栅接加速栅电源的负极,且屏栅更加靠近等离子体。一般来说,为了将离子从放电室内提取出来,常需要两个或三个栅网,由于放电室内的电子具有比离子更大的迁移率,一部分电子会比离子更早达到屏栅,在屏栅上游形成一个略低于等离子体区的电势,使放电室内的电子更容易被反弹回去而离子更容易被吸引,最终在屏栅上游形成一个弯曲的鞘层,由于鞘层的存在,一些原本会与屏栅发生碰撞的离子将可进入离子光学系统中,受到电场加速并从加速栅孔中喷出[51,52]。

针对应用于引力波探测的微小功率射频离子推力器,加速栅电源的特征是工作电压小于屏栅电压,通常设计在 1 000 V 以内,正常工作时电压约为屏栅电压的五分之一,同时由于屏栅极阻挡了大部分的电子,因此加速栅上的电流极小,大致在几百微安。由于加速栅电源基本上是随着屏栅随动的,因此加速栅电源还应具备一定的调节能力。常见的加速栅电源拓扑结构如图 6-27 所示,采用单管正激

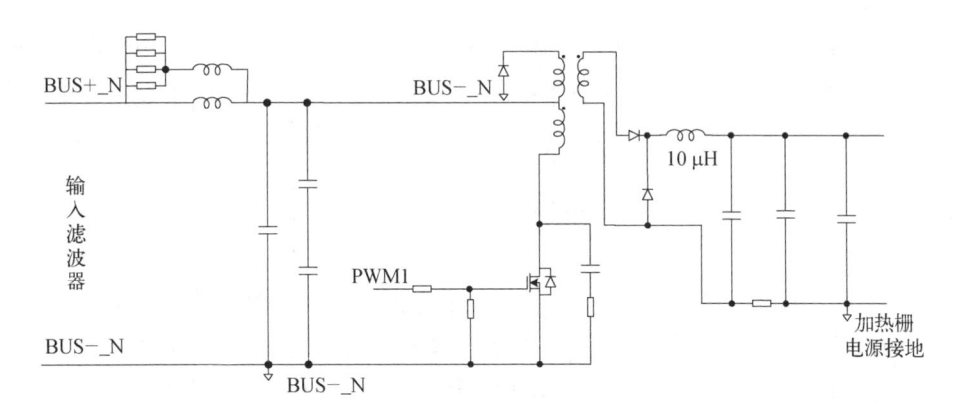

图 6-27 加速栅电源主电路

拓扑,变压设计简单,原边使用对称绕组设计,串联二极管作为复位绕组,防止变压器饱和。

离子电推进空心阴极按照其发射电子的主要作用分为两种:一是空心阴极向放电室发射电子,电子碰撞工质气体并电离,对应器件通常称为阴极;二是空心阴极向推力器引出离子束流发射电子,电子将其中和成为准中性等离子流,对应器件通常称为中和器。空心阴极通常选择节流型结构,主要由阴极本体和触持极两大部分组成。而中和器电源主要为阴极本体和触持极两个部分供电。阴极本体由阴极管、发射体、阴极顶、加热丝、供气法兰等组成。其中,加热电源对加热丝进行加热,加热丝可等效为一个小电阻,而且发射能力取决于其上通过的电流,因此中和器电源需要一个加热用的电流源和一个触持极电压源[53,54]。

针对应用于引力波探测的微小功率射频离子推力器,通常加热电源为一个输出电流为数安培的可调高分辨率电流源,其输出功率约几十瓦。触持极电源一般为电压源,输出电压为数百伏,输出电流最大值为十几毫安。图 6-28 给出了常见

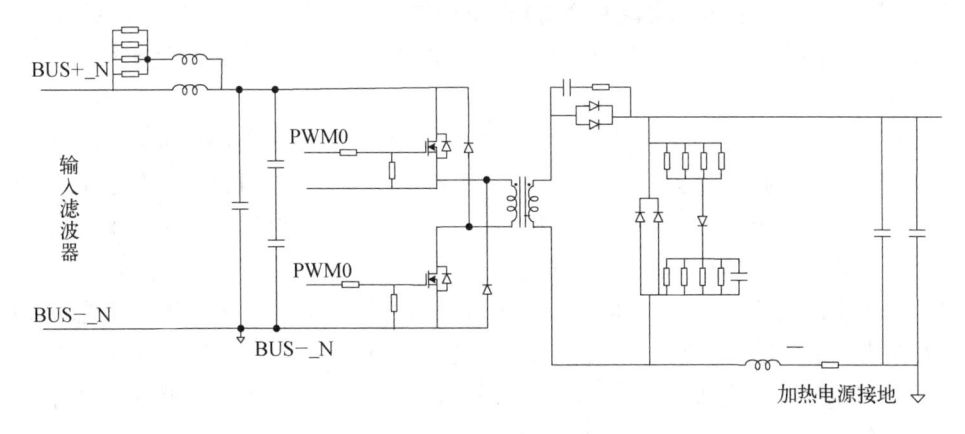

图 6-28 加热电源主电路

的加热电源的主电路结构。加热电源一般由双管正激变换器作为主电路拓扑,驱动简单,输出电流纹波小。而触持极电源和加速栅电源工况相似,因此也是由单管正激电路实现,其区别仅在变压器设计时的不同,来保证最大输出电压不同。

6.4 脉冲等离子体电推进 PPU

对 SF-MPD 推进器进行简化设计,形成脉冲等离子推进器(pulsed plasma thruster, PPT),这类推进器利用微秒级至秒级的大电流脉冲放电,使推进剂(通常为固体、如聚四氟乙烯)表面发生烧蚀和气化,气态产物在放电过程中形成的等离子体在自磁场或外加磁场下受洛伦兹力作用高速喷出而产生推力的装置,是电磁式推力器的一种。与稳态等离子体(霍尔)发动机等其他稳态空间电推力器相比,以非稳态脉冲方式运行的脉冲等离子体推力器的性能和效率比较低,其时间平均比冲在 1 000 s 量级,效率一般不超过 20%。但由于其工作过程简单,固体推进剂的储存和供给方便,推力器体积小、重量轻、可靠性好,特别适用于 100 W 以下的低功率推进,在卫星姿轨控等任务中占据一席之地。

脉冲等离子体推力器工作于脉冲模式,元冲量小,可实现高精度的姿态控制;单脉冲功率高、比冲高,但整机输入功率小,通过调节脉冲工作频率即可调节推力和功率,而比冲和效率不受影响[55]。PPT 系统的 PPU 完成高压储能电容充电、火花塞点火、时序控制和卫星接口等功能。高压电容器充电和火花塞点火电源是 PPU 中的关键技术[56]。

电能通常以高电压形式存储在电容器中,然后通过电感线圈快速放电。PPU 将母线电源变换为 PPT 系统所需电压。在脉冲间隔,PPU 为推进器放电回路的主电容器组 C_{mb} 充电,因此 PPU 还充当电容器充电电源(capacitor charging power supply, CCPS)。由于航天母线电压通常不超过 100 V,而充电电压达 1~3 kV,需要解决 PPU 升压变换、电气隔离和降低输入峰值功率等问题。火花塞点火电源需要为火花塞提供瞬态的高压脉冲和 100~200 A 的点火电流,需要解决高电压和大电流的开关问题。

图 6-29 说明了 PPT 系统的工作原理,两个平行板电极与高压储能电容器相连,截面呈矩形的聚四氟乙烯推进剂被弹簧推进,并定位于平行板电极之间,此外阴极上装有一个用于引发放电的火花塞[57]。PPT 工作时,首先由 PPU 将储能电容器充电到其工作电压(1~3 kV),同时该电压也施加到了推力器的电极上;之后 PPU 点火电路使火花塞点火,电极与推进剂表面之间产生了微量放电,微量放电将触发推进剂沿面的电弧放电。通过电弧放电,储能电容器会产生 10~20 kA 的放电电流,从而使推进剂表面被烧蚀,产生大量等离子体,等离子体在热膨胀力和洛伦兹力的作用下加速喷出,产生脉冲推力[58]。电容器放电以后,或进入下一个循环,

或停止工作。一般在几微秒到十几微秒的时间内即可完成火花塞点火和主电容放电的过程。

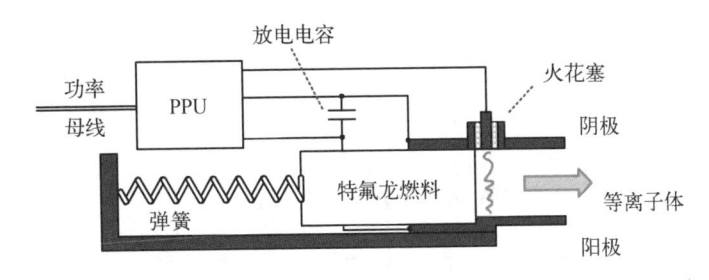

图 6-29 脉冲等离子体推力器工作原理

6.4.1 脉冲电源变换拓扑

PPU 利用卫星一次母线功率输入完成电容器充电和火花塞点火，需要尽可能减小 PPU 充电和点火过程中对卫星母线电流的冲击，避免造成一次母线电压跌落，从而威胁卫星安全运行。PPU 对储能电容充电的方式分为恒压充电、恒流充电和恒功率充电，其中恒压充电需要电阻限流，充电效率最高为 50%，恒流和恒功率充电均能获得较高的充电效率，但是瞬态的功率需求不同。

反激变换器工作于断续传导模式（discontinuous current mode，DCM），以固定的开关频率工作，因此反激变换器在每个开关周期内的储能是恒定的，可实现恒功率输出。此外，反激变换器的次级电压不依赖于匝比关系，且能够自适应输出电压，可在较小的匝比下输出高压，降低了变压器的设计和绕制难度，减小变换器体积。反激变换器工作在 DCM 模式还可将副边高压整流管的反向恢复损耗降至最低水平。但是反激变换器工作在 DCM 模式下时，存在开关器件上电流纹波大、导通损耗增加的缺点，因此需要综合考虑设计指标，设计出合适的占空比、工作频率和变压器储能，从而获得更高的变换效率。由于推力器储能电容充电和点火电路储能电容充电可同步进行，PPU 可采用同一个反激变换器对两个电容同时充电，兰州空间技术物理研究所采用反激变换器作为 PPU 主功率拓扑的电路原理图见图 6-30，其副边整流侧原理图见图 6-31[59]。

反激变换器采用了 4 个输出绕组，每个绕组采用两只高压整流管串联整流，一共四路绕组均摊高压输出，保证了输出整流二极管的电压降额，减小了高压整流管反向恢复损耗造成的充电损失，其中低电位的两个绕组同时为火花塞的储能电容充电。为了减小二极管反向恢复特性对电路的影响，反激变换器中的整流二极管需要选择超快恢复整流二极管，以避免副边能量向原边倒灌造成能量环流，使充电效率下降或导致充电失败。

实际推力器储能电容在放电时，由于线路电感、电容器串联等效电感和等离子

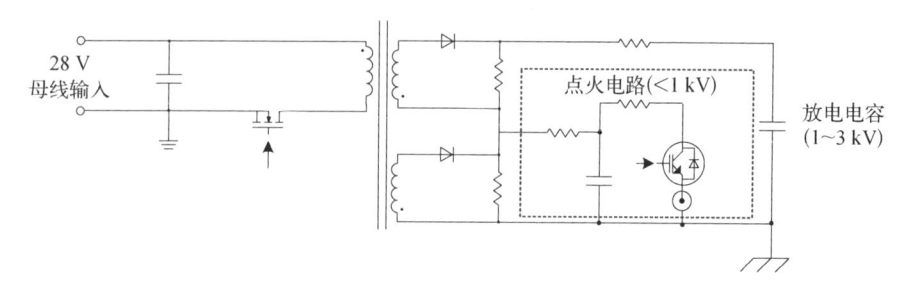

图 6-30　PPU 主功率电路

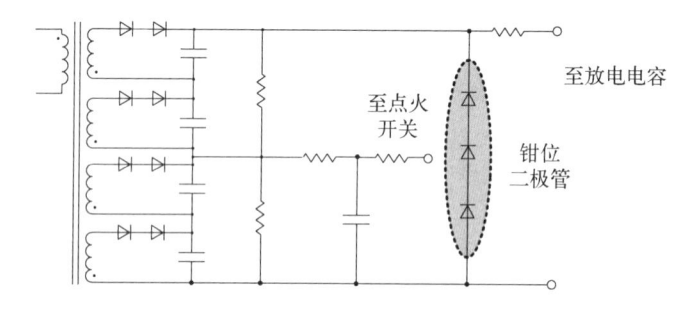

图 6-31　副边整流侧电路

体等效电感的作用,放电电压和电流会发生衰减振荡,储能电容两端的电压会出现正负交替的情况[60]。当电容两端电压为正压时,不影响 PPU 工作;而当电压为负时,会通过反激变换器副边绕组对原边一次母线放电,影响母线的 EMI 性能。图 6-31 中的钳位二极管作用:当储能电容出现负压时将电压耗散在储能电容所串联的充电电阻上,抑制对一次母线的干扰。

6.4.2　点火电路拓扑

PPT 系统的启动靠点火电路和火花塞组成的点火系统完成,放电点火电路是脉冲等离子体推进器 PPU 的核心部分之一,作用是给火花塞提供一个足够的触发点火能量,使之产生的带电粒子能可靠地引发电极间地放电。

针对火花塞先高压击穿后大电流维持的供电特点,可通过 LC 谐振提供 2 倍于储能电容的点火高压(图 6-32),且在放电维持过程中消除了变压器进行电压和电流变换的环节,降低了功率开关的电压应力和电流应力,简化了开关管选型和驱动电路设计[61]。该电路适用于火花塞点火电压大于 1 kV 的情况,缺点是增加了电感和变压器,不利于减小整体电路的体积。

针对点火电压较低的推力器火花塞,如微推力系统中的火花塞,其击穿电压通常在 1 kV 以下,可采用简化的直流点火电路方案(图 6-33)。火花塞的放电电流需要在外部加以限制,以免造成火花塞和点火电路损坏。火花塞在推力器上工作

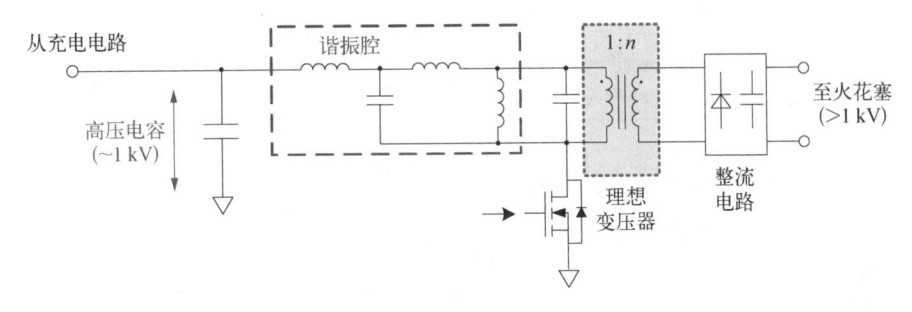

图 6-32　火花塞高点火电压方案

时会产生积碳,使得阻抗降低;而火花塞放电时电流会清除积碳,使得阻抗升高。因此,在选择火花塞放电电流时主要考虑火花塞积碳的影响,积碳程度通过表面外观和火花塞阻抗来评估。对于多路火花塞负载,只需要在储能电容后端并入相同点火支路即可完成实现多路火花塞点火,同时便于进行冗余设计。

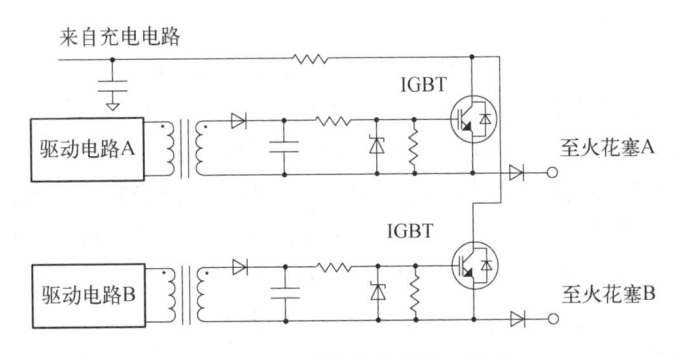

图 6-33　火花塞低点火电压方案

6.4.3　脉冲电源控制方式

PPU 除了对 PPT 储能电容充电和对点火电路储能电容充电以外,还需要将来自卫星计算机的点火指令转化为充电和点火驱动信号,因此需要对脉冲电源设计合适的控制电路以完成指令任务。对反激变换器采取恒功率充电输出模式,文献[53]所提出的恒功率充电、输出高压和小功率的脉冲电源结构如图 6-34 所示,该PPU 同时搭载两路点火回路和一个推力器储能电容。图中,输入滤波电路用于抑制一次母线上的 EMI 和浪涌电流;辅助供电电路将母线电压转化为隔离的电压输出,如 12 V 和 5 V 等,12 V 输出给 PWM 调制器、时序控制电路供电,5 V 输出给控制指令电路供电;时序控制电路的主要功能是接收卫星指令,控制充电和点火的时序,控制不同的火花塞点火。

为了在整星上实现单点接地,避免接地回路的传导干扰,PPU 一次母线地、指令回线和遥测回线在内部相互隔离且与机壳隔离,二次供电地则与产品机壳通过

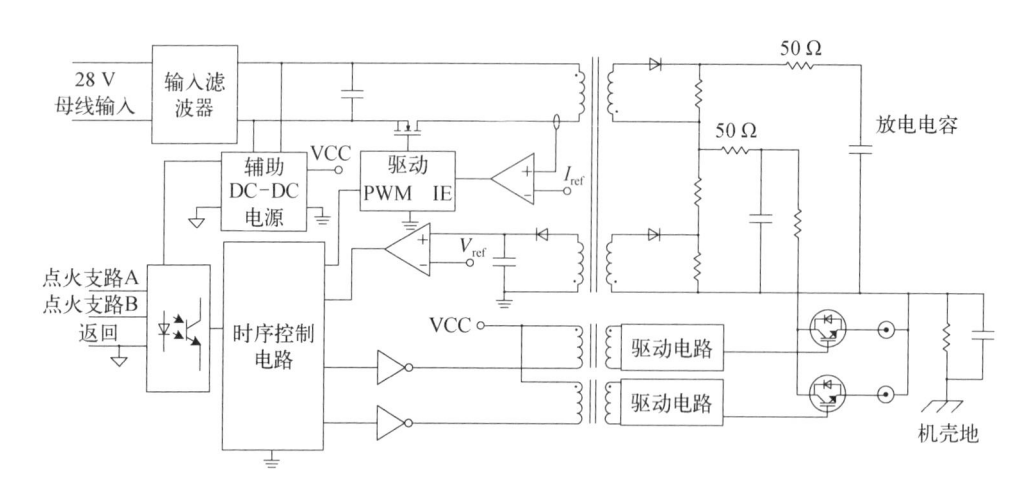

图 6-34 PPU 整机组成

小电阻和退耦电容连接。

反激变换器采用电流模式控制,可采用通用集成电路 UC1845AL 和其他外围电路来控制,用电流互感器实时采集原边回路电流,将采样电流值与设定的基准值相比较,以确定电感器储能的电流峰值。反激变换器大部分时间工作于断续模式,但是在电容充电初期,反激变换器输出接近短路状态,变换器工作于连续模式。此时,反激变压器得不到复位,电感电流会逐周期增加。尽管有逐周期的电流采样,但是由于前沿消隐电路的作用和传输延迟,在若干个周期以后,变压器电流会增加至足够大,容易导致变压器饱和或者 MOSFET 过热烧毁。为了解决上述问题,分别通过 50 Ω 功率电阻为反激变换器的两个输出电容充电,为反激变换器提供初始充电的复位电压。

卫星在轨工作的典型时序为卫星闭合一次母线供电开关,PPU 一次母线上电;PPU 上电后进入待机模式,等待遥控指令;当接收到"x 路点火"(x 指 A 或 B)指令后,PPU 启动充电电源给推力器储能电容和点火回路储能电容充电,并使能对应的火花塞点火驱动电路;通过电压采样与比较,判断充电过程结束,关闭充电电源,同时传递充电完成信号给火花塞点火驱动电路,被使能的点火电路接收到导通驱动信号,使得开关管导通向火花塞输出高压;火花塞击穿以后,点火储能电容向火花塞大电流放电;火花塞产生的微量等离子体引燃电极之间的沿面放电,推力器储能电容能量得到泄放[62]。时序控制电路按照一定频率检测指令信号,在下一个周期指令有效时重复充电和点火步骤,无指令时进入待机状态。实现上述过程的 PPU 时序图如图 6-35 所示。如果 A 路点火被持续驱动,或者 A 路点火和 B 路点火同时被持续驱动,则仅点火回路 A 连续工作;如果仅 B 路点火被持续驱动,则仅点火回路 B 连续工作。

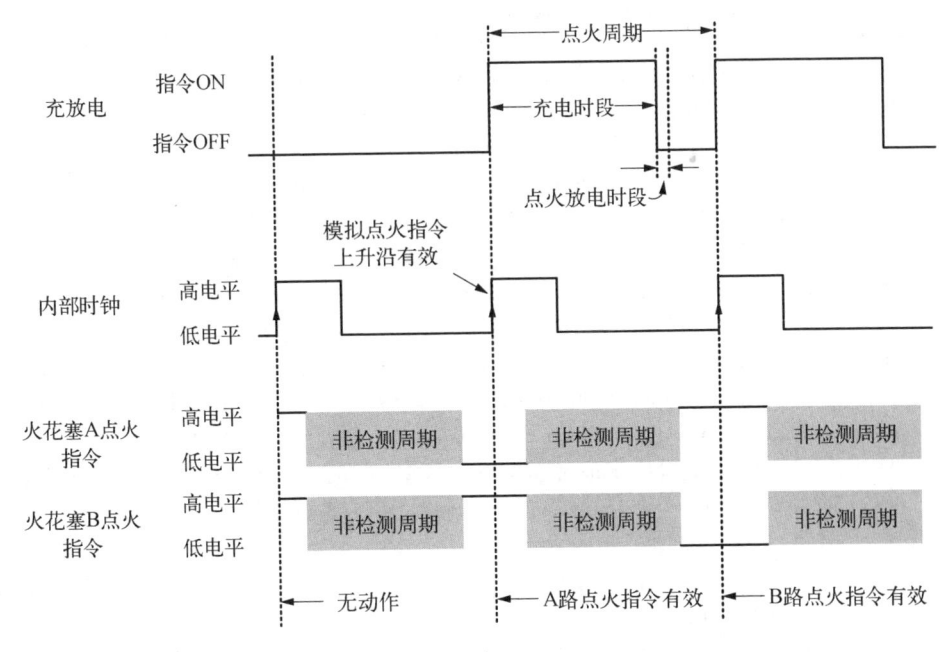

图 6-35　PPU 控制电路时序图

参考文献

[1] 王嘉伟,李健博,李番,等. 面向空间引力波探测的程控低噪声高精度电压基准源[J]. 物理学报,2023,72(4): 383-389.

[2] 祝竺,赵艳彬,尤超蓝,等. 面向空间引力波探测的非接触式卫星平台无拖曳控制技术[J]. 南京航空航天大学学报,2022,54(S1): 9-13.

[3] 胡越欣,张立华,高永,等. 空间引力波探测航天器关键技术分析[J]. 航天器工程,2022,31(4): 1-7.

[4] 郝杨阳. 基于耦合电感的高增益直流变换器研究[D]. 青岛: 青岛理工大学,2020.

[5] 侯天明,王卫国,郭祖佑,等. 从国外典型 SPT-PPU 看其现状和发展趋势[J]. 通信电源技术,2010,27(4): 71-73.

[6] Gollor M, Boss M, Herty F, et al. Generic high voltage power supplies (HVPS) with optimum efficiency and multi-range[C]. Florence: 30th Proceedings of the 30th International Electric Propulsion Conference, 2007.

[7] Forouzesh M, Siwakoti Y P, Gorji S A, et al. Step-up DC-DC converters: a comprehensive review of voltage-boosting techniques, topologies, and applications[J]. IEEE Transactions on Power Electronics, 2017, 32(12): 9143-9178.

[8] Pinero L, Bowers G. High performance power module for Hall effect thrusters[C]. Indianapolis: 38th AIAA/ASME/SAE/ASEE Joint Propulsion Conference & Exhibit, 2002.

[9] Sabate J A, Vlatkovic V, Ridley R B, et al. High-voltage, high-power, ZVS, full-bridge PWM converter employing an active snubber[C]. Dallas: Proceedings APEC'91: Sixth Annual Applied Power Electronics Conference and Exhibition, 1991.

[10] Chen B Y, Lai Y S. Switching control technique of phase-shift-controlled full-bridge converter to improve efficiency under light-load and standby conditions without additional auxiliary components[J]. IEEE Transactions on Power Electronics, 2009, 25(4): 1001-1012.

[11] Wu H, Lu Y, Mu T, et al. A family of soft-switching DC-DC converters based on a phase-shift-controlled active boost rectifier[J]. IEEE Transactions on Power Electronics, 2014, 30(2): 657-667.

[12] Tran D D, Vu H N, Yu S, et al. A novel soft-switching full-bridge converter with a combination of a secondary switch and a nondissipative snubber[J]. IEEE Transactions on Power Electronics, 2017, 33(2): 1440-1452.

[13] 谢华林. LLC 谐振变换器的研究[D]. 广州: 华南理工大学, 2010.

[14] Wu H, Jin X, Hu H, et al. Multielement resonant converters with a notch filter on secondary side[J]. IEEE Transactions on Power Electronics, 2015, 31(6): 3999-4004.

[15] Wu H, Li Y, Xing Y. LLC resonant converter with semiactive variable-structure rectifier (SA-VSR) for wide output voltage range application[J]. IEEE Transactions on Power Electronics, 2015, 31(5): 3389-3394.

[16] Vagia M. PID controller design approaches: theory, tuning and application to frontier areas[M]. Rijeka: InTech, 2012.

[17] El Fadil H, Giri F, Ouadi H. Adaptive sliding mode control of PWM boost DC-DC converters[C]. Munich: 2006 IEEE Conference on Computer Aided Control System Design, 2006 IEEE International Conference on Control Applications, 2006 IEEE International Symposium on Intelligent Control, 2006.

[18] 卢旺. 基于滑模变结构控制的 DC/DC 变换器的研究[D]. 杭州: 杭州电子科技大学, 2018.

[19] 周雪松, 李康, 马幼捷. DC-DC 变换器滑模变结构控制研究[J]. 电力系统及其自动化学报, 2021, 33(3): 11-17.

[20] Oucheriah S, Guo L. PWM-based adaptive sliding-mode control for boost DC-DC converters[J]. IEEE Transactions on Industrial Electronics, 2012, 60(8): 3291-3294.

[21] Haghighi D A, Mobayen S. Design of an adaptive super-twisting decoupled terminal sliding mode control scheme for a class of fourth-order systems[J]. ISA Transactions, 2018, 75: 216-225.

[22] 郭云涛, 李世鹏, 武志文, 等. 离子液体电喷微推力器系统设计及性能初步研究[J]. 推进技术, 2020, 41(1): 212-219.

[23] 王威屹. 毫牛级离子推力器推力测量技术研究[D]. 成都: 电子科技大学, 2021.

[24] 张华, 尹玉明, 王喜奎. 国外微小卫星发展现状及产品保证研究[J]. 中国航天, 2018(6): 51-54.

[25] 中国的航天——《中国的航天》白皮书摘登[J]. 航天标准化, 2001(1): 1-3.

[26] 张俊华, 杨根, 徐青. 微小卫星的现状及其在空间攻防中的应用[J]. 航天电子对抗, 2008(4): 14-17.

[27] Luo J, Chen L S, Duan H Z, et al. TianQin: a space-borne gravitational wave detector[J]. Classical and Quantum Gravity, 2016, 33(3): 035010.

[28] Pau A S, Heather A, Stanislav, B, et al. Laser interferometer space antenna[M]. Amsterdam: ArXiv E-prints, 2017.

[29] Luo Z, Wang Y, Wu Y, et al. The Taiji program: a concise overview[J]. Progress of

Theoretical and Experimental Physics, 2020, 2021(5): 05A108.

[30] Sato S, Kawamura S, Ando M, et al. The status of DECIGO[J]. Journal of Physics: Conference Series, 2017, 840: 012010.

[31] Mei J, Bai Y Z, Bao J, et al. The TianQin project: current progress on science and technology[J]. Progress of Theoretical and Experimental Physics, 2020, 2021(5): 59-201.

[32] Lange B. The drag-free satellite[J]. AIAA Journal, 2011, 2(9): 1590-1606.

[33] Ruffini R, Sigismondi C. Nonlinear gravitodynamics the Lense-Thirring effect: a documentary introduction to current research[M]. New Jersey: World Scientific Publishing Company, 2003.

[34] DeBra D B, Conklin J W. Measurement of drag and its cancellation[J]. Classical and Quantum Gravity, 2011, 28(9): 094015.

[35] DeBra D B. Drag-free control for fundamental physics missions[J]. Advances in Space Research, 2003, 32(7): 1221-1226.

[36] DeBra D B. Drag-free spacecraft as platforms for space missions and fundamental physics[J]. Classical and Quantum Gravity, 1997, 14(6): 1549-1555.

[37] 张余强,王少宁,武荣,等.射频离子电推进系统PPU研究现状及发展建议[J].航天器工程,2020,29(5): 101-106.

[38] 李香宇,刘晓娣,毕敬腾.一种高效射频离子源的实现方法[J].仪表技术,2023(3): 8-10,30.

[39] Dobkevicius M. Modelling and design of inductively coupled radio frequency gridded ion thrusters with an application to ion beam shepherd type space missions[D]. Southampton: University of Southampton, 2017.

[40] 李嘉惠,韩亚杰,李永,等.射频离子推力器研究进展[J].空间控制技术与应用,2021,47(4): 21-30.

[41] 吴祖光.射频感性耦合等离子体源的设计[D].大连:大连交通大学,2020.

[42] 王蕾.应用于WPT的频率可控射频电源的研究与设计[D].大连:大连理工大学,2020.

[43] 刘顺林.基于氮化镓功率器件的大容量射频电源系统研究[D].成都:电子科技大学,2022.

[44] 卢慧.射频阻抗自动匹配方法的研究与实现[D].郑州:郑州大学,2017.

[45] Ludwig R, Bogdanov G.射频电路设计——理论与应用(第二版)[M].王子宇,王心悦,译.北京:电子工业出版社,2021.

[46] 陈昶文,周小麟,冯玮玮,等.基于全桥LLC变换器的离子电推进高压屏栅电源优化设计[J].电工电能新技术,2023,42(1): 11-20.

[47] 崔倩,周洁敏,洪峰,等.离子推进器屏栅电源负载突变分析[J].电力电子技术,2023,57(1): 72-75,78.

[48] 蔡婧璐,段永辉,慕振博,等.离子推力器小功率正高压屏栅电源研究[J].推进技术,2022,43(7): 499-507.

[49] 蓝兴盛,沈昂,汪超,等.新型小功率离子微推进屏栅电源设计[J].电子设计工程,2021,29(16): 11-15,20.

[50] 邢威威.基于自适应内模控制的屏栅电源控制策略研究[D].兰州:兰州交通大学,2022.

[51] 陈娟娟,张天平,贾艳辉,等.LIPS-300离子推力器加速栅电压的优化设计[J].中国空间科学技术,2015,35(2): 70-76.

[52] 钱都.射频离子推力器放电室及引出系统理论设计与特性研究[D].合肥:合肥工业大学,2022.

[53] 徐宗琦,田雷超,王平阳,等.射频等离子体中和器的设计与实验研究[J].真空科学与技术学报,2021,41(8):775-779.

[54] 曹桂涛.微型射频等离子体阴极中和器的设计与试验研究[D].沈阳:东北大学,2015.

[55] Wu Z W, Huang T, Liu X Y, et al. Application and development of the pulsed plasma thruster [J]. Plasma Science and Technology, 2020, 22(9): 094014.

[56] Promislow C, Little J. Operation and performance of a power processing unit for inductive pulsed plasma thrusters operating at high repetition rates[J]. IEEE Transactions on Plasma Science, 2022, 50(9): 3065-3076.

[57] Shin G H, Shin G S, Nam M R, et al. High voltage DC-DC converter of pulsed plasma thruster for science and technology satellite-2 (STSAT-2)[C]. Kuala Lumpur: 2005 International Conference on Power Electronics and Drives Systems, 2005.

[58] Tanaka M, Kisaki S, Ikeda T, et al. Research and development of pulsed plasma thruster systems for nano-satellites at Osaka Institute of Technology[C]. Seoul: 2012 IEEE Vehicle Power and Propulsion Conference, 2012.

[59] 高波,张欣怡,陈昶文,等.光谱01卫星脉冲等离子推力器电源处理单元的开发[J].推进技术,2022,43(7):481-489.

[60] Schönherr T, Komurasaki K, Kawashima R, et al. Evaluation of discharge behavior of the pulsed plasma thruster SIMP-LEX[C]. Nashville: 46th AIAA/ASME/SAE/ASEE Joint Propulsion Conference & Exhibit, 2010.

[61] Kang B, Low K S, Soon J J, et al. Single-switch quasi-resonant DC-DC converter for a pulsed plasma thruster of satellites[J]. IEEE Transactions on Power Electronics, 2016, 32(6): 4503-4513.

[62] Sun G, Wu Z, Li H, et al. Discharge voltage characteristic in ablative pulsed plasma thrusters [J]. Aerospace Science and Technology, 2019, 86: 153-159.

第7章
融合PCU和PPU功能的柔性可扩展PCPU架构

引　言

　　功率密度、效率和可靠性是卫星电源控制器(PCU)设计过程中优先考虑的因素，因此，对于全电推卫星平台的新电源系统的设计，首先需从航天器的供配电系统架构体系上进行设计，设计的新型卫星电源控制器符合全电推卫星平台对电源系统的需求。传统PCU和PPU是全电推卫星中功率最大的两种电源设备，这两种电源设备均有各自成熟的架构体系和设计方法，本章所研究的全电推卫星平台的PCU在这两种设备已有的研制基础上进行进一步设计，使供电母线的功率、电压等级和输出路数均具备柔性可扩展能力，从而可为不同类型、功率和电压等级的电推进发动机供电，也可为不同功率等级的平台载荷设备供电。

7.1　柔性可扩展PCPU架构的设计

　　针对目前传统的集中供配电体系应用在大功率全电推卫星平台上出现的问题，本章基于改变PCU架构并耦合PPU高压电源的设计理念，提出一种全新的适用于大功率全电推卫星平台的供配电架构，以及基于该架构设计的功率调节与处理单元(power conditioning and processing unit，PCPU)。PCPU通过对太阳能电池阵和蓄电池组的能量进行自动调节形成两种功率母线，分别为卫星平台载荷设备和电推进发动机供电。

7.1.1　PCPU架构的提出

　　大功率霍尔类全电推进系统中的阳极电源或离子类全电推进系统中的屏栅电源占整个全电推进PPU系统所需功率的90%以上，这两种电源均为高压电源，为不同类型的电推进发动机供电的高压电源的电压等级不一样。在传统的单一调节功率母线集中供配电系统中，PPU的功率仅来源于PCU的功率输出，当全电推系统承担卫星的轨道提升或转移任务时,PCU 输出的功率将尽可能多地提供给电推进系统以产生更大的推力来缩短推进任务的时间。因此,新架构的主要设计思路是将 PPU 的大功率高压母线能量不经过 PCU 的能量调节,直接前移到从太阳能电池阵取电,即改变原有的 PCU 集中式供配电架构体系,在传统的卫星一次电源 PCU 母线架构中耦合进全电推进 PPU 系统高压电源,基于此设计出的适用于大功率全电推卫星平台新供配电架构组成如图 7-1 所示。

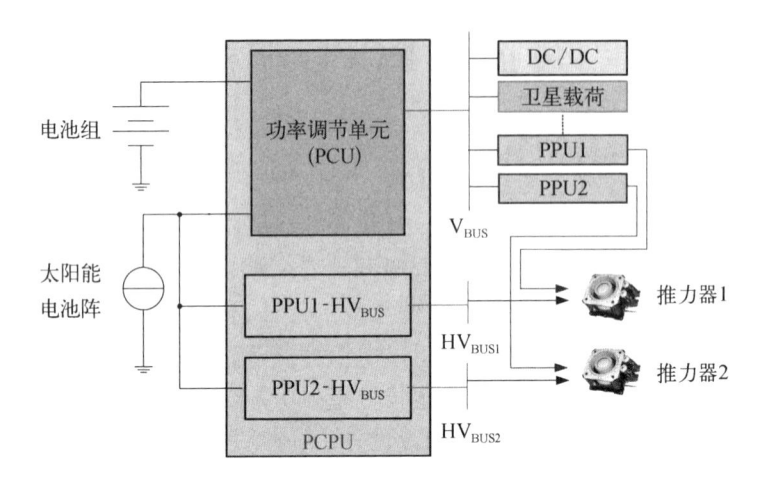

图 7-1 大功率全电推卫星平台新供配电架构示意图

由图 7-1,PCPU 具有两种功率母线:为航天器平台及载荷设备供电的一次功率母线 V_{BUS} 和单独为电推进发动机供电的高压母线 HV_{BUS},其中高压母线的数量与电推进发动机的数量一致。此外,电推进发动机除高压母线外所需的其他小功率隔离电源均统一由 V_{BUS} 供电。图 7-2 为本章提出的 PCPU 架构拓扑结构图,该架构主要包含高压变换与分流调节模块(high voltage converter and shunt regulator,

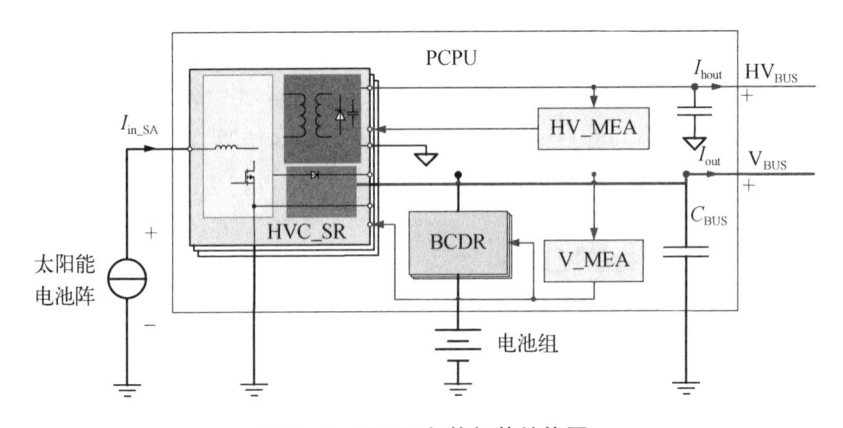

图 7-2 PCPU 架构拓扑结构图

HVC_SR)、电池充电与放电调节模块(battery charging and discharging regulator, BCDR)、一次功率母线主误差放大器(main error amplifier of V_{BUS} in PCU, V_MEA)和高压母线误差放大器(main error amplifier of HV_{BUS} in PPU, HV_MEA)四种功能模块,以及 V_{BUS} 和 HV_{BUS} 两种功率母线。

  太阳能电池阵是卫星供配电系统的唯一能量来源,PCPU 将 PCU 和 PPU 耦合到一起后,PPU 的高压母线直接从太阳能电池阵取电,即改变了原有的 PCU 对 PPU 串联式集中供配电架构体系,即改变了 PPU 从 PCU 取电的两级功率变换方式。在 PCPU 架构中,通过两种功率母线对太阳能电池阵的利用进行配置设计,以及通过 HVC_SR 在太阳能电池阵功率变换过程中引入 MPPT 的控制方式,可显著提高太阳能电池阵能量的利用效率,也可在同等平台及载荷功率需求下减少不必要的太阳能电池阵冗余配置。蓄电池组对能量起到存储调节作用,在阳光区太阳能电池阵能量充足时,BCDR 从 V_{BUS} 为蓄电池组充电;在阳光区太阳能电池阵能量不足或在地影区,BCDR 对蓄电池组放电来为 V_{BUS} 提供能量。在 PCPU 架构中,V_MEA 通过控制 HVC_SR 和 BCDR 来实现一条稳定的一次功率母线为卫星平台及载荷设备供电。此外,HV_{BUS} 直接从太阳能电池阵取电,其通过 HV_MEA 控制 HVC_SR,将太阳能电池阵的能量隔离升压到副边,再对 HVC_SR 模块组的隔离副边进行串并联组合来形成,HV_{BUS} 可满足不同类型电推进发动机对高压母线电特性和数量的需求。因此,PCPU 的功率变换和能量调度可更加贴近全电推卫星平台的能量供给和使用需求。

7.1.2 电源控制器 PCPU 功能组成

  图 7-3 为 PCPU 主功能组成框图,包含两条高压母线(HV_{BUS1} 和 HV_{BUS2})和一条一次功率母线 V_{BUS}。高压母线通过对 HVC_SR 模块的隔离副边整流输出并进行串并联组合来实现,对于不同卫星平台采用的不同电推进发动机,PCPU 可根据电推进发动机的电性能需求组合出任意所需的电压、功率及所需数量的高压母线。在图 7-3 中,除上一小节提及的 HVC_SR、BCDR、V_MEA 和 HV_MEA 四种功能模块外,PCPU 中还包含能量管理与调度模块(energy management and distribution unit, EMDU),下面将对这五种功能模块进行分析。

1. HVC_SR 模块

  该功能模块主要是对太阳能电池阵功率进行处理。HVC_SR 模块分别受 HV_MEA 和 V_MEA 的控制,产生隔离型的高压输出或非隔离型的分流调节输出,该模块也受 EMDU 的开关机控制。图 7-4 为 HVC_SR 模块功能及接口的示意图,该模块在两种功率变换方式下均具有 MPPT 的功能,可实现太阳能电池阵的最大能量输出。在 PCPU 设计中,整星母线 V_{BUS} 和推力器高压母线 HV_{BUS} 分别从太阳能电池阵取电,且两种功率母线对所有太阳能电池阵功率的占用是可自由切换的,对于

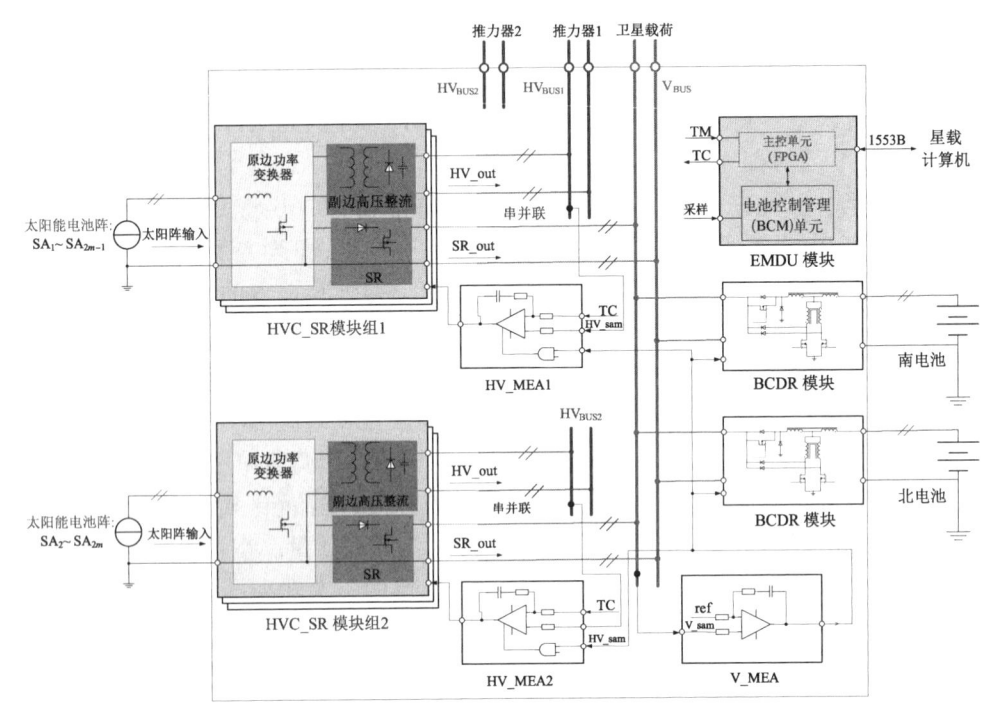

图 7-3 PCPU 主功能组成框图

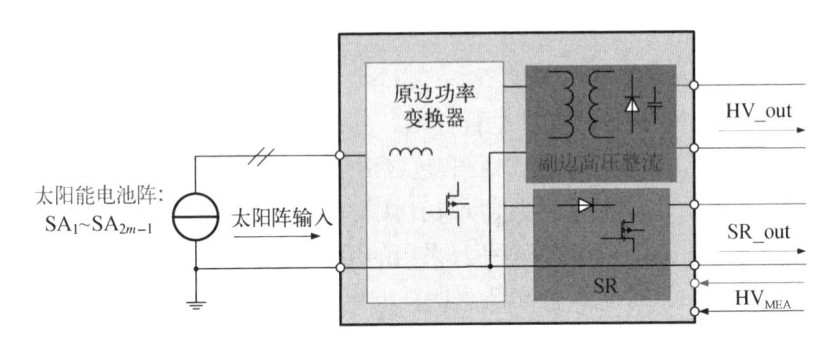

图 7-4 HVC_SR 模块功能及接口示意图

该模块的描述见 7.2.1 节。

2. BCDR 模块

该功能模块受 V_MEA 的控制对母线电压 V_{bus} 进行调节。在阳光区能量充足时，BCDR 为蓄电池组充电；在阳光区能量不足或在地影区时，BCDR 对蓄电池组进行放电以稳定 V_{bus}。因位于地球同步轨道的全电推卫星处于阳光区的时间远远大于地影区的时间，BCDR 的充电功率一般小于放电功率。BCDR 采用非隔离的双向 DC-DC 拓扑来实现，同时受电池控制管理单元的作用控制充电功率的大小。图 7-5 所示为 BCDR 模块功能及接口示意图。

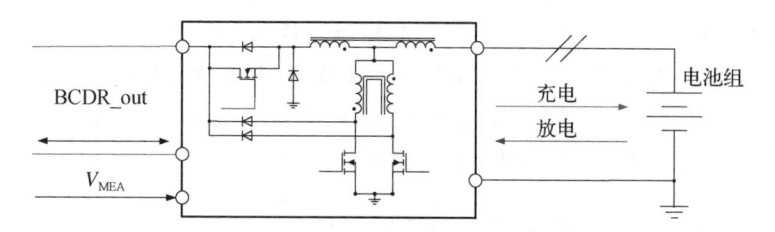

图 7-5　BCDR 模块功能及接口示意图

3. V_MEA 功能电路

该功能电路的主要目的是稳定 V_{bus}。图 7-6 为 V_MEA 电路的功能及接口示意图，其通过检测 V_{bus}，输出误差信号 V_{MEA} 来控制 HVC_SR 模块和 BCDR 模块的输出电流，进而稳定 V_{bus}。

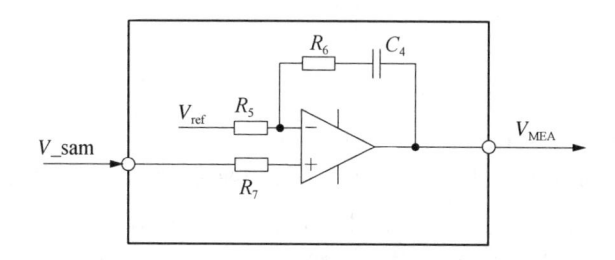

图 7-6　V_MEA 电路的功能及接口示意图

4. HV_MEA 功能电路

该功能电路用来稳定和调节高压母线 HV_{BUS} 的电压 V_{Hbus}，图 7-7 为 HV_MEA 电路的功能及接口示意图，其通过检测 V_{Hbus} 输出误差信号 HV_{MEA} 来控制 HVC_SR 模块的输出电流以稳定 V_{Hbus}。EMDU 模块通过隔离型指令（图 7-7 中的 TC）设定高压母线的输出电压。

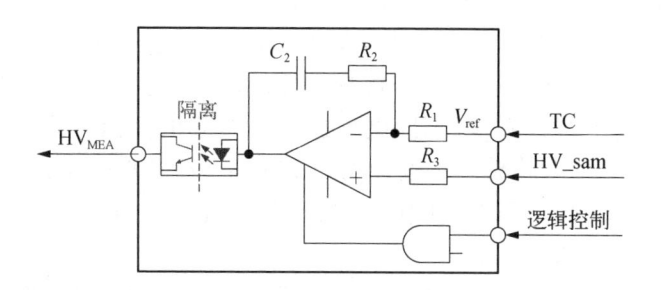

图 7-7　HV_MEA 电路的功能及接口示意图

5. EMDU 模块

该功能模块通过与星载计算机进行通信来监测其他功能模块的状态参数并传

递给星载计算机,同时接收星载计算机的指令对各功能模块的开关机、输出电压和电流等参数进行档位调节。图 7-8 所示为 EMDU 模块功能及接口示意图。EMDU 反馈 HV_{BUS} 和 V_{BUS} 的功率需求信息,确保电推进发动机的用电需求与其他星载设备的能量需求不冲突,对于该模块的描述见 7.3 节。

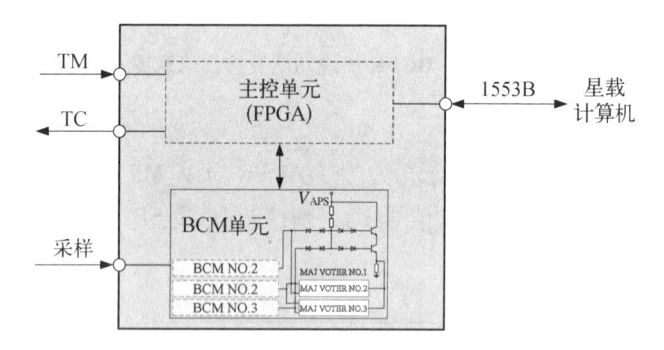

图 7-8 EMDU 模块功能及接口示意图

PCPU 的能量输入来源主要有如下两种。

(1) 太阳能电池阵。太阳能电池阵是卫星平台唯一的能量来源。PCPU 架构中通过优化设计太阳能电池阵的使用及采用 MPPT 控制等方式,可实现太阳能电池阵能量的充分利用,在同等功率冗余度及可靠性情况下减少太阳能电池阵的冗余配置,显著提高整星的能量利用效率,实现卫星的能量最优配置。

(2) 蓄电池组。蓄电池组是卫星的能量储存和供给单元。当卫星在发射阶段、地影区或阳光区太阳能电池阵能量不足时,蓄电池组工作在放电状态为 V_{BUS} 提供能量。当卫星在阳光区能量充足时,PCPU 为蓄电池组充电。

PCPU 的功率输出主要有如下两种母线。

(1) 一次功率母线(V_{BUS})。其功能是为星载设备供电,该母线在卫星的整个寿命周期内要保证绝对安全可靠稳定的输出。

(2) N 条高压母线(HV_{BUS})。高压母线主要是给电推进发动机的阳极电源(霍尔电推进发动机)或屏栅电源(离子电推进发动机)供电,卫星上一般需要配置两台或以上数量的电推进系统,不同电推进发动机间的高压母线是隔离的,所以 PCPU 架构中 HVC_SR 模块均被设计成独立的隔离型功率变换器,每个 HVC_SR 模块的隔离副边输出均可进行任意的串并联组合,以满足电推进发动机对高压母线的电压和功率需求。

与传统的 PCU 及 PPU 架构的集中供配电体系相比,基于全电推卫星平台设计的 PCPU 具有如下特点。

(1) 柔性可扩展的整星供配电系统。针对电推进发动机的不同型号和不同功率需求,电推进平台中对应的 HV_{BUS} 的电压和功率指标需求也不尽相同。PCPU 架构的一个关键特点是具备柔性可扩展功能。每个 HVC_SR 模块的高压输出均为隔离型输出，该输出可进行任意的串并联组合，以获得高压母线所需的电压和功率等级。对于含多个电推进发动机的情况，PCPU 架构中也可灵活配置多条高压母线，为所有发动机供电。在 PCPU 架构中，V_{BUS} 和所有 HV_{BUS} 均进行了模块级的冗余备份，以确保在任何故障情况下所有功率母线仍能提供高可靠的供电。

（2）减少卫星设计中太阳能电池阵的冗余配置。PCPU 架构的另一个关键特点是将全电推卫星平台的供电方式由之前的 V_{BUS} 供电前移到太阳能电池阵供电，使电推进发动机直接利用太阳能电池阵的能量，即 HV_{BUS} 的能量供给由传统的两级功率变换方式变为一级功率变换方式，因而卫星的整体功率转换效率得到提高。在功率变换中采用 MPPT 的控制方式可充分利用太阳能电池阵的能量，也可在卫星同等推进动力需求和可靠性要求情况下显著减少卫星对太阳能电池阵及 V_{BUS} 功率的冗余配置。

（3）提供更多电推进能量，缩小轨道转移时间。与采用化学推进的卫星相比，传统基于单一供电体系的全电推卫星的主要劣势是从 GTO 向 GEO 转移的时间非常长，达 3~6 个月之久（化学推进 2~3 天），在整个转移过程中，单一供电体系中用于电推进系统的总功率受 PCU 的 V_{BUS} 的最大输出功率限制，电推进发动机的总推力和比冲也被限制。在 PCPU 设计中，所有参与冗余备份的太阳能电池阵能量全部用于电推进系统，同时所有太阳能电池阵功率变换中均采用了 MPPT 控制方式，这样加大电推进发动机的推进剂流量即可提高推力和比冲，从而最终减小轨道转移时间。

（4）卫星供配电系统整体抗干扰性增强。在 PCPU 中，HV_{BUS} 与 V_{BUS} 隔离，且所有 HV_{BUS} 也彼此间相互隔离，这种方式相比传统的 PCU 集中供电方式减少了电推进发动机在工作过程中对 V_{BUS} 的干扰，进而减少了电推进发动机对卫星平台和其他载荷设备的干扰。

综上所述，PCPU 整个架构体系的设计是针对全电推卫星平台的能量供给和需求，沿着柔性可扩展的思路来展开的，该架构中 HV_{BUS} 可适应各种霍尔和离子电推进发动机的电特性需求，V_{BUS} 也可根据卫星载荷的功率需求和轨道的变化来进行灵活配置[1,2]。

7.2 电源控制器 PCPU 的工作原理

以经典的 SPT140 霍尔电推进发动机为代表的霍尔类全电推进系统广泛应用在大功率同步轨道通信卫星中，本章将以采用两台 SPT140 的全电推卫星平台为例，对 PCPU 的工作原理进行说明。表 7-1 为 PCPU 的电性能指标要求。

表 7-1 PCPU 的电性能指标

参 数 描 述	符 号	参 数 值
一次功率母线电压/V	V_{bus}	100±0.5
一次功率母线功率/kW	P_V	12
电池电压/V	V_{bat}	55~95
太阳能电池阵开路电压/V	V_{oc}	<120
太阳能电池阵短路电流/A	I_{sc}	<20
太阳能电池阵峰值功率点电压/V	V_{mp}	<110
太阳能电池阵峰值功率点电流/A	I_{mp}	<19
对一次功率母线分流时,太阳能电池阵输出电流/A	$I_{SA\_V_{BUS}}$	<18
阳极电源电压/V	V_{Hbus}	450
阳极电源功率/kW	$P_{HV_{BUS}}$	≥5
高压母线数量(对应发动机数量)	N	2

下面将对 PCPU 中的 HVC_SR 模块、域控制方案(由 V_MEA 和 HV_MEA 控制器构成)及高压母线的串并联组合设计进行说明。

7.2.1 HVC_SR 模块研究

HVC_SR 模块的主要功能是对太阳能电池阵功率进行处理。每一个 HVC_SR 模块对应一个独立的太阳阵单元(SA section),其受 V_MEA 的控制产生非隔离型的分流调节功率输出,或受 HV_MEA 的控制产生隔离型的高压直流输出,或受 MPPT_out 信号的控制对太阳阵单元的能量进行 MPPT 功率变换并输出到 V_{BUS} 或 HV_{BUS}。HVC_SR 模块同时也受 EMDU 对其进行开关机的控制。对于本节设计的 HVC_SR 模块,其主要是针对离子电推进和霍尔电推进这两种类型的发动机所需的高压电源电性能,以及这两种类型发动机所对应的一次功率母线的电性能需求来进行设计,该 HVC_SR 模块具备如下特点:

(1) 电流型输入特性,适应太阳阵单元的电压-电流(V-I)特性曲线;
(2) HVC 和 SR 两种功率变换之间可自动切换;
(3) SR 分流调节具备向 V_{BUS} 供电的功能;
(4) HVC 功能工作时,副边整流输出具备可串联、可并联的功能;
(5) 两种功率变换方式下均具有 MPPT 控制功能;

(6) 具有输出限流、限功率功能。

图 7-9 为 HVC_SR 主功率拓扑及控制结构图,HVC_SR 模块中 HVC 变换功能采用电流型的全桥拓扑结构,其原边为全桥结构,变压器隔离副边为倍压整流方式,SR 变换功能直接耦合到电流型全桥拓扑的原边,与 HVC 功能共用输入滤波电感及主功率开关管。HVC_SR 模块中的 HVC 功能和 SR 功能不能同时工作,这两种功能分别在 HV_MEA 和 V_MEA 的控制下对相应的功率母线输出电流。对隔离副边高压整流的输出电流 I_{HVC_out} 进行采样和闭环控制,将 HVC_SR 设计成了电压控制电流源(voltage control current sourse,VCCS),HV_MEA 通过调节其输出误差电压信号(HV_{MEA})控制该 VCCS 的输出电流来稳定 HV_{BUS}。HV_MEA 对 HVC_SR 的控制优先级高于 V_MEA,即如果 HV_MEA 对该太阳阵单元进行能量调节,则 V_MEA 自动退出对该太阳阵单元的能量调节作用,该控制优先级在 HVC_SR 模块内部通过逻辑电路来实现。MPPT 功能通过对太阳阵单元的输出电压 V_{SA} 和输出电流 I_{SA} 进行采样并经过 MPPT 控制器来产生 MPPT_out 信号,该信号与 V_MEA 和 HV_MEA 共同对 HVC_SR 模块进行控制,在三种控制信号的共同作用下,HVC_SR 有六种工作状态。

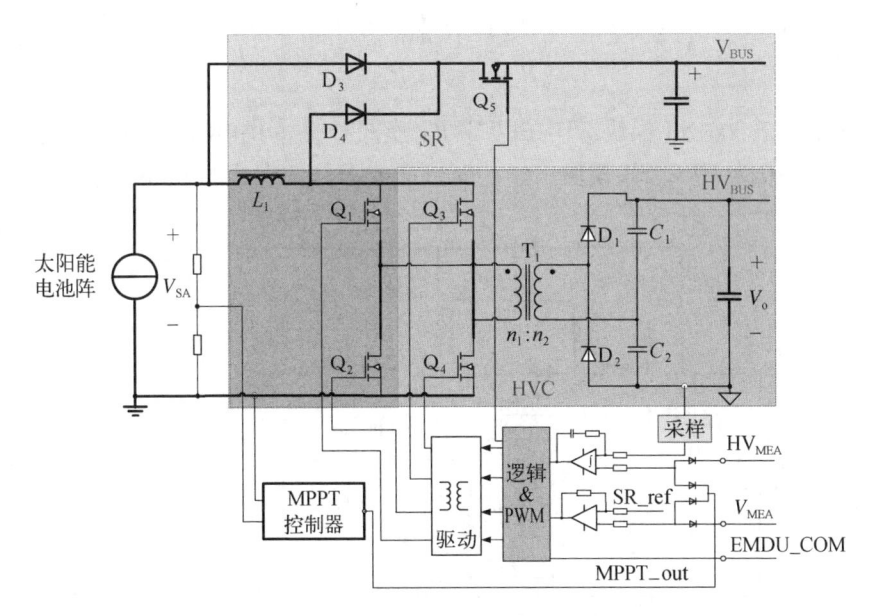

图 7-9 HVC_SR 主功率拓扑及控制结构图

(1) Mode1:对地分流模式,即 HVC_SR 模块不工作模式。在该模式下,HVC_SR 模块对应的太阳阵单元不需要输出能量,HVC_SR 模块受 V_MEA 的控制将对应的太阳阵单元的输出电流直接对地短路分流,即 Q₁ 与 Q₂ 同时导通或 Q₃ 与 Q₄ 同时导通,太阳阵单元的输出对地短路。此时,流过主功率开关管的对地短路电流即为太阳阵单元的短路电流 I_{sc},太阳阵单元对两种母线均不输出能量。

(2) Mode2:对 V_{BUS} 分流调节模式。在该模式下,HVC_SR 模块工作在分流开关调节状态为 V_{BUS} 供电,并受 V_MEA 的控制来稳定 V_{bus}。此时,V_MEA 起闭环控制作用,其输出误差电压信号 V_{MEA},该信号与域控制中的梯形网络基准电压进行比较构成了对太阳阵单元的分流调节功能以稳定整星母线。一个桥臂的主功率开关管(Q_1 与 Q_2、或 Q_3 与 Q_4)同时处于开通或关断状态,被同一个驱动信号驱动并工作在棒棒模式,开关管 Q_5 工作在导通状态。HVC_SR 对整星母线输出的功率 P_{Mode2} 满足式(7-1):

$$P_{Mode2} = D_{SR} I_{SA\_V_{BUS}} V_{bus} \qquad (7-1)$$

其中,D_{SR} 代表 HVC_SR 工作在分流调节时的占空比。

(3) Mode3:采用 MPPT 对 V_{BUS} 供电模式。在该模式下,HVC_SR 模块受 V_MEA 和 MPPT_out 的共同控制,直接对 V_{BUS} 以最大功率输出,此时 MPPT_out 起闭环控制作用,一个桥臂的主功率开关管(Q_1 与 Q_2、或 Q_3 与 Q_4)同时处于开通或关断状态,并都工作在 PWM 状态,Q_5 工作在导通状态。HVC_SR 对 V_{BUS} 输出的功率 P_{Mode3} 满足式(7-2):

$$\begin{cases} P_{SA\_MPP} = V_{mp} I_{mp} \\ P_{Mode3} = \eta_{SR} P_{SA\_MPP} \end{cases} \qquad (7-2)$$

其中,η_{SR} 代表 VC_SR 模块工作在以 MPPT 模式对 V_{BUS} 供电时的转换效率。

图 7-10 为 HVC_SR 模块工作在 Mode2 或 Mode3 模式的电路结构图。

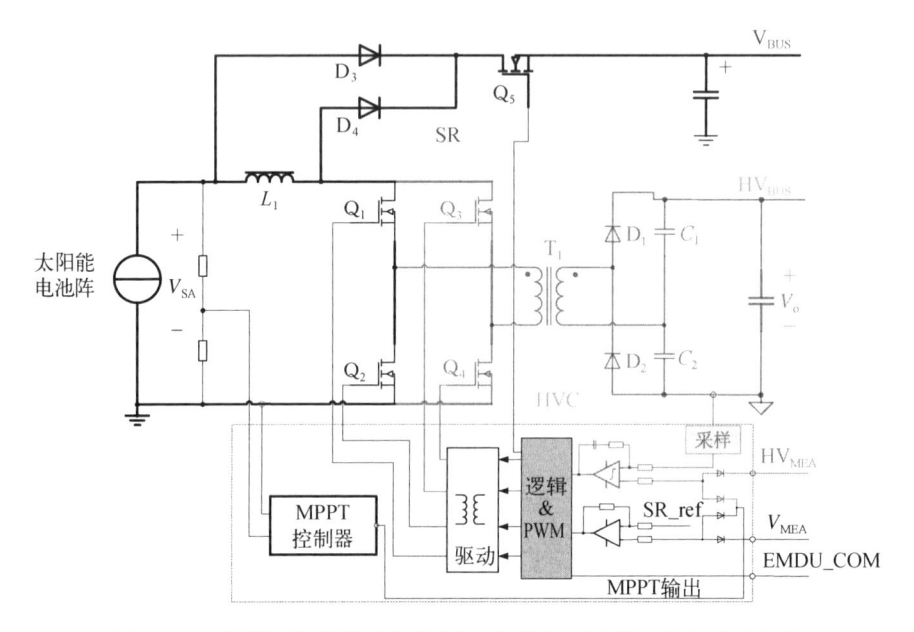

图 7-10 HVC_SR 模块工作在 Mode2 或 Mode3 模式的电路结构图

第 7 章　融合 PCU 和 PPU 功能的柔性可扩展 PCPU 架构

(4) Mode4：对 HV_{BUS} 供电模式。在该模式下，HVC_SR 模块工作在隔离闭环调节状态为 HV_{BUS} 供电，并受 HV_MEA 的控制来稳定 V_{Hbus}。此时 HV_MEA 起闭环控制作用，Q_1、Q_2、Q_3 和 Q_4 工作在 PWM 状态，Q_5 工作在截止状态。HVC_SR 对 HV_{BUS} 输出的功率 P_{Mode4} 满足式(7-3)：

$$\begin{cases} I_{HVC\_out} = G_{HV} \Delta V_{HV\_MEA} \\ P_{Mode4} = I_{HVC\_out} V_{Hbus} \end{cases} \quad (7-3)$$

其中，ΔV_{HV_MEA} 代表 HV_MEA 输出的误差电压信号 HV_{MEA} 的变化值(V)；G_{HV} 代表 HVC_SR 模块受 HV_MEA 控制时的跨导系数。

(5) Mode5：采用 MPPT 对 HV_{BUS} 供电模式。在该模式下，HVC_SR 模块受 HV_MEA 和 MPPT_out 的共同控制，直接对 HV_{BUS} 以最大功率输出。此时，MPPT_out 起闭环控制作用，Q_1、Q_2、Q_3 和 Q_4 工作在 PWM 状态，Q_5 工作在截止状态。HVC_SR 对 HV_{BUS} 输出的功率 P_{Mode5} 满足式(7-4)：

$$P_{Mode5} = \eta_{HVC} P_{SA\_MPP} \quad (7-4)$$

其中，η_{HVC} 代表 HVC_SR 工作在采用 MPPT 模式对 HV_{BUS} 供电时的转换效率。

图 7-11 为 HVC_SR 模块工作在 Mode4 或 Mode5 模式的电路结构图。图 7-12 为对应图 7-11 的 HVC_SR 模块工作在 Mode4 或 Mode5 模式的时序图。

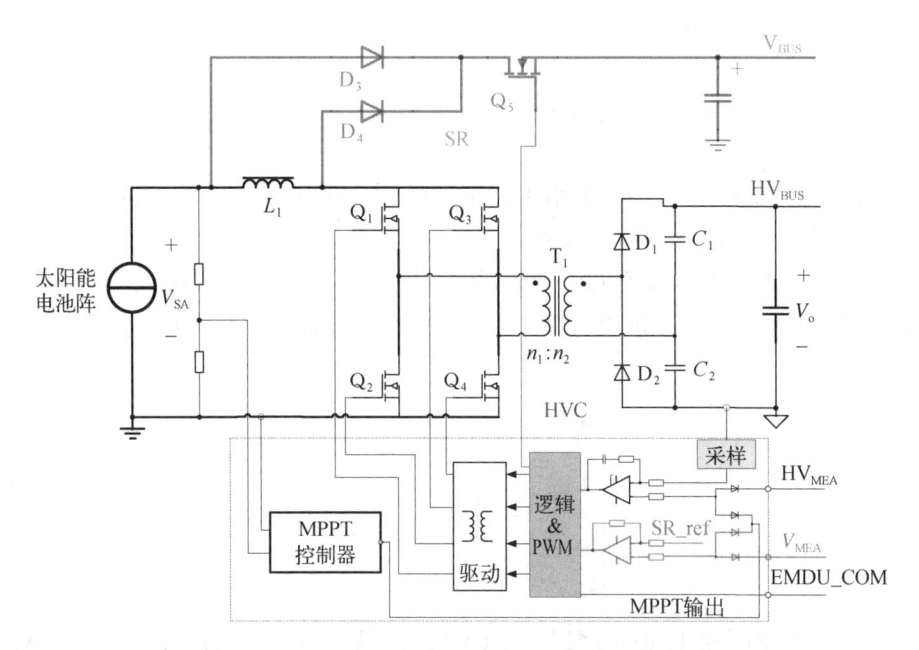

图 7-11　HVC_SR 模块工作在 Mode4 或 Mode5 模式的电路结构图

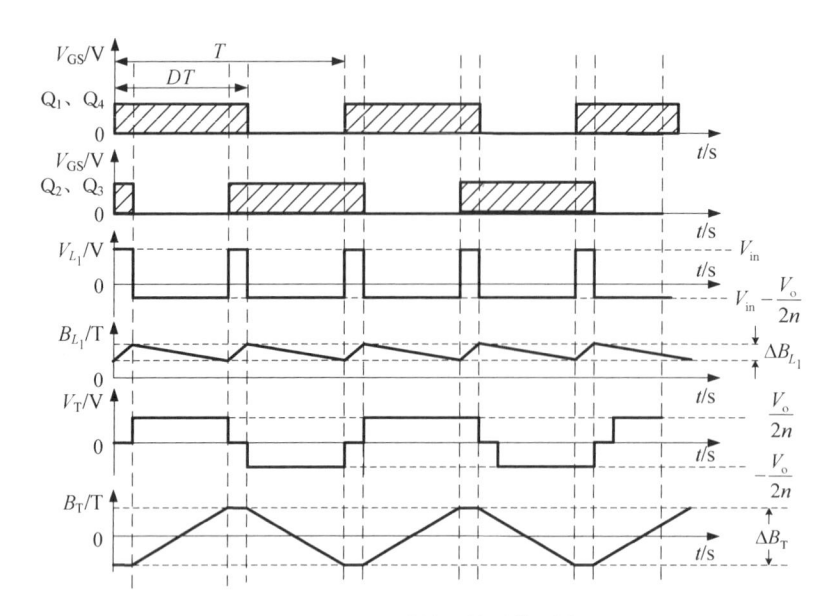

图 7-12 HVC 功能工作时的时序图

当主功率开关管 Q_1 与 Q_4 同时导通关断、或 Q_2 与 Q_3 同时导通关断时,占空比大于 50%,时序相差 180°。当 Q_1、Q_2、Q_3 和 Q_4 全部导通时,电感 L_1 储能充电,流过电感 L_1 的电流增大,其变化值 ΔI_{L_1} 满足式(7-5):

$$\begin{cases} \Delta I_{L_1} = \dfrac{V_{SA}}{L_1} t_{on\_4} \\ t_{on\_4} = \dfrac{1}{2}T - (1 - D_{HVC})T = \left(D_{HVC} - \dfrac{1}{2}\right)T \end{cases} \quad (7-5)$$

其中,t_{on_4} 代表开关管 Q_1、Q_2、Q_3 和 Q_4 同时导通的时间(μs);D_{HVC} 代表 PWM 的占空比;T 代表 PWM 的开关周期(μs)。

当 Q_1、Q_2、Q_3 和 Q_4 中有两个开关管同时导通时,电感 L_1 的储能经变压器传递到隔离副边,流过电感 L_1 的电流减小,其变化值 $\Delta I'_{L_1}$ 满足式(7-6):

$$\begin{cases} \Delta I'_{L_1} \downarrow = \dfrac{V_{SA} - V_{T_1}}{L_1} t_{on\_2} \\ \dfrac{V_{Hbus}}{2} = \dfrac{n_2}{n_1} V_{T_1} \\ t_{on\_2} = (1 - D_{HVC})T \end{cases} \quad (7-6)$$

其中,V_{T_1} 代表变压器 T_1 原边绕组电压(V);t_{on_2} 代表两个导通的开关管同时导通的时间(μs);$n_2:n_1$ 代表变压器 T_1 的匝比。

由电感伏秒平衡法则可知,$\Delta I_{L_1} = -\Delta I'_{L_1}$,于是 HVC 功能的稳态电压增益见式(7-7):

$$V_{\text{Hbus}} = \frac{n_2}{n_1} \frac{1}{1-D_{\text{HVC}}} V_{\text{SA}} \quad (7-7)$$

HVC_SR 模块工作在 Mode4 或 Mode5 模式的小信号模型输出 $\hat{v}_{\text{Hbus}}(s)$ 对输入 $\hat{v}_{\text{SA}}(s)$ 的传递函数 $G_{\text{HVC}}(s)$ 见式(7-8):

$$G_{\text{HVC}}(s) = \frac{\hat{v}_{\text{Hbus}}(s)}{\hat{v}_{\text{SA}}(s)}\bigg|_{\hat{d}_{\text{HVC}}(s)=0} = \frac{\dfrac{(1-D_{\text{HVC}})}{L_1 C_b \dfrac{n_2}{n_1}}}{s\left(s+\dfrac{1}{R_{\text{load}} C_b}\right) + \dfrac{(1-D_{\text{HVC}})^2}{L_1 C_b \left(\dfrac{n_2}{n_1}\right)^2}} \quad (7-8)$$

其中,C_b 代表副边整流电容 C_1 和 C_2 的电容值(μF);R_{load} 代表高压母线的负载等效电阻(Ω)。

输出 $\hat{i}_{\text{HVC\_out}}(s)$ 对控制变量 $\hat{d}_{\text{HVC}}(s)$ 的传递函数 $G_{\text{Iout\_d}}(s)$ 见式(7-9):

$$G_{\text{Iout\_d}}(s) = \frac{\hat{i}_{\text{HVC\_out}}(s)}{\hat{d}_{\text{HVC}}(s)}\bigg|_{\hat{v}_{\text{SA}}(s)=0} = \frac{\dfrac{1}{L_1 C_b \times \dfrac{n_2}{n_1}} - s\dfrac{\dfrac{n_2}{n_1}}{C_b R_{\text{load}}(1-D_{\text{HVC}})^2}}{s\left(s+\dfrac{1}{R_{\text{load}} C_b}\right) + \dfrac{(1-D_{\text{HVC}})^2}{L_1 C_b \times \left(\dfrac{n_2}{n_1}\right)^2}} \times \frac{V_{\text{SA}}}{R_{\text{load}}}$$

$$(7-9)$$

(6) Mode6:故障情况下直接为 V_{BUS} 供电模式。HVC_SR 模块出现故障时,工作在太阳阵单元直接为 V_{BUS} 供电模式。当 HVC_SR 内部出现主功率开关管短路、控制失效等故障时,无论 HVC_SR 当时受三种控制信号中的哪一种控制,Q_1、Q_2、Q_3 和 Q_4 均立即工作在截止状态,Q_5 工作在导通状态,对应的太阳阵单元能量直接供给到 V_{BUS},避免损失任意一个太阳阵单元的能量。此时 HVC_SR 对 V_{BUS} 的输出功率 P_{Mode5} 满足式(7-10):

$$P_{\text{Mode6}} = I_{\text{SA\_V}_{\text{BUS}}} V_{\text{bus}} \qquad (7-10)$$

上述 6 种工作模式中,前 5 种工作模式的实现完全依靠域控制方式来实现,这 5 种工作模式之间可自由快速切换,对应的太阳阵单元的能量可在两种功率母线间快速切换。上述 HVC_SR 模块具备如下特点。

(1) 电路结构最简单。太阳能电池阵为电流源,可被短路或开路,每个太阳阵单元对应一个独立的 HVC_SR 模块,HVC_SR 的主功率拓扑在连接太阳阵单元时,其主功率开关管同样可工作在短路或开路状态,如此设计充分利用了太阳能电池阵的限流和限功率保护功能。因此,HVC_SR 模块中可省略保险丝、输入滤波电容、过流保护等功能电路器件,从而实现整个电路结构的最简化设计。

(2) 功率密度更优。HVC 和 SR 功能共用输入滤波电感及主功率开关管、驱动控制电路等,如此可最大限度地提高 HVC_SR 模块的功率密度。

(3) 效率更优。与电压型全桥拓扑结构相比,电流型全桥拓扑副边采用倍压型整流方式,这样在实现升压变换时可减小变压器匝比及副边整流电路的功耗,同时因无须采用过流保护等电路可做到效率设计上更优。

(4) 故障不蔓延。HVC 和 SR 的主开关器件(Q_1、Q_2、Q_3、Q_4)和控制器件出现故障时,不会对 HV_{BUS} 和 V_{BUS} 造成短路故障。

7.2.2 域控制设计

传统的 PCU 架构一般分为由 SR 域、BCR 域和 BDR 域构成的三域控制(如 S3R 架构);或由 SR 域和 BDR 域构成的两域控制(如 S4R 架构)。本章提出的架构设计中,PCPU 同时具备一次功率母线和多路高压母线输出功能,域控制设计可保证两种母线均能可靠供电,且相互间不存在能量竞争的冲突。

PCPU 架构中的两种控制器 V_MEA 和 HV_MEA 均可对 HVC_SR 模块进行调节来稳定两种功率母线,V_MEA 通过检测和闭环调节 V_{bus} 后输出误差电压信号 V_{MEA} 来控制 HVC_SR 和 BCDR 的输出电流以稳定 V_{bus}。HV_MEA 通过检测和闭环调节 V_{Hbus} 后输出误差电压信号 HV_{MEA} 来控制 HVC_SR 的输出电流以稳定 V_{Hbus}。一条 HV_{BUS} 对应一个 HV_MEA,HV_MEA 的数量与 HV_{BUS} 的数量一致。两种母线控制器对太阳能电池阵的能量分配通过域控制方式来实现。图 7-13 为 PCPU 中 V_MEA 和 HV_MEA 分域控制信号分布图。图 7-13 中共有 $2m$ 路太阳阵单元,每路太阳阵单元通过一个 HVC_SR 进行功率变换,每个 HVC_SR 受 V_MEA 或 HV_MEA 的控制,在工作过程中,HVC_SR 仅受其中一个信号控制,且 HV_MEA 相比 V_MEA 对 HVC_SR 具有优先控制权。

图 7-13 所示有两条高压母线 HV_{BUS1} 和 HV_{BUS2},对应两个高压母线控制器 HV_MEA1 和 HV_MEA2。太阳阵单元 SA_1-SA_{2m-1} 的能量分配给第一条高压母线

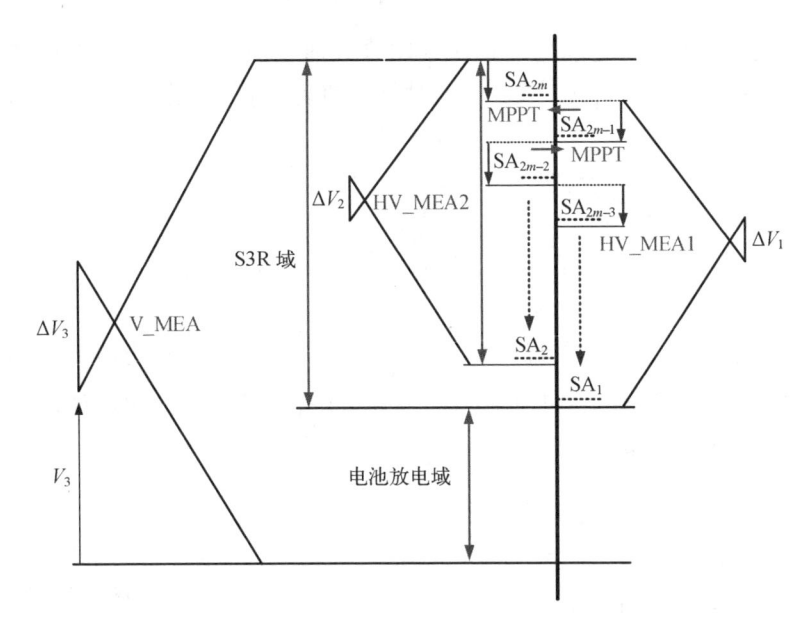

图 7-13 PCPU 中 V_MEA 和 HV_MEA 分域控制信号分布图

HV_{BUS1},受 HV_MEA1 控制。考虑到冗余情况下 m 路太阳阵单元的能量大于高压母线的最大功率需求,HV_MEA1 对太阳阵单元的控制从 SA_{2m-1} 开始,随着高压母线功率的增大依次往下,直到 SA_1。太阳阵单元 SA_{2m}-SA_2 的能量分配给第二条高压母线 HV_{BUS2},受 HV_MEA2 控制,两条高压母线对应的太阳阵单元交叉配置。V_MEA 对太阳阵单元的控制从 SA_{2m} 开始,随着负载功率的增大依次往下,当两个全电推进系统开始工作时,从 SA_{2m} 开始往下的太阳阵单元受 HV_MEA1 和 HV_MEA2 控制,V_MEA 退出对这些太阳阵单元的控制,并依次向下开启新的太阳阵单元为 V_{BUS} 供电。当所有太阳阵单元的能量均不足以供给负载或卫星已经进入地影区时,V_MEA 控制 BCDR 工作在放电域(battery discharging domain)来稳定 V_{bus}。如果太阳阵单元能量足够,则 V_MEA 工作在 S3R 域,BCDR 在 EMDU 的设定下工作在充电模式为蓄电池组进行充电,其余不需要工作的太阳阵单元在 V_MEA 的控制下工作在对地分流模式(即工作在 Mode1 模式)。

  V_MEA 和 HV_MEA 对每个太阳阵单元进行控制时,排在前面的太阳阵单元以 MPPT 的方式输出最大功率,即工作在 Mode3 或 Mode5 模式,处于调节状态的太阳阵单元工作在 Mode2 或 Mode4 模式起稳定两种母线作用,这样保证了处于工作状态的太阳阵单元输出尽可能多的功率,从而使得 V_{BUS} 和 HV_{BUS} 均为对方留出了更大的能量裕度调节空间。卫星在转移轨道期间,用于冗余备份的太阳阵单元均可输出功率,同时对太阳阵单元输出功率的变换中采用了 MPPT 控制方式,这两者结合使太阳阵单元尽可能多的输出功率用于 HV_{BUS} 来为电推进发动机供电,进而使发动机获得最大的推进动力。该域控制方式通过图 7-14 所示的 PCPU 中 V_MEA 及 HV_MEA 控制器来实现。两种母线的能量平衡关系满足式(7-11)：

$$\begin{cases} I_{V_{BUS}} = m_1 \times \dfrac{\eta_{SR} P_{SA\_MPP}}{V_{bus}} + D_{SR} I_{SA\_V_{BUS}} \\ I_{HV_{BUS}} = m_2 \times \dfrac{\eta_{HVC} P_{SA\_MPP}}{V_{Hbus}} + G_{HV} \Delta V_{HV\_MEA} \end{cases} \quad (7-11)$$

其中，$I_{V_{BUS}}$ 代表 V_{BUS} 的负载电流(A)；$I_{HV_{BUS}}$ 代表 HV_{BUS} 的负载电流(A)；m_1 代表以最大功率对 V_{BUS} 输出能量的太阳阵单元数量；m_1 代表以最大功率对 HV_{BUS} 输出能量的太阳阵单元数量。

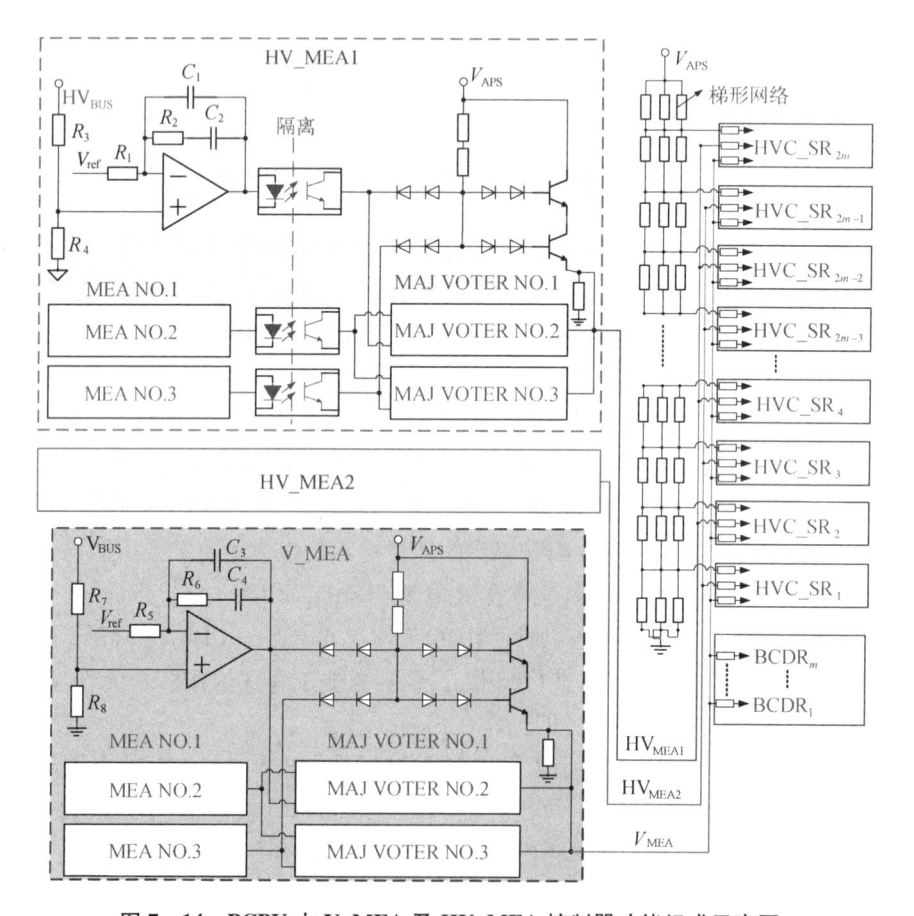

图 7-14　PCPU 中 V_MEA 及 HV_MEA 控制器功能组成示意图

图 7-14 中的控制器主要由三冗余主误差放大器、多数表决器和梯形分压电阻网络构成，这三个功能电路可显著提高控制器的可靠性。其中，多数表决器已在

传统的基于 S3R、S4R 等架构的 PCU 中广泛应用[3]，只是不同的架构设计对应不同的控制器设计方式。在 PCPU 设计中，因 V_{BUS} 和 HV_{BUS} 隔离，且两个 HV_{BUS} 之间互相隔离，所以图 7-14 中有三个基准地：HV_{BUS1} 的基准地、HV_{BUS2} 的基准地、V_{BUS} 的基准地，其中 V_{BUS}、蓄电池组、太阳阵单元、多数表决器、梯形分压电阻网络，以及所有的 HVC_SR 模块的控制器共基准地。两条 HV_{BUS} 控制器的主误差放大器 HV_MEA1 和 HV_MEA2 分别与各自的高压母线共基准地，其与各自的多数表决器间分别通过隔离方式（光耦、磁隔离等）进行信号传输，形成与 V_MEA 共基准地的控制信号 HV_{MEA1} 和 HV_{MEA2}。梯形分压电阻网络组成一系列的电阻分压值，从上到下分别对应所有的 $2m$ 路太阳阵单元（从 SA_{2m} 到 SA_1），即每个太阳阵单元对应的 HVC_SR 模块对应梯形分压电阻网络中的一个固定电阻分压值。该梯形网络的电阻分压值、V_MEA、HV_{MEA1} 和 HV_{MEA2} 连接到每个对应的 HVC_SR 模块，V_MEA 连接到所有 BCDR 模块，最终实现对 PCPU 的分域控制。

上述域控制建立了两种独立且具有优先级的分域控制信号（分别对应两种功率母线），其通过模拟的闭环控制电路设计保证了两种母线的稳定工作，以及太阳阵单元能量在 V_{BUS} 和 HV_{BUS} 间的自由切换。

7.2.3 高压母线串并联组合分析

电推进发动机在工作过程中，将氙气离子化，然后通过磁场和电场的相互作用，使等离子体以一定的加速度向某一方向喷出，从而产生推力。不同类型的电推进发动机对高压母线的电性能需求特性不一致。PCPU 中的高压母线需适用于各种不同类型的离子和霍尔电推进发动机对电压、功率的需求。在设计 PCPU 时，通过对 HVC_SR 模块隔离副边的整流部分进行串并联组合可实现任意电压、功率需求的高压母线配置。

在 PCPU 中，HVC_SR 模块均被设计成 VCCS，受内部 MPPT 和外部 HV_MEA、V_MEA 的控制，每个 HVC_SR 模块均具有限输出电流和限输出功率的能力。在串并联组合过程中，各并联子模块限制住自身的输出电流和功率，实现了 HV_{BUS} 具备限电流和限功率输出的功能。当串联或并联 M 个子模块就满足输出功率需求时，多串联或并联 M' 个子模块（$M' \geq 1$）可形成 $M+M'$ 的冗余备份方式，这样有效提高了 HV_{BUS} 的可靠性。

基于霍尔电推进、离子电推进和多模式电推进系统对 HV_{BUS} 的不同电压及功率需求特性，分别给出 HVC_SR 模块的并联组合方式、串联组合方式和串并联组合方式，以及各组合方式对应的控制方式。

1. 并联组合方式

目前应用在全电推卫星平台的离子电推进发动机的屏栅电源电压范围为 1.2~2 kV，功率一般在 1.2~5 kW，霍尔电推进发动机的阳极电源电压范围为 300~

1 000 V，功率一般在 1.6~5 kW。在 PCPU 中，HVC_SR 模块直接从太阳阵单元取电，根据离子和霍尔电推进发动机所需高压母线的电压、功率范围，设计 HVC_SR 模块的电特性指标如表 7-2 所示。

表 7-2 HVC_SR 模块的电性能指标

输入描述	电特性范围	备注
输入电压	60~120 V	适应太阳能电池 $V\text{-}I$ 的特性曲线
输入电流	0~20 A	
输出电压范围	300~500 V	可连续调节
HVC 调节功率	1 800 W	对 HV_{BUS} 的输出功率
SR 调节效率	>98%	额定输出 18 A
HVC 调节效率	>95%	最高效率点

对于表 7-1 中作为研制例子的 SPT140 发动机，其阳极电源的 $V\text{-}I$ 特性曲线如图 7-15 所示，工作模式有 3 kW 功率的小推力模式和 5 kW 功率的大推力模式。图 7-16 为 M 个 HVC_SR 模块进行并联工作的示意图，并联的 HVC_SR 模块按顺序依次从 1#，2#，…，M#开始工作，随高压母线输出功率的增大，前面的模块工作在 Mode5 模式，最后一个模块工作在 Mode4 模式，其余模块在 V_MEA 的控制下工作在 Mode1、Mode2 或 Mode3 中的一种模式。并联的 HVC_SR 模块彼此间具备冗余备份功能，当任意一个模块发生故障时（即工作在 Mode6 状态），按顺序排在后面的受 HV_MEA 控制的模块自动切入并联工作状态中以弥补故障模块引起的功率损失。为实现图 7-15 所要求的 HVBUS 的电压和功率需求，M 的最

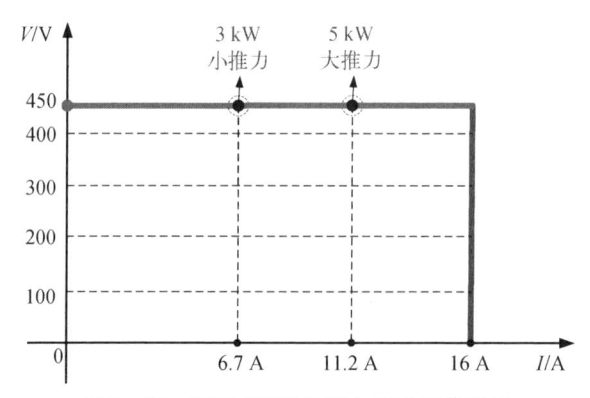

图 7-15 基于 SPT140 霍尔发动机的阳极电源 $V\text{-}I$ 特性曲线图

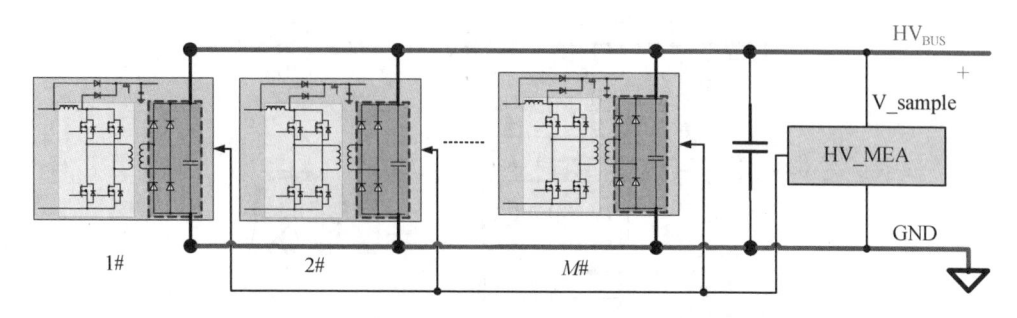

图 7-16 高压电源副边 HVC_SR 模块并联示意图

小值一般设置为 4,额外增加的并联模块作为冗余备份。

2. 串联组合方式

图 7-17 为某类型离子电推进系统屏栅电源的 V-I 特性曲线,工作模式有 3 kW 功率的小推力模式和 5 kW 功率的大推力模式。图 7-18 为 3 个 HVC_SR 模块串联工作的示意图,每个 HVC_SR 模块由独立的 HV_MEA 来稳定该串联层级的输出电压,EMDU 通过设定每个层级 HV_MEA 的参考电压来控制每个串联环节的输出电压。在图 7-17 中,设每个层级 HV_MEA 的参考电压为 483.4 V,三组串联即得到 1450 V 的输出电压。HV_{BUS} 的输出电流受负载调节,当高压母线的总输出功率为 5 kW 时,每个 HVC_SR 模块的输出功率为 1.67 kW。

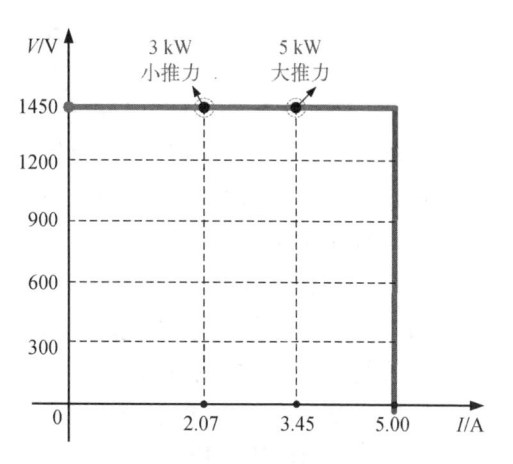

图 7-17 某种类型离子电推进屏栅电源 V-I 特性曲线图

在上述 HV_{BUS} 的配置过程中,如果考虑增加 1 个 HVC_SR 模块作为冗余备份,可按照相同的方式串联第 4 个层级的模块,此时每个层级的输出电压为 362.5 V,平均分配到每个 HVC_SR 模块的功率为 1.25 kW;如果其中某个层级的 HVC_SR 模块失效,关闭该层级的模块,因其输出为二极管串联特性,所以关闭该 HVC_SR 模块不影响整个串联模块组的工作。EMDU 通过设定其他三个层级的 HV_MEA 的参考电压为 483.3 V 即可继续实现高压母线输出电压 1450 V 的功能。图 7-18 中 3 个 HV_MEA(HV_MEA1_a、HV_MEA1_b、HV_MEA1_c)分别稳定各自层级的输出电压,在功能上同时工作来稳定 HV_{BUS},因此等价于一个 HV_MEA。因各个层级的 HVC_SR 及对应的 HV_MEA 均可发生故障,因此三个串联的 HV_MEA 电路不需要增加三冗余配置。

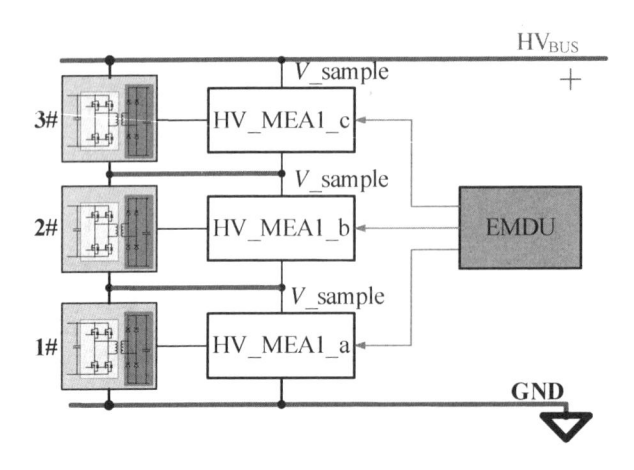

图 7-18　3 个 HVC_SR 模块串联结构示意图

理论上按照同样的串联方式可再串联 M 个 HVC_SR 模块,考虑到 HVC_SR 的可输出电压范围,当串联模块数量超过 4 后,EMDU 设定 5#~M#冗余模块工作在冷备份状态,当有模块发生故障时冗余备份的模块将被启动,这种冗余备份方式提高了 HV_{BUS} 的可靠性。

3. 串并联组合方式

图 7-19 为某种双模式霍尔电推进阳极电源的 $V\text{-}I$ 特性曲线图,通过改变阳极电源的电压以及对应的推进剂流量,该类型电推进系统的电推进发动机可工作在多种模式下。图 7-19 中所示高压母线最大输出功率为 5 kW,其可工作在 300 V、16.7 A 输出能力状态,也可工作在 1 000 V、5 A 输出能力状态。这种功率特性需要同时将 HVC_SR 模块进行串并联组合来实现。

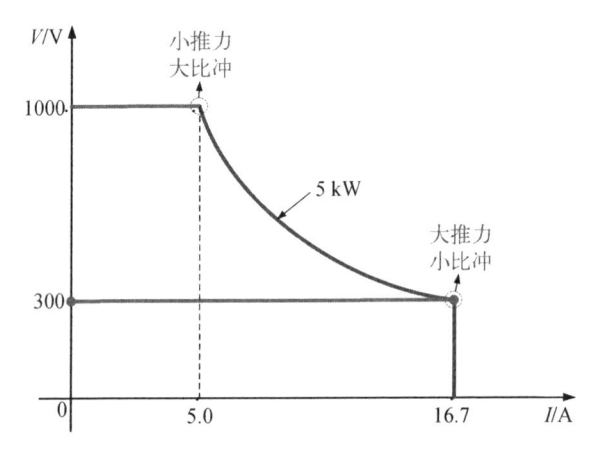

图 7-19　某种类型多模式霍尔电推进阳极电源 $V\text{-}I$ 特性曲线图

图 7-20 为对应图 7-19 中 V-I 特性曲线的 HVC_SR 串并联结构示意图,当高压母线工作在 300 V、16.7 A 模式时,图中最底层的 3 个并联 HVC_SR 模块 1#、2#、3#在工作,这 3 个模块均为 VCCS,每个模块均受到自身 MPPT 功能电路和 HV_MEA1 的控制。其余 3 个模块 4#、5#、6#不工作,因在顶层和中间层模块组间增加了并联二极管(或高压开关),底层母线功率可直接通过并联二极管接到 HV_{BUS},可提高大电流情况下的效率。EMDU 模块通过设定 HV_MEA1_a 的基准电压来控制 V_{Hbus},在此模式下,HV_MEA1_a 的基准电压被设定为 300 V。当高压母线工作在 1 000 V、5 A 模式时,EMDU 控制 1~6#的 HVC_SR 模块均工作,其中 4#、5#模块受自身 MPPT 电路和 HV_MEA1_b 的控制,6#模块受自身 MPPT 电路和 HV_MEA1_c 的控制。EMDU 通过设定 HV_MEA1_a、HV_MEA1_b、HV_MEA1_c 的基准电压均为 333.4 V,即可实现 HV_{BUS} 输出 1 000 V 的工作模式。在此工作模式下,当负载电流小于 5 A 时,串联的三层模块组输出功率相同,且处于工作状态的模块为最底层的 1#模块、中间层的 4#模块、顶层的 6#模块。随着负载电流的继续增加,V_{Hbus} 逐渐降低,中间层和底层的其他模块逐渐介入工作状态中来,但高压母线总的功率被钳位在 5 kW。在图 7-20 中,参与串并联组合的 HVC_SR 模块在满足功率需求的前提下,同时可加入更多冗余模块进行串并联组合以提高 HV_{BUS} 的可靠性。

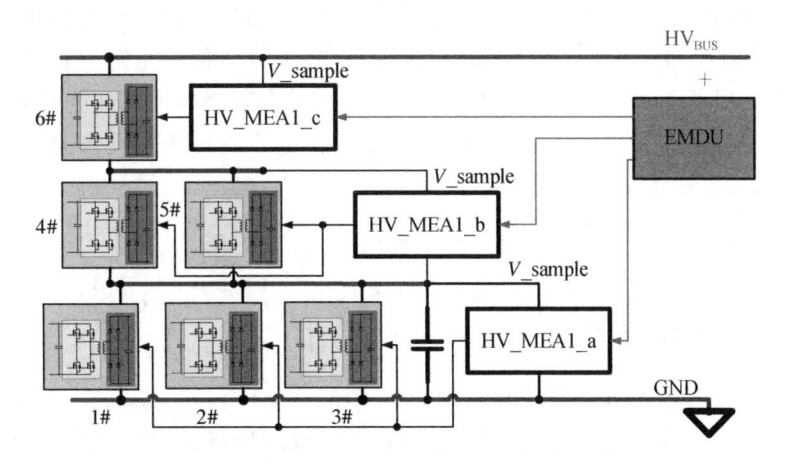

图 7-20 多模式霍尔电推进 HVC_SR 模块串并联结构示意图

在电推进发动机启动或正常工作过程中,等离子体的状态是非常不稳定的,通常会形成一定频率的剧烈振荡,振荡产生的电流幅值远远超过正常工作过程中的电流值。霍尔电推进相对离子电推进,其工况尤为恶劣。因此,每条 HV_{BUS} 在设计上除了需同时具备输出过压、限功率、限流,以及相应的动态响应的功能外,在靠近电推进发动机端还需配置相应的截止频率、耐压与功率等级的滤波器[4],以此减小发动机在工作过程中对 HV_{BUS} 的冲击。

7.3 能量管理与调度

在卫星轨道和姿态确定的情况下,太阳能电池阵的峰值功率不像在地面时随着太阳角度、云彩遮挡、温度湿度等的变化而变化,因此在卫星研制初期即可准确计算出卫星的能量供给与载荷设备的功率需求,并形成各种工况下的能量供需(power supply and demand,PSD)数据。EMDU 的主要功能是与星载计算机进行通信,监测 PCPU 的功能模块的状态参数并传递给星载计算机,接收星载计算机的指令来对各功能模块的开关机、输出电压/电流的档位调节等进行操作。在卫星进出影、某些载荷设备启动或关闭、电推进系统启动或推力大小调节等动作前,EMDU 依据设计初期形成的 PSD 数据对 PCPU 相应的功能模块开关机及载荷设备工作时间等进行预先管理调节,确保太阳能电池阵和蓄电池组的能量供给与电推进发动机及其他载荷设备的能量需求不冲突,实现能量在两种母线间的更优配置。

PCPU 的设计初衷是减少太阳能电池阵的冗余配置。对于 GEO 的大功率通信卫星,其在轨道提升或转移阶段,所有太阳能电池阵(包括冗余的太阳阵单元)的能量主要用于电推进发动机工作在大推力模式,以便快速提升轨道,以及满足平台关键设备的功率需求,此时载荷设备均不开机。卫星在轨常态工作过程中,电推进发动机工作在小推力模式,用于南北位置保持,每天仅工作一小时左右时间,推进所需功率仅相当于轨道转移期间的一半左右,此时太阳能电池阵的能量除供给发动机在小推力模式下的功率需求外,主要用于满足载荷及平台设备的功率需求。PCPU 中太阳能电池阵的总功率配置 P_{SAs} 满足式(7-12):

$$\begin{cases} P_{\text{SAs orbit rising}} > P_{\text{platform sunlight}} + N \times P_{\text{PPU high thrust}} + P_{\text{charging}} \\ P_{\text{SAs station keeping}} > P_{\text{platform sunlight}} + N \times P_{\text{PPU low thrust}} + P_{\text{payload}} + P_{\text{charging}} \\ P_{\text{SAs}} = 2m \times P_{\text{SA\_MPP}} \geq \lambda \times \max[P_{\text{SAs orbit rising}}, P_{\text{SAs station keeping}}] \end{cases} \quad (7-12)$$

其中,$P_{\text{SAs orbit rising}}$ 代表轨道提升阶段的功率需求(W);$P_{\text{SAs station keeping}}$ 代表南北位置保持阶段的功率需求(W);$P_{\text{platform sunlight}}$ 代表阳光区平台载荷的功率需求(W);$P_{\text{PPU high thrust}}$ 代表电推进发动机工作在大推力模式的功率需求(W);$P_{\text{PPU low thrust}}$ 代表电推进发动机工作在小推力模式的功率需求(W);P_{payload} 代表卫星载荷的功率需求(W);P_{charging} 代表轨道提升阶段的功率需求(W);N 代表电推进发动机配置台数;λ 代表太阳能电池阵配置功率冗余系数。

HV_{BUS} 的输出功率能力满足式(7-13):

$$P_{HV_{\text{BUS}}} = m \times P_{\text{SA\_MPP}} > \lambda_{\text{P}} \times P_{\text{PPU high thrust}} \quad (7-13)$$

其中,λ_{P} 代表电推进发动机工作在大推力模式下的功率冗余系数。

BCDR 工作在充电状态时可认为是 V_{BUS} 的负载，因 GEO 处在阳光区的时间远远高于地影区，BCDR 被设计成在整个阳光区时间内以小功率充电方式为电池组充电，如此可减小 PCPU 的体积和重量。由于电池组容量有限，BCDR 在地影区工作在放电状态时仅为载荷及平台设备供电，电推进发动机不工作，所以充电功率满足式(7-14)：

$$P_{\text{charging}} = \lambda_C \times \frac{P_{\text{platform eclipse}} + P_{\text{payload}}}{\eta_{\text{BCDR}} \times B_{\text{Wh}}} \times \frac{t_{\text{eclipse}}}{t_{\text{sunlight}}} \quad (7-14)$$

其中，$P_{\text{platform eclipse}}$ 代表地影区平台载荷的功率需求（W）；η_{BCDR} 代表 BCDR 工作在放电模式下的效率；B_{Wh} 代表卫星配置电池的容量（Wh）；t_{eclipse} 代表 GEO 轨道地影区时间（min）；t_{sunlight} 代表 GEO 轨道阳光区时间（min）；λ_C 代表充电功率冗余系数。

上述太阳能电池阵的总功率配置 P_{SAs} 及 B_{Wh} 确定后，EMDU 进行能量管理的主要作用是在有限的资源情况下，通过 PSD 数据库来协调两种母线对能量供给与功率需求响应之间的平衡。在卫星接收到控制指令对某些载荷进行开关机控制，或对输出功率进行调节、对电推进发动机进行启动停止操作或推力大小调节时，指令优先进入 PSD 数据进行判别：如果符合 PSD 数据参数，则直接执行指令；如果经 PSD 数据判定需要执行预定的调节，则自动执行相关预操作后再执行指令，并返回相关处理结果；如果指令与 PSD 数据冲突，则不执行指令并返回相关处理结果。例如，因 BCDR 充电时间足够长，其在轨工作时间可与电推进发动机工作在小推力模式下用于南北位置保持的时间交错开来，此时 V_{BUS} 受 V_MEA 的控制而占用更多的太阳阵单元来为载荷设备提供更多的功率。

卫星从地球同步转移轨道（geostationary transfer orbit，GTO）转移到 GEO 轨道期间，几乎所有的太阳能电池阵都将用于电推进发动机的供电，以提供更大的推力和比冲，此时载荷设备均不开机，V_{BUS} 仅维持关键设备的工作。在轨道转移完成后，电推进系统用于南北位置保持和姿态控制，每天仅工作很短的时间（约 1 小时），电推进发动机所需功率也仅相当于轨道转移期间的一半左右，因此 HV_{BUS} 将释放出未使用的太阳阵单元，此时载荷设备可开机，V_{BUS} 受 V_MEA 的控制而自动占用更多的太阳阵单元来提供更大的功率给载荷设备。

电推进发动机和载荷设备的开关机、功率调节、工作时间均受地面指令的控制，不存在两种母线的功率需求均不能得到满足的情况，所以 V_MEA 和 HV_MEA 之间不存在快速的能量切换。在设计过程中，V_MEA 仅需保证对太阳阵单元的分流调节域、放电域的高动态响应即可，而 HV_MEA 会受到电推进发动机在启动过程和稳态工作时振荡的影响，也需要保持一定的动态响应，因此 HV_MEA 的调节速度需要兼容 MPPT 的调节速度和最大功率点的抖动范围，以确保高压母线的稳定。在 EMDU 的管理下，V_{BUS} 和 HV_{BUS} 在整个卫星工作过程中对太阳阵单元的占用没有冲突，两种母线相当于是独立控制调节的，这种设计简洁可靠。

综上所述，PCPU 在设计上是从如下两个方面来实现能量的调节和控制。

（1）对两种母线建立独立但具有优先级的分域控制信号。在 7.2.2 节所示的 PCPU 的分域控制信号上，确定 HV_MEA 相比 V_MEA 对 HVC_SR 具有优先控制权，即 HV_{BUS} 相比 V_{BUS} 对太阳阵单元的能量具有优先占用的能力；在卫星进出影，或是太阳能电池阵在姿态调整时被卫星本体遮挡等情况下，若太阳阵单元不足以提供 V_{BUS} 的能量需求，V_MEA 控制 BCDR 从电池组对 V_{BUS} 放电，确保两种母线在各种工况下均能输出稳定能量，并具有一定的动态响应。

（2）利用能量管理调度模块 EMDU 进行管理。卫星的能量供给和载荷的功率需求全部在预先可设定的范围内，EMDU 对 PCPU 的相关工作状态和功能模块进行预先调节以避免两种母线在对太阳阵能量的需求上产生冲突，从而在分域控制的基础上实现能量在两种母线间更好的配置。

相比传统集中供配电方式需要地面站指令调配卫星能量的方式，第一种控制方式可确保整个 PCPU 的稳定工作，通过模拟控制方式对两种母线的各种工况进行快速响应，自动进行两种母线间能量的调节；第二种是辅助性管理功能，在卫星能量供给与载荷能量需求变化前，EMDU 通过智能管理对相应功能模块的开关机及负载工作时间进行管理，从而实现卫星能量的优化配置。

7.4 两种母线频域和时域特性测试结果

本节研制了 4 个 HVC_SR 模块及用于域控制的控制器 V_MEA 和 HV_MEA，同时结合 BCDR 模块搭建了一套具备 PCPU 功能的样机，其中每个 HVC_SR 模块的输出功率为 1.5 kW，每个 BCDR 模块的放电功率为 1.5 kW，充电功率为 300 W。测试仪器如下：① 采用美国 Keysight 公司的太阳阵模拟器（型号为 E4360 和 E4362A）模拟所需的太阳阵单元的电特性，以及美国 Keysight 公司的蓄电池模拟器组（型号为 N7976A 和 N7909A）模拟蓄电池组的电特性；② 采用日本 NF 公司的环路分析仪（型号为 FRA5097）测试 V_{BUS} 的环路特性，采用美国 Venable 公司的高压环路分析仪（型号为 Model 6305）测试 HV_{BUS} 的环路特性；③ 采用美国 Itech 公司的电子负载（型号为 IT8834S）和德国 EA-Elektro-Automatik 公司的高压电子负载（型号为 EA-ELR 91500-30）分别模拟卫星平台载荷设备及电推进发动机的电特性，并以此分别测试 V_{BUS} 和 HV_{BUS} 在负载跃变时的母线电压瞬态波形。BCDR 工作在放电域时为 V_{BUS} 提供功率，设置 V_{bat} 为 80 V，V_{BUS} 的负载功率为 10 kW，图 7-21 为 14 个 BCDR 模块工作在放电域时的环路特性测试波形图，图中所示的环路带宽为 3.94 kHz，相位裕度为 76.01°，增益裕度为 -16.9 dB，说明 V_{BUS} 在 V_MEA

控制下工作在放电域时满足相位裕度大于 60°，增益裕度小于 -10 dB 的稳定性要求。

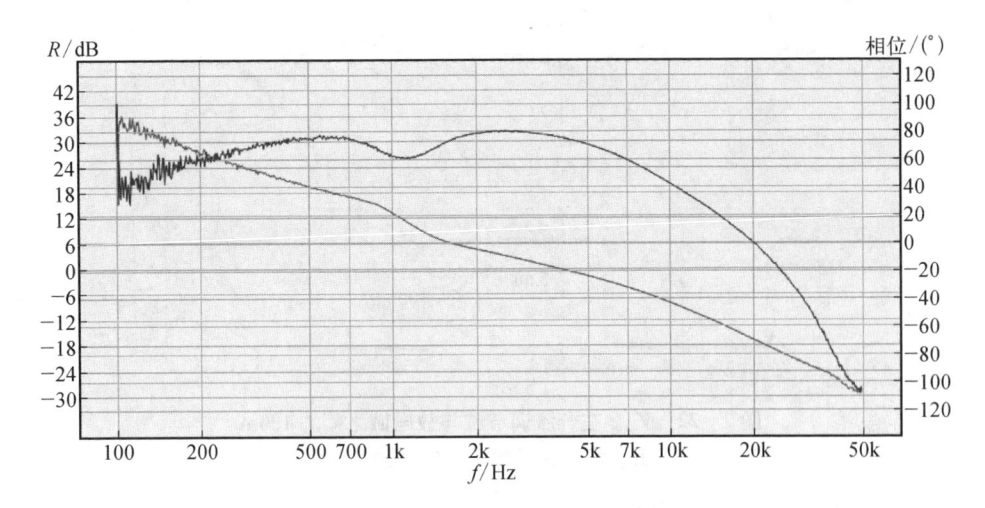

图 7-21　14 个 BCDR 模块工作在放电域时的环路特性测试波形图

卫星由阳光区进入地影区或由地影区进入阳光区的某一过渡时间段内，太阳阵单元能量不足以供给负载，特别是 V_{BUS} 给脉冲型的时分多址（time division multiple access, TDMA）或合成孔径雷达（synthetic aperture radar, SAR）等载荷供电时，V_MEA 会在分流调节域和放电域之间进行切换（即工作在跨域模式）以稳定 V_{bus}。为模拟 V_{BUS} 给 TDMA 负载供电时，V_MEA 工作在跨域调节模式下的母线电压纹波特性，将为 4 个 HVC_SR 模块供电的太阳阵模拟器设置为每路输出电流 10 A，V_{BUS} 的负载电流（$I_{V_{BUS}}$）设置成以 100 Hz 的频率在 20~120 A 切换。当负载电流为 20 A 时，第 1 个 HVC_SR 模块工作在 Mode3 模式，第 2 个模块工作在 Mode2 模式，其余两个模块工作在 Mode1 模式，BCDR 模块组不工作；当负载电流为 120 A 时，4 个 HVC_SR 模块全部工作在 Mode3 模式，所有的 BCDR 模块受 V_MEA 的控制工作在放电状态以稳定 V_{bus}。图 7-22 为跨域情况下 V_{BUS} 电压纹波及负载电流波形的测试图，从图中可看出，$I_{V_{BUS}}$ 由 120 A 跃变到 20 A 时，母线电压纹波上升峰值为 1.6 V，上升值超过 1 V 的时间<0.8 ms；由 20 A 跃变到 120 A 时，母线电压纹波下陷峰值为 2.8 V，下陷值超过 1 V 的时间<0.3 ms，说明 V_{bus} 具有极高的动态响应。

霍尔类全电推进发动机在启动、准稳态工作过程中，其阳极电压/电流振荡的频率、幅值变化范围非常大且无法准确判定，因此为阳极供电的高压母线的稳定性是保证全电推进发动机稳定可靠工作的关键指标之一。图 7-23 为 4 个 HVC_SR 模块并联工作时高压母线环路特性的测试波形图，其中测试条件如下：为 4 个

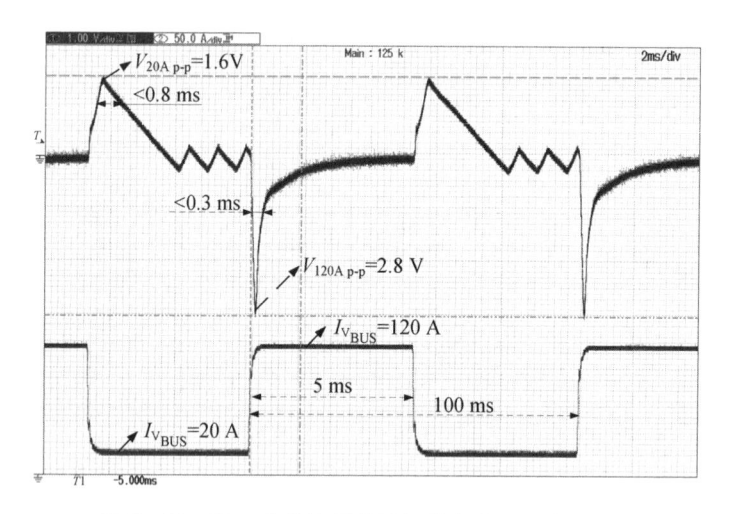

图 7-22 V_{BUS} 在分流调节域与放电域之间的 100 A 负载切换的母线瞬态电压图

HVC_SR 模块供电的太阳阵模拟器每路输出最大功率为 1.5 kW，HV_{BUS} 的输出功率为 5 kW，前三个模块工作在 Mode5 模式、第四个模块工作在 Mode4 模式。图 7-23 所示的环路带宽为 0.809 kHz，相位裕度为 89.13°，增益裕度为 -30.29dB，说明 HV_{BUS} 在 HV_MEA 的控制下满足稳定性指标要求。

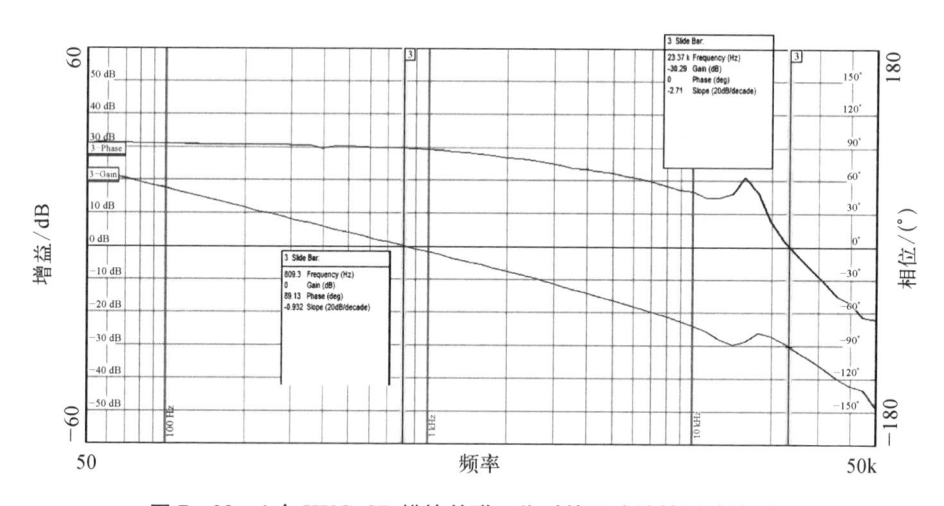

图 7-23 4 个 HVC_SR 模块并联工作时的环路特性测试波形图

图 7-24 为负载阶跃切换时 HV_{BUS} 的电压纹波及负载电流波形图，其中负载阶跃切换的方式是用来模拟霍尔类电推进发动机在准稳态振荡时的电特性，HV_{BUS} 的负载电流 $I_{HV_{BUS}}$ 设置在 2.5~5 A，并以 100 Hz 的频率变化。从图 7-24 可看出，HV_{BUS} 的电压纹波上升超调电压峰值为 6.5 V，上升超调电压超过 5 V 的时间<

0.3 ms;电压纹波下陷电压峰值为 7 V,下陷电压超过 5 V 的时间<0.3 ms;HV$_{BUS}$ 的电压纹波从上升或下陷恢复至稳定的时间均小于 1.5 ms,说明 V$_{BUS}$ 具有极高的动态响应,能适应电推进发动机的振荡特性。

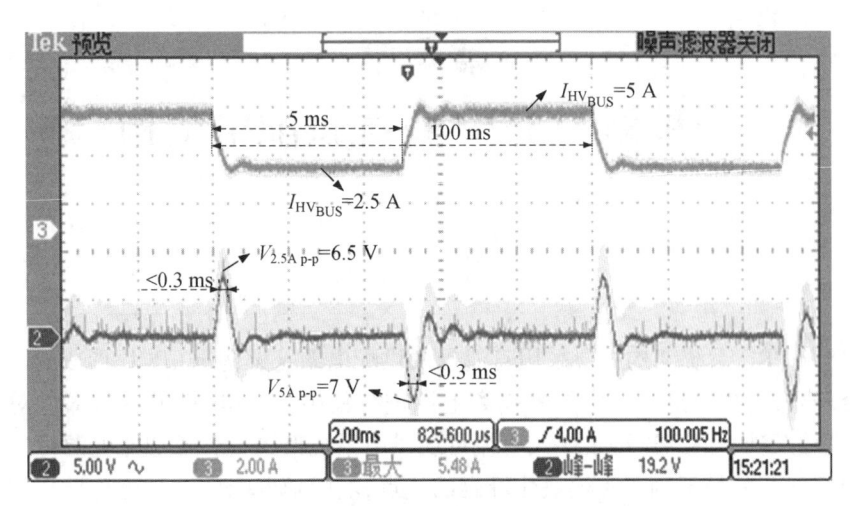

图 7-24 HV$_{BUS}$ 负载切换纹波电压测试图

上述对 PCPU 两种母线的环路特性和负载阶跃响应的测试结果表明:V$_{BUS}$ 和 HV$_{BUS}$ 均具有稳定的环路特性,负载功率阶跃变化时,母线电压纹波的峰峰值满足目前的负载特性需求,验证了 HVC_SR 模块、域控制及对应 V_MEA 和 HV_MEA 设计的正确性。

参考文献

[1] Fu M, Zhang D, Li T, et al. New power system architecture for solar all-electric propulsion spacecraft[C]. Kobe: Conference of 30th ISTS, 34th IEPC and 6th NSAT, 2015.

[2] Fu M, Zhang D, Li T. New electrical power supply system for all-electric propulsion spacecraft[J]. IEEE Transactions on Aerospace and Electronic Systems, 2017, 53(5): 2157-2166.

[3] Knorr W. Power system of meteosat second generation[C]. Tarragona: Proceeding of 5th European Space Power Conference, 1998.

[4] Wei L, Wang C, Ning Z, et al. Experimental study on the role of a resistor in the filter of Hall thrusters[J]. Physics of Plasmas, 2011, 18(6): 1-7.

第 8 章 一种新的 PPU 系统供配电架构

引　言

传统 PPU 系统架构主要采用直流母线供配电系统架构,由 PCU 形成的一次功率母线直接为电推进系统中的各隔离电源进行集中供配电,推力器各部件对应的电源是相互独立的。这种集中式直流母线供电系统架构具有各功能电源可独立设计、成熟的产品易于购买和模块化堆砌的优点,然而随着电推进系统总功率的不断提升,系统可靠性要求越来越高、冗余备份需求逐渐加大。这种集中式直流母线供电、各负载电源模块独立分布的方式暴露出了其明显的弊端,简述如下。

(1) 子电源模块过多,各部件对应的电源都需要进行逆变、变压器隔离和整流,造成功能重复,占用过多电源平台的体积和重量。

(2) 由于电推进系统在使用期间需要满足推力器的电能供应需求,在设计时需要考虑故障、老化等工况,因此每个 PPU 子系统中的主要功率电源都需要进行冗余备份,增加了航天器电源系统的体积、重量和成本。

(3) 每台推力器需要多个满足对应部件电性能需求的电源,各电源在布板时,无法保证其输出端都紧贴负载的输入端,因此电源的远端负载电压将小于电源的输出电压,存在不能满足负载需求的隐患,降低了系统可靠性。

目前,电推进系统一般需要配备两台或以上的推力器和不少于对应数量的 PPU,这就意味着全部 PPU 系统中需要配置多个隔离电源进行功率调节,各隔离电源模块的分布和组合方式涉及整星电源系统的体积、重量、效率、可靠性乃至经济费用等问题,因此针对电推进系统中 PPU 系统供电架构及其关键技术的研究具有重要意义和切实需求。

8.1 传统 PPU 系统架构存在的问题

8.1.1 架构组成

传统的 PPU 系统架构主要是基于直流母线架构形成的,由 PCU 形成的直流母线直接为每个隔离负载电源执行集中配电[1]，如图 8-1 所示，其等效框图如图 8-2 所示。在输入直流母线下，由多路电源为推力器各部件进行供电，满足其电性能要求。由系统框图可知，每一路隔离电源都是相互独立的，皆由"逆变-变压器隔离-整流"的结构组成，控制电路通过对逆变侧开关管进行脉冲宽度调节或脉冲频率调节来实现输出电压或电流的控制。这种分布式直流母线系统架构具有每个功能电源独立设计、低交叉调节率和简单模块化的优点。然而，随着总功率的不断提高、系统可靠性要求的提升及冗余备份需求的不断增加，传统的 PPU 系统架构暴露出了其明显的缺点，主要如下。

（1）每路隔离电源中的逆变电路都包括若干开关管及其驱动装置，显著降低系统的功率密度，可靠性低。

（2）每路电源都需要隔离型反馈电路保证输出电压或电流精度，进一步增加了电源的复杂度，降低系统可靠性。

（3）多路逆变电路若根据功率需求采用不同频率以达到各自较好的效率值，则母线电流中各自谐波含量复杂，对敏感载荷影响较大；若采用同一频率，则需要额外的通信线缆保证频率同步。

（4）当单路电源出现故障时，备份电源与原工作电源在负载端进行切换，每路输出使用二极管或继电器会降低系统效率。

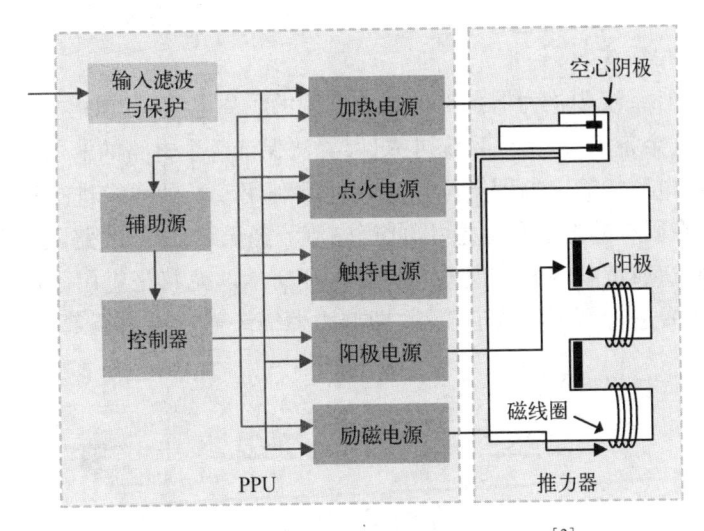

图 8-1 传统霍尔电推进 PPU 系统架构[2]

电力推进系统通常需要配备两个或多个推进器，且不少于相应数量的 PPU，这意味着功率调节需要配置多个隔离电源，并且系统对功率晶体管的需求很大。由于空间级功率晶体管的单价高达数千美元，远远高于普通功率晶体管，其成本占生产成本的很大一部分。此外，独立电源模块的分布和组合涉及整个卫星电源系统的

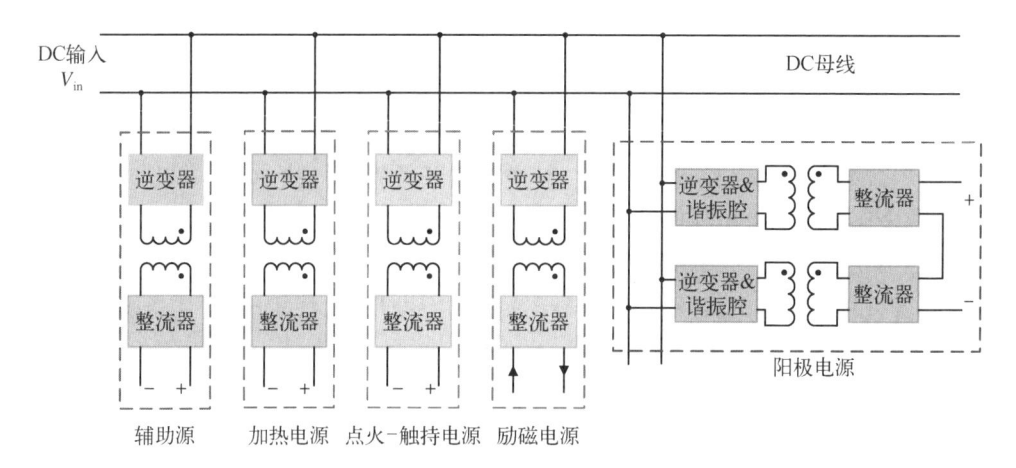

图 8-2　传统霍尔电推进 PPU 系统等效框图

体积、重量、效率、可靠性甚至经济成本。因此,在阳极电源具有高压、大功率、高效率输出特性的前提下,提出了一种基于高频交流(high-frequency alternating current, HFAC)母线的 PPU 系统架构。所提出的 PPU 系统架构将主负载电源(以霍尔电推进 PPU 系统中的阳极电源为例)中逆变网络的 HFAC 输出作为交流母线,同时为其他低功耗电源进行供电。

8.1.2　供配电

另外,PPU 系统中推力器各部件对应不同的隔离电源,且承担主要功能的变换器都会进行冗余备份,以保证系统可靠性,无法保证每个电路的输出都紧贴推力器负载端,板级电源的输出端到实际负载端通常利用较长的线缆进行连接。用于供电的线缆存在固有的电阻和自感,因此当电流流经长线缆时,线路阻抗会导致线缆产生电压降,造成负载端欠压现象,如图 8-3 所示。尤其是应用于深空探测的电推进系统,需要进行高精度轨道控制,即推力器需要微小推力调节,对负载端电压

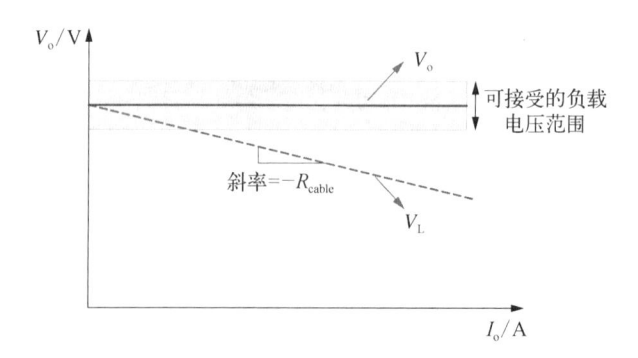

图 8-3　线缆阻抗引起的电压降

的精度要求非常高。因此,线缆压降补偿技术对于确保远端负载的准确供电和系统的可靠运行至关重要。

传统的线缆压降补偿方法有:线缆压降估算法[3]、直接电压检测法[4]、放置调压器法[4,5]和虚拟远端采样(virtual remote sense,VRS)技术[6]等。其中,线缆压降估算方法是根据线缆的物理参数和额定运行条件估算线缆压降。然而,由于压降值只是一个估计值,而不是准确测量值,很容易受到温度、电流或其他因素的影响,因此该方法的准确性较低。此外,直接电压检测方法是通过添加一对额外的线缆来直接检测负载端电压,而放置调压器法是通过在负载侧放置一个电压调节器来二次稳定负载电压。这两种方法可实现对负载端电压的精确控制,但直接电压检测法需要根据传输距离更换检测线;放置调压器法会降低系统的效率,并且由于与电源和负载形成级联结构,负载端的功耗会增加。因此,上述方法在工程应用中不具有普适性和实用性。VRS方法是在负载侧添加足够大的去耦电容,以实现负载端的低交流阻抗,然后使用短测试电流脉冲直接测量线缆电阻,同时补偿线缆压降并校正电源的输出电压。由于可通过短电流脉冲周期性地检测和计算线缆电阻,VRS方法可实时补偿电压降,实现远端电压的精确控制,不受环境因素和工作条件的影响。然而,增加的去耦电容需要根据最小线缆电阻进行配置,这意味着当线缆尺寸发生变化时,需要重新评估电容,或者在选择去耦电容后需要限制线缆尺寸。因此,有必要克服上述传统方法的局限性,为远端负载电压的精确投送和控制提供更简单实用的策略和解决方案。

8.2 基于 HFAC 母线的 PPU 系统新架构

基于 HFAC 母线的 PPU 系统架构的等效框图如图 8-4 所示[7,8]。PFM 应用于高频逆变网络的开关,以调节谐振腔的增益并稳定阳极电源的输出。其他低功率电源与阳极电源共用交流母线,可通过变压器隔离、整流网络和后级调压器实现恒定输出。因此,可灵活地实现大功率电压源的有效控制和小功率电压/电流源的稳定供电。

阳极电源为高压输出电源,针对不同类型的推力器,其电压水平也不同。该电源输出功率占 PPU 系统总功率的 80% 以上,是 PPU 系统的核心模块。因此,当其他低功率电源挂在阳极电源的交流母线上时,逆变器网络中开关的电压和电流应力不会大大增加。

将所提出的 PPU 系统架构应用于卫星上,不仅可提高总体性能,还可降低成本。一方面,它保留了传统 PPU 系统架构的优点,主要如下。

(1)高扩展性:考虑到电推进推力器的不同型号和功率要求,阳极电源的输出要求会有很大的变化。所提 PPU 系统架构的一个关键特征是保持了传统 PPU

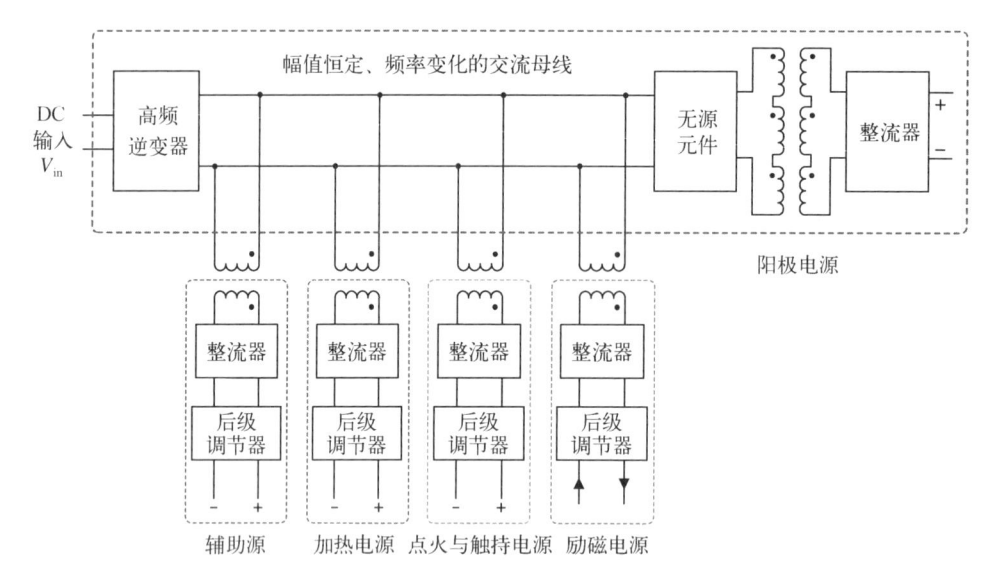

图 8-4 基于 HFAC 母线的 PPU 系统架构等效框图

系统架构的可扩展功能。负载电源的输出可串联或并联组合,而不影响交流母线的振幅。此外,推力器的任何负载组件都独立于其他负载电源,一旦负载需求发生变化,只需重新设计相应的非隔离 DC-DC 模块即可,对整个系统架构的影响较小。

（2）模块化架构。除主负载电源外,其他低功耗电源可模块化设计和配置,以满足不同的应用要求。

（3）高可靠性。在采用模块化技术时,通过子模块化冗余备份设计可大大提高系统的可靠性。

另一方面,在所提的 PPU 系统架构中,逆变器网络的频率调制不会影响交流母线的电压幅值。所有负载电源共享交流母线,从而避免为每个隔离模块配置独立的逆变网络和相应的驱动装置。同时,逆变网络中开关所需的散热器相应地减少,可有效减小 PPU 系统的体积和重量,减少驱动装置也提高了系统的可靠性。最后,通过非隔离反馈电路可直接控制低功耗电源的输出,有效降低了系统的复杂性,进一步提高了系统的可靠性。

从成本角度来看,无论 PPU 系统的研发成本如何,将成熟的 HFAC 母线型 PPU 产品应用于电力推进卫星可在以下方面降低成本。

（1）与传统的 PPU 系统架构相比,所需的功率晶体管和相应的驱动设备更少,可降低器件成本。

（2）该系统具有较高的能量转换效率,可缩短变轨时间,延长航天器的使用寿命,提高经济效益。

（3）在相同的功率要求下,冗余备份模块减少,而不会削弱系统的可靠性,从而进一步减小航天器的体积和重量,从而降低发射成本。

8.2.1 系统架构组成模块

1. 主负载电源

PPU 系统中的主负载电源主要指霍尔电推进 PPU 中的阳极电源和离子电推进 PPU 中的屏栅电源,两者都具有高电压和高功率的特点。阳极电源和屏栅电源直接影响了电推进系统的效率、功率密度和可靠性。因此,阳极电源和屏栅电源的拓扑和控制模式的选择是 PPU 系统开发的重要组成部分,也是研究热点。

主负载电源的拓扑选择主要基于推进器的推力需求,所需的推力对应于需要调节的输出电压大小。在所提出的 PPU 系统架构中,阳极电源和屏栅电源不仅为推力器提供电压从而实现推力,还为其他低功耗负载电源提供交流母线。因此,采用 PFM 控制的谐振型桥式拓扑更适合于主负载电源,具有频率高、效率高、功率密度高等优点。在谐振拓扑中使用电感和电容等无源元件,形成谐振腔进行功率传输,并实现软开关。谐振拓扑如图 8-5 所示,由输入电压源、逆变器网络、谐振腔、变压器和输出整流器网络组成。逆变器网络的功能是将输入直流电压转换为交流方波电压,根据 PPU 系统的功率要求,逆变器网络可以为全桥或半桥结构。谐振腔由电感和电容组成,增益调节范围由谐振腔的元件和结构决定。因此,应根据输出电压范围选择适用的谐振腔。此外,整流器网络对谐振回路输出的交流电压进行整流,并将其耦合到推力器的阳极,主要包括全桥整流器、双电压整流器、全波整流器等。值得一提的是,逆变网络的输出由 PFM 控制,这意味着所提 PPU 系统架构的交流母线电压是具有恒定幅值的交流方波电压。在阳极电源的输出调节下,交流母线电压的频率会发生变化,但其他小功率后级调节器的输出不会受到影响。

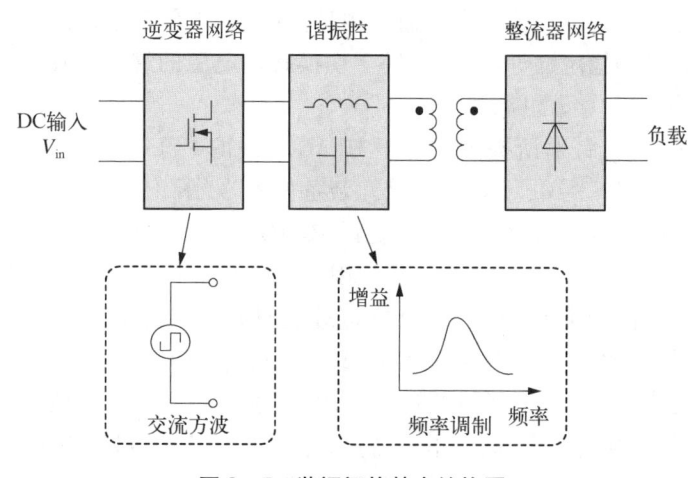

图 8-5 谐振拓扑基本结构图

此外,当谐振型拓扑应用于所提出的 PPU 系统架构的主负载电源时,逆变器网络中的开关可实现零电压开关(ZVS),所有副边的整流二极管也可实现零电流开关(ZCS)。因此,系统中使用的晶体管的开关损耗和反向恢复损耗较低,有利于提高系统的整体效率。

2. 后级调节器

在所提的 PPU 系统架构中,隔离变压器和整流网络将 HFAC 母线电压转换为二次直流电压,然后通过后级稳压器为其他低功率负载提供高质量的电压或电流。这构成了一种后级模块化结构,可确保在发生故障时功率损失最小,从而大大缩短航天器变轨任务的推进时间。传统的非隔离拓扑可用于后级调节,特别是当输出电压或输出电流较低时,可使用成熟的负载点(point-of-load,PoL)转换器。近年来,PoL 转换器的成本显著降低,一些转换器的转换效率达到 98% 以上。因此,将 PoL 转换器用于后级调节具有成本优势,对系统效率的影响最小。此外,在传统的 PPU 系统架构中,每个功率模块都需要一个具有磁隔离的反馈电路,以实现输出调节能力,这使得控制系统变得复杂,降低了系统可靠性。然而,在所提出的 PPU 系统结构中,简单的非隔离反馈控制可直接用于非隔离后级调节器,有效地提高了系统的功率密度和可靠性,降低控制策略的复杂性。

8.2.2 冗余备份设计

对于传统的 PPU 系统架构,当航天器需要配备 N 个推进器时,至少需要 $N+1$ 个 PPU 系统。其中一个 PPU 系统执行备份功能,一旦原始负载电源的一个部件发生故障,该功能将启用。这种备份设计暴露了三个问题:首先,整个 PPU 系统都进行了备份,这进一步增加了晶体管的数量,降低了功率密度,并增加了重量和成本。其次,用于切换负载侧备用电源的继电器需要高耐压和高成本。尤其是用于阳极电源或光束电源的继电器位于高压输出侧时,会导致严重的功率损耗。最后,由于推力器的负载是不稳定的等离子体,用于切换备用电源的继电器在切换过程中容易被电压尖峰损坏,导致可靠性问题。

基于以上分析,针对所提出的基于 HFAC 母线的 PPU 系统架构,提出了一种子模块化备份策略。图 8-6 显示了该冗余备份策略,图 8-7 给出了 N 个推力器下的冗余设计图。子模块化备份策略是以 HFAC 母线为中间节点,备份 HFAC 母线的前后模块。首先,为了防止交流母线因逆变器网络中的开关损坏而击穿,应直接备份逆变器。由于推力器运行期间主负载电源需要长时间运行,有必要在交流母线后侧备份主负载电源的谐振和整流模块,以确保 PPU 系统的稳定运行。根据系统可靠性要求,还可备份其他低功耗电源,如励磁电源。一旦负载电源发生故障,可在低压侧切换备用电源,继电器需要较低的电压应力,可有效降低功率损耗。因此,所提 PPU 系统架构通过子模块化备份策略增加了备份策略的灵活性,并最

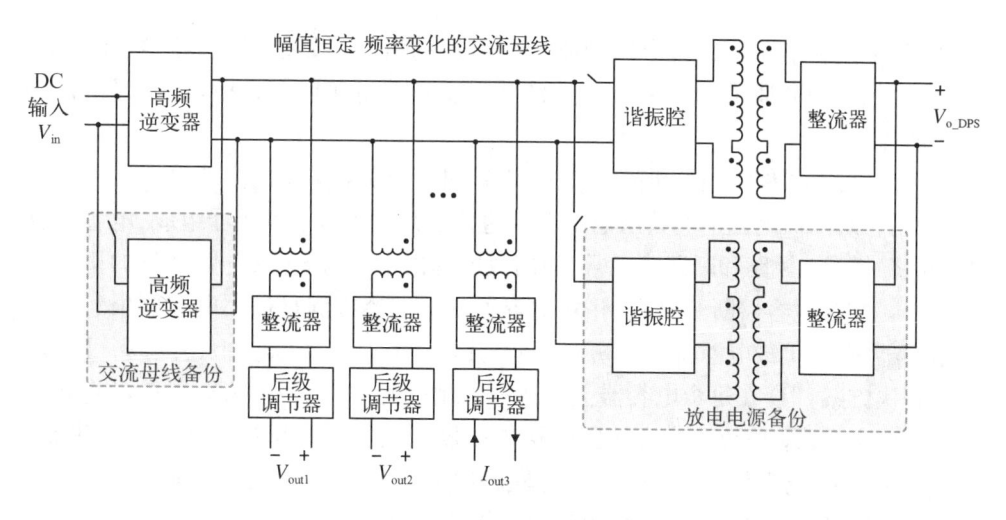

图 8-6　所提 PPU 系统架构冗余备份示意图

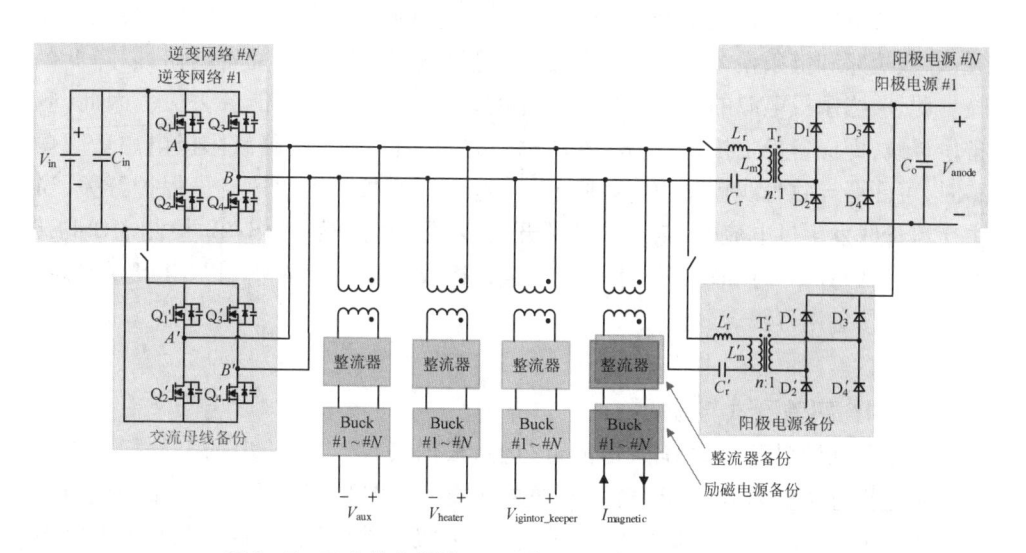

图 8-7　N 个推力器情况下所提 PPU 系统的冗余设计图

大限度地提高了系统的可靠性。

8.2.3　故障模式分析

故障模式指故障的一种形式,如断路、短路、参数超出限制值等,不同电源模块和组件具有不同的故障模式。此外,单个部件通常有多种故障模式,且每种故障模式的概率不同。根据 PPU 系统运行条件,可从三个方面进行故障模式分析。

首先,可在单个功率模块的层次上分析故障模式。任何电源模块都可能导致故障,因此应对主要电源模块的故障模式进行分析:PPU 系统中的多个电源依次工作，数字控制单元发送命令以控制每个电源的启动。如果任何电源断开，整个PPU将报废，因此通用卫星的PPU系统将配备负载电源的冗余模块，如冗余设计一节所述。

然后，可在器件级别分析故障模式，即针对每个负载电源的主要功率元件进行分析。例如，阳极电源中的共用输出电容通常由并联的多个电容器组成，电容器有两种故障模式：短路和断路。通常，短路故障的概率约为80%，开路故障的概率约为20%。如果电容器断开，剩余并联电容器的总电容应满足最小电容要求。但如果电容器短路，负载电源将直接短路，使其无法工作。为了解决上述问题，可采取两种解决方案：① 在每个电容器上添加一个保险丝，如果发生短路，保险丝将断开路径；② 选择无短路故障模式的自恢复电容器。此外，功率电感器在电路中串联，因此有必要防止它们断开，对此有两种解决方案：① 使用两个并联的电感器；② 电感器采用两根绕组缠绕，两根绕组的焊接点相同。

最后，从安全的角度对故障模式进行分析。例如，变压器中的绝缘层可能断裂，导致短路和链条损坏。基于此考虑，双绝缘铜线可用于缠绕变压器，以降低风险。此外，当阳极电源的主开关发生断路时，交流母线电压可能会丢失。因此，应备份母线，即应备份主桥，如图 8-6 所示。此外，当主开关短路或阳极电源负载短路时，可能会导致母线短路，有两种应对措施：① 增加一个快速电子保护开关，当主交流母线发生过电流时，该开关将断开，备用母线将开始工作；② 检测 MOSFET 的过应力状态。一旦 MOSFET 上的应力超过极限，则需将其断开，以切断原始母线路径并连接备用母线。

8.2.4 实验测试与分析

为了验证所提 PPU 系统架构的可行性，根据表 8-1 中给出的电气指标构建了霍尔电推进实验平台。PPU 系统原型的示意图如图 8-7 所示，其中阳极电源采用全桥 LLC 谐振拓扑，阴极点火-触持电源、阴极加热电源、励磁电源和辅助电源都采用后级 Buck 调压器。考虑到 PPU 系统的体积、重量和生产成本，将点火电源和触持电源结合起来，根据推力器的运行要求，触持电源可在启动阶段实现高压点火功能，并在点火成功后提供触持能量，无须改变电推进系统的运行顺序。

表 8-1 霍尔电推进 PPU 系统电气指标示例

指　标	阳极电源	励磁电源	阴极加热电源	阴极点火-触持电源
功率要求	200 W	≤135 W	50 W	30 W
输出电压	250 V	0~22.5 V	5.5 V、12 V	30 V

续　表

指　标	阳极电源	励磁电源	阴极加热电源	阴极点火-触持电源
输出电流	0.8 A	2~6 A	4.5 A、8 A	1 A
电源特性	电压源	电流源	电压源	电压源
输出纹波	2%	5%	5%	5%

实验测试硬件平台如图 8-8 所示,清楚地标记了基于 HFAC 母线的 PPU 系统结构。为保证系统可靠性,增加了交流母线、谐振网络和阳极电源后端整流网络的备份。整个系统的输入电压设置为 48 V。对于阳极电源,谐振频率为 100 kHz,变压器的匝数比为 1∶5。此外,励磁电源和点火器触持电源的变压器匝数比为 1∶1,加热电源的变压器匝数比为 2∶1。

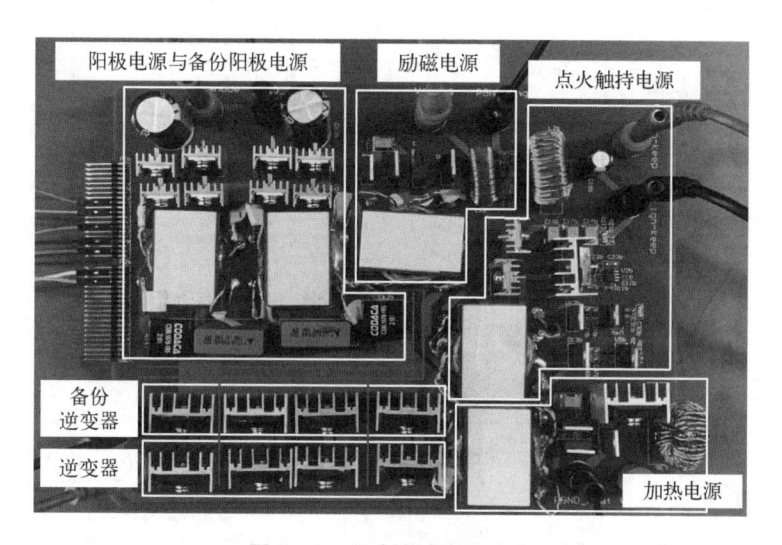

图 8-8　实验测试硬件平台

在通过使用电子负载模拟平台设备和电推进推力器的电气特性的情况下,在阳极电源的负载瞬态期间测试 HFAC 母线的电压瞬态和谐振电流,如图 8-9~图 8-11 所示。当负载电流从 1.1A 急剧下降至 0.55 A,并从 0.55 A 迅速上升至 1.1 A 时,HFAC 母线电压没有明显波动。图 8-12 和图 8-13 显示了在阳极电源和点火器触持电源的负载电流同步升压和降压的情况下,HFAC 母线的电压瞬态。从图中可看出,HFAC 母线始终保持恒定幅度的交流方波电压,不受负载波动的影响,验证了 HFAC 母线的稳定性,负载阶跃期间的电压瞬变满足有效负载的当前电气特性要求。此外,负载阶跃期间阳极电源的输出电压瞬态如图 8-14 所示,进一步说明了负载电源可在基于 HFAC 母线的架构下保持正常调节。

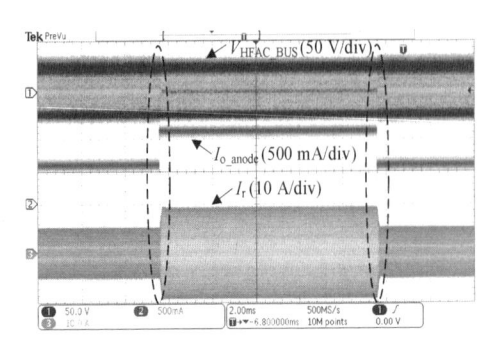

图 8-9 负载阶跃时 HFAC 母线和谐振电流的瞬态波形

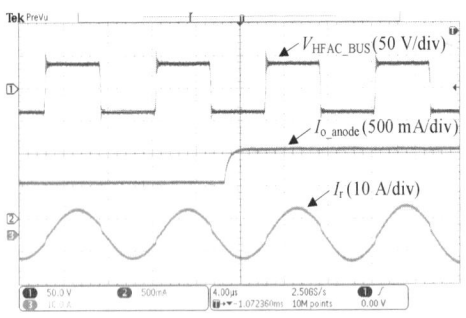

图 8-10 阳极电源负载电流 0.55~1.1 A 阶跃时，HFAC 母线和谐振电流的瞬态波形

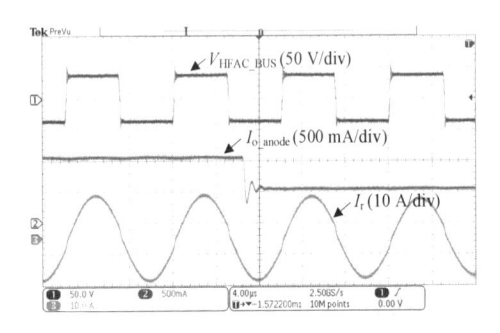

图 8-11 阳极电源负载电流 1.1~0.55 A 阶跃时，HFAC 母线和谐振电流的瞬态波形

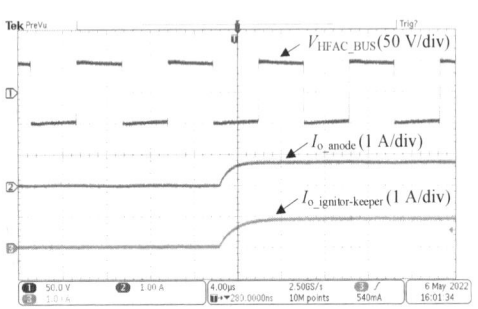

图 8-12 阳极电源和点火-触持电源的负载电流同时向上阶跃时，HFAC 母线的瞬态波形

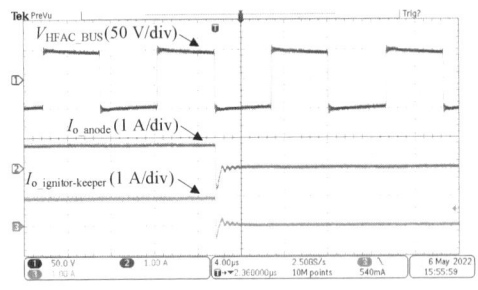

图 8-13 阳极电源和点火-触持电源的负载电流同时向下阶跃时，HFAC 母线的瞬态波形

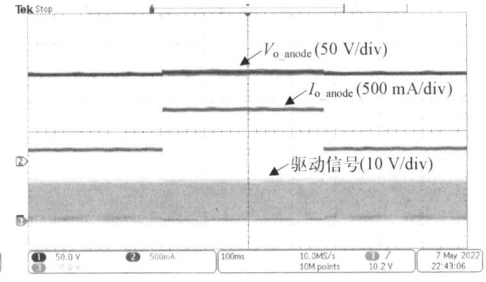

图 8-14 负载阶跃瞬态，阳极电源的输出电流与输出电压波形

8.2.5 对比分析与评估

为了突出所提 PPU 系统架构的优越性，将其与传统 PPU 系统架构进行了系统

的比较,并总结如下。对比和评估主要从成本、控制复杂度、瞬态性能、系统效率、尺寸和重量、功率密度、故障操作和冗余设计这些方面进行分析。

1. 成本

由于航天级功率晶体管价格昂贵,且系统对其需求量很大,因此可根据功率晶体管的数量来评估不同系统架构的成本。

假设 PPU 系统需要为 N 个推进器提供服务,并且每次只有一个推进器工作。为了简化分析,还需要作出以下假设:① 对于传统架构,阳极电源采用全桥 LLC 拓扑,其他低功率电源采用双开关正激拓扑;② 对于所提出的架构,阳极电源采用全桥 LLC 拓扑,变压器二次侧采用半桥整流器,后级稳压器采用 Buck 拓扑。基于上述条件,传统 PPU 系统架构和所提 PPU 系统架构的晶体管数量分别如表 8-2 和表 8-3 所示。当 N 取不同值时,可直观地将所提 PPU 系统架构中的晶体管数量与传统 PPU 系统架构中的晶体管数量进行比较,如图 8-15 所示。从图中可以

表 8-2 传统 PPU 系统架构的晶体管数量

电　　源	拓 扑 类 型	开 关 管 数 量	整 流 管 数 量
阳极电源	全桥 LLC 拓扑	4×(N+1)	4×(N+1)
励磁电源	双管正激拓扑	2×(N+1)	2×(N+1)
阴极加热电源	双管正激拓扑	2×N	2×N
阴极点火-触持电源	双管正激拓扑	2×N	2×N
辅助电源	双管正激拓扑	2	2
总计	—	10N+8	10N+8

表 8-3 所提 PPU 系统架构的晶体管数量

电　　源	拓 扑 类 型	开 关 管 数 量	整 流 管 数 量
阳极电源	全桥 LLC 拓扑	4×2	4×(N+1)
励磁电源	整流网络和 Buck 拓扑	1×(N+1)	2×2+1×(N+1)
阴极加热电源	整流网络和 Buck 拓扑	1×N	2×1+1×N
阴极点火-触持电源	整流网络和 Buck 拓扑	1×N	2×1+1×N
辅助电源	整流网络和 Buck 拓扑	1×1	2×1+1×1
总计	—	3N+10	7N+16

看出,所提架构所需的 MOSFET 数量总是少于传统架构所需的数量,并且当 $N \geq 3$ 时,所提架构所需的二极管数量也少于传统架构所需的数量。仅当 $N = 1$ 时,所提架构中的晶体管总数与传统架构中的晶体管总数相等,并且所提 PPU 系统架构中的晶体管的数量优势随着所需推力器数量的增加而逐渐增加。此外,逆变器所需的晶体管数量占 PPU 系统中晶体管总数的比例很大,而所提出的架构节省了低功率电源的逆变器。因此,与传统架构相比,无论选择何种拓扑,所提架构所需的晶体管数量都是有利的,尤其是在增加推进器数量的情况下。上述分析说明,在所提架构中,晶体管的成本能大幅降低,并且晶体管所需的散热器和驱动设备相应减少,从而进一步降低系统成本。

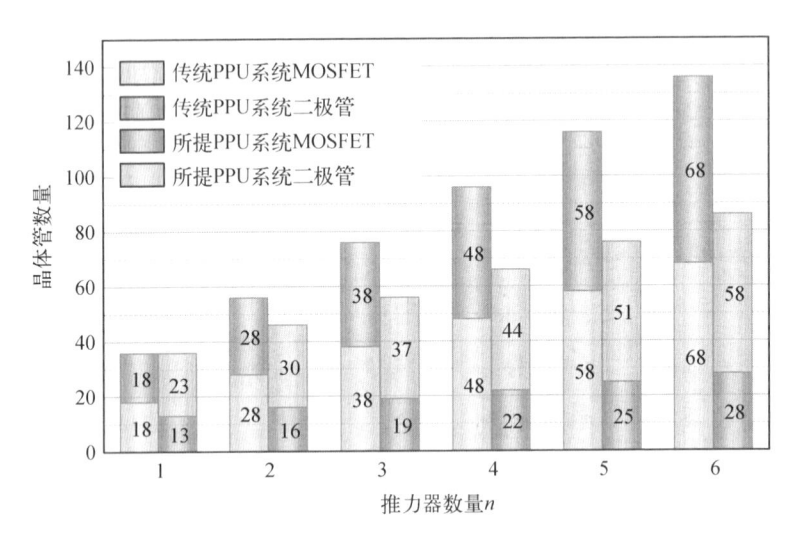

图 8-15 所提 PPU 系统架构与传统 PPU 系统架构晶体管数量比较

2. 控制复杂度

控制复杂度可通过负载电源的控制电路和控制策略来评估。在传统的 PPU 系统架构中,每个负载电源都需要配置一个磁隔离反馈电路,这导致了对磁隔离元件的需求,增加了控制策略的复杂性。然而,在所提出的架构中,除了阳极电源之外,其他负载电源可简单地由非隔离反馈电路控制,通过 PWM、滞环控制等灵活实现。因此,所提出的 PPU 系统结构具有较低的控制复杂度和较高的实用性。

3. 瞬态性能

在传统的 PPU 系统架构中,所有负载电源都需要采用隔离拓扑和相应的磁隔离控制回路,导致瞬态响应缓慢。不同的是,在该结构中,除阳极电源外的负载电源可采用后级非隔离调节器,并且可直接控制,不需要磁隔离电路。因此,所提 PPU 架构的瞬态性能优于传统架构。

4. 系统效率

与传统的 PPU 系统架构相比,所提 PPU 系统架构可进一步提高系统效率。一方面,该架构中的所有一次开关都可在全负载范围内实现零电压开关,所有与变压器二次绕组相连的整流二极管都可实现零电流开关。然而,在传统的 PPU 系统中,即使阳极电源采用谐振拓扑或移相全桥拓扑来实现软开关,其他采用正激式或反激式拓扑的电源的软开关也较难实现,效率无法大幅度提高。另一方面,所提出的系统架构可使用 PoL 转换器作为后级调节器来实现目标输出,从而可实现极高的效率。

5. 尺寸、重量与功率密度

与传统的 PPU 系统架构相比,所提架构中所有负载电源共享交流母线,从而避免了为每个隔离的 DC-DC 模块配置独立的逆变器和相应的驱动装置。功率晶体管的数量及相应的散热面积和驱动装置大大减少,可有效地减小 PPU 系统的尺寸和重量。此外,低功耗电源的输出由非隔离控制,这也节省了反馈回路的磁隔离电路,进一步减小了尺寸和重量。

另外,功率密度是指功率与重量的比率。在相同的系统功率水平下,重量越小,功率密度越高。因此,基于上述尺寸和重量分析,所提出的 PPU 系统架构具有更好的功率密度性能。

6. 故障操作和冗余设计

对于故障操作,传统架构直接为每个负载电源提供冗余备份和故障模式切换。而在所提架构中,交流母线前后的网络是独立的备用和故障模式切换,如逆变器、谐振网络、整流器和后调节器。当一个部件发生故障时,只需切换其所在的网络,而无须调整其他网络。这样,系统对故障模式的容错能力大大提高。因此,与传统体系结构相比,该体系结构增加了备份策略和故障解决方案的灵活性,减少了冗余设计带来的体积和重量,并最大限度地提高了系统的可靠性。

值得一提的是,当所提出的 PPU 系统架构应用于高功率、多负载电源的离子电推进 PPU 系统时,上述在成本、体积、重量、功率密度、控制复杂性、系统效率、故障操作和冗余等方面的优势将更加突出。

8.3 远端精确供配电方案

为解决远距离配电时长线缆引起的负载设备欠压和电源响应延迟的问题,提出一种基于白噪声激励的线缆阻抗检测方法和线缆压降补偿控制策略[9]。与传统方法相比,该方法通过在负载系统端添加一个较小辅助电容,在线缆的源端进行检测和补偿,不影响负载侧的功率密度和远端供电系统的效率。此外,该方案还可集成到电源设备中,以改善传统电源的供电性能,并实现对任何具有严格输入电压精度要求的负载设备的精确供电[10]。

8.3.1 白噪声激励线缆阻抗检测及压降补偿技术

1. 线缆阻抗单端检测方法

远端供电系统的示意图如图 8-16 所示。整个系统由电源、线缆电阻 R_c、线缆自感 L_c 和负载系统组成,其中 V_o 代表电源的输出电压(即线缆源端电压),V_s 代表负载系统的输入电压(即线缆末端电压),I_o 代表流经线缆的电流。此外,电容器 C_L 是负载系统中的原始输入电容器或额外添加的容值较小的辅助电容,该方法可充分利用此电容器来实现线缆阻抗的精确检测。

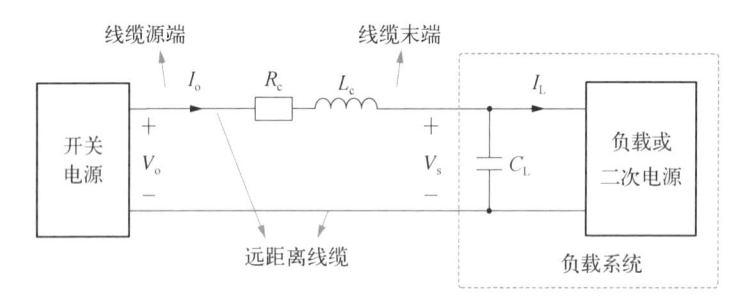

图 8-16 远端供电系统示意图

从图 8-16 可看出,电源通过一对长距离线缆向负载系统提供电压和电流。由于线缆电阻 R_c 的存在,线缆末端电压 V_s 低于稳态下电源的实际输出电压 V_o。此外,当负载遇到意外的运行条件时,V_s 可能会在瞬态中产生波动。由于线缆电感 L_c 的存在,电源可能无法及时响应,导致负载发生故障或进入保护状态,从而影响负载系统的正常运行。为了解决电源闭环控制中长距离线缆引起的压降和响应延迟问题,实现线缆末端电压的准确、快速调节,必须首先检测线缆电阻和电感的具体参数。下面详细介绍所提线缆阻抗检测方法的工作原理。

1) 线缆电阻检测

为了检测线缆电阻,在负载开始工作之前,在线缆源端注入白噪声激励信号,以确定 L_c 和 C_L 的共振频率 f_r。由于线缆和负载系统所形成回路的阻抗与激励呈线性关系,因此频率响应函数、白噪声激励和响应电流之间的转换关系可表示为式(8-1):

$$F(j\omega) = \frac{R(j\omega)}{E(j\omega)} \qquad (8-1)$$

其中,$E(j\omega)$ 代表白噪声激励信号 $e(j\omega)$ 的傅里叶变换;$R(j\omega)$ 代表线缆响应电流的傅里叶变换;$F(j\omega)$ 代表回路频率响应的傅里叶变换。

白噪声信号在时域和频域上都是平滑的,具有宽的带宽和均匀的能量分布。由于激励信号 $e(j\omega)$ 是白噪声信号,因此 $e(j\omega)$ 是指在整个域中具有相同谱能量密度的信号,即 $e(j\omega)$ 是一个常数。基于此,当白噪声信号被注入环路时,$R(j\omega)$ 与 $F(j\omega)$ 成正比,且比值为常数。受环路固有频率的影响,$R(j\omega)$ 的谱峰就是环路的共振频率。因此,可通过响应信号的频谱峰值分布来获得所需的谐振频率。

获得 f_r 后,在线缆源处注入频率为 f_r 的正弦激励电压,并对正弦激励电压和线缆响应电流进行采样。根据阻抗特性,当正弦激励电压的频率为 f_r 时,L_c 和 C_L 的阻抗将相互抵消,回路的总输入阻抗为电阻。在这种情况下,正弦电压和线缆响应电流之间的相位差为零,因此可通过式(8-2)计算线缆电阻 R_c:

$$R_c = \frac{v_{o\_sin}(t)}{i_{o\_sin}(t)} \quad (8-2)$$

其中,$v_{o\_sin}(t)$ 代表正弦激励电压;$i_{o\_sin}(t)$ 代表线缆响应电流;R_c 代表线缆电阻。

2)线缆自感检测

在获得线缆电阻 R_c 的条件下,使用低于负载系统工作电压范围的阶跃电压作为激励注入线缆源端。在阶跃电压上升的瞬态中,由于线缆电阻和电感的 R_L 延迟,线缆末端电压为零,即 $V_s = 0$。因此,通过检测线缆电流及其变化率,并结合阶跃电压的瞬态电压,可将 L_c 表示为式(8-3):

$$L_c = \frac{v_{o\_step}(t) - i_{o\_step}(t) R_c}{\dfrac{di_{o\_step}(t)}{dt}} \quad (8-3)$$

其中,$v_{o\_step}(t)$ 代表阶跃电压激励的瞬态电压;$i_{o\_step}(t)$ 代表线缆对阶跃电压激励的瞬态电流响应;$di_{o\_step}(t)/dt$ 代表 $i_{o\_step}(t)$ 的变化率。

罗氏线圈(Rogowski coil)是测量电流变化率最简单、常用的工具之一。罗氏线圈的工作原理基于法拉第感应定律,线圈感应的电压与测量电流的变化率成正比,可表示为式(8-4):

$$v_{coil}(t) = -M \frac{di(t)}{dt} \quad (8-4)$$

其中,$v_{coil}(t)$ 代表罗氏线圈的输出电压;$i(t)$ 代表测量的电流;M 代表线圈的互感。

基于上述方法,远端供电系统中使用的任何线缆的阻抗都可直接在线缆源端处测量。根据基尔霍夫定律,可根据式(8-5)对电源输出电压进行压降补偿控制,以实现对远端电压的准确、及时调节。

$$v_o(t) = V_s + L_c \frac{di_o(t)}{dt} + i_o(t) R_c \quad (8-5)$$

其中，V_s 代表负载系统的期望电压；$v_o(t)$ 代表电源输出电压；$i_o(t)$ 代表电源输出电流（即线缆电流）。

2. 数模混合压降补偿控制策略

根据前面的分析，设计了基于数模混合控制的线缆压降补偿策略，如图 8-17 所示。该方法在线缆源端执行检测和补偿，并且可集成到电源中。系统分为开关功率电路、功率放大电路和控制电路。其中，控制电路由电压/电流采样电路、用于检测和计算的数字处理模块、模数（A/D）模块、数模（D/A）模块、模拟运算放大器、罗氏线圈、数字补偿模块、数字 PWM 发生器和驱动装置组成。

在控制电路中，电压采样电路用于采集电源的输出电压，电流采样电路用于采集电源的输出电流，罗氏线圈用于采集 di_o/dt，A/D 模块用于同时采集输出电压和电流数据。除了采样电路、驱动装置和模拟运算放大器（简称模拟运放）外，所有控制环节都在数字控制器中完成。

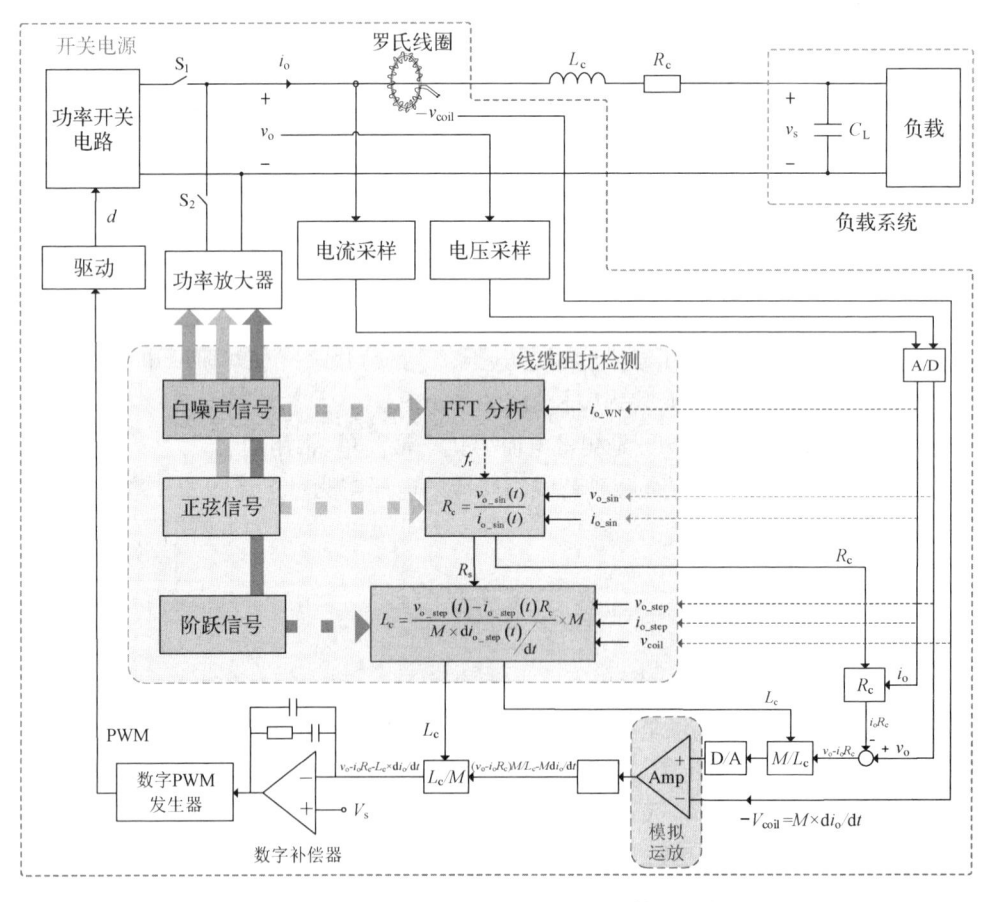

图 8-17 数模混合线缆压降补偿控制策略示意图

包括线缆阻抗检测在内的完整操作步骤如下所示。

(1) 关闭 S_1，打开 S_2。数字控制器和功率放大器输出一组低于负载系统工作电压的伪随机电压，形成白噪声激励信号。线缆响应电流在数字控制器中通过快速傅里叶变换(fast Fourier transform, FFT)分析进行收集和处理，以确定 L_c 和 C_L 的谐振频率 f_r。

(2) 在负载系统工作电压范围外，数字控制器输出频率为 f_r 的正弦电压激励信号，并通过功率放大器注入线缆源端。然后，收集正弦电压和线缆响应电流，并根据式(8-2)进行处理，以获得 R_c。

(3) 控制数字控制器输出低于负载系统工作电压的阶跃电压激励，并通过功率放大器注入线缆源端。然后，根据式(8-3)对激励电压、线缆电流和阶跃电压上升瞬态时线缆电流的变化率进行采样和处理，以获得 L_c。

(4) 打开 S_1，关闭 S_2，开关功率电路向负载系统供电。对电源的输出电压和电流进行采样，并根据式(8-5)采用上述步骤中获得的 R_c 和 L_c 来补偿线缆压降和响应延迟。因此，负载端电压可稳定地调节到预期电压。

需要指出的是，数据处理是线缆阻抗检测方法的关键，直接决定了稳态和瞬态下线缆电压补偿的精度。由于实际采集的信号中存在各种噪声干扰，因此有必要在数字控制器中消除噪声干扰并进行数据拟合。因此，在步骤(2)和步骤(3)中，需要多次采样和平均计算来获得 R_c 和 L_c。此外，在激励信号瞬态下对数据进行采样和处理时需要足够的采样率。

根据提出的控制策略，对电源的输出电压和电流进行采样，然后根据计算出的 R_c 在数字控制器中进行差分，从而获得 $v_o - i_o R_c$。当负载系统的意外运行条件导致线缆末端出现尖锐的电压尖峰时，由于数字控制器的采样频率有限，$\mathrm{d}i_o(t)/\mathrm{d}t$ 的采样精度不够，这将影响电源的瞬态响应能力。因此，有必要在控制回路中引入模拟运算放大器，以实现 $v_o - i_o R_c - L_c \mathrm{d}i_o(t)/\mathrm{d}t$，并形成数模混合控制电路，这也是该方法被称为数模混合控制策略的原因。

需要注意的是，线缆电阻可能受到环境因素的影响，尤其是温度的影响。对于尺寸和材料相同的线缆，线缆电阻随工作温度的变化可表示为式(8-6)，其中 T 为由环境温度和负载电流决定的线缆工作温度，R_0 为 0℃时的线缆电阻，α 为由线缆材料决定的平均电阻温度系数，R_{c_N} 为 N℃时的线缆电阻。基于该关系式，当温度对线缆电阻的影响不能忽略时，可提出该方法对温度变化的应对策略，以获得更准确的实时 R_c 值。首先，在控制回路中添加线缆温度检测模块，以检测线缆工作温度 Tem 和该温度下的线缆电阻 R_{c_Tem}，并计算 R_0 值。然后，通过监测线缆的工作温度，可根据式(8-6)获得线缆电阻随温度变化的值。同时，由于线缆电感与温度无关，因此可实时校正温度变化引起的线缆阻抗变化。

$$R_{c\_N} = R_0(1 + \alpha T) \tag{8-6}$$

8.3.2 实验验证及分析

1. 阻抗检测方法实验

图 8-18 显示了数字控制器和功率放大器电路基于给定的一组伪随机数据输出的白噪声电压激励信号。当产生的白噪声被加载到线缆和负载系统形成的回路中时，每个频率下的功率密度是一致的，因此自然频率的测量不会受到影响。通过使用控制器记录白噪声电压激励下的线缆响应电流并执行 FFT 处理，可获得检测到的响应电流信号的频谱包络，如图 8-19 所示。图中的曲线是平滑处理的结果，由此可确定共振频率 f_r 为 31.7 kHz。此外，阻抗计（ZM2376）测量的线缆源端输入阻抗的波特图如图 8-20 所示，其中输入阻抗曲线显示的实际谐振频率点与图 8-20 中的快速傅里叶变换（FFT）处理结果

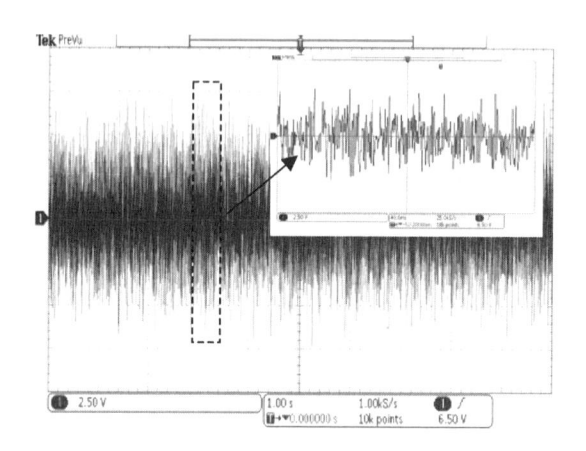

图 8-18 白噪声电压信号

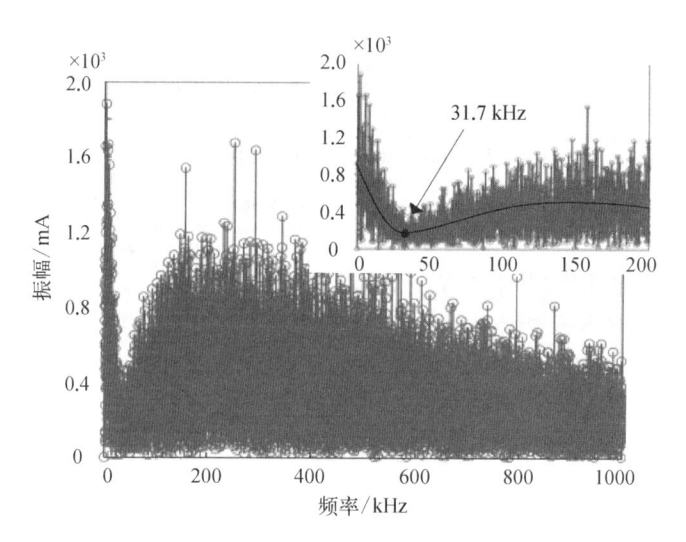

图 8-19 线缆响应电流频谱包络

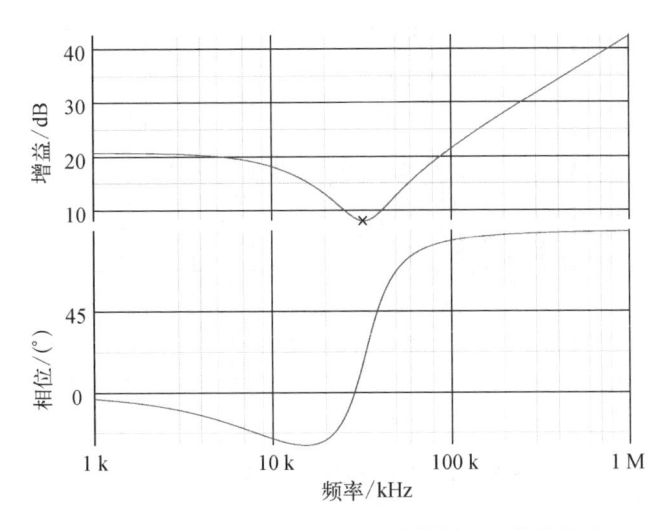

图 8-20 阻抗计在线缆源处测量的输入阻抗波特图

完全一致。

在确定谐振频率 $f_r = 31.7$ kHz 后,将幅值低于负载系统工作电压且频率为 f_r 的正弦电压信号注入线缆源端。图 8-21 显示了正弦电压和线缆响应电流波形。从图中可看出,激励电压和线缆响应电流之间的相位差为零,证明回路的输入阻抗在 L_c 和 C_L 的谐振频率下呈阻性。随机选择一个周期来采样并记录正弦电压和响应电流,通过数字控制器滤波和计算,可得到一组 R_c 值。R_c 的检测结果如图 8-22 所示,其中实线表示根据实验数据计算得到的 R_s 值,虚线表示实验中实际使用的值。同时,图 8-22 表明,R_c 的计算值紧密分布在 R_c 的实际值周围。根据实验数据计算的 R_c 平均值为 1.033,验证了所提出的线缆电阻检测方法的可行性和准确性。

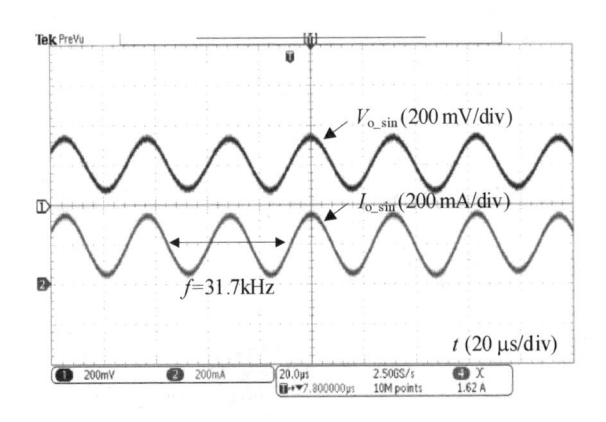

图 8-21 31.7 kHz 正弦电压与线缆响应电流

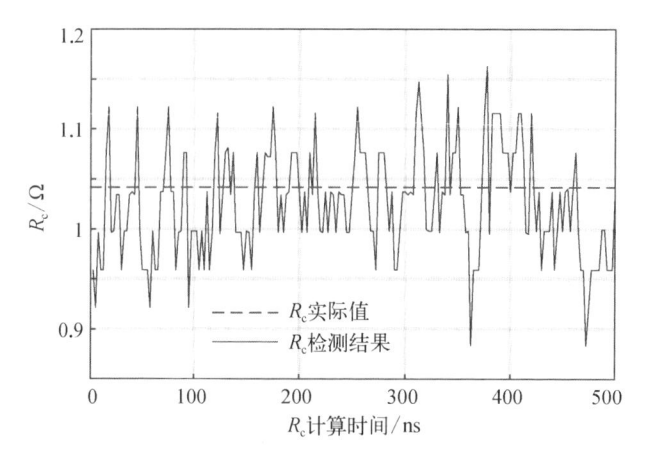

图 8-22 实测数据计算得到的 R_c 值

当检测到 R_c 值后，数字控制器和功率放大器电路产生 5 V/500 ns 阶跃电压激励信号，并注入线缆源端。实验波形如图 8-23 所示，其中通道 2 代表阶跃电压激励信号，通道 4 代表线缆响应电流，通道 3 代表在等效电感器处直接测量的实际线缆电感电压，其等于 $V_{Ls\_step} = L_c \, di_{o\_step}/dt$，通道 1 代表罗氏线圈的负输出电压，即 $-V'_{coil} = M \, di_{o\_step}/dt$，其中 $M = 1.7 \, \mu H$。可看出 $-V'_{coil}$ 的趋势与 V_{Lc_step} 相同，$-V'_{coil}$ 的值与 V_{Ls_step} 的值成正比，这意味着罗氏线圈可正确测量 di_{o_step}/dt。由于 L_c 和 R_c 引起的 LR 延迟，在阶跃电压上升的初始阶段，线缆端电压 V_{s_step} 约为零，线缆响应电流的变化率线性增加。因此，可对 V_{o_step}、I_{o_step} 和 $-V'_{coil}$ 的值进行采样，并且可处理阶跃电压上升初始阶段的有效实验数据以获得 L_c。L_c 的检测结果如图 8-24 所示，根据实验数据计算的 L_c 值以实线显示，实验中使用的实际 L_c 值以虚线显示。线缆电感 L_s 的计算值基本上分布在 19.7~22.3 μH，L_c 的平均值为 20.75 μH，证明了本书提出的线缆电感检测方法的可行性和准确性。

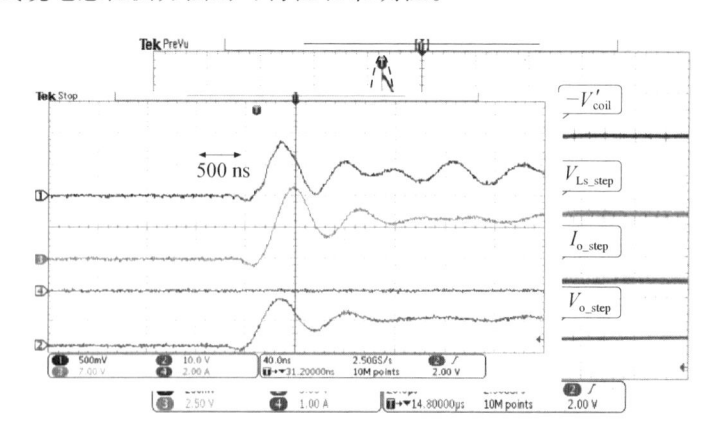

图 8-23 阶跃电压激励下的实验波形

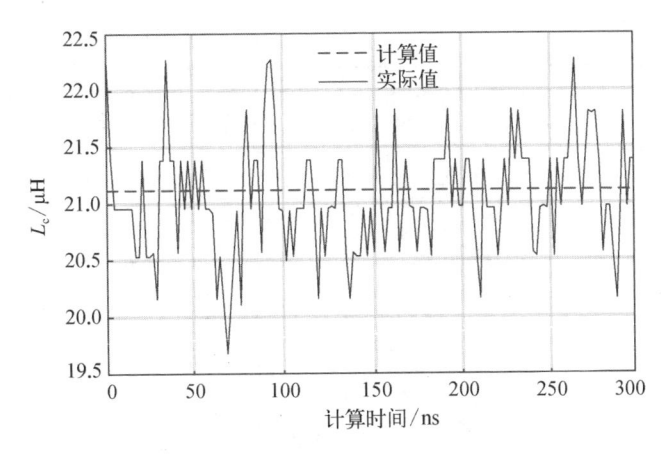

图 8-24 实测数据计算得到的 L_c 值

此外，还根据上述方法选择了一系列不同规格的线缆进行阻抗检测实验。表 8-4 列出了这些线缆阻抗的检测结果，其中线缆Ⅳ(#25AWG-10m)正是图 8-18~图 8-24 中采用的线缆，该线缆将继续用于线缆压降补偿实验。从表 8-4 中可看出，R_c 和 L_c 的检测误差分别在 2% 和 3% 以内，全面验证了提出的阻抗检测方法的可行性和准确性。此外，应注意的是，上述实验是在室温(即 Tem=25℃)下进行的。因此，为了验证针对线缆温度变化提出的应对策略的正确性，图 8-25 显示了线缆Ⅴ(#32 AWG-1m)在 -10~60℃ 的阻抗检测结果。温度由高低温测试箱控制，并由温度热成像仪进行测量，如图 8-26 所示。在本节的实验中，选择Ⅴ形线缆是因为其长度短，便于控制到所需的温度。图 8-25(a)所示为 R_c 在不同温度下的检测值、实际值和拟合曲线，其中拟合曲线根据式(8-6)绘制，实际值由 ZM2376 测量。图 8-25(b)显示了不同温度下 L_s 的检测值和实际值。显然，线缆电阻的变化趋势与式(8-6)描述的一致，并且线缆电感不受温度的影响。因此，可得出结论，所提出的温度变化应对策略可有效地实现线缆阻抗的实时校正。

表 8-4 不同规格线缆的阻抗检测结果

线　缆	R_c 实际值 /Ω	R_c 检测值 /Ω	误差/%	L_c 实际值 /μH	L_c 检测值 /μH	误差 /%
Ⅰ(#20AWG-5m)	0.170	0.173	1.76	9.27	9.48	2.27
Ⅱ(#20AWG-10m)	0.341	0.337	-1.17	20.03	19.64	-1.95
Ⅲ(#25AWG-5m)	0.537	0.532	-0.93	9.96	10.18	2.21
Ⅳ(#25AWG-10m)	1.043	1.033	-0.96	21.16	20.75	-1.94

续 表

线　缆	R_c 实际值 /Ω	R_c 检测值 /Ω	误差/%	L_c 实际值 /μH	L_c 检测值 /μH	误差 /%
Ⅴ(#32AWG-1m)	0.597	0.591	-1.00	1.96	1.91	-2.55
Ⅵ(#32AWG-2m)	1.172	1.183	0.94	4.02	3.93	-2.24

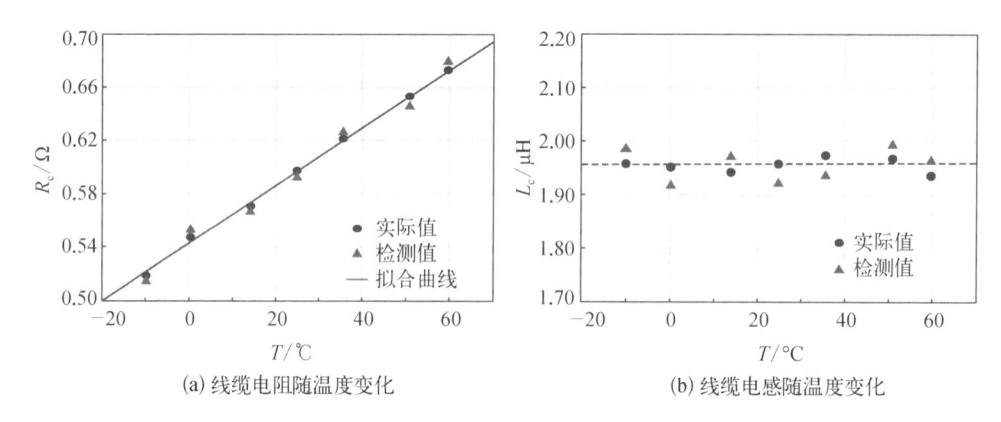

(a) 线缆电阻随温度变化

(b) 线缆电感随温度变化

图 8-25　电阻和电感随线缆Ⅴ(32AWG-1m)温度的变化

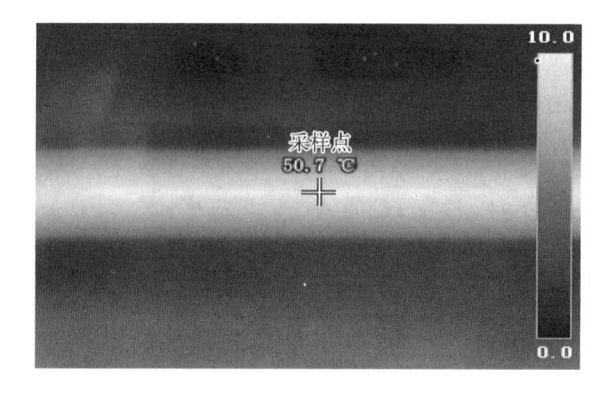

图 8-26　通过热成像仪测量线缆温度

2. 线缆压降补偿实验

基于上述阻抗检测结果,可在图 8-18 所示的远端供电系统上执行线缆压降补偿。图 8-27 显示了当电源没有线缆压降补偿时的稳态和瞬态实验波形。从图 8-27(a)可看出,在稳定状态下,电源的输出电压 V_o 被严格调节为 10 V。由于线缆电阻引起的电压降,线缆端电压 V_s 低于 10 V,V_o 和 V_s 之间的电压差为 $I_o R_c$。此外,图 8-27(b)和图 8-27(c)分别描绘了电源负载电流上升和下降时 V_o 和 V_s 的电压瞬态实验波形。如图 8-27 所示,当负载电流急剧增加时,V_o 始终可调节并稳

(a) 稳态实验波形

(b) 负载电流增加时的瞬态实验波形

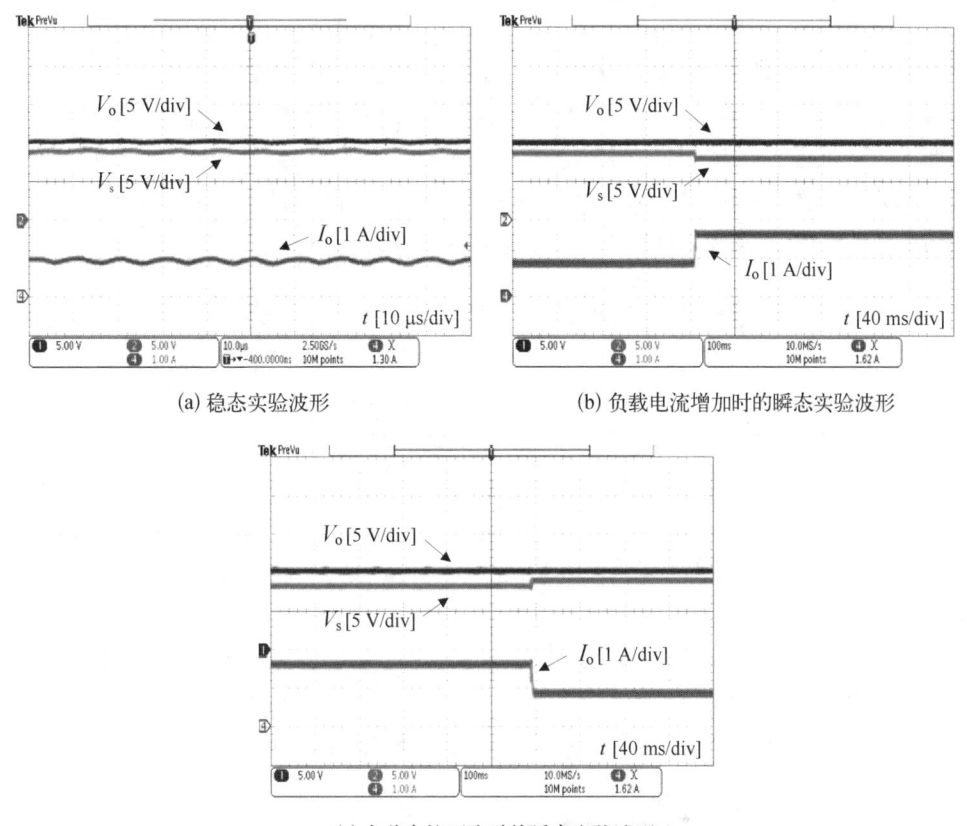

(c) 负载电流下降时的瞬态实验波形

图 8-27 电源无压降补偿时的实验波形

定在 10 V,而 V_s 随着 I_o 的增加而降低,随着 I_o 的减少而增加,这与前面的描述一致。由此可看出,没有线缆压降补偿的电源无法满足负载系统的输入电压要求。

根据线缆阻抗检测的实验结果,在开关功率电路的闭环控制中加入了基于线缆电阻的压降补偿。稳态和瞬态下的相应实验波形如图 8-28 所示。从图 8-28(a)可看出,线缆端电压 V_s 稳定在 10 V,线缆源电压 V_o 大于 10 V,V_o 和 V_s 之间的电压差也是 $I_o R_c$,这表明线缆电阻引起的电压降得到了补偿。此外,图 8-28(b) 和图 8-28(c) 显示了电源负载电流上升和下降时 V_o 和 V_s 的电压瞬态实验波形。如图 8-28 所示,V_s 在 10 V 下得到调节和稳定,而 V_o 则对 $I_o R_c$ 的变化作出响应。结合图 8-27 中的实验波形,可确认实现了线缆压降的补偿。

此外,在上述实验中增加了基于线缆自感的瞬态电压补偿,以同时解决长距离线缆引起的压降和响应延迟问题。在此条件下,稳态和瞬态实验波形如图 8-29 所示。如图 8-29 所示,线缆端电压 V_s 的稳态电压稳定在 10 V,这证明了压降补偿的正确性。在交流模式下观察到的输出电压 V_o 的瞬态波形如图 8-28(b)~(c)

和图 8-29(b)~(c)的子图所示。与没有瞬态电压补偿的实验结果相比,图 8-29(b)和(c)中 V_o 的超调量和响应时间得到了显著优化,证明了瞬态电压补偿的正确性。此外,频率响应分析仪 FRA5097 测量的远程电力系统补偿后的闭环波特图如图 8-30 所示。可发现,环路带宽约为 8.9 kHz,相位裕度约为 49.5°,表明系统满足稳定性和瞬态响应的要求。因此,基于上述实验对比结果,可证明所提出的控制策略能够有效地实现电压降补偿,优化电源的瞬态响应性能。

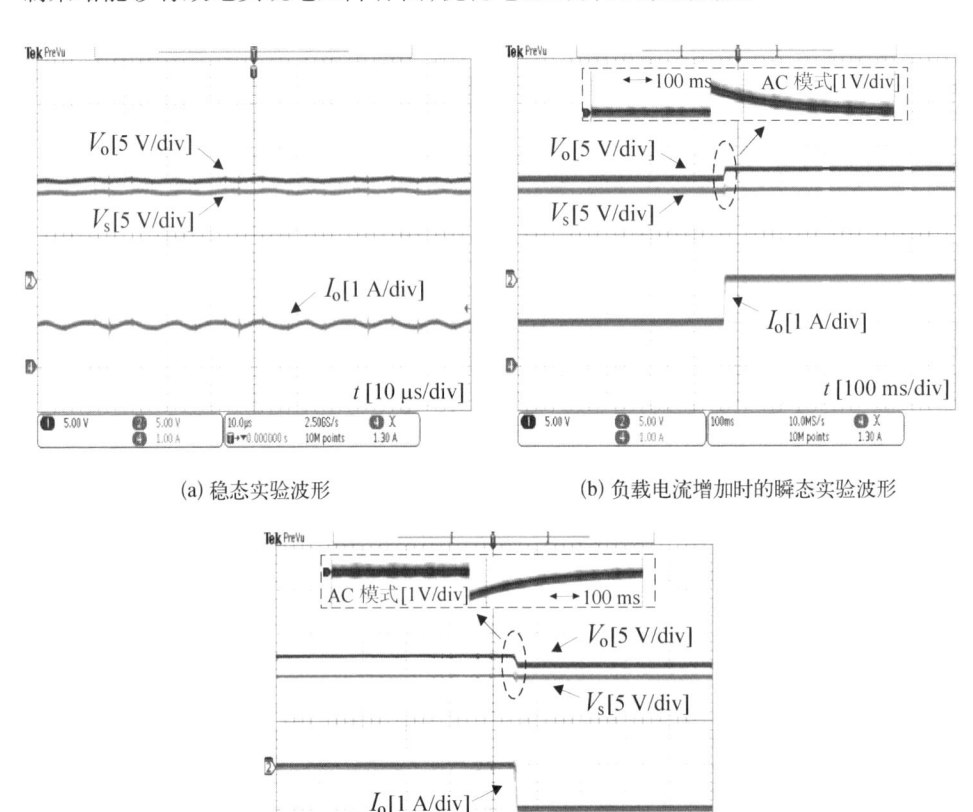

(a) 稳态实验波形

(b) 负载电流增加时的瞬态实验波形

(c) 负载电流下降时的瞬态实验波形

图 8-28 加入稳态线缆压降补偿后的实验波形

3. 性能对比分析

现有的线缆压降补偿方法包括直接遥感方法、放置调压器方法、压降预估方法和虚拟远端采样(VRS)方法。为了验证所提出方法的优越性,表 8-5 对不同方法进行了系统的比较和总结,侧重于功能、适应性、效率和集成性。

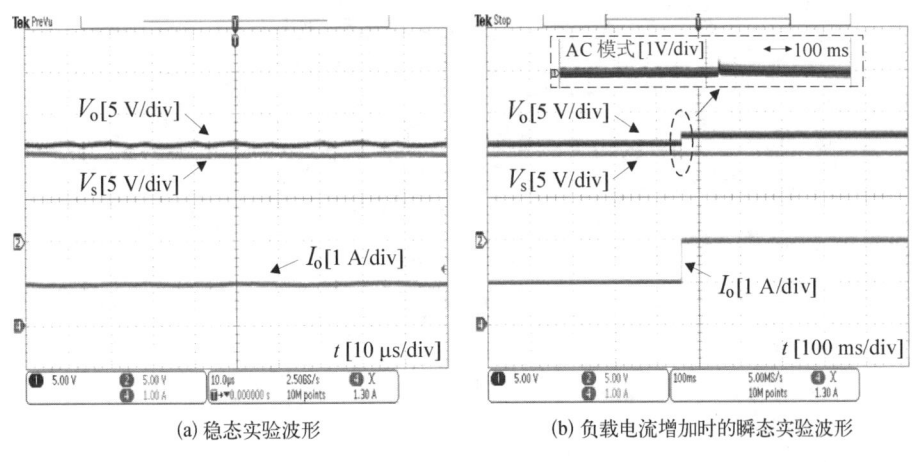

(a) 稳态实验波形

(b) 负载电流增加时的瞬态实验波形

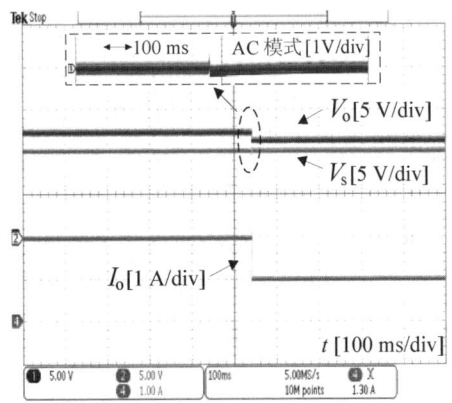

(c) 负载电流下降时的瞬态实验波形

图 8-29　加入稳态和暂态线缆压降补偿后的实验波形

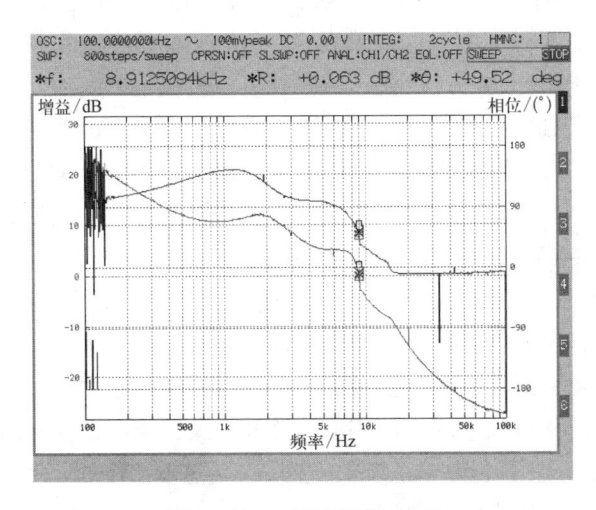

图 8-30　系统闭环波特图

表 8-5 所提方法与传统压降补偿方法性能对比

性能		直接测量法	放置调压器法	压降预估法	VRS方法	所提方法
功能	线缆电阻检测能力	无	无	无	有	有
	线缆自感检测能力	无	无	无	无	有
	线缆压降问题	解决	解决	解决	解决	解决
	延时响应问题	解决	解决	解决	未解决	解决
适应性	需要替换辅助元件以适应不同线缆	是	否	—	是	否
	需要替换辅助元件以适应不同负载	否	是	—	否	否
效率	是否影响系统效率	否	下降	否	否	否
集成性	是否能与电源集成	否	否	否	是	是

首先需要考虑的是不同压降补偿方法的能力。如表 8-5 所示，与现有方法相比，该方案不仅可实现对线缆电阻和电感的检测，还可解决电压降和响应延迟的问题。因此，该方法具有最全面的性能，更全面地解决了长距离线缆引起的压降和响应延迟问题。

适应性指不同方法的通用性和灵活性，根据线缆和负载的更换是否需要更换辅助部件进行评估。直接测量法需要根据供电距离对传感布线进行一对一配置；放置调压器法需要调整电压调节器以匹配不同的负载；VRS 方法需要根据最小线缆电阻改变辅助电容器。由于这些缺点，这些方法的适应性受到限制。与传统的线缆压降补偿方法相比，该方法可在线缆源端处进行检测和补偿，并且配置的辅助元件不需要更换，以适应不同的线缆和负载，因此具有最高的适应性。

此外，根据配置的辅助部件的特性，可定性地讨论不同方法的成本。根据适应性比较结果，当供电距离或负荷系统发生变化时，常规方法中的辅助元件可能不再适用。这意味着传统方法的通用性较差，更换辅助部件将带来更高的成本。相比之下，所提出的方法中的辅助组件可集成到电源设备中以适应不同的线缆或负载，这使得所提出的方法能够获得一定的成本优势。

根据各种压降补偿方法是否会影响远程电力系统的效率来评估效率。放置调压器法需要在电源和负载系统之间串联一个电压调节器，这会增加负载侧的功率损耗。相反，其他方法不会影响系统的效率，这是这些方法的一个优点。此外，讨论了这些方法是否可集成到电源设备中，并进行了比较。与其他三种方法相比，本书提出的方法和 VRS 方法可集成到电源设备中,以提高电源性能,具有最高的实用性和集成度。

最后,应注意的是,温度变化将导致线缆参数的变化,因此应讨论温度对不同方法的影响。直接测量法和放置调压器法不需要检测线缆阻抗,因此温度变化不会影响这些方法的线缆压降补偿结果。VRS 方法中的辅助电容器需要匹配最小线缆电阻,而压降预估法中的估计阻抗值是固定的,因此当线缆阻抗因温度变化时会出现补偿误差。通过温度变化应对策略,该方法可根据检测到的温度实时修正线缆阻抗,从而避免温度变化的影响。

参考文献

[1] 康小录,张岩,刘佳,等.大功率霍尔电推进研究现状与关键技术[J].推进技术,2019,40(1):1-11.

[2] 李峰,康庆,邢杰,等.大功率电推进 PPU 处理单元技术[J].北京航空航天大学学报.2016,42(8):1575-1582.

[3] Chou M, Su C, Lee Y, et al. Voltage-drop calculations and power cable designs for harbor electrical distribution systems with high voltage shore connection[J]. IEEE Transactions on Industry Applications, 2016, 53(3):1807-1814.

[4] Analog Devices. 40V 2.1 A low dropout adjustable linear regulator with monitoring and cable drop compensation[R]. LT3086 Datasheet, 2004.

[5] Xiao Z. A Cable-drop compensated LDO for rechargeable battery powered systems with load current management in two-cable or three-cable structures[J]. IEEE Transactions on Power Electronics, 2017, 33(8):6946-6956.

[6] Robert D, Thomas H, Chen Y. Voltage regulator with virtual remote sensing: U.S. Patent 8,754,622[P]. 2011.

[7] 方明珠.空间电推进 PPU 系统架构及远端稳压技术研究[D].哈尔滨:哈尔滨工业大学,2024.

[8] Fang M Z, Zhang D L, Qi X B, et al. A novel power processing unit (PPU) system architecture based on HFAC bus for electric propulsion spacecraft[J]. IEEE Journal of Emerging and Selected Topics in Power Electronics. 2022, 10 (5):5381-5391.

[9] 张东来,方明珠.远距离输电线缆末端电压控制方法、系统及存储介质:CN202110142592[P], 2021.

[10] Fang M Z, Zhang D L, Qi X B, et al. The digital-analog hybrid cable voltage-drop compensation control strategy based on a novel impedance detection method[J]. IEEE Transactions on Industrial Electronics. 2022, 69 (10):9905-9915.

第 9 章
电推进 PPU 共性技术

引　言

总剂量效应、单粒子效应等空间环境关乎电推进 PPU 可靠性问题，离子或霍尔等推力器在轨长期运行易发生打火、放电等非预期性电击穿行为，这同样会影响宇航任务的正常执行、推力器的可靠性及在轨寿命，而电源控制和热设计又是电推进 PPU 设计中必不可少的要素。本章针对上述电推进 PPU 的共性问题，对比了影响地面工业电源和空间应用电源的寿命因素异同，探讨了空间环境带来的可靠性问题，并给出了传统航天和商业航天中单粒子效应及对策等抗辐照加固措施；分析了空间电源系统衰退机理及其关键器件参数辨识；给出了非预期性电击穿、机理、表现形式、危害及应对措施；针对模拟控制及其注意事项、数字控制中的抗混叠滤波、拍频和极限环等问题，讨论了闭环控制中的共性问题，最后给出了空间电源热特性及设计流程和方法。

9.1 空间环境带来的可靠性问题及抗辐照加固措施

9.1.1 影响空间电源寿命的因素

对于一般工业电源，影响其寿命的因素如下。

(1) 元器件导致的电源故障。开关电源主拓扑中含有电感、开关管、整流二极管、滤波电容等功率元件，测控单元中包含控制器、信号调理、传感器等器件，开关电源的故障主要集中在功率器件。设计良好的开关电源出现突发性故障的概率较小，因此，元器件的老化是导致开关电源故障的主要原因。四类关键功率器件中电解电容的老化速度最快，使用寿命最短，对电源的整体寿命影响最大[1]。MOSFET 失效主要影响应力为温度应力和过电压应力；二极管在电路中主要受到电流、电压和温度应力的影响；电感发生失效的表现为电感量逐渐减小。

(2) 环境因素导致的开关电源故障。系统设计和环境温度对开关电源可靠性有重要影响，电子器件主要受环境应力（如温度、湿度、振动、压力或冲击、腐蚀、电磁辐射、静电等物理、化学因素)和工作应力(如频率、电流、电压)的影响,导致电路或器件出现性能退化失效,其中温度应力对电子元器件失效最为敏感[2]。

空间环境因素对电源寿命的因素分析如下。

太阳电池、化学电源、电源控制器/变换器、电源配电和电缆网组成航天器电源系统[3]。闻新等[4]对1993~2012年发生的300多次航天器在轨故障进行统计分析,得出航天器各分系统故障比例如图9-1(a)所示,从图中发现,电源分系统、控制分系统、推进分系统及结构分系统的故障比例较高。其中,电源分系统的故障率高达30.3%,是航天器最易发生故障的系统。而航天器电源分系统各部件故障所占比例如图9-1(b)所示,得出太阳能电池阵、蓄电池组、电磁辐射、静电放电、电源控制器等均可能导致电源系统出现故障[4]。

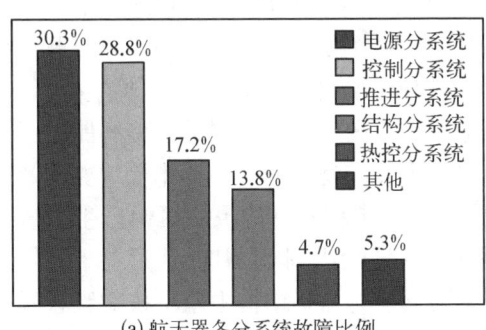

(a) 航天器各分系统故障比例

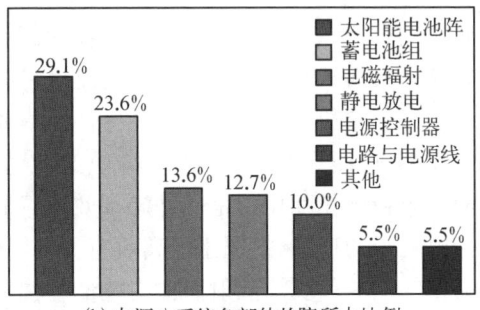

(b) 电源分系统各部件故障所占比例

图9-1 航天器故障比例[4]

谭春林等[5]对国外从20世纪60年代以来公布的527个在轨故障进行了统计分析,同样得出控制分系统、供配电分系统、推进分系统的故障率较高,电源系统同样是航天器在轨故障发生的一个主要系统。与普通工业电源相比,卫星电源系统较为复杂,卫星电源系统各个部件的遥测数据获取困难,故障数据获取较少。航天电源模块因其特殊的应用场合,存在批量小、在工作中所受到的应力复杂、环境严苛等特点;同时,国产化条件下国内的功率电子器件的技术水平和国际先进技术还存在一定差距[6]。

航天器工作在真空、温度变化大、空间辐射强、空间碎片多等复杂环境中,电源系统中的电力电子器件中就更容易出现故障[7]。航天电源系统在火箭发射过程中主要承受振动载荷作用;在绕轨运行阶段会受到太空环境中的温度应力、辐射应力,在正常运行过程中受到自身电应力和温度应力的作用。由于空间碎片不断增加、空间粒子辐射众多、空间温差过大及卫星本身结构复杂,在其运行过程中,发生故障的可能性很大。复杂恶劣的空间环境会导致航天电源系统产生辐照损伤效应,影响航天器在轨运行的可靠性和寿命。

半导体器件及集成电路是电源核心器件。航天器在轨工作期间,对于半导体器件及集成电路,要重点关注总电离剂量(total ionizing dose,TID)效应(总剂量效应)和单粒子效应(single event effect,SEE)[8,9]。

(1) 总剂量效应。伽马(γ)光子或高能离子在集成电路的材料中电离产生电子空穴对,电子空穴随即发生复合、扩散和漂移,最终在氧化层中形成氧化物陷阱电荷或者在氧化层与半导体材料的界面处形成界面陷阱电荷,使器件的性能降低甚至失效。γ光子或高能离子在单位质量的材料中电离沉积的能量称作剂量,单位为rad或Gy。随着剂量的增加,器件性能逐渐降低;当剂量积累到一定程度时,器件功能将失效。因此,这种现象称为电离总剂量效应,总剂量效应会导致器件参数逐步全面退化。对一个元器件来讲,有三个参数决定了元器件所受辐射的类型及强度:① 粒子辐射积分通量,单位为粒子/平方厘米;② 剂量率,它表明了单位时间内材料从高能辐射环境中吸收的能量,其单位为拉德/秒(rad/s);③ 总剂量,它是指材料从高能环境中吸收的能量,单位为拉德(硅)[rad(Si)]。

(2) 单粒子效应。半导体器件及集成电路在空间应用中会遭受各种高能粒子的作用,进而导致一系列相关效应的发生,单粒子效应就是其中一类非常重要的效应。单粒子相互作用是一种局部效应,高能带电粒子在器件的灵敏区内产生大量带电粒子的现象,它属于电离效应。当能量粒子穿过半导体材料时,通过与半导体晶格结构的卢瑟福散射而损失能量。粒子主要通过与晶格结构中原子核的康普顿相互作用将能量转移给晶格而慢化,留下自由电子-空穴对形成的电离轨迹,而电子-空穴对是辐射事件之前不存在的可移动的载流子。在集成电路结构中,这些过剩的载流子可能在不希望和不需要的位置沉积电荷,经常导致电路节点上的电压瞬变和通过器件结的电流瞬变。

单粒子效应可分为非致命性的单粒子翻转(single-event upset,SEU)、单粒子瞬态(single event transient,SET)、单粒子功能中断(single event functional interrupt,SEFI)等效应,以及致命性的单粒子锁定(single event latchup,SEL)、单粒子栅穿(single event cell burnout,SECB)、单粒子烧毁(single event burnout,SEB)等效应。器件的抗单粒子翻转能力明显与版图设计、工艺条件等因素有关。

当能量足够大的粒子射入集成电路时,由于电离效应,产生数量极多的电离空穴-电子对,引起半导体器件的软错误,使逻辑器件和存储器产生SEU,互补金属氧化物半导体(complementary metal oxide semiconductor,CMOS)器件产生单粒子闭锁,甚至出现单粒子永久损伤的现象。集成度的提高、特征尺寸降低、临界电荷和有效LED阈值下降等会使单粒子扰动能力降低。

SEU导致的局部信息错误有三种:① 暂态的;② 永久的;③ 静态的。其中,暂态错误是在一个时钟周期内穿过电路传输的假信号。这些异步信号要么传播到锁存器变成静态的,要么被正常的电路同步信号所覆盖。永久性错误因其破坏性、不可修复的来源而往往被称为硬错误。这种情况下,单粒子效应导致电路的物理损伤,导致不可修复的错误。功率 MOSFET 的单粒子烧毁(SEB)和单粒子栅击穿(single event gate rupture,SEGR)是硬错误的两种实例。

对于非致命性的单粒子效应,虽然通过重启电子系统的电源等方式可以使系统恢复到正常状态,但是会严重影响到航天任务的正常执行。致命性的单粒子效应则可能导致核心器件自身的损毁,从而造成整个电子系统的瘫痪,使整个航天任务失败,尤其要引起重视。

9.1.2 加速电源寿命的方法

加速寿命试验是一种在短时间内获取产品失效率数据的方法,它要求了解产品在正常应力下的主要失效机理与失效模式、环境应力水平与产品寿命特征的关系,根据这种关系确定有关应用环境的失效率估计值。加速寿命试验中常用的应力有温度、温度循环、电应力、湿度、压力、振动等,可以单独使用这些应力,也可以多种应力组合使用。按照应力的加载方式,加速寿命试验主要有步进应力加速寿命试验、序进应力加速寿命试验、恒定应力加速寿命试验三种基本类型[10]。除了这三种基本加速寿命试验以外,国内外还提出过循环应力加速寿命试验、随机应力加速寿命试验、步退应力加速寿命试验及高加速寿命试验等方法。

高加速寿命试验是利用快速高低温变换的振荡体系来揭示电子和机械装配件设计缺陷和不足的过程。高加速寿命试验的目的是在产品开发的早期阶段识别出产品的功能和破坏极限,进而优化产品的设计来提高其可靠性。高加速寿命试验可包括低温应力试验、高温应力试验、快速温度变化试验、振动试验和综合环境试验等[11]。开关电源主要以电源模块中关键器件的电参数退化为基础进行加速寿命试验,因此,主要对 MOSFET、电容、二极管施加应力进行加速寿命试验[12]。

9.1.3 电源寿命预测方法与预警技术

可靠性定义是在规定环境条件下和规定的时间内完成规定功能的能力[13]。开关电源寿命预测技术主要有基于物理失效模型(model-based)、基于数据驱动(data-driven)模型、基于物理失效模型与数据驱动相混合(hybrid methods)的寿命预测方法[14,15]。

1. 基于物理失效模型(model-based)的寿命预测方法

基于物理失效模型(model-based)的寿命预测方法需要细致研究对象的失效机理,建立精准的物理损伤失效模型,再通过实验获取大量失效样本数据,对数据进行拟合、估计获取模型参数[16]。常用的物理失效模型主要有 Arrhenius 模型、Coffin-Manson 模型和 Eyring 模型等。其中,Arrhenius 模型描述了化学反应速度对温度的依赖关系,强调反应速率与温度的关系,得出器件工作温度每下降 10℃ ,使用寿命便会增加一倍的结论。Eyring 模型综合考虑了温度、电压、电流、功率、湿度和振动等多种实际工作条件。在考虑温度和电压两种应力条件下,得出的著名的"5 次方,10℃"法则如式(9-1)所示,即电子元器件的寿命与电压的 5 次方成反比,且温度则每升高 10℃ ,其寿命缩短一半[1,17]:

$$t_1 = t_2 \cdot 2^{\frac{\Delta T}{10}} \left(\frac{U_2}{U_1}\right)^5 \qquad (9-1)$$

其中, t_1 代表在温度 T_1 和电压 U_1 下的寿命时间; t_2 代表在温度 T_2 和电压 U_2 下的寿命时间。

2. 基于数据驱动(data-driven)的寿命预测方法

基于数据驱动(data-driven)的寿命预测方法在获取大量数据的基础上,通过特征量识别、选择和融合等技术,获取输入和输出之间的映射关系,得到关于研究对象的特征量。此类算法不需要对象系统的先验知识,通过数据分析挖掘内部隐藏的特征信息进行寿命预测,较大程度上减少了预测算法对于研究对象物理特征的依赖。典型预测模型及算法主要包括:时间序列分析、灰色模型、神经网络模型等[16,18]。

3. 基于物理失效模型与数据驱动相混合(hybrid methods)的寿命预测方法

基于物理失效模型与数据驱动相混合(hybrid methods)的寿命预测方法结合两种寿命预测方法,根据研究对象的失效机理筛选出合适的故障特征参数,然后采用数据驱动的方法获取故障特征量的输入与输出的映射关系,实现差异性个体的寿命预测,拓宽了预测对象的应用范围[16]。

4. 开关电源预警技术

开关电源预警技术,集中体现在开关电源在线监测、在线故障预测等方面,其核心是在线预测算法。开关电源预警技术一般是在开关电源物理失效机理分析的基础上,利用数据信息及算法获取能够反映开关电源的整体健康相关的性能参数,结合电源失效的阈值信息,实现在线预警[16]。

9.1.4 传统航天和商业航天中单粒子效应及对策

如 9.1.1 节所述,单粒子效应是单个高能质子或重离子入射到电子器件上所引发的辐射效应,必须引起高度重视。单粒子翻转(SEU)是发生在具有单稳态或双稳态的逻辑器件和逻辑电路的一种带电粒子辐射效应,分为软错误和硬错误两大类。软错误是不造成物理破坏的错误,硬错误则引起器件永久损伤或失效。

单粒子锁定是产生于体硅(bulk)CMOS 工艺器件的一种危害性极大的空间辐射效应。要使 CMOS 器件产生闩锁,必须具备以下条件:① 要存在一定的触发信号;② 寄生三极管正向偏置,且两者电流的放大倍数乘积大于 1;③ 电源应能提供足以维持闩锁状态的电流。

单粒子烧毁(SEB)和单粒子栅击穿(SEGR)是一种主要产生于功率 MOSFET 器件的空间辐射效应。

单粒子瞬时干扰(SET)是产生于模拟或数字器件的一种空间辐射效应。当空间高能质子或重离子轰击到模拟或数字器件的灵敏区域时,在器件中通过电离效应在短时间内产生一定数量的电子空穴对,从而使器件输出电压受到瞬时脉冲干扰。当电子系统的抗干扰能力不足时,这种瞬时的脉冲干扰可能会对系统性能产生严重影响,尤其对目前工作频率越来越高的数字电子系统,这种瞬时干扰很容易被作为信号迅速传递到下一级电路,从而在整个电子系统中引起错误的响应。

不同类型的器件对应的单粒子效应敏感程度并不一致,具体如下。

(1) 单粒子翻转(SEU):逻辑器件[中央处理器(central processing unit, CPU)、DSP、现场可编程逻辑门阵列(field programmable gate array,FPGA)、1553B、静态随机存取存储器(static random-access memory,SRAM)等]。

(2) 单粒子锁定(SEL):体硅 CMOS 器件。

(3) 单粒子烧毁(SEB):功率 MOSFET(高压应用)。

(4) 单粒子栅击穿(SEGR):功率 MOSFET(高压应用)。

(5) 单粒子瞬态(SET):逻辑器件(FPGA、DSP、电压比较器等)。

(6) 单粒子功能中断(SEFI):复杂逻辑器件(FPGA、DSP 等)。

目前,在长寿命大卫星的传统航天领域中,电子单机层面开展的试验主要包括力学试验和热学试验,无单粒子试验。单粒子试验主要从器件选用、系统设计等维度考虑,在器件层面,会根据单粒子敏感类型开展相关试验,其中宇航级器件一般由器件制造商开展,部分低等级、首飞器件由选用单位开展,部分商业卫星也会对单机开展单粒子测试。

单粒子与生产工艺有关,例如,体硅 CMOS 器件对单粒子锁定敏感,因为其内部具备寄生的 PNPN 晶闸管结构,在重离子作用下,容易形成电源对地的直通通路,造成器件烧毁,如图 9-2 所示;而采用蓝宝石工艺或其他工艺的金属氧化物半导体(metal-oxide-semiconductor,MOS)器件则不存在此问题。

在商业卫星生产与发展中,需权衡单粒子测试成本问题。与传统卫星相比,商业卫星要求成本更低、周期更短,容错率也更高,因此应结合实际需求开展单粒子防护。传统的思路往往认为,要使产品具备单粒子防护能力,则需要全部选用宇航高等级器件,选用低等级器件则需全部开展单粒子测试,其实不然。目前,国内外多个商业卫星选用商用现成品或技术(commercial off-the-shelf,COTS)级器件在轨应用正常,积累了宝贵的经验。在具体器件选用中,可参照如下原则执行,以降低

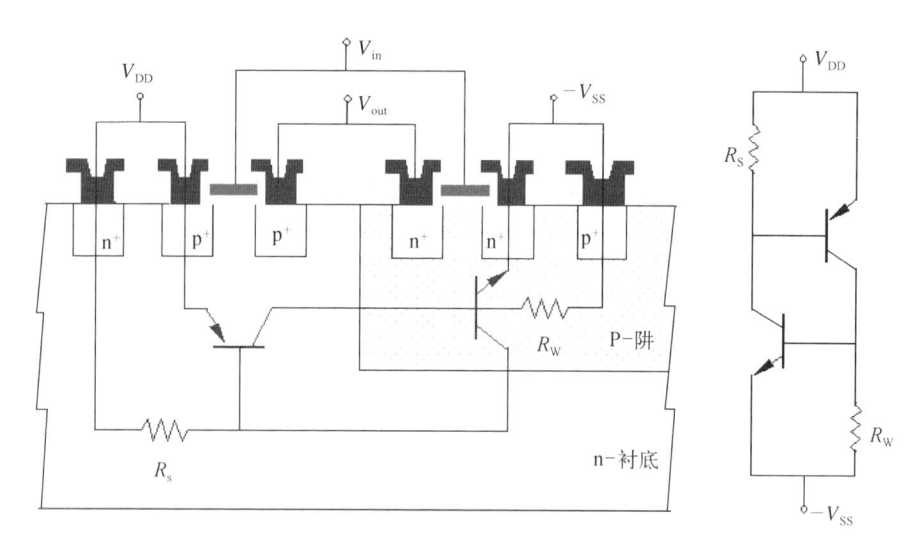

图 9-2 有寄生 PNPN 晶闸管结构的体硅工艺

产品成本：

(1) 进行过辐照试验且结果满足使用要求的器件；

(2) 有过实际飞行经历的器件；

(3) 如果没有辐照结果或飞行经历，则选用与辐照器件性能类似、同一厂家生产的生产过程控制一致的器件；

(4) 考虑到可靠性，优先选用汽车级器件；

(5) 所有器件均应符合降额要求；

(6) 宇航器件成本可能低于低等级器件单粒子试验成本，对于关键单机、关键器件，可选用高等级宇航器件；对于发生失效后会严重影响任务执行的器件，则选用宇航器件（如二次电源中反激拓扑开关管）；部分无源器件，如功率电感、钽电容，则选用军级、宇航器件；此外，电路、软件冗余防护设计也至关重要。

单粒子是概率事件，在轨难免会发生，针对低成本卫星，在成本限额的情况下，增强系统鲁棒性，消除单粒子事件的影响才是关键。例如，即使是常用的宇航级运算放大器 LM158、比较器 LM193，其单粒子瞬态指标也非常低，单粒子事件发生不足为奇，但只要设计得当，即使采用低等级器件电路可以降低甚至消除单粒子事件带来的负面影响。常用措施包括以下几种：

(1) 内部供电设计限流自动重启功能；

(2) 信号设置滤波电路防止单粒子瞬态干扰；

(3) 采用分立双极性器件替代集成电路设计；

(4) 关键信号（如星箭分立开关信号）采用三表决设计；

(5) FPGA 内部采用全局三模冗余（triple modular redundancy，TMR）设计。

9.1.5 COTS 元器件应用需要注意的问题

首先需注意封装问题,即同一 MOSFET 裸片,不同厂家封装,可能会使性能产生较大差异。在 MOSFET 上,该差异主要体现在栅极和源极间寄生电容和寄生电感等寄生参数差异较大,如不加甄别,对于不同批次难以互换使用。

其次需注意元器件应用特性一致性问题。如运放使用的稳定性条件,比较器的时间延迟差异,低频陶瓷电容(CT 电容)的温度特性和初始精度等问题。还要注意同一厂家不同产地器件的性能差异,图 9-3 给出了在同一单板上替换某厂家两个产地运放的测试结果,图中方波是同一输入信号下的运放输出响应曲线,可明显看出运放摆率明显不同。由于宇航研制流程同其他工业产品不同,其迭代环节少,一些在工业领域看似微小的改动,在宇航领域的代价却很大,尤其在鉴定件后期的产品出现器件批次问题则极难处置。此外,还要确认所选器件的焊接、清洗等工艺参数,提前评估其工艺适应性。

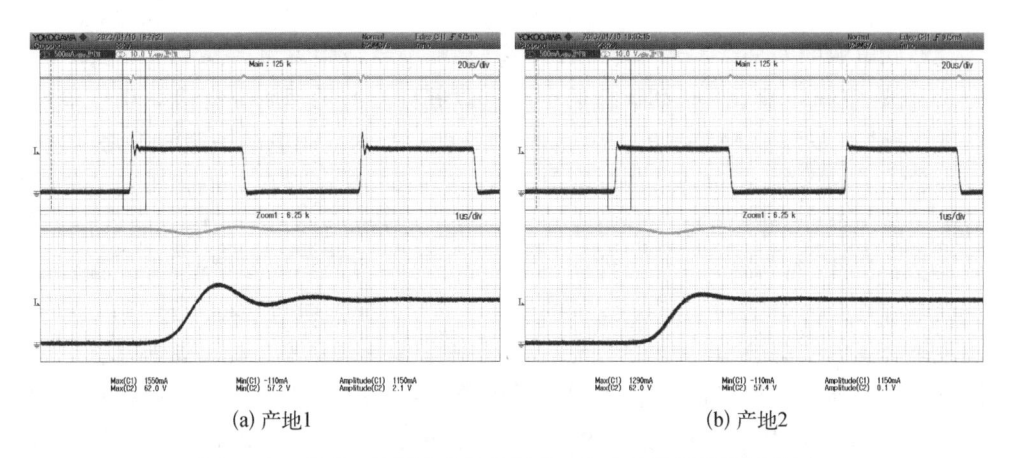

(a) 产地1　　　　　　　　　　　　(b) 产地2

图 9-3　在同一单板上替换某厂家两个产地运放的测试结果

9.1.6 抗辐照加固措施

针对商业航天,根据研制履历中的经验和教训,给出如下抗辐照加固措施建议。

(1) 关键核心器件选用高等级器件、有在轨飞行履历的器件,或具备故障隔离(防止故障蔓延)能力的器件,进一步提高可靠性。

(2) 输入滤波器、输出主功率电容串联使用。即使在传统航天应用中,电容也难以做到全部筛选;即使可以全部筛选,随着辐照和时间推移,电容性能也会退化,主功率环节的电容需要串联使用,提高可靠性。其次,电容短路故障率相对断路故障率更高,例如,陶瓷电容短路故障率为 65%,钽电容短路故障率为 90%。如果输入或输出电容发生短路故障,会直接导致母线或负载短路,因此电容串联使用尤为重要。最后,对于电容的选型,应尽量采用普军级或有飞行履历的型号及厂家。

(3) 在主功率单元电容应用中,若不采用电容串联,仅高等级薄膜电容可使用,但薄膜电容的容值小,体积大。对于金属钽电容,随着时间推移,总容值呈现阶跃式下降,因此需要串联熔断丝,但这会增加等效串联电阻(equivalent series resistance,ESR),寿命初期表现好,随着时间推移输出特性恶化显著。

(4) 施加空间环境或其他因素引起的短路、过流故障隔离和防止故障蔓延措施。

(5) 内部供电设计限流功能,控制器和运算放大器的电源端均采用串联电阻,防止闩锁、逻辑翻转导致的电源对地直接短路,降低芯片闩锁后芯片的热耗,减小闩锁后的芯片失效概率。

(6) 关键单元(如辅助源、关键逻辑等)采用分立双极性器件替代集成电路设计。

9.2 空间电源系统衰退机理研究

空间电源的安全影响着整星系统运行,是整个系统中不可或缺的重要组成部分,因此在空间环境下对长期运行的空间电源进行衰退机理研究直接关联整星系统的可靠性。为了保障整星的安全运行,对长期运行的空间电源中储能单元、功率变换单元关键器件、关键环节的参数退化机理进行研究,根据参数退化研究电源系统缓变故障模式,可提高系统的可靠性。空间电源功率变换单元中的储能电容、半导体功率器件、继电器等关键器件在长期运行过程中容易出现参数退化,进而造成空间电源性能的退化,影响整个系统的供配电质量。储能电容在使用过程中,极易出现电容值 C 下降、ESR 增加的现象,这也是电容退化的典型指标。储能电容是空间电源的薄弱环节和核心部件,对电源的寿命起着至关重要的作用。开关电源向着高频化、高效率和小体积发展,为了达到较高的工作频率,越来越多的开关电源采用半导体功率器件 MOSFET 作为开关管。开关电源的开关管工作在开关状态,工作频率较高,器件损耗较大,导致其结温较高。一般而言,温度每升高 10℃,器件寿命降低一半,开关管的工作结温对其寿命影响很大。

电源通常位于系统的最前端,通过母线对后续载荷进行供配电。当母线之间出现脉冲型负载时,由于寄生电容、寄生电感、线缆等效电容和等效电感的存在,电路会产生谐振振铃。此时,母线电压会发生振荡现象,产生较大的电压波动,通常这种脉冲负载响应是一种阻尼振荡。一旦配电前端的母线电压出现过压和欠压状态时,将直接破坏掉电源后端的配电情况,导致后续用电模块失电,母线电压的质量将直接影响供配电的品质。当电源输出端出现脉冲型负载时,系统即产生阻尼振荡,此振荡与开关电源反馈环路的增益有关,环路增益越大,振荡的频率就越大,振荡所产生的振荡波形个数就会越多。通过对电源系统的脉冲响应的监测,就可以起到环路退化监测的作用。电容参数和控制回路参数共同影响了开关电源的脉冲响应信号,在开关电源长期工作过程中监测开关电源输出脉冲响应的频率或周期,可以对控制环路参数进行监测。

9.2.1 储能电容退化机理分析

电源在长期工作过程中,各器件会出现性能和参数退化情况,当参数退化到一定程度后,电源会出现故障。大量研究表明,电容和开关管是电源的薄弱器件,而磁性元件如电感的故障率非常低[19]。文献[20]给出了环境温度为25℃和额定工作条件下变换器功率元件故障概率分布,如图9-4所示,由图可知,电容和功率MOSFET元件故障率达到90%以上。电容极易出现电容值下降、ESR增加的现象,电容是电源的薄弱环节,对其寿命起着至关重要的作用。大多数电容状态监测方法是基于 C 值和 ESR 值的估计,这是电容器退化的典型指标。

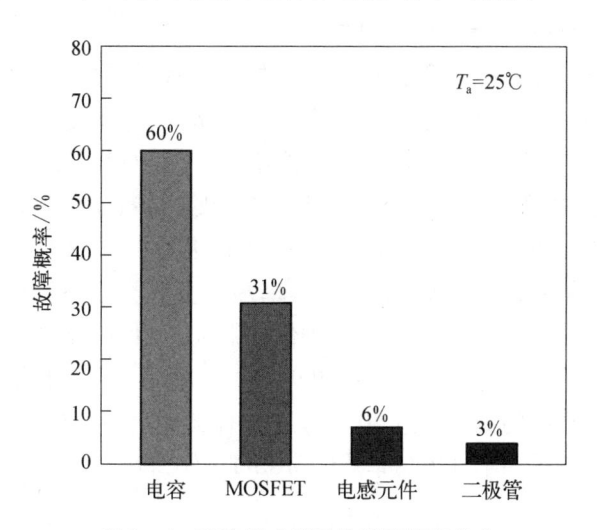

图9-4 变换器功率元件故障概率分布

电子元器件常用的寿命计算与 Arrhenius 公式[式(9-2)]相关,它是化学反应速率常数随温度变化关系的经验公式,其中的分子活化能在温度变化不大时可以看成是常数,由式(9-2)变换得到式(9-3):

$$k = Ae^{-Ea/RT} \quad (9-2)$$

$$Y = \frac{k_2}{k_1} = \exp\left[\frac{Ea}{R}\left(\frac{1}{T_1} - \frac{1}{T_2}\right)\right] \quad (9-3)$$

其中,T_1 代表温度下的速率常数为 k_1;T_2 代表温度下的速率常数为 k_2;Y 为反应速率加速因子(即定义为工作温度的平均寿命对加速温度的平均寿命之比)。

对上述公式进行比较,从而得到电容的温度每升高10℃,寿命降低一半的结论。电容的典型退化曲线如图 9-5 所示,图中 C_0 是电容初始容值,C_E 是电容寿命终止点容值,ESR_0 是初始等效串联电阻值,ESR_E 是寿命终止点的等效串联电阻值。其中,C 和 ESR 是电容的两个重要参数,在不同应用场合下的电容,其故障标准存在差异。根据电源长期稳定工作时电容的稳定温度,结合当前检测出来的电容值和 ESR 值,再结合开关电源本身的寿命曲线,预测出电源的寿命。

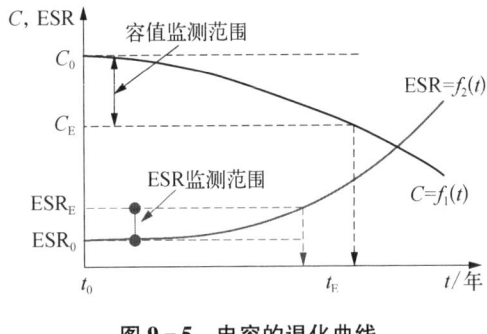

图 9-5 电容的退化曲线

9.2.2 MOSFET 退化机理分析

开关管是开关电源中故障率很高的一类器件,针对开关管的故障诊断研究较多,多数研究开关管的开路故障和短路故障。一般而言,开关管的故障诊断信号主要分为控制信号和故障特征信号,其中控制信号是电源的电压、电流信号,而故障特征信号根据具体的检测需求进行选取。开关管的故障诊断方法主要分为基于解析模型法、基于信号处理法、基于知识的方法、综合处理法[21,22]。其中,综合处理法是将前三种方法进行混合使用,可提高故障诊断效率,弥补某一类方法的不足。对已选定的诊断信号和诊断方法,可采用软件算法、硬件电路和软硬件混合的途径去具体实现。

半导体器件故障原因及其概率如图 9-6[23,24] 所示,其中过热和结温波动导致半导体器件出现故障的概率超过 50%,是半导体器件出现故障的最主要因素。越来越多的开关电源采用半导体功率器件 MOSFET 作为开关管。除了开关管的开路

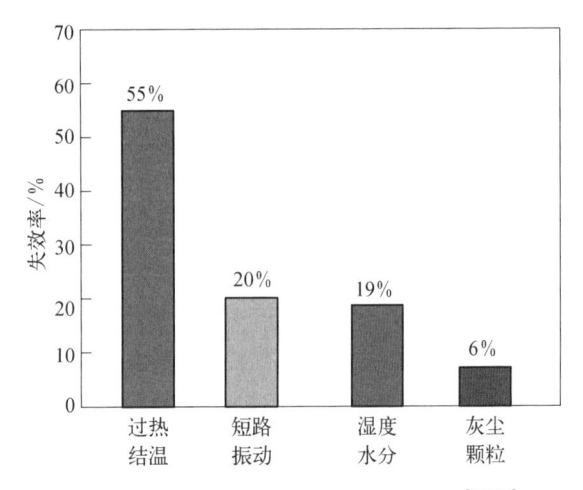

图 9-6 半导体器件故障原因及其概率[23,24]

故障和短路故障外,也有学者进行对 MOSFET 的运行状态监测及结温检测研究。目前,常规的结温估计方法可分为四类:物理接触法、光学方法、热模型方法和热敏电参数(temperature sensitive electrical parameter,TSEP)法。MOSFET 的热敏电参数主要包括导通电阻、阈值电压、关断延迟时间、米勒平台电压、开通电流变化率等[25]。目前,也有利用 MOSFET 导通饱和电流[26]、瞬态阈值电压[27]、导通电阻[23]、导通电压[28]等进行 MOSFET 结温测量,通过 MOSFET 的热敏电参数与其结温的关系,可测量出 MOSFET 的结温。

9.2.3 继电器退化机理分析

在电气系统中应用最多的继电器主要分为三类:电磁继电器、光隔离固态继电器和磁隔离固态继电器。电磁继电器一般由铁芯、线圈、衔铁触点簧片等组成。电磁继电器的工作原理为在线圈两端加上一定的电压,线圈中就会流过一定的电流,从而产生电磁力,衔铁就会在电磁力吸引的作用下克服返回弹簧的拉力吸向铁芯,从而带动衔铁的吸合。当线圈断电后,电磁力也随之消失,衔铁就会在弹簧的反作用力返回原来的位置。

电磁继电器都是基于电磁方式控制衔铁位置以控制触点或阀门闭合和断开。在线圈两端加上一定的电压,线圈中就会流过一定的电流,从而产生电磁力,衔铁就会在电磁力吸引的作用下克服返回弹簧的拉力吸向铁芯,从而带动衔铁的吸合。当线圈断电后,电磁力也随之消失,衔铁就会在弹簧的反作用力返回原来的位置。固态继电器(solid state relay,SSR)是由微电子电路、分立电子器件和电力电子功率器件组成的无触点开关,用隔离器件实现了控制端与负载端的隔离。固态继电器的输入端用微小的控制信号,达到直接驱动大电流负载。

电磁继电器的触点工作在低电平微电流下,容易造成一种称为低电平失效的失效模式,这是指当继电器切换低电平、微电流负载时,触点两端不产生飞弧(俗称打火),不能烧毁或击穿触点表面的绝缘膜,不能熔化触点表面的粗糙部分,也就不会重新形成较大的接触面,以降低接触电阻。经过长期存放,触点表面生成钝化膜的继电器在低电平、微电流下工作时,会造成接触电阻变大甚至开路的失效模式。

继电器的各项电参数的指标优劣直接影响着所应用电气系统的稳定性与可靠性。但目前的检测电路通用性不强,检测参数不完善,使用时受到了较大的制约。因此,研究继电器各项电参数性能的检测及评价方案,同时建立起大规模通用性高精度、高效的智能参数检测设备,批量、便携的失效分析解决方案,对于保障整个电气系统的安全运行有着十分重要的意义。

9.2.4 电源控制环路退化机理分析

开关电源的拓扑种类很多,常用的主要有 Buck 变换器、Boost 变换器、Buck-

Boost 变换器、Forward 变换器、Flyback 变换器、Cuk 变换器、推挽变换器等。开关电源主拓扑中包含了控制回路和后级滤波电路,当开关电源输出负载发生突变时,其最直接的表现为电流发生突变,开关电源负载突变系统框图如图9-7所示。

图9-7中,$T(s)$ 为开关电源反馈环路的传递函数,它由开关电源补偿网络、PWM模块、开关电源主拓扑模块、反馈分压网络等模块共同决定,因此不同的开关电源的 $T(s)$ 存在差异。Z_{out} 是输出阻抗,$I(s)$ 是突变电流,$V_{ref}(s)$ 为参考电压,$V(s)$ 为开关电源输出电压。因此,开关电源输出电压如式(9-4)所示:

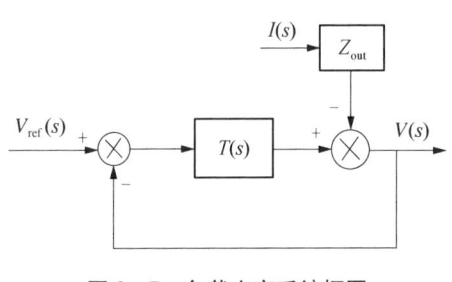

图9-7 负载突变系统框图

$$V(s) = -I(s)\frac{Z_{out}}{1+T(s)} \quad (9-4)$$

将开关电源各环节考虑进去,可以得出开关电源的输出响应:

$$V(s) = -K\frac{1}{\frac{LC}{1+M}s^2 + \frac{L}{R(1+M)}s + 1} \quad (9-5)$$

其中,K 为与开关电源拓扑环路参数和加入的突变负载有关的一个常数;M 是与环路参数有关的另一个常数;L、C、R 分别是开关电源主拓扑中输出滤波电路的电感、电容及负载电阻。

因此,整个开关电源的自然振荡角频率如式(9-6)所示,阻尼振荡角频率如式(9-7)所示。因此,开关电源振荡频率与输出滤波级的电容和电感有关。

$$\omega_0 = \sqrt{M+1}\frac{1}{\sqrt{LC}} \quad (9-6)$$

$$\omega = \omega_0\sqrt{1-\frac{1}{4Q^2}} \quad (9-7)$$

其中,Q 为品质因数。

9.3 空间电源系统关键器件参数辨识

长寿命卫星、空间站等的长期运行需求,将导致系统设计复杂、可靠性要求提高,仅靠功能冗余设计、系统安全模式设计、实施故障情况下系统重构等手段已不能满足长寿命需求,还必须采取相应的保障和维修措施,以延长系统功能正常运行的时间。目前,卫星电源控制器的故障诊断和故障预测由地面系统根据遥测数据来完成,存在诊断实时性和控制能力有限、有些故障无法检测的问题。目前,大多数电源控制器能够提供各模块简单的健康状态信息,但无法对具体的故障进行诊断和定位,整体来说,电源控制器的可测试性设计工作还有待进一步提高。对空间电源系统关键器件参数进行辨识,可以监测电源的运行状态和健康状况,提高系统的安全性。

9.3.1 储能电容参数辨识

1. 储能电容容值辨识

开关电源的种类繁多,结构复杂,DC-DC 变换器模块主要有 Buck 变换电路、Boost 变换电路、Buck-Boost 变换电路、正激变换电路、反激变换电路、推挽变换电路、半桥变换电路、全桥变换电路等。开关电源中 DC-DC 变换器的种类繁多,输出端不可避免地存在多种形式的滤波电路,输出滤波器可能包含在 DC-DC 变换器模块中,也可能采用 LC 滤波器,还可能是多种形式的组合。有的开关电源拓扑中甚至还存在假负载的情况,假负载的存在增加了黑箱检测开关电源输出电容参数的难度。

电容在使用的过程中,极易出现电容值下降和 ESR 值增大的现象,ESR 增大后,电容自身的热损耗也会相应增大,电容内部温度升高,加剧电容的退化。

对开关电源输出电容进行非侵入式离线检测时,将开关电源输出端可能存在电流支路的情况大致可以分为三种,分别是存在假负载支路情况、存在漏电流支路情况及无其他电流支路情况。图 9-8(a)表示存在假负载支路的情况,其中,$i_S(t)$ 为设定的检测电流,$i_R(t)$ 为电阻型假负载的电流,$i_C(t)$ 为实际流过输出电容的电流,此时实际流过电容的电流计算如式(9-8)所示。图 9-8(b)表示存在漏电流支路的情况,其中,$i_{leak}(t)$ 为漏电流,此时实际流过电容的电流计算如式(9-9)所示。图 9-8(c)表示无其他电流支路的情况,此时实际流过电容的电流计算如式(9-10)所示。

(a) 存在假负载支路情况

(b) 存在漏电流支路情况

(c) 无其他电流支路情况

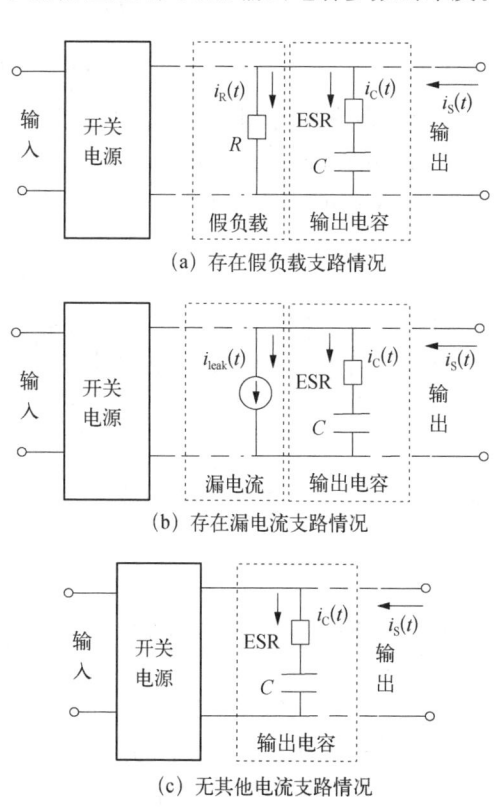

图 9-8 开关电源输出端可能存在的情况示意图

将开关电源所加的电压限制在安全电压范围以内,用 V_C 表示,一般情况下,V_C 不超过该开关电源正常工作时稳定输出的电压值,而为了消除掉开关电源控制回路中的辅助源、保护电路、反馈支路等的影响,可以将 V_C 限定在一个 PN 结电压(如 0.7 V)内进行输出电容参数检测。向开关电源输出端加入检测电流,当输出端电压不再增加的条件下,外加检测电流降为 0,说明该开关电源输出端无其他电流支路。向开关电源输出端加入检测电流,当输出电压不再增加的条件下,输出端仍然存在一个恒定的电流,说明该开关电源输出端存在假负载支路或漏电流支路。当开关电源输出端无其他电流支路时,在电容电流恒定的条件下,输出电压呈现线性增加;在电容电流慢慢降为 0 的阶段,输出电压增加缓慢。当开关电源输出端存在假负载支路时,向开关电源输出端加入检测电流后,电容电流会随输出电压变化而变化,此时输出电压并不是线性增加的情况。当开关电源输出端存在漏电流支路时,则输出电压的现象与无其他电流支路情况类似,只是实际通过电容的电流会低于设定的检测电流。

$$i_\mathrm{C}(t) = i_\mathrm{S}(t) - i_\mathrm{R}(t) \qquad (9-8)$$

$$i_\mathrm{C}(t) = i_\mathrm{S}(t) - i_\mathrm{leak}(t) \qquad (9-9)$$

$$i_\mathrm{C}(t) = i_\mathrm{S}(t) \qquad (9-10)$$

以存在假负载支路情况为例,开关电源的输出电容等效模型由电容和等效串联电阻(equivalent series resistance,ESR)串联而成。其输出电容参数检测示意图如图 9-9 所示,R 表示假负载,$i_\mathrm{S}(t)$ 为设定的检测电流,$i_\mathrm{R}(t)$ 为电阻型假负载的电流,$i_\mathrm{C}(t)$ 为实际流过输出电容的电流,V_C 表示开关电源输出端电压的限压值,$V_\mathrm{S}(t)$ 代表向开关电源输出端所加的实际检测电流的参考电压,R_S 是检测电流的采样电阻。向开关电源输出端注入检测电流,同时测量实际检测电流的参考电压 $V_\mathrm{S}(t)$,结合采样电阻,得出实际外加的检测电流 $i_\mathrm{S}(t)$ 如式(9-11)所示:

$$i_\mathrm{S}(t) = \frac{V_\mathrm{S}(t)}{R_\mathrm{S}} \qquad (9-11)$$

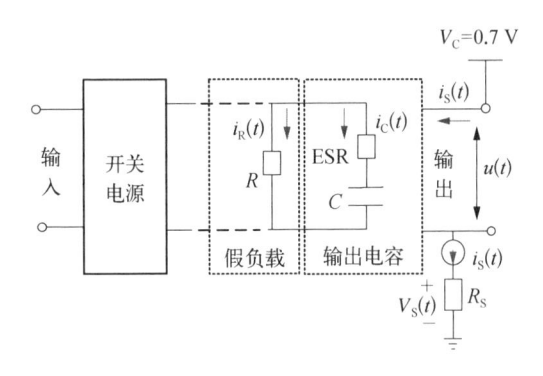

图 9-9　开关电源输出电容参数检测示意图

将开关电源输出端所加的电压限制为 0.7 V,向开关电源输出端加入检测电流 $i_\mathrm{S}(t)$,利用传感器采样得出开关电源输出电压 $u(t)$ 与检测电流 $i_\mathrm{S}(t)$ 信号。开关电源输出电压 $u(t)$ 与外加检测电流 $i_\mathrm{S}(t)$ 波形示意图如图 9-10 所示,当向开关电源输出端加入检测电流后,若在输出电压不再增加的条件下,输出端仍然存在一个恒定的电流 I_L,输出电压呈现非线性增加的情况,说明该开关电源输出端是存在假负载支路情况。通过恒定电流 I_L 和输出电压稳定值 V_L 可以得出开关电源输出端的假负载电阻 R 大小,假负载电阻计算如式(9-12)所示。当计算出假负载电阻的大小后,可以计算出假负载支路的瞬时电流如式(9-13)所示,则实际流过输出电容的电流大小如式(9-8)所示。若开关电源输出端是存在漏电流支路的情况,则实际流过输出电容的电流大小如式(9-9)所示。若开关电源输出端是无其他电流支路的情况,则实际流过输出电容的电流大小如式(9-10)所示。

$$R = \frac{V_L}{I_L} \tag{9-12}$$

$$i_R(t) = \frac{u(t)}{R} \tag{9-13}$$

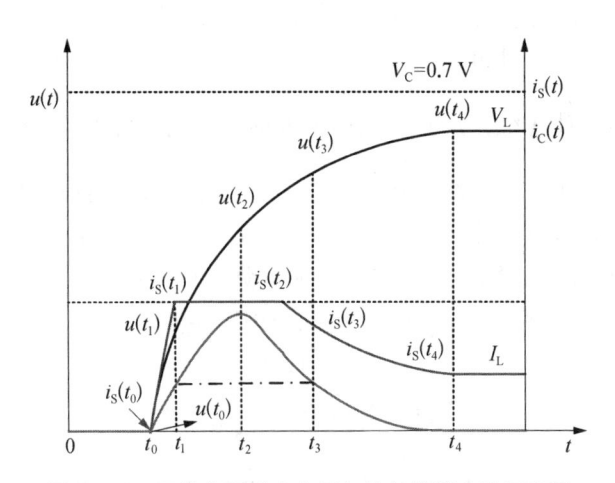

图 9-10 开关电源输出电压与外加检测电流示意图

在输出电容充电阶段,选取任意两个电容电流相等的时刻点,如图 9-10 中的 t_1 和 t_3,此时 $i_C(t_1) = i_C(t_3)$,而输出电压与电容电流之间的关系如式(9-14)所示。由于这两个时刻的电容电流相等,因此可以直接求出电容值,如式(9-15)所示。在实际应用中,可以选取多组电容电流相等的时刻点用于计算电容的容值,再求出平均值用于减小误差。

$$u(t_3) = u(t_1) - i_C(t_1)\text{ESR} + \frac{1}{C}\int_{t_1}^{t_3} i_C(t)\,\mathrm{d}t + i_C(t_3)\text{ESR} \tag{9-14}$$

$$C = \frac{\int_{t_1}^{t_3} i_C(t)\,\mathrm{d}t}{u(t_3) - u(t_1)} \qquad (9-15)$$

2. 储能电容 ESR 辨识

当电容衰退到一定程度后,开关电源的性能会退化到不能满足需求。电容的参数随频率而变化,由于开关电源工作在开关频率下,开关频率较高,输出电压纹波主要是由电容的 ESR 决定的。输出电容是开关电源的薄弱环节,对整个开关电源性能影响很大,检测开关电源中输出电容的 ESR 直接关系到该电源的故障情况和使用寿命。开关电源在运行过程中,可能存在不能任意停机的状态,拆开开关电源或卸下电容进行检测的方式均可能对电源造成损伤。针对开关电源的特点,设计一种不受变换器拓扑类型的限制的开关电源输出电容 ESR 的非侵入式在线检测方法。

开关电源主拓扑的核心部分是 DC-DC 变换器,虽然 DC-DC 变换器拓扑种类繁多,但均是从 Buck 变换器、Boost 变换器、Buck-Boost 变换器这三种基本拓扑衍生而来,这些变换器按照主拓扑输出端均采用大容值电容作为滤波电容。输出电容等效模型由容值和 ESR 值串联而成,电容的输出阻抗如式(9-16)所示,在低频时,电容的容值对电容阻抗起主要作用,此时电容的阻抗为 $Z_{CL} \approx \frac{1}{2\pi f C}$;当电容工作频率较高时,电容的 ESR 对电容阻抗起主要作用,此时电容的阻抗为 $Z_{CH} = \mathrm{ESR}$。一般而言,当开关频率高于 10 kHz 后,输出电容的阻抗主要由 ESR 决定,电容的容值几乎不起什么作用,而现有的开关电源的开关频率一般都会高于 10 kHz,因此输出电容在工作的时候,阻抗可以表示为 $Z_{CH} = \mathrm{ESR}$。

$$Z_C = \sqrt{\mathrm{ESR}^2 + \left(\frac{1}{2\pi f C}\right)^2} \qquad (9-16)$$

在开关电源正常运行时,向开关电源输出端并联已知参数的 RC 电路,在并联 RC 电路前后,向开关电源输出端加相同的白噪声电流信号。测量输出电压信号,并对输出电压信号进行频谱变换,对频谱变换后的信号强度进行积分,结合并联的 RC 参数,便可以计算出输出电容的 ESR 值。

向开关电源输出端加白噪声电流检测输出电容示意图如图 9-11 所示。其中,开关电源的输出电容等效模型由容值 C_o 和等效串联电阻值 ESR_o 串联而成;并联 RC 电路的电容表示为 C_m,电阻表示为 ESR_m,负载等效电阻表示为 R_L。向开关电源输出端引出的白噪声电流表示为 i_w,流过负载电阻的白噪声电流表示为 i_{os},流过电容的白噪声电流表示为 i_{cs},输出电压信号表示为 v_{os}。在开关电源正常运行时,向开关电源输出端引出白噪声电流,检测输出电压信号 v_{os1},对输出白噪声电压信号进行频谱变换,对频谱变换后的信号强度进行积分。然后在开关电源输出端并联已知参数的 RC 电路,再向开关电源输出端引出相等的白噪声电流信号。测量输出电压信号 v_{os2},对输出白噪声电压信号进行频谱变换,对频谱变换后的信号强度进行积分。利用式(9-17)~式(9-21),即可计算出开关电源输出电容的等效串联电阻的大小。

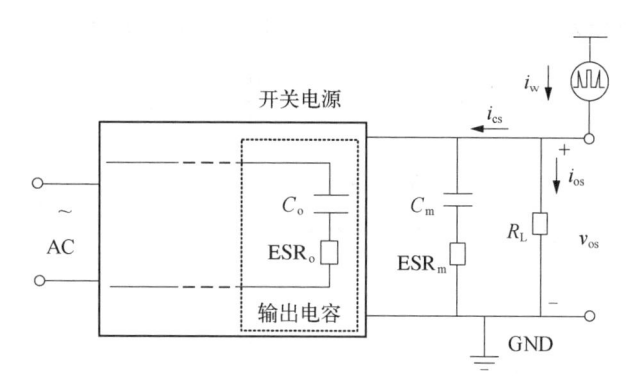

图 9-11 开关电源输出电容等效串联电阻检测示意图

在开关电源运行的开关频率下,输出电容的阻抗主要是由 ESR 决定,开关电源输出端的等效电阻与纹波的关系表示为式(9-17),其中,ESR_1 是输出电容等效串联电阻 ESR_o 与负载电阻并联后的总的等效电阻值,v_{of1} 是并联电容前开关电源输出白噪声电压信号,Sv_{of1} 是并联电容前开关电源输出白噪声电压信号频谱变换后的信号强度的积分。在开关电源输出端并联 RC 电路,并联电路的电容表示为 C_m,电阻表示为 ESR_m,并联电路后新的开关电源输出端的等效电阻与纹波的关系表示为式(9-18),其中,v_{of2} 是并联电容后开关电源输出白噪声电压信号,Sv_{of2} 是并联电容后输出白噪声电压信号频谱变换后的信号强度的积分。ESR_2 为 ESR_1 与 ESR_m 并联后的值,其值表示为式(9-19),通过式(9-17)~式(9-19)可以推出 ESR_1 值如式(9-20)所示。补偿负载电阻 R_L 后,计算出开关电源输出电容的等效串联电阻 ESR_o 如式(9-21)所示。

$$ESR_1 \cdot i_w = v_{of1} \tag{9-17}$$

$$ESR_2 \cdot i_w = v_{of2} \tag{9-18}$$

$$ESR_2 = ESR_1 // ESR_m = \frac{ESR_1 \times ESR_m}{ESR_1 + ESR_m} \tag{9-19}$$

$$ESR_1 = \frac{Sv_{of1}}{Sv_{of2}} ESR_m - ESR_m \tag{9-20}$$

$$\mathrm{ESR_o} = \frac{R_\mathrm{L} \times \mathrm{ESR_1}}{R_\mathrm{L} - \mathrm{ESR_1}} \qquad (9-21)$$

9.3.2 继电器参数识别

电磁继电器和电磁阀的线圈侧电特性可等效为线圈固定螺线管模型,通过分析线圈固定磁芯运动情况下的电磁力及相应电参数关系,可实现电磁阀电特性分析。涉及的参数物理关系如图 9-12 所示,线圈可等效为理想电感与电阻串联:

$$v = iR + \dot{\lambda} = iR + L(x)\frac{\mathrm{d}i}{\mathrm{d}t} + K(x, i)\dot{x} \qquad (9-22)$$

$$K(x, i) = L'(x)i \qquad (9-23)$$

其中,v 代表线圈两端电压;R 代表线圈电阻。

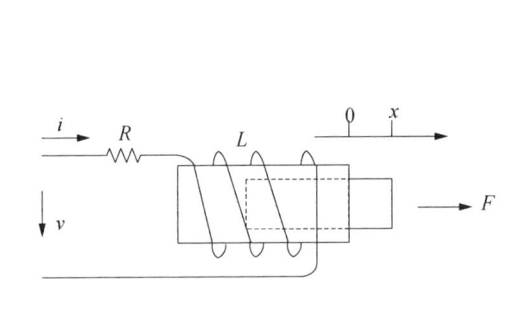

图 9-12 电磁继电器线圈侧原理示意图　　图 9-13 线圈电流波形

将线圈上电时刻作为原点,其电流波形如图 9-13 所示。当线圈两端施加额定电压后,其电流开始上升,当电流上升到一定值后,线圈的衔铁也开始动作。由于衔铁位置发生改变,使得线圈中的电流开始下降。一段时间后,电流又开始上升最终到达稳态值。当线圈加载一定电压时,可在衔铁没有发生动作时,等效为理想的 RL 电路,通过获得的电流波形采用拟合的方式能够获得线圈的电感值。

不同类型的继电器的输出电阻所指不同。电磁继电器的输出电阻是指其触点电阻,触点接触电阻包括动合点接触电阻和静合点接触电阻;固态继电器的输出电阻是指其半导体的导通电阻。

输出电阻是继电器重要的参数之一。由于输出电阻只有几十毫欧,甚至只有几毫欧,为了准确测量输出电阻,需要消除测试系统的内部电阻和接触电阻。输出电阻不仅反映继电器的电性能(电阻),还可反映触点的化学和物理性能,例如触点表面是否有钝化膜产生,触点间的压力是否能达到设计要求。

试验证明,当继电器中的弹性材料应力减退时,触点压力下降,将会在触点接触电阻参数上有明显的反映,所以触点接触电阻与继电器的接触可靠性密切相关。为了准确地测量触点的接触电阻,采用图 9-14 所示的四线开尔文连接方式,消除上述影响,增加触点电阻测量的准确性。

电磁继电器的触点工作在低电平微电流下,容易造成一种称为低电平失效的失效模式,这是指当继电器切换低电平、微电流负载时,触点两端不产生飞弧(俗称打火),不能烧毁或击穿触点表面的绝缘膜,不能熔化触点表面的粗糙部分,也就不会重新形成

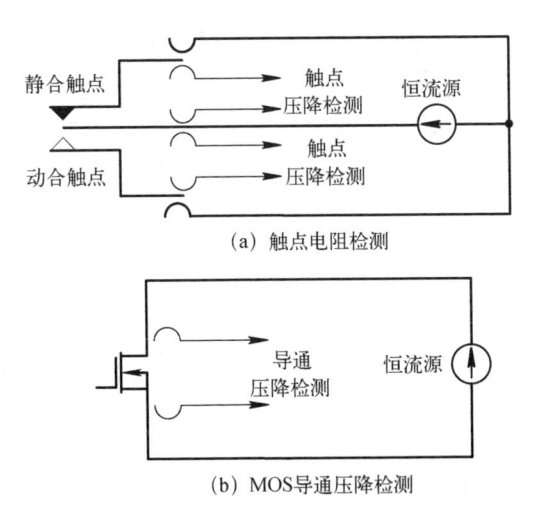

(a) 触点电阻检测

(b) MOS 导通压降检测

图 9-14 四线开尔文连接方式

较大的接触面以降低接触电阻。经过长期存放,触点表面生成钝化膜的继电器在低电平、微电流下工作时,会造成接触电阻变大甚至开路的失效模式。采用常规参数测试的方法难以淘汰低电平失效的继电器,这是因为对继电器触点接触电阻进行常规测试时,在触点间要加 6 V 的电压,触点电流可达 10 mA,这足以破坏触点表面的钝化膜,使失效的继电器暂时恢复正常,难以将其在检测中淘汰,但经过一段时间的存放,触点表面又会生成钝化膜。因此,这种失效模式对于有长存放期的武器系统中的电子装备危险尤为重大。

继电器低电平运行试验项目源于美国军标《电磁继电器通用规范》(MIL-DTL-39016J),我国的国军标《有失效率等级的电磁继电器通用规范》(GJB 65C—2021)和《电子及电气元件试验方法》(GJB 360B—2009)参照相应的美军标也对继电器的低电平运行试验作了近乎相同的要求。国军标规定的典型低电平运行条件为触点开路电压 10~50 mV,动态电流 10~50 μA。触点动态接触电阻的合格判据为<100 Ω(在开路电压为 50 mV,通态电流为 50 μA 的情况下,接触压降的合格判据为<5 mV)。触点断态电平的合格判为大于开路电平的 95%(在开路电平为 50 mV 的情况下为>47.5 mV)。在监测时间上,标准要求监测系统至少在每次"接通"期的 40% 时间内和每次"断开"期的 40% 的时间内监测接触电阻(或压降)。监测设备在继电器出现失效时,应能自动停机,或能记录每次失效。

回跳时间包括吸合回跳时间和释放回跳时间。由于电磁继电器采用有弹性的机械触点完成线路的接通和断开,因此不同于由半导体器件组成的无触点电子开关,当继电器的触点接通或断开的瞬间会有一段不稳定的接触期,典型的触点波形如图 9-15 所示。

MIL-DTL-39016J 和 GJB 65C—2021 对触点回跳作了定义:等于或大于开路

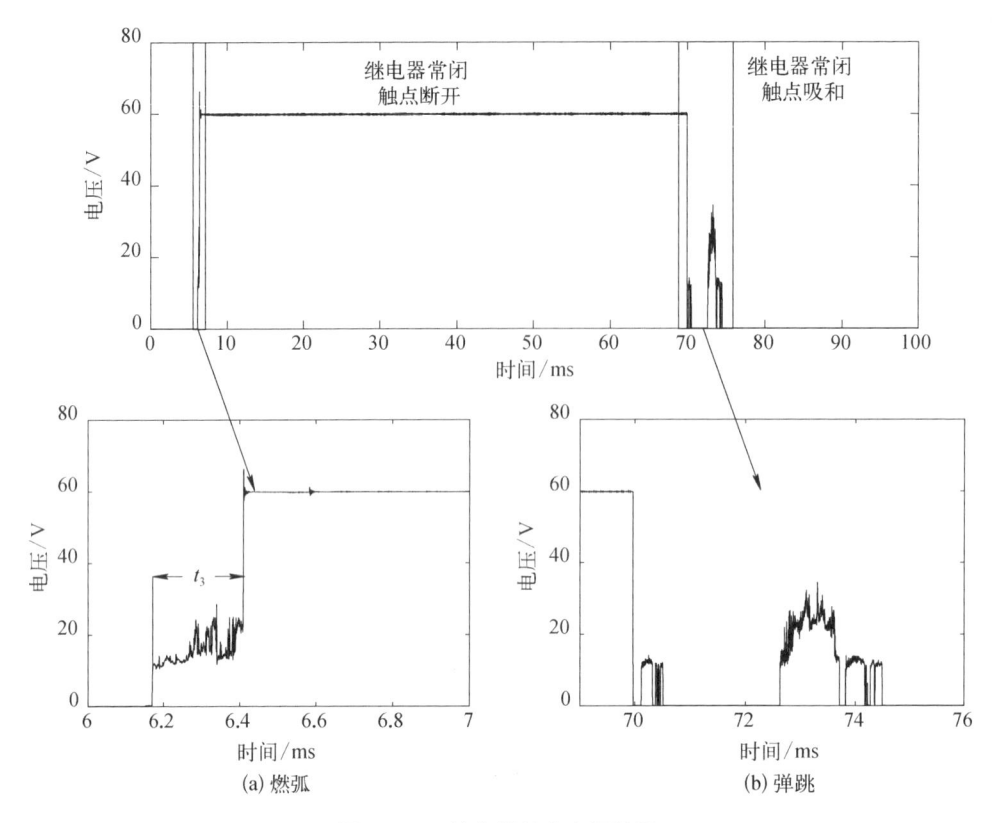

图 9-15 继电器触点电压波形

电压的 90%，且脉冲宽度等于或大于 10 μs 的现象则认为是回跳，同时还明确规定触点回跳时间不得超过 1.5 ms。国军标之所以规定回跳时间参数的测试，是因为继电器的回跳时间同静态接触电阻参数一样，反映了继电器的触点压力。试验证明，当继电器的触点压力明显衰退时，回跳时间会变长。

继电器和电磁阀的吸合电压和释放电压测试方法有两种，一种是直流法，另一种是脉冲法。传统测试一般都采用直流法，因其比较容易实现。只需将一直流稳压电源接在被测电磁继电器或电磁阀的绕组上，缓慢调节稳压源电压，同时监视继电器触点的状态即可测到吸合电压和释放电压。由图 9-16 可知，用直流法测试时，绕组电压是渐变上升或下降的；而采用脉冲法测试吸合电压时，绕组电压每次是从零电压上跳的；采用脉冲法测试释放电压时，绕组电压每次是从额定工作电压下跳的。由于继电器或电磁阀自身的特性，两种测试方法测试会有不同的测试结果，相比之下，脉冲法的测试结果严于直流法，同时也更接近实际使用情况。

我国军用标准《有可靠性指标的电磁继电器总规范》(GJB 65B—1999) 中指出：由于电压的缓慢上升会使继电器线圈过热，并会改变规定的动作（自保持/复归）、保持和释放值（电压），因此当有争议时，应以阶跃函数法为准。美国军用规

(a) 直流法　　　(b) 脉冲法

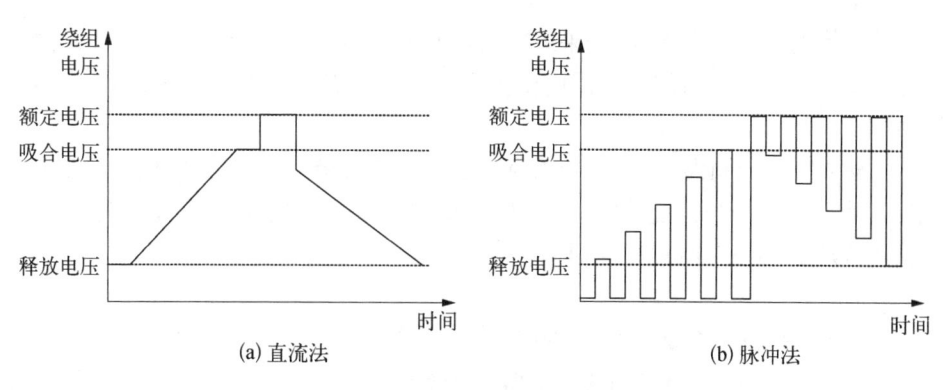

图 9-16　继电器测试方法

范 MIL-R-83536 中指出：由于慢速渐变电压使继电器或电磁阀线圈过热并改变规定的吸合、保持和释放值（电压），遇有争议时应以阶跃函数法为指导法则。阶跃函数法就是本书所指的脉冲法，但脉冲法由于测试方法较为复杂，通常需要专用测试设备才能完成。

转换时间包括导通时间和断开时间。其中，导通时间指的是从在输入端施加导通电压起至继电器或电磁阀正常输出所需要的时间；断开时间指的是从在输入端施加关断电压起至继电器或电磁阀完全关闭输出所需要的时间。

以电磁继电器的导通转换时间为例进行说明，在吸合过程中，静合点断开时间与动合点导通时间之差称为吸合转换时间。图 9-17 所示为合格继电器和失效继电器的吸合转换波形。转换时间保证了电磁继电器触点的先断后通，在有多组触点的继电器中，必须在最后一组静合点断开后，才能有动合点闭合，否则就是转换时间不合格。如果在一组触点中出现先通后断的情况，就是所谓的三点连通。这种转换时间不合格的继电器在使用中会造成严重的后果，特别是应用在电源切换

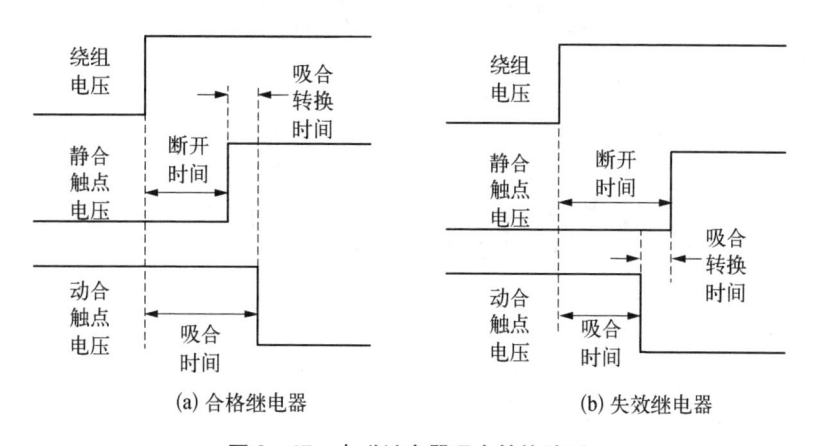

(a) 合格继电器　　　(b) 失效继电器

图 9-17　电磁继电器吸合转换波形

和信号切换的场合的继电器,如果继电器转换时间不合格,将导致电源瞬时短路或信号瞬时短路。转换时间的测试由于需要对多组触点同时进行监测,通常也需要专用测试系统才能完成。

电磁阀在额定负载条件下,导通时间是指从输入端达到额定接通电压起,电磁阀负载从10%至90%的变化时间;关断时间是指从输入端达到额定断开电压起,电磁阀负载从90%至10%的变化时间。

9.3.3 电源控制环路参数辨识

对于一个设计好的开关电源,认为该电源的控制回路参数固定,主拓扑参数也固定,而振荡角频率和振荡频率关系式如式(9-24)所示:

$$\omega = 2\pi f \tag{9-24}$$

采用脉冲注入电路向开关电源的输出端加入一个脉冲电流,检测开关电源输出端产生的脉冲响应;在同一开关电源输出端并联一个电容,再向开关电源的输出端加入一个相同的脉冲电流,检测开关电源输出端产生的新的脉冲响应。未并联电容的开关电源输出脉冲响应的周期为 T_{s1},角频率为 ω_1,频率为 f_1,滤波电路中的电容值为 C_1;向开关电源输出端并联的电容值为 x,并联电容后开关电源输出脉冲响应的周期为 T_{s2},角频率为 ω_2,频率为 f_2,总电容值为 C_2。从以上关系式可以推导出开关电源输出滤波电路的电容容值大小,详细推导过程如下:

$$\omega_1 = \sqrt{M+1}\left(\frac{1}{\sqrt{LC_1}}\right) \tag{9-25}$$

$$\omega_2 = \sqrt{M+1}\left(\frac{1}{\sqrt{LC_2}}\right) \tag{9-26}$$

$$\frac{\omega_2}{\omega_1} = \sqrt{\frac{C_1}{C_2}} \tag{9-27}$$

$$\frac{C_1}{C_2} = \frac{C_1}{C_1+x} = \left(\frac{\omega_2}{\omega_1}\right)^2 = \left(\frac{2\pi f_2}{2\pi f_1}\right)^2 = \left(\frac{T_{s1}}{T_{s2}}\right)^2 = k \tag{9-28}$$

$$C_1 = \frac{kx}{1-k} \tag{9-29}$$

因此,通过检测并联已知容值的电容前后的开关电源脉冲响应参数,可以利用式(9-29)求解开关电源输出端电容的容值。

开关电源脉冲响应波形如图9-18所示,其中图9-18(a)是向一个输出稳定电压为3.3 V的开关电源输出端加入突变脉冲后得出的脉冲响应波形;图9-18(b)是在开关电源输出端并联与之匹配的电容后,在电源输出端加入同一个突变脉冲后得出的脉冲响应波形。其中,向开关电源输出端加入的突变脉冲信号的大小需要与所测开关电源的种类和电压等级相匹配。

(a) 开关电源输出脉冲响应波形

(b) 并联电容后开关电源输出脉冲响应波形

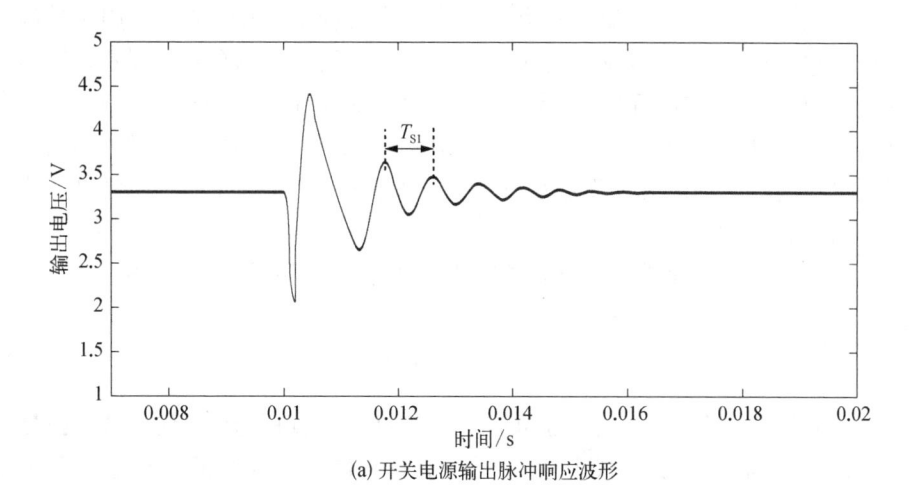

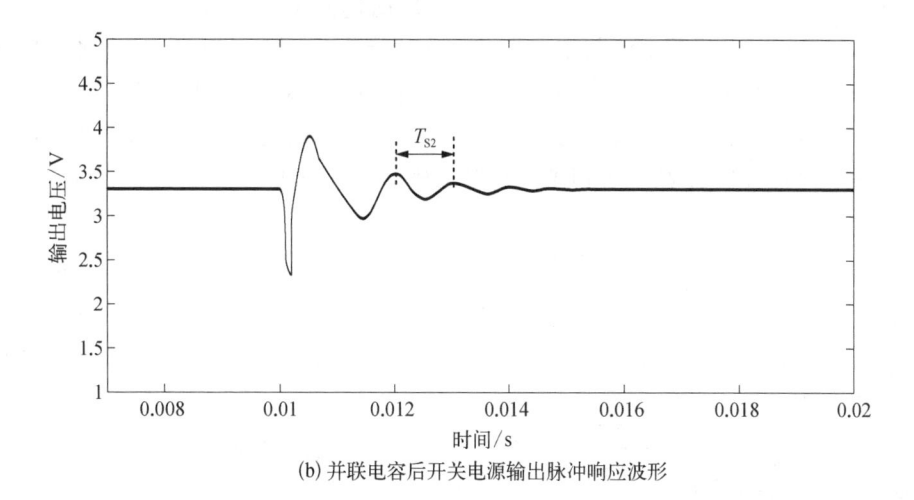

图 9-18 脉冲响应波形

电源系统输出端产生阻尼振荡与开关电源反馈环路的增益有关,环路增益越大,振荡的频率就越大,振荡所产生的振荡波形个数就会越多。通过对电源系统的脉冲响应进行监测,检测开关电源输出振铃响应的频率或周期,可以对控制环路参数进行监测。

9.3.4 MOSFET 结温测量

1. 消除反向饱和电流影响的体二极管测温方法

开关电源中广泛采用功率 MOSFET 进行功率变换。结温对半导体器件的性能和可靠性有重大影响,MOSFET 结温是开关电源可靠性的关键参数,因此 MOSFET 结温监测是保证开关电源正常工作的重要手段。MOSFET 的结构中含有体寄生二极管,二极管的正向电压与温度具有较好的线性关系。二极管的理想因子随温度会发生变化,目前采用二极管测温的方法将理想因子视为常数会存在较大的误差。同时,MOSFET 在正常运行时,经常会流经变化的电流,根据 MOSFET 的特点,可利用体寄生二极管测量 MOSFET 的结温。采用一种与反向饱和电流无关并适用于可变导通电流情况下的二极管测温方法,同时,该方法考虑了理想因子随温度变化的因素,可提高温度测量精度。

体二极管的正向导通电压与流经二极管的电流之间的关系如式(9-30)所示:

$$i_b = I_s (e^{\frac{v_f}{nkT/q}} - 1) \tag{9-30}$$

其中, i_b 代表体二极管的正向导通电流;I_s 代表反向饱和电流;k 代表玻尔兹曼常数;q 代表基本电荷常数;n 代表理想因子;v_f 代表体二极管的正向导通电压;T 代表热力学温度。当 $e^{\frac{v_f}{nkT/q}} \gg 1$ 时,将式(9-31)简化为式(9-32)。

体二极管正向导通电流与正向导通电压示意图如图 9-19 所示,在体二极管正向导通电流变化的阶段,选择两个相等时间段 Δt_1 和 Δt_2,其中 Δt_1 时间段内的正向电流及其正向电压分别表示为 i_{b1} 和 v_{f1},Δt_2 时间段内的正向电流及其正向电压分别表示为 i_{b2} 和 v_{f2},则 MOSFET 的结温测量推导过程如下:

$$i_b = I_s e^{\frac{v_f}{nkT/q}} \tag{9-31}$$

$$i_{b1} = I_s e^{\frac{v_{f1}}{nkT/q}} \tag{9-32}$$

$$i_{b2} = I_s e^{\frac{v_{f2}}{nkT/q}} \tag{9-33}$$

$$\frac{i_{b1}}{i_{b2}} = e^{\frac{v_{f1}-v_{f2}}{nkT/q}} \tag{9-34}$$

$$v_{f1} - v_{f2} = \frac{nkT}{q}\ln\left(\frac{i_{b1}}{i_{b2}}\right) = \frac{nkT}{q}[\ln(i_{b1}) - \ln(i_{b2})] \tag{9-35}$$

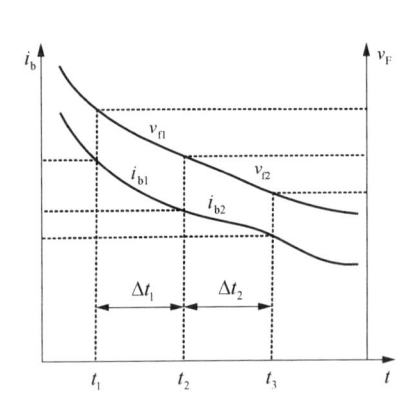

图 9-19 体二极管正向导通电流与正向导通电压示意图

$$\int (v_{f1} - v_{f2}) \mathrm{d}t = \int \frac{nkT}{q} [\ln(i_{b1}) - \ln(i_{b2})] \mathrm{d}t \qquad (9-36)$$

$$\int v_{f1} \mathrm{d}t - \int v_{f2} \mathrm{d}t = \frac{nkT}{q} \left[\int \ln(i_{b1}) \mathrm{d}t - \int \ln(i_{b2}) \mathrm{d}t \right] \qquad (9-37)$$

令 $S_{V1} = \int v_{f1} \mathrm{d}t$, $S_{V2} = \int v_{f2} \mathrm{d}t$, $S_{I1} = \int \ln(i_{b1}) \mathrm{d}t$, $S_{I2} = \int \ln(i_{b2}) \mathrm{d}t$, 将式(9-37)改写为式(9-38)，则推导出温度 T 的表达式如式(9-39)所示。体二极管的反向饱和电流与温度有关,此方法通过对不同时间段中体二极管的正向导通电流和正向导通电压分别进行积分后计算温度,消除了反向饱和电流对测温的影响。

$$S_{V1} - S_{V2} = \frac{nkT}{q}(S_{I1} - S_{I2}) \qquad (9-38)$$

$$T = \frac{q(S_{V1} - S_{V2})}{nk(S_{I1} - S_{I2})} \qquad (9-39)$$

2. 考虑理想因子随温度变化的体二极管测温方法

根据式(9-39),可以推导出理想因子的计算式如式(9-40)所示。MOSFET 体二极管的理想因子随温度变化,不同类型的 MOSFET 随温度变化的趋势存在差异,例如,对于普通 Si 型材料的 MOSFET,其理想因子随温度升高而降低;而 SiC 型的 MOSFET,其理想因子随温度升高而降低;还有部分 MOSFET 的理想因子随温度变化不大。不同类型的 MOSFET 的体二极管的理想因子随温度的变化均可以表示为反比关系变化,因此将 MOSFET 体二极管的理想因子随温度变化的表达式表示为式(9-41),其中,a、b、c 是与测温使用的 MOSFET 相关的常数。

$$n = \frac{q(S_{V1} - S_{V2})}{kT(S_{I1} - S_{I2})} \qquad (9-40)$$

$$n = a + \frac{b}{T+c} \qquad (9-41)$$

令 $m = \dfrac{q(S_{V1} - S_{V2})}{k(S_{I1} - S_{I2})}$, 则将 MOSFET 结温表达式(9-38)改写为式(9-42)所示。将式(9-42)化解得出一个如式(9-43)所示的关于温度 T 的一元二次方程,实际应用中,该方程的解为正温度值,则方程(9-43)的正数解即为 MOSFET 体二极管测量的温度值,因此,MOSFET 的结温 T 如式(9-44)所示:

$$T = \frac{q(S_{V1} - S_{V2})}{nk(S_{I1} - S_{I2})} = \frac{m}{n} = \frac{m}{a + \dfrac{b}{T+c}} \qquad (9-42)$$

$$aT^2 + (ac + b - m)T - mc = 0 \qquad (9-43)$$

$$T = \frac{-(ac + b - m) + \sqrt{(ac + b - m)^2 - 4a(-mc)}}{2a} \qquad (9-44)$$

功率 MOSFET 应用场合众多,功率 MOSFET 的结温可以通过体二极管正常工作时的正向电流和正向电压来测量。在某些应用场合,如电桥电路和感性负载驱动电路,功率 MOSFET 具有反向续流的工作状态,其续流电流往往是变化电流。考虑理想因子随温度变化情况,对正向导通电流及正向导通电压分别进行积分,同步采集积分后的电压和电流值,实现 MOSFET 结温测量。此种测温方法与体二极管反向饱和电流无关并适用于可变导通电流情况,利用 MOSFET 物理结构中包含的体寄生二极管作为传感器,相当于把传感器放置在 MOSFET 内部,安全可靠,且其测量的温度更加接近 MOSFET 结温。

9.4 非预期性电击穿及电弧故障机理分析

9.4.1 非预期性电击穿机理

推力器的非预期电击穿直接影响其工程应用的工作可靠性。推力器的非预期电击穿主要包含以下几种形式。电击穿:原边绝缘良好的电极之间出现电流且电压快速降低的现象。电弧:电极之间击穿电流在负电位电极表面形成的斑点弧光。打火:电击穿或电弧从产生、发展到熄火的完整过程。非预期电击穿(打火):推力器在工作中不期望发送的电击穿(打火)[29]。

对于电推力器而言,使用电力来加速推进剂以产生推力。相对于化学推进而言,电推进推力器中需要多种电源或高压电源同时工作,各个电源之间,电源和绝缘壳体之间都会产生电场,而当电场强度达到一定程度时,金属表面的凹凸、尖端放电和等离子体产生的低气压环境,都可能导致推力器发送非预期的电击穿。

以离子推力器为例,离子电推进正常工作时,其阳极、屏栅、放电阴极等电极处于屏栅电源的正高电位(一般为 1 000 V 以上),统称为高电位电极;其外壳和中和器处于近似地(零)电位、加速栅处于加速电源的负电位(一般为-200 V 以下),统称为低电位电极。高电位电极与低电位电极之间存在 1 000 V 以上的电位差,而屏栅和加速栅电极的典型间距为 1 mm 左右、阳极与外壳电极的最小间距为 3 mm、屏栅与外壳电极的最小间距为 4 mm,高电位差和小间距使得高低电极间存在较强的电场,这是导致离子推力器产生非预期电击穿(打火)的先决条件[30]。

由于电推力器工作在真空环境,其打火的机理主要有真空电击穿和低气压电击穿两种方式。真空电击穿即真空放电发展形成的火花放电和电弧放电,其过程主要分为电子发射、火花放电和电弧放电 3 个阶段,其主要成因是等离子体与加速栅表面相互作用,形成栅表面微爆炸和场致电子发射[31-35],其中电子发射对极间放电起决定性作用。图 9-20 所示为不同电极材料在真空下的电击穿场强,从图中可以看出,即使是最低真空击穿场强,其电压强度也远大于电推力器实际工作电压强度。因此,推力器的真空电击穿还存在其他多种诱发因素导致其击穿场强大大降低,如加速栅表面微凸起、电介质薄膜、吸附物和杂质微粒等也可能加剧电场局部畸变,于是栅极表面微凸起在场致效应下发射电子,电子发射电流对表面微凸起进行焦耳加热[29,36],能量富集后出现微爆炸,形成等离子体羽流;伴随着电流的增大,等离子体进一步发展,放电转为火花放电阶段,当电流高于阈值电流时,火花放电过程自持;当有足够的功率维持放电时,则在火花放电的最后阶段形成真空电弧[31]。

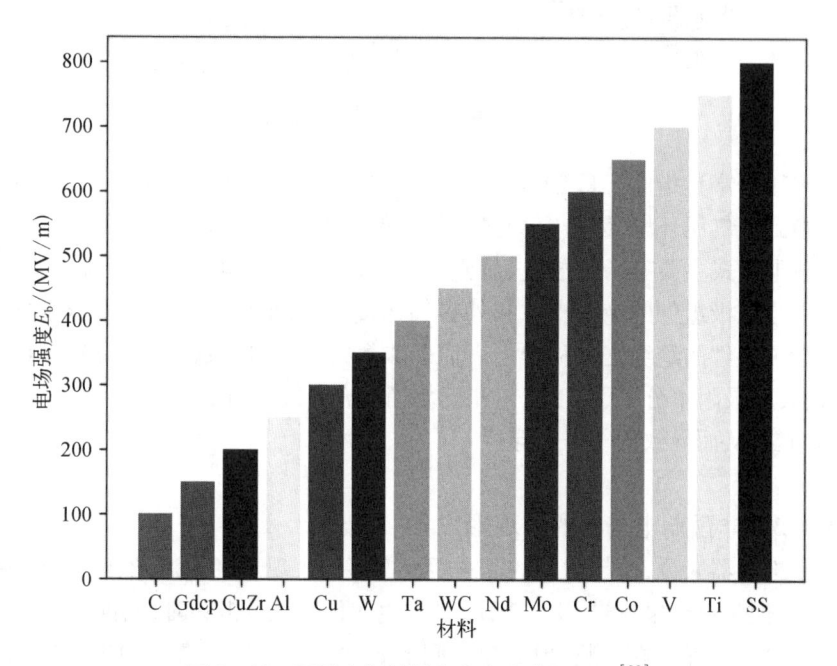

图 9-20　不同电极材料真空电击穿场强图[29]

另一种真空环境下的非预期电击穿现象为真空沿面闪络,它是指在真空场强下,沿栅极绝缘支撑材料表面发生放电从而导致电击穿的物理现象。目前认为,真空沿面闪络的产生机制符合二次电子发射雪崩(secondary electron emission avalanche, SEEA)模型[29,37-39],沿面闪络起始于绝缘体、负电极和真空表面交界的三结合点处,主要原因是该点附近存在高场强的局部电场;阴极在场致效应和高温条件的激发下发射电子,电子在电场加速下轰击绝缘支撑表面并激发二次电子;由于静电场的存在,电子继续向阳极运动,并在运动过程中继续轰击绝缘支撑表面,产生更多新的二次电子,该循环持续发展形成电子发射雪崩;根据电子激励解吸附原理,电子轰击栅极组件表面,造成栅极表面气体解吸附,从而产生中性粒子和带电离子,最终发生沿面闪络,过程如图9-21所示[29,30]。综上,SEEA模型可以分为4个阶段:① 阴极在场致效应和高温激发下发射电子;② 电子轰击栅极绝缘支撑表面产生二次电子;③ 大量电子轰击栅极材料表面引发出气;④ 电子碰撞气体分子使其电离发生沿面闪络[30]。

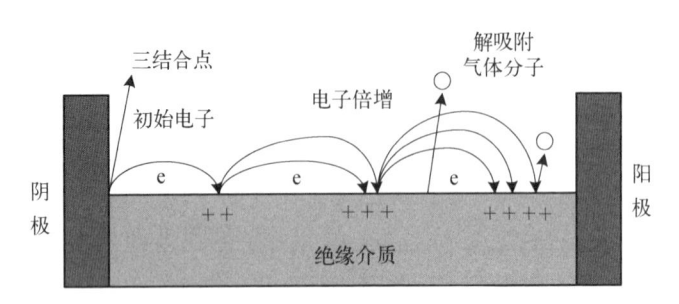

图9-21 真空沿面闪络SEEA模型[7]

低气压击穿是指由于真空环境被破坏,推力器中的高电场环境由原来的真空环境转换到低气压环境,因击穿场强阈值变低而形成的各种打火现象。低气压电击穿的放电模式主要有汤生放电、辉光放电、火化放电及电弧放电四种。同样的,低气压下当栅极组件的绝缘支撑和外界气体接触后,也可能发送低气压下的沿面闪络。栅极组件的绝缘支撑和栅极表面的非解密接触,以及低气压导致的湿度变化、栅极表面吸附水分子、加工工艺和安装等造成栅极表面不均匀都可能造成电场分布不均匀,从而导致低气压击穿[30]。

9.4.2 非预期电击穿的表现形式

对于推力器来说,电推力器的非预期电击穿的表现形式为弧光、辉光或闪络等物理现象;但是对于电推进 PPU 来说,当发生非预期性电击穿时,电推进 PPU 负载近似短路,在电源的输出侧表现出短时间的脉冲尖峰电压或者脉冲尖峰电流。以微牛级会切离子推力打火研究为例,阴极的引出电子电流和推力器引出离子电流不均衡是导致打火的主要原因。当电子引出电流略高于推力器的屏栅电流时,推力器打火间隔在1 h/次。图9-22所示为离子推力器打火时屏栅电流和加速栅电流的实际波形,从图中可以看出,打火前后瞬间屏栅电流会出现15 mA 的峰值差,而加速栅则会出现接近60 mA 的峰值偏差。

非预期电击穿具备瞬态特性,可根据电参数的变化对其进行间接表征,因此根据电击穿的不同类型,以电压电流波形为依据提出抑制判据具有重要意义。文献[30]~[32]主要针对离子推力器真空和低气压下的栅极非预期电击穿作出5种放电类型区分,并对5种不同类型的放电给出了评估及策略,如表9-1所示。

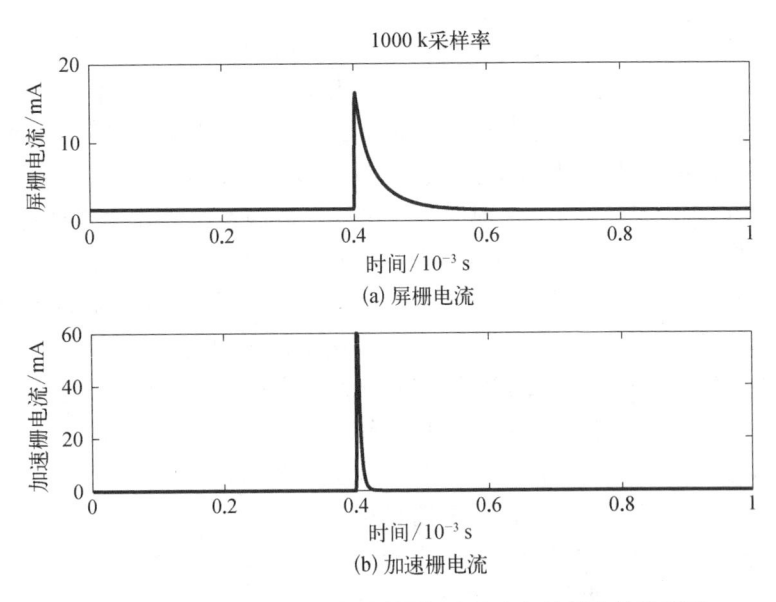

图 9-22　离子推力器打火时刻屏栅电流和加速栅电流波形图

表 9-1　主要电击穿放电类型的评估及策略[30,40,41]

放电类型	伏 安 特 性	光 学 特 性	危害性	处置建议
汤生放电	放电电流极低	间隙充满均匀的微弱发光,极易向辉光放电发展	低	不作处置
辉光放电	放电较稳定,单次放电时间在ns级	发光形态稳定,电极表面存在亮斑状辉光,间隙间未形成持续的贯穿性导电通道	较低	不作处置
火花放电	放电脉冲宽度在数十微秒级,放电结束后存在较大过冲和较长恢复时间	放电瞬间出现高强度的发光,亮度远超辉光放电	中	抑制
沿面闪络	放电脉冲宽度在数十微秒级,放电结束后存在较大过冲和较长恢复时间	放电通道主要沿绝缘支柱的表面发展,放电是在绝缘支柱表面出现高强度发光	较高	避免
电弧放电	放电脉冲宽度在数十微秒级,电流峰值和电压降远超火花放电和沿面闪络	放电形成极为明亮的贯通性导电通道,电源功率足够大时,导电通道能够维持较长时间	高	避免

9.4.3　非预期性电击穿的危害及应对措施

推力器非预期性打火的影响是多方面的,如果不加以重视和控制,严重时会导致航天器任务失败。具体可以从以下几个方面来评价电推力器非预期性击穿的危害[29,42]。

（1）对航天器任务而言，非预期打火将导致实际输出推力（冲量）小于预期水平、预定的正常工作被临时中断、连续稳定推力状态被破坏等情况。

（2）对推力器本身而言，除了可恢复的束流中断外，非预期打火可导致中和器熄灭、放电室熄灭、电极表面损伤、栅极之间永久短路等情况。

（3）对电推进系统而言，非预期打火可导致电源系统工作中断、PPU 单机失效、系统柔性变差、工作可靠性和寿命降低等后果。其中，系统工作中断包括安全控制主动中断和放电熄灭被动中断。PPU 失效的原因之一是推力器打火产生的短路大电流脉冲导致 PPU 电路中电压、电流快速变化，电路上元器件承受更大的应力；对于多台推力器同时工作的系统，不同推力器的非预期打火会直接导致系统工作不兼容，反过来影响到推力器和 PPU 之间配置的柔性设计；非预期打火导致的系统工作频繁中断、电流/电压脉冲对 PPU 电路元器件的损伤、系统兼容性或柔性变差都将直接关系到系统工作的可靠性和寿命。

针对电推力系统中的非预期性打火现象，应该从预防其产生和保障其安全两个角度来应对。对推力器本身而言，在设计和制造阶段使用高质量材料，选择高性能的绝缘材料和耐热材料，以防止电击穿和过热；优化热管理和电磁兼容性，确保各部件在极端条件下仍能正常工作。对电源系统而言，在发射前可对电推力电源系统进行全面的测试，包括短路、过热和电磁兼容测试；提高检测系统的精度和可靠性，装备高级监控系统，以实时跟踪电推力器的性能参数，如温度、电压和电流。最后，应该预设安全程序，在系统检测到异常参数时，自动启动预设的安全程序，如减少功率输出和临时关闭推力器。

9.5 闭环控制中的共性问题

卫星电源控制器和载荷电源一般是恒定电压输出，适应不同的负载电流。而电推进 PPU 的不同之处在于，根据不同的任务要求，其屏栅电源或阳极电源输出电压在很大范围内变化。电推进 PPU 大多需要数字控制单元［微控制单元（microcontroller unit，MCU）或 FPGA 等］接收、执行指令，并完成遥测遥控功能。有些设计是数控单元根据接收指令，给各电源子单元发送电压、电流、功率、时序要求，各电源子单元根据数控指令改变控制基准，用模拟控制的方式实现电源输出。由于有数控单元，有些设计是直接用 MCU 或 FPGA 实现多路的数字电源控制。由于具体的控制器都有通用的设计方法，不同的电源控制方式呈现多样性，在此不再赘述具体控制参数设计流程。下面分别针对模拟控制和数字控制给出需要注意的问题。

9.5.1 模拟控制及其注意事项

（1）模拟控制器的设计需满足全工作电压范围稳定。由于主功率工作电压变化大,全工作范围的稳定性需要得以保证。对于其他功能电源,要求亦如此。

(2) 在不调节 PCU 系统中,母线不是恒定的,这会引起变换器输入的电压波动,在高精度系统中要提前关注该波动带来的影响。对此,一般有两种解决方案:一是用闭环调节先产生一个恒定的电压源,后面级联 PPU 的变换器,以降低母线波动对后级变换器的影响;二是实施前馈控制,减少输入变化对输出的影响[43],如图 9-23 所示。

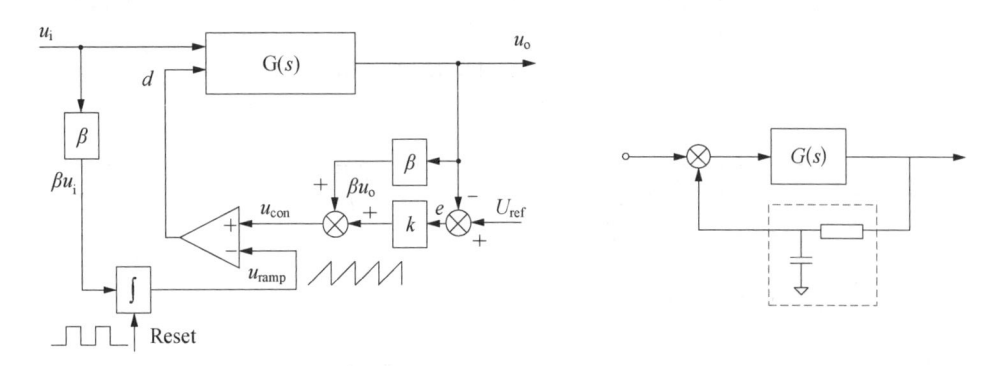

图 9-23　电压前馈控制框图　　　图 9-24　反馈通路中的滤波环节

(3) 在控制器参数设计过程中,在建立的数学模型中,除主拓扑数学模型外,还要计及测量、反馈单元中诸如信号调理、滤波等环节的数学模型。很多情况下,根据模型整定的控制参数不能在全范围内满足稳定性要求的原因是忽略了"弱电"环节的作用,例如,反馈环节中的滤波环节(图 9-24)往往会影响信号的相位。

(4) 注意双环控制中内环模拟控制参考量的给定方式。双环控制是普遍采用的控制方式,经典的双环控制模型的控制框图如图 9-25(a) 所示,其中电压环的输出作为电流环的参考输入其值为 $V_{\text{set\_1}}$。在此架构下才能实现对整个电流内环的等效,等效后如图 9-25(b) 所示。下一步才能便于实现电压环闭环波特图稳定性设计和控制参数配置。

由于集成控制器限制或者设计习惯的问题,许多基于运算放大器的模拟闭环控制器被设计成类似图 9-26(a) 的结构,该结构中参考电压直接输入至运放的非反向端(+端)。根据拉普拉斯及等效,该控制器可以简化为两个阻抗结构,如图 9-26(b) 所示。但是根据运放的结构,可以得出输出量与两个输入量的关系如下式所示,所以其相应的传递函数如图 9-29(c) 所示而不是期望的图 9-26(d)。

$$V_{\text{con}} = \frac{Z_1(s) + Z_2(s)}{Z_1(s)} V_{\text{set}} - \frac{Z_2(s)}{Z_1(s)} V_{\text{sense}} = V_{\text{set}} + \frac{Z_2(s)}{Z_1(s)} (V_{\text{set}} - V_{\text{sense}})$$

若采用了类似图 9-26(a) 的控制器(参考电压直接由单运放的 V_{set} 引入),图 9-25(a) 中的控制流程框图则不成立,取而代之的是图 9-27 中的控制框图,可见

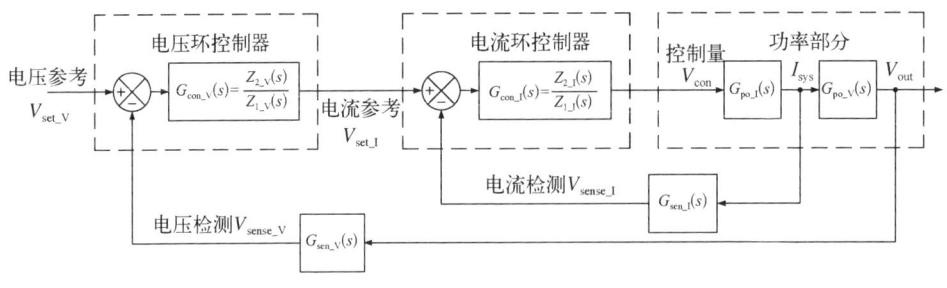

(a) 经典的双环控制模型控制框图

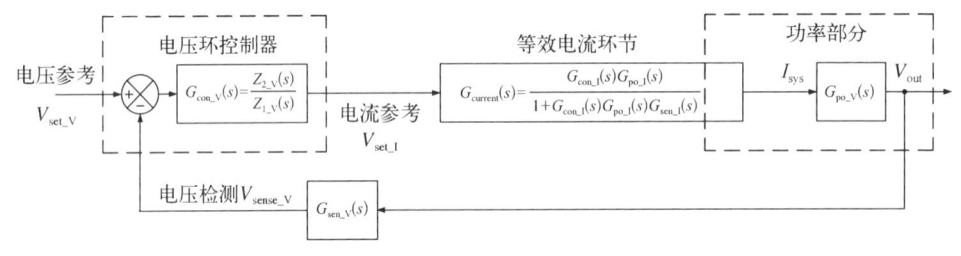

(b) 电流内环的等效控制框图

图 9-25 经典的双环控制模型及其电流内环的等效控制框图

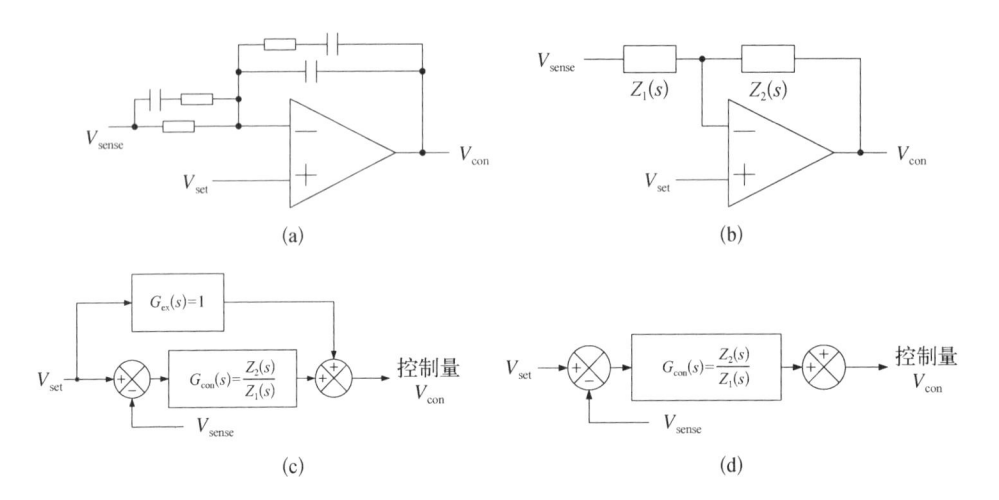

图 9-26 基于运算放大器的模拟闭环控制器

图中有前馈环节 $G_{ex}(s)$ 会产生影响。图 9-27 的电流内环等效如图 9-28 所示，可见虽然该前馈环节不会对电流内环的稳定性产生影响，但是电流内环作为一个整体其传递函数的零点配置会发生变化，这会导致期望按照图 9-25(b) 设计的电压外环工作在图 9-28 的情况时，稳定性（带宽、裕度等）与预期设计的结果不同，控制参数难以整定。解决的措施是将图 9-25(a) 中期望的设定值 V_{set} 和电源反馈 V_{sense} 作差分运算后，再输入控制中；而在图 9-25(a) 中的 V_{set} 处，给定一个常量

V_{ref},再按电源环路设计方法去配置控制器参数,则可达到预期。

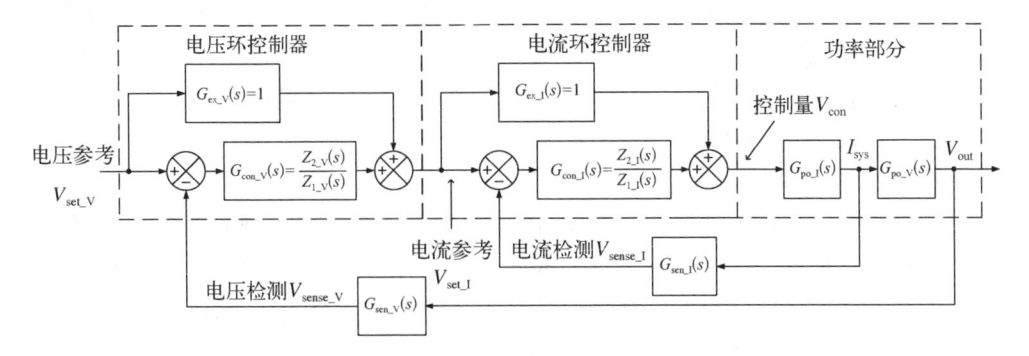

图 9-27 采用图 9-26(a)结构的控制框图

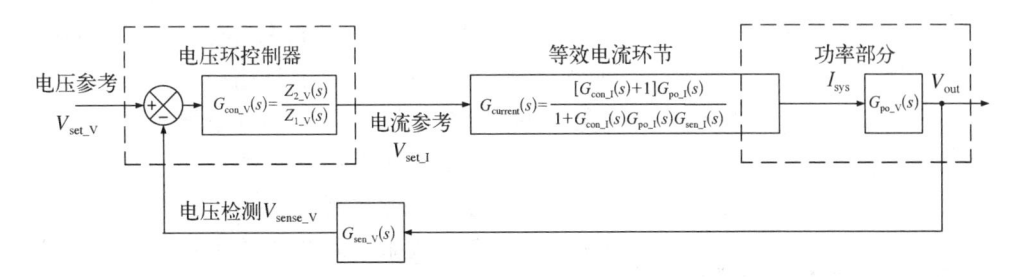

图 9-28 电流内环等效框图

对此的解决措施是将 9-25(a)中期望的设定值 V_{set} 和电源反馈 V_{sense} 作差分运算后,再输入控制中;而在图 9-25(a)中的 V_{set} 处,给定一个常量,再按电源环路设计方法去配置控制器参数,则可达到预期,如图 9-29 所示。

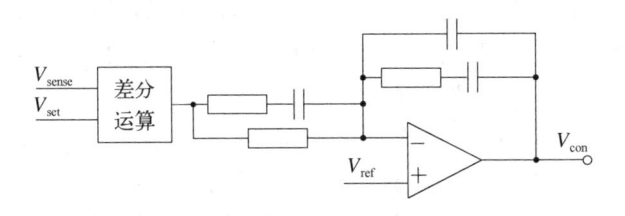

图 9-29 解决措施示意图

9.5.2 数字控制中的抗混叠滤波、拍频和极限环问题

采用数字方式实现电源控制、保护与通信,有诸多应用优点。
(1) 高灵活性,可对输出电压,保护参数等进行定制,控制器参数设计灵活。
(2) 高性能,可采用先进的控制策略提高性能。
(3) 高可靠性,空间三选一逻辑或空时二选一逻辑。

(4) 控制器参数不会随时间漂移。

数字电源因采样频率、采样延迟、计算延迟等因素,其动态性能相比模拟控制稍差。数字控制在开关电源应用中已很成熟,但在航天领域全数字开关电源的控制还不是很普遍,这和航天工程的继承性和空间单粒子等环境相关,关于数字电源控制,以下给出几点注意事项。

1. 单粒子效应

数字控制尤其要注意单粒子效应,逻辑翻转带来错误的控制或逻辑行为对高压电力电子变换器而言往往是灾难性的。在做好异常行为保护的前提下,减少数控单元单粒子效应的常用方式是采用高等级带有三模冗余的数字控制芯片,在商业航天中则需充分考虑、实施三模冗余等设计。

2. 采样时刻的选择

采样时刻要规避开、关瞬态过程中干扰大的区间,如图 9-30 所示。这与具体拓扑、PCB 等相关,也是开关电源数字控制中的常识,不再赘述。

3. 抗混叠滤波及线性相位滤波

数据采样系统能够高精度处理的最大频率成分称为奈奎斯特极限。采样率必须大于输入信号最高频率的两倍,否则在有用频带内就会出现多余或有害的信号,称为"混叠"。开关电源中的高频开关噪声很强,在数字控制采样环节中应该注意分析"有用"信号的最大频率,并设计截止频率和阶数合适的低通滤波器,防止采样信号的混叠。理论上,采样率必须大于输入信号最高频率的两倍,这是前提条件,即采样点中包含了原始信号的本质信息,如在时域上正确观察和认知原始信号,需要进行插值,插值运算的代价很大,所以在工程中一般采用远大于两倍的采样频率,避免进行复杂的插值运算,而把核心算力用于更有价值的控制算法。

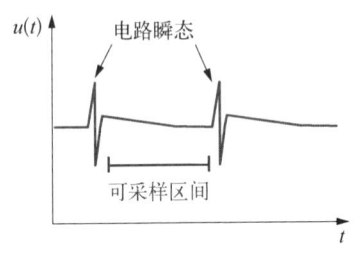

图 9-30 采样时刻应规避电路瞬态

抗混叠滤波器是硬件的还是软件的?很多应用场合中,该滤波器是模拟的;也可通过过采样的方式在逻辑运算单元中实施数字滤波,省却了模拟电路单元,但会增加采样的频率,使用更多的 FPGA 运算逻辑单元或占用更多的中央处理器(central processing unit,CPU)计算时间。

在数字控制中必须考虑抗混叠滤波,在控制器参数设计中需要考虑该滤波器的影响,即在建模时要包含该滤波器的数学模型。

此外,有些应用中,给定的推力器信号是连续变化的模拟量,且希望电源输出是实时跟踪输入变化的。在此,需要考虑线性相位滤波器。该滤波器是移动相位与频率成比例的滤波器,因此不改变波形而引入一常数延迟。简单来说,就是滤波器的相频响应对频率求导后,为一个常数。线性相位滤波器是一类使各频率分量的相位延迟与频率成线性关系的滤波器,因而对各频率分量产生等效的时移。线性相位滤波器保证了通过该滤波器的各频率成分的延迟一致,从而保证信号不失真(图9-31)。线性相位滤波器[如有限长单位冲激励响应(finite impulse response,FIR)滤波器],可以很方便地由数字单元实现[44]。

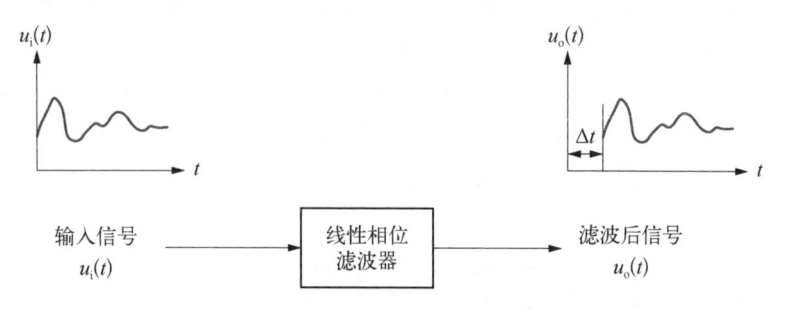

图 9-31　线性相位滤波器保证信号中各频率成分的延迟一致

4. 拍频问题

对于电推进 PPU 往往前后级均有开关调制的功率拓扑,当前后频率一致或接近时,往往会存在低频波形叠加在输出上,该低频是前后开关频率之差,不能通过高频滤波器滤除,而该频率是电推力器能响应的频率,所以一定引起重视。简单的解决办法是前后开关频率存在 10 kHz 以上的频差,便于输出滤波器滤除该频差(图 9-32)。

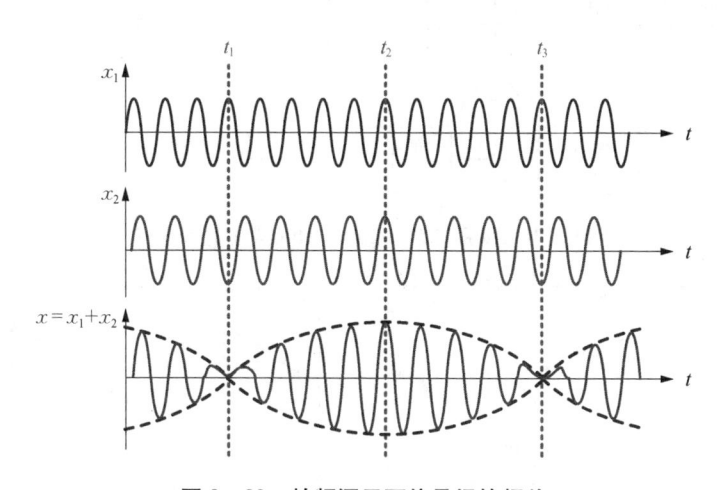

图 9-32　拍频源于两信号间的频差

5. 数字极限环问题

高频开关电源的数字控制器的算力远低于大规模信号处理所使用的计算单元,数控单元内核频率不高,用计数器比较器的方式产生数字脉宽调制(digital pulse width modulation,DPWM)的分辨率受内核频率限制。DPWM 必须具有比模拟数字转换器(analog to digital converter，ADC)更高的精度,否则采样环节最低有效位(1-least significant bit，1-LSB)变化就可能导致 DPWM,使输出电压变化大于 1-LSB,表现形式是输出电压在两个数值之间转换,即数字极限环振荡。在 DC/DC 变换器中表现为输出直流上叠加低频的交流成分,这种低频的交流成分难以滤波,往往能被推力器所响应。对此,可通过 Sigma-Delta 抖动算法在低内核频率下实现高精度 DPWM。图 9-33 和图 9-34 分别给出了采用一阶、二阶 Sigma-Delta 抖动的 DPWM 逻辑,图 9-35 和图 9-36 分别给出了未采用和采用二阶 Sigma-Delta 抖动后的 DPWM 分辨率,由图可见,在不提高内核电压的条件下,可有效提高 DPWM 精度,即提高了执行精度,可避免数字极限环问题。

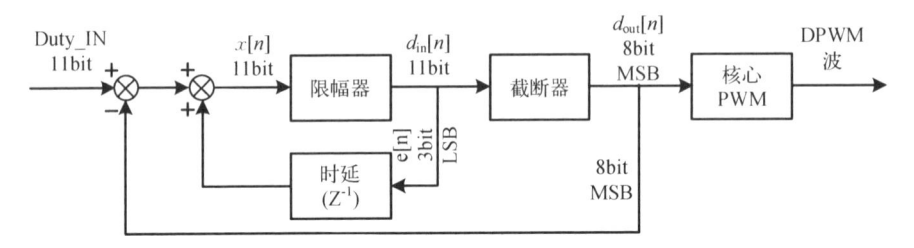

图 9-33 采用一阶 Sigma-Delta 抖动的 DPWM

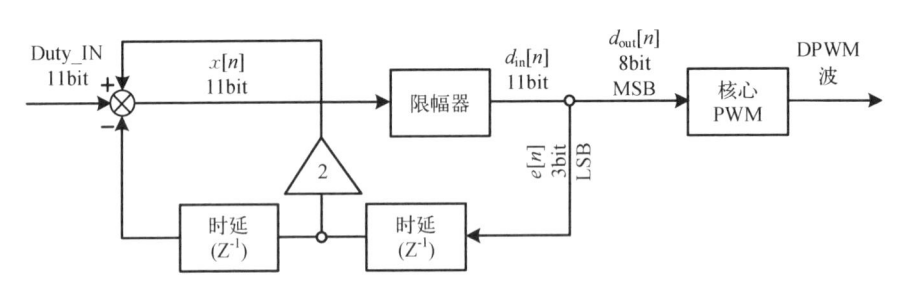

图 9-34 采用二阶 Sigma-Delta 抖动的 DPWM

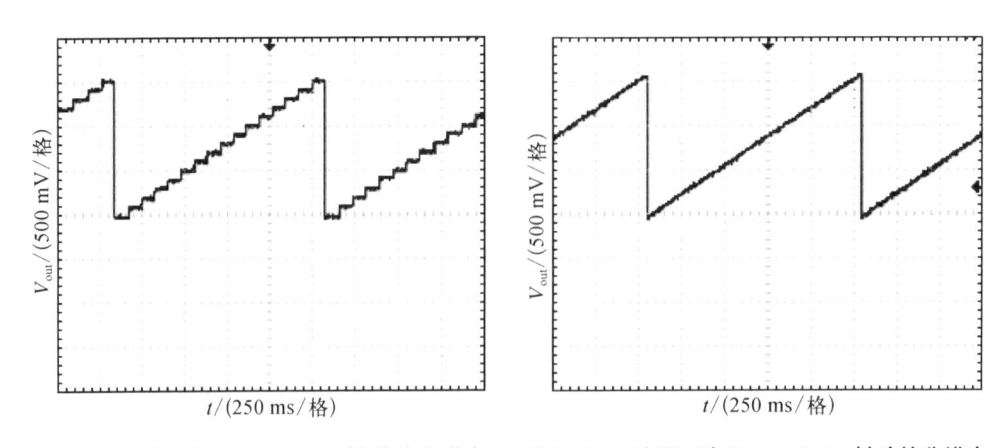

图 9-35 未采用 Sigma-Delta 抖动的分辨率　　图 9-36 采用二阶 Sigma-Delta 抖动的分辨率

9.6 空间电源热特性及设计

空间电源控制器的特殊工作环境为真空和微重力的太空环境,散热方式只有传导和辐射。由于经常处于高温 55~125℃、低温-190℃或接近-273℃的极端温度条件,当系统中电力电子器件内部的热量无法通过有效热路径散发出去时,器件结温就会急剧(持续)升高,当器件实际工作结温超出了其最大允许结温时,器件性能就会降低甚至失效损坏。电力电子器件性能的降低或损坏将会导致电路中参数变动或各种各样干扰,如电源纹波变大、电路自激振荡、电压变动、热电势变化、集成电路的传输延迟时间变化,等等。因此,空间电源系统中的电力电子器件热耗作为主要内热源,加上其复杂的工作模式都要求合理热设计才可保证航天器长寿命、高可靠、稳定运行。

空间电源控制器一般为独立的单机结构,主要包括功率元件、电路板和外部框架,功率元件设置在电路板上,外部框架为箱体结构,电路板的周向边缘与外部框架的侧壁连接,外部框架设置在卫星内部且外部框架的底板与卫星本体连接,将功率元件产生的热量传递到卫星本体上,以实现散热。电源控制器的传热路径依次是功率元件产生的热量先从电路板传导至外部框架的侧壁,再传至外部框架的底板,最终由底板传导至卫星本体上。因此,电子元器件的散热路径以导热散热路径为主,热设计都是使绝大部分热量沿更短的导热路径传到产品的底板或机壳上。例如,可尽量增大其与印制板或机壳的安装接触面积、降低表面粗糙度、增大接触压力、在接触面间填充导热填料、借助导热条与导热板等。

9.6.1 传热基本理论

一般情况下,在电子封装器件级、组装级和系统级三个层次的热传输过程中包含了热传导、热对流、热辐射的全部三种方式。电子封装器件级的主要散热方式为热传导,组装级和系统级的传热方式主要是对流,且组装级和系统级最终的热量一般都通过加装散热器向外散发。下面分别对三种热传递方式遵循的传热定律和计算方法进行介绍。

1. 热传导

热传导的定义是物体本身各部分并无相对位移,而物质分子、原子及自由电子等微观粒子通过其热运动使得物体的热量从高温部分传递到低温部分。分析热传导传热方式是为了求解已知边界条件下的物体介质内部的温度分布,进而可以求得其热阻值。导热过程中传递的热量按照 Fourier 导热定律计算:

$$Q = \frac{k_s A \Delta T}{d} \tag{9-45}$$

其中，Q 代表热传导传递的热量（W）；k_s 代表材料导热系数（W/m·℃）；A 代表沿传热路径的横截面积（m^2）；ΔT 代表热源与低温区的温度差（℃）；d 代表传热路径距离（m）。

2. 热对流

热对流主要发生在流动的流体和与流体相接触的固体表面间，当流体与固体表面温度不同时就会发生热量转移，流动的流体主要包括气体和液体。由于对流过程不仅包含流体分子间的热量传导作用，也有对流流体自身的对流作用，因此热对流过程由导热规律和流体流动规律共同决定。热对流过程传递的热量按照牛顿冷却定律计算，牛顿冷却定律将影响对流换热的复杂因素归结为了求解对流换热系数：

$$Q = hA\Delta T \qquad (9-46)$$

其中，h 代表对流换热系数[W/(m^2·℃)]；ΔT 代表流体与固体壁面之间的温度差（℃）；A 代表固体壁面的对流换热面积（m^2）。

热对流根据引起流体流动的原因，主要分为自然对流和强迫对流两种方式。由于流体密度随温度不同而不同，当对流流体内各部分存在温差使得对应的流体密度不均匀时，就会产生高温流体上升、低温流体下降的对流循环，即自然对流。而当流体靠外部动力如风扇或泵建立起来时则称为强迫对流。流体的流动状态分层流和紊流两种，判断流体流动的状态主要依据雷诺数 Re，相关文献的对流换热系数计算关联式包括雷诺数、努塞尔数等，一般雷诺数表示为

$$Re = \frac{\rho D v}{\mu} \qquad (9-47)$$

其中，ρ 代表对流流体的密度（kg/m^3）；D 代表流体流动通道的特征尺寸（m）；v 代表对流流体的平均流速（m/s）；μ 代表对流流体的黏度（Pa·s）。

当 $Re<2\,200$ 时，流体流动属于层流；当 $2\,200 < Re < 10^4$ 时，流体流动属于层流向紊流的过渡阶段；当 $Re > 10^4$ 时，流体流动属于紊流。

3. 热辐射

热辐射主要是指由于热产生的电磁波辐射。当物体温度超过了绝对零度时，热能就会从物体向外不断辐射，同时周围物体投射到该物体上的热辐射也被其不断吸收。因此，辐射换热指的是物体之间互相辐射和吸收热能的综合效果。物体表面间的热辐射交换相当复杂，工程上采用网络分析法计算辐射换热，当电子设备温度较低时，一般可以把辐射换热忽略。

任意物体表面与其周围环境之间的辐射热量可用式（9-48）计算：

$$Q = \varepsilon \sigma_0 A T^4 \qquad (9-48)$$

其中，ε 代表物体的表面黑度（表面辐射率）；σ_0 代表斯蒂芬-玻尔兹曼常数，$\sigma_0 =$

5.67×10^{-8} W/($m^2 \cdot K^4$);A 代表辐射换热面积(m^2);T 代表物体表面的热力学温度(K)。

确定电力电子器件或设备选用何种冷却方法是电力电子设备热设计的首要问题,直接影响器件或设备的组装设计、可靠性、质量和成本。

9.6.2 热设计基本原则及设计方法

空间电源热设计应以满足其功能、性能、可靠性、安全性、环境适应能力等为目标,进行机、电、热一体化设计。首先应满足以下基本原则:

(1) 采用成熟的设计、材料、器件和工艺;

(2) 尽量通过元器件的选用及布局(额定温度高、发热量小、与安装结构间接触热阻小)保证其温度满足要求;

(3) 尽可能采用被动热控技术,强化元器件与印制电路板、机箱之间的导热设计;

(4) 不降低电子器件的电性能、电磁兼容性;

(5) 不降低电子设备的强度和刚度;

(6) 不增加过多的重量和功率;

(7) 采用的热控材料寿命不低于电子设备的设计寿命,不影响电性能,并确保安全、不易燃、无毒、真空放气少、无污染或少污染;

(8) 保证电子设备具有良好的维修性和测试性。

1. 元器件热设计

元器件选用应遵循以下原则:① 选用温度稳定性好和耐温范围宽的元器件,如变压器线圈导线的绝缘材料选用耐高温漆;② 选用低功耗集成电路和功率晶体管;③ 热功耗大的元器件,应选用封装方式有利于传热的,其中:ⓐ 选用引线腿粗的,以利于导热;ⓑ 选用金属或陶瓷封装的,以利于导热;ⓒ 选择底面积大的,以利于通过底面接触传热;ⓓ 选用表面经过高发射率处理的,以利于辐射散热;ⓔ 必要时应修改电路设计,以降低元器件热功耗。

元器件布局应遵循以下原则:① 力求热功耗分布均衡,避免局部区域因热功耗过于集中而导致元器件温度过高;② 对于热功耗大或热流密度大(热功耗大于 0.3 W 或热流密度大于 0.6 W/cm^2)的元器件,如电源模块、大功率晶体管、大热功耗的变压器、电感等,优先安装在机箱底板或机箱壳体上,若只能安装在印制电路板上,则应设置良好的导热通道,使之与机箱壳体之间具有良好的导热散热路径;对于热流密度在 2.5 W/cm^2(含)以上的元器件,一般安装在机箱底板上,必要时增加辅助散热措施;③ 对于热功耗较大的元器件,尽可能布置在印制电路板靠近安装边缘的区域;④ 对温度变化敏感的元器件应远离热功耗大、温度变化大的元器件,必要时可用抛光的金属箔进行辐射热屏蔽;⑤ 鉴于航天器所处热环境,考虑元器件散热路径(包括导热散热路径、对流散热路径和辐射散热路径),对于设备内部无强迫对流的航天器电子设备元器件,导热散热路径为主要方式。

大热功耗分立元器件(晶体管、电阻、电容、电感等)的安装设计可采用如下方法。

(1) 在元器件壳体与安装板之间填充导热填料,如圆柱形电阻、电容可在焊接完成后用硅橡胶将其固封在印制电路板上。

(2) 对安装在机箱壳体或专用金属导热板上的大热功耗元器件:① 增大元器件的安装接触面积,增大接触压力;② 在元器件壳体与安装板之间填充导热填料;③ 若元器件壳体需要电绝缘,可在元器件壳体与安装板之间加一层绝缘材料,如聚酰亚胺膜或导热垫,在元器件装配时,在绝缘膜两侧还应填充导热填料。

(3) 对安装在印制电路板上带引出线的元器件,应利用引出线的导热进行散热。示例:缩短元器件引出线的安装长度,可减小元器件和印制电路板之间的导热热阻,但不应产生大的热应力。

(4) 对于安装在印制电路板上的大热功耗元器件,可通过金属导热板与机箱壳体热连接(如图9-37所示),并在各接触界面处填充导热填料,且应避免造成电磁兼容性能的恶化。

(5) 对安装在印制电路板上的大热功耗元器件,亦可通过布置在印制电路板上的金属导热条或微型热管散热。导热条或微型热管一端与机箱壳体热连接(图9-38),使用微型热管时,应注意逆重力工作能力和安装方位,使其在地面上进行设备测试和航天器测试及试验时正常运行。

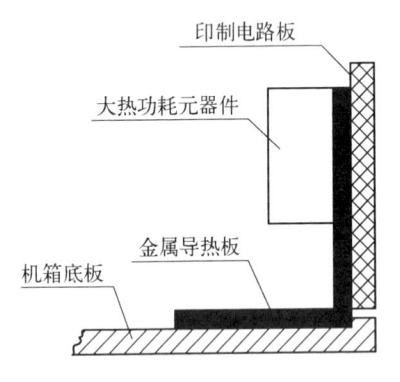

图9-37 元器件金属导热板散热

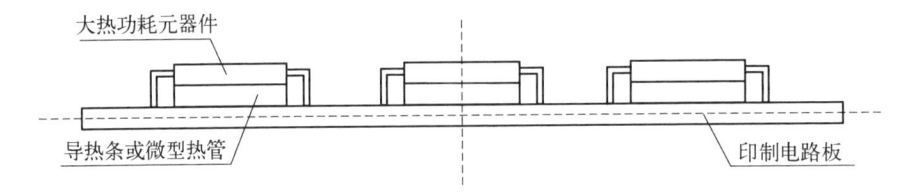

图9-38 元器件用导热条或微型热管散热

大规模集成电路一般安装在印制电路板上,可采取以下散热措施。

(1) 在接触面处加导热垫,并适当加压,既不影响元器件焊接,又可减小接触热阻。

(2) 在元器件对应的机箱底板或机箱顶盖或侧壁上加工导热凸台,在导热凸台与大规模集成电路顶面之间加导热垫,使热量通过元器件顶面直接传导至机壳(如图9-39所示)。

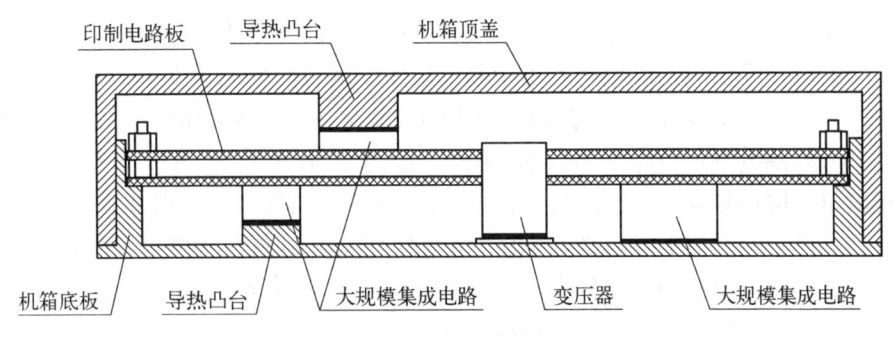

图 9-39　导热凸台安装示意图

（3）在大规模集成电路底面安装导热条或微型热管，将热量传到机箱底板或机壳上，由于这一方法对大规模集成电路的焊接、安装均有影响，应视具体情况分析其可行性。

（4）采取强化印制电路板的导热能力，增强大规模集成电路与印制电路板的导热，改进印制电路板在机箱上的安装方式等一系列综合措施，这种方法的散热效果、工艺性（对元器件焊接、安装影响小）和结构性较好，可使整块印制电路板温度下降，而不是单个解决元器件散热，应优先采用。

（5）在布局上，应分散布置有热功耗的大规模集成电路，尽可能在靠近印制电路板边缘布置大热功耗大规模集成电路，缩短导热路径长度。

（6）在大规模集成电路顶面安装金属导热片或导热索，导热片或导热索的另一端装在机箱壳体上，这种方法结构性差，只有在特殊情况下采用（图 9-40）。

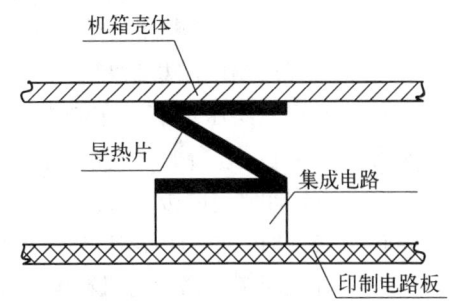

图 9-40　导热片或导热索安装示意图

2. 印制电路板热设计

安装在印制电路板上的元器件主要通过印制电路板导热散热，印制电路板材料的热导率越高越好，但由于电绝缘的要求，一般不使用金属基材。常用印制电路板的基材如下。

（1）陶瓷材料（高铝陶瓷、氧化铍陶瓷、冻石陶瓷等）：热导率高、成本高、制造工艺复杂，只在特殊场合才使用，如微波设备中的射频电路模块、电源电路中的功率模块，在这些电路设计中应特别注意不同材料间的热胀冷缩问题，避免由于热应力造成元器件产生微裂纹而失效。

（2）环氧层压玻璃布板：成本低，极易制成多层敷铜印制电路板，焊接方便，使用最广泛，但热导率低，影响安装元器件散热。

环氧层压玻璃布印制电路板的散热设计可采用以下方法。

(1) 增大多层敷铜印制电路板中敷铜层的厚度与面积。

(2) 充分利用多层敷铜印制电路板中的接地铜层作导热层,增大其面积和厚度。

(3) 印制电路板边缘加铝边框,边框一般为 Π 形或 L 形,并在印制电路板边缘相应位置增加敷铜层,装配时铝边框内侧与印制电路板之间填胶并压紧。

(4) 印制电路板上若有外露铜层,应喷涂三防漆、硅橡胶等提高其发射率。

(5) 印制电路板的元器件布局及安装设计力求热功耗分布均衡,避免局部区域因热功耗过于集中而导致元器件温度过高。

9.6.3 热设计步骤和流程

热设计作为电子设备设计的一部分,应与电性能及功能设计、力学环境设计、电磁兼容性设计、空间环境适应性设计等并行或交叉进行,贯穿于电子设备设计的全过程。电子设备热设计流程如图 9-41 所示,热设计步骤一般如下。

1) 元器件热设计

(1) 元器件选用及布局。

(2) 确定大功率电子元器件的安装位置、印制电路板的热量分配。

2) 印制电路板热设计

(1) 选择印制电路板材料。

(2) 对环氧层压玻璃布印制电路板进行散热设计,对于总热功耗较大的多层敷铜印制电路板,适当加大敷铜层的厚度与面积。

(3) 确定印制电路板上元器件的布局及安装,考虑元器件热量的分布和散热途径。

(4) 必要时,进行印制电路板热点判别。

(5) 确定印制电路板与机箱间的安装方式,两者之间的连接方式应有利于导热。

3) 机箱热设计

进行电子设备机箱热设计,对于高热功耗电子设备,应保证足够大的安装接触面积和足够的安装点。

4) 导热填料设计

根据应用要求,合理选择导热填料。

5) 进行整机热分析

(1) 得出元器件的温度分布。

(2) 确定印制电路板是否有局部热点存在,若有局部热点,则应更改对应元器件的安装位置,或采取特别的导热措施。

(3) 判断元器件温度降额及设备热接口设计是否满足要求。

(4) 若不满足要求,应通过改变元器件安装位置、安装方式及采取特别的导热措施,改变印制电路板结构,或改变印制电路板与机箱的连接方式,机箱强化传热

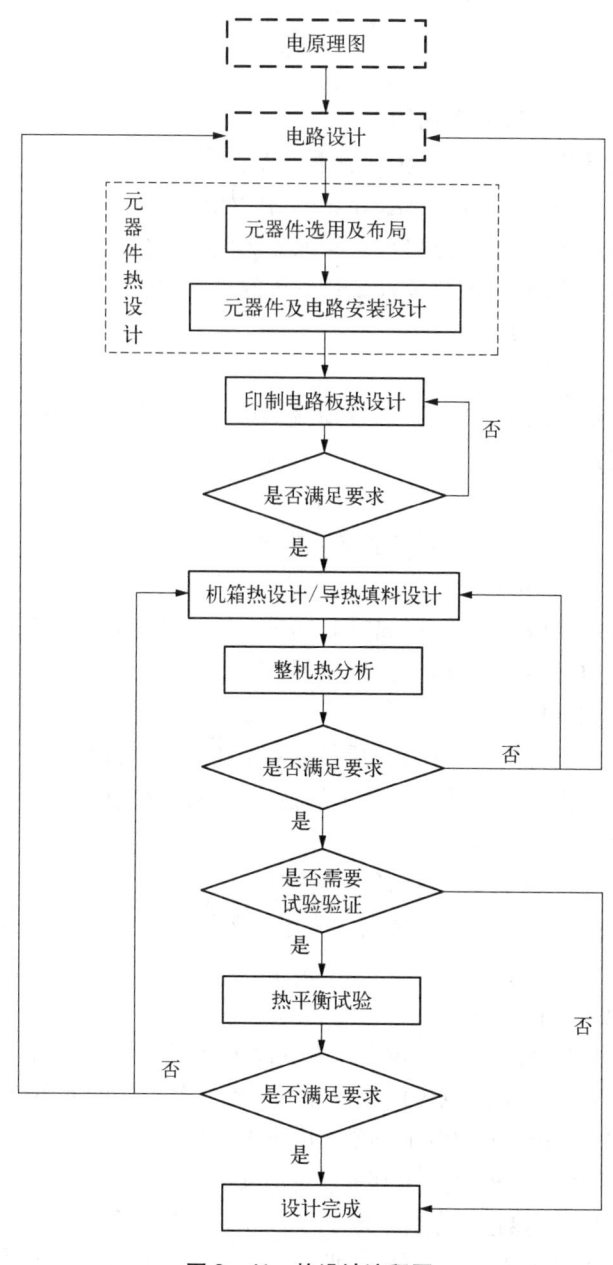

图 9-41 热设计流程图

设计,选用高效导热填料等措施加以解决,并重新进行热分析。

6) 热平衡试验

必要时,进行热平衡试验验证,测出印制电路板、大功率元器件的温度分布,判断元器件温度降额及设备热接口设计是否满足要求;若不满足要求,进行必要修改,直至满足要求。

9.6.4 热设计及热分析内容

一般电子设备的热设计内容包括以下三点。

(1) 元器件、印制电路板、机箱、导热填料的散热设计。

(2) 建立热数学模型进行热分析,验证散热设计的合理性。

(3) 热平衡试验,验证散热设计或热分析的正确性。

热设计的详细步骤如下。

1) 确定运行环境

空间电源单机一般工作在热控平台恒温60℃的条件下,要求在规定的环境温度条件下各元器件正常工作。

2) 计算热流密度

通过计算热流密度确定是否需要增加额外的强化传热措施。

3) 编写热分析任务书

任务书主要包括梳理各器件的热耗、材料,对不同的热耗级别分别设计不同的安装位置和方式,具体需要的输入参数如下。

(1) 机箱详细结构图。

(2) 印制电路板详细结构图,包括各敷铜层的厚度和分布等。

(3) 印制电路板及装在机箱壳体上的独立元器件安装图。

(4) 全部元器件的布局图。

(5) 全部元器件的型号、规格、热功耗表。

(6) 热功耗大于 0.1 W 且热流密度大于 0.2 W/cm^2 的元器件的外形、封装、安装图,结壳热阻。

(7) 电子设备工作模式。

(8) 接口数据单规定的电子设备工作温度上限与下限,鉴定温度上限与下限。

(9) 接口数据单规定的电子设备主备工作模式及对应的元器件分布。

(10) 接口数据单规定的电子设备温度参考点位置。

(11) 电子设备安装板及其与电子设备的安装连接方式。

(12) 电子设备导热边界条件:电子设备导热边界条件为电子设备安装板,工作温度条件取电子设备正常工作温度,鉴定温度条件取电子设备鉴定温度。

(13) 舱内电子设备的辐射边界条件:① 一般情况下,舱内电子设备辐射边界条件可与电子设备安装板温度条件相同;② 特殊情况下,舱内电子设备辐射边界条件按航天器总体或分系统相关要求设置。

(14) 舱外电子设备的外热流条件,可见的航天器本体及外露部件(如太阳翼、天线等)温度。

4）建立热数学模型进行热仿真分析

详细热分析采用热分析软件进行,建立数学模型并分析计算。使用热分析软件划分节点,建立热数学模型,节点划分的基本原则如下。

(1) 每个计算节点视为一个等温体。

(2) 印制电路板：① 热功耗大、温度梯度大的地方,节点划分应细一些；② 热功耗小、温度梯度小的地方,节点划分应粗一些。

(3) 热功耗不大于 0.1 W 且热流密度不大于 0.2 W/cm² 的元器件不单独划分节点,其热功耗加到对应的印制电路板节点上。

(4) 热功耗大于 0.1 W 或热流密度大于 0.2 W/cm² 的元器件应单独划分节点。

(5) 体积大、结构复杂的元器件,如电源模块、厚膜电路、变压器等,可按其内部结构划分更细的节点。

(6) 强化传热的措施应在热模型中予以体现。

(7) 通常情况下,电子设备安装板作为定温边界处理。

(8) 对于内部无强迫对流的电子设备,一般情况下不考虑密封状态下的对流影响。

(9) 特殊情况下,热数学模型应按总体要求体现电子设备在航天器上的热控措施,并进行电子设备与航天器的热耦合分析。该情况下,定温等热边界条件由总体提供。

对电源设备进行数值仿真分析,计算出整个设备的温度场与流场状况；并进行相应的热测试实验,对仿真结果进行论证,为空间电源设备为基础的后续产品的优化设计等工作提供基础。仿真分析基本流程如图 9-42 所示。

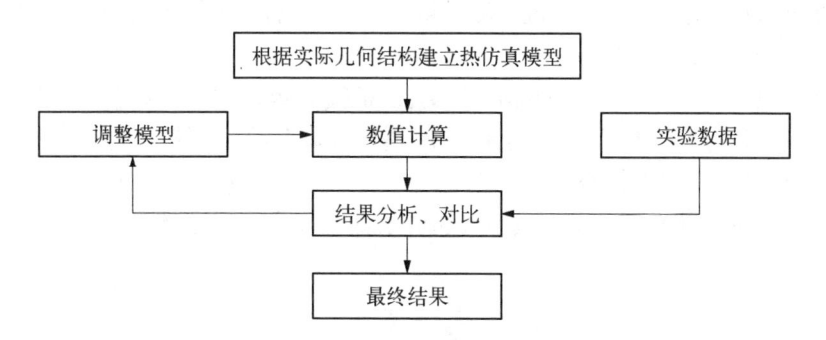

图 9-42 仿真分析基本流程图

当前可应用于空间电子设备热分析的计算机仿真软件主要有如下几种。

(1) 通用计算机辅助工程(computer aided engineering, CAE)分析软件,如 Algor、ANSYS 等。这种软件可应用于多物理场分析,在各个物理场分析中共用物理模型,甚至网格模型,这也是当前 CAE 分析软件的发展趋势。但这种软件并没有顾及电子设备的固有特征,在前处理部分建模及边界条件设置上没有针对性,而这些影响对结果影响也较大。

(2) 专业的流体分析软件,如以 Fluent、Flow、EFD 等为代表的计算流体动力学(computational fluid dynamics, CFD)软件,由于求解的温度场是基于流场(包括压力场与速度场)的结果,当加入能量方程后可得到系统的温度场,所以大部分 CFD 软件都有求解温度场的功能。

(3) 专用的电子设备热分析软件,如 Flotherm、Icepak、Padsthermal 等。它们是专门针对电子设备的特点而开发的,无论是在前处理时的建模、网格划分及边界条件的设定,还是后处理的分析中,都较为方便和专业。

5) 单机内各元器件温度计算验证

通过上述热仿真得出的温度进行器件结构温度校核计算,验证器件结构温度是否在允许降额温度范围内可以正常工作。元器件的壳温计算方法为

$$T_c = T_b + QR_{cb} \tag{9-49}$$

其中,T_c 代表器件的壳温(℃);T_b 代表安装元器件的印制电路板或机箱结构温度(℃),通过安装该元器件的单机热分析计算或热平衡试验实测获得;Q 代表器件的热耗(W),由电路分析计算求得,也可通过实测获得;R_{cb} 代表器件的结壳热阻(℃/W)。

可以依据仿真所得的器件壳温(器件热沉面的温度)求得各电子器件的结温。元器件的结温可用以下公式计算:

$$T_j = T_c + QR_{jc} \tag{9-50}$$

其中,T_j 代表器件的结温(℃);T_c 代表器件的壳温(℃);Q 代表器件的热耗(W),由电路分析计算求得,也可通过实测获得;R_{jc} 代表器件的结壳热阻(℃/W)。

6) 热分析模型修正

利用热平衡试验中获取的热沉温度、设备安装板(或安装支架)测量值、元器件实测热功耗等数据作为边界条件,开展热平衡试验热分析模型与试验相关性验证,并对热分析模型进行修正。

电源单机内部元器件的温度点和机壳表面温度点的修正结果应同时满足以下条件:

$$\Delta T = |T_{Mi} - T_{Pi}| \leqslant 5\text{K} \tag{9-51}$$

$$\Delta T_{mean} = \frac{1}{N} \left| \sum_{i=1}^{N} (T_{Mi} - T_{Pi}) \right| \leqslant 2\text{K} \tag{9-52}$$

$$\sigma = \sqrt{\frac{\sum_{i=1}^{N} (T_{Mi} - T_{Pi})}{N-1}} \leqslant 3\text{K} \tag{9-53}$$

其中，ΔT 代表温度偏差(K)；T_{Mi} 代表温度测量值(K)；T_{Pi} 代表温度计算值(K)；ΔT_{mean} 代表平均温度偏差(K)；N 代表温度测量点数量，一般不少于25个，不包括主动控温点(K)；σ 代表标准偏差(K)。

9.6.5 热控制及性能优化

温度对电源系统中的元器件的影响深远，尤其是在空间电源领域。对于空间电源，温控需求日益增加，其中主要包括一些高度精密、对温度极其敏感的元器件。这些元器件的性能和精度往往会受到温度变化的显著影响，从而可能导致元器件的性能下降，甚至造成永久性损坏。因此，为了确保这些元器件的正常工作，精密温控系统显得至关重要。在这一背景下，精密温控系统不仅仅是一项技术需求，更是一项关键的工程挑战。它不仅要求能够迅速、准确地应对太空中的温度变化，还需要保障整个电源系统中的元器件在各种条件下能够平稳运行。通过精密温控，可以维持这些元器件在其设计的最佳工作温度范围内，确保它们能够持续、可靠地提供精准的性能。

空间电源对温控的迫切需求是推动技术创新的动力。精密温度控制不仅有助于维持元器件的性能和精度，还能提高空间电源系统的可靠性，确保在变化的太空环境下取得最佳性能。这种精密温控技术的不断进步将为卫星任务提供更为稳定和可靠的电源解决方案。

精密温控在空间电源系统中具有至关重要的意义，对系统的性能、可靠性和寿命产生深远的影响。精密温控对空间电源的主要影响包括以下几点。

(1) 提高电源性能：精密温控可以确保内部电子元器件在最适宜的温度内运行，这有助于最大限度地提高电源的性能。

(2) 确保系统可靠性：精密温控系统有助于减轻热应力和热膨胀对电源组件的影响，提高系统的可靠性。在太空中进行修复或更换故障组件是极为困难的，因此可靠的电源系统对于太空任务的成功至关重要。

(3) 延长电源系统寿命：太空任务通常需要长期运行，因此电源系统的稳定性和寿命至关重要。精密温控有助于减缓电源组件的老化过程，延长系统的寿命，确保其在整个任务期间提供持续可靠的电力。

(4) 可靠和持久的能源支持：精密温控对空间电源的意义深远，不仅仅是指在技术上的提升，更关乎太空任务的成功执行和科学研究的可靠性。通过有效的温控系统，空间电源得以适应多变的太空环境，为各类任务提供了更为可靠和持久的能源支持。

总体而言，精密温控在空间电源系统中扮演着关键的角色，为太空任务提供稳定、高效、可靠的电源，同时确保电源系统在极端太空环境中能够长时间运行。

温控系统策略图见图9-43。整个温控系统的运作基于温度传感器实时测量

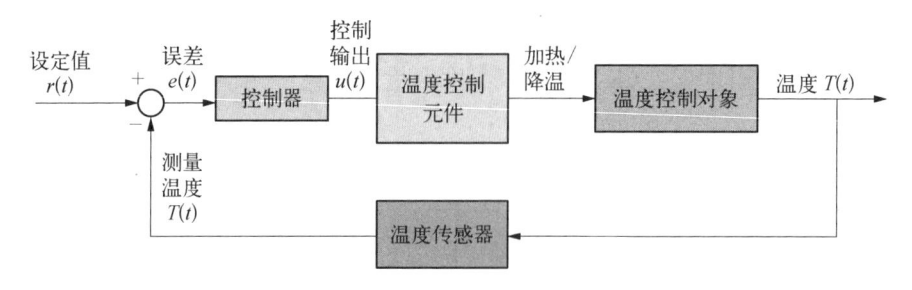

图 9-43 温控系统策略图

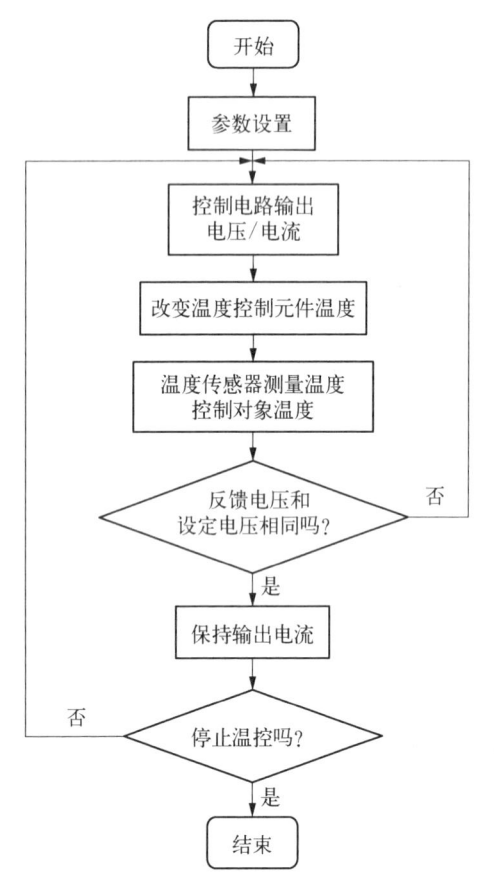

图 9-44 稳定温控系统的流程图

的温度,该传感器将判断温控系统的工作状态。根据设定的目标值和实际测量的温度值之间的差异,系统将通过调整相应的电流或电压输出来实现精准控温。温度传感器负责测量并反馈实时温度数值:当设定值高于测量值时,系统将自动调整输出增加;反之,则自动调整输出减少,直至达到设定值和测量值的平衡。这个自动调整的过程贯穿整个温度控制系统,旨在实现实时调整,以精确控制温度。稳定温控系统的流程图如图 9-44 所示。

精密温控的测试步骤如下。

(1) 确定需要被控制的器件表面积,并根据该面积选择相应的温度控制元件。

(2) 将目标温度输入控制电路,作为预设的目标温度。

(3) 利用温度传感器获取与温度控制对象相对应的实际温度值。

(4) 将温度传感器测得的实际温度与预设目标温度进行比较。

(5) 根据温度比较的结果,通过控制电路调节输出控制的电压或电流,以实现不同功率的输出,从而改变产生的热量。

(6) 当温度传感器测量到温度控制对象的温度达到预设目标时,则稳定控制输出,以维持预设目标温度。如果测量得到的温度与预设温度不一致,则继续调节控制电路。

其电源的环境温度变化会对高精度器件产生较大影响,从而影响电压输出的稳定性。当器件的环境温度发生变化时,在没有温度控制的情况下,如图 9-45 中的蓝色部分所示,输出电压变化非常明显。平均输出电压值也随着温度的升高而增大,输出具有波动性,并且平均电压值随着温度波动而持续增大。当输出约为 1 000 V 时,平均值仅在 400 s 内的变化约为 30 mV。但采用温度控制后,温度稳定在 40℃左右,如图 9-45 中红色部分所示。此时电压输出稳定性较高,平均电压值变化较小,非常有利于电源的运行。测试证明,温度控制的应用对于稳定功率输出非常有效,这对设备安全起着至关重要的作用。

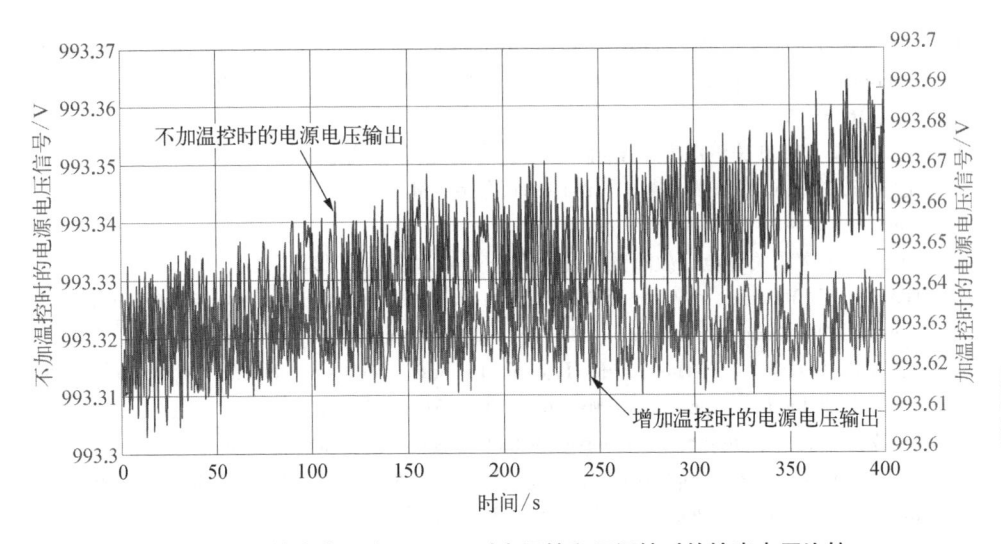

图 9-45 输出电压为 1 000 V 时有温控和无温控时的输出电压比较

参考文献

[1] 叶英豪.基于关键器件的开关电源寿命预测[D].西安:西安电子科技大学,2014.
[2] 卫宁,王剑峰,杜婕,等.抗辐射加固封装国产存储器的电子辐照试验[J].信息与电子工程,2010,8(1):87-90.
[3] 马世俊.卫星电源技术[M].北京:宇航出版社,2001.
[4] 闻新,张兴旺,秦钰琦,等.国外航天器在轨故障模式统计与分析[J].质量与可靠性,2014(6):6.
[5] 谭春林,胡太彬,王大鹏,等.国外航天器在轨故障统计与分析[J].航天器工程,2011,20(4):7.
[6] 刘丽霞.卫星电源系统的故障仿真及诊断[D].哈尔滨:哈尔滨工业大学,2015.
[7] 赵辉.航天器电源功率控制器故障诊断研究[D].南京:南京航空航天大学,2024.
[8] 辐射效应中的总剂量效应和单粒子效应[DB/OL].(2022-04-09)[2024-02-18].
[9] Peterson E.空间单粒子效应:影响航天电子系统的危险因素[M].韩郑生,等译.北京:电子工业出版社,2016.
[10] 李海波,张正平,胡彦平.加速寿命试验方法及其在航天产品中的应用[J].强度与环境,

2007,34(1): 9.
[11] 全国质量监管重点产品检验方法标准化技术委员会(SAC/TC 374). 电工电子产品加速应力试验规程高加速寿命试验导则: GB/T 29309—2012[S]. 北京: 中国标准出版社, 2013.
[12] 吕长志, 马卫东, 黄春益, 等. 电源模块中关键器件的加速寿命试验[C]//2010 第十五届可靠性学术年会论文集, 2010.
[13] 黄春益. 开关电源 DC/DC 模块功率级可靠性研究[D]. 北京: 北京工业大学, 2010.
[14] An D, Kim N H, Choi J H. Practical options for selecting data-driven or physics-based prognostics algorithms with reviews[J]. Reliability Engineering & System Safety, 2015, 133: 223-236.
[15] Son K L, Fouladirad M, Barros A, et al. Remaining useful life estimation based on stochastic deterioration models: a comparative study[J]. Reliability Engineering & System Safety, 2013, 112: 165-175.
[16] 王昊. DC-DC 开关电源寿命预测与预警技术研究[D]. 成都: 电子科技大学, 2024.
[17] 史宝华, 贾新章, 张德胜. 微电子器件的可靠性[M]. 西安: 西安电子科技大学出版社, 1999.
[18] 卢俊. 开关电源关键电路故障预测技术研究[D]. 武汉: 武汉理工大学, 2018.
[19] Harms J W. Revision of MIL-HDBK-217, reliability prediction of electronic equipment[C]. San Jose: Proceedings of Annual Reliability and Maintainability Symposium (RAMS), 2010.
[20] Venet P, Perisse F, El-Husseini M H, et al. Realization of a smart electrolytic capacitor circuit [J]. IEEE Industry Applications Magazine, 2002, 8(1): 16-20.
[21] Gao Z, Cecati C, Ding S X. A Survey of fault diagnosis and fault-tolerant techniques—part i: fault diagnosis with model-based and signal-based approaches[J]. IEEE Transactions on Industrial Electronics, 2015, 62(6): 3757-3767.
[22] Gao Z, Cecati C, Ding S X. A Survey of fault diagnosis and fault-tolerant techniques—part ii: fault diagnosis with knowledge-based and hybrid/active approaches[J]. IEEE Transactions on Industrial Electronics, 2015, 62(6): 3768-3774.
[23] Zhang Q, Yang Y, Zhang P. A novel method for monitoring the junction temperature of SiC MOSFET on-line based on on-state resistance[C]. Harbin: 22nd International Conference on Electrical Machines and Systems (ICEMS), 2019.
[24] Zhang Q, Yang Y, Zhang P. An online junction temperature monitoring method for SiC MOSFETs based on a novel gate conduction model. IEEE Transactions on Power Electronics.
[25] Yu H, Jiang X, Chen J, et al. Comparative study of temperature sensitive electrical parameters for junction temperature monitoring in SiC MOSFET and Si IGBT[C]. Nanjing: 2020 IEEE 9th International Power Electronics and Motion Control Conference (IPEMC2020-ECCE Asia), 2020.
[26] Yang H, Simanjorang R, See K Y. A method for junction temperature estimation utilizing turn-on saturation current for SiC MOSFET[C]. Niigate: 2018 International Power Electronics Conference (IPEC-Niigata 2018-ECCE Asia), 2018.
[27] Jiang X. On-line Junction temperature measurement for SiC MOSFET based on dynamic threshold voltage extraction[J]. IEEE Transactions on Power Electronics, 2021, 36, (4): 3757-3768.

[28] Stella F, Pellegrino G, Armando E, et al. On-line temperature estimation of SiC power MOSFET modules through on-state resistance mapping. Cincinnati: 2017 IEEE Energy Conversion Congress and Exposition (ECCE), 2017: 5907 - 5914.

[29] 张天平,张雪儿,蒲彦旭,等.离子推力器非预期电击穿的主要诱发因素及机制[J].真空与低温,2021,27(1): 1 - 11.

[30] 冉文亮,张天平,赵志伟,等.离子推力器栅极非预期电击穿评述[J].航天器环境工程,2022,39(3): 326 - 332.

[31] 黄文栋,耿金越,严浩,等.微阴极真空电弧点火起弧及加速机理研究综述[J].空间控制技术与应用,2021,47(4): 10 - 20.

[32] Dyke W P, Trolan J K, Martin E E, et al. The field emission initiated vacuum arc: I. experiments on arc initiation[J]. Physical Review, 1953, 91(5): 1043 - 1054.

[33] Litvinov E A, Mesiats G A, Proskurovskii D I. Field emission and explosive electron emission processes in vacuum discharges[J]. Uspekhi Fizicheskikh Nauk, 1983, 26(2): 138 - 159.

[34] Timko H, Sjobak K N, Mether L, et al. From field emission to vacuum arc ignition: a new tool for simulating copper vacuum arcs[J]. Contributions to Plasma Physics, 2015, 55(4): 299 - 314.

[35] Cox B M. Variation of the critical breakdown field between copper electrodes in vacuo[J]. Journal of Physics D: Applied Physics, 1974, 7(1): 143.

[36] Goebel D M. Breakdown characteristics and conditioning of carbon and refractory metal surfaces [C]. San Francisco: Invited Plenary Talk at the IEEE High Voltage Workshop, 2004.

[37] Sudansarshan T S. Electrode architecture related to surface flashover of solid dielectrics in vacuum[J]. IEEE Transactions on Dielectrics and Electrical Insulation, 1997, 4(4): 374 - 381.

[38] Miller H C. Flashover of insulators in vacuum: the last twenty years[J]. IEEE Transactions on Dielectrics and Electrical Insulation, 2015, 22(6): 3641 - 3657.

[39] Suzuki K, Kato K, Hakamata Y, et al. Real-time and high-speed measurements of charging processes on dielectric surface in vacuum[J]. IEEE Transactions on Dielectrics and Electrical Insulation, 2003, 10(4): 563 - 568.

[40] 徐学基,诸定昌.气体放电物理[M].上海: 复旦大学出版社,1995.

[41] 张天平,等.离子电推进物理[M].北京: 科学出版社,2019.

[42] 李建鹏,靳伍银,赵以德,等.离子推力器外壳非预期放电抑制实验研究[J].推进技术,2023,44(4): 264 - 271.

[43] Smith C L.数字计算机过程控制[M].邵惠鹤,潘日芳,王宏璨,等译.北京: 石油工业出版社,1982.

[44] 射频问问.滤波器基础: 抗混叠[DB/OL].(2022 - 07 - 29)[2024 - 02 - 18]. hppts://rfask.net/article-661-h.

第 10 章
电推进 PPU 的输出特性及测试方法

引 言

电推进技术作为现代航天领域的核心创新之一,已经广泛应用于卫星轨道调整、深空探测和太空飞行器的姿态控制。而电推进系统的稳定性和性能直接关系到任务的成功执行。在这样的背景下,确保电推进 PPU 的可靠性和稳定性成为至关重要的任务。本章将从推力器电源工作负载特性、电弧故障机理及故障蔓延特性分析、工作环境的模拟及自动化测试平台出发,尽可能地在地面实现对推力器电源各种工作状态的测试,以保证电推进 PPU 的高效性、可靠性和适应性。从模拟等离子体负载特性到自动化测试系统的设计,本章将深入探讨这些方法在推进系统测试中的作用。通过全面的测试,能够更好地了解电推进 PPU 在各种场景下的表现,为太空任务的成功创造更有利的条件。

10.1 等离子体负载特性模拟

电源和推力器可分别同步研制,研制阶段前期的测试,不会直接将电源和推力器联试,一般采用电子负载或阻性负载,进行功率能力测试和效率摸底。对于高压的输出,要采用高压电子负载,对于特殊功率等级和高电压的情况,一般需要自行研制。

为了模拟更为真实的负载特性,可依据商用电源供电时的实测电流数据,用功率电路自行实现。高压条件下,快速动态电流响应的实现,主要难点在于热管理、高速驱动能力和完善的保护。

采用如图 10-1 所示的新型三端口复合型线性功率晶体管来构成线性功率耗散型器件[1,2]。图 10-1 中,U_{Iref} 为输入基准控制电压信号,对应的输出为流过三端口复合型线性功率晶体管的支路电流 I_{path}[3,4]。与传统的线性电流槽结构相比,优化后的结构所包含的驱动电路单元和补偿电路单元可实现多路并联,并且保证电路与功率级之间存在一定的空间物理距离而不至于使电性能受到影响,从而可实现高温的功率晶体管远离控制电路,减少非理想因素对电流槽的稳定性所造成

(a) 线性电流槽电路图

(b) 三端口复合型线性功率晶体管结构示意图

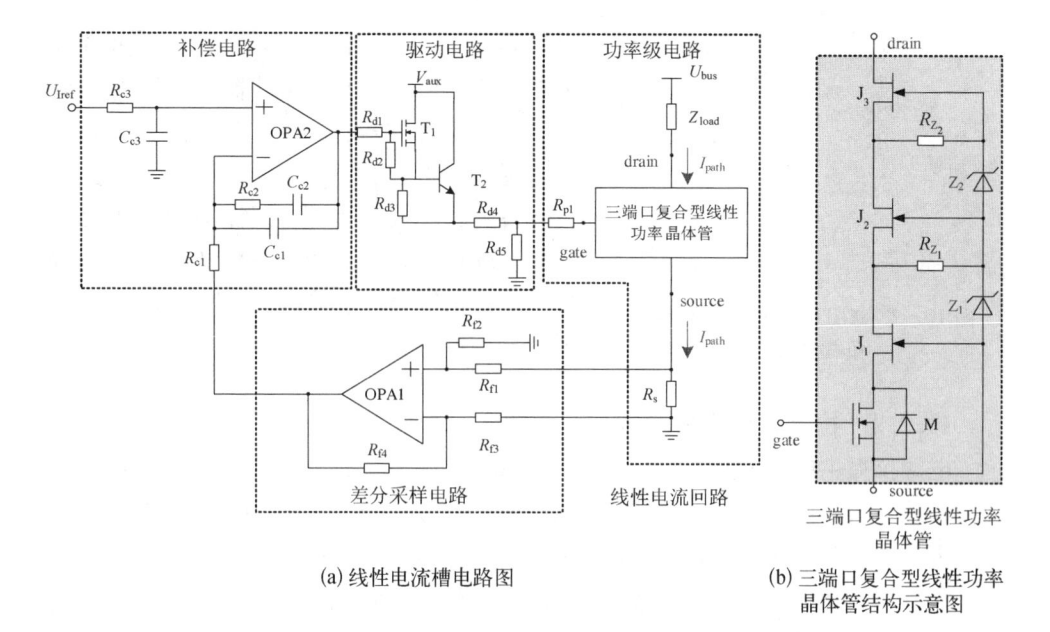

图 10-1　单路线性电流槽的电路结构示意图

的影响。

如图 10-1(b)所示的三端口复合型线性功率晶体管电路主要采用三个 SiC-JFET，J_1、J_2、J_3 与低端的低压 MOSFET 级联组合而成[5,6]，来完成线性功耗的处理[7]。其中 J_1、J_2 和 J_3 可工作于线性恒流饱和区内或导通状态，而 M 则始终工作在线性恒流饱和区内。稳压二极管 Z_1 和 Z_2 则是利用其稳压特性，以限制级联 JFET 漏源极之间的电压差，从而实现每个 JFET 最大处理热耗的限制。R_{Z_1} 和 R_{Z_2} 则是用于保证稳压二极管可靠地进入反向击穿工作状态。

根据以上结构原理分析可知，单路线性电流槽可处理的线性功耗为

$$P_{\text{Lin-1path-optimized}} = p \cdot P_{\text{Lin-1path}} \quad (10-1)$$

其中，$P_{\text{Lin-1path}}$ 为未采用该优化设计的传统的具有单个功率 MOSFET 处理所有的线性热耗的电流源的最大功率；p 为三端口复合型线性功率晶体管内所级联的 JFET 个数；$P_{\text{Lin-1path-optimized}}$ 为所提出的优化设计后线性电流槽可处理的最大热耗。

由式(10-1)可看出，采用三端口复合型线性功率晶体管作为线性功耗器件，可处理大功率负载模拟，并实现高动态电流响应。

10.2　电推进典型异常工况的模拟测试

10.2.1　短路故障模拟测试

短路故障的测试一般采用断路器吸合、高压大功率绝缘栅双极晶体管

(insulate-gate bipolar transistor，IGBT)、IGBT+火花隙或气体放电管。断路器的问题在于触电吸合过程存在振荡过程,不能真实模拟实际情况;IGBT 作为短路开关不存在振荡过程,但存在开通过程缓慢,同样不能真实模拟实际情况;IGBT+火花隙或气体放电管可更为真实地模拟短路过程的瞬态情况,如图 10-2 所示。

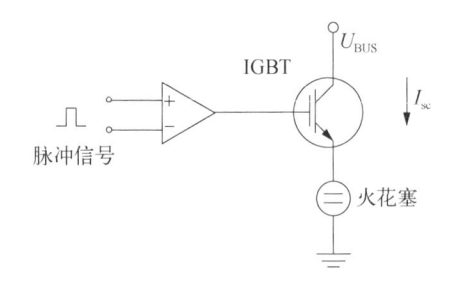

图 10-2 IGBT 串联火花隙模拟负载短路故障

10.2.2 拉弧故障模拟测试

电源拉弧主要分为并联拉弧和串联拉弧,其中,并联拉弧主要有普通并联拉弧和极板拉弧,各种电压源拉弧示意图如图 10-3 所示。其中,图 10-3(a)表示电压源出现普通并联拉弧现象,R 表示电源系统工作的负载,图 10-3(b)表示电压源出现极板拉弧现象,图 10-3(c)表示电压源出现串联拉弧现象。当电压源输出端发生普通并联拉弧和极板拉弧现象时,输出电压急剧下降,输出电流急剧升高。当电压源输出端发生串联拉弧时,输出电压不变,输出电流急剧下降至燃弧电流大小。因此,需要针对电源并联拉弧和串联拉弧,制定相对应的拉弧故障模拟测试方案。

(a) 电压源普通并联拉弧　　(b) 电压源极板拉弧

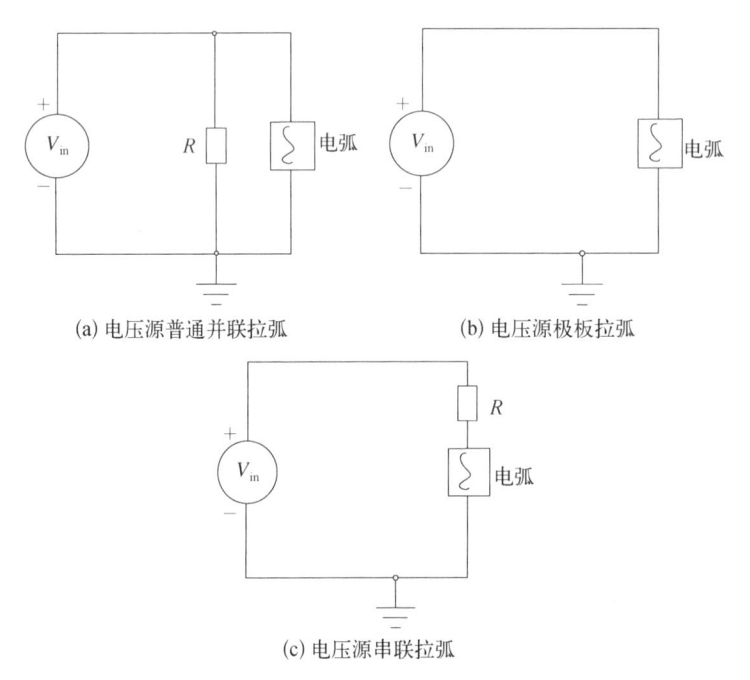

(c) 电压源串联拉弧

图 10-3 电压源拉弧示意图

采用如图 10-4 所示的电弧发生器结构模拟电源拉弧现象。拉弧步骤为将电弧发生器串联进电源线路中,将两个电极完全接触,使系统正常工作。采用拉开式起弧法,将两个电极从接触良好到分开,人为产生串联型直流电弧。具体操作为先通过侧面横向调节器使两个电极完全接触,整个线路闭合形成通路。通过侧面调节器移动活动电极,与静电极之间产生一定间隙,当两电极分开时,产生电弧。保持一定的电极间距,电弧稳定燃烧。一段时间后调节活动电极,使两个电极完全接触,恢复正常供电。

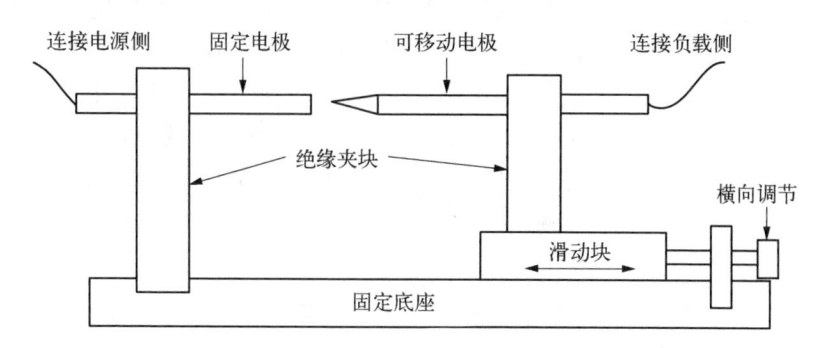

图 10-4　电弧发生器结构图

1. 并联电弧故障模拟测试

当电源输出端发生并联电弧故障时,电源输出电压波形和输出电流波形如图 10-5 所示,电源输出电压急剧下降,输出电流急剧升高。因此,根据电源输出电压发生突变的特点,可及时快速地识别电路的电弧故障。电源并联电弧故障检测系

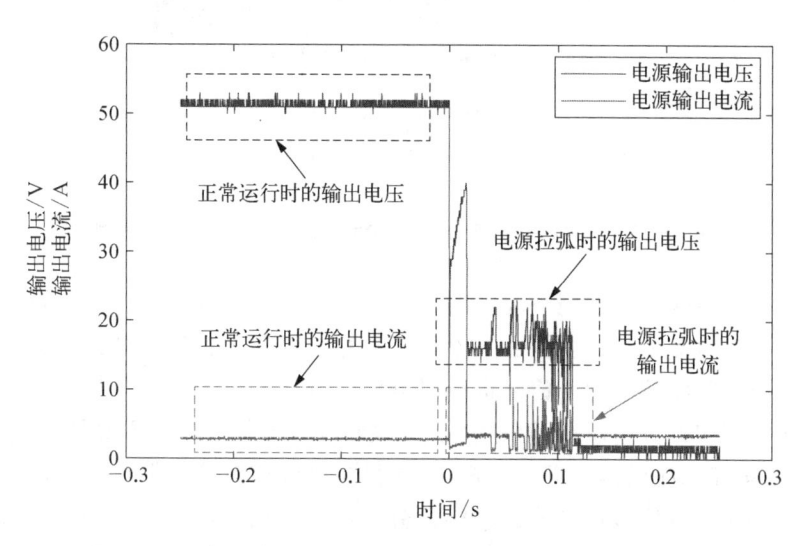

图 10-5　电源并联电弧故障时的输出电压和输出电流示意图

统框图如图10-6所示,根据电源等级设定相对应的阈值电压,采用差分采样电路采集电弧检测信号,用电压比较器判断电源的输出电压突然下降到设定的阈值时判定电源发生电弧故障。将电压比较器得到的信号输出给逻辑电路,若检测到系统发生电弧故障,逻辑电路发出处理信号,采用电弧抑制电路及时处理电弧故障。

2. 串联电弧故障模拟测试

当电源输出端发生串联电弧故障时,电源输出电压波形和输出电流波形如图10-7所示,此时,电源输出电压不变,输出电流急剧下降到燃弧电流大小。由于电源发生串联拉弧时输出电压不发生变化,输出电流急剧减小到燃弧电流大小,因此需要检测电流信号进行电弧故障检测。

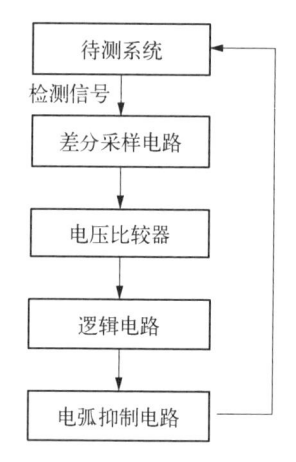

图10-6 电源并联电弧故障检测系统框图

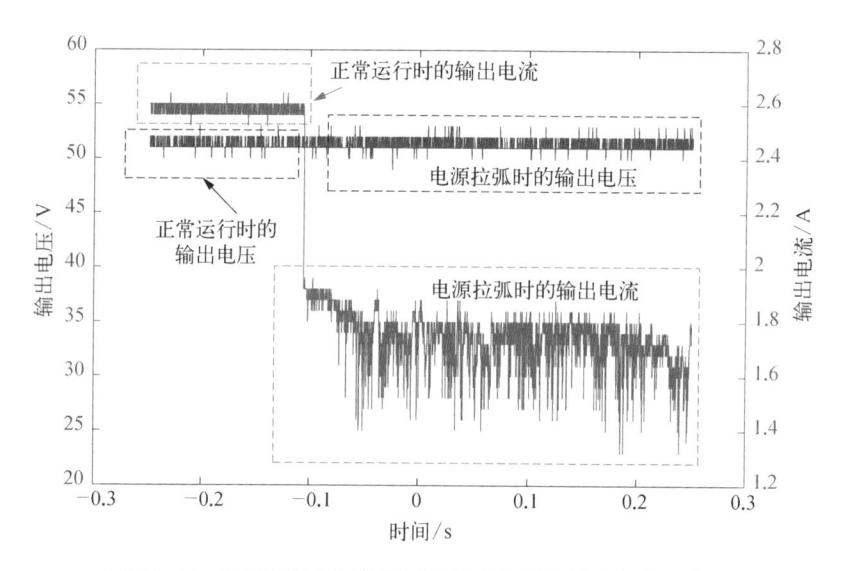

图10-7 电源串联电弧故障时的输出电压和输出电流示意图

电源串联电弧故障检测系统框图如图10-8所示,利用电流传感器检测待测系统中电路的电流信号,将电路的电流信号输入到带通滤波器电路中进行滤波。信号处理电路对滤波后的电信号进行时域信号分析和频域信号分析。其中,时域信号分析主要包括方差、峰峰值等信号的分析;而频域信号分析主要是对系统中电路的电压、电流的频谱信号进行分析,在电弧频谱分布范围内划定不同的频率段,对不同频率段的电信号频谱能量进行积分。最后,根据检测到的电流时域信号和频域信号,并与系统发生电弧后的电流相关参数阈值对比,利用电弧故障判断电路判断待测系统是否发生电弧。本方案根据电气系统配置参数和电弧故障的安全等级情况设定每一个检测参数的阈值。若检测到待测系统发生了电弧,则启动电弧抑制电路,对被测系统进行灭弧处理,以保证系统安全可靠工作,避免电弧故障对系统造成损伤。

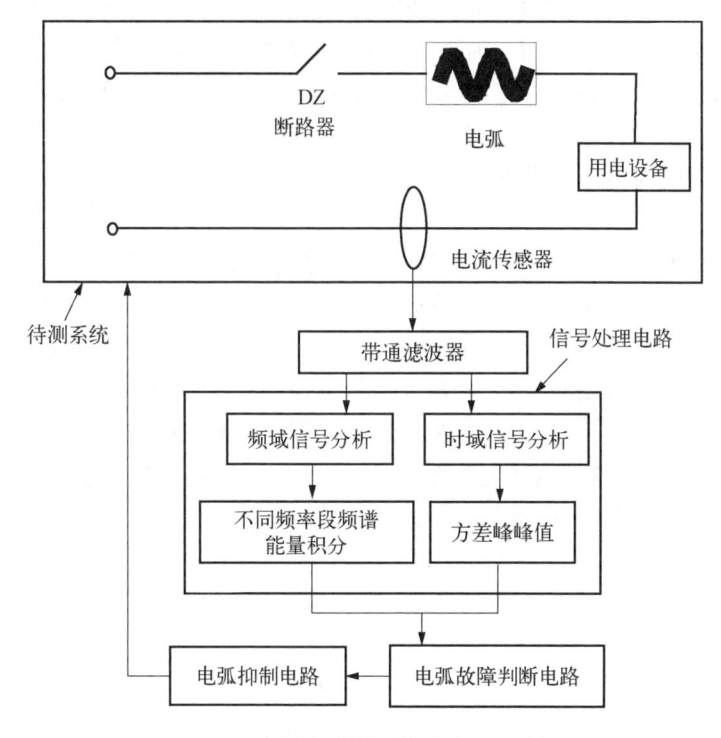

图 10-8 电源串联电弧故障检测系统框图

10.2.3 打火短路故障模拟测试

随着各国对航天器在轨应用需求的不断增加,长寿命及高可靠已成为离子推力器技术发展的共识。离子推力器打火放电属工作中非预期放电,若放电频率过高、打火放电能量过大,则可能会严重影响离子推力器工作稳定性与可靠性。研究结果表明:电荷在绝缘层积累是非预期放电的主要诱因,等离子体和气体泄漏是次要诱因,外壳非预期放电频率随功率增大呈上升趋势[7]。

国际上因打火放电导致的离子推力器典型故障包括:美国 SERTII、DS-1、Dawn 等航天器用离子推力器异常关机,ESA 卫星离子推力器闪络中断、日本 HAYABASA 深空探测离子推力器闪络失效等,当推力器产生持续的电弧时,甚至会造成推力器整机失效[8,9]。理论上来说,离子推力器的非预期放电(打火)是无法避免的;从推力器的角度来说,可进行优化设计,降低打火频次;从电推进 PPU

的角度来说,应做到打火时保护电推进 PPU 自身不受到损害。

离子推力器由于工作在真空环境,一般地面测试也是在真空罐中测试,同时由于打火频率不固定,对于电源设备而言,很难多次复现打火现象,从而针对打火现象做出相应的措施。因此,在常压下利用分立器件来实现类似推力器打火的现象是非常有必要的。离子推力器非预期电击穿:从起因上看,为束流的微小扰动或瞬时中断又加载;从现象来看,为推力器工作时栅极表面或栅极与外壳之间或双栅极之间绝缘表面出现瞬时火花或发光现象;从结果来看,会造成栅极表面出现不均匀分布的热斑点或纹痕;从本质上说,为栅极之间强电场局部瞬时畸变引起的电流突增[10]。因此,对电源负载来说,需要模拟出带一定周期性的电流尖峰或者电压尖峰。

如图 10-9 所示为离子推力器屏栅电源等效电路图,省略前级高压电源部分,只展示最后一级线性电源部分,外加输出共模电感,300 kΩ 电阻模拟一定工况下的推力器负载。显然,在电阻负载下电源输出端不可能出现电压或者电流尖峰。通过理论分析并结合仿真可知,利用开关管可控制电压尖峰的频率,如果在开关管支路上串联一个电阻,结果模拟出瞬间过流甚至短路的情况,从而验证电路的过流和短路保护功能,其等效电路图如图 10-10 所示。通过调整电阻 R_x 可调整电源的电流尖峰,达到短路和过流的效果。

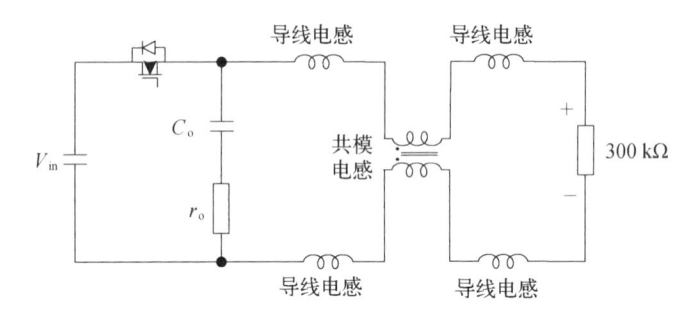

图 10-9 稳态下的屏栅电源等效电路图

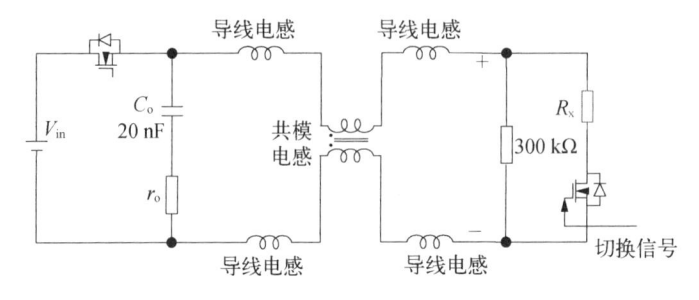

图 10-10 屏栅电源模拟短路、过流等效电路

尽管图 10-10 所示的电路能够模拟出尖峰电压,但是其模拟效果会在开关管导通和关断两个瞬间都体现出来,也就是说没有真正体现出打火的随机性,更加真实的打火过程应该和开关的脉宽和边沿没有关系,每次开关的动作,只会出现一次电压或者电流尖峰,而不是在上升沿和下降沿出现两种不同的尖峰。图 10-10 所示的等效电路仿真结果如图 10-11 所示。

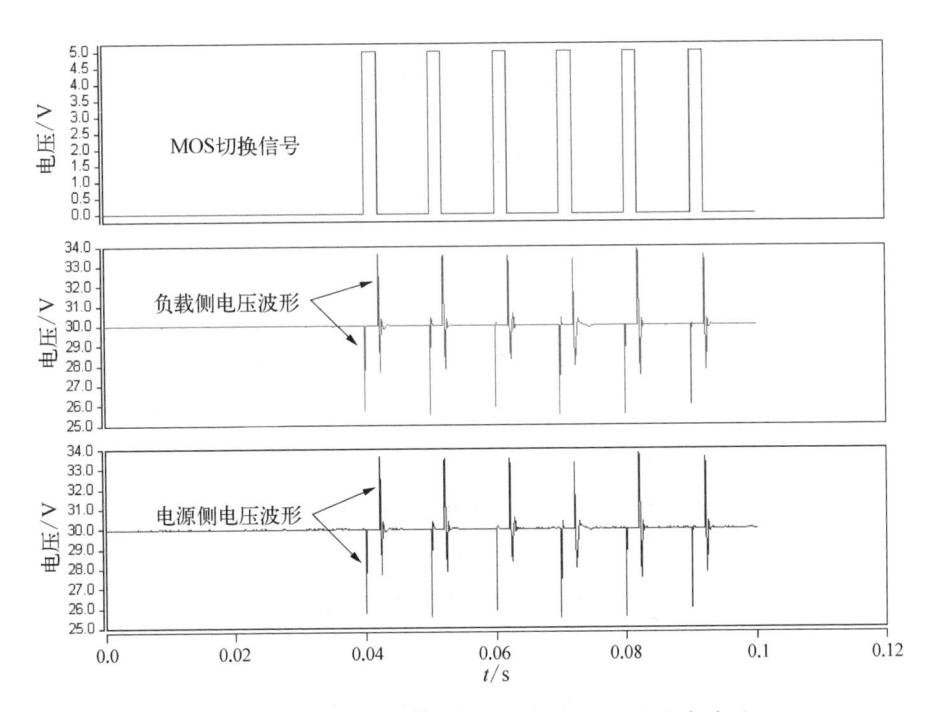

图 10-11 屏栅电源模拟短路、过流等效电路仿真波形

如图 10-12 所示为屏栅电源打火过程模拟等效电路,在图 10-11 电路 R_x 上并联一个电容,同时在主支路上串联一个电感,这样可通过电容和电感的谐振来模拟打火瞬间的频率特性。从图 10-13 可看出,在每个开关动作周期,只存在一次

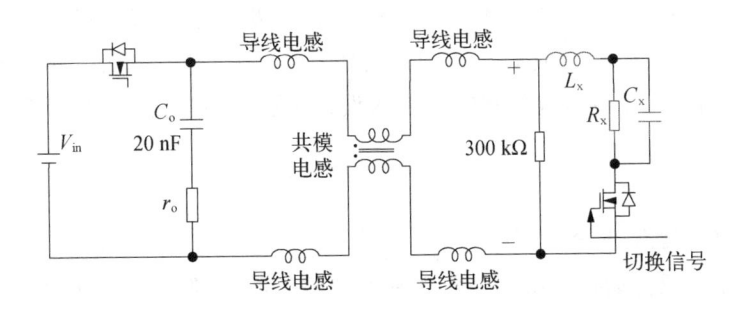

图 10-12 屏栅电源模拟打火等效电路

尖峰过程,可通过调整 RLC 来实现不同尖峰大小的打火过程,同时可利用开关的脉冲信号周期来模拟打火过程的周期。

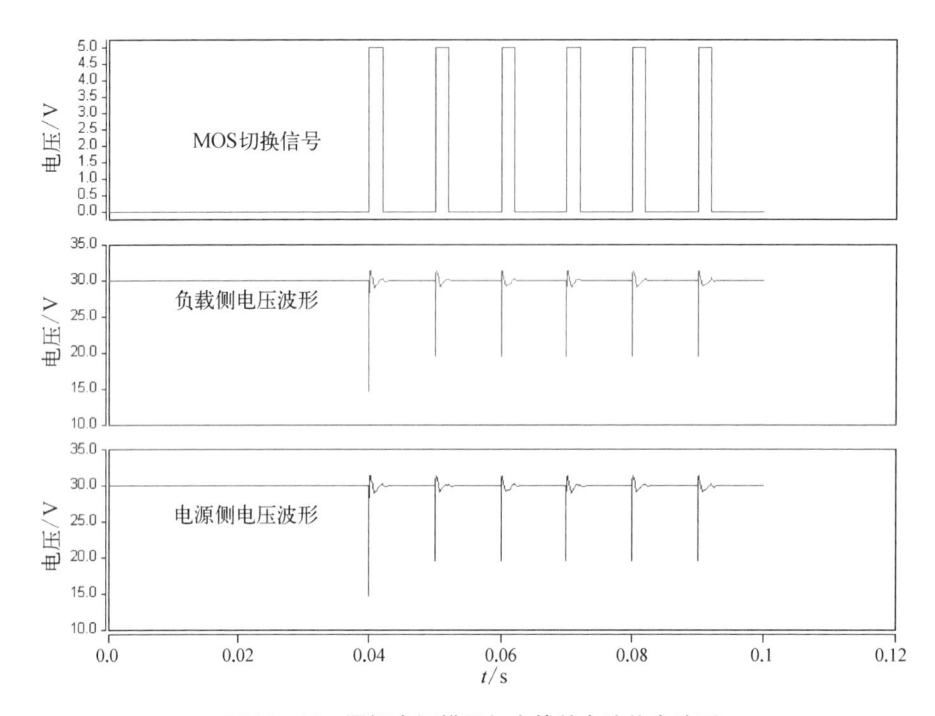

图 10-13 屏栅电源模拟打火等效电路仿真波形

10.3 自动化测试系统的构建

在航天器电源生产过程中,需要对其进行一系列测试以确保参数指标符合要求。测试过程中包含大量的重复性操作,且需要控制测试条件一致性,避免人工操作带来的误差。构建自动化测试系统可实现自动测试,替代人的手工操作,可执行更多、更频繁的测试,能执行一些手动测试比较困难或不可能进行的测试,同时能更好地利用资源,在晚上或周末空闲的时段执行测试,能够保证测试结果的一致性,最重要的是可让测试人员将精力投入设计出更多、更好的测试用例,以提高测试准确性。

10.3.1 硬件平台

航天器电源自动化测试系统包括硬件和软件两大部分,其中硬件平台组成如图 10-14 所示,各部分说明如表 10-1 所示。

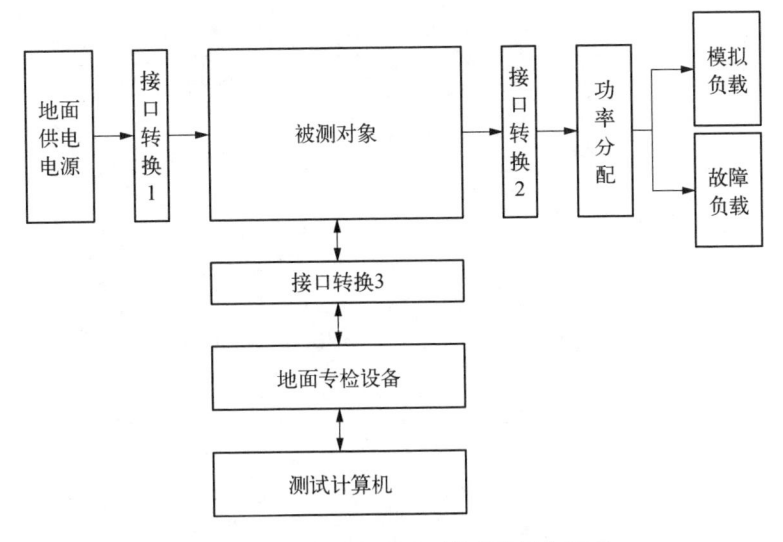

图 10-14 自动化测试系统硬件平台组成

表 10-1 自动化测试系统硬件平台各部分作用

命 名	作 用
地面供电电源	模拟供电母线
模拟负载	正常工作负载,如阴极负载、阳极负载、加速负载及点火负载等
故障负载	专用于模拟故障模式的负载
功率分配	切换选择工作负载,如功率开关、继电器等
地面专检设备	集成遥测遥控功能,其中遥测指模拟量、数字量遥测功能,遥控指电平指令、直接指令等
测试计算机	运行自动化测试系统软件,集成各类通信接口,如 CAN 总线、RS-485 总线、1553-B 等
接口转换	为适用多种被测对象,采用接口转换设计,除完成接口转换的目的外,还包括测试测量接口,该位置靠近输入输出端,测试结果可信度高
可选设备	根据实际需要配置不同数量的测试测量设备,如示波器、万用表、录波器等

10.3.2 软件架构

自动化测试系统的软件架构分为服务层、应用层、组件层、数据层和硬件层五大层次,如图 10-15 所示。

硬件层中包含硬件平台,即自动化系统运行平台,设计时需考虑采用标准化设

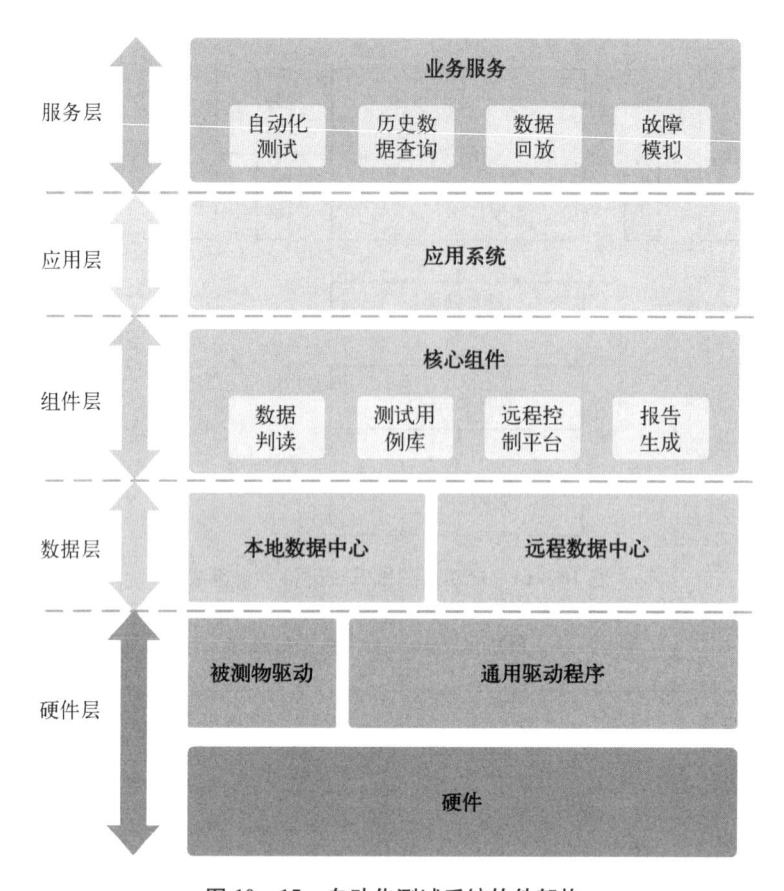

图 10-15 自动化测试系统软件架构

备,尽量采用通用设备,提高系统可适配的被测物类型。采用通用驱动程序,适配同类型多型号仪器设备,为设备替换作准备,目标做到仪器设备的无缝衔接。根据不同被测物,独立编写对应驱动,分为三层,底层为被测物直接驱动层,中间层为协议转换层,顶层为通用驱动层,通过中间层,可实现顶层的通用化。

数据层在自动化系统运行时,分为离线和在线两种模式,离线模式下,当前所有数据记录在本地数据中心,按用户需求再通过网络上传至远程数据中心;在线模式下,数据同时存储在本地及远程数据中心。

组件层中,数据判读为专家数据判读库,记录所有测试遥测的判读范围及要求,用于自动故障提醒、处理或隔离等操作。测试用例库用于存储所有可执行的测试用例供用户调用和执行。远程控制平台用于在特殊情况下实现远程控制硬件平台,实现非标测试。组件层能够自定义报告模块生成测试报告。

应用系统的作用为服务层通过该系统接口对核心组件进行调用,可实现业务服务与核心组件的去耦合,升级修改核心组件但不影响业务服务。

服务层中的自动化测试模块可管理、执行自动化测试用例并输出测试报告,能实现历史数据查询并上传远程数据中心、动态或静态回放历史数据、辅助分析故障等功能,还能通过故障模拟硬件,实现故障模拟的目的。

10.3.3 测试用例设计

在具体实践中,自动化测试系统需要依赖测试用例设计作为输入条件,通过分析测试用例具体要求,对自动化测试系统进行整体设计。测试用例设计是测试工作中极为重要的环节之一,一个好的测试用例设计应能满足几个重要条件:是实际落地的测试方案、对所有指标实现覆盖、测试充分且全面有效。因此,一份对产品测试过程方式方法细化、量化、规范化、可操作化的测试用例设计是很重要的。自动化测试系统的关键特点就是自动化,带来的最直接的优势即时间优势,那么,如何最大化地体现出该优势:在测试用例分析过程中,实现测试代码的通用化、模块化与规范化,以最少的人力、资源投入,在最短的时间内完成自动化测试系统开发,实现对产品的快速测试,找出产品潜在问题,快速迭代,提供质量有保证的产品。

因此,在具体实践中,对测试用例的设计就有了一些要求,可以将这些要求整理为八大要素,如表10-2所示。

表10-2 测试用例设计八大要素

序号	名 称	定 义
1	测试用例编号	测试用例编号是给每个测试用例分配的唯一标识符
2	测试用例标题	测试用例标题是对测试用例内容的简短描述,它应该能够清晰地概括测试用例的主要目的和测试场景
3	前置条件	前置条件是指在执行测试用例之前,系统或测试环境必须满足的条件,这些条件包括软件的初始状态、数据的准备情况、硬件环境的配置等
4	测试步骤	测试步骤是执行测试用例时需要按照顺序进行的具体操作,它详细描述了如何与软件交互,包括输入数据、点击按钮、选择菜单项等操作
5	测试数据	测试数据是在执行测试用例时使用的输入数据,它可以是数字、文本、文件、数据库记录等各种形式的数据,用于验证软件功能在不同输入情况下的表现
6	预期结果	预期结果是执行测试用例后期望得到的结果,它包括软件的输出、界面显示、数据库状态变化等各个方面
7	实际结果	实际结果是执行测试用例后实际得到的结果,它是在测试执行过程中记录下来的软件表现,包括输出信息、界面变化、系统日志等
8	测试状态	测试状态是指测试用例执行后所处的状态,常见的测试状态有"未执行""通过""失败""阻塞"等

在满足以上要素的前提下,在测试用例设计实践中,也需要考虑以下几条原则。

(1) 完整性原则:通过功能分解和需求覆盖,确保电源系统的所有方面都被测试到。

(2) 独立性原则:每个测试用例有独立的前置条件和测试数据,确保可以独立执行。

(3) 优先级原则:根据功能的重要性和风险程度,将电源系统测试用例设置为高优先级。

(4) 简洁性原则:使用简洁明了的标题和清晰的步骤,确保测试用例易于理解和执行。

(5) 可维护性原则:通过模块化设计和参数化测试,确保测试用例易于更新和维护。

(6) 可重复性原则:通过标准化测试环境和明确前置条件,确保测试用例的可重复性。

(7) 可扩展性原则:通过设计通用框架和数据驱动测试,确保测试用例能够轻松扩展。

(8) 可靠性原则:通过准确的预期结果和边界值测试,确保测试用例能够准确地发现缺陷。

(9) 等价类划分原则:选择有效和无效的等价类作为测试数据,确保覆盖所有输入情况。

(10) 边界值分析原则:选择边界值作为测试数据,确保系统在边界条件下的稳定性。

10.3.4 系统实现

在测试用例通过审核发布,可以进行自动化测试系统设计开发过程,系统开发通常遵循以下流程。

1. 需求分析与规划

需求分析:详细分析测试需求,包括功能测试、性能测试、稳定性测试、保护功能测试等。

规划:根据需求分析,制定详细的测试计划,包括测试项目、测试步骤、测试数据和预期结果。确定测试系统的硬件和软件配置,选择合适的测试设备和通信接口。

2. 硬件选型与配置

测试设备:选择高精度、高可靠性的测试设备,如可程控的直流电源、电子负载、示波器、功率计等。确保设备的分辨率和精度满足测试要求,例如,分辨率最高可达 0.01 mV/0.01 mA。

控制核心：采用 PC 控制电路，通过控制电路板、测试平台和组装测试系统，实现自动化采集和控制。

通信接口：支持 GPIB、RS232、LAN、USB 等多种通信接口，确保与各种品牌仪器的兼容性。

3. 软件开发

测试软件：使用可视化编程工具（如 LabVIEW）开发测试软件，提供用户友好的界面，支持测试项目的自由组合和自动化执行。

数据处理：实现数据的收集、判断、存储和分析，支持测试结果的自动保存和历史数据查询。

报告生成：自动生成测试报告，支持 Excel 导出功能，便于数据共享和分析。

4. 系统集成与调试

硬件集成：将选定的测试设备、控制核心和通信接口进行集成，确保各设备之间的通信和控制正常。

软件集成：将开发的测试软件与硬件设备进行集成，确保软件能够正确控制硬件设备，实现自动化测试。

系统调试：进行系统级调试，确保测试系统的稳定性和可靠性。通过实际测试数据验证系统的准确性和一致性。

5. 测试用例设计

测试用例库：根据测试大纲和软件用户需求，创建测试用例库，确保测试覆盖全面。

功能间关系分析：采用正交试验法等测试技术，精简测试用例，提高测试效率。

错误推测方法：在测试执行过程中，根据实际情况不断完善测试用例库，确保测试的全面性和准确性。

6. 测试执行

测试准备：按照测试用例的前置条件准备测试环境，确保测试设备和被测电源模块处于待测状态。

自动化测试：通过测试软件自动执行测试用例，记录测试数据和结果。确保测试过程的自动化和一致性。

结果分析：对测试结果进行分析，判断是否符合预期结果。生成详细的测试报告，记录测试过程和结果。

7. 系统验证与优化

系统验证：通过实际测试数据验证测试系统的准确性和可靠性，确保测试结果的可信度。

系统优化：根据测试结果和用户反馈，对测试系统进行优化，提高测试效率和准确性。

8. 文档与培训

文档编写：编写详细的系统文档，包括硬件配置、软件操作、测试用例、测试报告等，确保用户能够正确使用测试系统。

用户培训：对用户进行培训，确保用户能够熟练操作测试系统，进行日常测试和维护。

10.3.5　系统优化方向

随着商业航天事业蓬勃发展，关键单机的产能与质量亟待同步提升。作为产品测试的关键环节，自动化测试系统可从以下方向进行优化。

1. 智能化优化方向

故障预测与诊断：通过引入人工智能和机器学习技术，电源自动化测试软件能够更智能地分析测试数据，提供更精准的故障预测和分析。例如，利用机器学习算法对历史测试数据进行分析，预测潜在的故障点，提前进行维护和修复。

自动测试序列生成：根据测试需求自动生成测试序列，减少人工编写测试用例的工作量，提高测试效率。

实时数据采集与显示：实现对电源系统工作状态的实时监控，包括电压、电流、温度等参数的实时采集和显示。通过图形界面或虚拟现实，测试人员可以直观地了解电源系统的运行状态。

异常报警与处理：在检测到异常情况时，系统能够自动发出报警信号，并提供相应的处理建议，确保测试过程的稳定性和安全性。

动态调整测试参数：根据测试过程中收集的数据，自动调整测试参数，以适应不同的测试场景和需求。例如，根据电源模块的负载变化自动调整测试负载，确保测试结果的准确性和可靠性。

智能优化测试流程：通过分析测试结果，自动优化测试流程，减少不必要的测试步骤，提高测试效率。

2. 分布式优化方向

多节点测试：采用分布式测试架构，将测试任务分配到多个测试节点，实现并行测试，提高测试效率。例如，多个小型卫星可以同时进行同步测试，每个测试节点负责一个或多个卫星的测试任务。

负载均衡：通过负载均衡技术，合理分配测试任务，确保各测试节点的负载均衡，提高系统的整体性能。

远程操作：支持通过网络远程控制和监控测试系统，测试人员可以在不同地点进行测试操作，提高工作效率。

数据共享：实现测试数据的远程共享,支持多用户同时访问和分析测试结果,促进团队协作。

硬件模块化：采用模块化设计的硬件架构,便于根据不同的测试需求进行灵活配置和扩展。例如,可以根据不同的电源模块规格,自由搭配测试设备。

软件模块化：软件部分也采用模块化设计,支持功能模块的独立开发和集成,提高系统的可维护性和可扩展性。

3. 未来趋势

更高的测试精度：随着技术的不断进步,电源测试系统的测试精度将越来越高,从而能够满足更为严格的测试要求。

更高的自动化程度：电源测试系统将越来越智能化,具有更高的自动化程度,使得测试更为快速和准确,从而提高工作效率。

参考文献

[1] Riverol C, Pilipovik M V. PID structures use in manufacturing industries：a review of its different typologies[J]. International Journal of Process Management and Benchmarking, 2006, 1(3)：280-296.

[2] 金珊珊. 空间太阳能电池阵列模拟器关键技术研究[D]. 哈尔滨：哈尔滨工业大学,2019.

[3] Friedrichs P, Mitlehner H, Schorner R, et al. Stacked high voltage switch based on SiC VJFETs[C]. Cambridge：2003 IEEE 15th International Symposium on Power Semiconductor Devices and ICs, 2003.

[4] Biela J, Aggeler D, Bortis D, et al. 5kV/200ns pulsed power switch based on a SiC-JFET super cascode[C]. Las cascode：2008 IEEE International Power Modulators and High-Voltage Conference, 2008.

[5] Aggeler D, Biela J, Kolar J W. A compact, high voltage 25 kW, 50 kHz DC-DC converter based on SiC JFETs[C]. Austin：2008 23rd Annual IEEE Applied Power Electronics Conference and Exposition, 2008.

[6] Clarke T L. FET pair and op amp linearize voltage controlled resistor[J]. Electronics Letters, 1977, 28：111.

[7] 宋树贵,柏松. 大动态范围高线性 Jfet 压控电阻[J]. 南开大学学报：自然科学版,2001, 34(4)：65-67.

[8] Rawlin V, Sovey J, Hamley J, et al. An ion propulsion system for NASA's deep space missions[C]. Vienna：Space Technology Conference and Exposition, 1999.

[9] Randall P, Lewis R, Clark S, et al. BepiColombo-MEPS commissioning activities and T6 ion thruster performance during early mission operations[C]. Vienna：Proceedings of the 36th International Electric Propulsion Conference, 2019.

[10] Kuninaka H, Shimizu Y, Yamada T, et al. Flight report during two years on HAYABUSA explorer propelled by microwave discharge ion engines[C]. Tucson：41st Joint Propulsion Conference and Exhibit, 2005.